イラストですっきりわかる!

Illustrator

イシクラユカ
ISHIKURAYUKA

Ai
えっへん
Ai

技術評論社

ご注意

購入・利用の前に必ずお読みください

本書に記載された内容は情報の提供のみを目的としています。したがって、本書の記述に従った運用は、必ずお客様ご自身の責任と判断によって行ってください。これらの情報の運用の結果について、技術評論社および著者は、如何なる責任も負いません。

本書に記載の情報は2024年10月1日現在のものを掲載していますので、ご利用時には変更されている場合もあります。また、ソフトウェアに関する記述は、特に断わりのない限り、2024年10月1日現在での最新バージョンをもとにしています。ソフトウェアはバージョンアップされることがあり、その結果，本書での説明とは機能内容や画面図などが異なってしまうこともあり得ます。本書のご購入の前に、必ずお使いのソフトのバージョン番号をご確認ください。

本書の内容は、次の環境で動作確認、解説を行っております。

・Illustrator 2024（28.7）
・Windows 11 Home
・macOS Ventura 13.5.1

以上の注意事項をご承諾いただいた上で、本書をご利用願います。これらの注意事項をお読みいただかずにお問い合わせをいただいても、技術評論社および著者は対処しかねます。あらかじめご承知置きください。

はじめに

この度は、本書を手に取っていただきありがとうございます。

Illustratorは、主にグラフィックデザインを行うソフトです。

Illustratorに用意されている機能は非常にたくさんあります。
そのため、はじめて使う人や学び始めたばかりの人にとっては、なにから手を付けていいかわからず、難しいと感じるかもしれません。

そこで本書では機能を絞り、やわらかいイラストを用いながらそれぞれの機能や仕組みを「わかりやすく」解説することを目指しました。

また、Illustratorに限らずほかのソフトでもいえることですが、書かれた通りの操作を真似するだけでは、いざ自分のしたい操作を行おうとしてもできないことがあります。

そのため、本書では「なぜこうなるのか」や「どうしてこの機能を使うのか」といった部分の解説に力を入れ、自分ひとりでも思い通りの操作ができるようになることを目指しています。

初心者の方はもちろん、一度学んで挫折してしまった方にもぜひ読んでいただきたい内容となっています。

Illustratorで思い通りの操作ができるようになれば、自分の想像した通りのグラフィックデザインを作成することができるようになるでしょう。そうなれば、Illustratorを操作することが楽しくなっているはずです。

本書が、そんなIllustratorが楽しく、思い通りの操作ができる一助となれば幸いです。

Contents

もくじ

Chapter 3

図形を描いてみる …… 49

Ai

Chapter
7 レイヤーについて学ぶ

Chapter
8 画像を配置してみる

本書の使い方

本書の構成

本書は次のように構成されています。

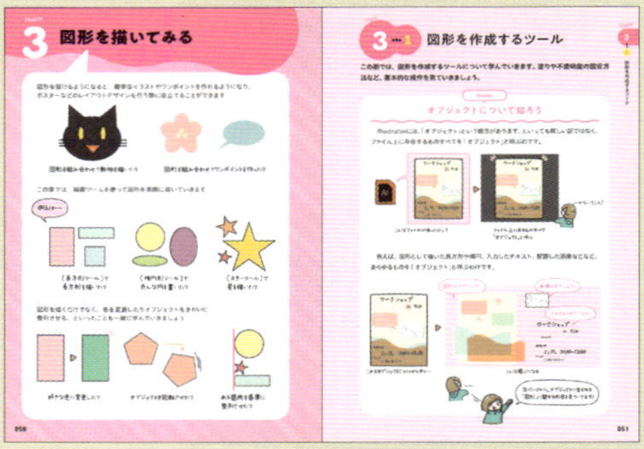

図形を描いてみる
図形を作成するツール

章イメージイラスト

各章で学習するテーマ、機能についてをイラストでまとめました。なぜこの機能を使うのかや機能の特徴がしっかり理解できます。

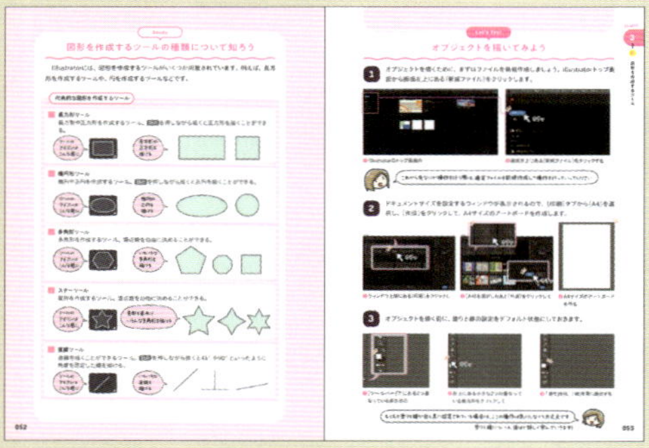

項目&手順

各機能やツールを手順を追って説明しています。知識編の「Study」と実践編の「Let's Try」で構成されており、まずしくみを理解してから、操作を試せる内容になっています。
本文中の[]は、Illustratorの画面のメニュー名やツール名を指しています。

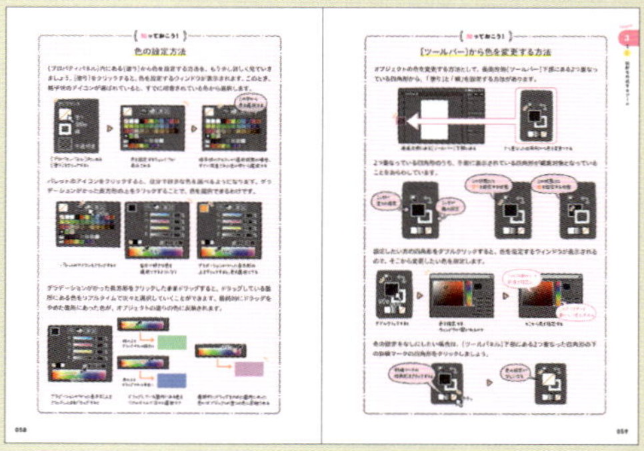

知っておこう！

それぞれのツールや機能について、知っているとより使いこなせるようになることについて記しています。少し高度な内容も紹介をしていますが、機能を試しながら読んでいただくと理解できるようになると思います。

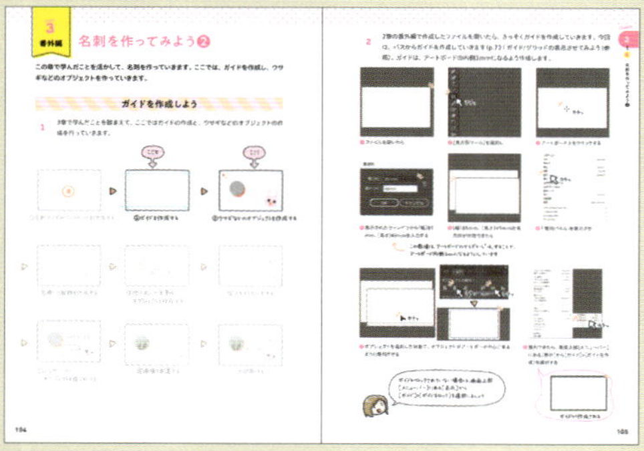

番外編

章末には、番外編として章で学んだ操作を利用して名刺を完成させます。各章で学んだ知識やツールの確認だけでなく、それらを実際のデザインの作業ではどのように使用するのかがイメージできると思います。

本書の対応バージョン・表記について

本書のIllustratorのバージョンや表記は次のようになります。

本書バージョンについて

本書の解説はIllustrator CC 2024（2024年10月1日時点での最新版28.7）および、Windows 11 Homeで行っております。バージョンやOSの環境の違いにより、画面が異なる場合があります。本書はPC版のみの対応となります。Illustrator iPad版やIllustrator Web版には対応していません。

ショートカット、メニュー表記について

本書の内容は、Windows、Macの両方に対応しています。

ショートカットキーの表記はWindowsを基本しております。Macのショートカットキーを Alt （option）のようにカッコで囲んで表記しています。またMacのcommandキーは⌘と表記していますが、スペースの関係上、Macのショートカットキーを表示していない箇所もあります。

メニュー表記では、右図のような操作を[ウィンドウ]>[ワークスペース]>[初期設定をリセット]と表記しています。

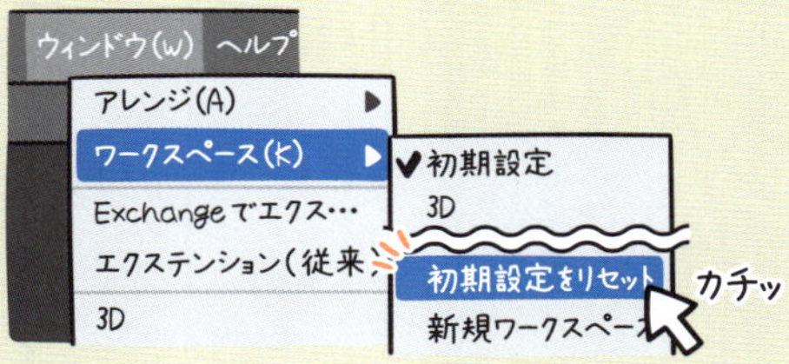
ウィンドウ(W)
ヘルプ
アレンジ(A)
ワークスペース(K)
Exchangeでエクス…
エクステンション(従来
3D
初期設定
3D
初期設定をリセット
新規ワークスペー
カチッ

本書内で使用している素材について

本書で使用している素材（画面で表示されている素材）は、以下のサポートサイトからダウンロードできます。

本書サポートページ

https://gihyo.jp/book/2024/978-4-297-14465-4

サンプルファイルの著作権はすべて各作家に帰属します。著作権は放棄していません。本書の練習用の用途としてのみお使いください。

サポートページには、本書の正誤表なども掲載されます。

Chapter

0 Illustratorってどんなもの？

Illustrator とはアドビ社が販売しているグラフィックデザインなどを作成できるソフトのこと
バーーン
Ai
Illustratorではクオリティの高いデザインを作成することができます
えっへん
Ai
どんなことができるかというと…
ポスターを作ったり
ワークショップ in ちば
開催日時
2月11日 10:00~15:00
アクセス
○○駅より徒歩3分
ロゴを作ったり
Caffe
図形を組み合わせてイラストを作ったり
主にグラフィックを作成するのに向いていますね
Illustrator の最大の特徴といえば
Ai
ベクターデータとして作成されること
これらの図形は全部ベクターデータとなる
ベクターとは…？
？

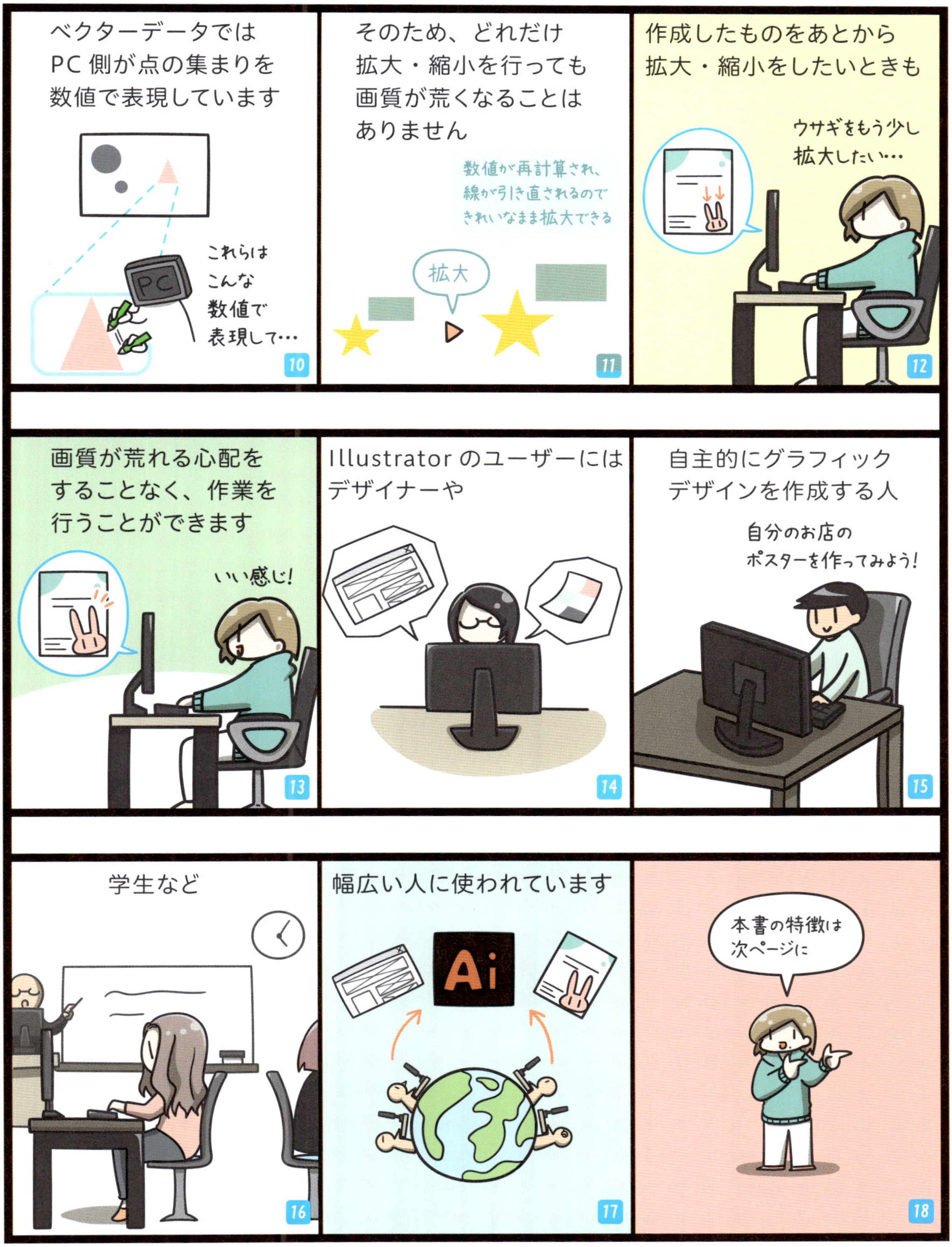
ベクターデータでは
PC 側が点の集まりを
数値で表現しています
PC
これらは
こんな
数値で
表現して…
10
そのため、どれだけ
拡大・縮小を行っても
画質が荒くなることは
ありません
数値が再計算され、
線が引き直されるので
きれいなまま拡大できる
拡大
11
作成したものをあとから
拡大・縮小をしたいときも
ウサギをもう少し
拡大したい…
12
画質が荒れる心配を
することなく、作業を
行うことができます
いい感じ!
13
Illustrator のユーザーには
デザイナーや
14
自主的にグラフィック
デザインを作成する人
自分のお店の
ポスターを作ってみよう!
15
学生など
16
幅広い人に使われています
Ai
17
本書の特徴は
次ページに
18

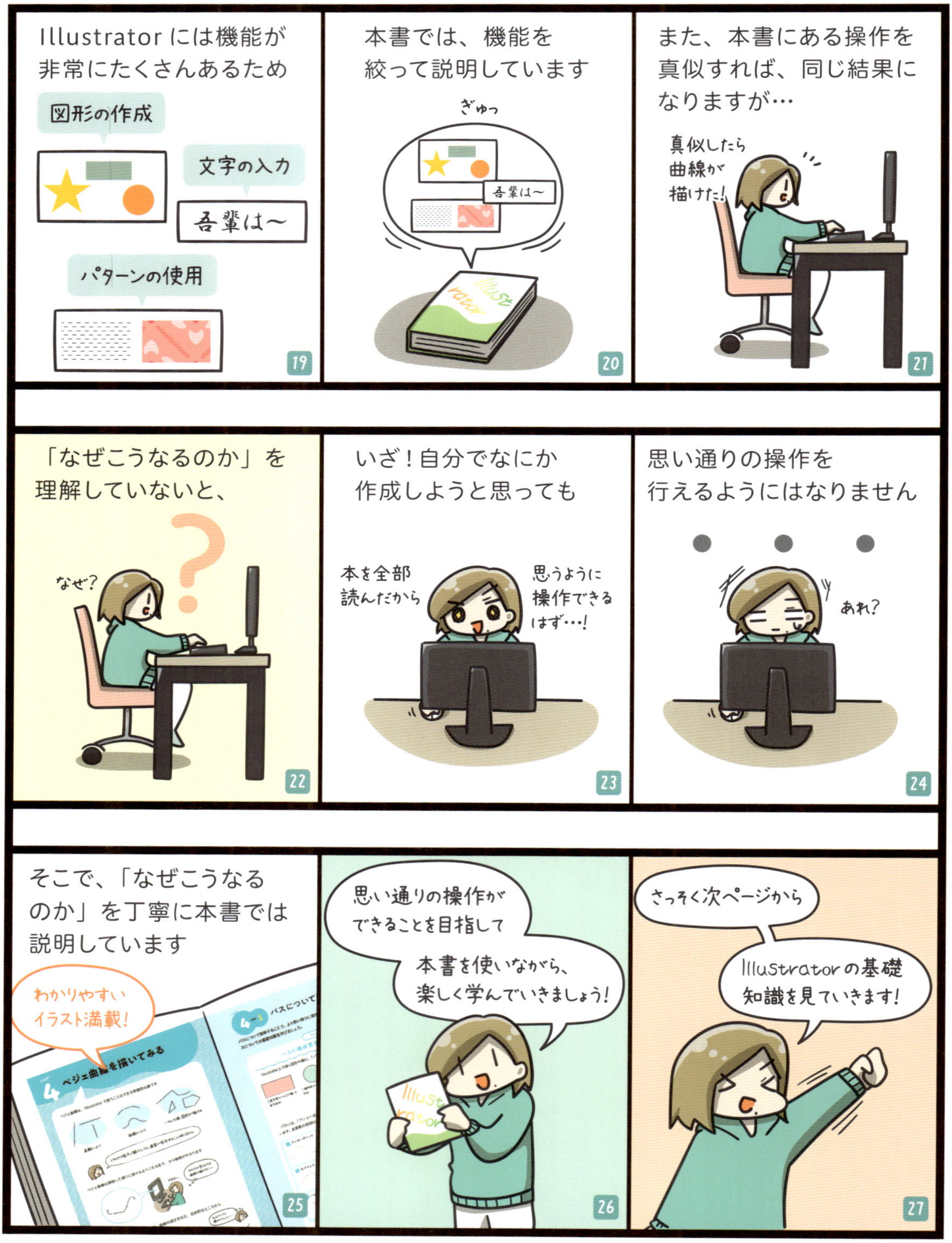
Illustratorには機能が非常にたくさんあるため
図形の作成
文字の入力
吾輩は〜
パターンの使用
19
本書では、機能を絞って説明しています
ぎゅっ
吾輩は〜
Illustrator
20
また、本書にある操作を真似すれば、同じ結果になりますが…
真似したら曲線が描けた！
21
「なぜこうなるのか」を理解していないと、
なぜ？
22
いざ！自分でなにか作成しようと思っても
本を全部読んだから
思うように操作できるはず…！
23
思い通りの操作を行えるようにはなりません
あれ？
24
そこで、「なぜこうなるのか」を丁寧に本書では説明しています
わかりやすいイラスト満載！
ベジェ曲線を描いてみる
パスについて
25
思い通りの操作ができることを目指して
本書を使いながら、楽しく学んでいきましょう！
Illustrator
26
さっそく次ページから
Illustratorの基礎知識を見ていきます！
27

Chapter

1

Illustratorの基礎知識

この章では、Illustratorを操作する上で必須の知識を学んでいきます。例えば、Illustratorの画面構成やどんなツールが用意されているか、などです。知っておかないと、この先制作をするときに戸惑ってしまうかもしれないので、しっかり学んでいきましょう。

Chapter

1 Illustratorの基礎知識

Illustrator がどんなものかわかったところで、
次は、Illustrator の基礎的な知識について学んでいきましょう

基礎知識を学ぶことで、
何もわからない状態から
? ? ? ? ? ?
なんとなくIllustratorの
特徴がわかるようになります
ふむ…

例えば画面構成だったり、作業スペースのあれこれだったりについて学んでいきます

Illustratorの
画面構成は?
作業スペースを
カスタマイズするには?
アートボードとは?
これが
アートボード
などなど

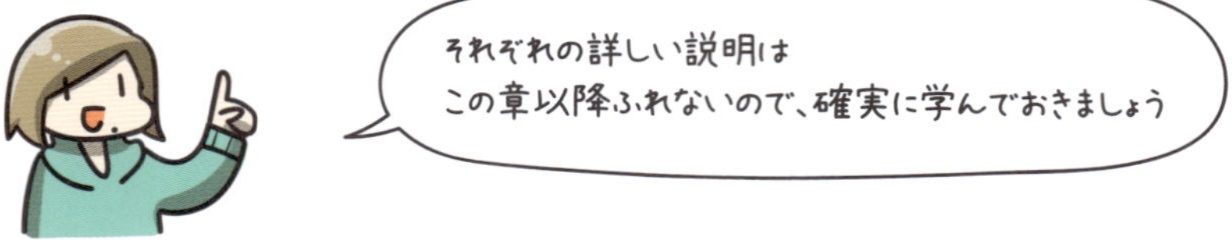

それぞれの詳しい説明は
この章以降ふれないので、確実に学んでおきましょう

Chapter 1…1 Illustratorの画面構成

いきなり操作を始めるのではなく、まずはIllustratorの画面構成がどのようなものなのかを見ていきましょう。

Study

作業時の画面構成を知ろう

Illustratorを操作するうえで、まずはどこにどんなものがあるのか、Illustratorの画面構成を見ていきましょう。全体の画面構成は以下のようになっています。

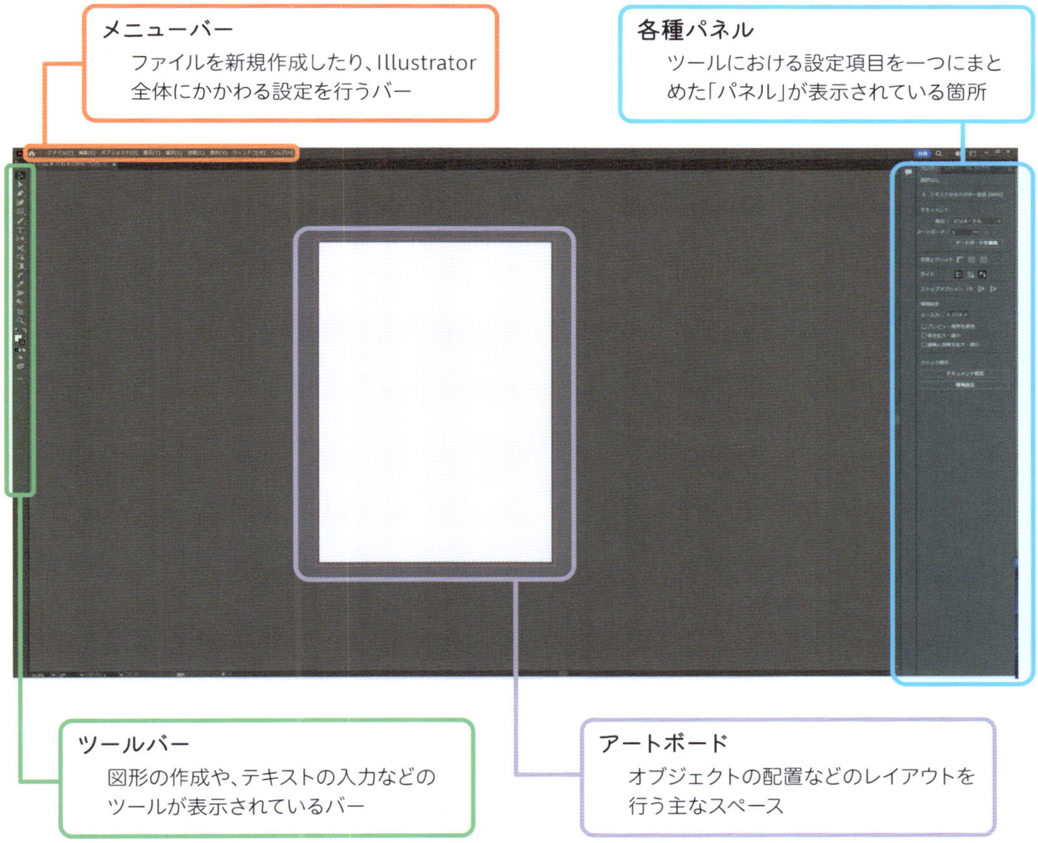

メニューバー
ファイルを新規作成したり、Illustrator全体にかかわる設定を行うバー
各種パネル
ツールにおける設定項目を一つにまとめた「パネル」が表示されている箇所
ツールバー
図形の作成や、テキストの入力などのツールが表示されているバー
アートボード
オブジェクトの配置などのレイアウトを行う主なスペース

次ページから[ツールバー]や[パネル]について詳しく見ていきます。その際、一緒に操作を行っていくので、ファイルを新規作成してみましょう。

❶Illustratorのトップ画面の

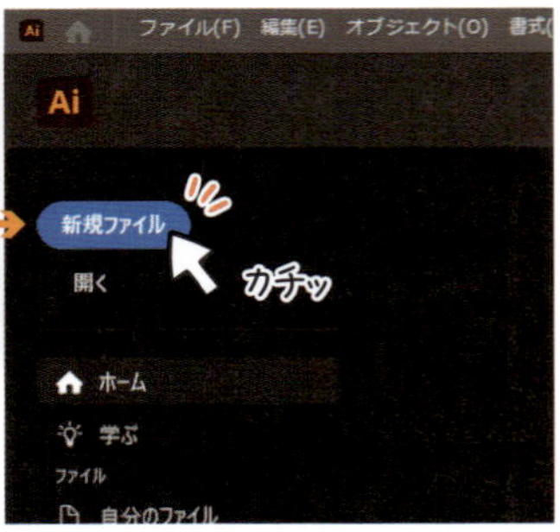
ファイル(F) 編集(E) オブジェクト(O) 書式
Ai
新規ファイル
カチッ
開く
ホーム
学ぶ
ファイル
自分のファイル

❷[新規ファイル]をクリックすると

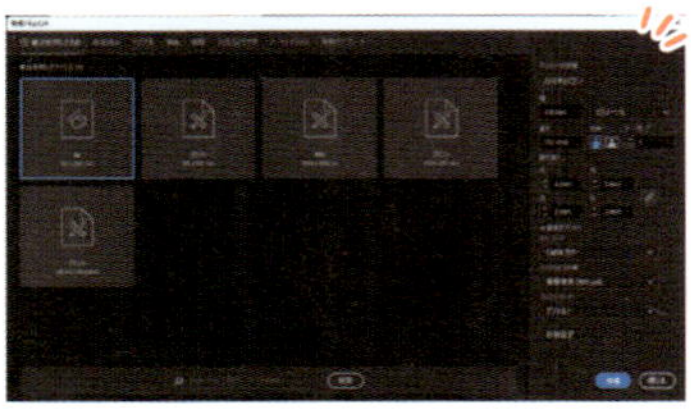

❸ドキュメントサイズを設定するウィンドウが表示される

ウィンドウ上部には、カテゴリ別にドキュメントサイズが分けられています。ひとまず、[印刷]をクリックし[A4]を選択してファイルを新規作成します。詳しい操作は2章で学びます。

モバイル Web 印刷 フィルムとビデオ アート
カチッ

❶[印刷]をクリックし

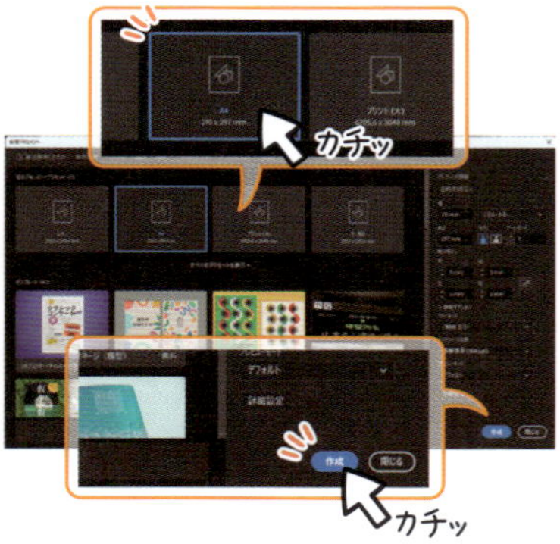
カチッ
デフォルト
詳細設定
作成
閉じる
カチッ

❷[A4]を選択したあと[作成]をクリックして

❸ファイルを新規作成する

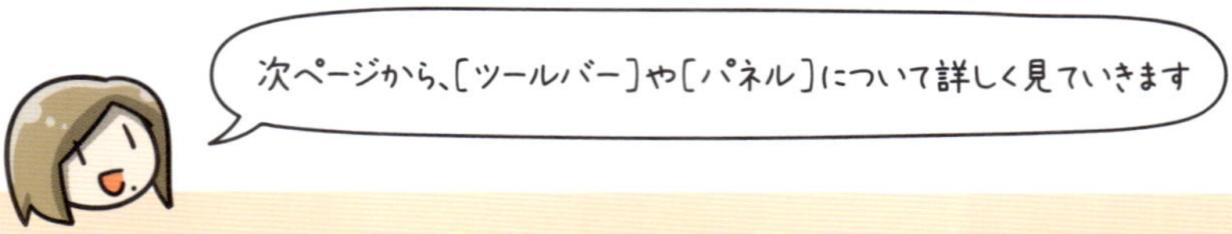
次ページから、[ツールバー]や[パネル]について詳しく見ていきます

Let's Try!

用意されているツールを知ろう

画面右側に表示されているのが、[ツールバー]です。[ツールバー]には、オブジェクトを描いたり、テキストを入力したりといった様々なツールがまとめられています。

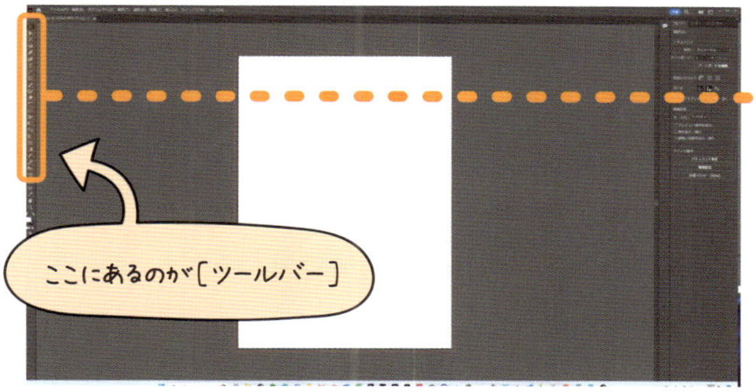
ここにあるのが[ツールバー]

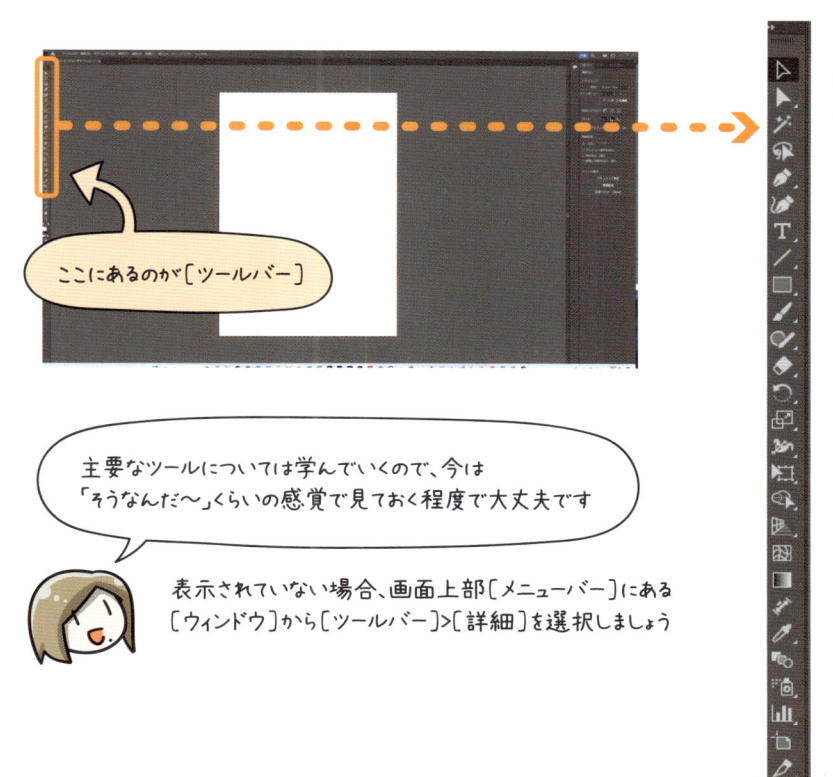

こんな感じでいろんなツールがまとめられてる

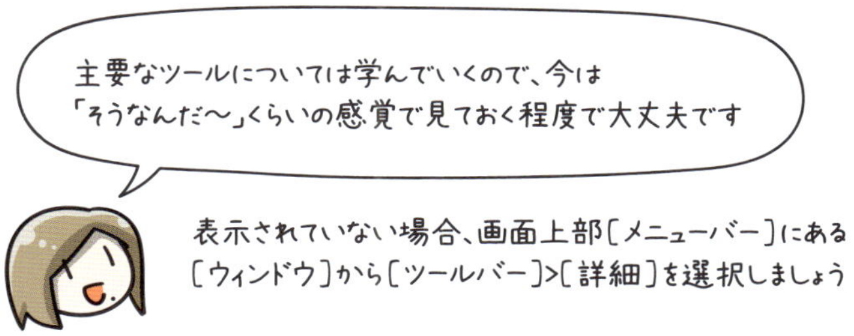
主要なツールについては学んでいくので、今は「そうなんだ〜」くらいの感覚で見ておく程度で大丈夫です
表示されていない場合、画面上部[メニューバー]にある[ウィンドウ]から[ツールバー]>[詳細]を選択しましょう

各ツールは、クリックすることで使えるようになります。ツールによって、カーソルの表示方法が変わります。

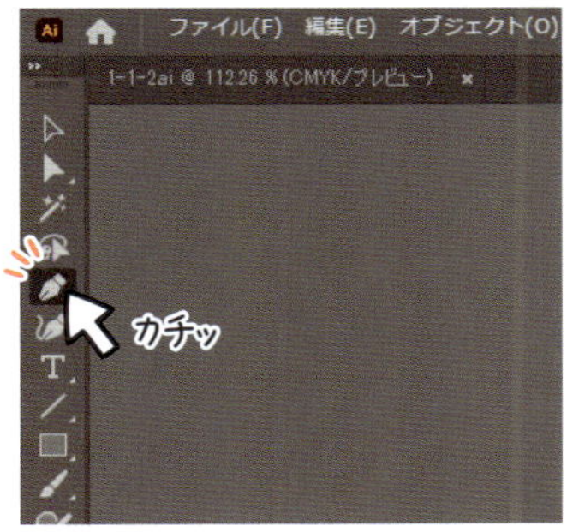
ファイル(F) 編集(E) オブジェクト(O)
1-1-2ai @ 112.26 % (CMYK/プレビュー)
カチッ
❶ツールをクリックすると

❷カーソルの表示が変わり

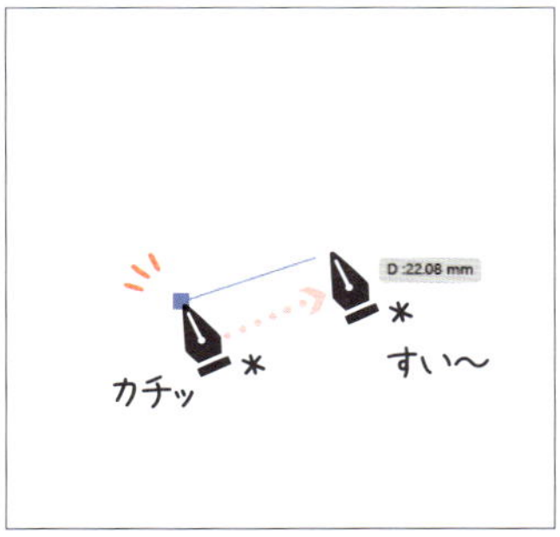
D:22.08 mm
カチッ
すい〜
❸選択したツールが使えるようになる

［ツールバー］に用意されているツールの中には、小さい三角マークがついているものがあります。これはそのツールを長押しすることで、類似しているツールを表示することができます。

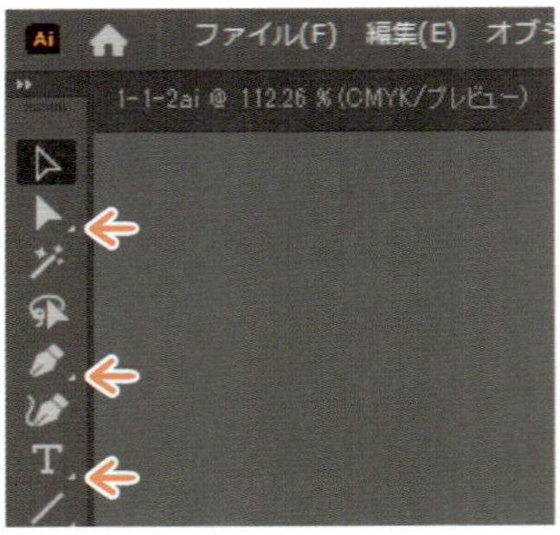
ファイル(F)　編集(E)
1-1-2ai @ 112.26 %(CMYK/プレビュー)

❶小さい三角マークのあるツールを

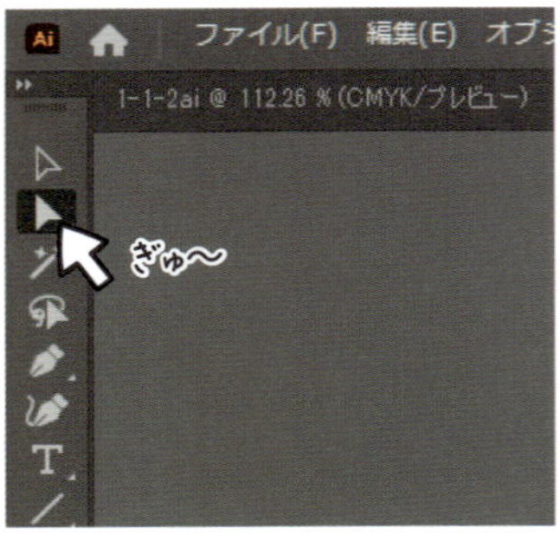
ファイル(F)　編集(E)
1-1-2ai @ 112.26 %(CMYK/プレビュー)
ぎゅ〜

❷長押しすると

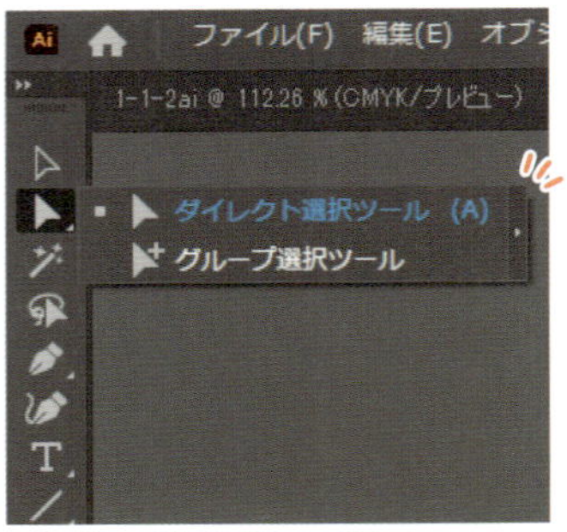
ファイル(F)　編集(E)
1-1-2ai @ 112.26 %(CMYK/プレビュー)
ダイレクト選択ツール (A)
グループ選択ツール

❸類似しているツールが表示される

また、［ツールバー］一番上の矢印マークは、クリックするごとに、［ツールバー］の列を1列にするか、2列にするかを切り替えられます。

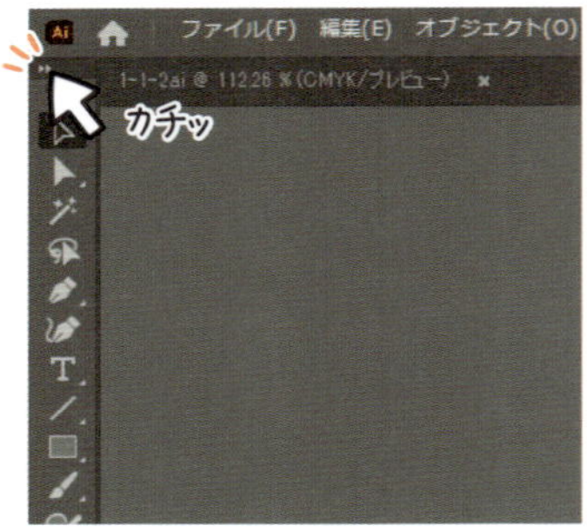
ファイル(F)　編集(E)　オブジェクト(O)
1-1-2ai @ 112.26 %(CMYK/プレビュー)
カチッ

❶［ツールバー］が1列の状態で一番上の矢印マークをクリックすると

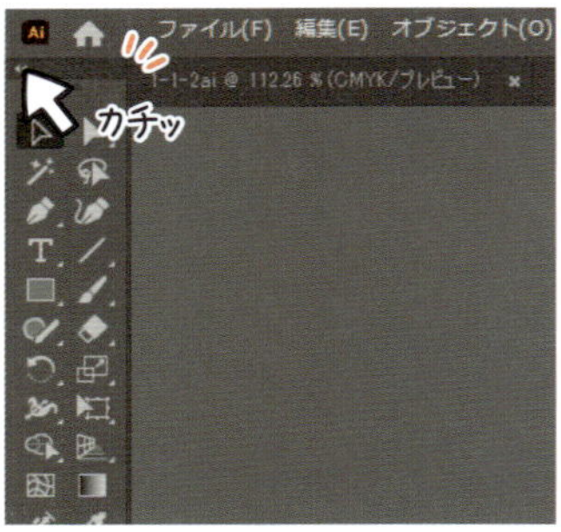
ファイル(F)　編集(E)　オブジェクト(O)
1-1-2ai @ 112.26 %(CMYK/プレビュー)
カチッ

❷表示が2列になり、もう一度クリックすると

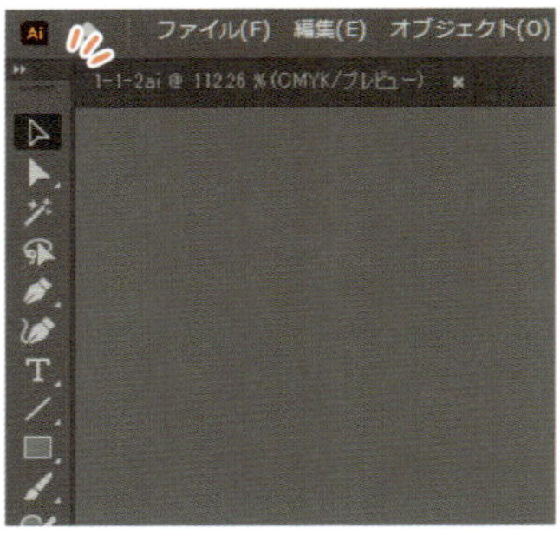
ファイル(F)　編集(E)　オブジェクト(O)
1-1-2ai @ 112.26 %(CMYK/プレビュー)

❸1列になる

［ツールバー］の表示方法には［基本］と［詳細］の2種類があり、画面上部［メニューバー］にある［ウィンドウ］の［ツールバー］から選択することができます。

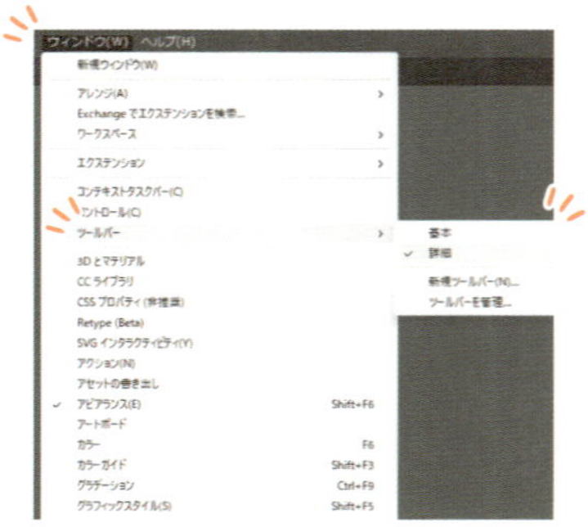

❶［メニューバー］の［ウィンドウ］の［ツールバー］にカーソルを合わせるとメニューが表示されるので

ファイル(F)　編集(E)　オブジェクト(O)　書式(T)
1-1-2ai @ 112.26 %(CMYK/プレビュー)

❷［基本］を選ぶと簡素な表示に

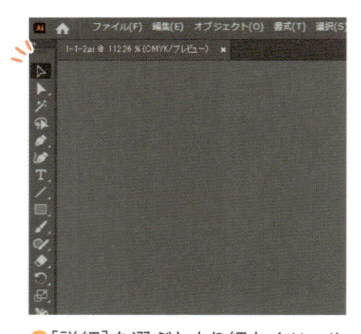
ファイル(F)　編集(E)　オブジェクト(O)　書式(T)
1-1-2ai @ 112.26 %(CMYK/プレビュー)

❸［詳細］を選ぶとより細かくツールが表示される

この書籍では、［詳細］を使って操作していきます

Let's Try!

パネルを表示してみよう

パネルとは、ツールにおける設定項目を1つのウィンドウにまとめたものです。画面右側を見ると、複数のパネルが配置されていることがわかります。

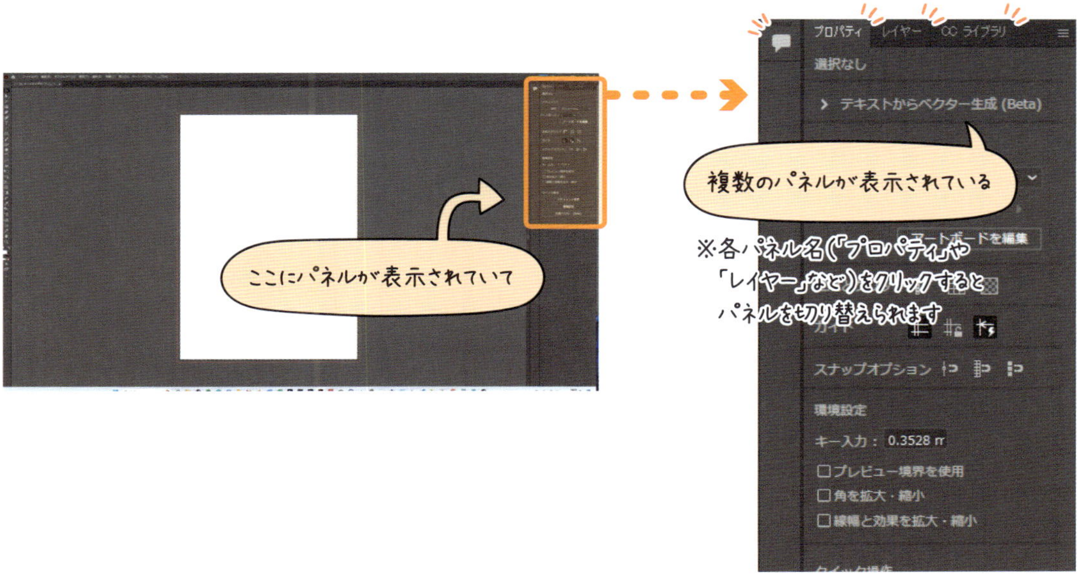
ここにパネルが表示されていて
複数のパネルが表示されている
※各パネル名(「プロパティ」や「レイヤー」など)をクリックするとパネルを切り替えられます
プロパティ
レイヤー
CC ライブラリ
選択なし
テキストからベクター生成 (Beta)
スナップオプション
環境設定
キー入力： 0.3528 m
プレビュー境界を使用
角を拡大・縮小
線幅と効果を拡大・縮小

パネルを表示するには、画面上部[メニューバー]にある[ウィンドウ]をクリックし、表示したいパネル名をクリックすることで、表示できます。

選択(S)
効果(C)
ウィンドウ(W)
ヘルプ(H)
カチッ

❶画面上部[メニューバー]にある[ウィンドウ]をクリックし

エクステンション
コンテキストタスクバー(C)
コントロール(C)
ツールバー
3D とマテリアル
CC ライブラリ
CSS プロパティ (非推奨)
Retype (Beta)
SVG インタラクティビティ(Y)
アクション(N)
アセットの書き出し
アピアランス(E) Shift+F6
アートボード
カラー F6
カラーガイド Shift+F3
グラデーション Ctrl+F9
カチッ

❷表示したいパネル名をクリックすると

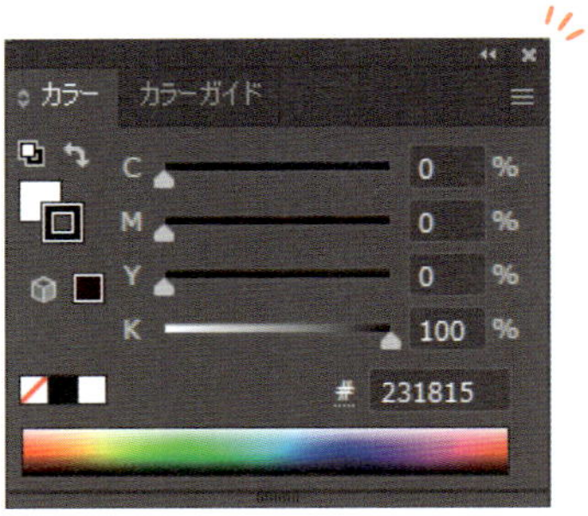
カラー
カラーガイド
C 0 %
M 0 %
Y 0 %
K 100 %
231815

❸パネルが表示される

非表示にするには、画面右上にバツが表示されている場合、そのバツマークを押すか[メニューバー]にある[ウィンドウ]をクリックし、非表示にしたいウィンドウをクリックすると非表示にできます

Chapter

1…2 ワークスペース

ワークスペースとは、名前そのまま、作業場所のことを指します。Illustratorには用途に合わせたワークスペースが用意されています。

Study

ワークスペースについて知ろう

　ワークスペースとは、作業場所のことを指します。画面構成とワークスペースはほぼ同じ意味となっています。

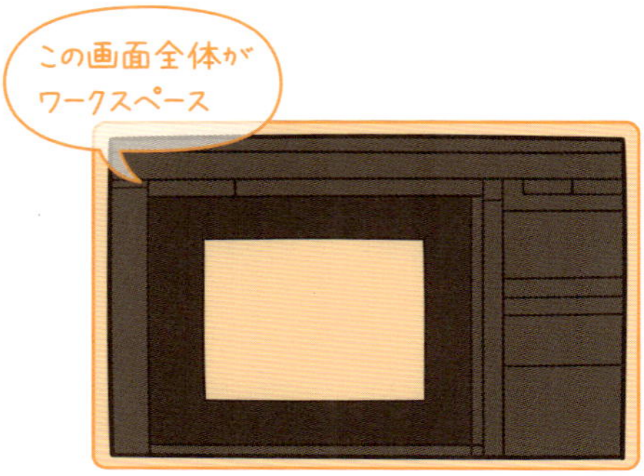
この画面全体が
ワークスペース

ワークスペースとは
表示されている作業場所のこと

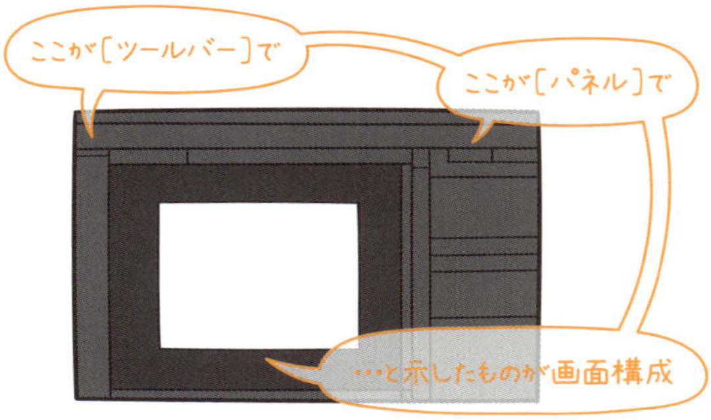
ここが[ツールバー]で
ここが[パネル]で
…と示したものが画面構成

画面構成とは画面上にどのようなものが
あるのか示したもの

ほとんどおんなじだ!

　このワークスペース、Illustratorでは作業用途に合わせていくつか用意されているので、変更する方法とあわせて見てみましょう。デフォルトでは[初期設定]になっています。

web用だったり

テキスト編集用だったり

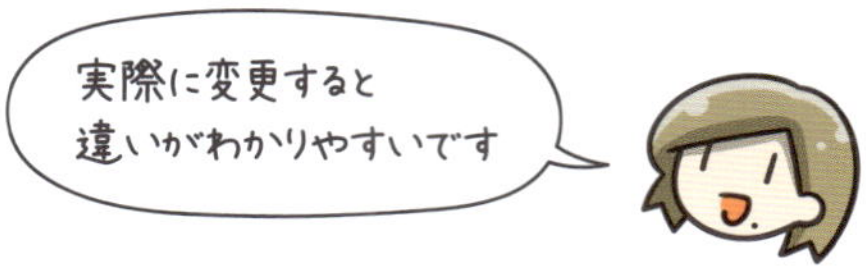
実際に変更すると
違いがわかりやすいです

用意されているワークスペースは、画面上部[メニューバー]にある[ウィンドウ]をクリックし、[ワークスペース]にカーソルを合わせると確認することができます。

ウィンドウ(W)
ヘルプ(H)
カチッ
❶画面上部[メニューバー]にある[ウィンドウ]をクリックし

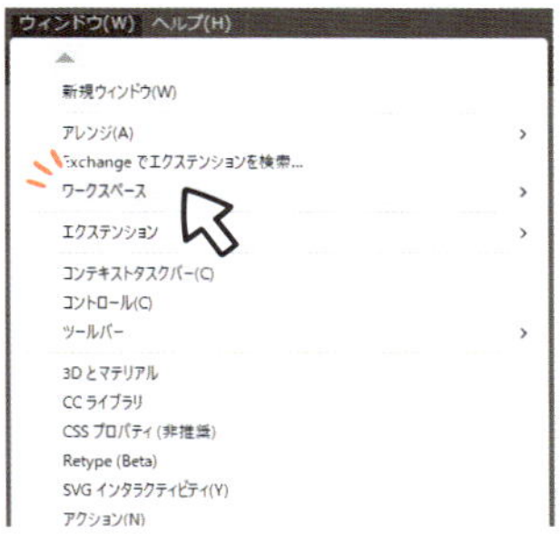
ウィンドウ(W)
ヘルプ(H)
新規ウィンドウ(W)
アレンジ(A)
Exchange でエクステンションを検索...
ワークスペース
エクステンション
コンテキストタスクバー(C)
コントロール(C)
ツールバー
3D とマテリアル
CC ライブラリ
CSS プロパティ (非推奨)
Retype (Beta)
SVG インタラクティビティ(Y)
アクション(N)
❷[ワークスペース]にカーソルを合わせると

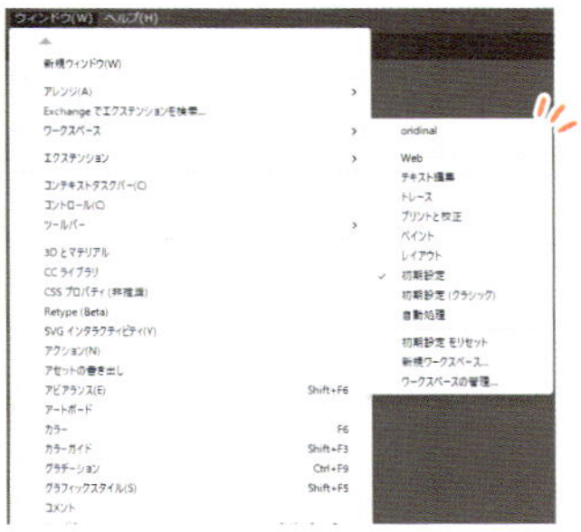
❸用意されているワークスペースが表示される

試しに[Web]をクリックしてみましょう。すると、ワークスペース全体が変化します。

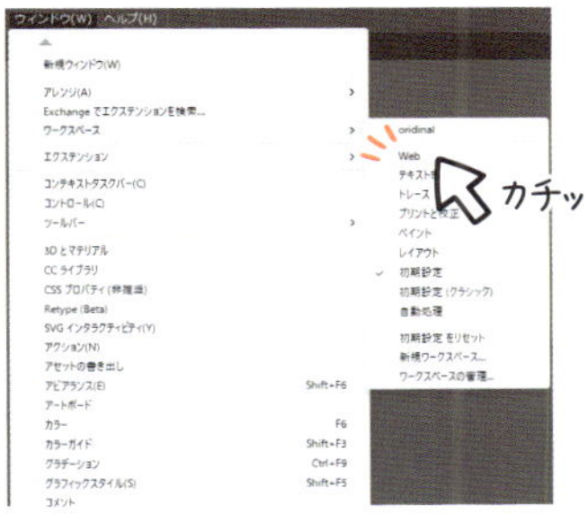
カチッ
❶[Web]をクリックしてみると

❷ワークスペース全体が変化する

元に戻すには、同様の手順で、画面上部[メニューバー]にある[ウィンドウ]をクリックし、[ワークスペース]にカーソルを合わせ[初期設定]を選択します。

ウィンドウ(W)
ヘルプ(H)
カチッ
❶画面上部[メニューバー]にある[ウィンドウ]をクリックし

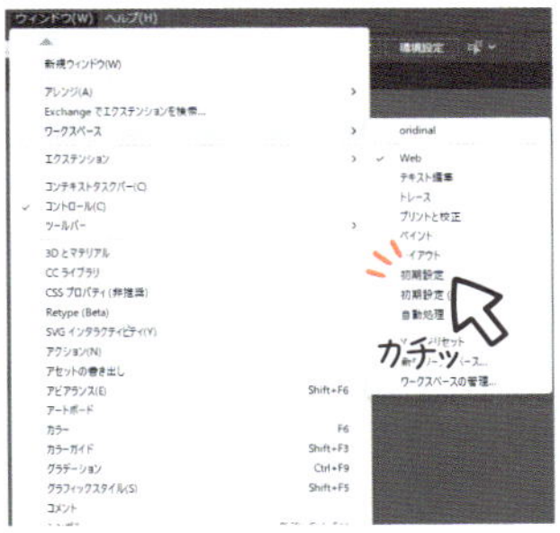
カチッ
❷[ワークスペース]にカーソルを合わせ[初期設定]をクリックすることで

❸元のワークスペースに戻すことができる

Let's Try!

ワークスペースのカスタマイズをしてみよう

「パネルを表示してみよう(p.21)」では、パネルの表示方法を学びました。さらにそこから、パネルを移動したり、合体したりしてワークスペースをカスタマイズしてみましょう。

カラー
カラーガイド
C
M
Y
K
231815

パネルを表示させたあと…

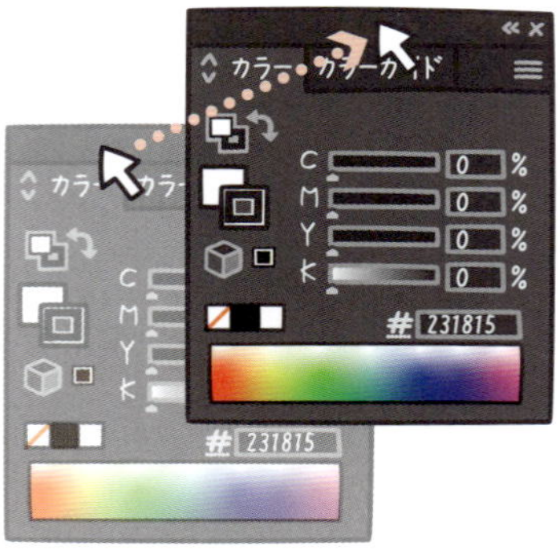

カラー
カラーガイド
231815

自由に移動してみたり

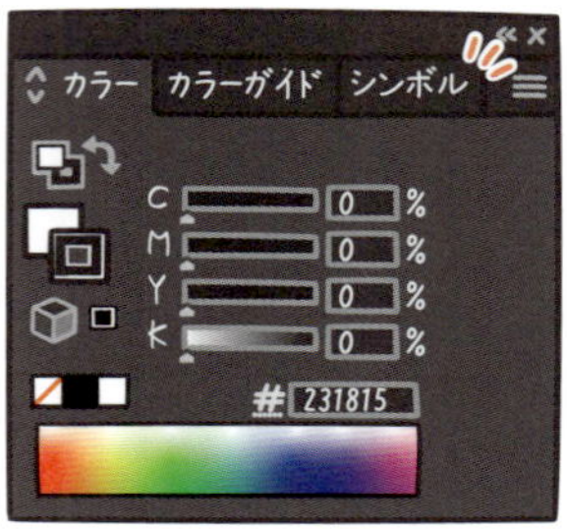

カラー
カラーガイド
シンボル
231815

パネルとパネルを合体させてみたり

必ずワークスペースをカスタマイズしなければいけないわけではないので、「へ〜、こんなことができるんだ〜」程度の認識でも問題ありません!

また、ワークスペースはいつでも初期状態にリセットできます

画面上部[メニューバー]にある[ウィンドウ]をクリックし、表示されたメニューから試しに[カラー]を選択してみます。すると、[カラーパネル]が表示されます。

書式(T) 選択(S) 効果(C) 表示(V) ウィンドウ(W) ヘルプ(H)
カチッ

❶画面上部[メニューバー]にある[ウィンドウ]をクリックし

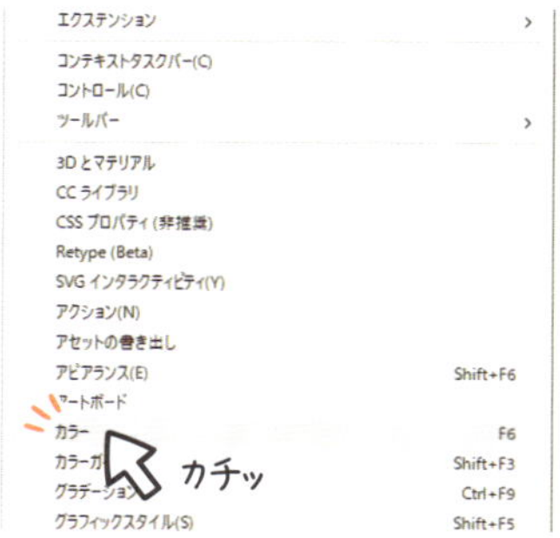

エクステンション
コンテキストタスクバー(C)
コントロール(C)
ツールバー
3D とマテリアル
CC ライブラリ
CSS プロパティ (非推奨)
Retype (Beta)
SVG インタラクティビティ(Y)
アクション(N)
アセットの書き出し
アピアランス(E) Shift+F6
アートボード
カラー F6
カラーガイド Shift+F3
グラデーション Ctrl+F9
グラフィックスタイル(S) Shift+F5
カチッ

❷表示されたメニューから[カラー]を選択すると

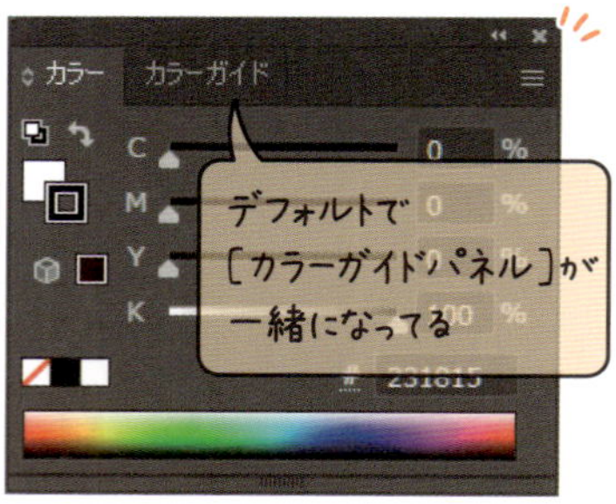

カラー
カラーガイド
デフォルトで[カラーガイドパネル]が一緒になってる

❸[カラーパネル]が表示される

ここから先の操作は、どのパネルを表示させても同様のことができます

このパネルを[プロパティパネル]下にドラッグしてみましょう。すると、青い線が表示されるタイミングがあるので、そこでドラッグをやめると、[プロパティパネル]下のスペースに合体させることができます。

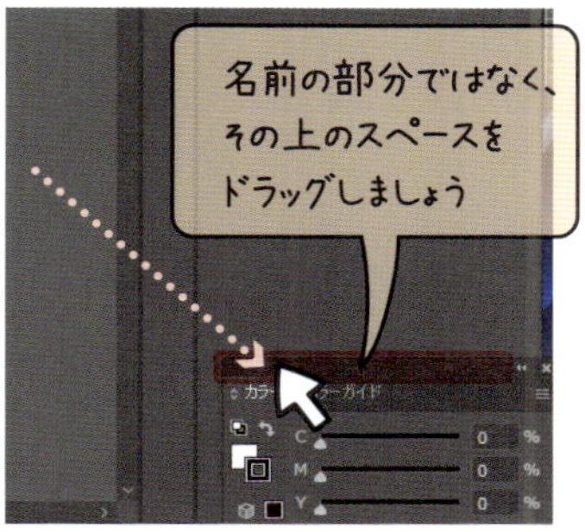
名前の部分ではなく、その上のスペースをドラッグしましょう

❶[カラーパネル]を[プロパティパネル]下にドラッグすると

❷青い線が表示されるタイミングがあるので

カラー
カラーガイド
231815

❸ドラッグをやめると、パネル下のスペースに合体できる

次に、画面上部[メニューバー]にある[ウィンドウ]から[ナビゲーター]を選択すると、[ナビゲーターパネル]が表示されます。

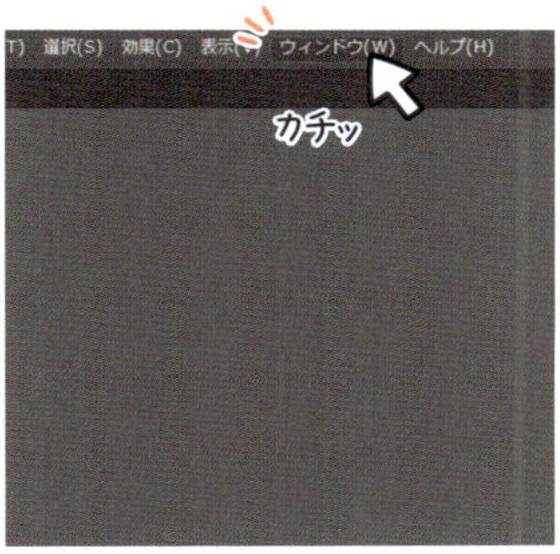
選択(S) 効果(C) 表示(V) ウィンドウ(W) ヘルプ(H)
カチッ

❶画面上部[メニューバー]にある[ウィンドウ]をクリックし

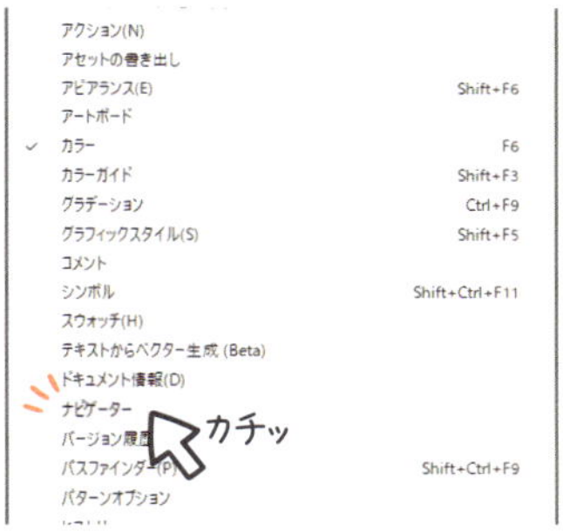
アクション(N)
アセットの書き出し
アピアランス(E) Shift+F6
アートボード
カラー F6
カラーガイド Shift+F3
グラデーション Ctrl+F9
グラフィックスタイル(S) Shift+F5
コメント
シンボル Shift+Ctrl+F11
スウォッチ(H)
テキストからベクター生成 (Beta)
ドキュメント情報(D)
ナビゲーター
バージョン履歴
パスファインダー(P) Shift+Ctrl+F9
パターンオプション
カチッ

❷表示されたメニューから[ナビゲーター]を選択すると

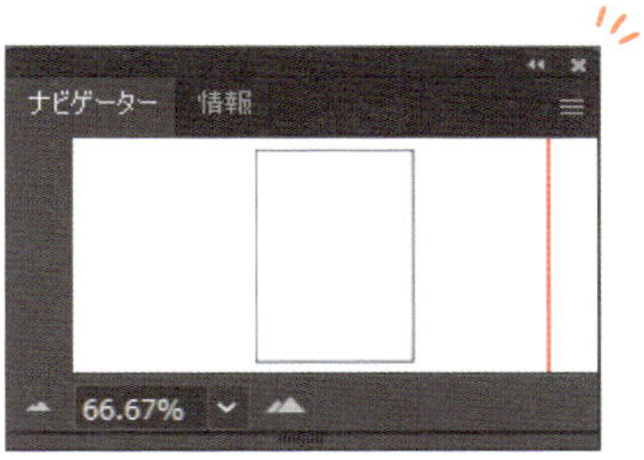
ナビゲーター
情報
66.67%

❸[ナビゲーターパネル]が表示される

このパネルを[プロパティパネル]の左隣へドラッグしてみましょう。青い線が表示されるタイミングがあるので、そこでドラッグをやめると、[プロパティパネル]と[コメントパネル]の間に合体させることができます。

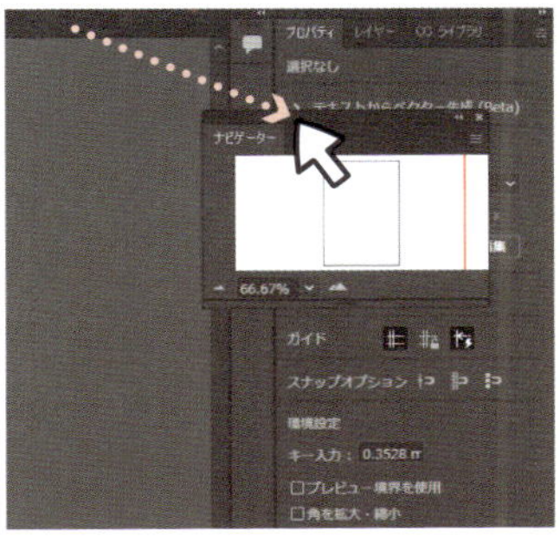

❶[ナビゲーターパネル]を[プロパティパネル]の左隣へドラッグすると

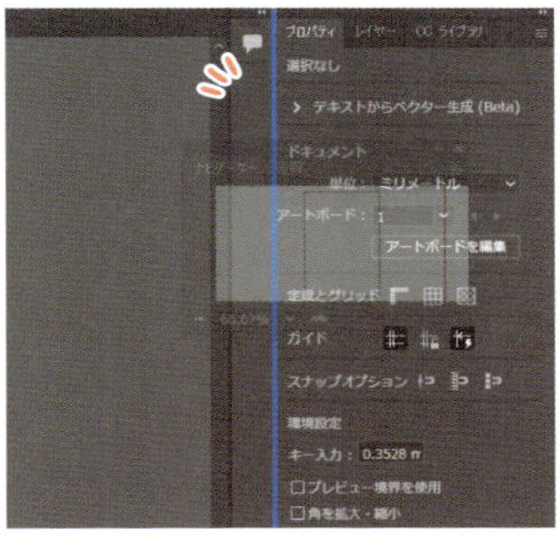

❷青い線が表示されるタイミングがあるので

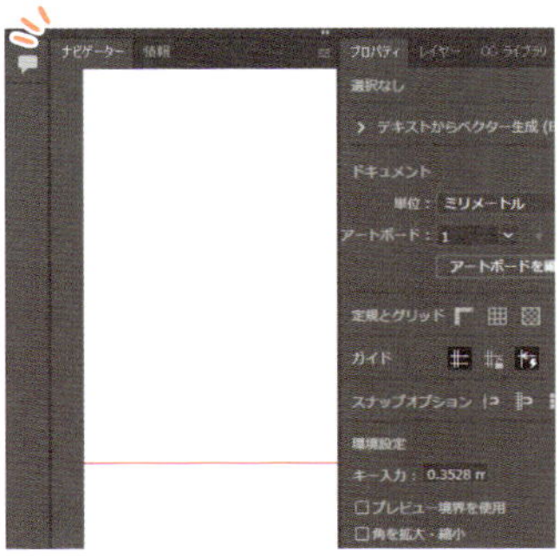

❸そこでドラッグをやめると、パネルとパネルの間に合体できる

このように、青い線が出る箇所までドラッグすると合体させることができるようになります

また、それぞれのパネルの境目にカーソルを持っていくと、カーソルの表示が変わるので、そのタイミングで上下または左右にドラッグするとそれぞれのパネルのスペースを拡大/縮小できます。

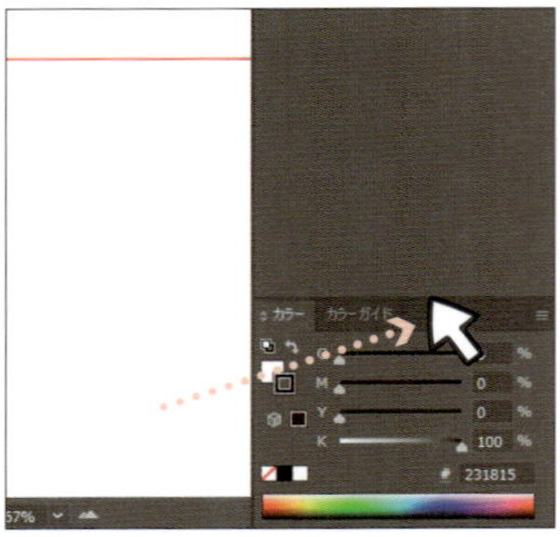

❶パネルの境目にカーソルを持っていくと

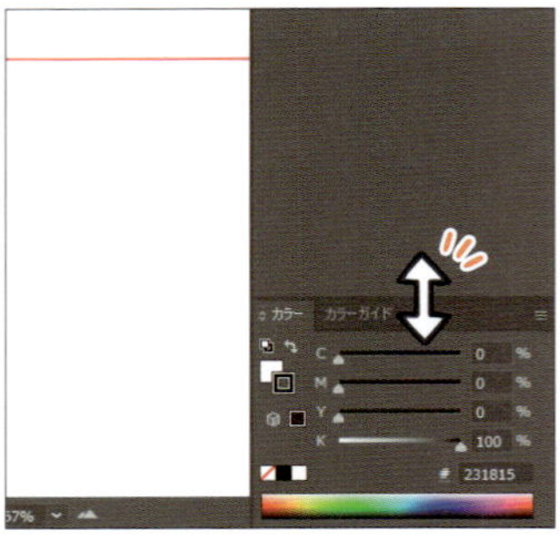

❷カーソルの表示が変わるタイミングがあるので

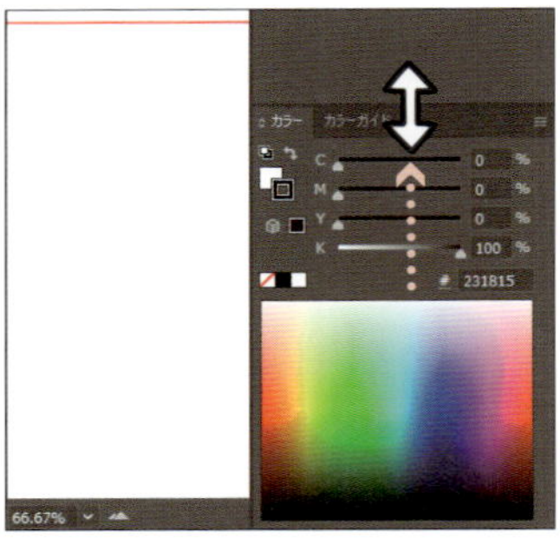

❸上下または左右にドラッグするとパネルのスペースを変更できる

ワークスペースがごちゃごちゃしてきたな…と思ったときは、画面上部[ウィンドウ]をクリックし、[ワークスペース]から[初期設定をリセット]を選択すると、一番最初の状態に戻すことができます。

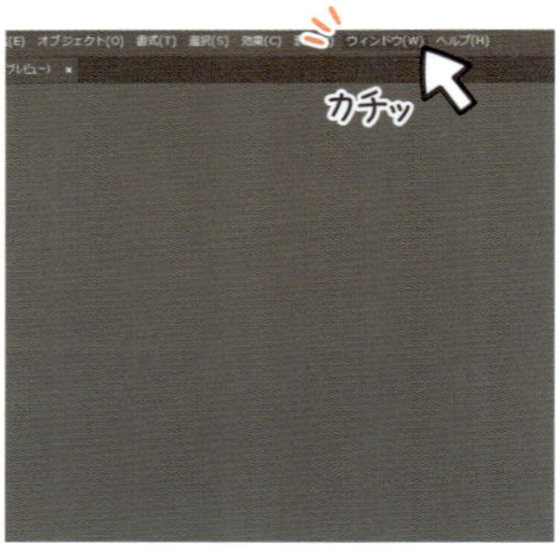
カチッ

❶画面上部[メニューバー]にある[ウィンドウ]をクリックし

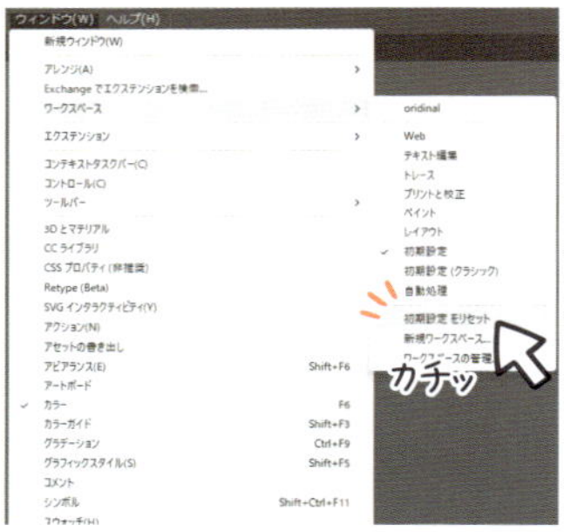
カチッ

❷表示されたメニューにある[ワークスペース]から[初期設定をリセット]を選択すると

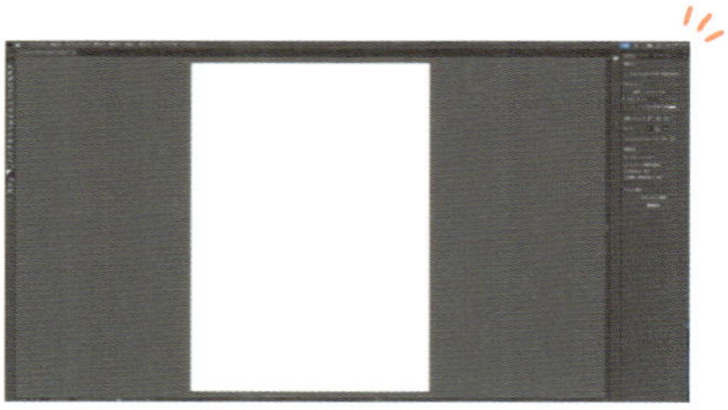

❸一番最初の状態に戻すことができる

いろいろと操作をしていき、ワークスペースがごちゃごちゃしてしまったときは、リセットするのがおすすめです!

Chapter 1…3 アートボード

Illustratorでは、「アートボード」という概念があります。Illustratorを操作するうえで、知っておかなければならない内容となります。

Study

アートボードについて知ろう

アートボードとは、簡単にいうと「机の上にある画用紙」のようなものです。アートボード内に配置されたもののみが、画像として書き出したり、印刷したりしたときに表示されます。

アートボードは「机の上にある画用紙」みたいなもので

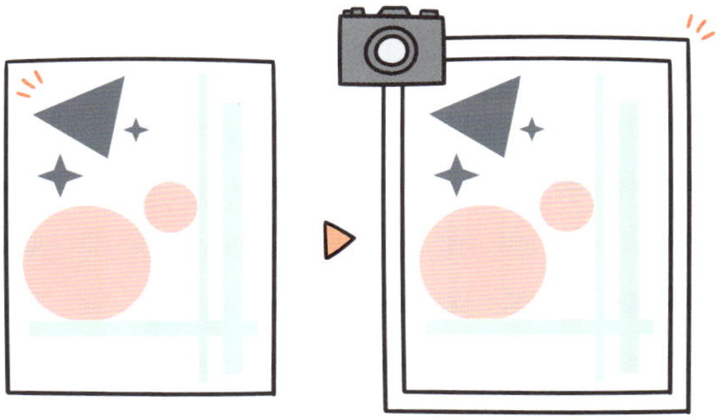

アートボード内に配置したものが画像として書き出されたり、印刷できたりする

アートボード外にもオブジェクトを配置できますが、アートボード外にあるものは実際には印刷されないので注意しましょう。

アートボード外にオブジェクトを配置しても

あれ!?
想像と違う!!

実際には印刷されたり、書き出されたりしない

Let's Try!

アートボードに関する操作をしてみよう

アートボードは、ファイルを新規作成するときに自動的に作成されます。

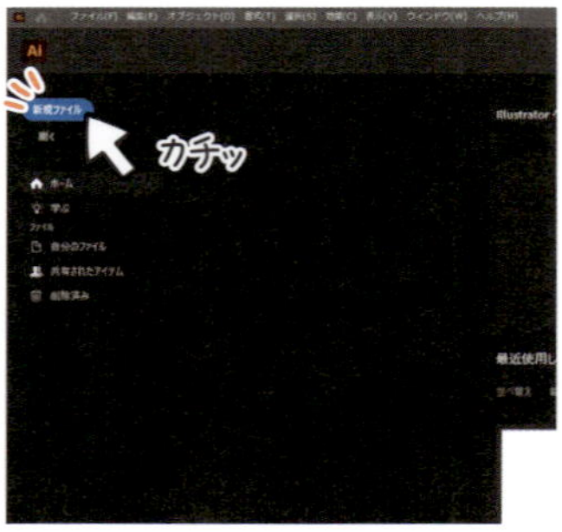
カチッ

❶トップ画面から[新規ファイル]をクリックしたあと

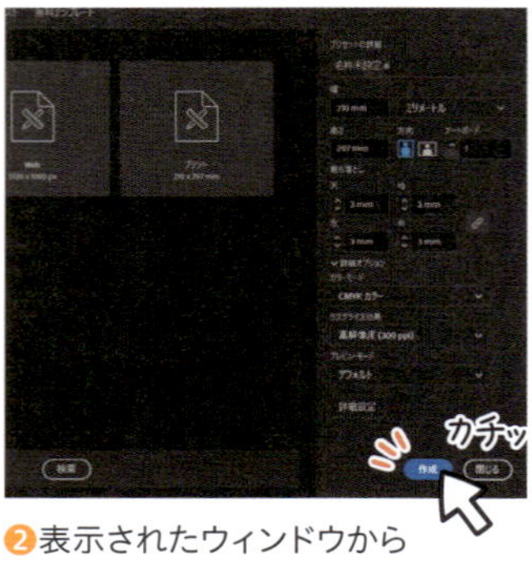
カチッ

❷表示されたウィンドウから[作成]をクリックすると

❸選んだドキュメントサイズのアートボードが配置される

作成したサイズが見本と違っていても問題ありません

アートボードはあとからサイズを変更したり、数を増やすことも可能です。[選択ツール]を選択している状態で画面右側にある[プロパティパネル]を見てみましょう。

すると、[アートボードを編集]というボタンが表示されるので、そこから様々な設定が可能です。

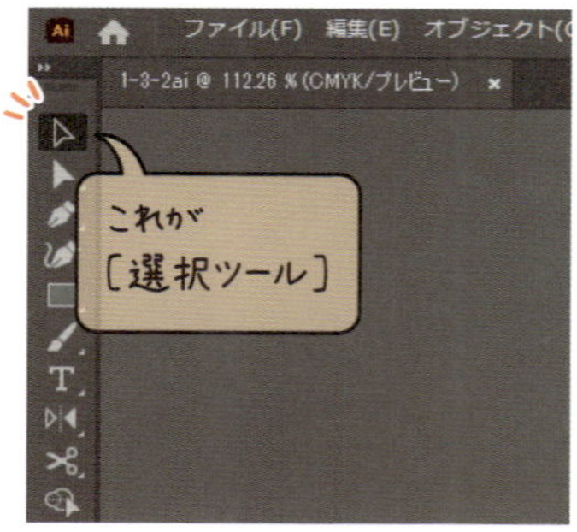
ファイル(F) 編集(E) オブジェクト(
1-3-2ai @ 112.26 % (CMYK/プレビュー)
これが
[選択ツール]

❶[選択ツール]を選択している状態で

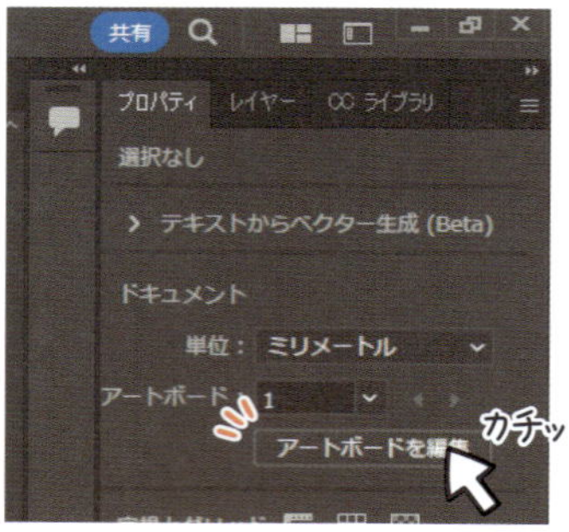
共有
プロパティ レイヤー CC ライブラリ
選択なし
テキストからベクター生成 (Beta)
ドキュメント
単位：ミリメートル
アートボード 1
アートボードを編集
カチッ

❷[プロパティパネル]にある[アートボードを編集]をクリックすると

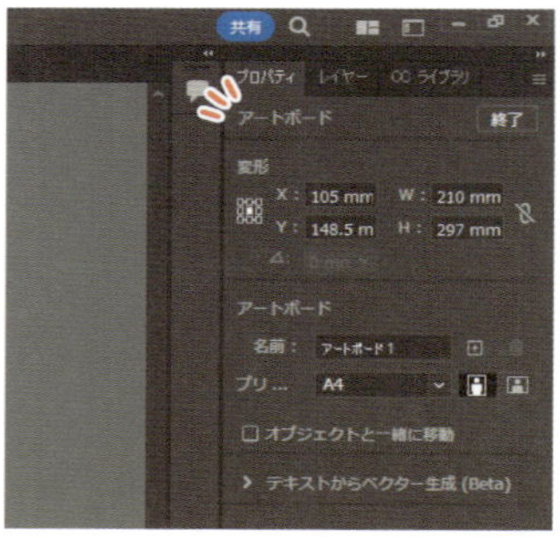
共有
プロパティ レイヤー CC ライブラリ
アートボード 終了
変形
X: 105 mm W: 210 mm
Y: 148.5 mm H: 297 mm
アートボード
名前：アートボード1
A4
オブジェクトと一緒に移動
テキストからベクター生成 (Beta)

❸アートボードに対する設定を行える

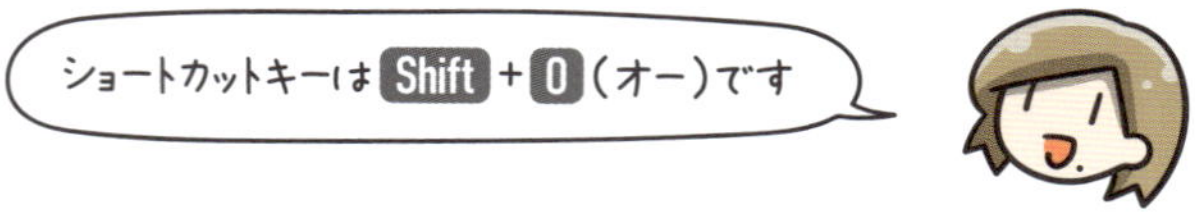
ショートカットキーは Shift + O (オー)です

アートボードのサイズ変更は、アートボード外側にある小さな四角形をドラッグするか、もしくは[プロパティパネル]内の[変形]から[W:]と[H:]を入力するか、または、[プロパティパネル]内[アートボード]の[プリセット]からサイズを選択します。

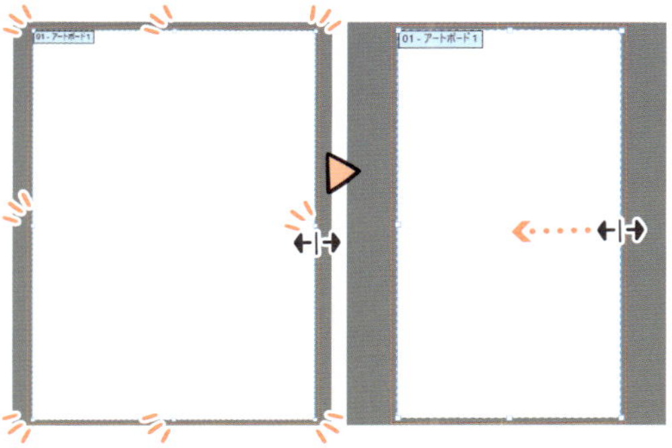

❶[アートボードを編集]をクリックしたあとアートボードの外側にある小さな四角形をドラッグするか

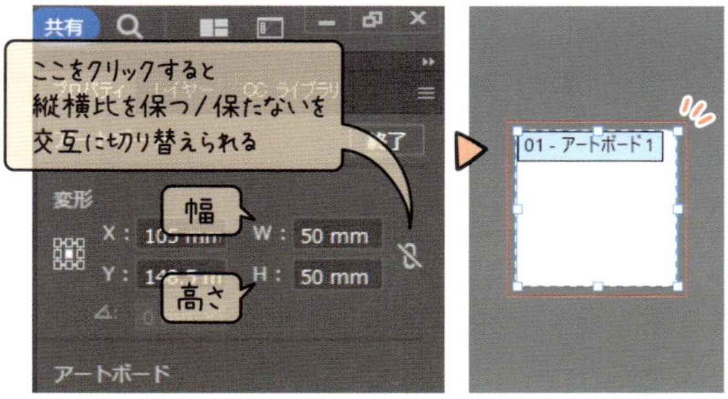
ここをクリックすると
縦横比を保つ/保たないを
交互に切り替えられる
幅
高さ
変形
W：50 mm
H：50 mm
アートボード
01 - アートボード 1

❷[プロパティパネル]内の[変形]から[W:](幅)と[H:](高さ)をクリックして入力するか

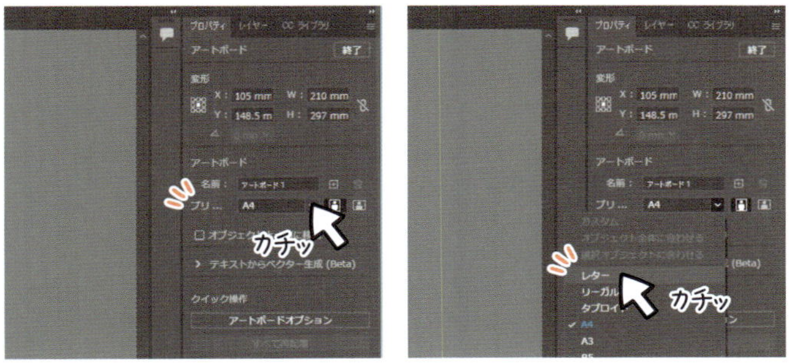
カチッ
カチッ

❸[プロパティパネル]内[アートボード]の[プリセット]からサイズを選択することで

❹アートボードのサイズを変更できる

アートボードの数を増やすには、[プロパティパネル]内[アートボード]の[名前]横にあるプラスマークをクリックします。

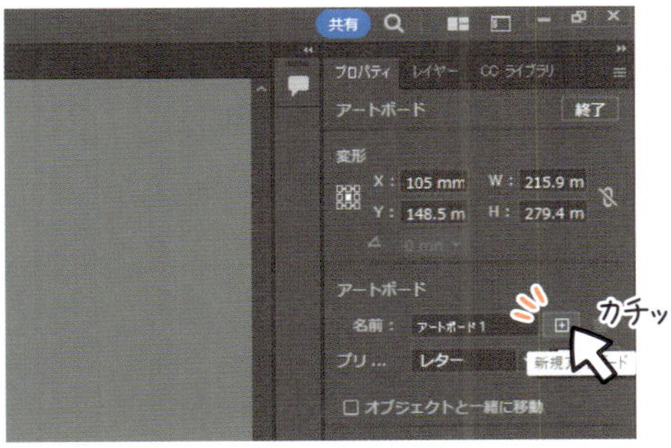
カチッ

❶[プロパティパネル]内[アートボード]の[名前]横にあるプラスマークをクリックすると

❷アートボードを増やせる

アートボードの削除は、削除したいアートボードをクリックし BackSpace もしくは Delete を押します。

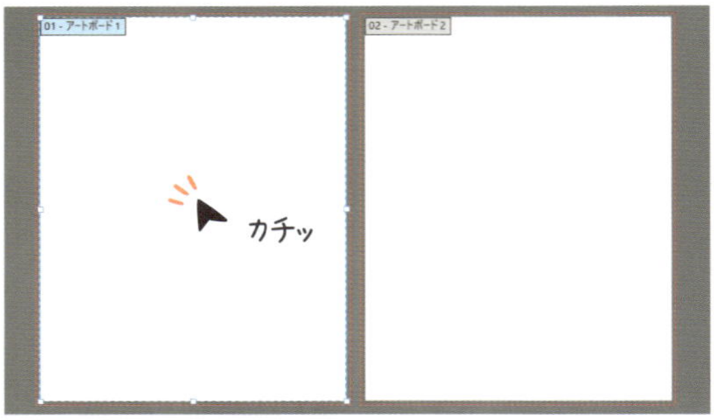
01 - アートボード1
02 - アートボード2
カチッ

❶アートボードをクリックし選択したあと

01 - アートボード2

❷ BackSpace もしくは Delete を押すとアートボードを削除できる

アートボードは、ドラッグすることで移動が可能です。アートボードに関する操作が終わったら、[プロパティパネル]内の[アートボード]から[終了]をクリックしましょう。

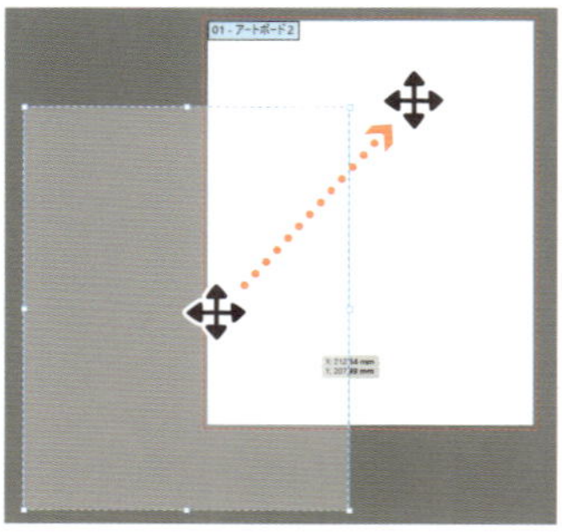
01 - アートボード2

❶アートボードをドラッグすると

01 - アートボード2

❷移動できる

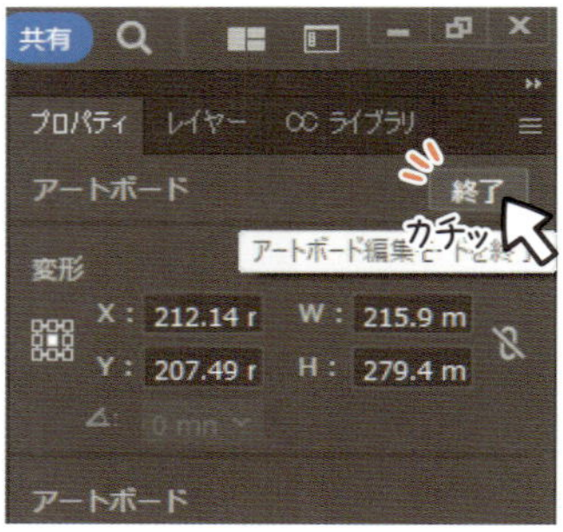
共有
プロパティ
レイヤー
CC ライブラリ
アートボード
終了
カチッ
変形
X : 212.14 r
Y : 207.49 r
W : 215.9 m
H : 279.4 m
アートボード

❸[プロパティパネル]内、[アートボード]から[終了]をクリックする

Chapter

2

Illustratorの基本的な操作

この章では、Illustratorで制作を行っていく上で、必ず使用する操作について学んでいきます。基本中の基本的な内容ばかりです。この章できちんと学んでおかないと、Illustratorで作業を行うことは難しくなるでしょう。なので、ないがしろにせず、しっかりと学んでいきましょう。

Chapter

2 Illustratorの基本的な操作

Illustrator を操作するうえで、
必須である基本的な操作についてここでは見ていきます

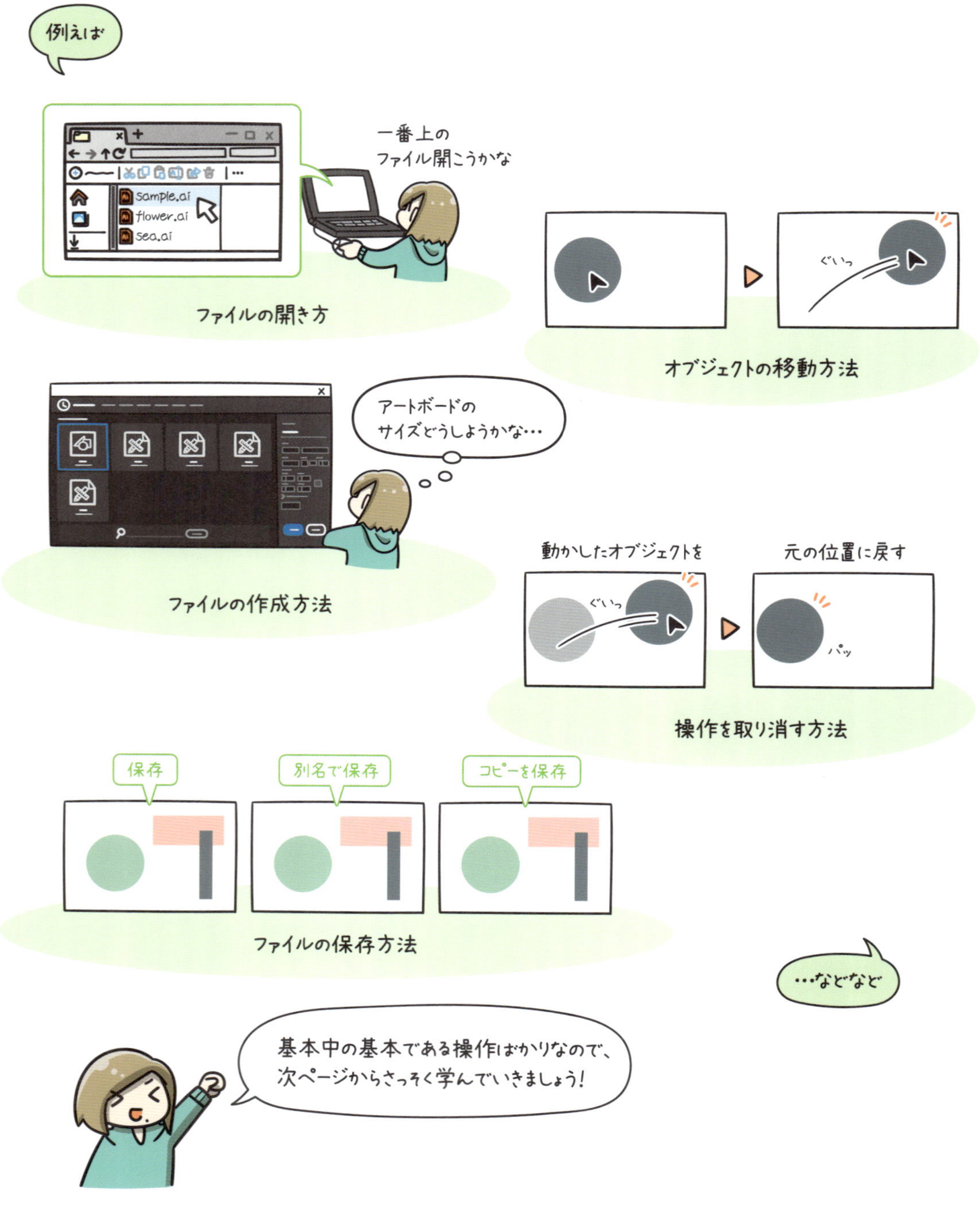
例えば
一番上の
ファイル開こうかな
sample.ai
flower.ai
sea.ai
ファイルの開き方
ぐいっ
オブジェクトの移動方法
アートボードの
サイズどうしようかな…
ファイルの作成方法
動かしたオブジェクトを
元の位置に戻す
ぐいっ
パッ
操作を取り消す方法
保存
別名で保存
コピーを保存
ファイルの保存方法
…などなど
基本中の基本である操作ばかりなので、
次ページからさっそく学んでいきましょう!

Chapter

2…1 共通の操作

この章では、Illustratorを扱う上で必須となる操作を学んでいきます。必ずマスターしておきましょう。

Study

ファイルを開く方法について知ろう

基本中の基本の操作として、ファイルを開く方法を見ていきます。といっても、ほかのアプリケーションと操作方法はなんら変わりはありません。開きたいファイルをクリックすることで、ファイルは開くことができます。

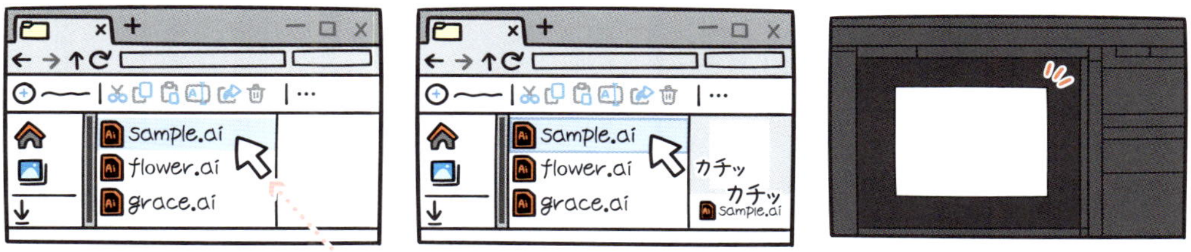

sample.ai
flower.ai
grace.ai
カチッ
カチッ
sample.ai

開きたいファイルにカーソルを持っていき　　クリックすると　　ファイルを開くことができる

また、複数のファイルを同時に開くことも可能です。複数のファイルを開いた場合、画面上部にタブ状にファイルが表示され、ファイル名をクリックすることで、ファイルを切り替えることができます。

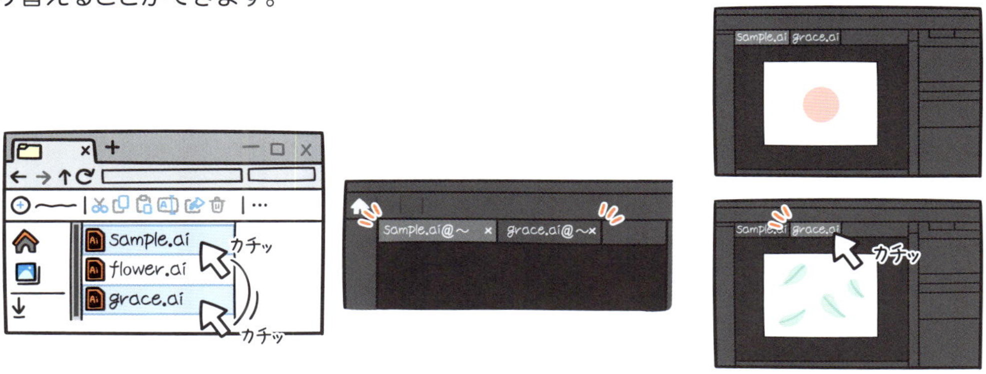

sample.ai
flower.ai
grace.ai
カチッ
カチッ
sample.ai@～
grace.ai@～
sample.ai grace.ai
カチッ

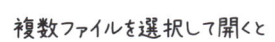

複数ファイルを選択して開くと　　タブ状にファイルが開かれ　　クリックしてファイルを切り替えられる

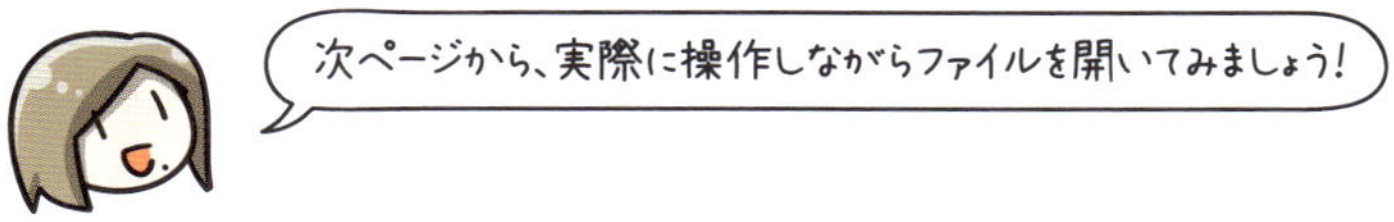

次ページから、実際に操作しながらファイルを開いてみましょう!

Let's Try!

ファイルを開いてみよう

ファイルを開くには、ほかのアプリケーションなどと同様にダブルクリック(設定によっては単純にクリック)することで開くことができます。今回は、ファイル「2-1-1.ai」を選択して開きました。

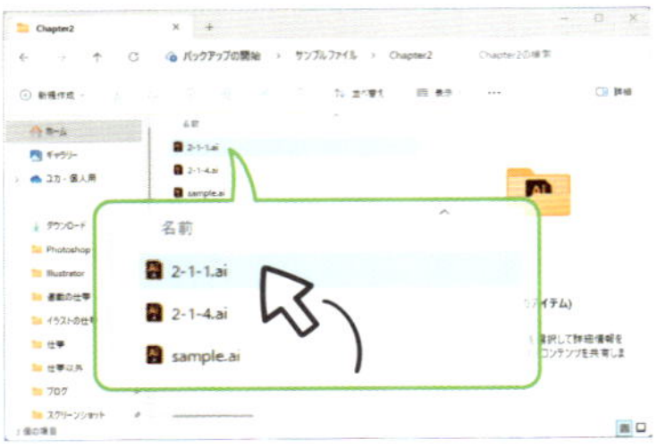

名前
2-1-1.ai
2-1-4.ai
sample.ai

❶開きたいファイルにカーソルを持っていき

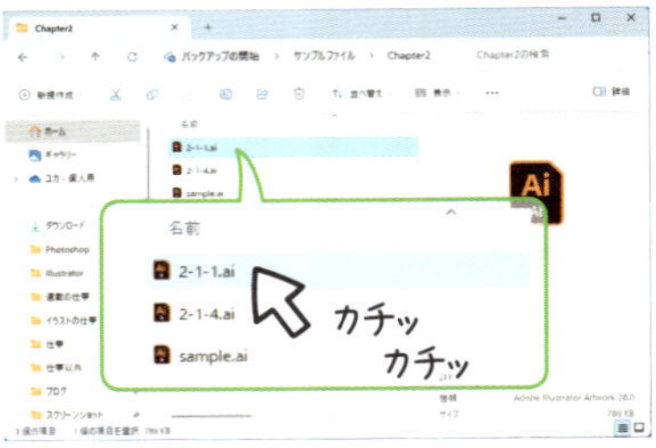

名前
2-1-1.ai
2-1-4.ai
sample.ai
カチッ
カチッ

❷ダブルクリック(もしくはクリック)すると

❸ファイルが開かれる

また、Shift もしくは Ctrl (⌘)を押しながらファイルを選択することで、複数のファイルを選択することができます。

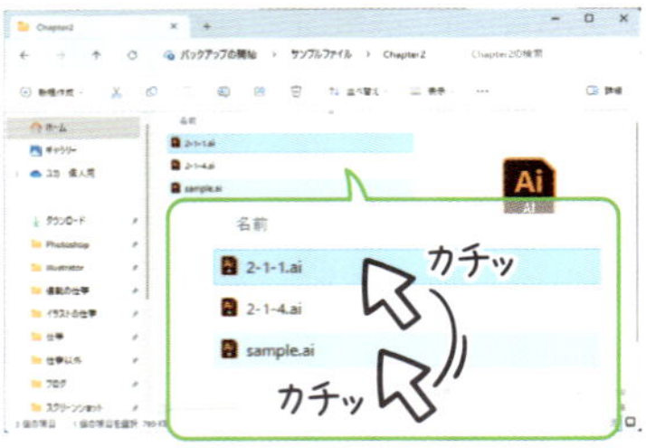

名前
2-1-1.ai
2-1-4.ai
sample.ai
カチッ
カチッ

❶ Shift を押しながら最初と最後のファイルをクリックすると

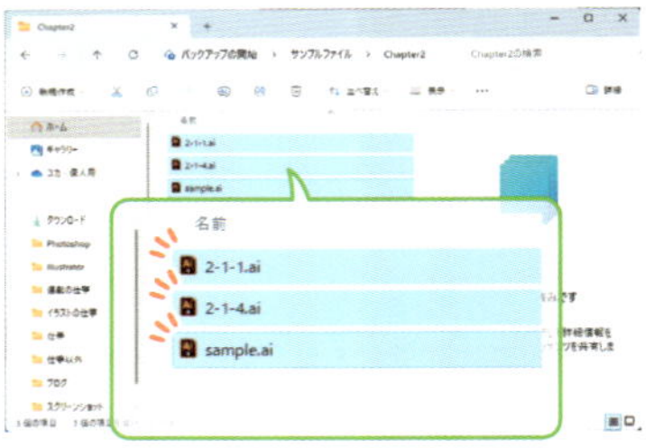

名前
2-1-1.ai
2-1-4.ai
sample.ai

❷間のファイルもすべて選択され

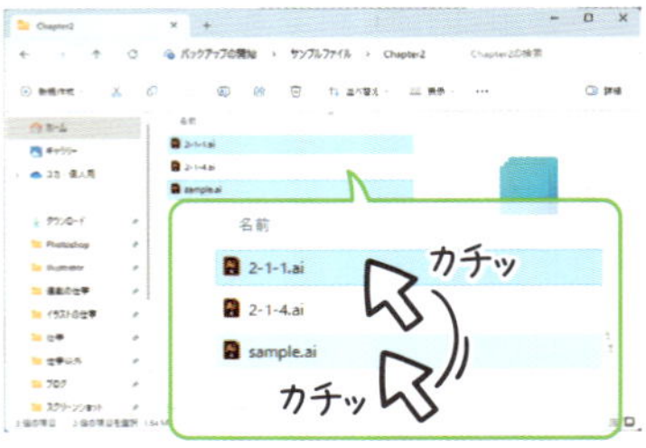

名前
2-1-1.ai
2-1-4.ai
sample.ai
カチッ
カチッ

❸ Ctrl 押しながらではクリックしたもののみが選択される

※Macの場合は、どちらの操作もクリックしたもののみ選択されます

複数のファイルが選択できたら、右クリックをして表示されるメニューから[開く]を選択することで、選択したファイルすべてが開かれます。

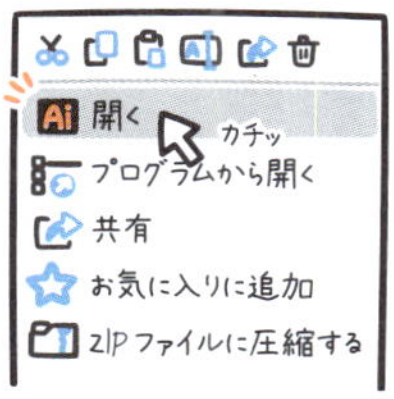
開く
カチッ
プログラムから開く
共有
お気に入りに追加
ZIPファイルに圧縮する

❶ファイルを選択した状態で右クリックをして表示されるメニューから[開く]を選択すると

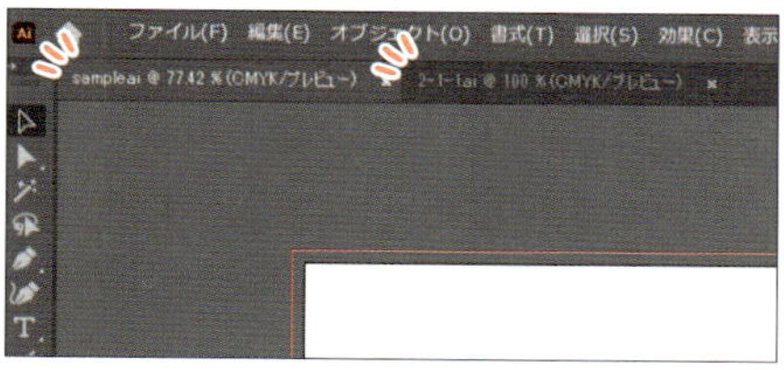
ファイル(F)
編集(E)
書式(T)
選択(S)
効果(C)

❷選択したファイルがすべて開かれる

複数ファイルを開いていると、画面上部にタブ状にファイルが表示されます。ファイル名をクリックし、表示するファイルを切り替えることができます。

❶複数ファイルを開いていると、画面上部にタブ状にファイルが表示される

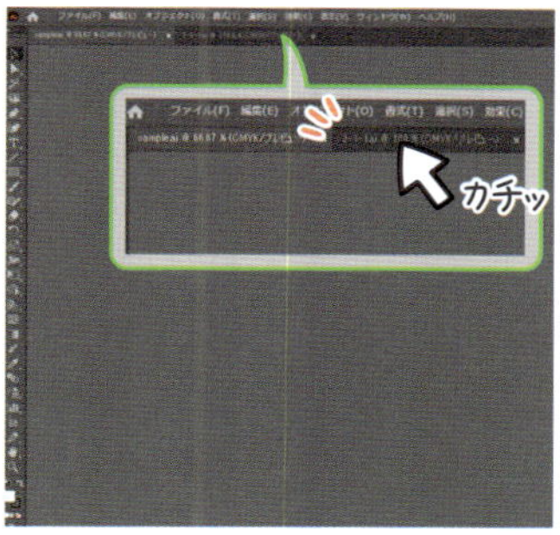
カチッ

❷ファイル名をクリックすると

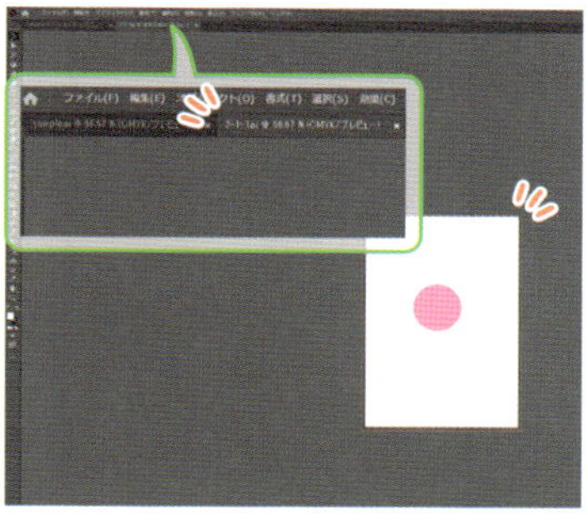

❸クリックしたファイルが表示される

Let's Try!

画面を拡大/縮小してみよう

前ページで開いたファイルを拡大/縮小してみましょう。拡大/縮小するには、[ツールバー]から[ズームツール]を選択します。選択すると、カーソルが虫メガネの表記に変わります。

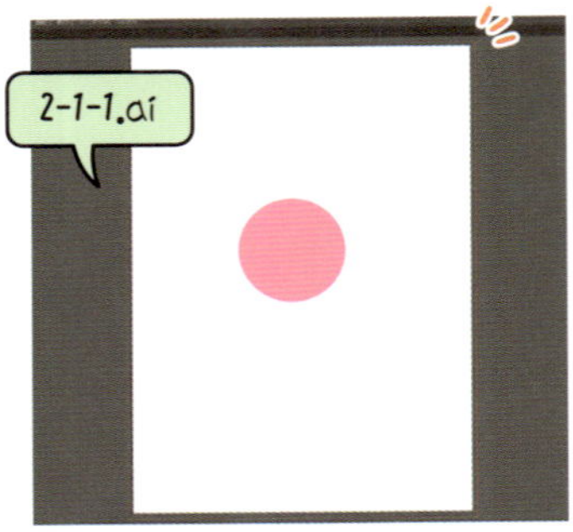
2-1-1.ai

❶ファイルが開かれた状態で

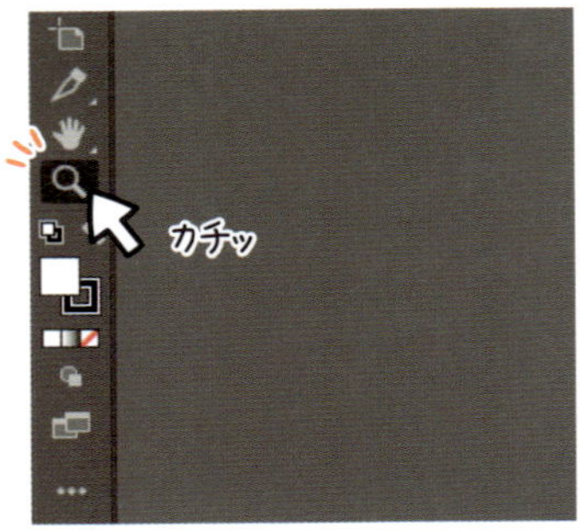
カチッ

❷[ツールバー]から[ズームツール]を選択すると

❸カーソルが虫メガネの表記になる

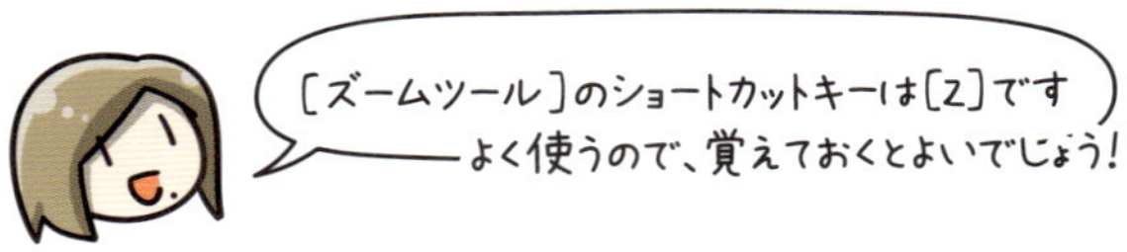
[ズームツール]のショートカットキーは[Z]です
よく使うので、覚えておくとよいでしょう！

[ズームツール]を選択した状態で画面をクリックすると、クリックした箇所を中心に画面が拡大されます。Alt（Option）を押しながらクリックすると、反対に画面が縮小されます。

カチッ
カチッ
カチッ

❶[ズームツール]を選択した状態で画面をクリックすると

❷クリックした箇所を中心に画面が拡大される

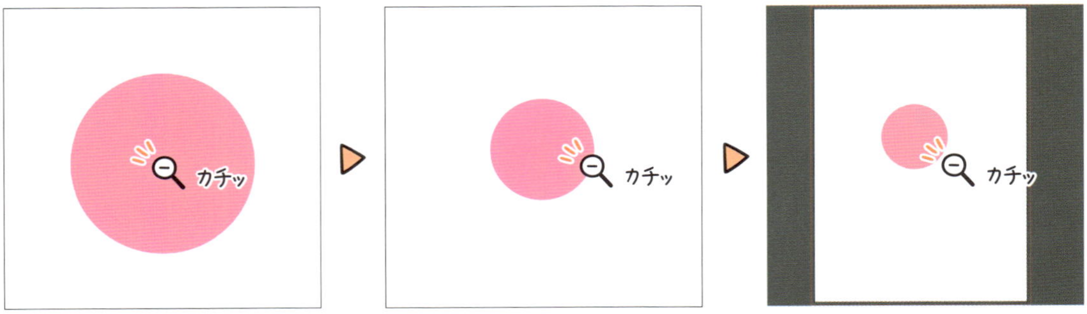
カチッ
カチッ
カチッ

❸ Alt を押しながら画面をクリックすると

❹クリックした箇所を中心に画面が縮小される

また、[ズームツール]を選択した状態で、カーソルを右方向にクリックしたままドラッグすると拡大、左方向にクリックしたままドラッグすると縮小されます。

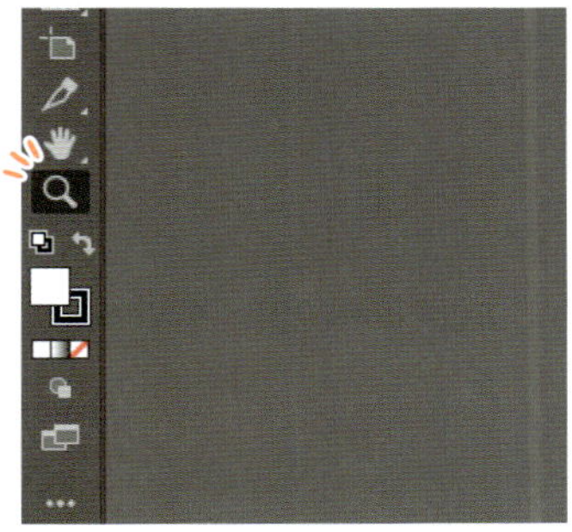

❶[ズームツール]を選択した状態で

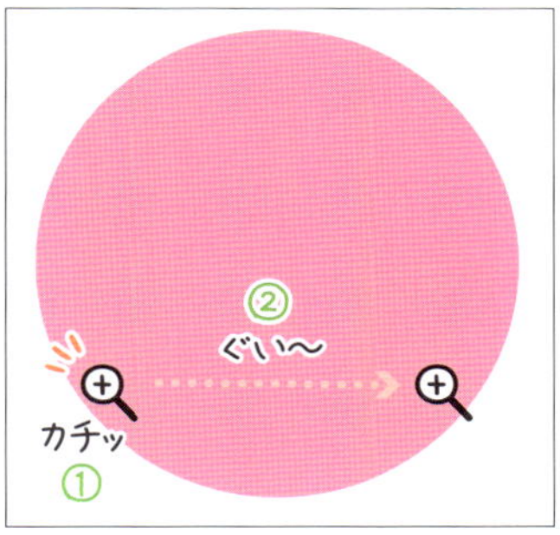
②
ぐい〜
カチッ
①

❷カーソルを右方向にドラッグすると拡大され

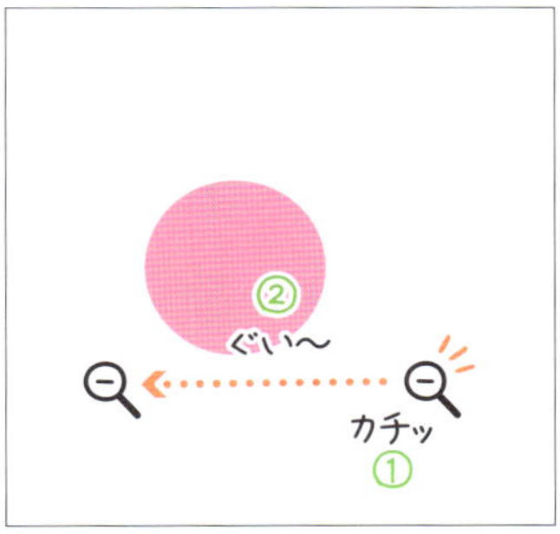
②
ぐい〜
カチッ
①

❸カーソルを左方向にドラッグすると縮小される

このような動きにならない場合は、画面上部[メニューバー]にある[編集]をクリックし、[環境設定]にカーソルを合わせて[パフォーマンス]を選択します。表示されたウィンドウから[GPUパフォーマンス]、[アニメーションズーム]にチェックを入れると、滑らかに拡大/縮小が行えるようになります。

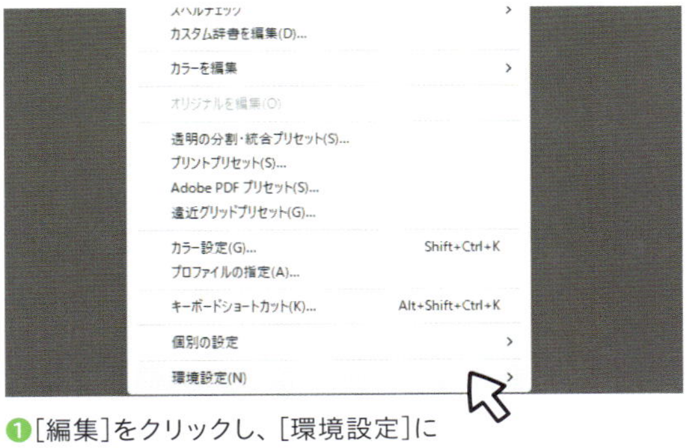
カスタム辞書を編集(D)...
カラーを編集
オリジナルを編集(O)
透明の分割・統合プリセット(S)...
プリントプリセット(S)...
Adobe PDF プリセット(S)...
遠近グリッドプリセット(G)...
カラー設定(G)... Shift+Ctrl+K
プロファイルの指定(A)...
キーボードショートカット(K)... Alt+Shift+Ctrl+K
個別の設定
環境設定(N)

❶[編集]をクリックし、[環境設定]にカーソルを合わせて

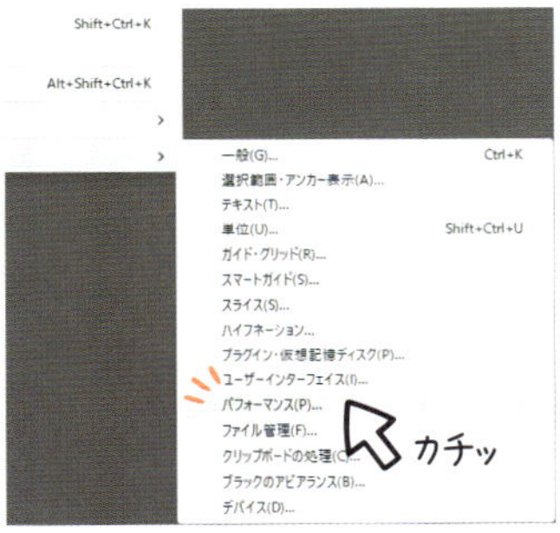
Shift+Ctrl+K
Alt+Shift+Ctrl+K
一般(G)... Ctrl+K
選択範囲・アンカー表示(A)...
テキスト(T)...
単位(U)... Shift+Ctrl+U
ガイド・グリッド(R)...
スマートガイド(S)...
スライス(S)...
ハイフネーション...
プラグイン・仮想記憶ディスク(P)...
ユーザーインターフェイス(I)...
パフォーマンス(P)...
ファイル管理(F)...
クリップボードの処理(C)...
ブラックのアピアランス(B)...
デバイス(D)...
カチッ

❷[パフォーマンス]を選択する

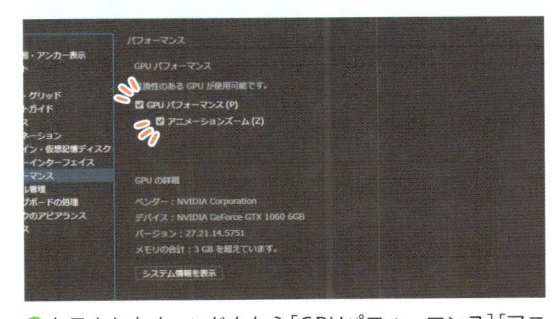
パフォーマンス
GPU パフォーマンス
GPU パフォーマンス (P)
アニメーションズーム (Z)
GPU の詳細
ベンダー：NVIDIA Corporation
デバイス：NVIDIA GeForce GTX 1060 6GB
バージョン：27.21.14.5751
システム情報を表示

❸表示されたウィンドウから[GPUパフォーマンス][アニメーションズーム]にチェックを入れると

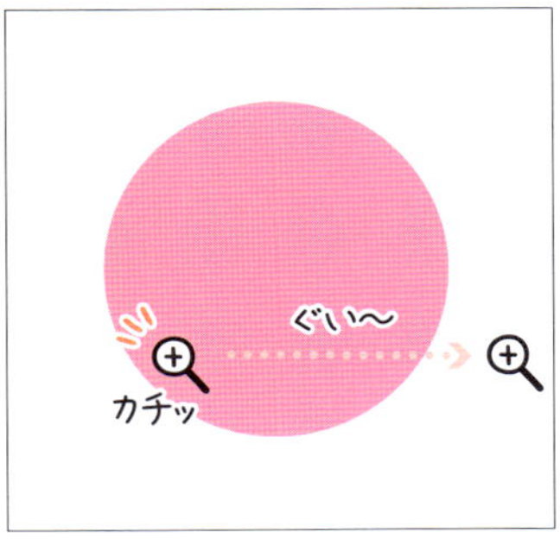
ぐい〜
カチッ

❹滑らかに拡大/縮小が行えるようになる

それでもうまくいかない場合、[メニューバー]にある[表示]に
表示されるメニュー上から二番目が[CPUで表示]になっているか確認してみましょう
[GPUで表示]になっている場合は、そこをクリックしてみてください

Let's Try!

作業画面を移動してみよう

前ページから引き続き、操作を行っていきます。画面を移動するには、[ツールバー]から[手のひらツール]を選択します。すると、カーソルが手のひらの表記に変わります。

カチッ

❶[ツールバー]から[手のひらツール]を選択すると

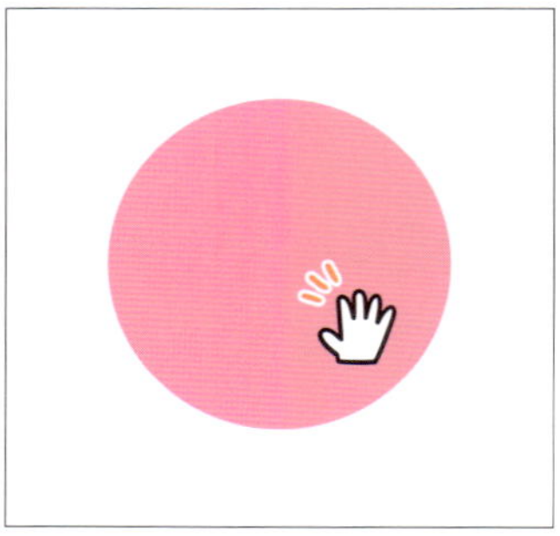

❷カーソルが手のひらの表記になる

[手のひらツール]を選択した状態で画面上を移動したい方向へドラッグすると、画面を移動することができます。

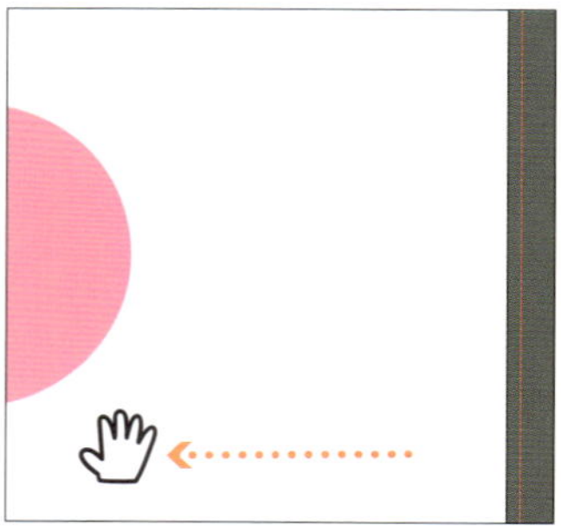

❶[手のひらツール]を選択した状態で画面上を移動したい方向へドラッグすると

❷画面を移動できる

画面を拡大したあとに、画面を移動して細部を確認したりするときなどに使える

Space を押している間は自動的に[手のひらツール]に切り替わるので、
一時的に画面を動かしたいときなどは、Space を押しながらドラッグするのが便利です

Let's Try!

オブジェクトを移動してみよう

まずは、サンプルファイルをダブルクリック(設定によってはクリック)で開きます。すると、2つのオブジェクトが配置されているのがわかります。[ツールバー]から[選択ツール]を選択しましょう。

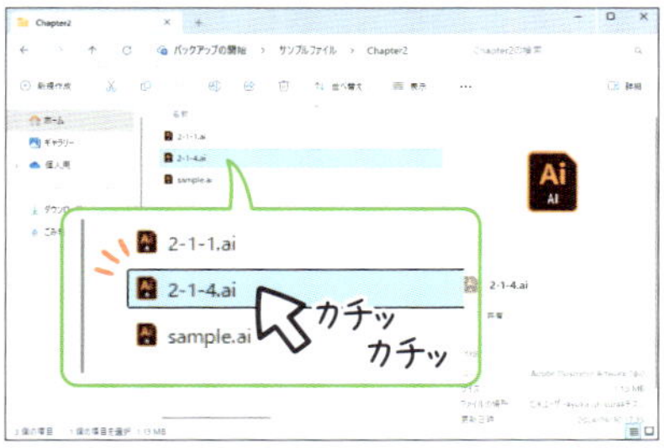
2-1-1.ai
2-1-4.ai
sample.ai
カチッ
カチッ

❶サンプルファイルをダブルクリック(設定によってはクリック)で開くと

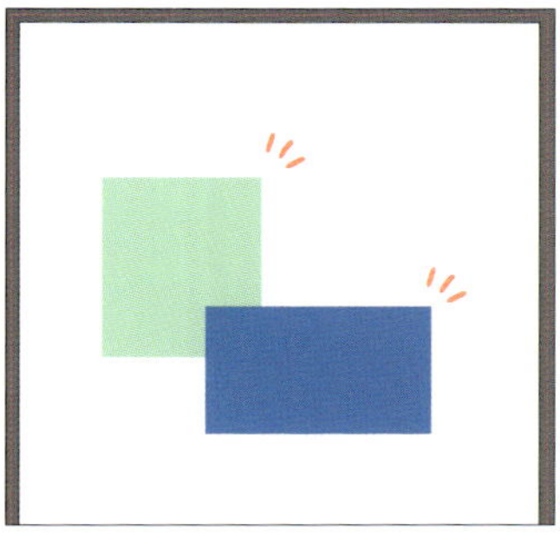

❷2つのオブジェクトが配置されていることがわかる

❸ファイルを開いたら[ツールバー]から[選択ツール]を選択する

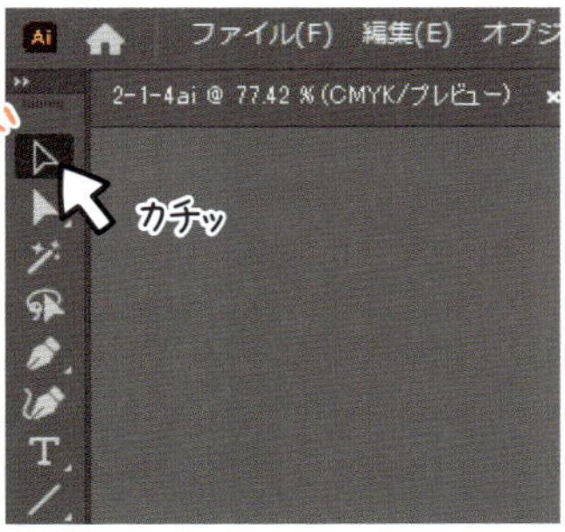
ファイル(F) 編集(E) オブジ
2-1-4ai @ 77.42 % (CMYK/プレビュー)
カチッ

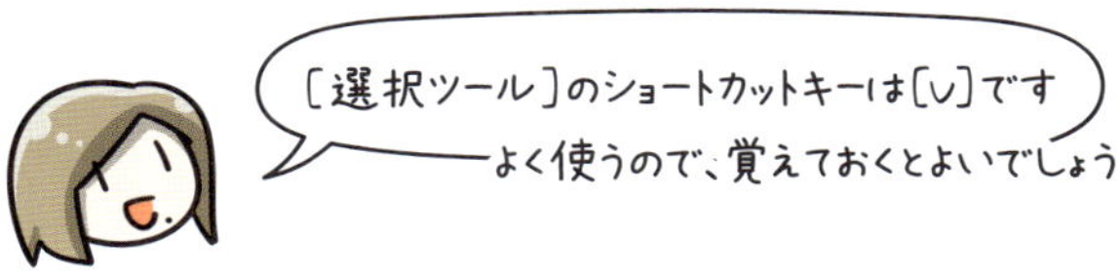
[選択ツール]のショートカットキーは[V]です
よく使うので、覚えておくとよいでしょう

[選択ツール]を選択したら、オブジェクトをクリックして選択状態にしたまま、動かしたい方向へドラッグすると、オブジェクトを移動することができます。

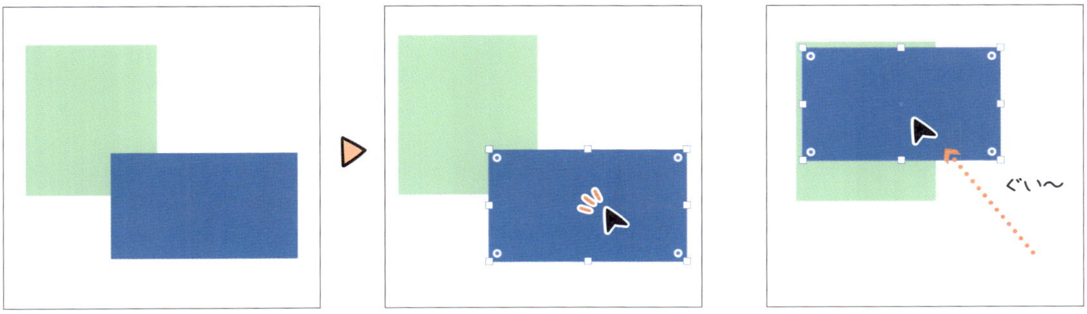
ぐい〜

❶[選択ツール]を選択したら、オブジェクトをクリックして選択状態にしたまま

❷ドラッグすると、オブジェクトを移動することができる

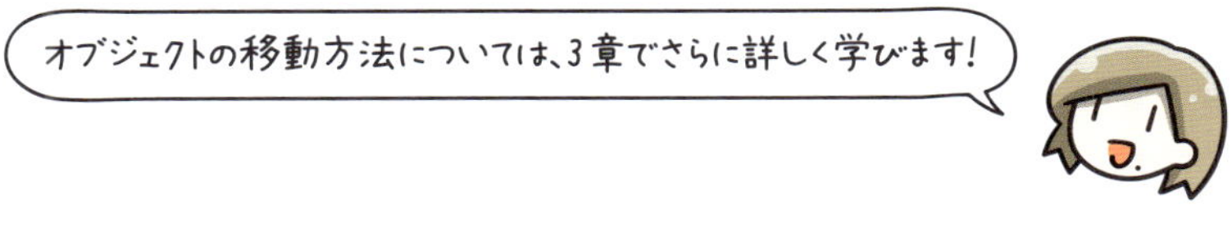
オブジェクトの移動方法については、3章でさらに詳しく学びます!

Let's Try!

操作を取り消してみよう

前ページで動かしたオブジェクトを、操作を取り消して元の位置に戻してみましょう。画面上部[メニューバー]にある[編集]をクリックしたあと[移動の取り消し]をクリックすると、先ほどの操作が取り消され、オブジェクトは元の位置に戻ります。

編集(E)　オブジェクト(O)　書式(T)　選択(S)
カチッ

❶画面上部[メニューバー]にある[編集]をクリックしたあと

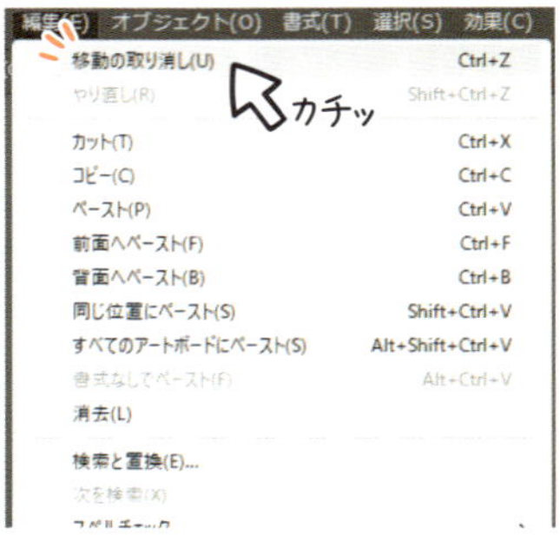

編集(E)　オブジェクト(O)　書式(T)　選択(S)　効果(C)
移動の取り消し(U)　Ctrl+Z
やり直し(R)　Shift+Ctrl+Z
カチッ
カット(T)　Ctrl+X
コピー(C)　Ctrl+C
ペースト(P)　Ctrl+V
前面へペースト(F)　Ctrl+F
背面へペースト(B)　Ctrl+B
同じ位置にペースト(S)　Shift+Ctrl+V
すべてのアートボードにペースト(S)　Alt+Shift+Ctrl+V
書式なしでペースト(F)　Alt+Ctrl+V
消去(L)
検索と置換(E)...
次を検索(X)

❷[移動の取り消し]をクリックすると

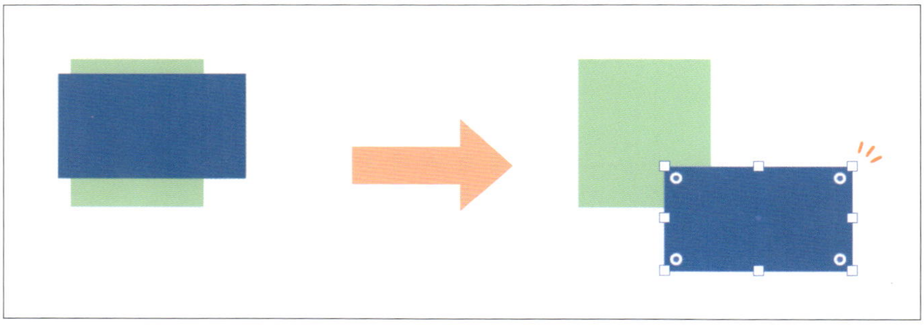

❸操作が取り消され、オブジェクトが元の位置に戻る

いちいち選択することがめんどくさい場合は、Ctrl（⌘）+ Z を押すとこでも操作の取消が可能です。こちらの方が素早く取り消せるため、覚えておくとよいでしょう。

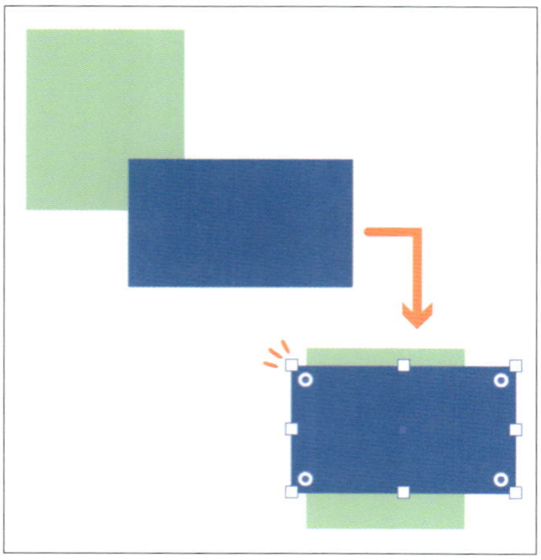

❶オブジェクトの移動などなにか操作を行ったあと

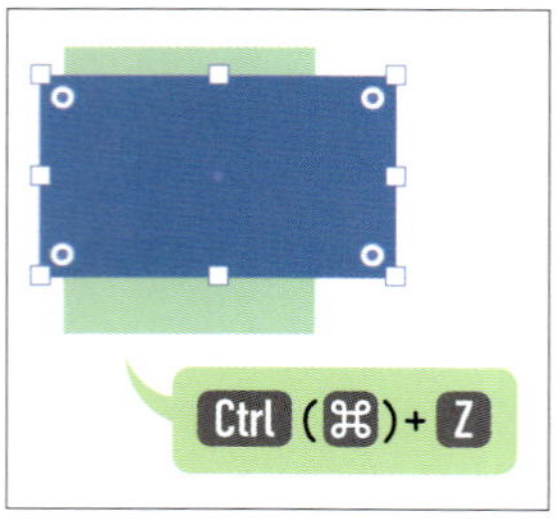

Ctrl（⌘）+ Z

❷Ctrl（⌘）+ Z を押すと

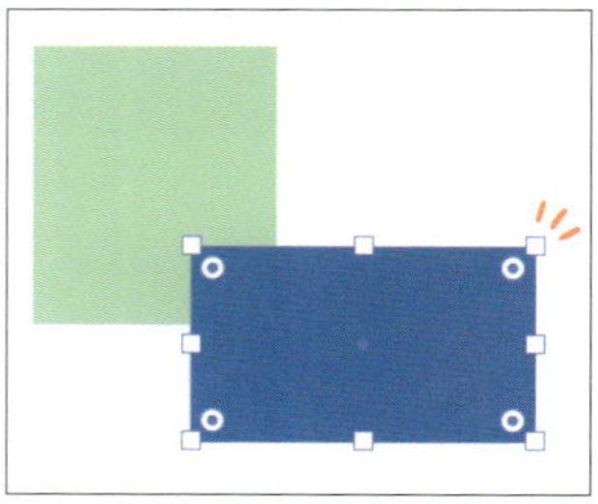

❸操作が取り消される

Chapter 2…2 ファイルに関する操作

この節では、ファイルの新規作成や保存方法など、Illustratorで作業をするうえで必要な知識を見ていきます。

Study

ファイルを開くこととファイルの新規作成の違いを知ろう

「ファイルを開く方法について知ろう(p.33)」でファイルを開く方法について学びました。ここでは、ファイルを新規作成する方法について学びます。

New
Ai
幅：150mm
高さ：90mm
150mm
90mm
ファイルの新規作成は
サイズなどを指定して
ファイルを作成する

ファイルを開く操作と、ファイルを新規作成する操作は、人によってはごちゃごちゃになるかもしれません。それぞれの違いは以下の通りです。

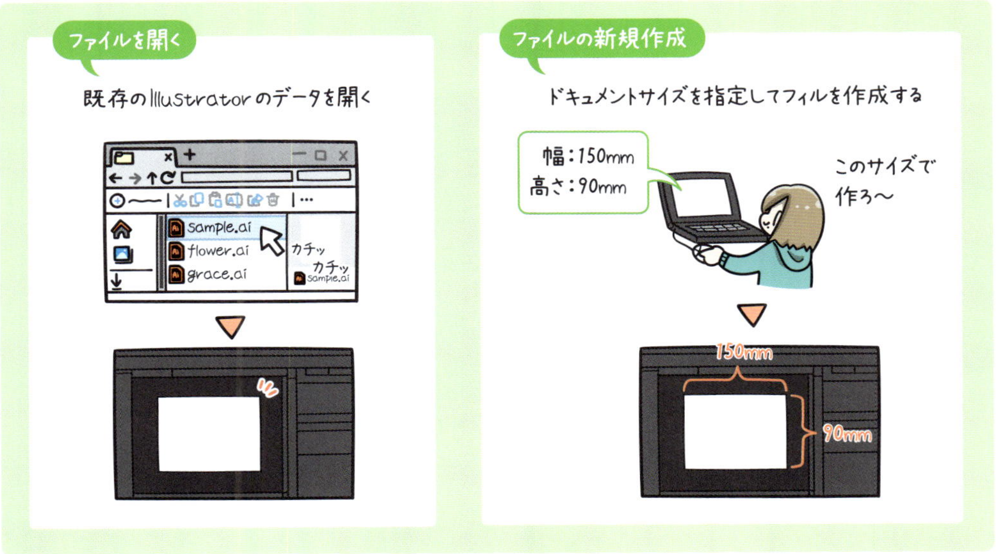
ファイルを開く
既存のIllustratorのデータを開く
sample.ai
flower.ai
grace.ai
カチッ
カチッ
ファイルの新規作成
ドキュメントサイズを指定してフィルを作成する
幅：150mm
高さ：90mm
このサイズで作ろ〜
150mm
90mm

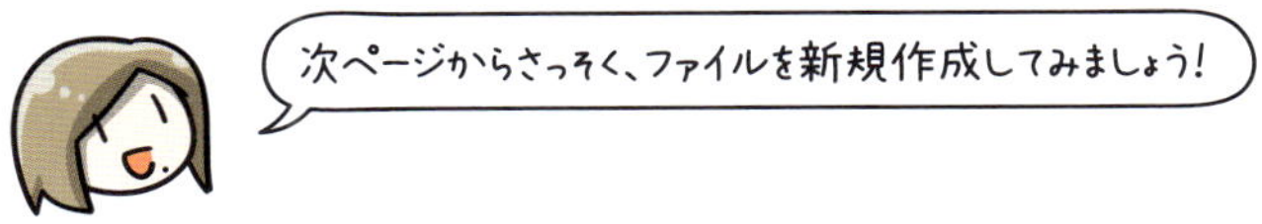
次ページからさっそく、ファイルを新規作成してみましょう！

Let's Try!

ファイルの新規作成をしてみよう

まずは、ファイルの新規作成から見ていきます。ファイルの新規作成は、Illustratorトップ画面から画面左上にある[新規ファイル]をクリックします。すると、ドキュメントサイズを設定するウィンドウが表示されます。

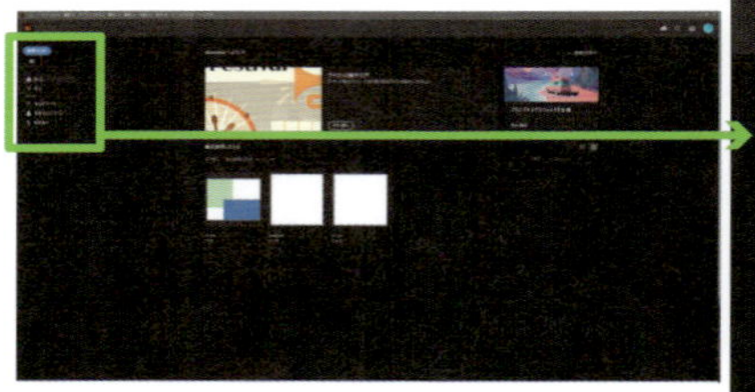

❶Illustratorトップ画面から

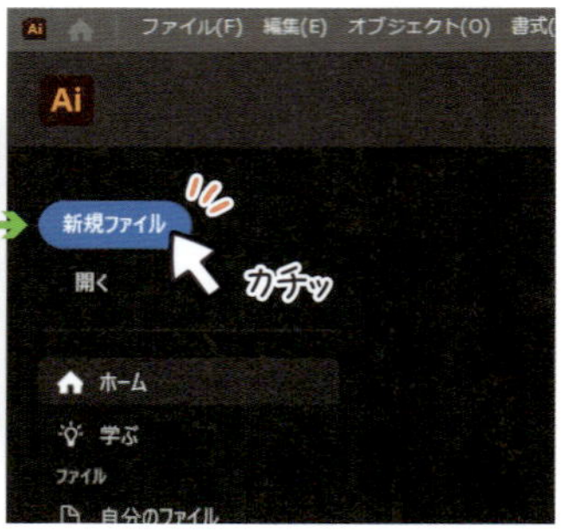

Ai
ファイル(F) 編集(E) オブジェクト(O) 書式
新規ファイル
開く
カチッ
ホーム
学ぶ
ファイル

❷[新規ファイル]をクリックすると

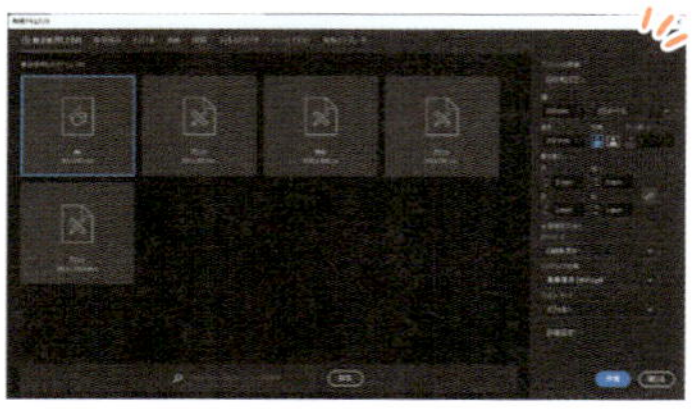

❸ドキュメントサイズを設定する
ウィンドウが表示される

ウィンドウ上部には、カテゴリ別にドキュメントサイズが分けられています。[印刷]をクリックし[A4]を選択してみましょう。すると、A4サイズのアートボードが配置され、ファイルが新規作成されます。

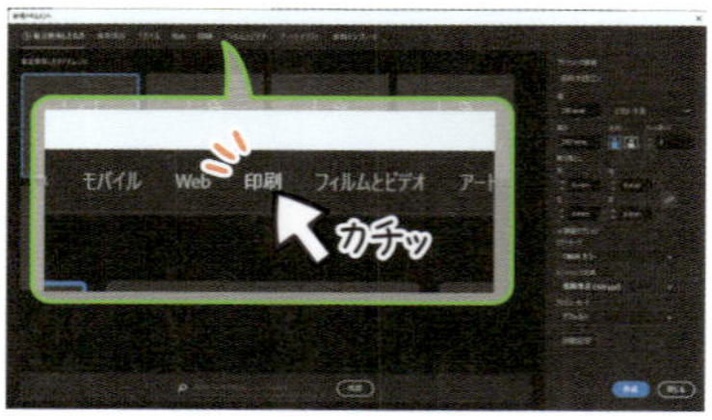

モバイル
Web
印刷
フィルムとビデオ
カチッ

❶[印刷]をクリックし

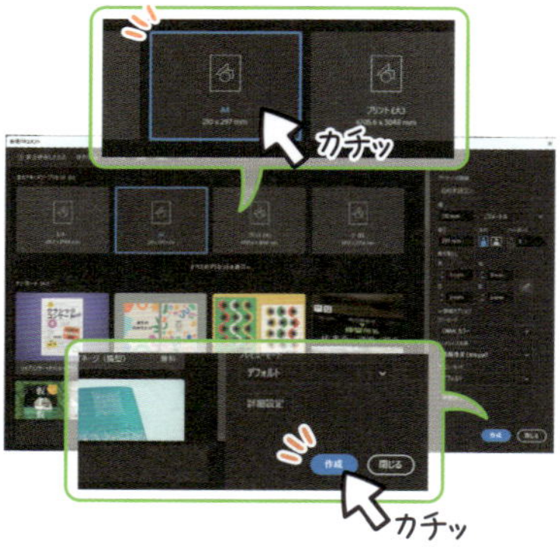

カチッ
作成
閉じる
カチッ

❷[A4]を選択したあと[作成]
をクリックすると

❸A4サイズのアートボードが配置されファイルが新規作成される

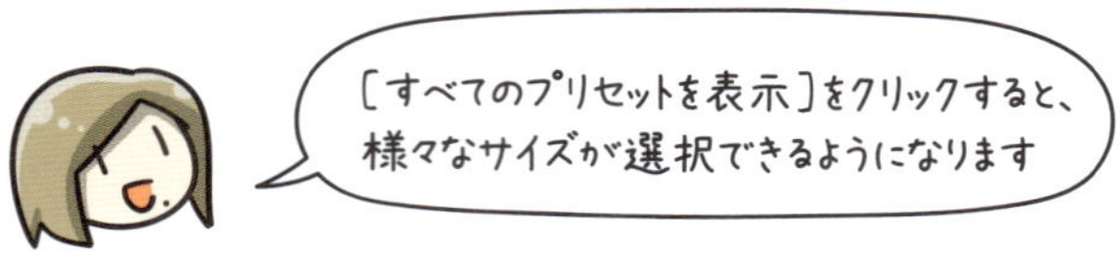

[すべてのプリセットを表示]をクリックすると、
様々なサイズが選択できるようになります

また、[方向]から縦向き、横向きを変更することや、ウィンドウ右側の[幅][高さ]に好きな数値を入力することなども可能です。

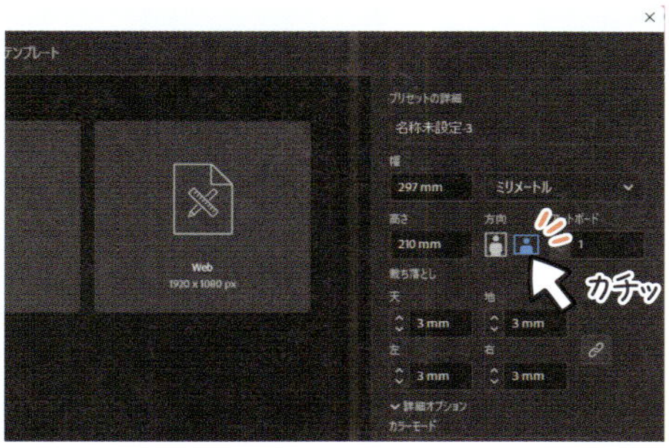

❶[方向]を横向きに変更すると

❷アートボードが横長になる

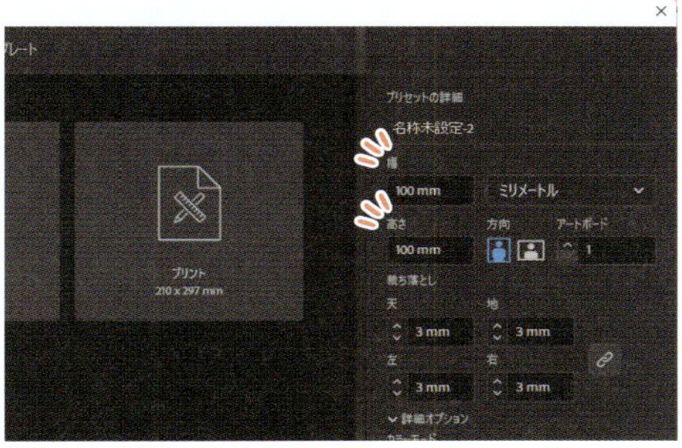

❸ウィンドウ右側の[幅][高さ]に作成したいアートボードのサイズを入力すると

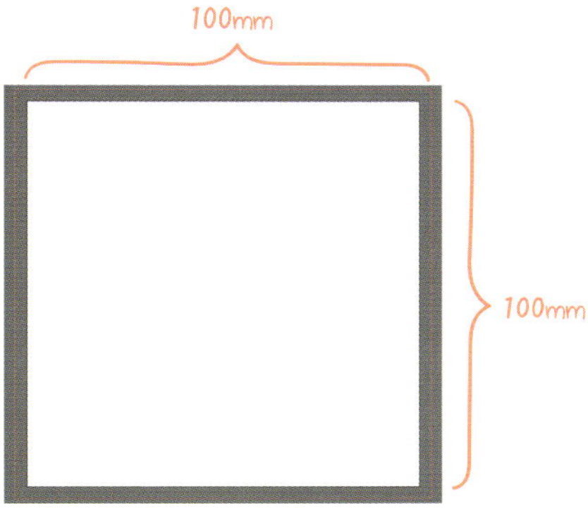
100mm
100mm

❹入力したサイズのアートボードが配置される

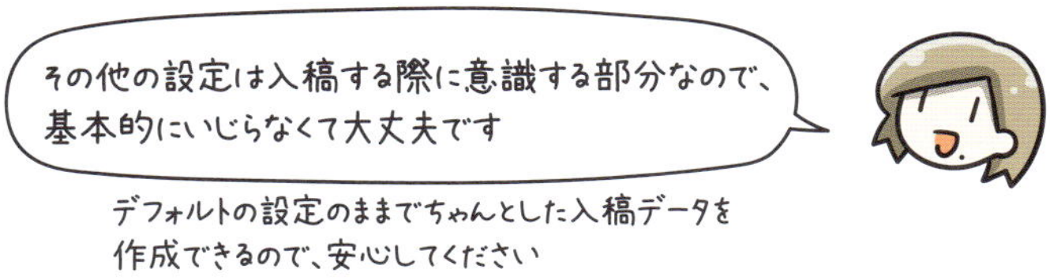
その他の設定は入稿する際に意識する部分なので、基本的にいじらなくて大丈夫です
デフォルトの設定のままでちゃんとした入稿データを作成できるので、安心してください

Let's Try!

ファイルを閉じてみよう

前ページで新規作成したファイルを閉じてみます。画面上部[メニューバー]にある[ファイル]をクリックし、[閉じる]をクリックするとファイルが閉じられます。

ファイル(F)
編集(E)
オブジェクト(O)
カチッ

❶画面上部[メニューバー]にある[ファイル]をクリックし

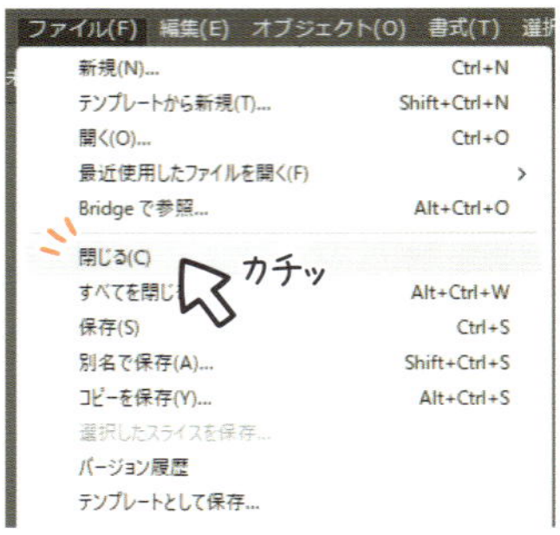

ファイル(F)
編集(E)
オブジェクト(O)
書式(T)
新規(N)... Ctrl+N
テンプレートから新規(T)... Shift+Ctrl+N
開く(O)... Ctrl+O
最近使用したファイルを開く(F)
Bridge で参照... Alt+Ctrl+O
閉じる(C)
カチッ
Alt+Ctrl+W
保存(S) Ctrl+S
別名で保存(A)... Shift+Ctrl+S
コピーを保存(Y)... Alt+Ctrl+S
選択したスライスを保存...
バージョン履歴
テンプレートとして保存...

❷[閉じる]をクリックすると

❸ファイルが閉じられる

画面上部、ファイル名が書かれている横にある「X」マークをクリックすることでも、ファイルを閉じることができます。

ファイル(F)
編集(E)
書式(T)
選択(S)
カチッ

❶画面上部、ファイル名が書かれている横にある「X」マークをクリックすることでも

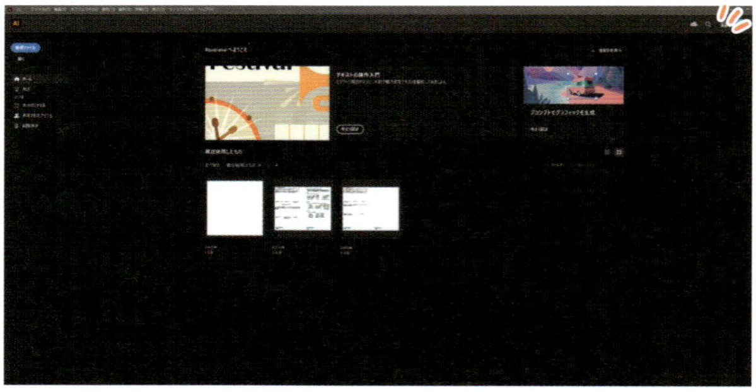

❷ファイルを閉じられる

オブジェクトの移動などなにか操作をした場合、ファイルを閉じる際にファイルを保存するかどうかウィンドウが表示されるので、ウィンドウが表示されたら[はい]を選択して、次ページに進んでください

Let's Try!

ファイルを保存してみよう

ファイルを新規作成したあと、作成したファイルを保存してみましょう。画面上部にある[ファイル]をクリックし、[保存]をクリックすると、別途ウィンドウが表示されます。このウィンドウからは、どこに保存するかを指定します。

ファイル(F)
編集(E)
オブジェクト(O)
名称未設定-1
カチッ

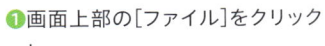

❶画面上部の[ファイル]をクリックし

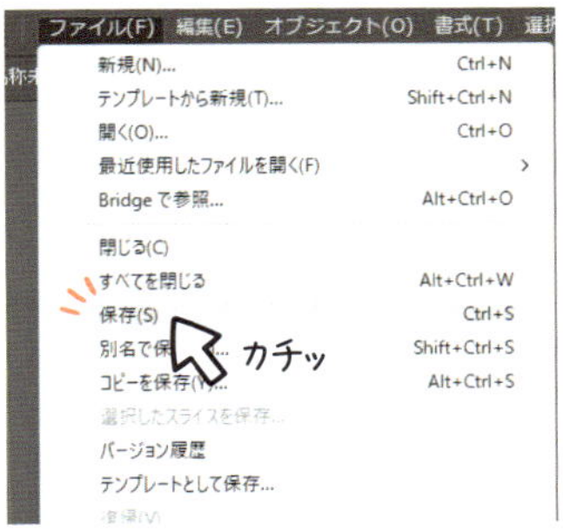
ファイル(F)
編集(E)
オブジェクト(O)
書式(T)
新規(N)... Ctrl+N
テンプレートから新規(T)... Shift+Ctrl+N
開く(O)... Ctrl+O
最近使用したファイルを開く(F)
Bridge で参照... Alt+Ctrl+O
閉じる(C)
すべてを閉じる Alt+Ctrl+W
保存(S) Ctrl+S
別名で保存... Shift+Ctrl+S
コピーを保存(Y)... Alt+Ctrl+S
選択したスライスを保存...
バージョン履歴
テンプレートとして保存...
カチッ

❷[保存]をクリックすると

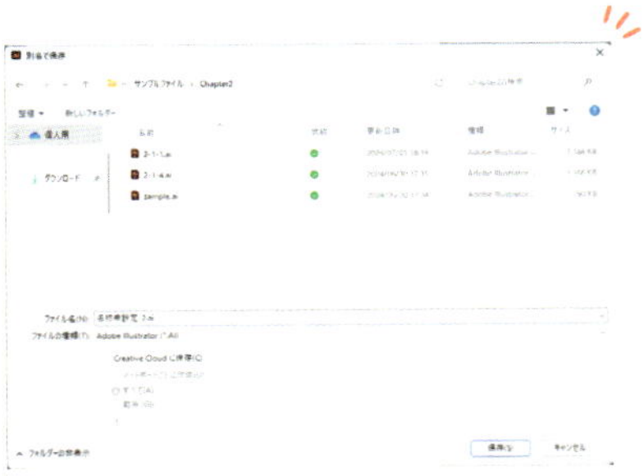

❸どこに保存するか指定するウィンドウが表示される

［保存］のショートカットキーは Ctrl（⌘）+ S です
よく使うので、覚えておくとよいでしょう

ファイルを保存したい場所を指定し、ウィンドウ下にある[ファイル名]を好きな名前に変更したあと、右下にある[保存]をクリックすることで、指定した場所にファイルが保存されます。

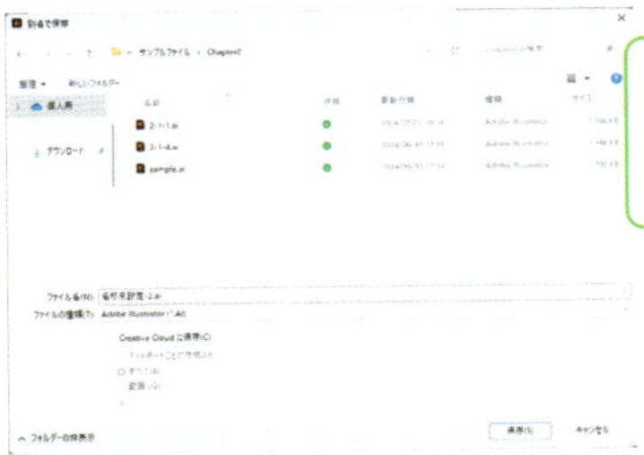

❶ファイルを保存したい場所を指定したら

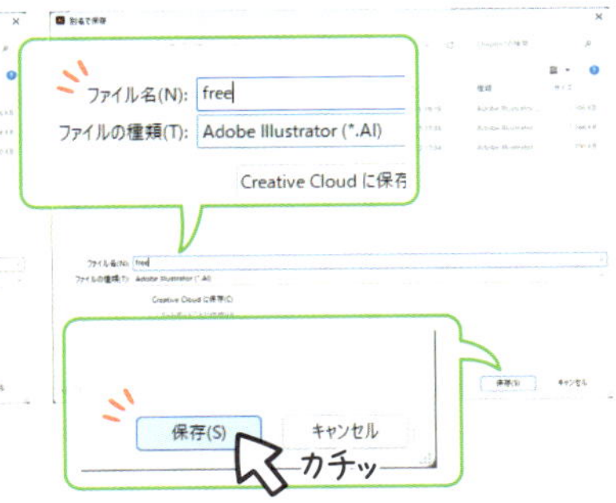
ファイル名(N): free
ファイルの種類(T): Adobe Illustrator (*.AI)
Creative Cloud に保存
保存(S)
キャンセル
カチッ

❷[ファイル名]を好きな名前に変更して、[保存]をクリックすることで

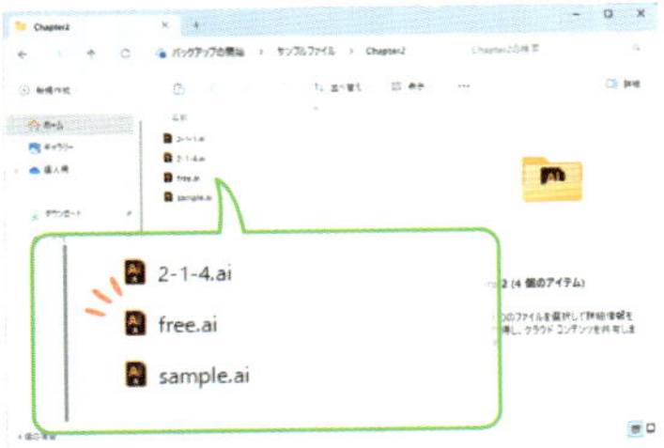
2-1-4.ai
free.ai
sample.ai

❸指定した場所にファイルが保存される

［保存］をクリックしたあとに出てくるウィンドウでは、
基本的にすべてにチェックマークを入れておけば問題ありません

知っておこう!

[保存]、[別名で保存]、[コピーを保存]の違い

Illustratorで作業を行ったあと、保存を行います。保存する方法は[保存]、[別名で保存]、[コピーを保存]の3種類があります。それぞれの違いを見ていきましょう。

保存

新規データを保存する際に使用する。また、一度保存したファイルに対して[保存]を行うと、上書き保存される。

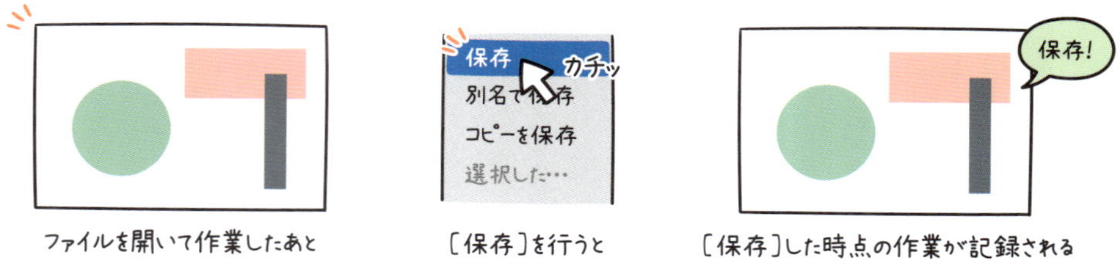

保存
別名で保存
コピーを保存
選択した…
カチッ
保存!
ファイルを開いて作業したあと
[保存]を行うと
[保存]した時点の作業が記録される

別名で保存

現在のファイルとは別の名前で保存する際に使用する。保存したあとは、名前を変更したファイルが開かれている。

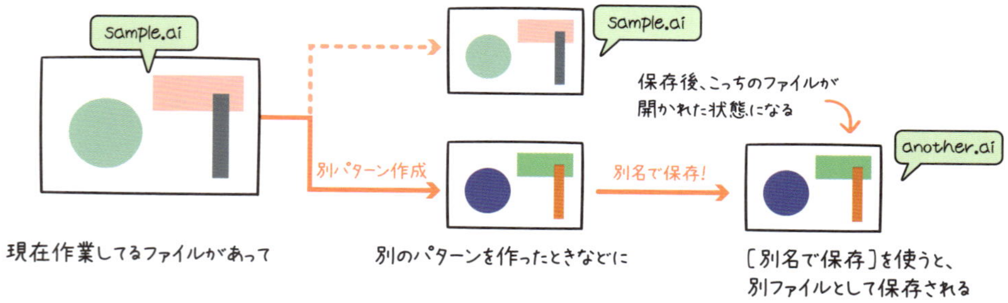

sample.ai
sample.ai
保存後、こっちのファイルが
開かれた状態になる
別パターン作成
別名で保存!
another.ai
現在作業してるファイルがあって
別のパターンを作ったときなどに
[別名で保存]を使うと、
別ファイルとして保存される

コピーを保存

現在のファイルとは別の名前で保存する際に使用する。保存したあとは、名前を変更する前のファイルが開かれている。

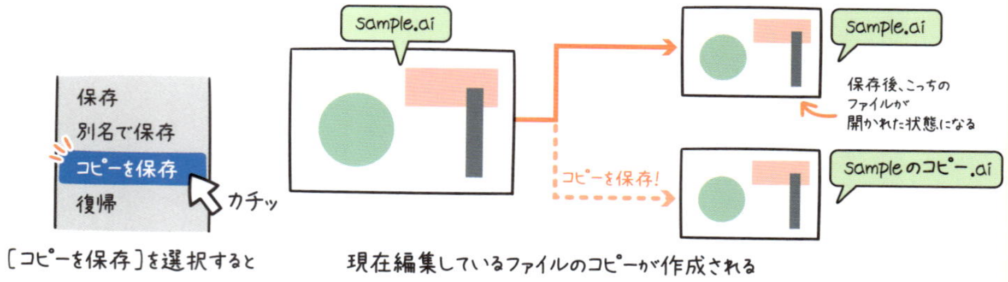

保存
別名で保存
コピーを保存
復帰
カチッ
sample.ai
sample.ai
保存後、こっちの
ファイルが
開かれた状態になる
コピーを保存!
sampleのコピー.ai
[コピーを保存]を選択すると
現在編集しているファイルのコピーが作成される

名刺を作ってみよう❶

この章で学んだことを活かして、名刺を作っていきます。まずは、ファイルを作成するところからです。

ファイルを作成しよう

1 番外編として、各章で学んだことを踏まえて名刺を作っていきます。完成図は右のものです。

イラストレーター
イシクラ ユカ
イラスト描きます！
mail:aiueo@example.com

2 作成する手順として、以下の流れで名刺を作っていきます。

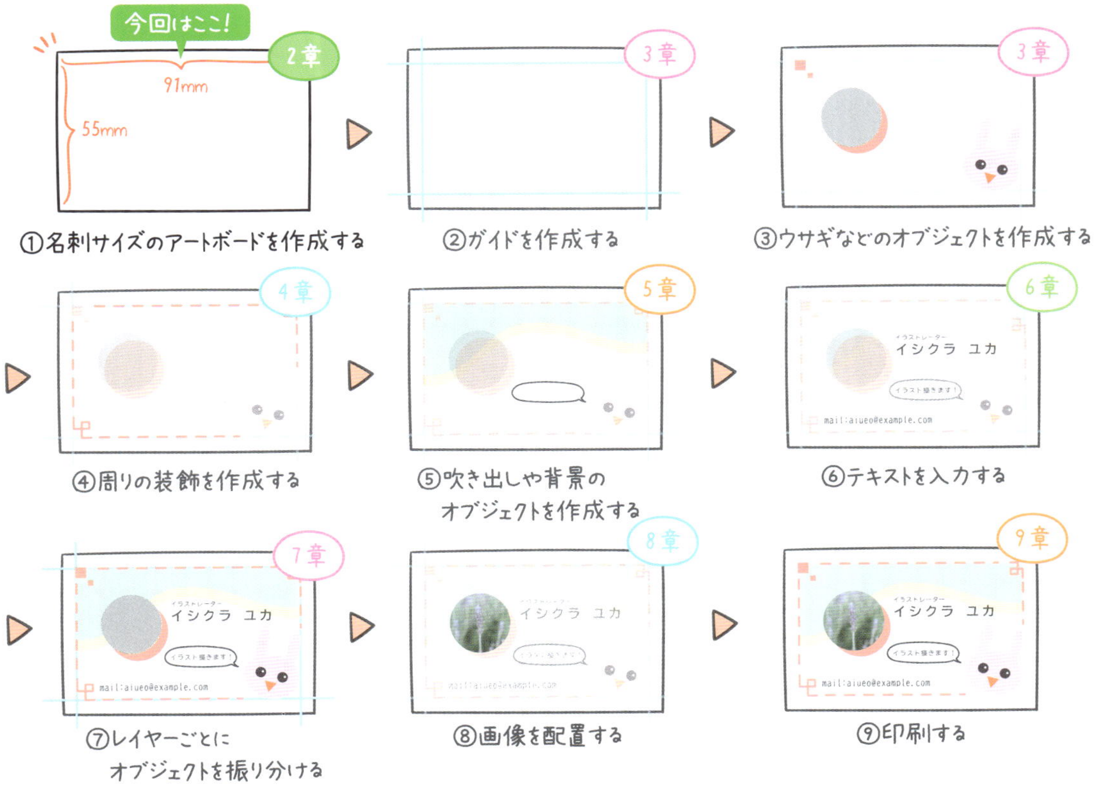

今回はここ!
2章
91mm
55mm
①名刺サイズのアートボードを作成する
3章
②ガイドを作成する
3章
③ウサギなどのオブジェクトを作成する
4章
④周りの装飾を作成する
5章
⑤吹き出しや背景のオブジェクトを作成する
6章
⑥テキストを入力する
7章
⑦レイヤーごとにオブジェクトを振り分ける
8章
⑧画像を配置する
9章
⑨印刷する

3 なんとなくの流れがわかったら、さっそくファイルを作成していきましょう（p.42「ファイルの新規作成をしてみよう」参照）。ドキュメントのサイズは、名刺のサイズとなる様に［幅］91mm、［高さ］55mmにします。

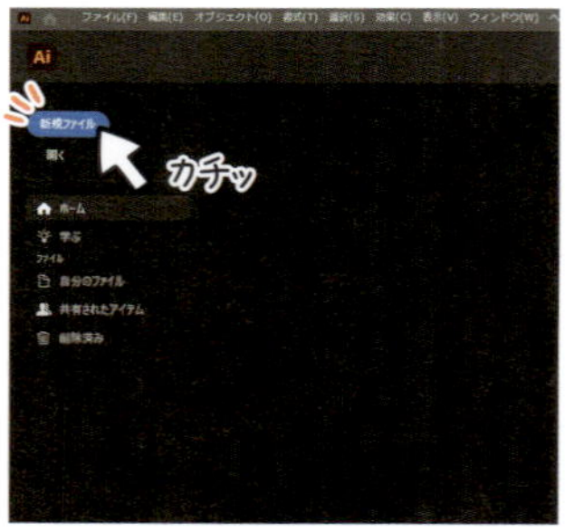
新規ファイル
開く
カチッ

❶Illustratorトップ画面から［新規作成］をクリックし

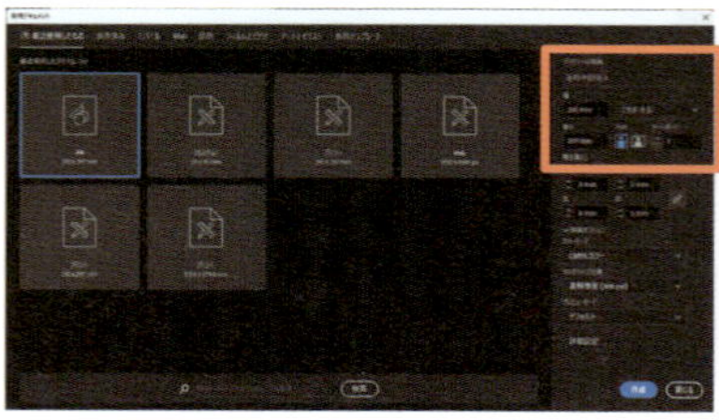

❷表示されたウィンドウ右側から

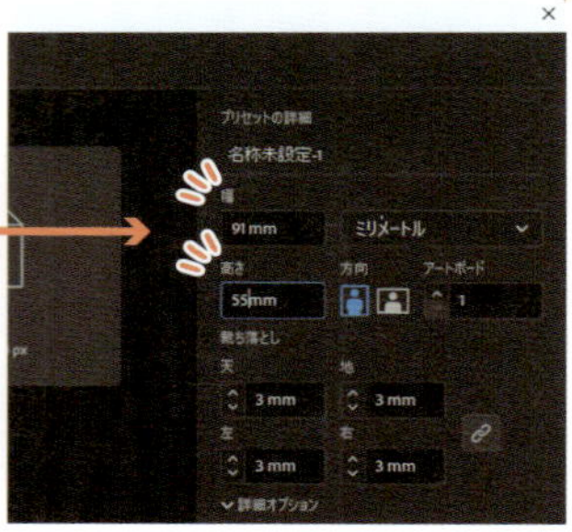
プリセットの詳細
名称未設定-1
幅
91 mm
ミリメートル
高さ
方向
アートボード
55mm
裁ち落とし
天
地
3 mm
3 mm
左
右
3 mm
3 mm
詳細オプション

❸ドキュメントサイズを［幅］91mm、［高さ］55mmと入力して

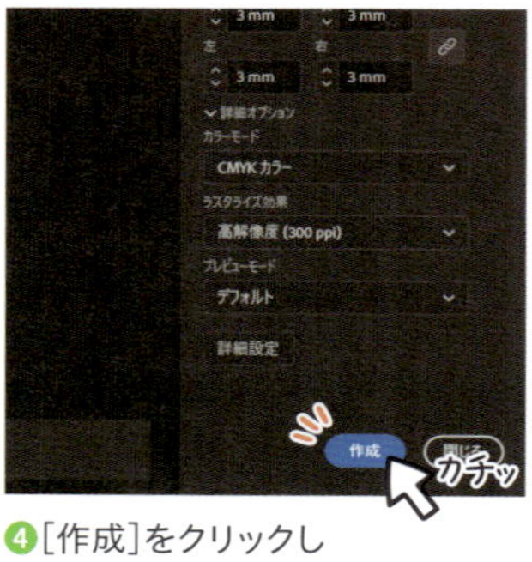
詳細オプション
カラーモード
CMYK カラー
ラスタライズ効果
高解像度 (300 ppi)
プレビューモード
デフォルト
詳細設定
作成
カチッ

❹［作成］をクリックし

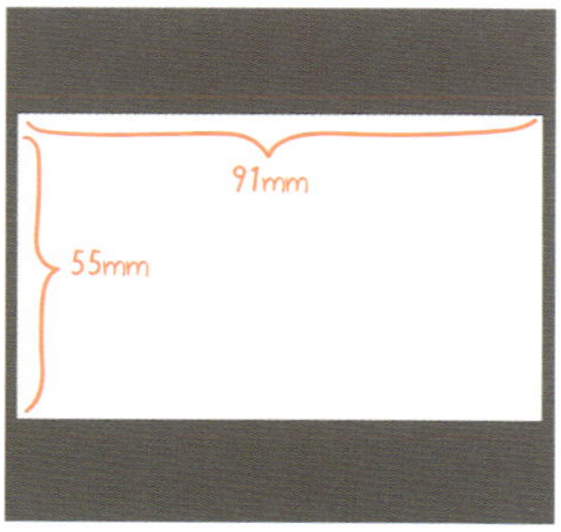
91mm
55mm

❺名刺サイズのアートボードを作成する

「ドキュメントサイズ」=「アートボードのサイズ」です

4 ファイルが作成できたら、［ファイル］から［保存］を選び、ファイルの保存をしておきましょう（p.45「ファイルを保存してみよう」参照）。次の番外編では、この保存したファイルを開いて作業を行っていきます。

ファイル(F)
編集(E)
オブジェクト(O)
名称未設定-1 @ 300 % (CMYK/プレビュー)

❶画面上部［メニューバー］にある［ファイル］から

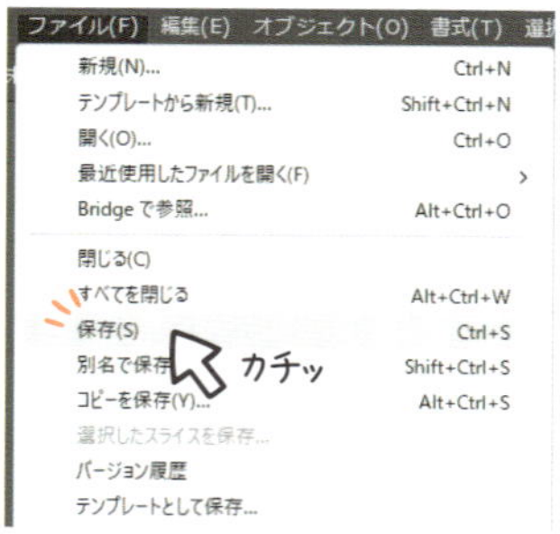
ファイル(F)
編集(E)
オブジェクト(O)
書式(T)
新規(N)... Ctrl+N
テンプレートから新規(T)... Shift+Ctrl+N
開く(O)... Ctrl+O
最近使用したファイルを開く(F)
Bridge で参照... Alt+Ctrl+O
閉じる(C)
すべてを閉じる Alt+Ctrl+W
保存(S) Ctrl+S
別名で保存 Shift+Ctrl+S
コピーを保存(Y)... Alt+Ctrl+S
選択したスライスを保存...
バージョン履歴
テンプレートとして保存...
カチッ

❷［保存］を選び

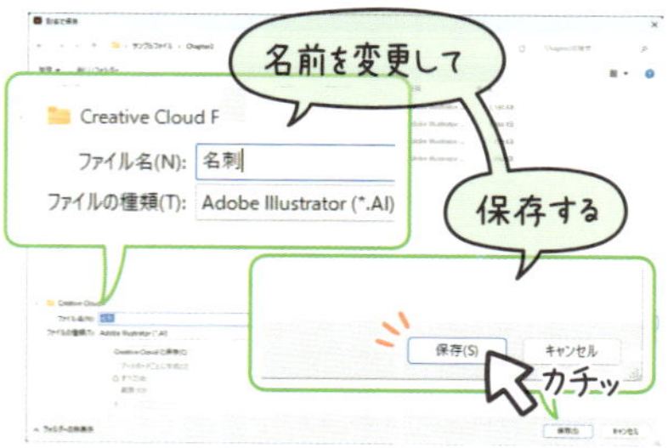
名前を変更して
Creative Cloud F
ファイル名(N): 名刺
ファイルの種類(T): Adobe Illustrator (*.AI)
保存する
保存(S)
キャンセル
カチッ

❸保存したい場所にファイルを保存する

Chapter

3

図形を描いてみる

この章では、Illustratorで用意されているツールを使って図形を描いていきます。描いた図形に対して色を設定したり、不透明度を変更したり、はたまた変形したりといったことを学んでいきます。実際に操作を行いながら、学んでいきましょう。

Catte

Chapter

3 図形を描いてみる

図形を描けるようになると、簡単なイラストやワンポイントを作れるようになり、
ポスターなどのレイアウトデザインを行う際に役立てることができます

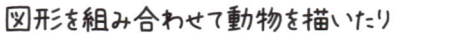

図形を組み合わせて動物を描いたり

図形を組み合わせてワンポイントを作ったり

この章では、描画ツールを使って図形を実際に描いていきます

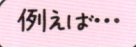

例えば・・・

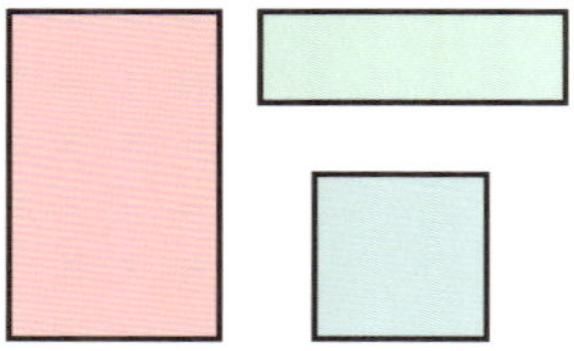

［長方形ツール］で
長方形を描いたり

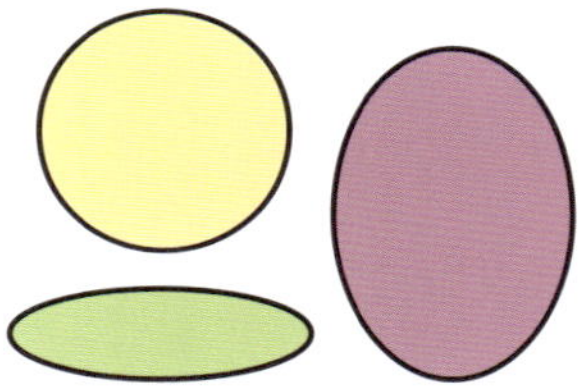

［楕円形ツール］で
色んな円を書いたり

［スターツール］で
星を描いたり

図形を描くだけでなく、色を変更したりオブジェクトをきれいに
整列させる、といったことも一緒に学んでいきましょう

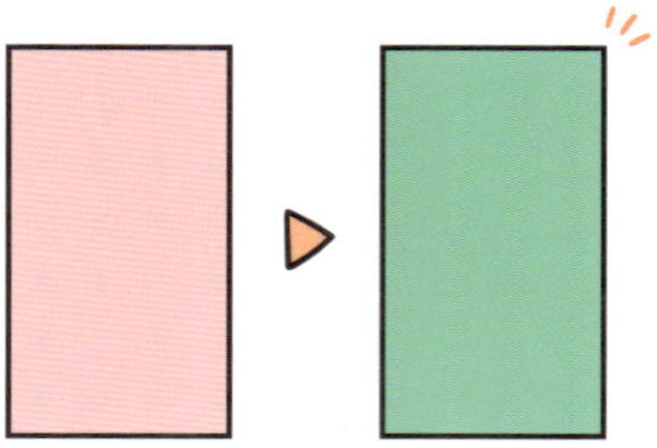

好きな色に変更したり

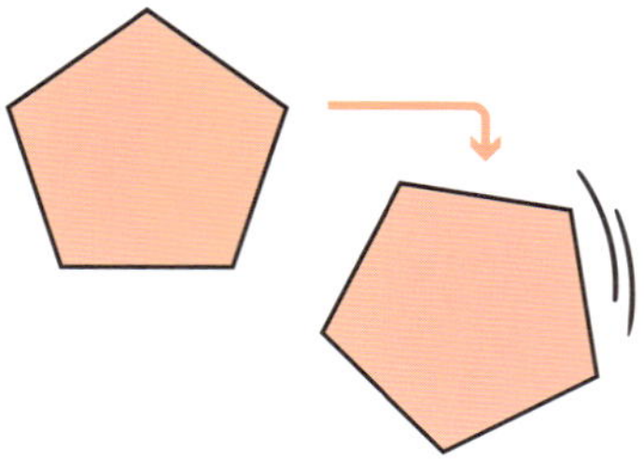

オブジェクトを回転させたり

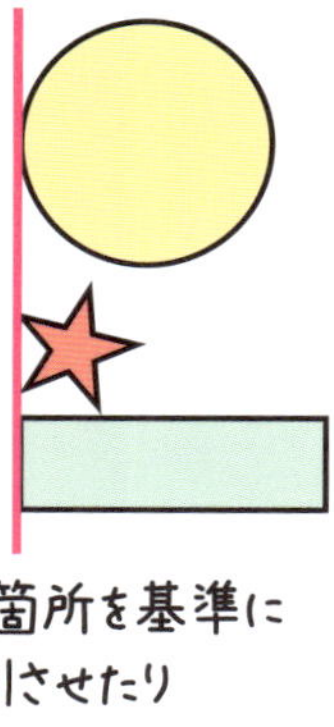

ある箇所を基準に
整列させたり

Chapter 3…1 図形を作成するツール

この節では、図形を作成するツールについて学んでいきます。塗りや不透明度の設定方法など、基本的な操作を見ていきましょう。

Study

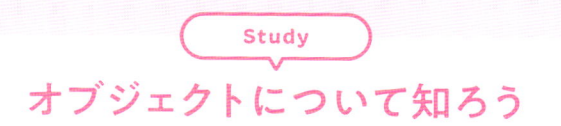

オブジェクトについて知ろう

Illustratorには、「オブジェクト」という概念があります。といっても難しい話ではなく、ファイル上に存在するものすべてを「オブジェクト」と呼ぶのです。

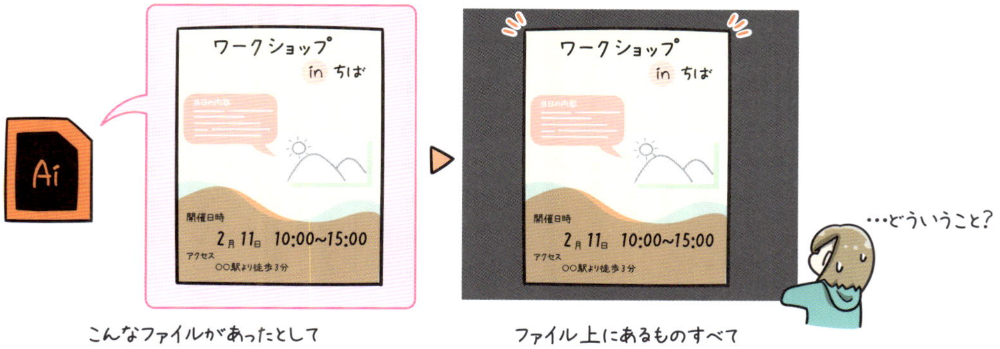

Ai
ワークショップ
in ちば
開催日時
2月11日 10:00~15:00
アクセス
○○駅より徒歩3分
…どういうこと？

こんなファイルがあったとして

ファイル上にあるものすべて「オブジェクト」と呼ぶ

例えば、図形として描いた長方形や楕円、入力したテキスト、配置した画像などなど、あらゆるものを「オブジェクト」と呼ぶわけです。

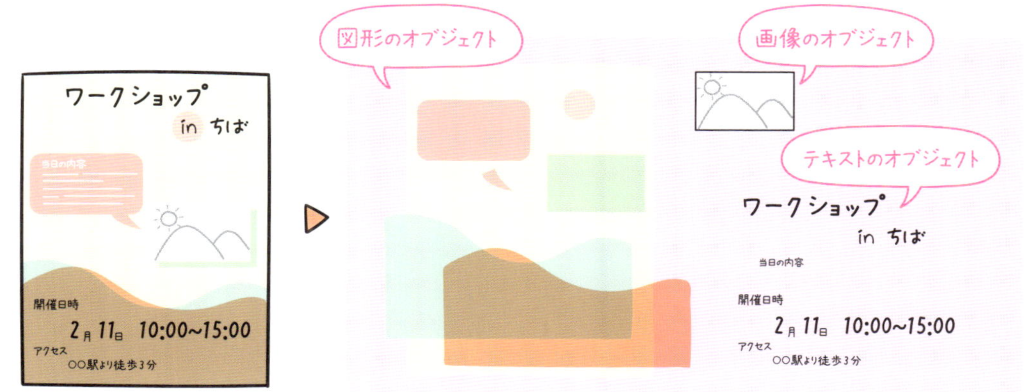

ワークショップ
in ちば
開催日時
2月11日 10:00~15:00
アクセス
○○駅より徒歩3分
図形のオブジェクト
画像のオブジェクト
テキストのオブジェクト
当日の内容

これをオブジェクトごとにばらすと…

こんな感じになる

へ〜
次ページから、オブジェクトに含まれる「図形」に関する内容を見ていきます！

Study

図形を作成するツールの種類について知ろう

Illustratorには、図形を作成するツールがいくつか用意されています。例えば、長方形を作成するツールや、円を作成するツールなどです。

代表的な図形を作成するツール

長方形ツール

長方形や正方形を作成するツール。Shift を押しながら描くと正方形を描くことができる。

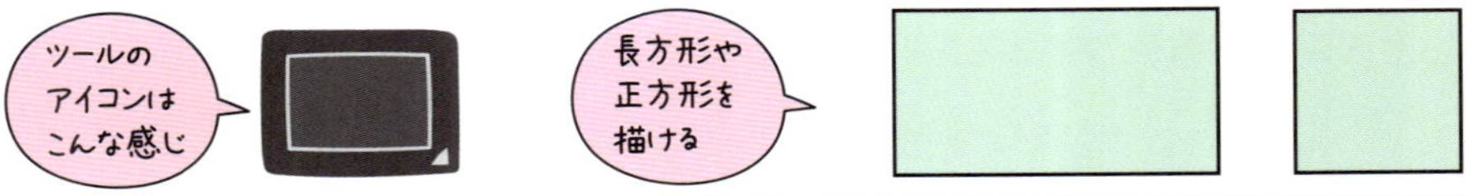

ツールのアイコンはこんな感じ
長方形や正方形を描ける

楕円形ツール

楕円や正円を作成するツール。Shift を押しながら描くと正円を描くことができる。

ツールのアイコンはこんな感じ
楕円や正円を描ける

多角形ツール

多角形を作成するツール。頂点数を自由に決めることができる。

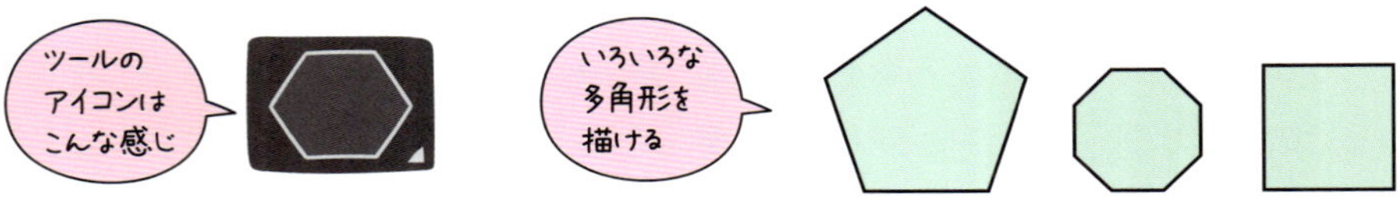

ツールのアイコンはこんな感じ
いろいろな多角形を描ける

スターツール

星形を作成するツール。頂点数を自由に決めることができる。

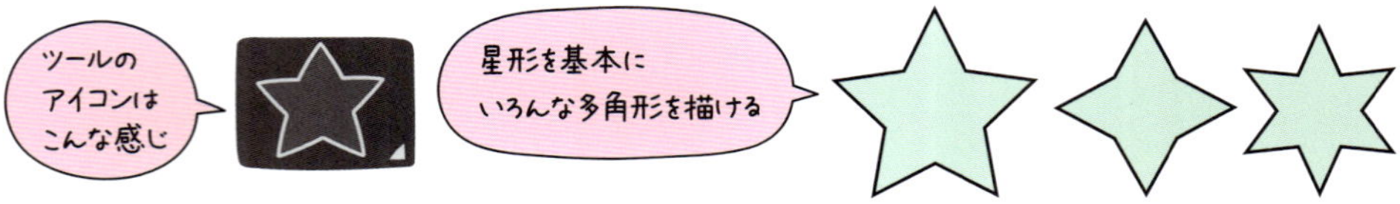

ツールのアイコンはこんな感じ
星形を基本にいろんな多角形を描ける

直線ツール

直線を描くことができるツール。Shift を押しながら描くと45° や90° といったように角度を固定した線を描ける。

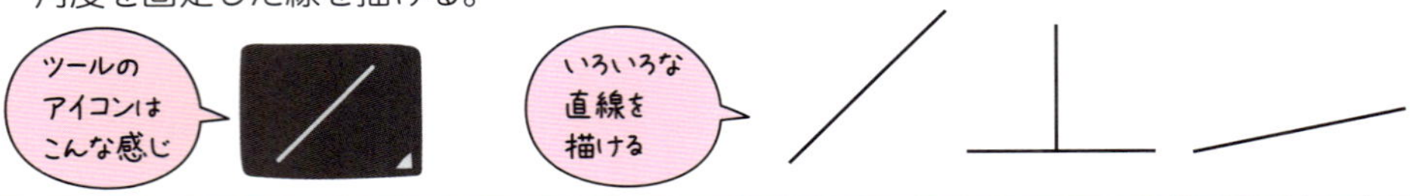

ツールのアイコンはこんな感じ
いろいろな直線を描ける

Let's Try!

オブジェクトを描いてみよう

1 オブジェクトを描くために、まずはファイルを新規作成しましょう。Illustratorトップ画面から画面左上にある[新規ファイル]をクリックします。

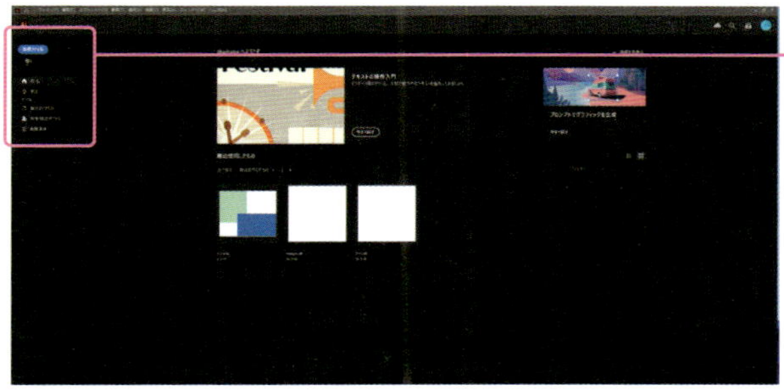

❶Illustratorのトップ画面の

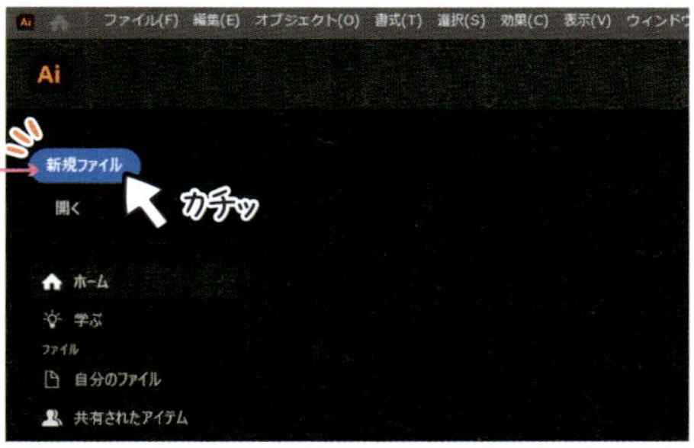

ファイル(F) 編集(E) オブジェクト(O) 書式(T) 選択(S) 効果(C) 表示(V) ウィンドウ
Ai
新規ファイル
開く
カチッ
ホーム
学ぶ
ファイル
自分のファイル
共有されたアイテム

❷画面左上にある[新規ファイル]をクリックする

これから先なにか操作を行う際は、適宜ファイルを新規作成して操作を行っていってください

2 ドキュメントサイズを設定するウィンドウが表示されるので、[印刷]タブから[A4]を選択し、[作成]をクリックして、A4サイズのアートボードを作成します。

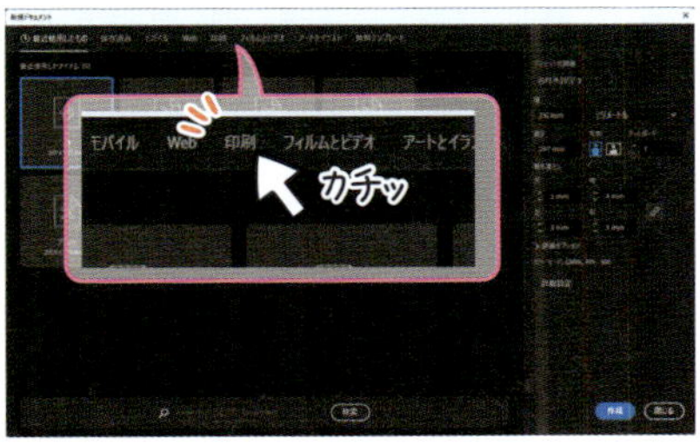

モバイル
Web
印刷
フィルムとビデオ
アートとイラ
カチッ

❶ウィンドウ上部にある[印刷]をクリックし

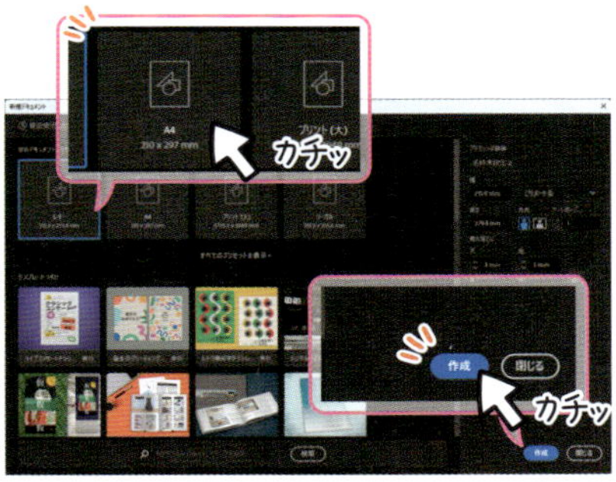

A4
210 x 297 mm
カチッ
作成
閉じる
カチッ

❷[A4]を選択したあと[作成]をクリックして

❸A4サイズのアートボードを作る

3 オブジェクトを描く前に、塗りと線の設定をデフォルト状態にしておきます。

❶[ツールバー]下にある2つ重なっている長方形の

カチッ

❷左上にある小さな2つの重なっている長方形をクリックして

❸「塗り」を白、「線」を黒に設定する

もともと塗りと線が白と黒に設定されている場合は、ここの操作は気にしなくて大丈夫です

塗りと線については、後ほど詳しく学んでいきます!

4

アートボードが作成できたら、[ツールバー]から[長方形ツール]を選択し、長方形を描いてみます。[長方形ツール]を選択した状態で、画面をクリックしたままドラッグすると長方形を描くことができます。

カチッ

❶[ツールバー]から[長方形ツール]を選択し

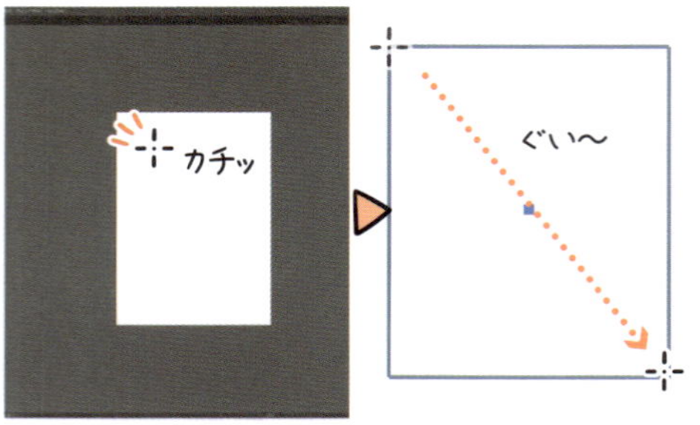
カチッ
ぐい～

❷画面をクリックしたままドラッグすると

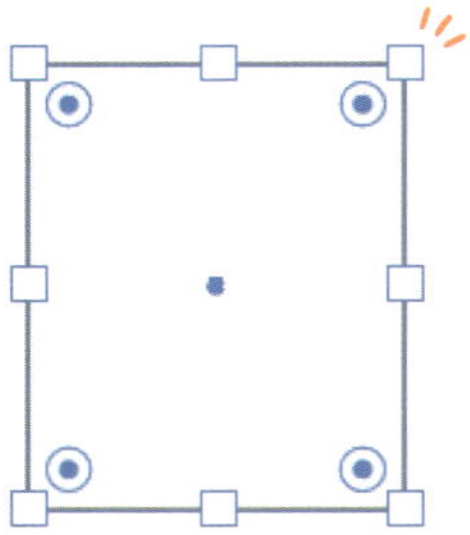

❸長方形を描ける

この方法だと直感的に長方形を描くことができますね

5

ほかにも[長方形ツール]を選択した状態で、画面をクリックすると、長方形のサイズを設定するウィンドウが表示されます。

❶[長方形ツール]を選択した状態で

カチッ

❷画面をクリックすると

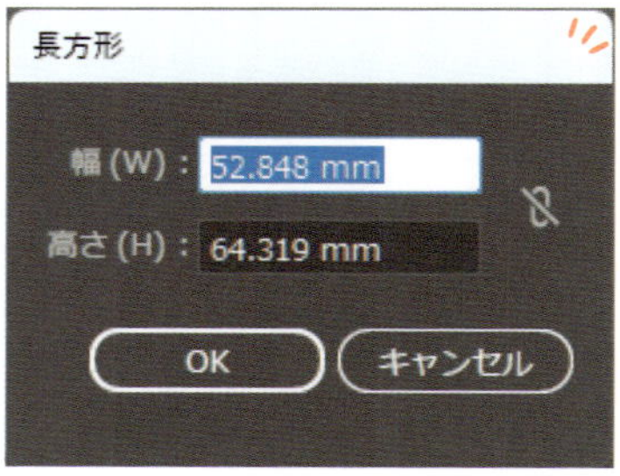
長方形
幅(W)：52.848 mm
高さ(H)：64.319 mm
OK
キャンセル

❸長方形のサイズを設定するウィンドウが表示される

6

試しに、[幅]を50mm、[高さ]を80mmにしてみると、入力した大きさ通りの長方形が描かれます。

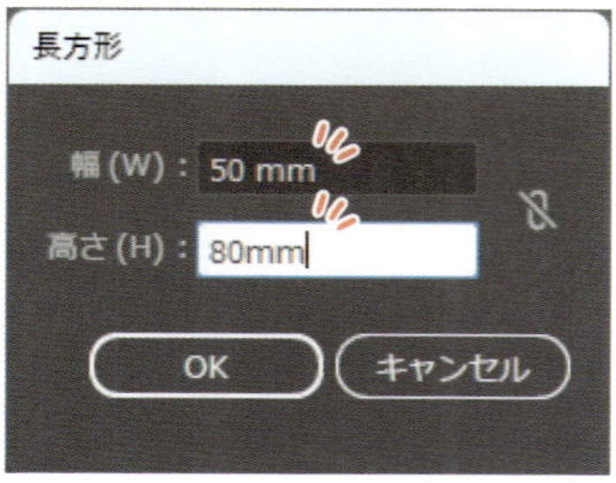
長方形
幅(W)：50 mm
高さ(H)：80mm
OK
キャンセル

❶[幅]を50mm[高さ]を80mmにして

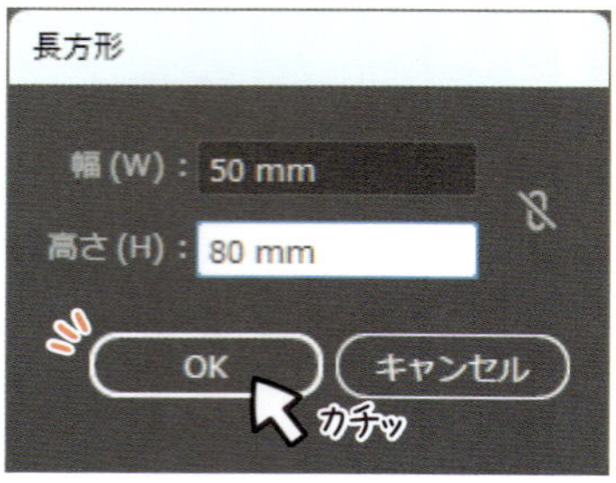
長方形
幅(W)：50 mm
高さ(H)：80 mm
OK
キャンセル
カチッ

❷[OK]をクリックすると

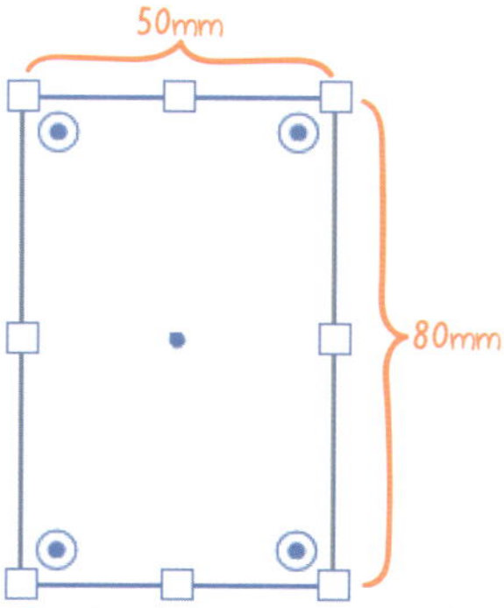
50mm
80mm

❸入力した大きさの長方形が描かれる

Study

オブジェクトに塗りを設定する方法について知ろう

図形には、基本的に「塗り」と「線」を設定することができます。例えば、長方形があったとして、長方形の中身の部分が「塗り」、長方形の外周の線が「線」となるわけです。

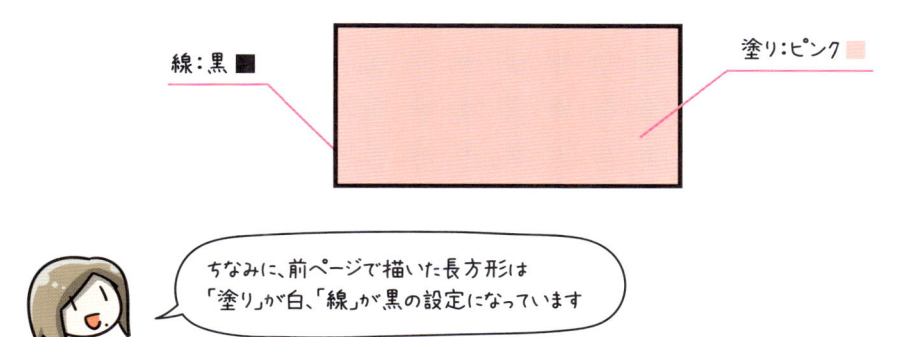

線：黒
塗り：ピンク

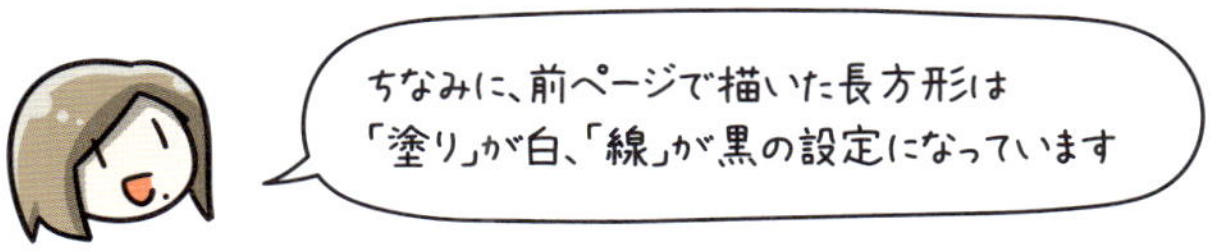
ちなみに、前ページで描いた長方形は
「塗り」が白、「線」が黒の設定になっています

「塗り」と「線」は、色を設定することも、設定しないこともできます。

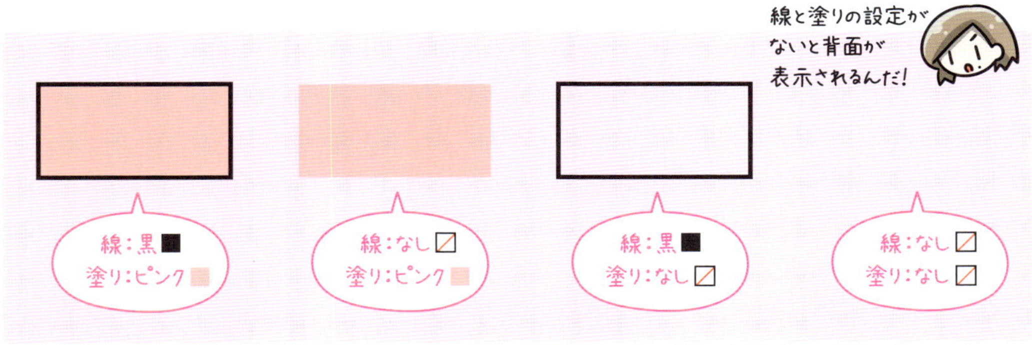
線と塗りの設定が
ないと背面が
表示されるんだ！
線：黒
塗り：ピンク
線：なし
塗り：ピンク
線：黒
塗り：なし
線：なし
塗り：なし

色の設定方法は様々ありますが、［プロパティパネル］から設定する方法を、次ページから実際に操作しながら見ていきましょう。

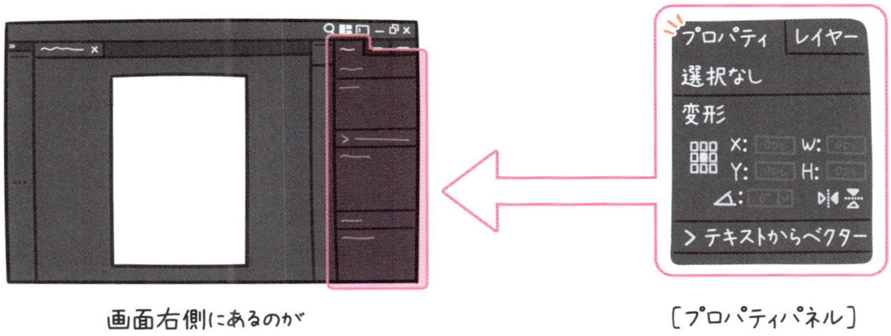
プロパティ
レイヤー
選択なし
変形
X:
Y:
W:
H:
> テキストからベクター
画面右側にあるのが
［プロパティパネル］

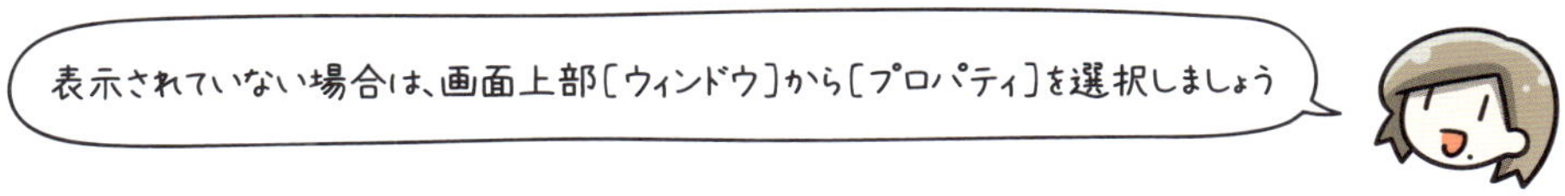
表示されていない場合は、画面上部［ウィンドウ］から［プロパティ］を選択しましょう

Let's Try!

オブジェクトに塗りを設定してみよう

1 「オブジェクトを描いてみよう(p.53)」で描いた長方形に塗りを設定してみましょう。まずは、[ツールバー]から[選択ツール]を選択し、オブジェクトをクリックして選択状態にします。オブジェクトが選択されると、オブジェクトの周りにはバウンディングボックスが表示されます。

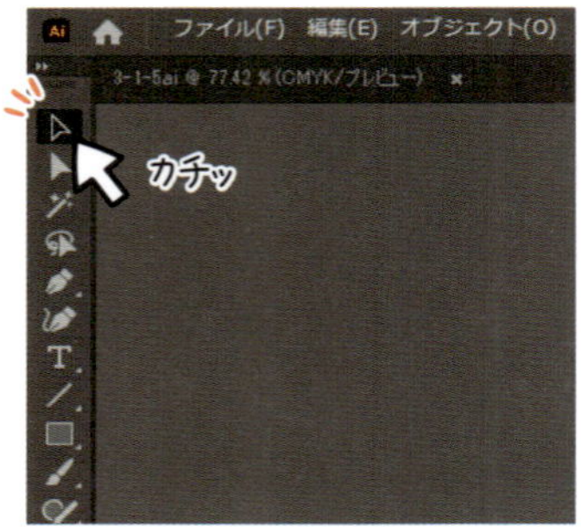

ファイル(F) 編集(E) オブジェクト(O)
カチッ

❶[ツールバー]から[選択ツール]を選択し

カチッ

❷オブジェクトをクリックすると

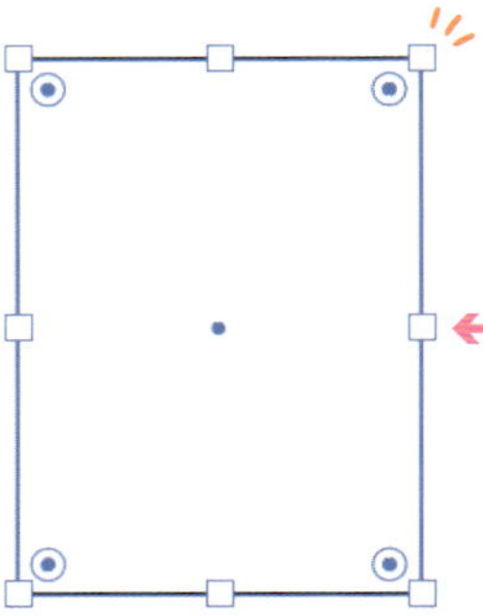

❸バウンディングボックスが表示されオブジェクトが選択状態になる

バウンディングボックスとは、オブジェクトを囲うように表示されている線のことです

2 オブジェクトが選択できたら、画面右側[プロパティパネル]内にある[塗り]横の四角形をクリックします。色を選択するウィンドウが表示されるので、パレットのアイコンを選択したあと好きな色を選択すると、オブジェクトの塗りが選択した色に変更されます。

※ウィンドウが表示されていない場合は、画面上部[ウィンドウ]から[プロパティ]を選んでください

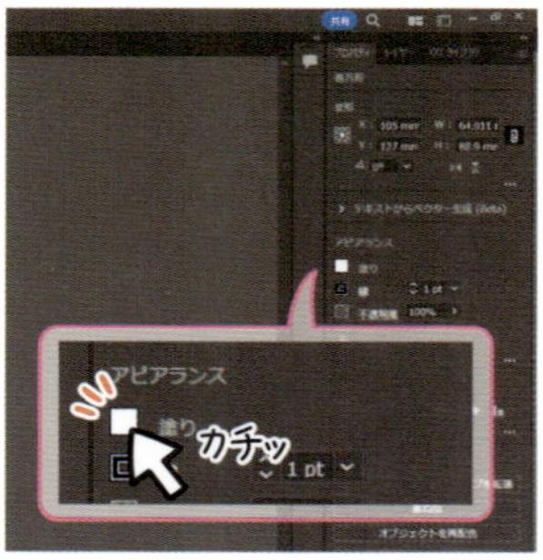

アピアランス
カチッ
1 pt

❶[プロパティパネル]内にある[塗り]横の四角形をクリックすると

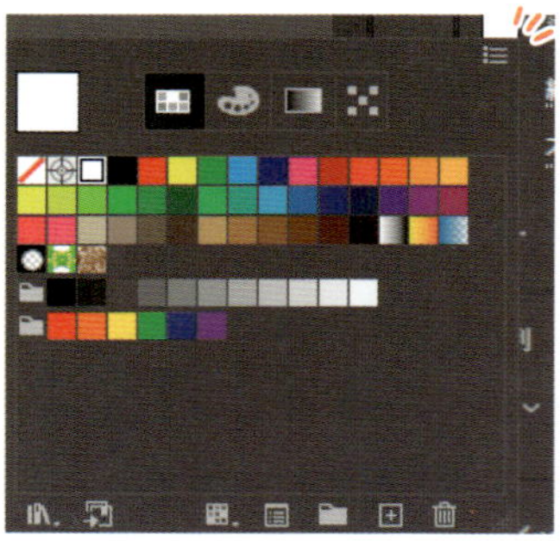

❷色を選択するウィンドウが表示されるので

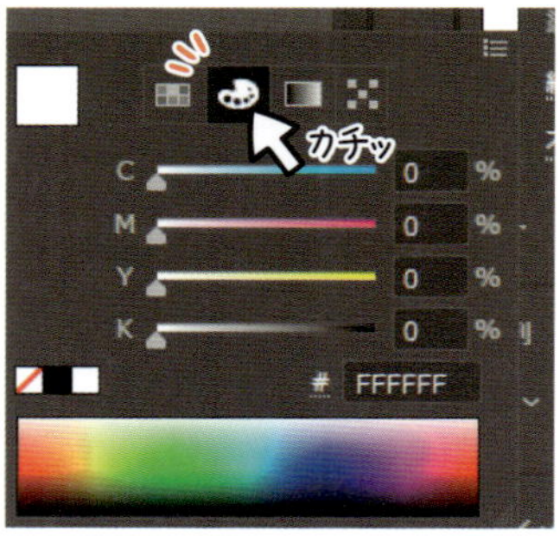

カチッ
C
M
Y
K
FFFFFF

❸パレットのアイコンを選択したあと

C 71 %
M 22 %
Y 0 %
K 0 %
359DD9
線 1 pt
不透明度 100%
カチッ

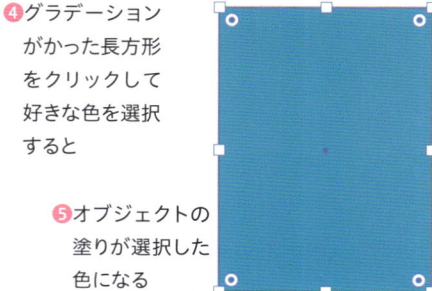

❹グラデーションがかった長方形をクリックして好きな色を選択すると

❺オブジェクトの塗りが選択した色になる

3 グラデーションがかった長方形の上にあるスライダーを動かすことでも、色を変更することができます。

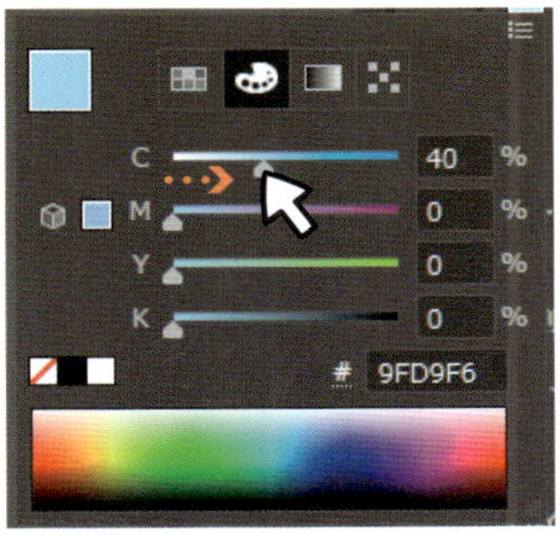
C 40 %
M 0 %
Y 0 %
K 0 %
9FD9F6

❶グラデーションがかった長方形の上の[C]のスライダーを動かすと

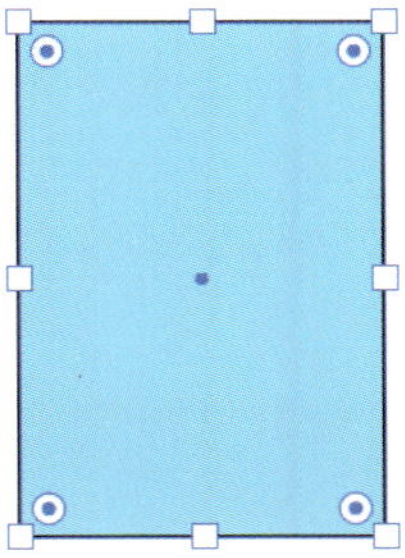

❷シアンの量を調整でき

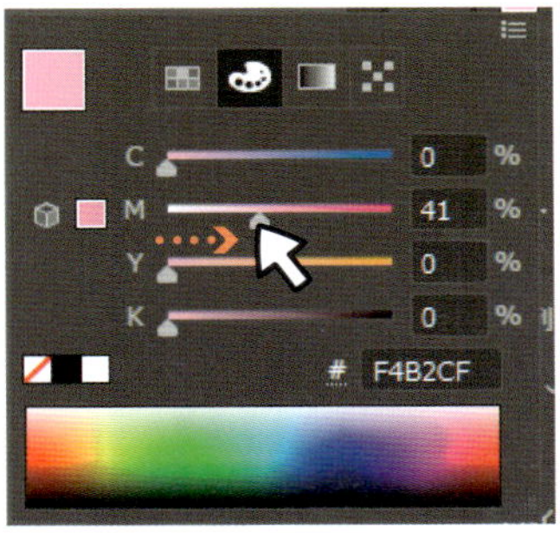
C 0 %
M 41 %
Y 0 %
K 0 %
F4B2CF

❸[M]のスライダーを動かすと

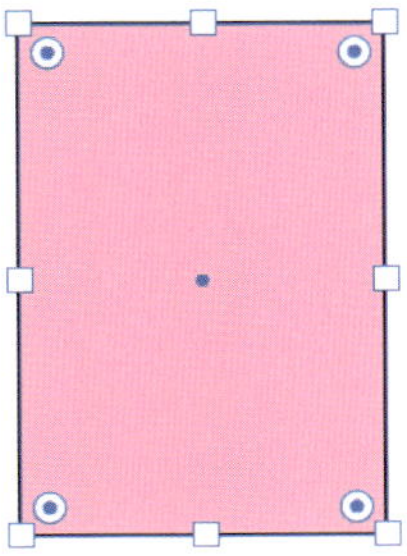

❹マゼンタの量を調整でき

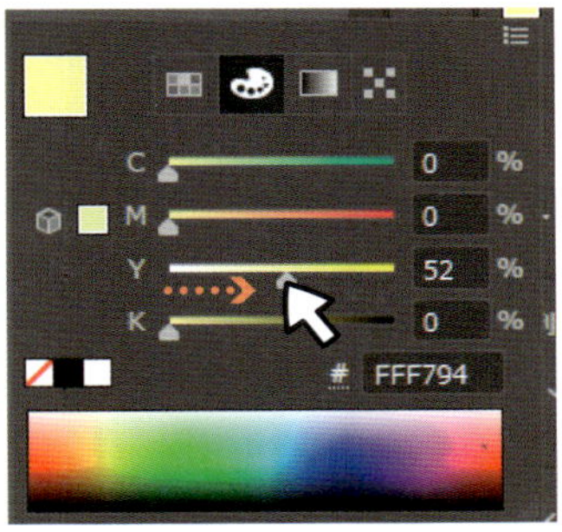
C 0 %
M 0 %
Y 52 %
K 0 %
FFF794

❺[Y]のスライダーを調整すると

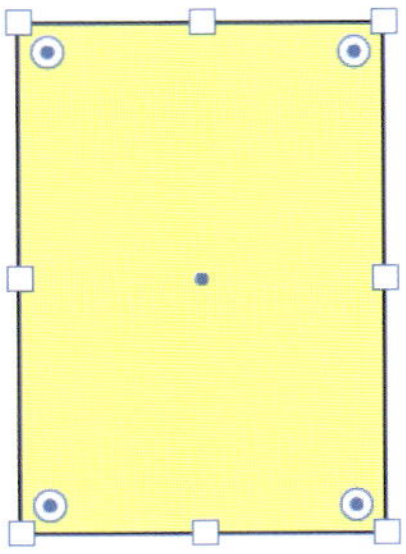

❻イエローの量を調整できる

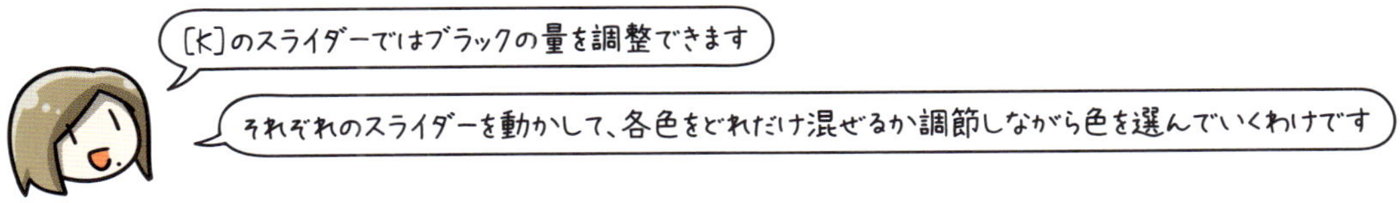
[K]のスライダーではブラックの量を調整できます
それぞれのスライダーを動かして、各色をどれだけ混ぜるか調節しながら色を選んでいくわけです

4 デフォルトではCMYKのスライダーとなっていますが、ウィンドウ右上にある三本線をクリックすると、ほかのカラーモードを選択できます。

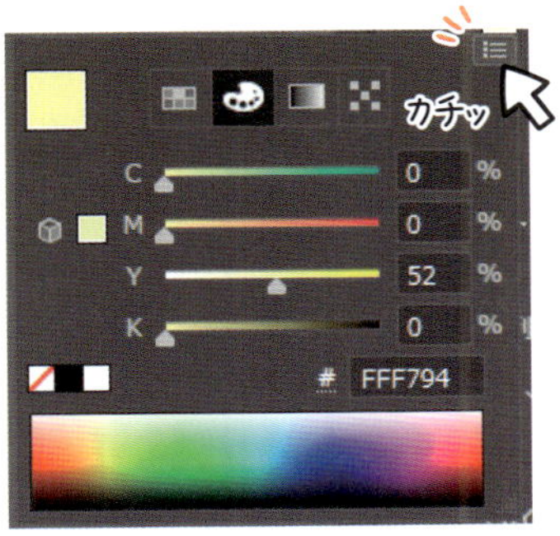
カチッ
C 0 %
M 0 %
Y 52 %
K 0 %
FFF794

❶ウィンドウ右上にある三本線をクリックすると

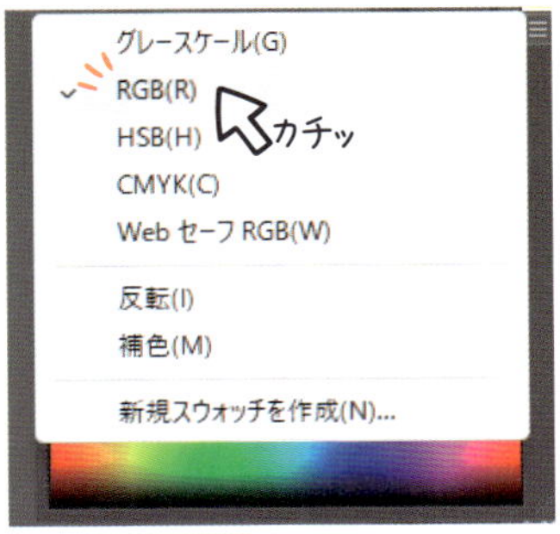
グレースケール(G)
RGB(R)
HSB(H)
CMYK(C)
Web セーフ RGB(W)
反転(I)
補色(M)
新規スウォッチを作成(N)...
カチッ

❷ほかのカラーモードを選択できるので[RGB]を選んでみると

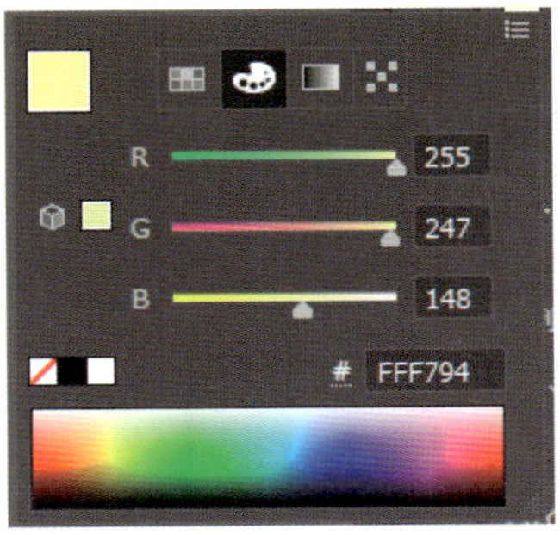
R 255
G 247
B 148
FFF794

❸スライダーがRGBの三色から調整する形になる

知っておこう！

色の設定方法

[プロパティパネル]内にある[塗り]から色を設定する方法を、もう少し詳しく見ていきましょう。[塗り]をクリックすると、色を設定するウィンドウが表示されます。このとき、格子状のアイコンが選ばれていると、すでに用意されている色から選択します。

アピアランス
塗り
カチッ
線
不透明度
この中から
色を選択する

[プロパティパネル]内にある[塗り]をクリックすると

色を設定するウィンドウが表示される

格子状のアイコンが選択状態の場合、すでに用意された色の中から選択する

パレットのアイコンをクリックすると、自分で好きな色を選べるようになります。グラデーションがかった長方形の上をクリックすることで、色を選択できるわけです。

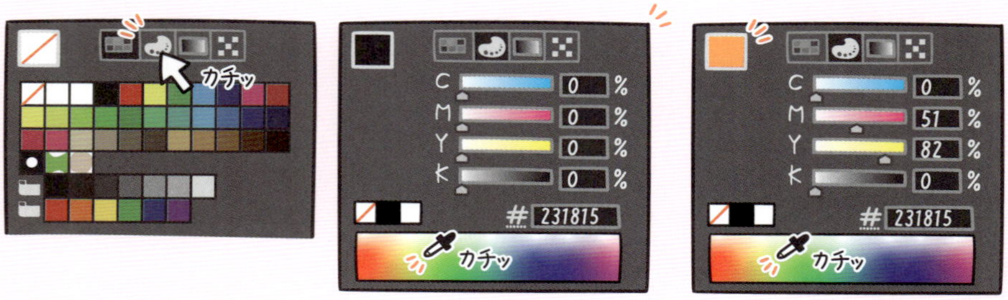
カチッ
C
M
Y
K
0 %
0 %
0 %
0 %
231815
カチッ
C
M
Y
K
0 %
51 %
82 %
0 %
231815
カチッ

パレットのアイコンをクリックすると

自分で好きな色を選択できるようになり

グラデーションがかった長方形の上をクリックすると、色を選択できる

グラデーションがかった長方形をクリックしたままドラッグすると、ドラッグしている箇所にある色をリアルタイムで次々と選択していくことができます。最終的にドラッグをやめた箇所にあった色が、オブジェクトの塗りの色に反映されます。

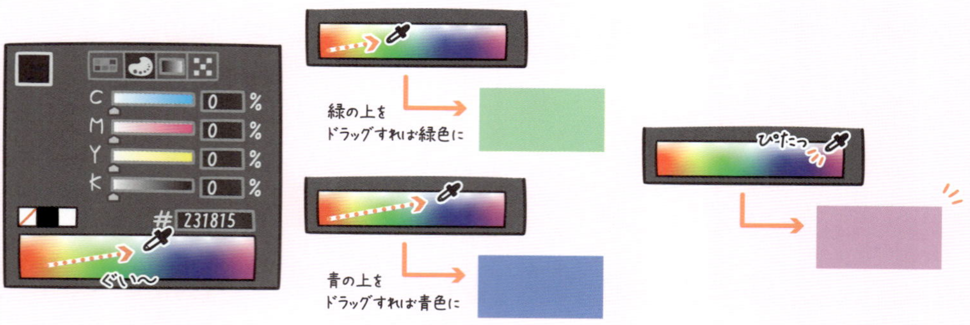
C
M
Y
K
0 %
0 %
0 %
0 %
231815
ぐい〜
緑の上を
ドラッグすれば緑色に
青の上を
ドラッグすれば青色に
ぴたっ

グラデーションがかった長方形上をクリックしたままドラッグすると

ドラッグしている箇所にある色をリアルタイムで次々と選択でき

最終的にドラッグをやめた箇所にあった色がオブジェクトの塗りの色に反映される

知っておこう!

[ツールバー]から色を変更する方法

オブジェクトの色を変更する方法として、画面左側[ツールバー]下部にある2つ重なっている四角形から、「塗り」と「線」を設定する方法があります。

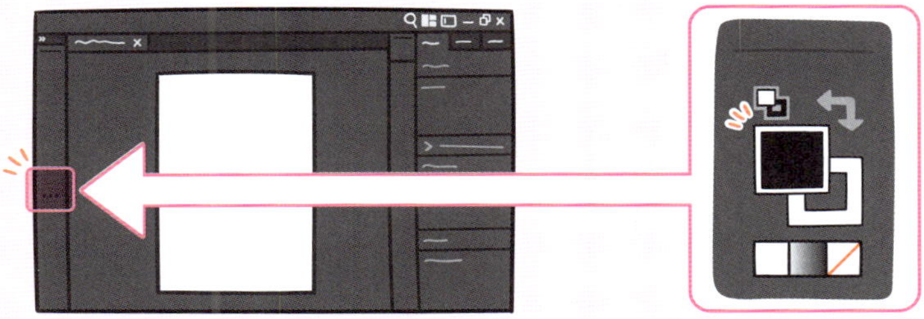

画面左側にある[ツールバー]下部にある　　2つ重なった四角形から色を変更できる

2つ重なっている四角形のうち、手前に表示されている四角形が編集対象となっていることをあらわしています。

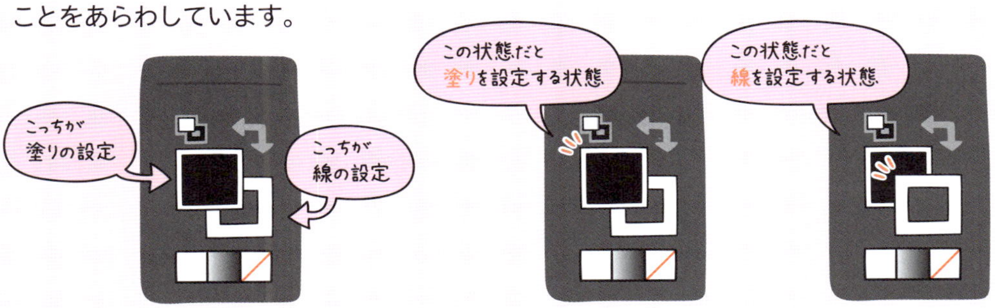
こっちが
塗りの設定
こっちが
線の設定
この状態だと
塗りを設定する状態
この状態だと
線を設定する状態

設定したい方の四角形をダブルクリックすると、色を指定するウィンドウが表示されるので、そこから変更したい色を指定します。

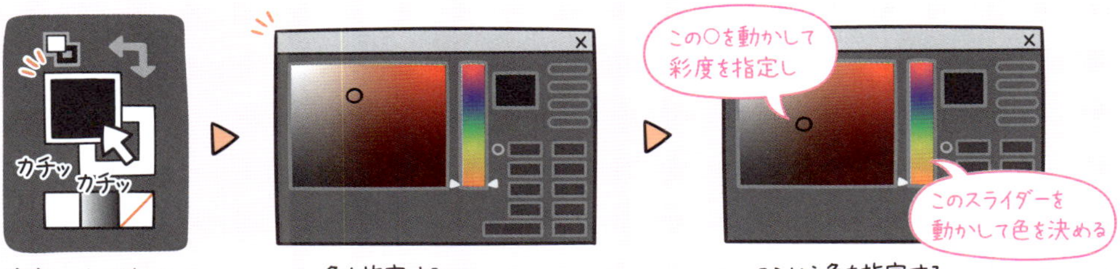
カチッ
カチッ
この○を動かして
彩度を指定し
このスライダーを
動かして色を決める

ダブルクリックすると　　色を指定するウィンドウが開かれるので　　そこから色を指定する

色の設定をなしにしたい場合は、[ツールパネル]下部にある2つ重なった四角形の下の斜線マークの四角形をクリックしましょう。

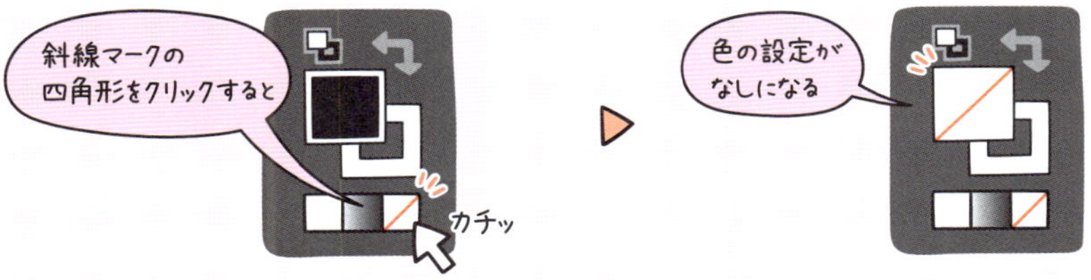
斜線マークの
四角形をクリックすると
カチッ
色の設定が
なしになる

Study

オブジェクトの線を設定する方法について知ろう

オブジェクトには、「塗り」と「線」を設定することができることをp.55で学びました。

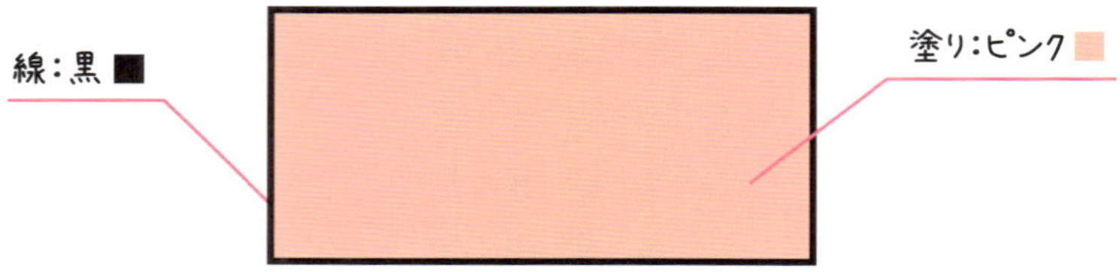

線：黒
塗り：ピンク

線に対しては、線の色を変更したり、太さを変更したり、線を破線にしたり…といった様々な設定を行うことができます。

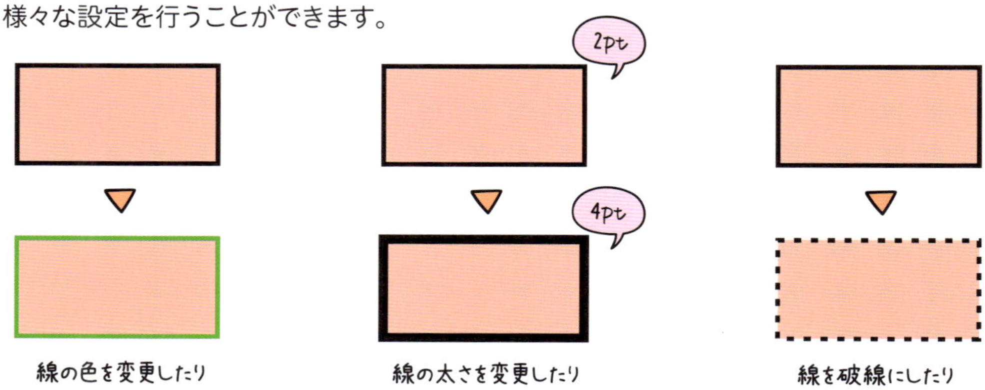

2pt
4pt
線の色を変更したり
線の太さを変更したり
線を破線にしたり

線の設定は、［プロパティパネル］から細かく行うことができます。

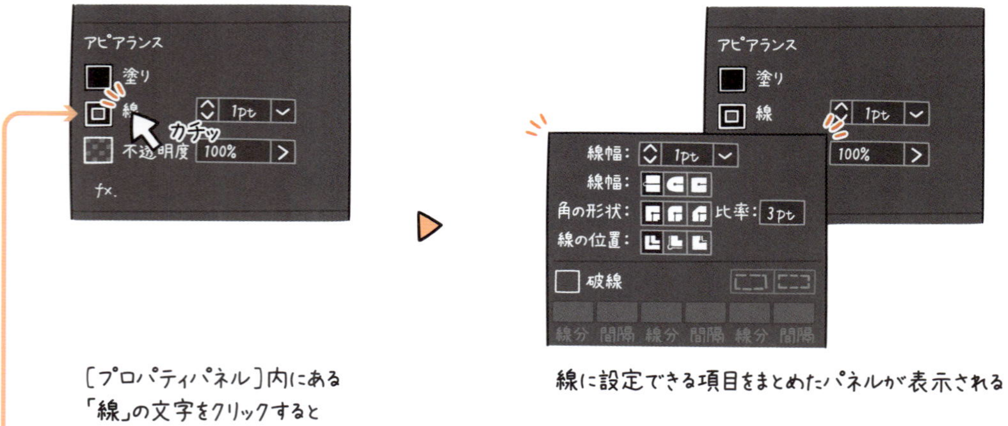

アピアランス
塗り
線
1pt
カチッ
不透明度
100%
fx.
線幅：
線幅：
角の形状：
比率：
3pt
線の位置：
破線
線分
間隔
［プロパティパネル］内にある「線」の文字をクリックすると
線に設定できる項目をまとめたパネルが表示される

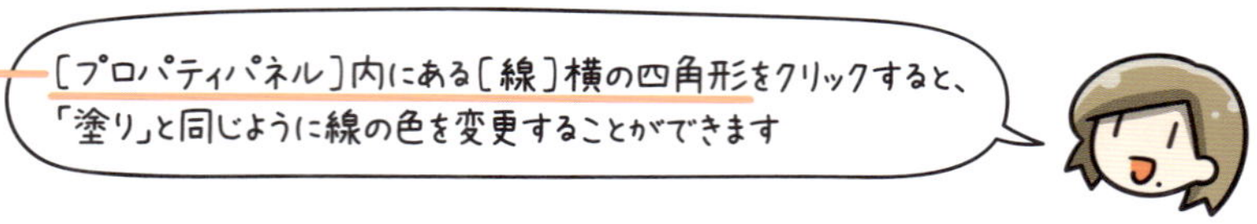

［プロパティパネル］内にある［線］横の四角形をクリックすると、「塗り」と同じように線の色を変更することができます

Let's Try!

オブジェクトに線を設定してみよう

1 「オブジェクトに塗りを設定してみよう(p.56)」で塗りを設定した長方形に、さらに線を設定してみましょう。まずは、[ツールバー]から[選択ツール]を選択し、オブジェクトをクリックして選択状態にします。

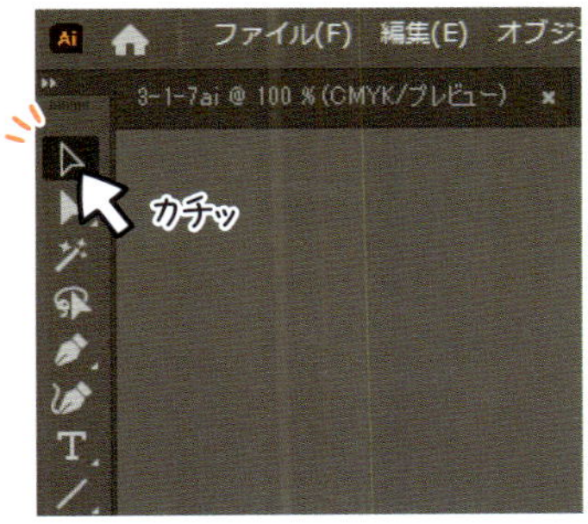

ファイル(F) 編集(E) オブジ
3-1-7ai @ 100 % (CMYK/プレビュー)
カチッ

❶[ツールバー]から[選択ツール]を選択し

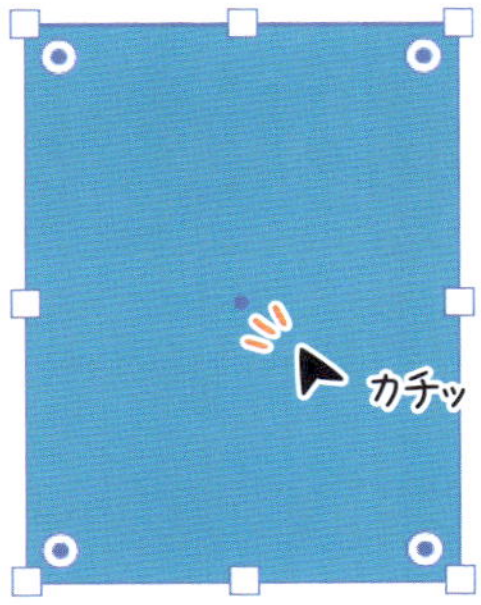

カチッ

❷長方形をクリックして選択状態にする

2 選択状態にできたら、画面右側の[プロパティパネル]内にある[線]横の四角形をクリックして表示されたウィンドウから色を選択することで、線の色を変更できます。色の設定方法は、「塗り」を設定したときと同じです。

アピアランス
塗り
線
1 pt
カチッ
整列

❶[プロパティパネル]内にある[線]横の四角形をクリックして

C 0 %
M 73 %
Y 77 %
K 0 %
EC6639
カチッ

❷表示されたウィンドウから好きな色を選択すると

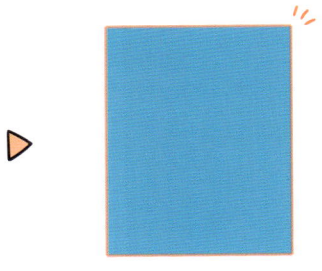

❸選択した色にオブジェクトの線の色が変更される

3 線に関しては、[プロパティパネル]内にある[線]の文字の横にあるボックスから、線の太さを変更できます。

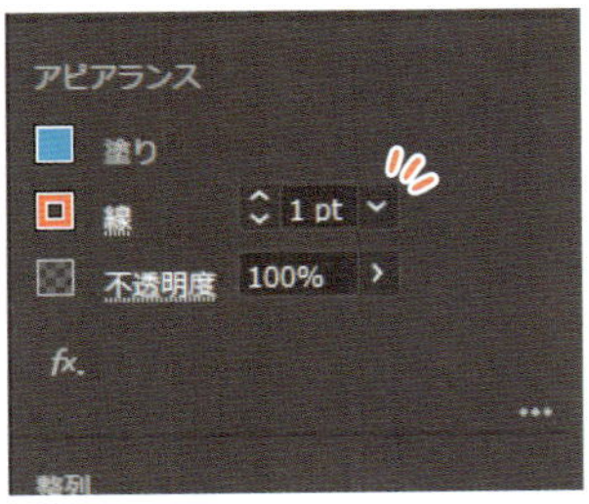

アピアランス
塗り
線
1 pt
不透明度
100%
整列

❶[線]の横にあるボックスに

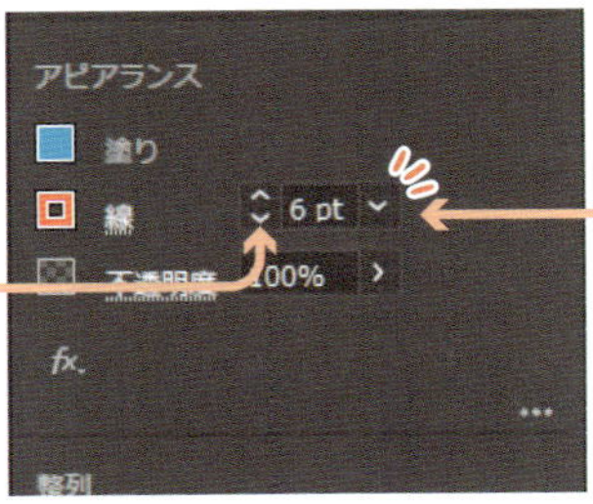

アピアランス
塗り
線
6 pt
100%
整列

❷数値を入力すると

❸入力した線の太さになる

ボックス左側の上下の矢印をクリックしたり、
ボックス右側の矢印をクリックすることでも線の太さを変更できます

4 ほかにも、[線]の文字をクリックして表示されるメニューから[破線]にチェックを入れたあと、[線分]と[間隔]に数値を入れると、線を点線にすることもできます。

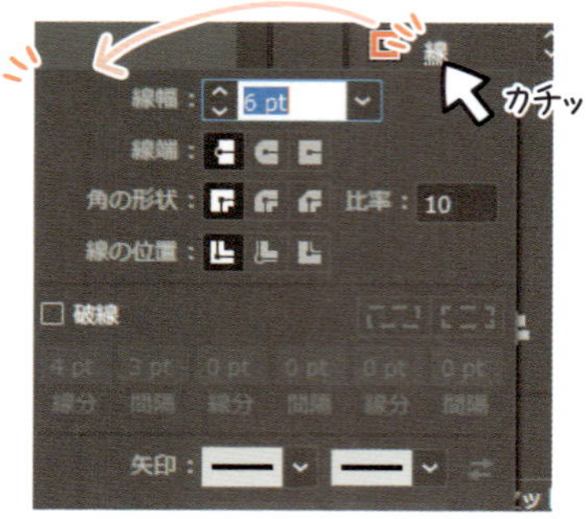
カチッ

❶[線]の文字をクリックするとメニューが表示されるので

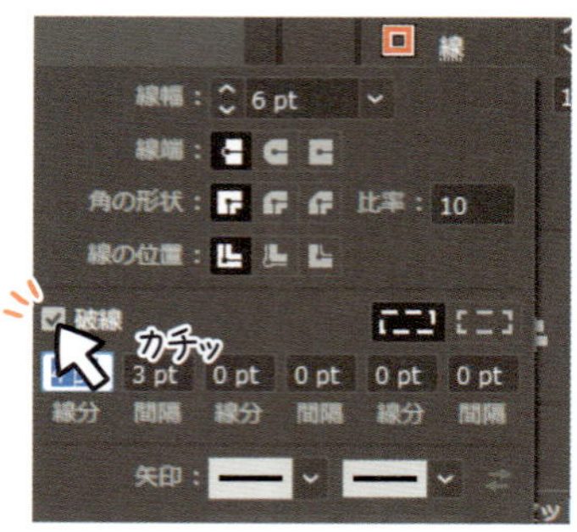
カチッ

❷破線にチェックを入れて

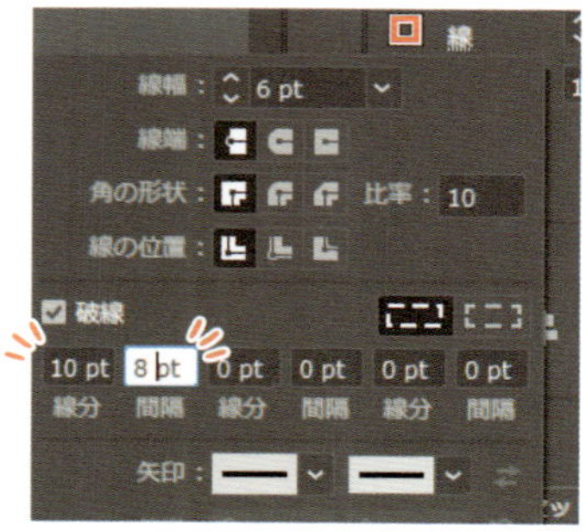

❸[線分]と[間隔]に任意の数値を入れると

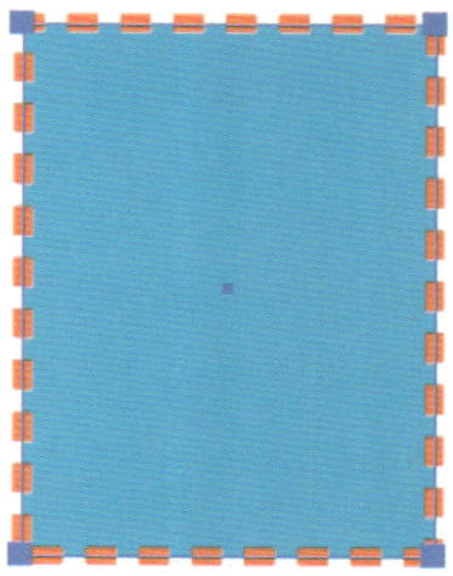

❹入力した数値の点線に変更できる

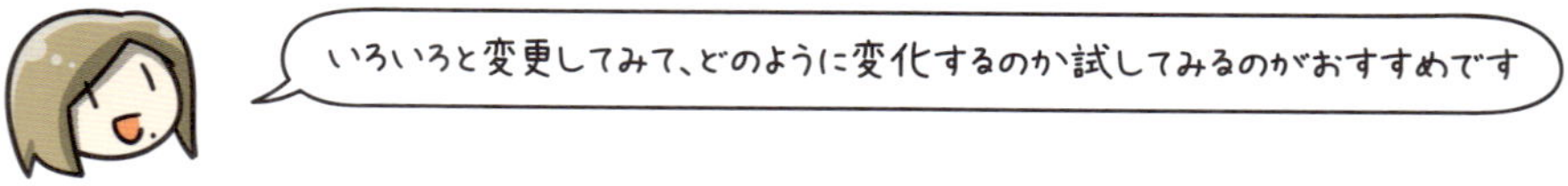
いろいろと変更してみて、どのように変化するのか試してみるのがおすすめです

5 塗りと線は、塗りが白、線が黒である状態がデフォルトになっています。その状態に戻すには、[ツールバー]下部にある小さい長方形が2つ重なったアイコンをクリックしましょう。

カチッ

❶[ツールバー]下部のアイコンをクリックすると

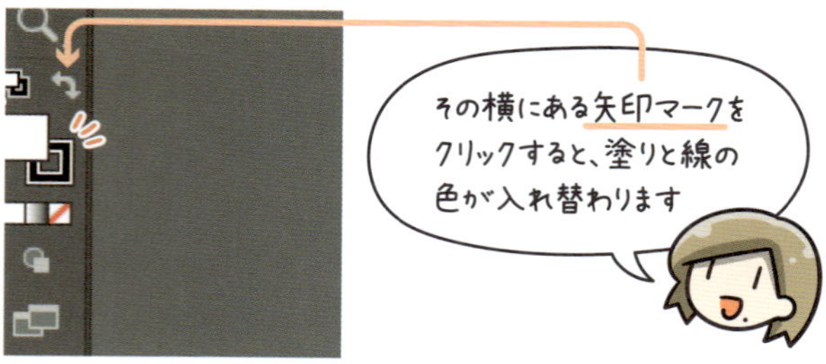
その横にある矢印マークを
クリックすると、塗りと線の
色が入れ替わります

❷デフォルトの状態である、塗りが白、線が黒の状態に戻る

知っておこう！

[破線]で複数[線分]と[間隔]を設定した場合

[破線]にチェックを入れた場合、[線分]と[間隔]は、複数設定することができます。まずは1パターン設定した場合を見てみましょう。

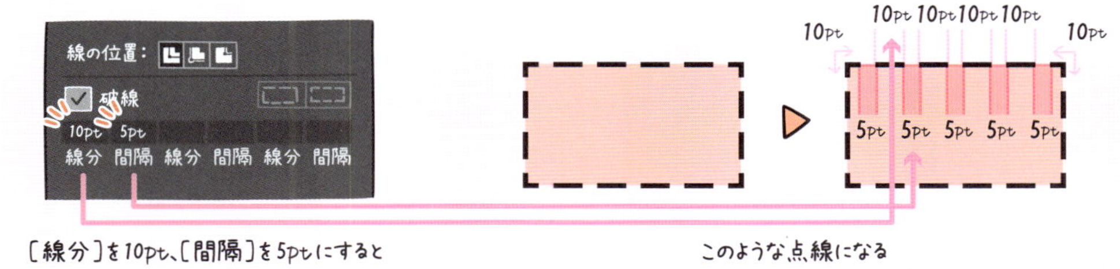
線の位置：
破線
10pt 5pt
線分 間隔 線分 間隔 線分 間隔
10pt 10pt 10pt 10pt 10pt 10pt
5pt 5pt 5pt 5pt 5pt
［線分］を10pt、［間隔］を5ptにすると
このような点線になる

［線分］＝点線の長さ、［間隔］＝点線と点線の間の長さというわけですね

さらに[線分]と[間隔]を設定してみると、複雑な点線になります。

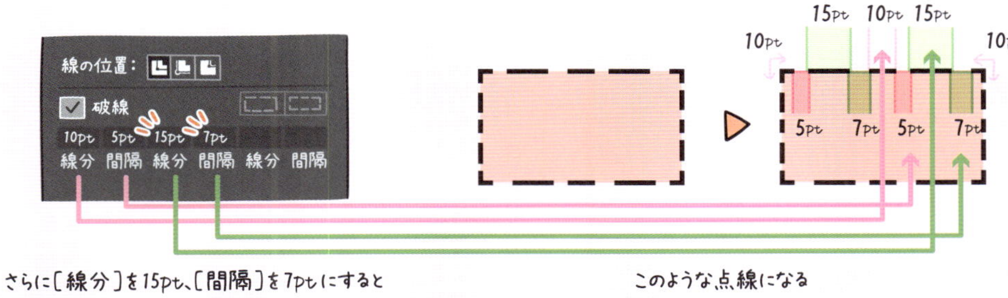
線の位置：
破線
10pt 5pt 15pt 7pt
線分 間隔 線分 間隔 線分 間隔
15pt 10pt 15pt
10pt 10pt
5pt 7pt 5pt 7pt
さらに［線分］を15pt、［間隔］を7ptにすると
このような点線になる

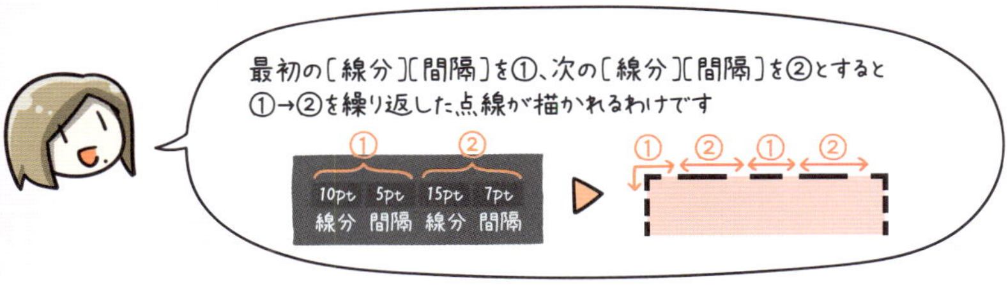
最初の［線分］［間隔］を①、次の［線分］［間隔］を②とすると
①→②を繰り返した点線が描かれるわけです
① ②
10pt 5pt 15pt 7pt
線分 間隔 線分 間隔
① ② ① ②

知っておこう！

[角の形状]それぞれの変化

[角の形状]では、名前の通り角の形状をどのようにするかを設定することが可能です。それぞれ以下のような形状になります。

マイター結合
（一番左）
角はそのまま
ラウンド結合
（中央）
角は丸くなる
ベベル結合
（一番右）
角が削られる

Study

グラデーションの設定方法について知ろう

単色で塗りを設定する方法のほかに、グラデーションを設定する方法を見てみましょう。[ツールバー]から設定する方法を学んでいきます。

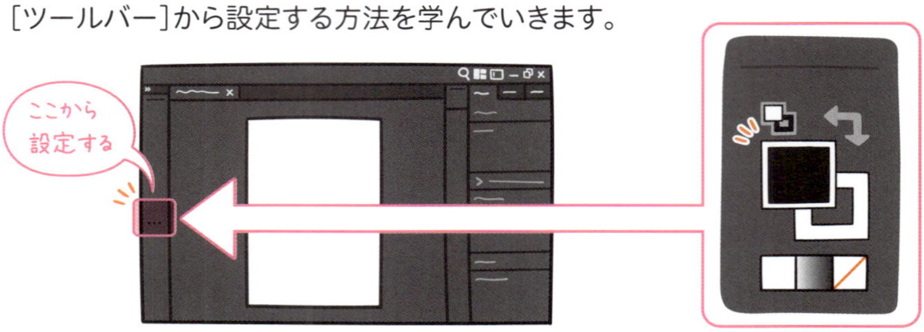

ここから設定する

まずは、グラデーションの塗りを設定したいオブジェクトを選択します。次に、[ツールバー]下にある小さなグラデーションがかった四角形をクリックします。すると、選択したオブジェクトにグラデーションが適用されます。

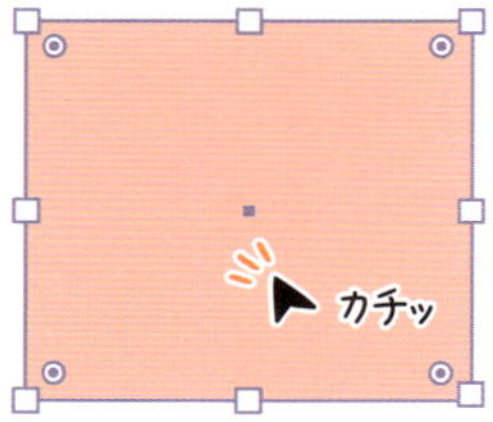

カチッ

オブジェクトを選択した状態で

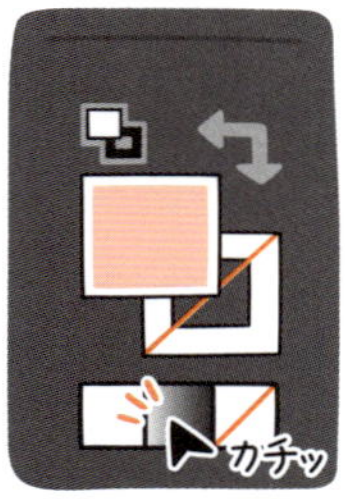

カチッ

[ツールバー]下にある小さなグラデーションがかった四角形をクリックすると

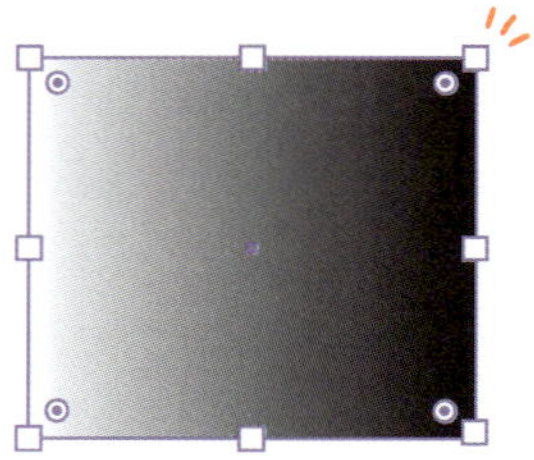
オブジェクトにグラデーションが適用される

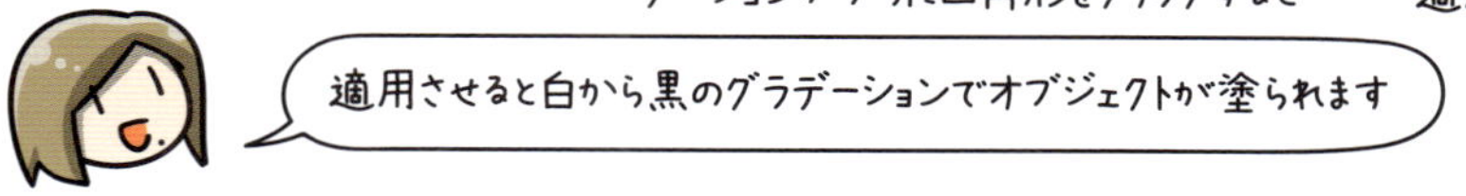

適用させると白から黒のグラデーションでオブジェクトが塗られます

グラデーションを適用させると、[グラデーションパネル]が表示されるので、そこから色の設定やグラデーションのかかり方を設定することが可能です。

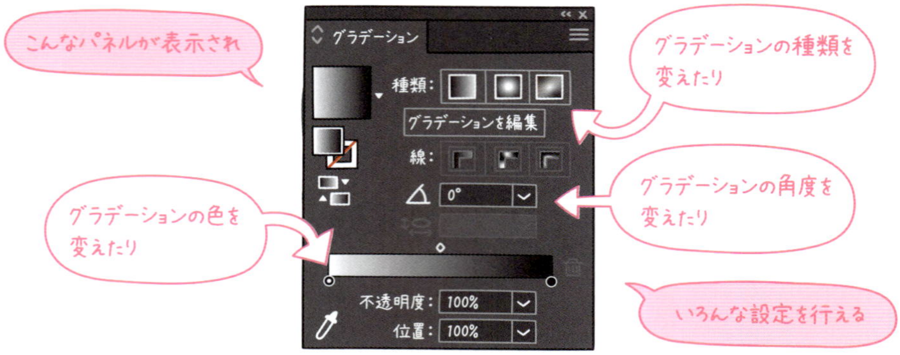

こんなパネルが表示され
グラデーション
種類：
グラデーションを編集
線：
0°
不透明度：100%
位置：100%
グラデーションの種類を変えたり
グラデーションの角度を変えたり
グラデーションの色を変えたり
いろんな設定を行える

次ページから実際にグラデーションの設定を行っていきましょう！

Let's Try!

グラデーションを設定してみよう

1 [長方形ツール]で長方形を作成し、作成した長方形に対してグラデーションを設定してみましょう。[選択ツール]でオブジェクトをクリックし選択状態にします。

カチッ

❶[長方形ツール]を選択し

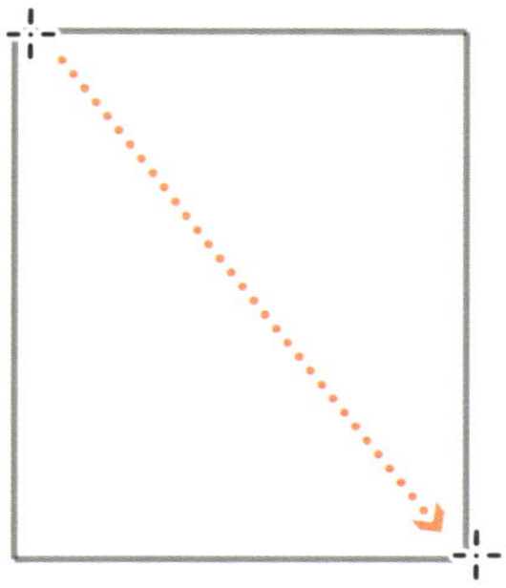

❷ドラッグして長方形を作成したら

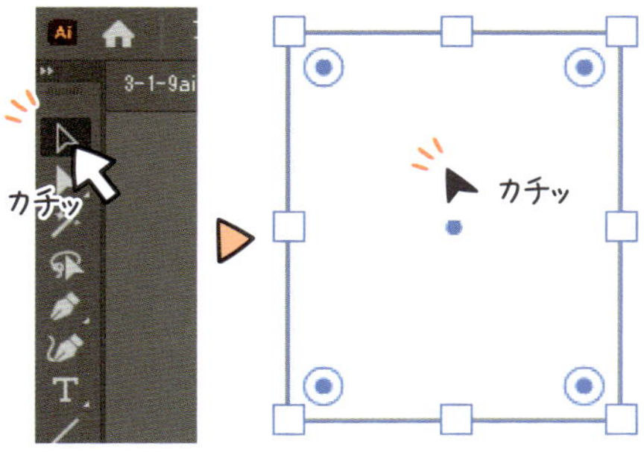
3-1-9ai
カチッ
カチッ

❸[選択ツール]でオブジェクトをクリックする

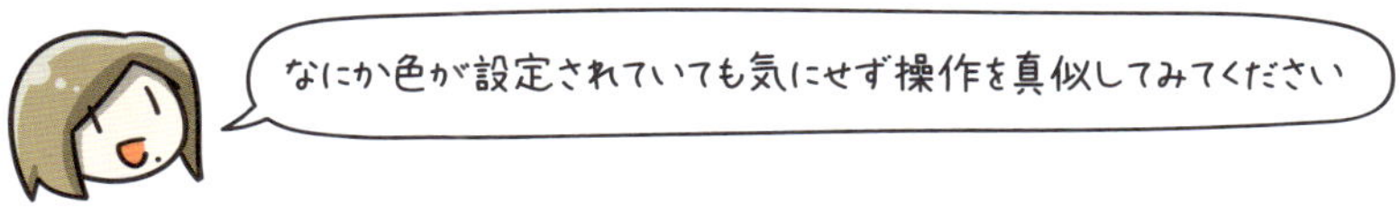
なにか色が設定されていても気にせず操作を真似してみてください

2 長方形を選択状態にしたら、[ツールバー]下部にあるグラデーション状の四角形をクリックします。すると、即座にオブジェクトにグラデーションが適用され、[グラデーションパネル]も表示されます。

カチッ

❶[ツールバー]下部、グラデーション状の四角形をクリックすると

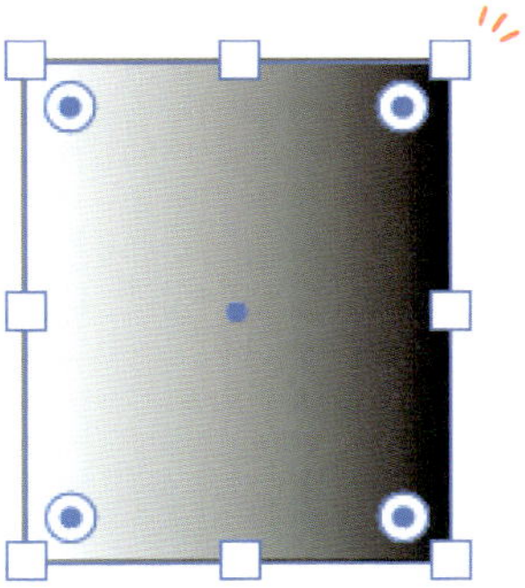

❷オブジェクトにグラデーションが適用され

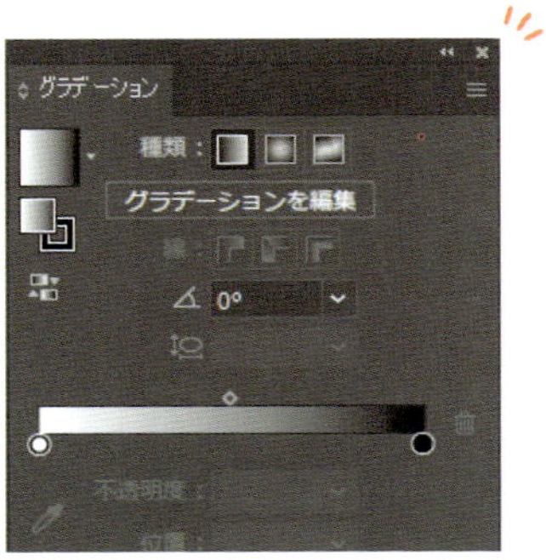
グラデーション
種類：
グラデーションを編集
0°

❸[グラデーションパネル]が表示される

この[グラデーションパネル]を使って、色を設定していきます!

3 ［グラデーションパネル］中央下にある長方形両わきにある丸印をドラッグして移動することで、各色のグラデーションのかかる位置を変更できます。

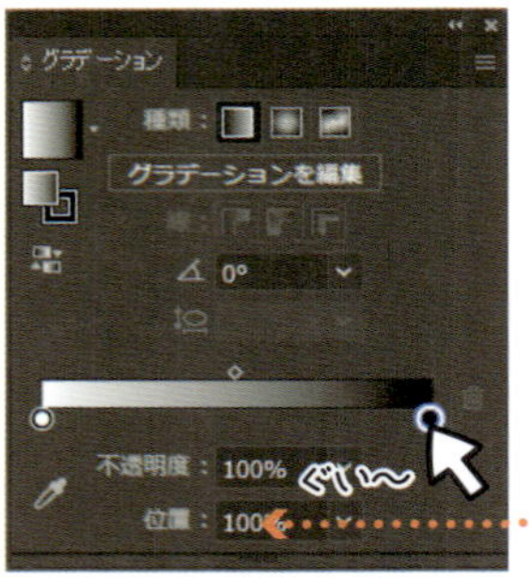
ぐい～

❶長方形両わきの丸印をドラッグして

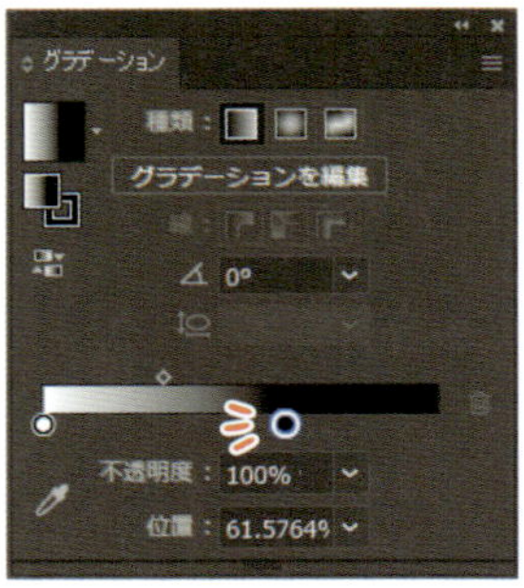

❷移動すると

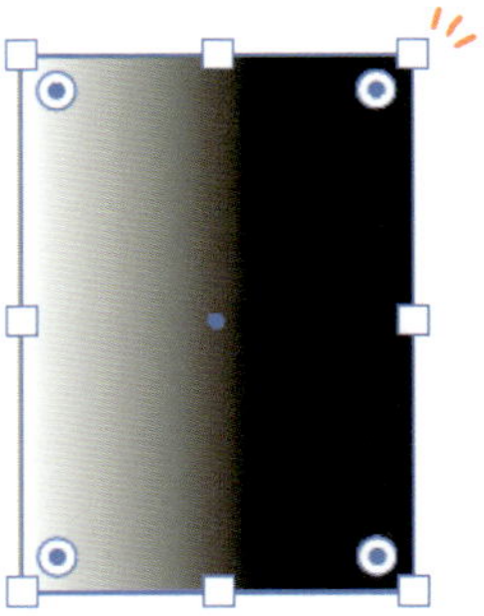

❸グラデーションのかかる位置が変わる

4 また、丸をダブルクリックすると、色を設定するウィンドウが表示されるので、そこから色の変更を行うことができます。

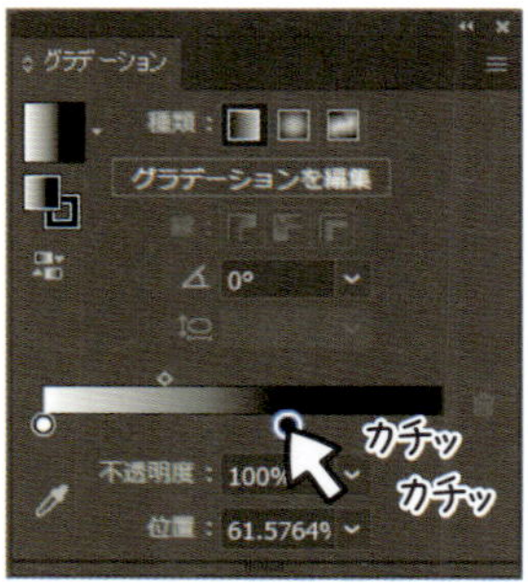
カチッ
カチッ

❶パネル中央下にある長方形にある丸印をダブルクリックすると

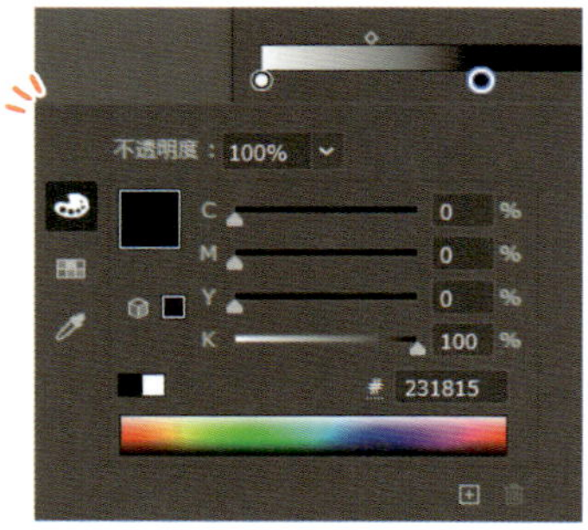

❷色を設定するウィンドウが表示されるので

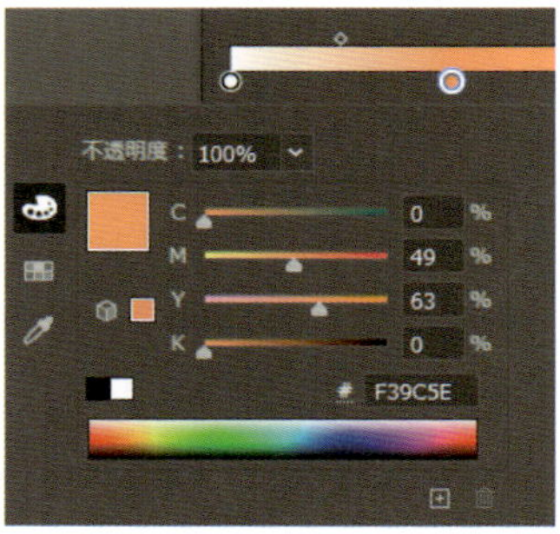

❸そこから色が変更できる

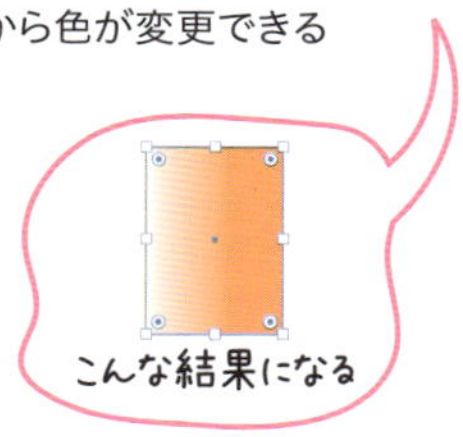
こんな結果になる

5 さらに、丸と丸の間をクリックすると、新しく丸が追加され、複数色のグラデーションを作ることが可能です。

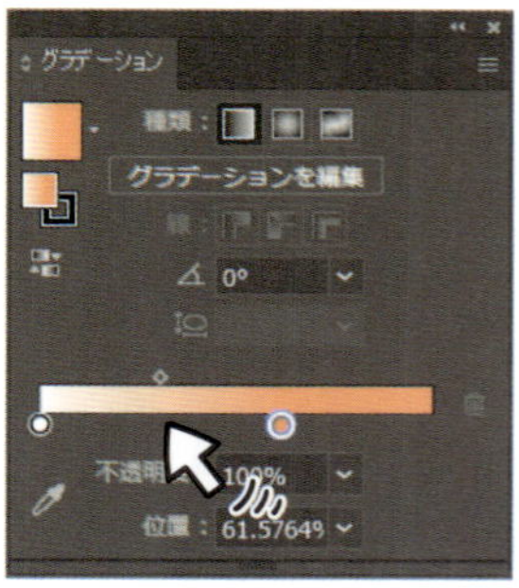

❶丸と丸の間にカーソルを持っていくと

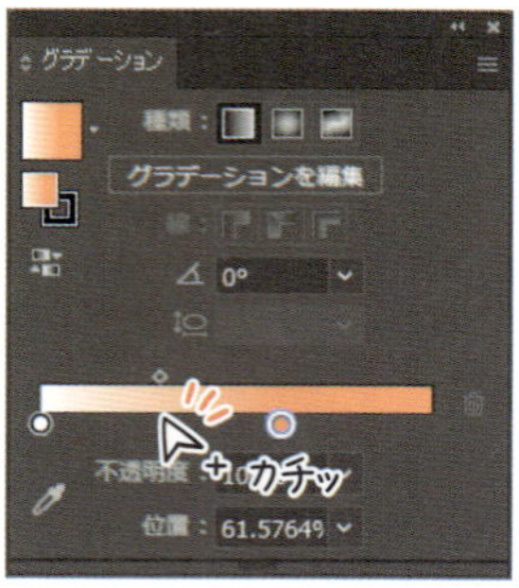
カチッ

❷カーソルの表示が変わるのでそのタイミングでクリックすると

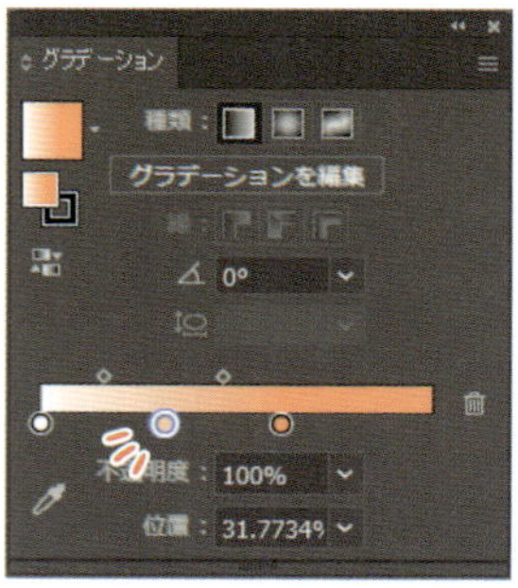

❸新しく色を追加できる

6 色の変更は先ほどと同様に、丸をダブルクリックして表示されたウィンドウから変更できます。

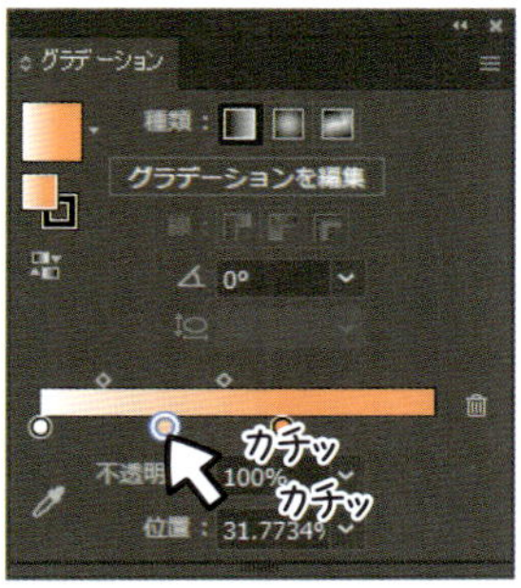
グラデーション
種類：
グラデーションを編集
0°
カチッ
カチッ
不透明度
100%
位置：31.7734%

❶丸をダブルクリックして

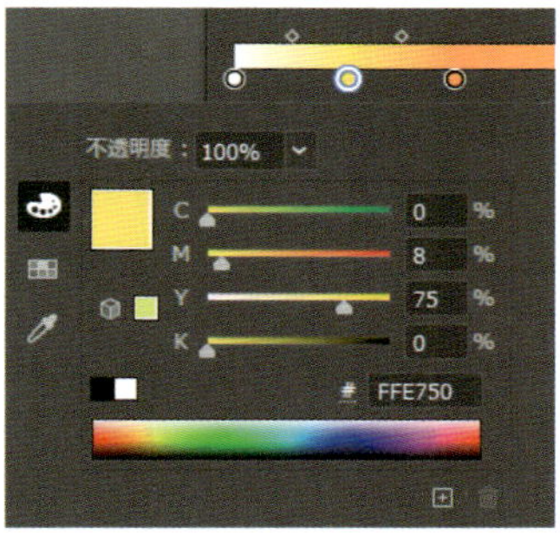
不透明度：100%
C 0 %
M 8 %
Y 75 %
K 0 %
FFE750

❷表示されたウィンドウから好きな色を選択すると

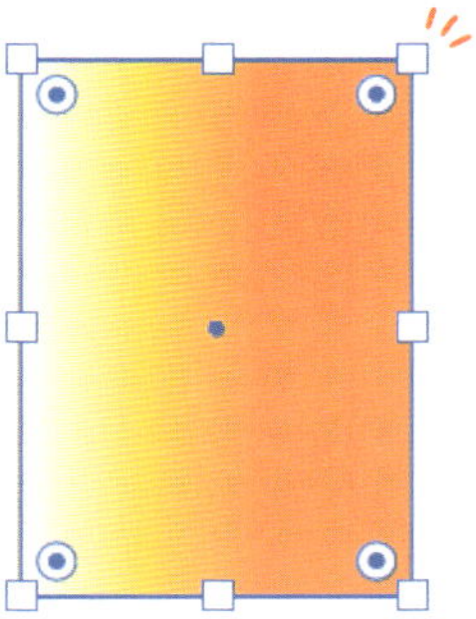

❸色が変更できる

知っておこう！

グラデーションの様々なパターン

グラデーションを設定した際、デフォルトでは左から右へのグラデーションですが、パネル内[種類]からグラデーションのかかり方を変更できます。それぞれ以下のようなグラデーションになります。

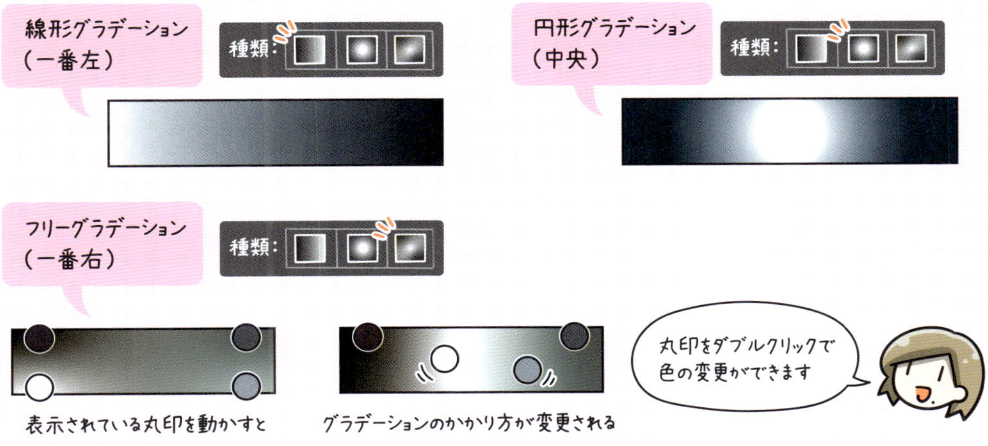
線形グラデーション（一番左）
種類：
円形グラデーション（中央）
種類：
フリーグラデーション（一番右）
種類：
表示されている丸印を動かすと
グラデーションのかかり方が変更される
丸印をダブルクリックで色の変更ができます

また、角度を変更することでもグラデーションのかかり方を変更できます。

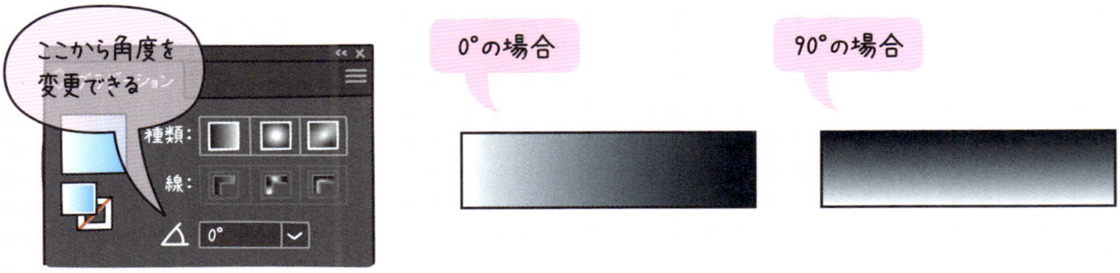
ここから角度を変更できる
種類：
線：
0°
0°の場合
90°の場合

Let's Try!

その他のツールでオブジェクトを描いてみよう

1 その他のオブジェクトを描くツールも、[長方形ツール]と同じように、ドラッグすることでオブジェクトを描くことができます。

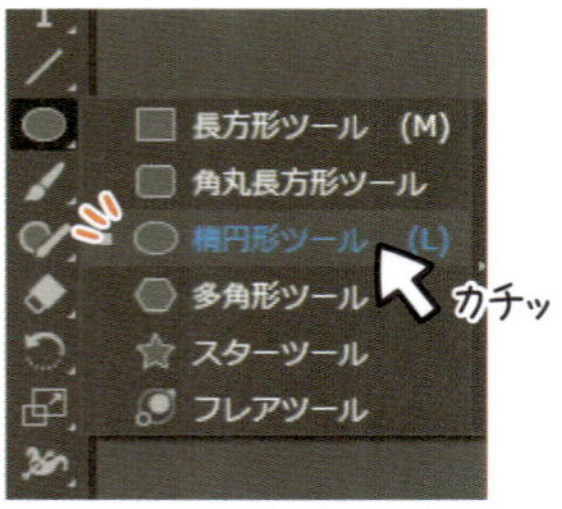

長方形ツール (M)
角丸長方形ツール
楕円形ツール (L)
多角形ツール
スターツール
フレアツール
カチッ

❶[楕円形ツール]を選択し

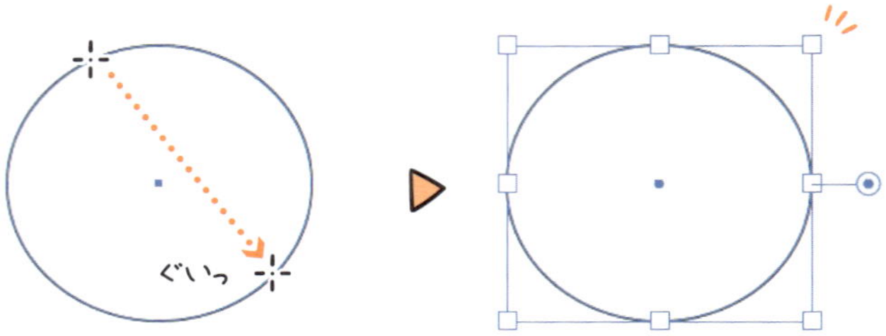

ぐいっ

❷画面上をドラッグすると、ドラッグした大きさの円が描かれる

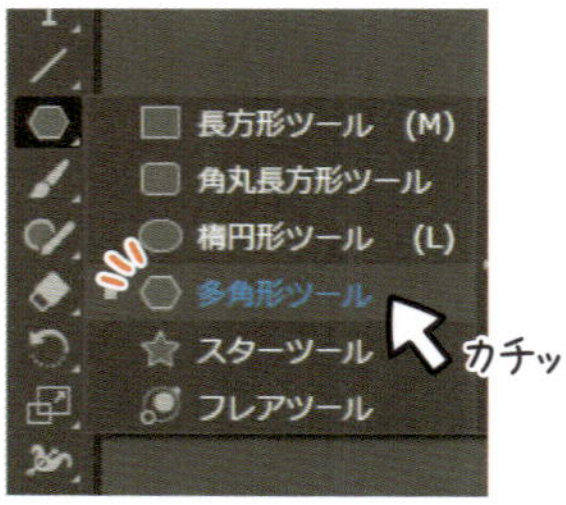

長方形ツール (M)
角丸長方形ツール
楕円形ツール (L)
多角形ツール
スターツール
フレアツール
カチッ

❶[多角形ツール]を選択し

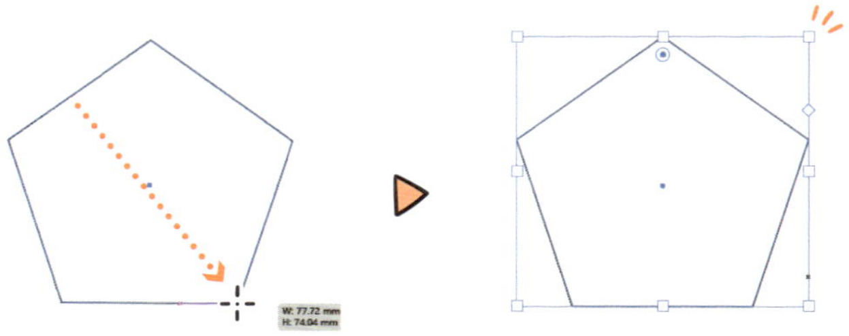

❷画面上をドラッグすると、ドラッグした大きさの多角形が描かれる

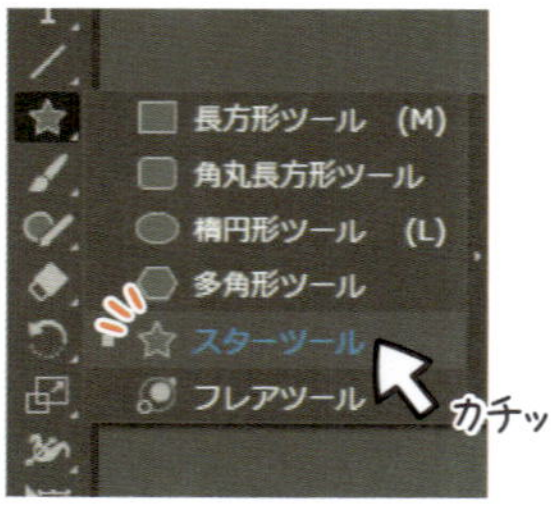

長方形ツール (M)
角丸長方形ツール
楕円形ツール (L)
多角形ツール
スターツール
フレアツール
カチッ

❶[スターツール]を選択し

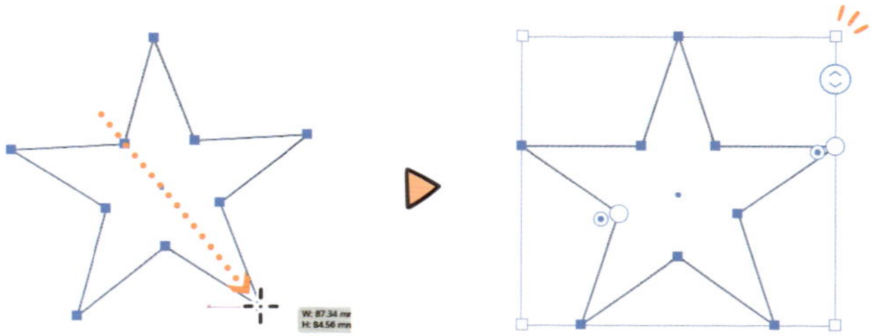

❷画面上をドラッグすると、ドラッグした大きさのスターが描かれる

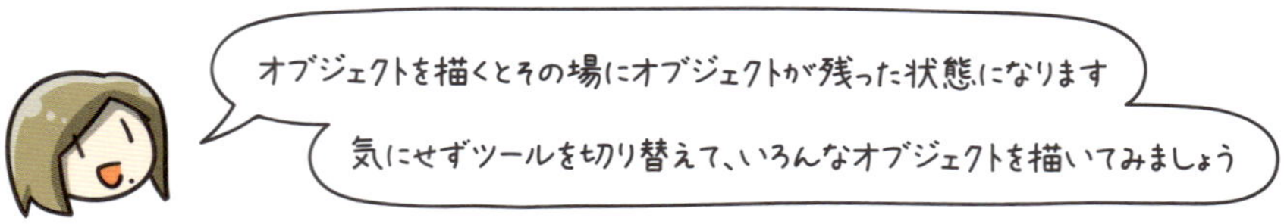

オブジェクトを描くとその場にオブジェクトが残った状態になります
気にせずツールを切り替えて、いろんなオブジェクトを描いてみましょう

色の設定がお手本と違っていても気にしなくて大丈夫です

2 ［多角形ツール］や［スターツール］は、画面をクリックすると辺の数を何個にするかを設定するウィンドウが表示され、辺の数を変更することが可能です。

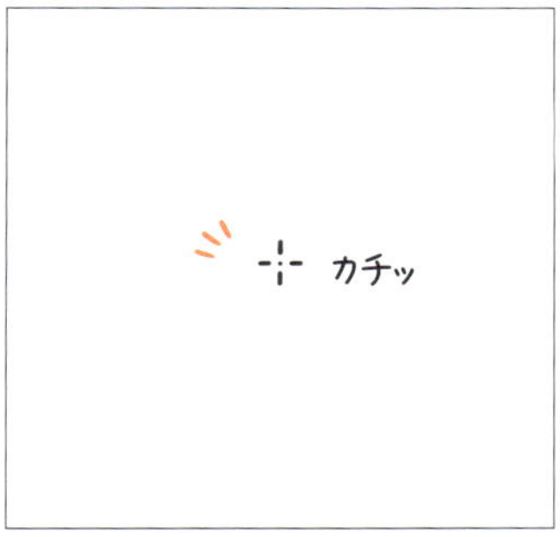
カチッ

❶［多角形ツール］を選択し画面をクリックすると

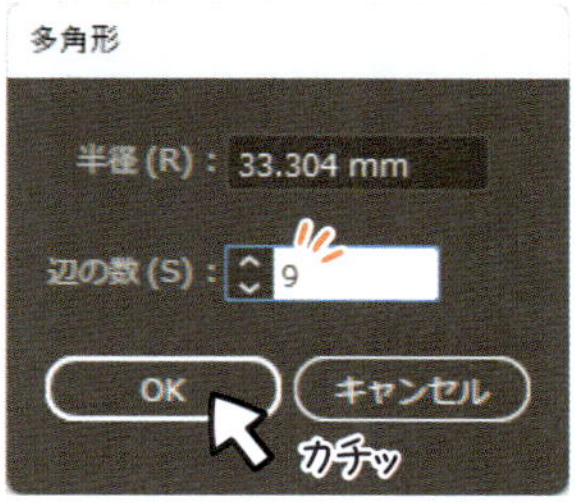
多角形
半径 (R)：33.304 mm
辺の数 (S)：9
OK
キャンセル
カチッ

❷ウィンドウが表示されるので数字を入力し、［OK］をクリックすると

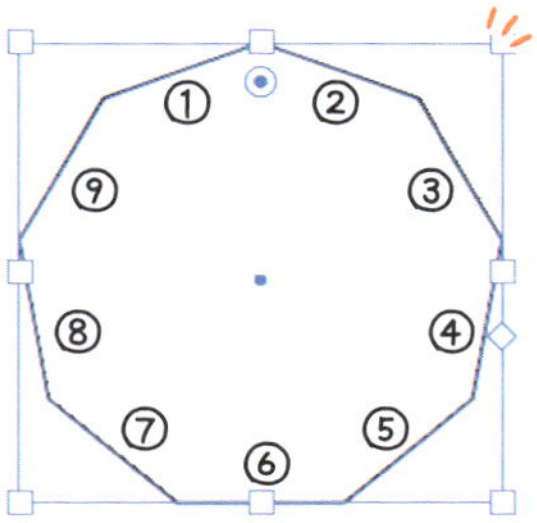
①
②
③
④
⑤
⑥
⑦
⑧
⑨

❸入力した数字の辺の数の図形が描かれる

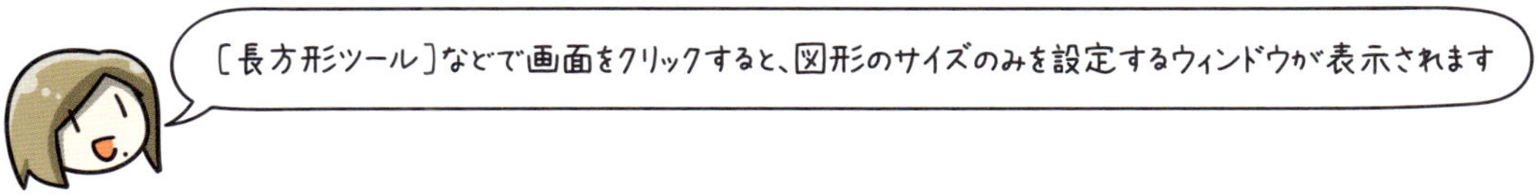
［長方形ツール］などで画面をクリックすると、図形のサイズのみを設定するウィンドウが表示されます

3 ドラッグして多角形、もしくはスターを描いた場合は、バウンディングボックスに表示される矢印を上下にドラッグすることでも頂点の数を調整できます。

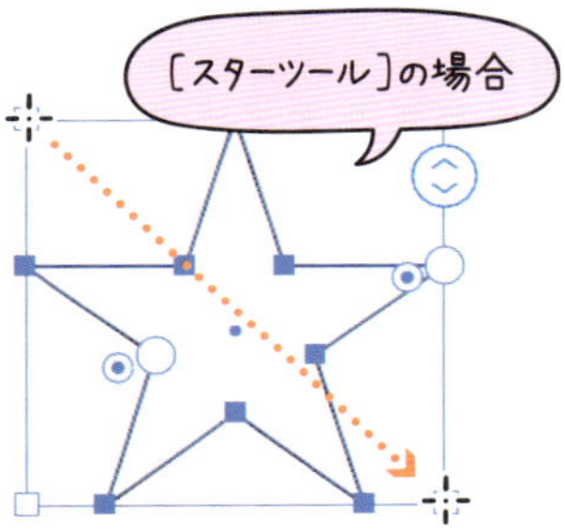
［スターツール］の場合

❶ドラッグして図形を描き

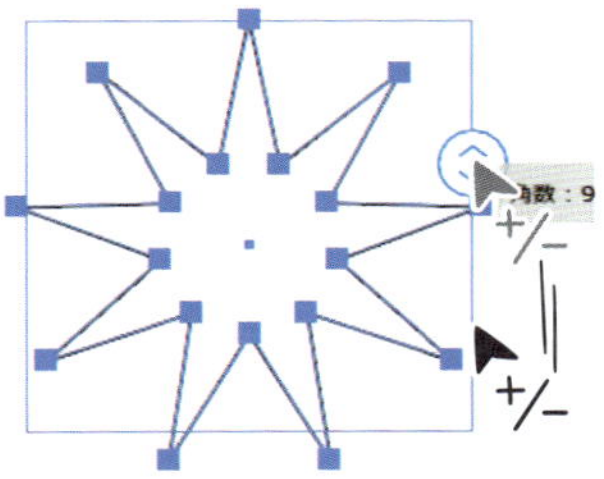
+/−
+/−

❷バウンディングボックスにある矢印を下にドラッグすると

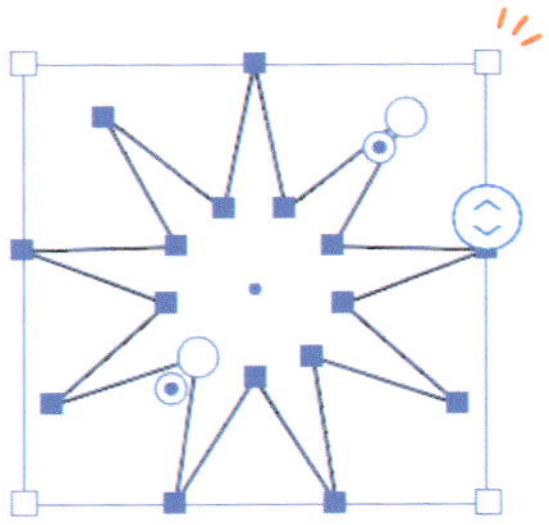

❸頂点の数が増える

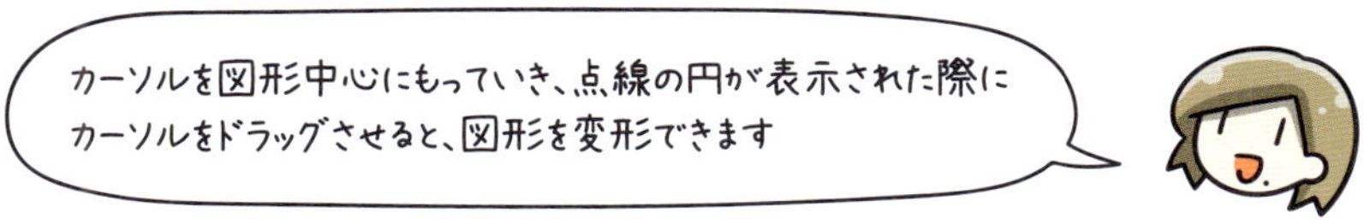
カーソルを図形中心にもっていき、点線の円が表示された際に
カーソルをドラッグさせると、図形を変形できます

4 ［直線ツール］では、ドラッグすることで直線が引かれていきます。

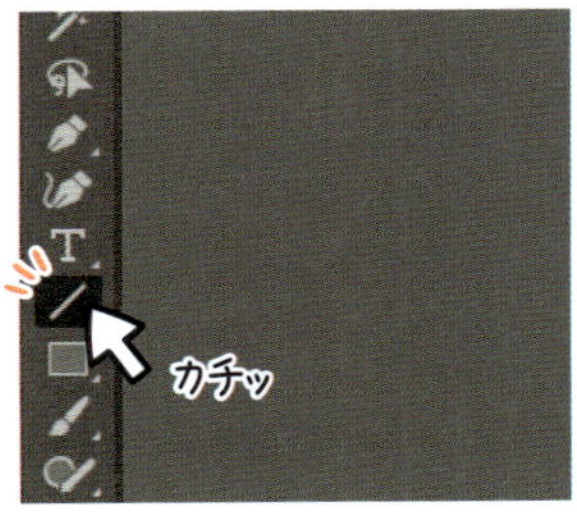
カチッ

❶［直線ツール］を選択し

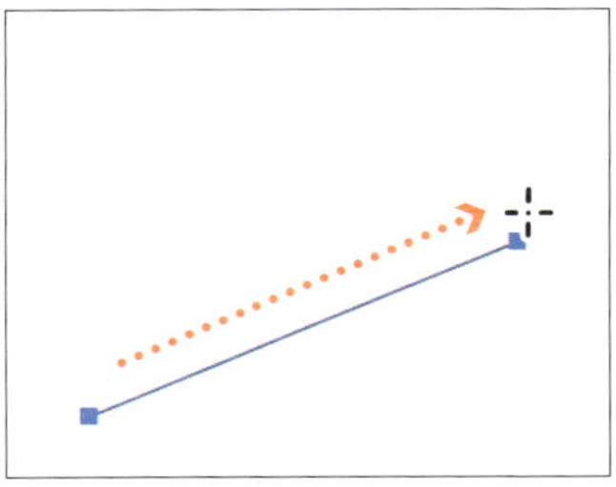

❷画面をドラッグすると

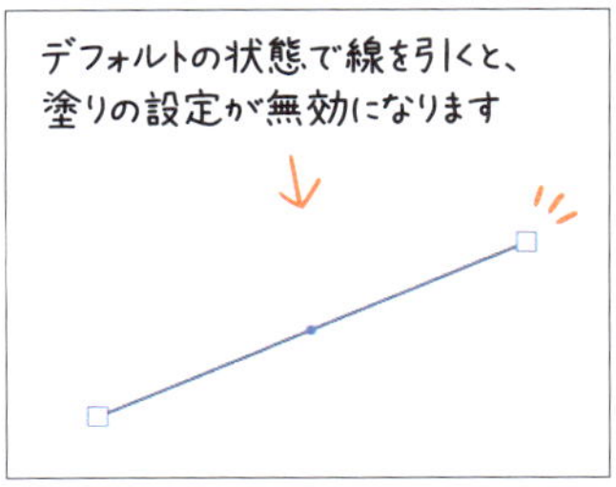
デフォルトの状態で線を引くと、塗りの設定が無効になります

❸直線が引かれる

Let's Try!

オブジェクトの不透明度を変えてみよう

1 サンプルファイル「3-1-11.ai」を開いて、不透明度の変更を行っていきます。なので、まずはファイルを開いて3つの長方形が重なって配置されているのを確認しましょう。

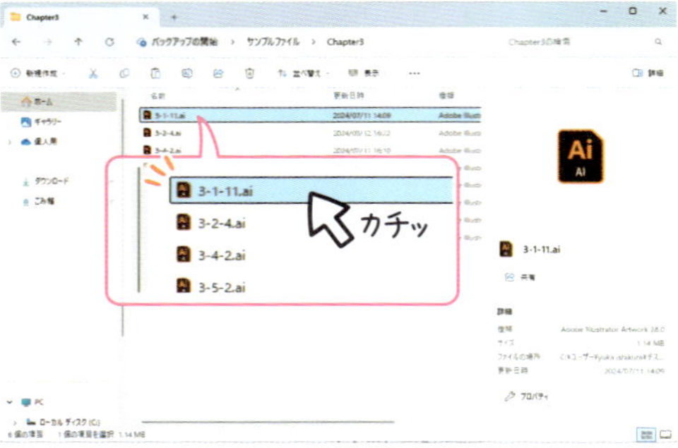
3-1-11.ai
3-2-4.ai
3-4-2.ai
3-5-2.ai
カチッ
Ai

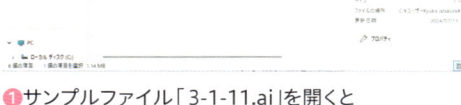

❶サンプルファイル「3-1-11.ai」を開くと

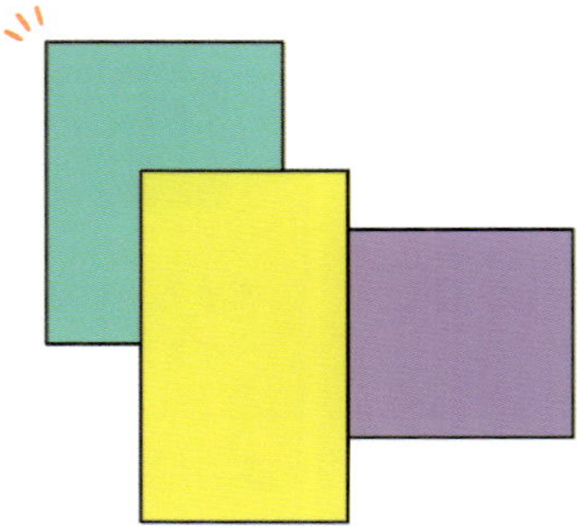

❷3つの長方形が配置されている

2 次に、不透明度を変更したいオブジェクトをクリックして選択します。そして、画面右側にある［プロパティパネル］内にある［不透明度］の数値を調整すると、不透明度が変更されます。

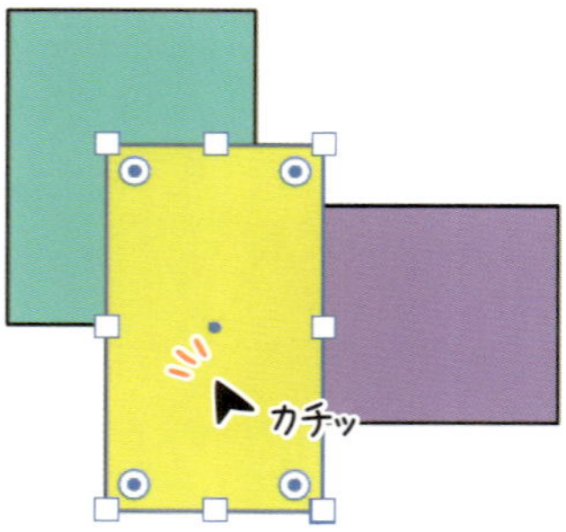
カチッ

❶オブジェクトをクリックして選択し

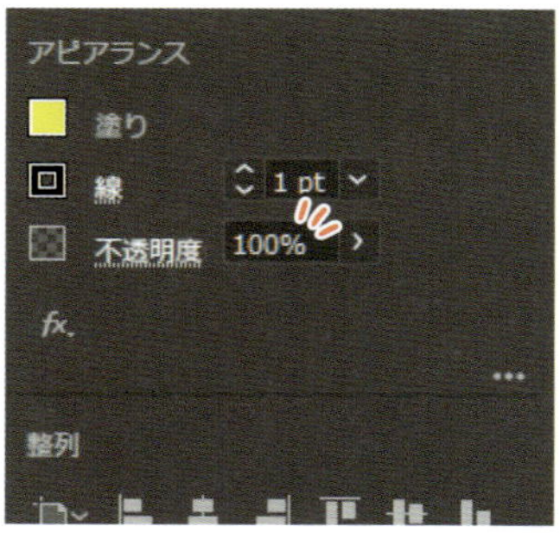
アピアランス
塗り
線
1 pt
不透明度
100%
整列

❷画面右側にある［プロパティパネル］内にある［不透明度］の数値を

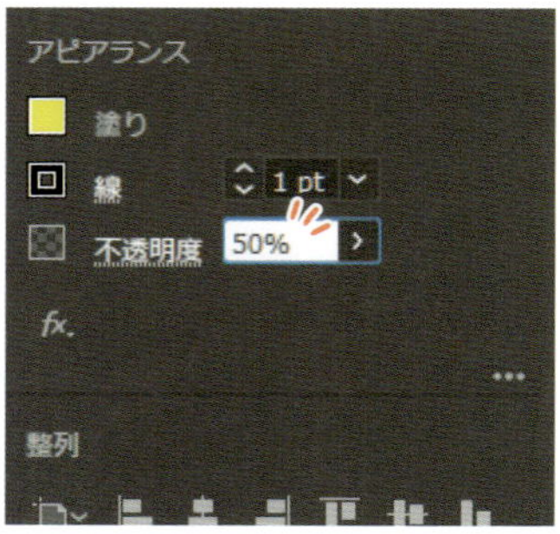
アピアランス
塗り
線
1 pt
不透明度
50%
整列

❸クリックして数値を直接入力するか

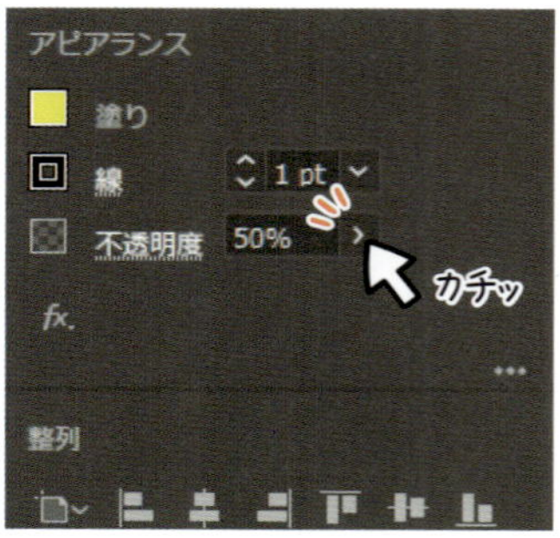
アピアランス
塗り
線
1 pt
不透明度
50%
カチッ
整列

❹ボックス右の矢印をクリックし

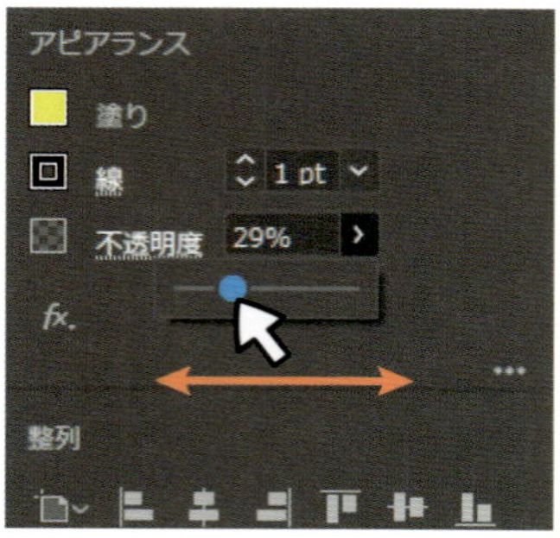
アピアランス
塗り
線
1 pt
不透明度
29%
整列

❺表示されたバーを動かすことで

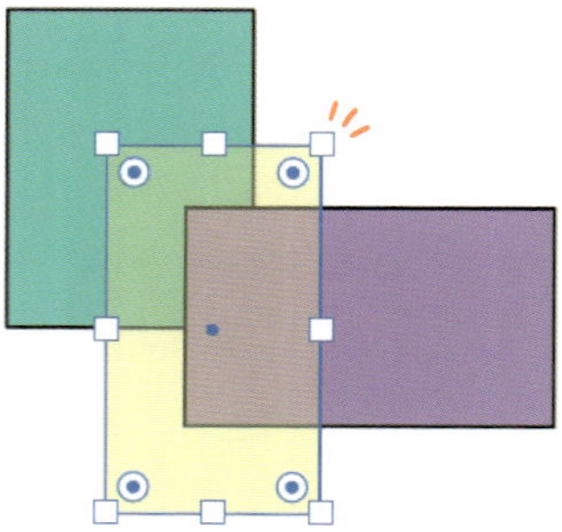

❻不透明度が変更される

Chapter 3…2 オブジェクトの選択/移動

この節では、オブジェクトの移動方法などを見ていきます。まず、知っておくと便利なガイド/グリッドについて学んでみましょう。

Study

ガイド/グリッドの役割を知ろう

ガイドやグリッドを表示させると、それを基準としてきれいにオブジェクトを配置することができます。

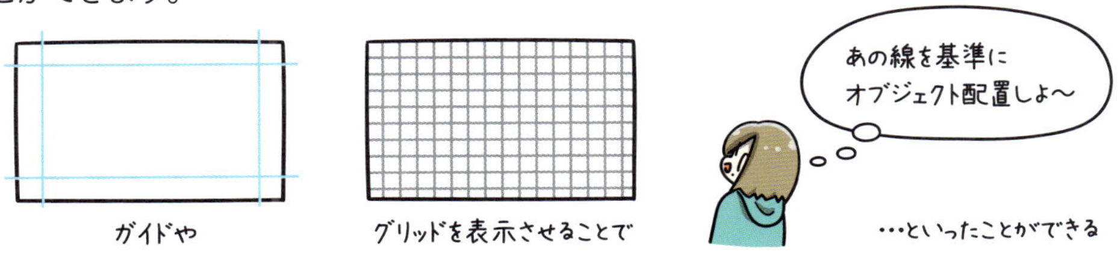
ガイドや
グリッドを表示させることで
あの線を基準に
オブジェクト配置しよ〜
…といったことができる

ガイドとグリッド、どちらもオブジェクトの配置などを補助する役割をもっています。それぞれの特徴は次の通りです。

ガイド

オブジェクトを配置するときなどに目印となる線のこと。自分の好きな位置に線を引くことができる。印刷する際に、このガイドは印刷されない。

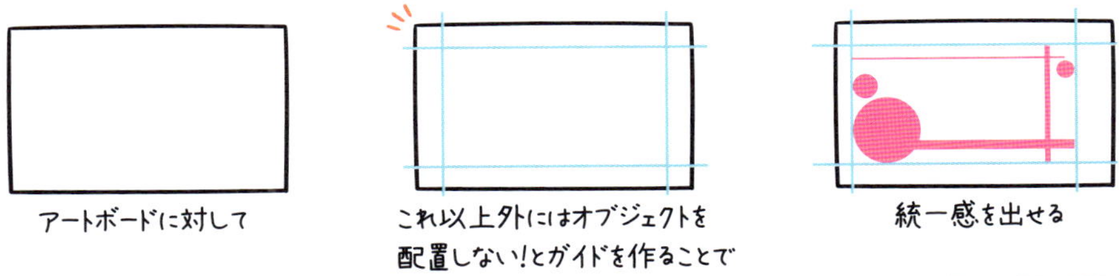
アートボードに対して
これ以上外にはオブジェクトを
配置しない！とガイドを作ることで
統一感を出せる

グリッド

オブジェクトを配置するときなどに目印となる方眼紙状の線のこと。印刷する際や画像として書き出す際、このグリッドは表示されない。

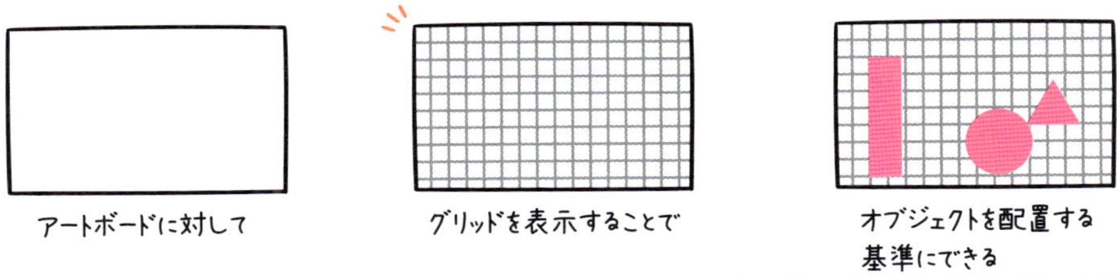
アートボードに対して
グリッドを表示することで
オブジェクトを配置する
基準にできる

Let's Try!

ガイド/グリッドを表示させてみよう

1 まずはグリッドの表示方法から見ていきます。ガイドを表示させるには、画面上部にある[表示]から[グリッドを表示]をクリックするだけで表示することができます。

選択(S) 効果(C) 表示(V) ウィンドウ(W) ヘルプ(H)
カチッ

❶画面上部にある[表示]をクリックし

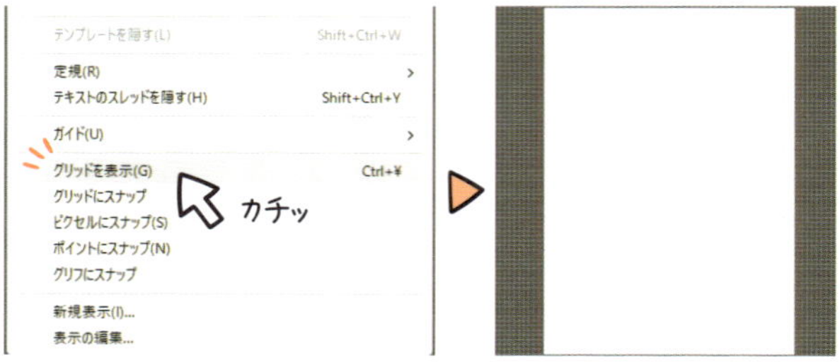
テンプレートを隠す(L) Shift+Ctrl+W
定規(R)
テキストのスレッドを隠す(H) Shift+Ctrl+Y
ガイド(U)
グリッドを表示(G) Ctrl+¥
グリッドにスナップ
ピクセルにスナップ(S)
ポイントにスナップ(N)
グリフにスナップ
新規表示(I)...
表示の編集...
カチッ

❷[グリッドを表示]をクリックするとグリッドが表示される

非表示にするには、同じように画面上部にある[表示]から[グリッドを隠す]をクリックします

2 次にガイドの表示方法です。ガイドは表示するというより、自分で位置を決め作成します。ガイドの作成方法は「定規から作成する方法」と「パスから作成する方法」の2種類があります。

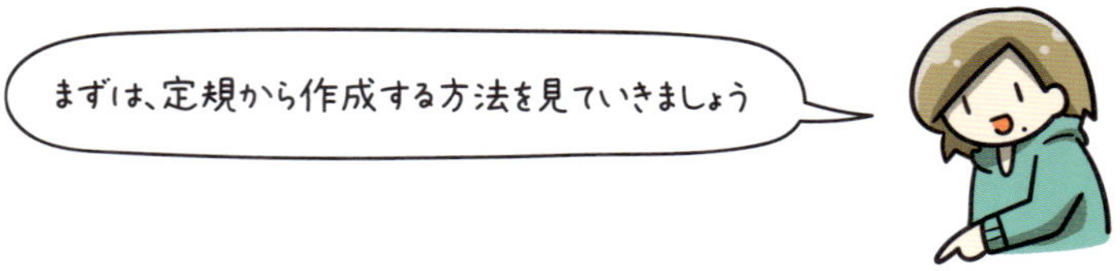
まずは、定規から作成する方法を見ていきましょう

3 画面上部[表示]から[定規]>[定規を表示]をクリックすると、画面上部と左側に定規が表示されます。

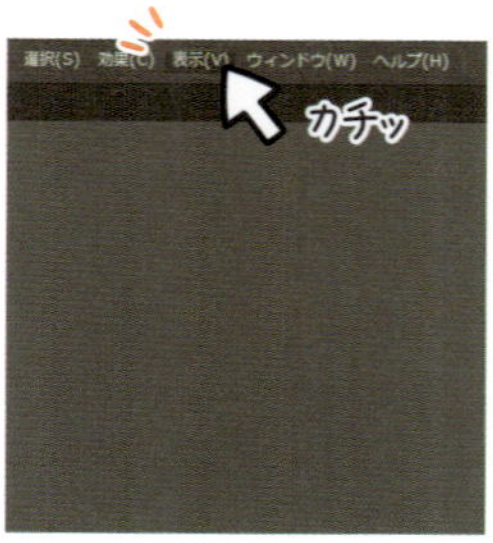
選択(S) 効果(C) 表示(V) ウィンドウ(W) ヘルプ(H)
カチッ

❶画面上部にある[表示]をクリックし

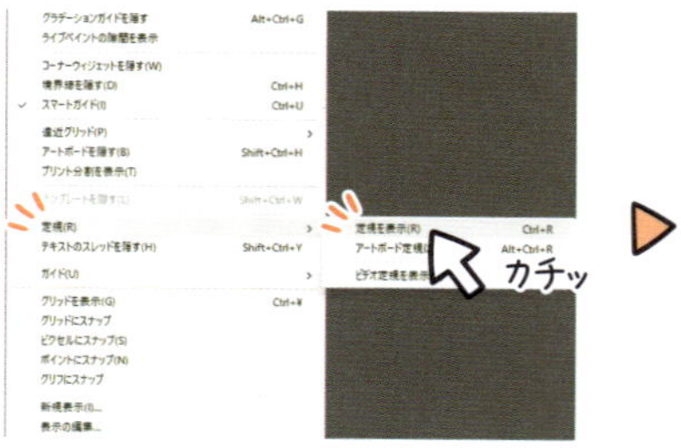
カチッ

❷[定規]>[定規を表示]をクリックすると

ファイル(F) 編集(E) オブジェクト(O)

❸定規が表示される

4 上部もしくは左側にある定規にカーソルを持っていき、下もしくは右に向かってガイドを作成したい位置までドラッグするとガイドが作成できます。

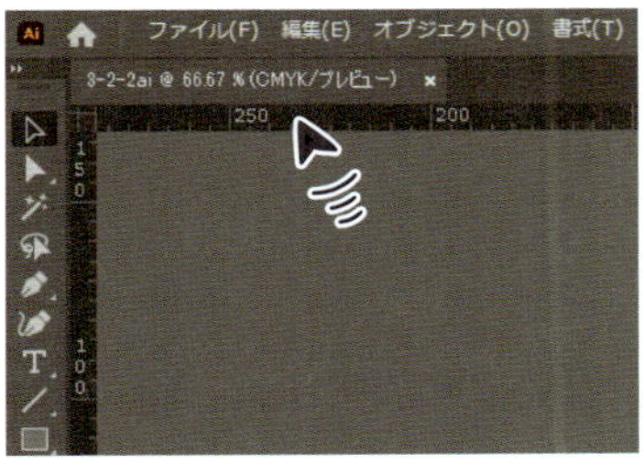
ファイル(F) 編集(E) オブジェクト(O) 書式(T)
3-2-2ai @ 66.67 % (CMYK/プレビュー)

❶定規にカーソルを持っていき

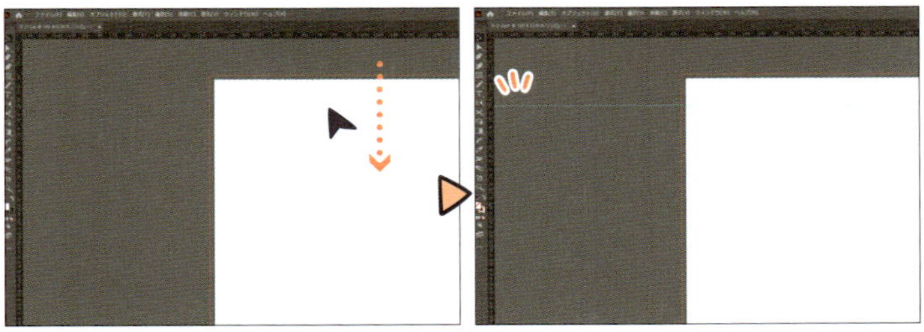

❷ガイドを作成したい位置までドラッグすると、ガイドが作成できる

5 パスから作成するにはまず、パスを作成します。[ペンツール]を選択し、画面上を二か所クリックしてみましょう。引かれた線をパスといいます。[選択ツール]に切り替え、作成したパスをクリックし、画面上部[表示]から[ガイド]>[ガイドを作成]を選択すると、パスがガイドに変換されます。

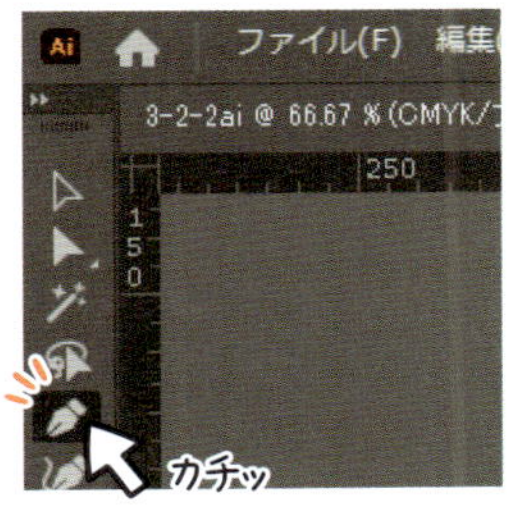
ファイル(F) 編集
3-2-2ai @ 66.67 % (CMYK/
カチッ

❶[ペンツール]を選択し

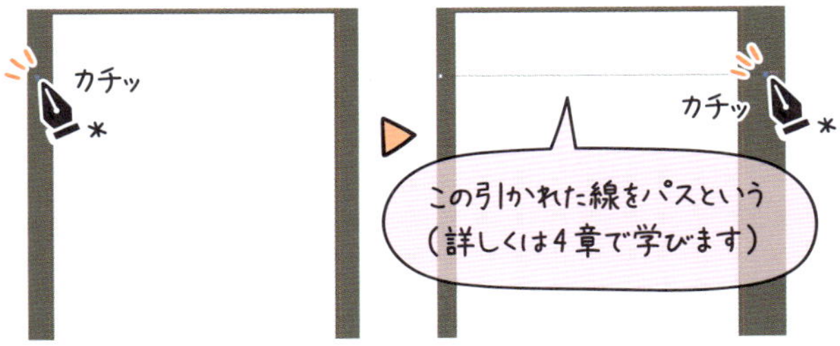
カチッ
カチッ
この引かれた線をパスという
（詳しくは4章で学びます）

❷画面を二か所クリックしてパスを作成する

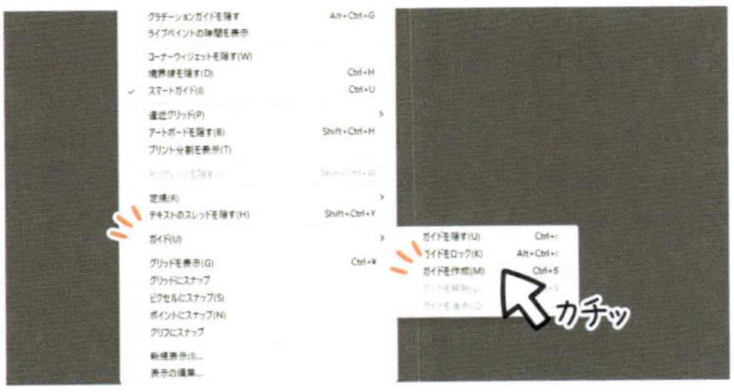
カチッ

❸パスを選択した状態で、画面上部[表示]から[ガイド]>[ガイド作成]を選択すると

❹パスがガイドへ変換される

6 ガイドを作成した場合、不用意に動かしてしまわないようロックしておくのがおすすめです。

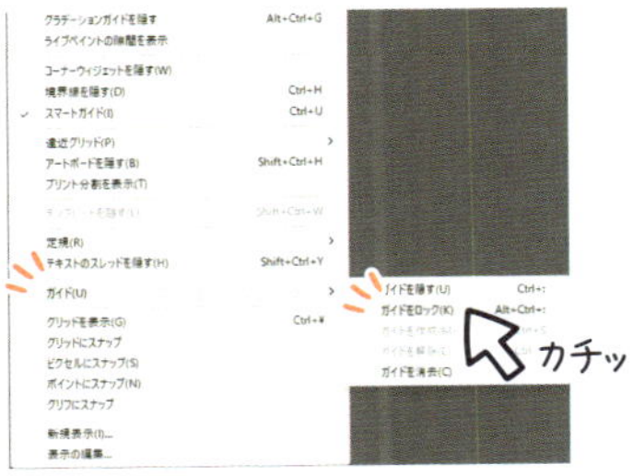
カチッ

❶画面上部[表示]から[ガイド]>[ガイドをロック]を選択すると

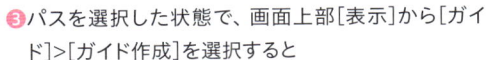

❷ガイドが動かないようロックされる

クリックしても
選択できない!

Study

オブジェクトを選択/移動する方法について知ろう

オブジェクト対してなにか操作を行う場合、必ずオブジェクトを選択してから操作を行います。

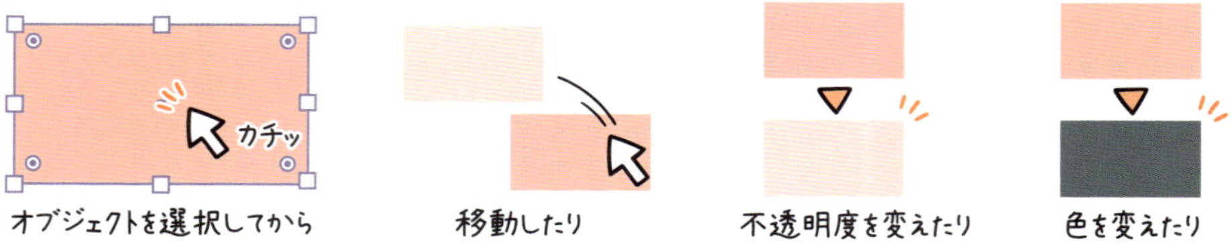
カチッ
オブジェクトを選択してから
移動したり
不透明度を変えたり
色を変えたり

オブジェクトを選択するツールで代表的なものに、[選択ツール]と[ダイレクト選択ツール]があります。それぞれアイコンが似ているので紛らわしいですが、行える操作は全く違います。各特徴をしっかり押さえて、間違えないように気をつけましょう。

選択ツール

オブジェクトを選択する基本的なツール。オブジェクト全体を選択したい場合は、この選択ツールを使用する。

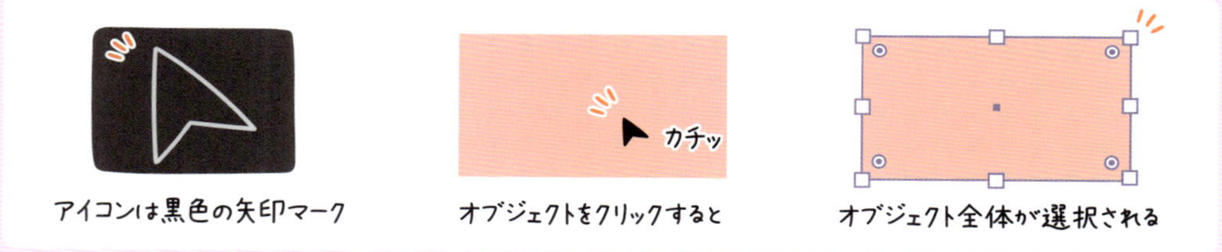
アイコンは黒色の矢印マーク
カチッ
オブジェクトをクリックすると
オブジェクト全体が選択される

ダイレクト選択ツール

オブジェクトを構成している要素を選択できるツール。要素を動かすことで、オブジェクトの形を変形することができる。

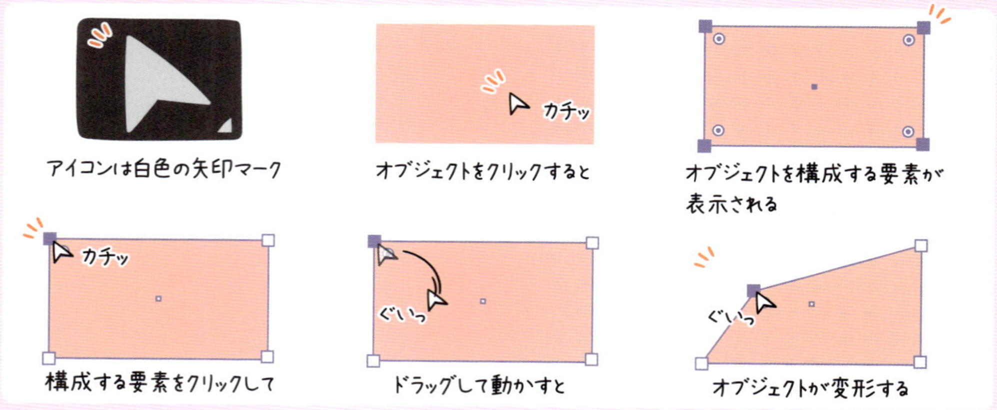
アイコンは白色の矢印マーク
カチッ
オブジェクトをクリックすると
オブジェクトを構成する要素が表示される
カチッ
構成する要素をクリックして
ぐいっ
ドラッグして動かすと
ぐいっ
オブジェクトが変形する

［選択ツール］を使用している場合、ドラッグしてオブジェクトを囲うことで、オブジェクトを選択することが可能です。ドラッグした箇所にオブジェクトが一部重なっていれば、選択されます。

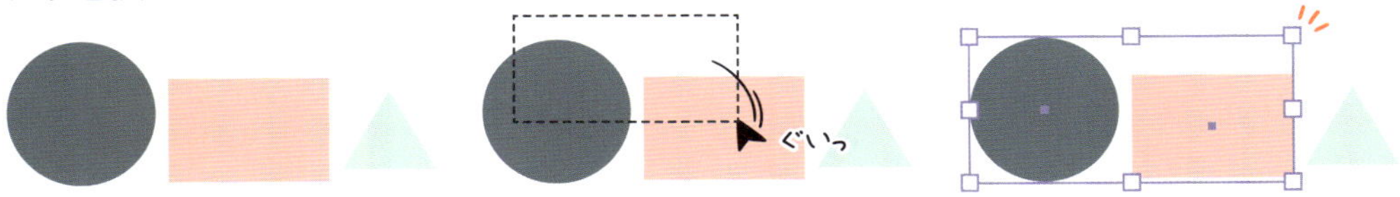
ぐいっ

複数オブジェクトがある場合　ドラッグして囲うことで　オブジェクトを選択できる

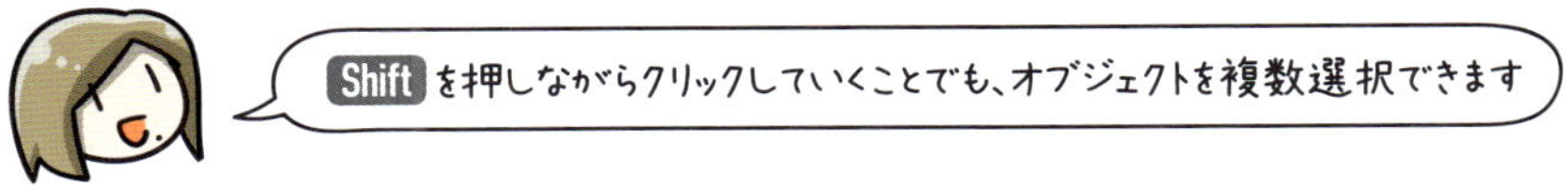
Shift を押しながらクリックしていくことでも、オブジェクトを複数選択できます

［ダイレクト選択ツール］の場合は、ドラッグして要素を完全に囲うことで、複数の要素を選択することが可能です。

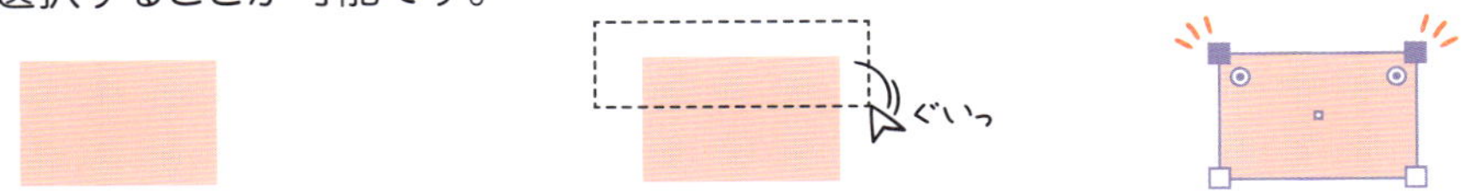
ぐいっ

オブジェクトに対して　ドラッグして要素を完全に囲うと　要素を選択できる

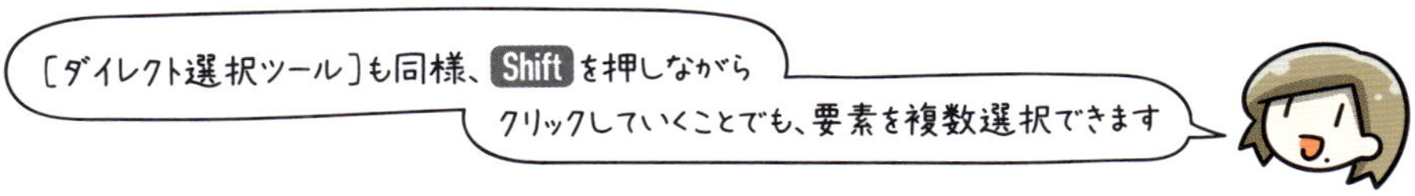
［ダイレクト選択ツール］も同様、Shift を押しながら
クリックしていくことでも、要素を複数選択できます

［選択ツール］［ダイレクト選択ツール］どちらも、なにもない箇所をクリックすることで、選択が解除されます。

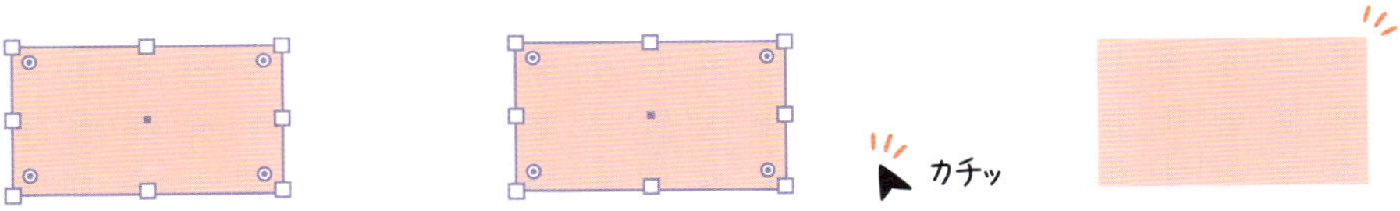
カチッ

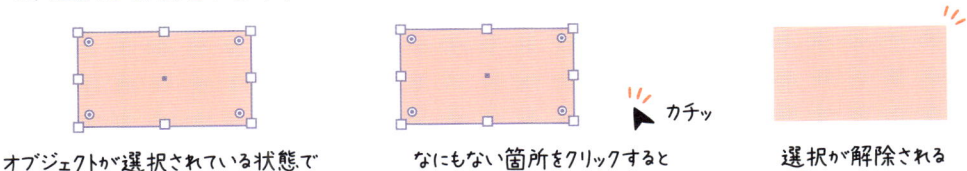

オブジェクトが選択されている状態で　なにもない箇所をクリックすると　選択が解除される

あとで詳しく学びますが、複数のオブジェクトを1つのオブジェクトにグループ化することが可能です。［選択ツール］［ダイレクト選択ツール］それぞれでグループ化したオブジェクトを選択すると次のようになります。

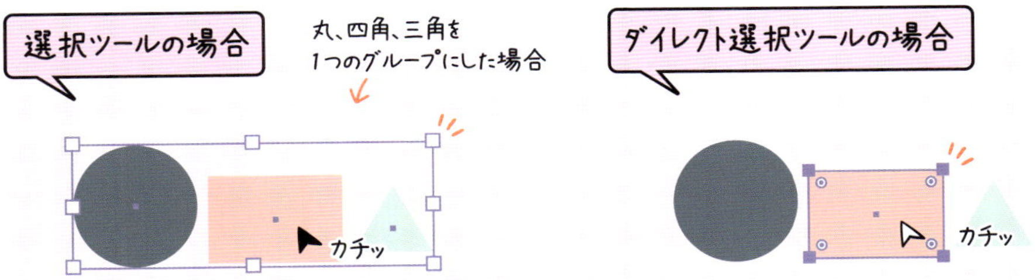
選択ツールの場合
丸、四角、三角を
1つのグループにした場合
カチッ
ダイレクト選択ツールの場合
カチッ

グループ化されたオブジェクト全体が選択される

グループ化された中の、クリックしたオブジェクトの構成要素のみ表示される

オブジェクトの移動方法は基本的に「オブジェクトを選択」→「動かしたい方へドラッグ」させることで移動できます。

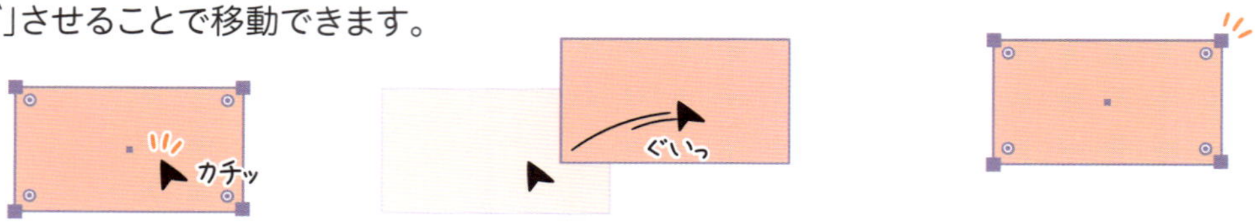
カチッ
ぐいっ

オブジェクトを選択して　動かしたい方向へドラッグすると　オブジェクトを移動できる

また、Illustratorにはきれいにオブジェクトを配置できるよう、スナップ機能があります。代表的なスナップ機能は以下の通りです。

スマートガイド

オブジェクトを移動している際にガイドを表示してくれる機能。オブジェクト同士スナップしてくれる。

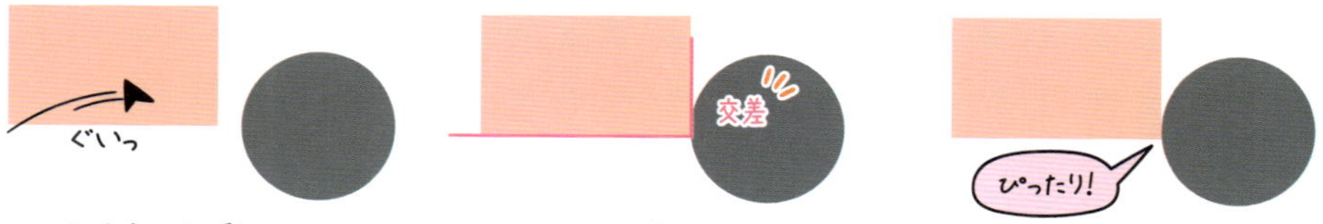
ぐいっ
交差
ぴったり!

オブジェクトを動かすと　ガイドが表示され　オブジェクトを移動できる

グリッドにスナップ

グリッドを表示させているときに使える機能。この機能をオンにすると、オブジェクトがグリッドにスナップするようになる。

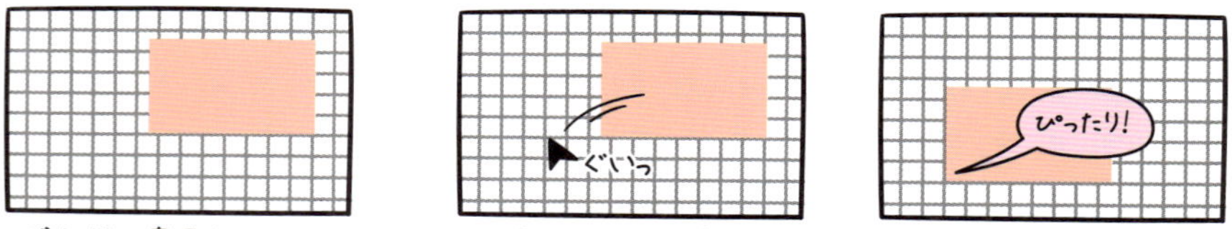
ぐいっ
ぴったり!

グリッドが表示されていて　そのグリッドにスナップするよう　オブジェクトを移動できる

ポイントにスナップ

各オブジェクトのアンカーポイント（4章で詳しく学びます）にぴったり合わせてくれる機能

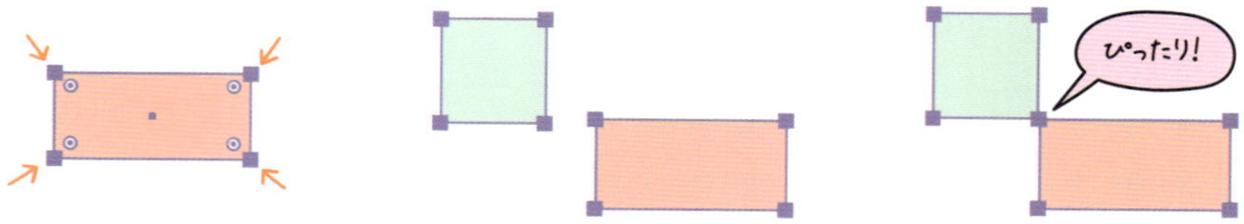
ぴったり!

これがアンカーポイント　各オブジェクトのアンカーポイントを　ぴったりくっつけることができる

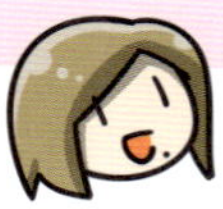

「スマートガイド」は常にオンにした状態で、この先進めていきます

「スマートガイド」は常にオンにしておくと、レイアウトするときに便利です!

Let's Try!

オブジェクトを移動してみよう

1 スマートガイドがオンの状態でオブジェクトを移動してみましょう。デフォルトではオンになっています。スマートガイドをオンにすることで、オブジェクトを動かしている際にガイドが表示されるため、綺麗にレイアウトしやすくなります。

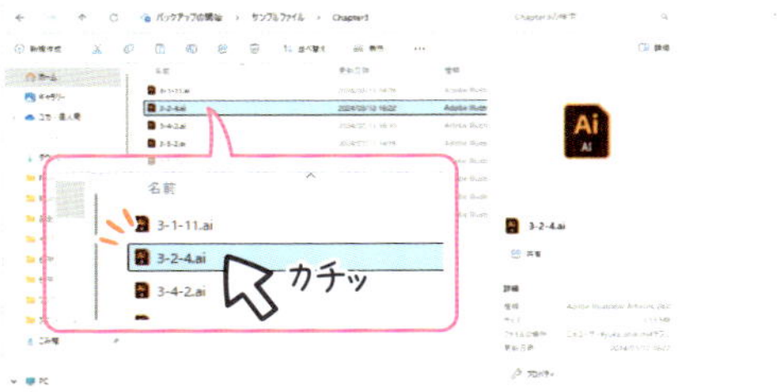
名前
3-1-11.ai
3-2-4.ai
3-4-2.ai
カチッ

❶サンプルファイル「3-2-4.ai」を開き

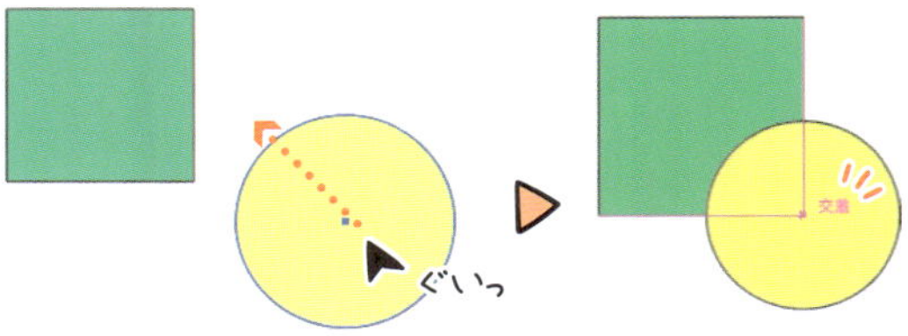
ぐいっ
交差

❷配置されているオブジェクトを移動するとガイドが表示されるようになる

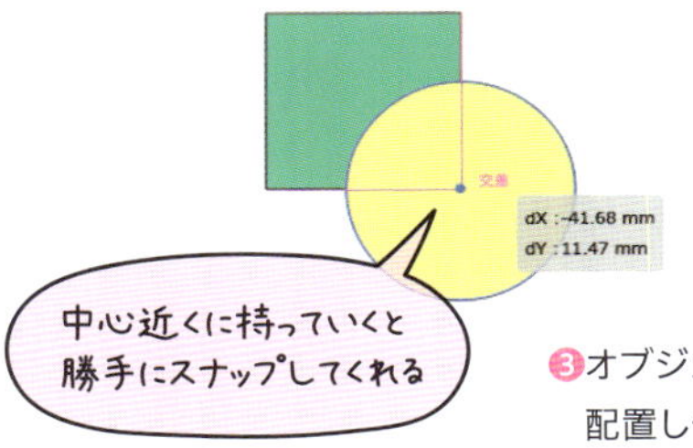
交差
dX :-41.68 mm
dY :11.47 mm
中心近くに持っていくと勝手にスナップしてくれる

❸オブジェクト同士の中心に配置しやすくなったり

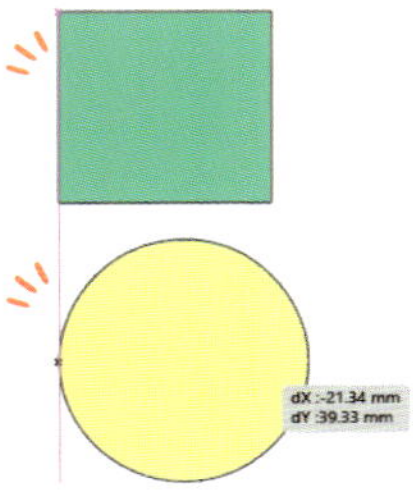
dX :-21.34 mm
dY :39.33 mm

❹位置を揃えやすくなる

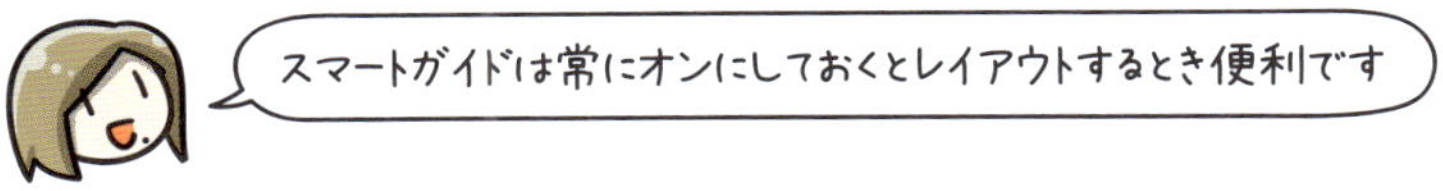
スマートガイドは常にオンにしておくとレイアウトするとき便利です

2 [スマートガイド]をオフにした状態でもオブジェクトを移動してみましょう。画面上部[表示]から[スマートガイド]をクリックしオフにしたあと、オブジェクトをクリックします。移動したい方向へドラッグすることでオブジェクトは移動できます。

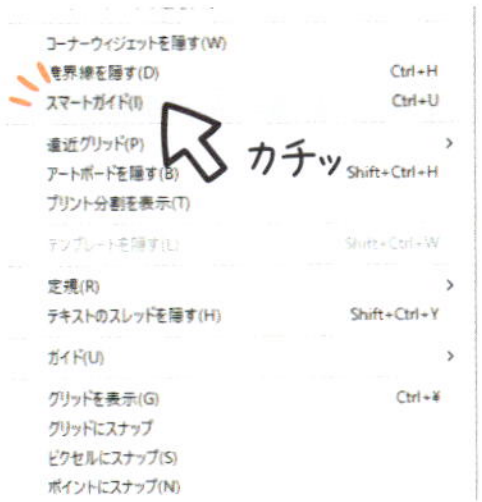
コーナーウィジェットを隠す(W)
境界線を隠す(D) Ctrl+H
スマートガイド(I) Ctrl+U
遠近グリッド(P)
アートボードを隠す(B) Shift+Ctrl+H
プリント分割を表示(T)
定規(R)
テキストのスレッドを隠す(H) Shift+Ctrl+Y
ガイド(U)
グリッドを表示(G) Ctrl+¥
グリッドにスナップ
ピクセルにスナップ(S)
ポイントにスナップ(N)
カチッ

❶画面上部の[表示]から[スマートガイド]をクリックし、オフにする

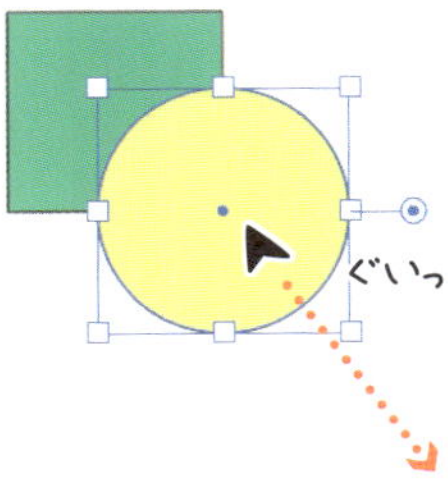
ぐいっ

❷動かしたいオブジェクトをクリックしたあとドラッグすると

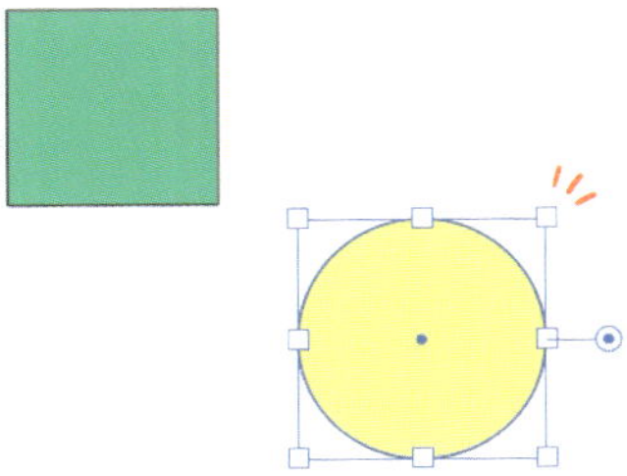

❸オブジェクトを移動できる

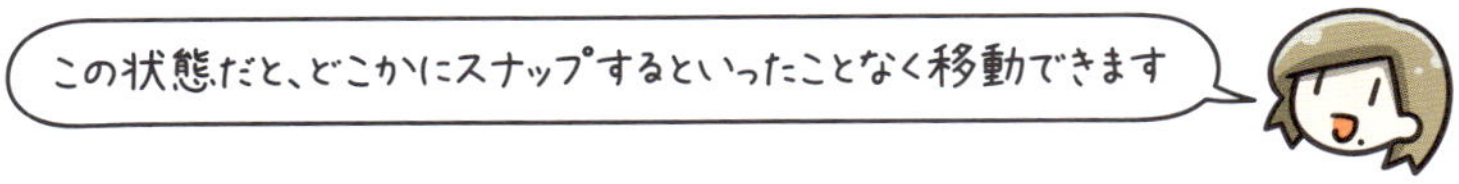
この状態だと、どこかにスナップするといったことなく移動できます

3 ［グリッドにスナップ］をオンにした場合も見てみましょう。この機能を有効にするには、まずグリッドを表示させてからオブジェクトを移動します。すると、グリッドにスナップするようにオブジェクトが移動できます。

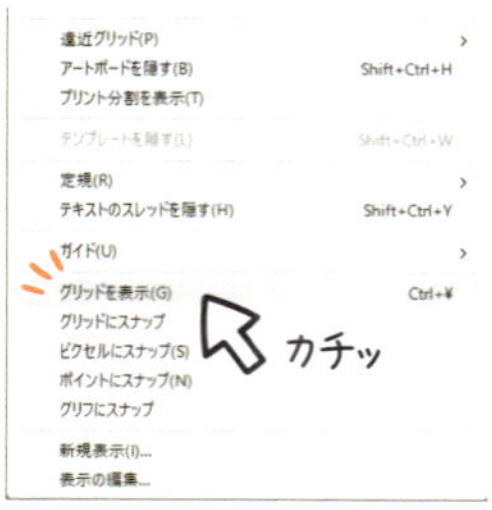

遠近グリッド(P)
アートボードを隠す(B) Shift+Ctrl+H
プリント分割を表示(T)
テンプレートを隠す(L) Shift+Ctrl+W
定規(R)
テキストのスレッドを隠す(H) Shift+Ctrl+Y
ガイド(U)
グリッドを表示(G) Ctrl+¥
グリッドにスナップ
ピクセルにスナップ(S)
ポイントにスナップ(N)
グリフにスナップ
新規表示(I)...
表示の編集...
カチッ

❶画面上部にある［表示］から［グリッドを表示］をクリックすると

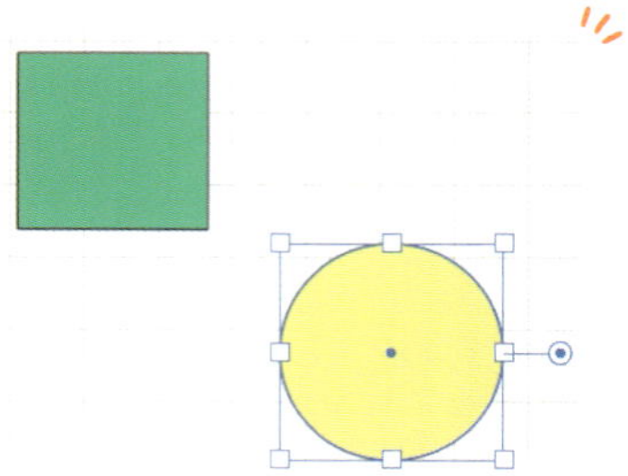

❷グリッドが表示される

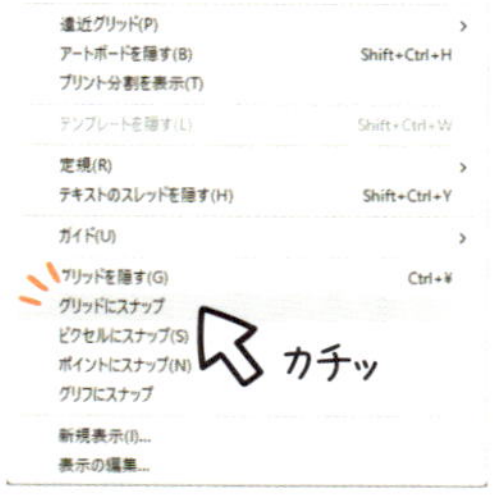

遠近グリッド(P)
アートボードを隠す(B) Shift+Ctrl+H
プリント分割を表示(T)
テンプレートを隠す(L) Shift+Ctrl+W
定規(R)
テキストのスレッドを隠す(H) Shift+Ctrl+Y
ガイド(U)
グリッドを隠す(G) Ctrl+¥
グリッドにスナップ
ピクセルにスナップ(S)
ポイントにスナップ(N)
グリフにスナップ
新規表示(I)...
表示の編集...
カチッ

❸画面上部［表示］から［グリッドにスナップ］をクリックし

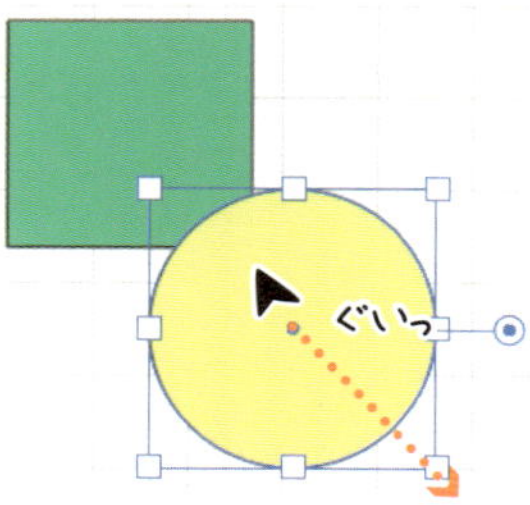

ぐいっ

❹オブジェクトを移動すると

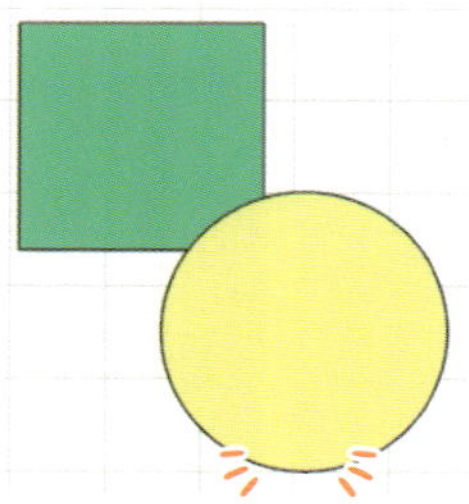

❺グリッドにスナップして移動するようになる

4 ［ポイントにスナップ］をオンにした場合も見てみます。先ほどオンにした［グリッドにスナップ］を再度クリックしてオフにし、［ポイントにスナップ］をクリックしオンにします。［ポイントにスナップ］では、各オブジェクトのアンカーポイントにスナップします。

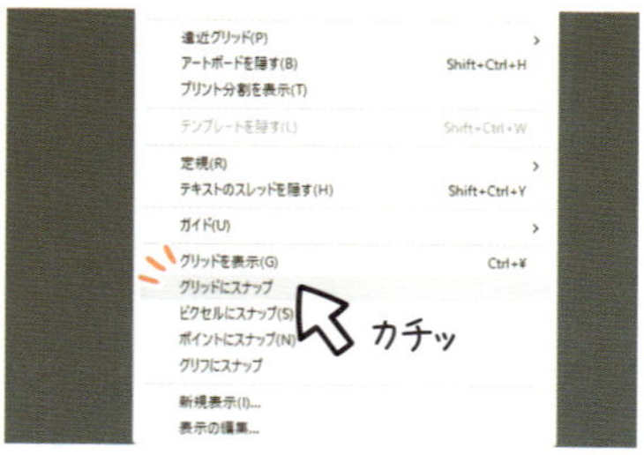

遠近グリッド(P)
アートボードを隠す(B) Shift+Ctrl+H
プリント分割を表示(T)
テンプレートを隠す(L) Shift+Ctrl+W
定規(R)
テキストのスレッドを隠す(H) Shift+Ctrl+Y
ガイド(U)
グリッドを表示(G) Ctrl+¥
グリッドにスナップ
ピクセルにスナップ(S)
ポイントにスナップ(N)
グリフにスナップ
新規表示(I)...
表示の編集...
カチッ

❶画面上部［表示］から［グリッドにスナップ］をクリックしオフにしたあと

❷［ポイントにスナップ］をクリックしオンにすると

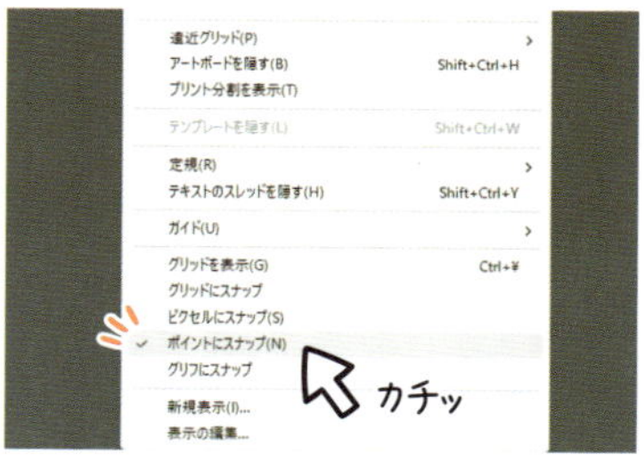

遠近グリッド(P)
アートボードを隠す(B) Shift+Ctrl+H
プリント分割を表示(T)
テンプレートを隠す(L) Shift+Ctrl+W
定規(R)
テキストのスレッドを隠す(H) Shift+Ctrl+Y
ガイド(U)
グリッドを表示(G) Ctrl+¥
グリッドにスナップ
ピクセルにスナップ(S)
ポイントにスナップ(N)
グリフにスナップ
新規表示(I)...
表示の編集...
カチッ

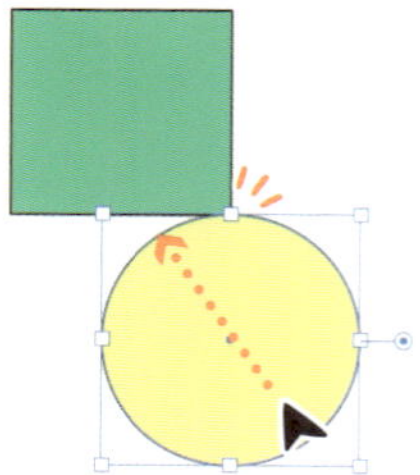

※［スマートガイド］をオンにした状態

❸オブジェクトを移動したときに各アンカーポイントにスナップするようになる

［○○にスナップ］は複数オンにしていると
うまく機能しない場合があるので、
どれか一つだけオンにするようにしましょう

［スマートガイド］は常に
オンにした状態で進んできます

Chapter 3…3 オブジェクトの変形/回転

オブジェクトの移動方法がわかったら、次はオブジェクトを変形させたり回転させてみましょう。

Study

オブジェクトを変形/回転させる方法について知ろう

まずはオブジェクトの変形方法を見ていきましょう。オブジェクトを変形するには、まずオブジェクトを選択する必要があります。

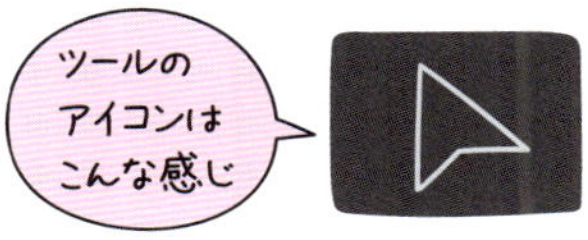
ツールの
アイコンは
こんな感じ

［選択ツール］を選択したあと

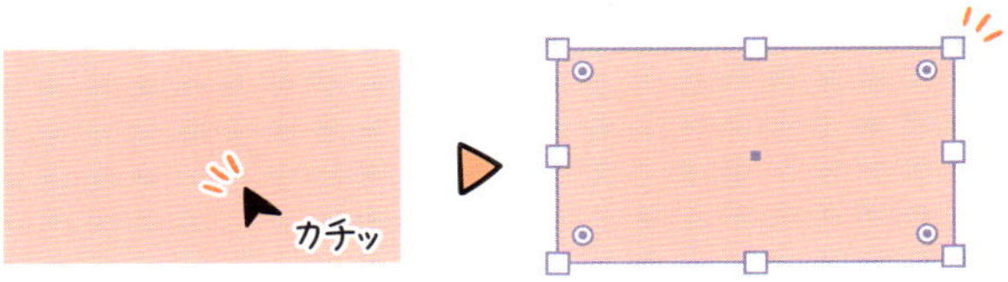
カチッ

変形したいオブジェクトをクリックして選択状態にする

オブジェクトを選択すると、オブジェクトの周りを囲うようにバウンディングボックスが表示されます。

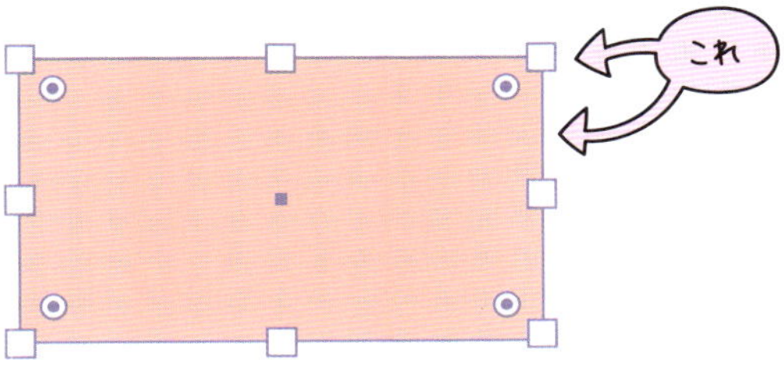
これ

オブジェクトを囲うように表示されている四角形がバウンディングボックス

このバウンディングボックスに表示されている小さい四角形をドラッグすることで、オブジェクトを変形することができます。

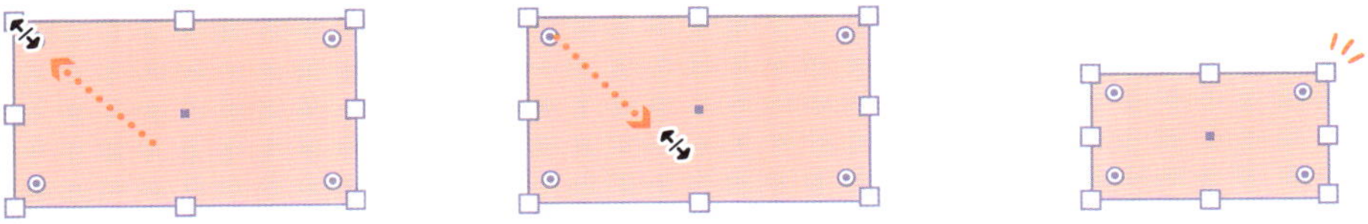

バウンディングボックスに表示されている小さな四角形にカーソルを持っていき

ドラッグすると

変形できる

Shift 押しながらドラッグすると、
縦横の比率を保ったまま拡大・縮小ができます

オブジェクトの回転も、変形と同じくまずオブジェクトを選択してバウンディングボックスを表示させます。

[選択ツール]を選択したあと

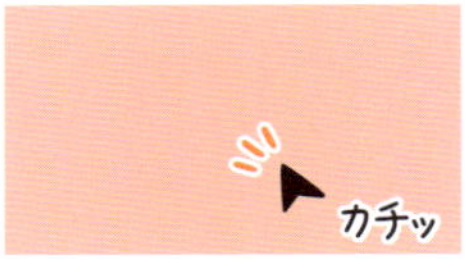
カチッ

変形したいオブジェクトを
クリックし、選択状態にして

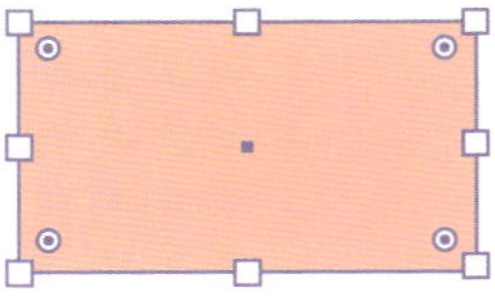

バウンディングボックスを
表示させる

バウンディングボックスが表示されたら、どこでもいいので四隅のいずれかにカーソルを持っていきましょう。すると、カーソルの表示が曲線を描いた矢印に変わります。

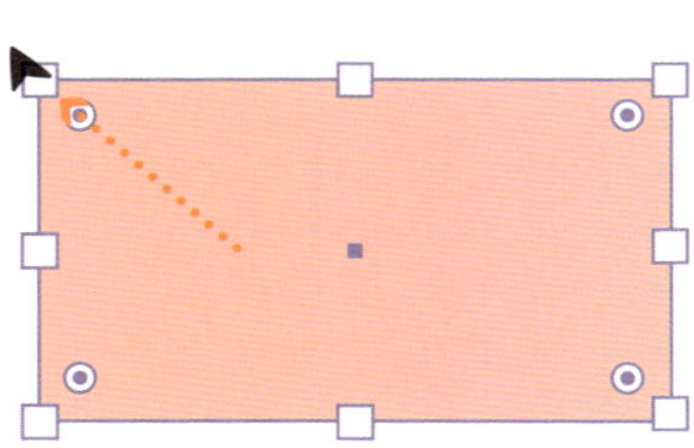

バウンディングボックスの
四隅のいずれかにカーソルを持っていき

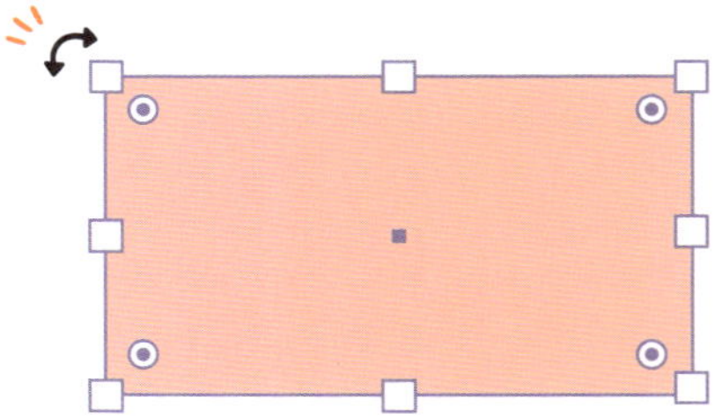

カーソルの表示が
曲線を描いた矢印に変わる瞬間がある

そのタイミングで、回転させたい方向へドラッグすると、オブジェクトを回転することができます。

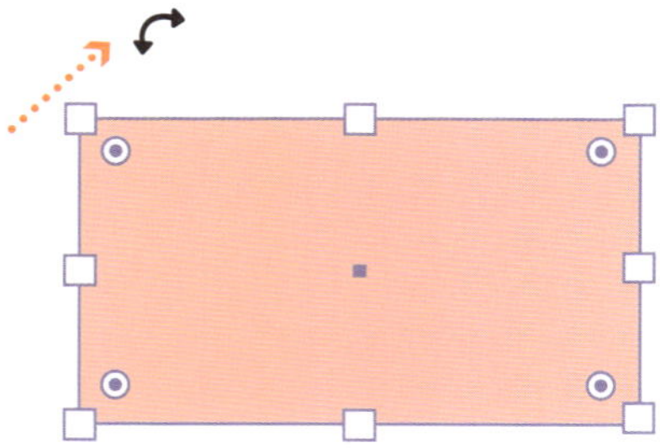

カーソルの表示が変わったタイミングで
回転させたい方向へドラッグすると

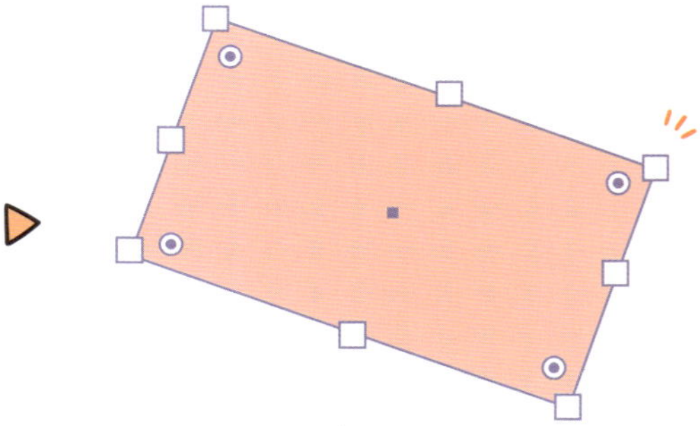

オブジェクトを回転できる

Shift を押しながらドラッグすると、
45°、90°といったように、角度を固定して回転できます

Let's Try!

オブジェクトを変形してみよう

1 まずは[長方形ツール]を使って、適当な長方形を描いてみましょう。次に[選択ツール]を選択したあと、変形させたいオブジェクトをクリックして選択状態にします。すると、オブジェクトの周りにバウンディングボックスが表示されます。

カチッ

❶[ツールバー]から[長方形ツール]を選択し

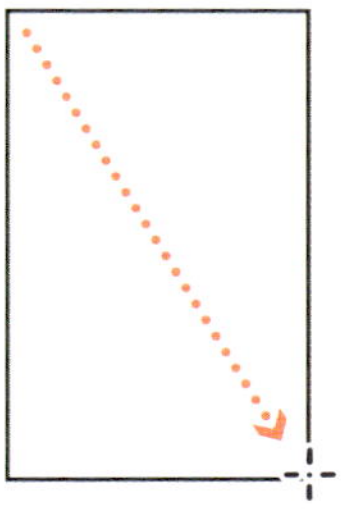

❷ドラッグして適当な長方形を描いたあと

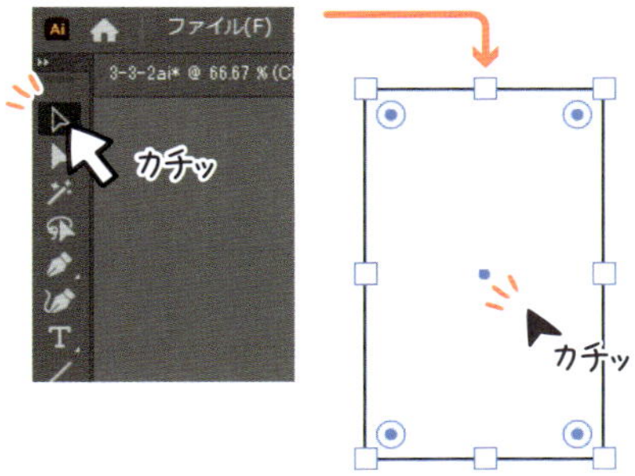
ファイル(F)
カチッ
カチッ

❸[選択ツール]を選び長方形をクリックして選択する

2 バウンディングボックスに表示されている四角形にカーソルを持っていき、ドラッグすると、オブジェクトが変形されます。上下の四角形をドラッグすれば上下に、左右の四角形をドラッグすれば左右に、四隅の四角形をドラッグすると自由に変形できます。

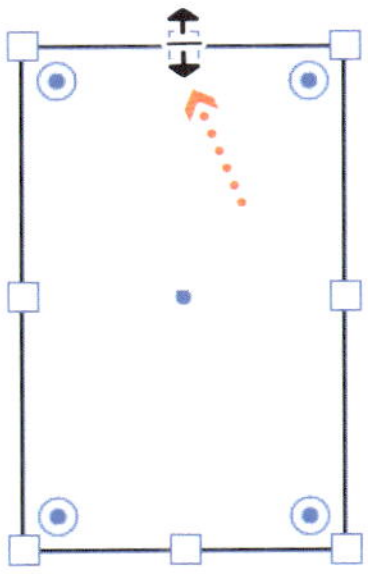

❶バウンディングボックスに表示されている小さな四角形にカーソルを持っていき

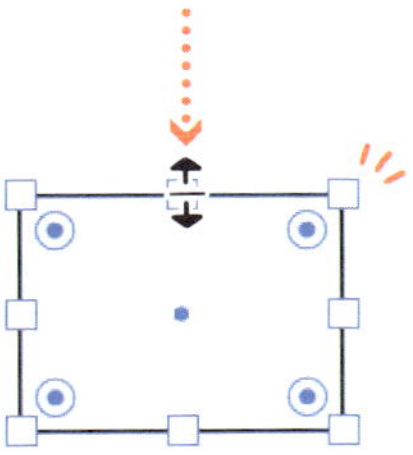

❷上下の四角形をドラッグすると上下に変形され

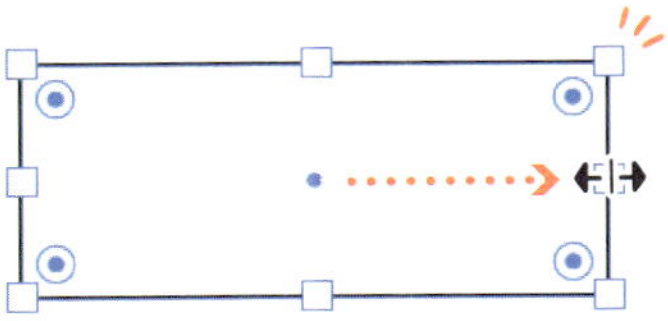

❸左右の四角形をドラッグすると左右に変形され

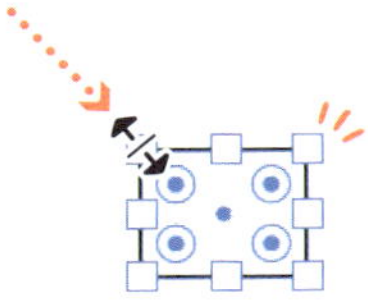

❹四隅の四角形をドラッグすると自由に変形できる

3 Shift を押しながらドラッグすると、ドラッグを始めた箇所に関係なく、縦横比を保ったままオブジェクトを拡大・縮小することが可能です。

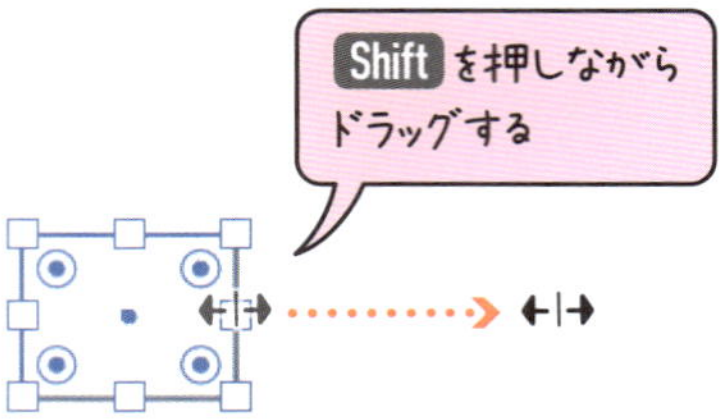
Shift を押しながら
ドラッグする

❶ Shift を押しながらドラッグすると

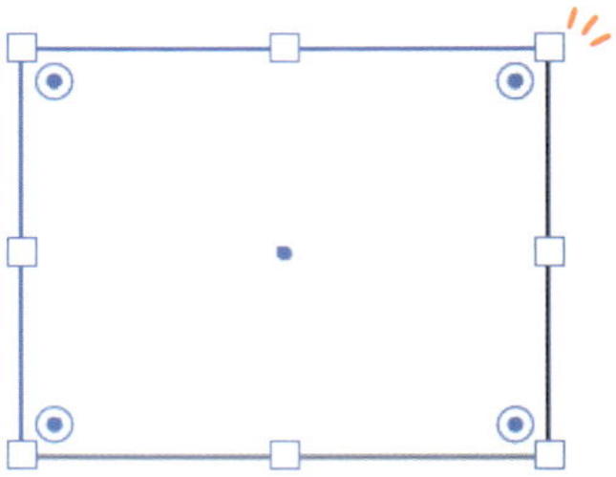

❷ドラッグを始めた位置に関係なく、縦横比を保ったまま拡大・縮小ができる

4 また、オブジェクトを選択した状態で、バウンディングボックスに四隅の二重丸が表示されている場合、二重丸へカーソルを持っていくと、カーソルの表示が変化します。

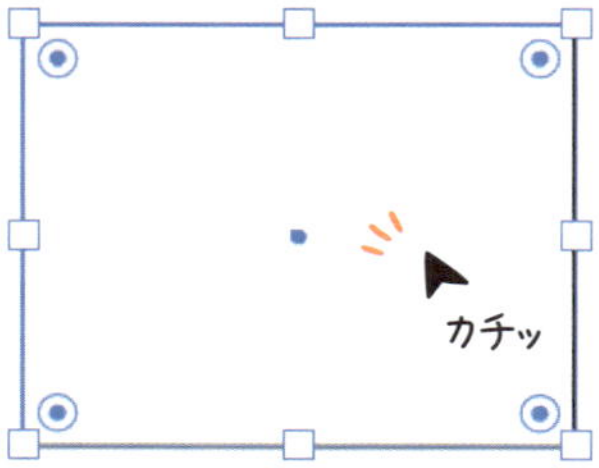
カチッ

❶[選択ツール]を選び長方形をクリックして選択したあと

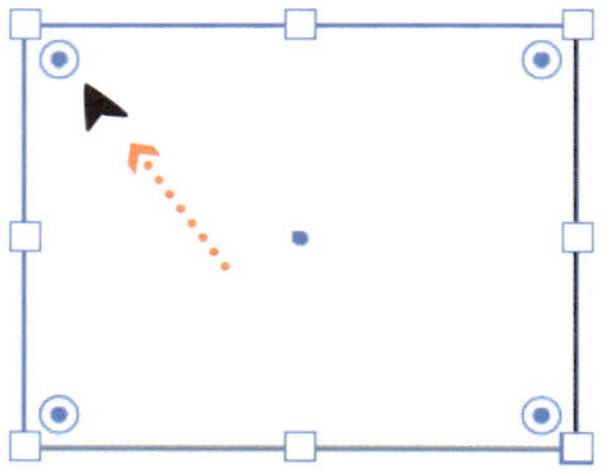

❷バウンディングボックスに表示されている四隅の二重丸にカーソルを持っていくと

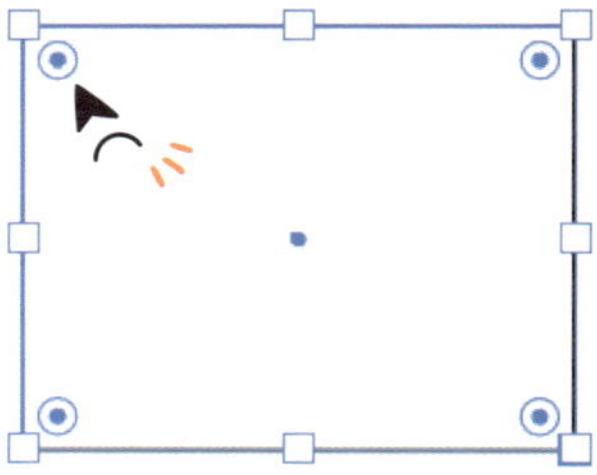

❸カーソルの表示が変わる

5 その状態で内側にドラッグすると、角を丸くすることができます。角を丸めすぎた場合、反対に外側へドラッグすると、丸める割合を変更できます。

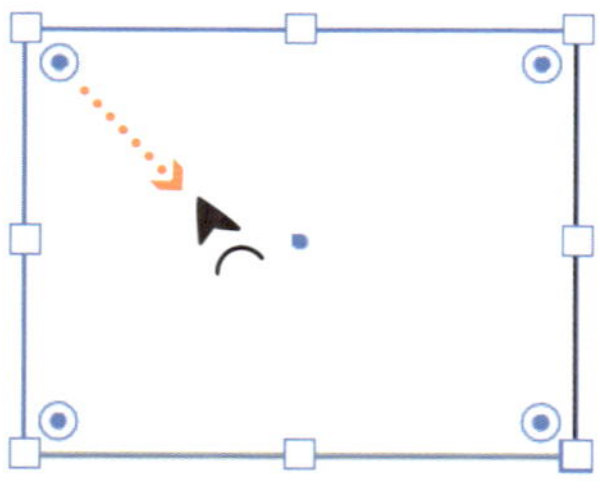

❶表示が変わったタイミングで内側にドラッグすると

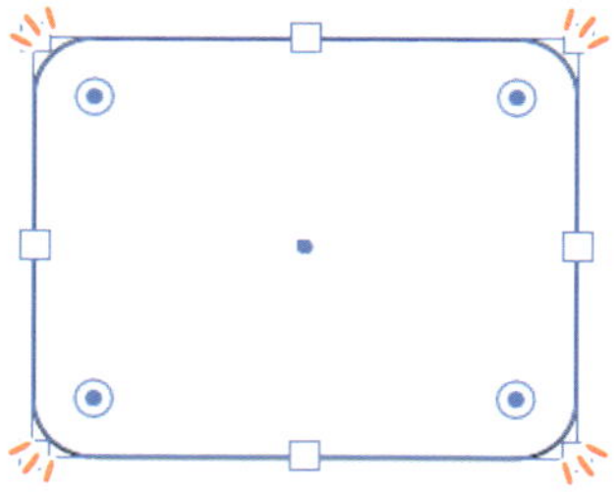

❷角を丸めることができ

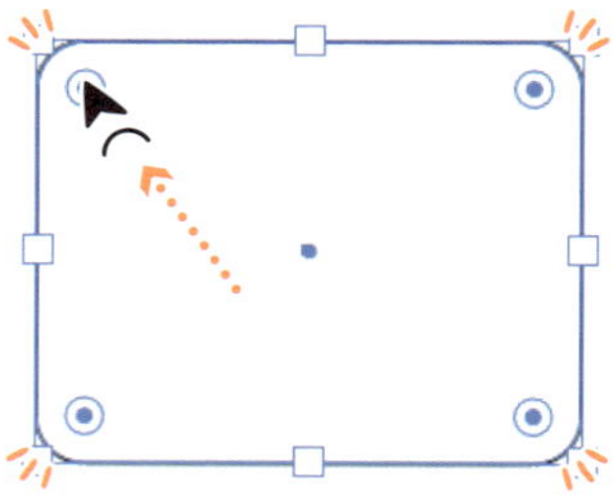

❸外側へドラッグすると角を丸める割合が変化する

Let's Try!

オブジェクトを回転してみよう

1 まずは［長方形ツール］を使って、適当な長方形を描いてみましょう。次に［選択ツール］を選択したあと、変形させたいオブジェクトをクリックして選択状態にします。すると、オブジェクトの周りにバウンディングボックスが表示されます。

カチッ

❶［ツールバー］から［長方形ツール］を選択し

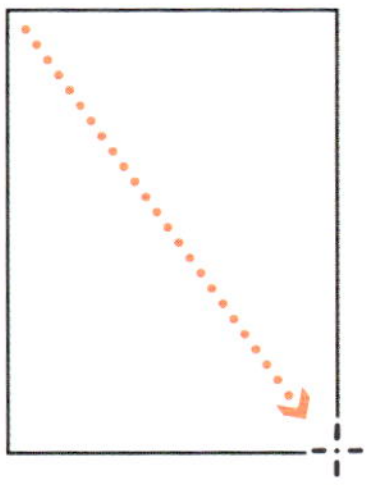

❷ドラッグして適当な長方形を描いたあと

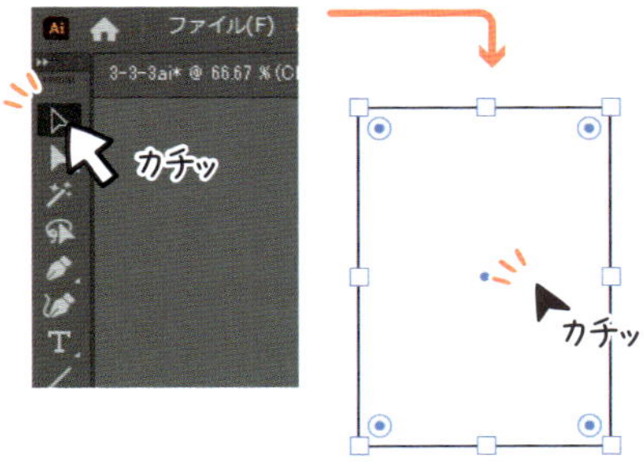
ファイル(F)
カチッ
カチッ

❸［選択ツール］を選び、長方形をクリックして選択する

2 バウンディングボックスのどこでもいいので、四隅のいずれかにカーソルを持っていきましょう。すると、カーソルの表示が曲線を描いた矢印に変わります。そのタイミングで回転させたい方向へドラッグすることで、オブジェクトを回転できます。

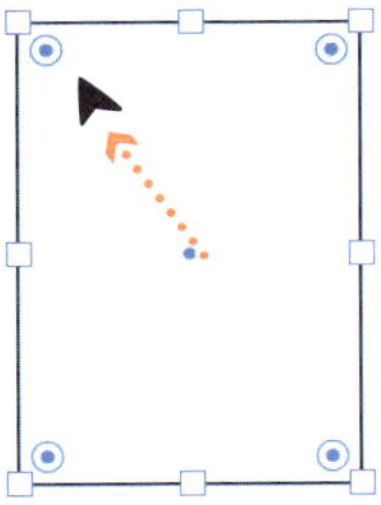

❶バウンディングボックスの四隅のいずれかにカーソルを持っていくと

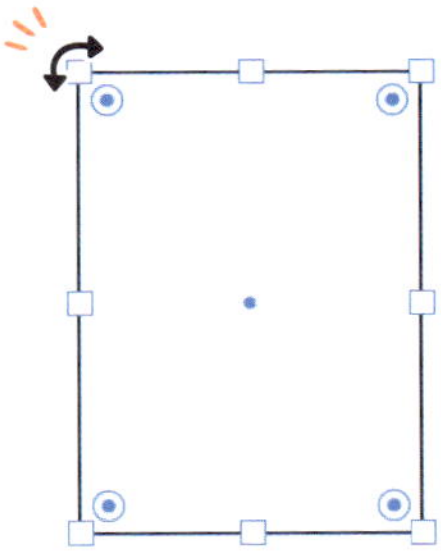

❷カーソルの表示が変わるので回転させたい方向へドラッグすると

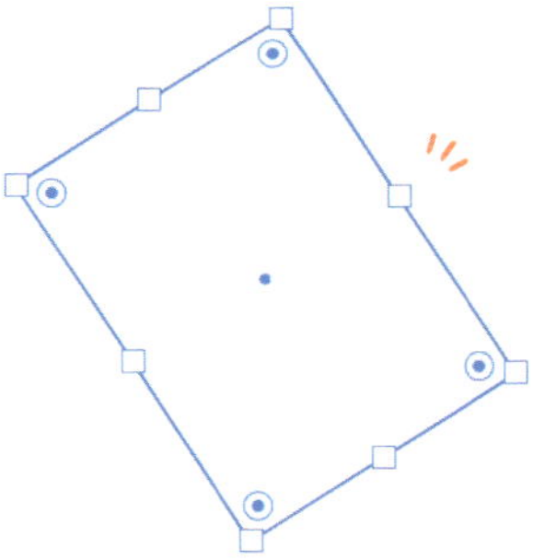

❸オブジェクトを回転できる

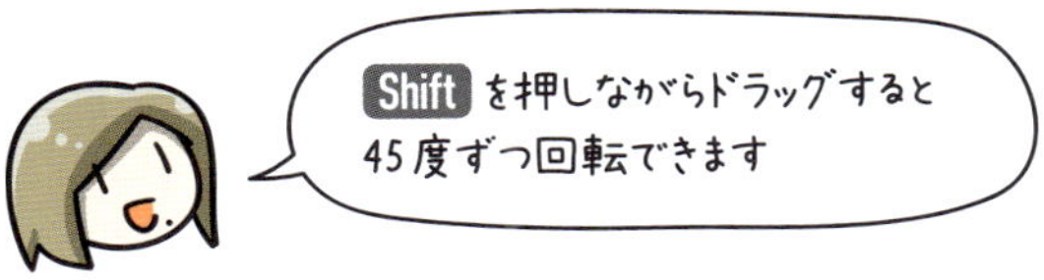
Shift を押しながらドラッグすると
45度ずつ回転できます

Chapter

3…4 オブジェクトのコピー

オブジェクトをコピーして配置することで、場面をにぎやかにすることなどができます。コピーする方法を見ていきましょう。

Study

オブジェクトをコピーする方法について知ろう

オブジェクトをコピーする方法はいくつかあります。代表的な方法は以下の通りです。

メニューバーからコピーする方法

オブジェクトを選択した状態で、画面上部［メニューバー］にある［編集］から［コピー］を選択したあと、同様の箇所にある［ペースト］を選択する。

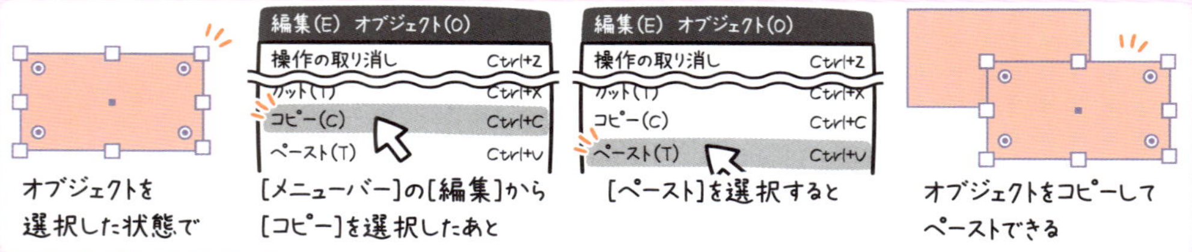

編集(E) オブジェクト(O)
操作の取り消し Ctrl+Z
カット(T) Ctrl+X
コピー(C) Ctrl+C
ペースト(T) Ctrl+V
オブジェクトを
選択した状態で
［メニューバー］の［編集］から
［コピー］を選択したあと
［ペースト］を選択すると
オブジェクトをコピーして
ペーストできる

ショートカットキーを使う方法

オブジェクトを選択した状態で、Ctrl（⌘）+Cを押しオブジェクトをコピーし、Ctrl（⌘）+Vを押してオブジェクトをペーストする。

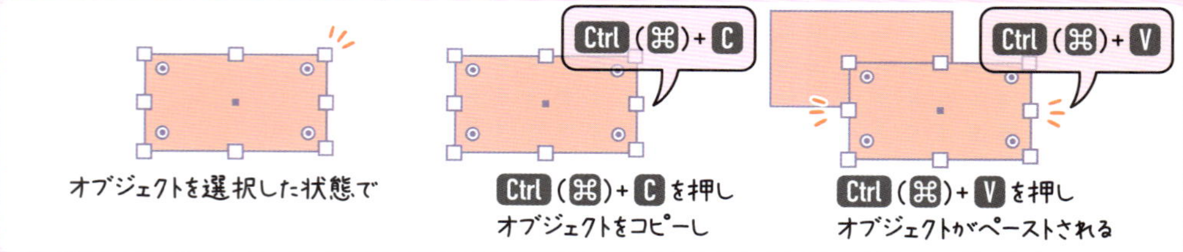

Ctrl（⌘）+C
Ctrl（⌘）+V
オブジェクトを選択した状態で
Ctrl（⌘）+Cを押し
オブジェクトをコピーし
Ctrl（⌘）+Vを押し
オブジェクトがペーストされる

ドラッグしてコピーする方法

オブジェクトを選択した状態で、そのままAlt（Option）を押しながら、コピーしたい方向へドラッグする。

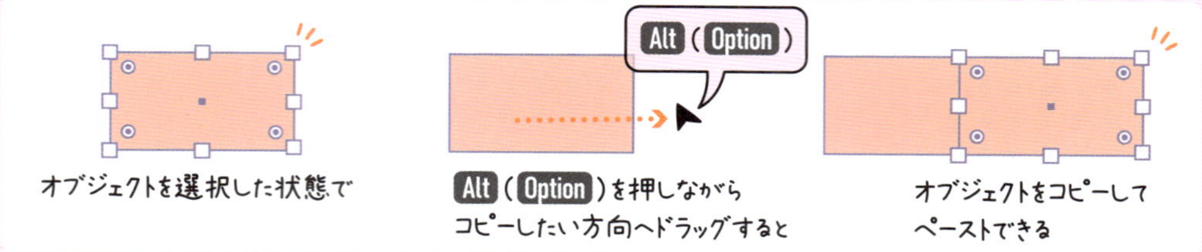

Alt（Option）
オブジェクトを選択した状態で
Alt（Option）を押しながら
コピーしたい方向へドラッグすると
オブジェクトをコピーして
ペーストできる

Let's Try!

オブジェクトをコピーしてみよう

1 まずサンプルファイル「3-4-2.ai」を開き、配置されているオブジェクトを［選択ツール］で選択状態にしましょう。

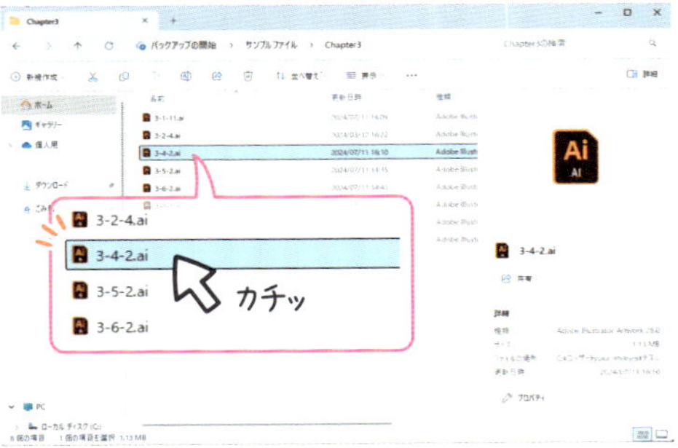

3-2-4.ai
3-4-2.ai
3-5-2.ai
3-6-2.ai
カチッ

❶サンプルファイル「3-4-2.ai」を開いたあと

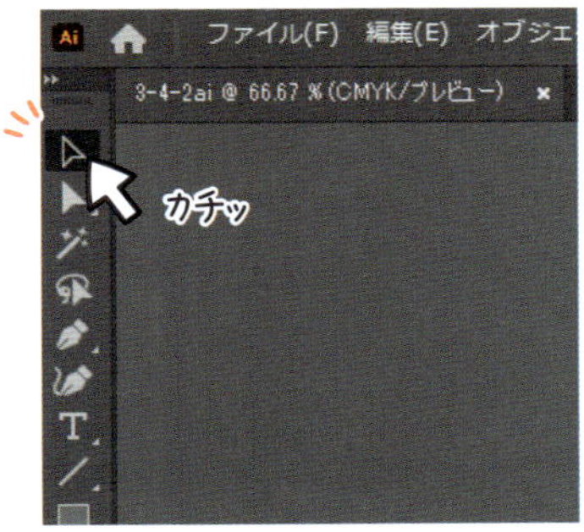

ファイル(F) 編集(E) オブジェ
3-4-2ai @ 66.67 % (CMYK/プレビュー)
カチッ

❷［ツールバー］から［選択ツール］を選択し

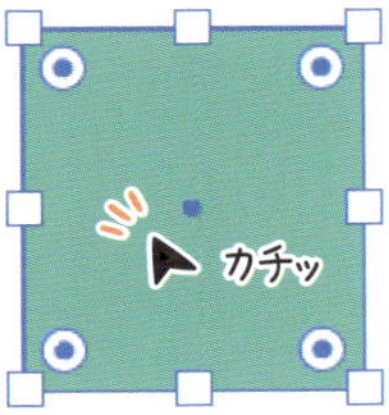

カチッ

❸オブジェクトをクリックして選択状態にする

2 次に、画面上部［メニューバー］にある［編集］から［コピー］を選んだあと、同じ箇所にある［ペースト］を選びます。すると、選択したオブジェクトがコピーされます。

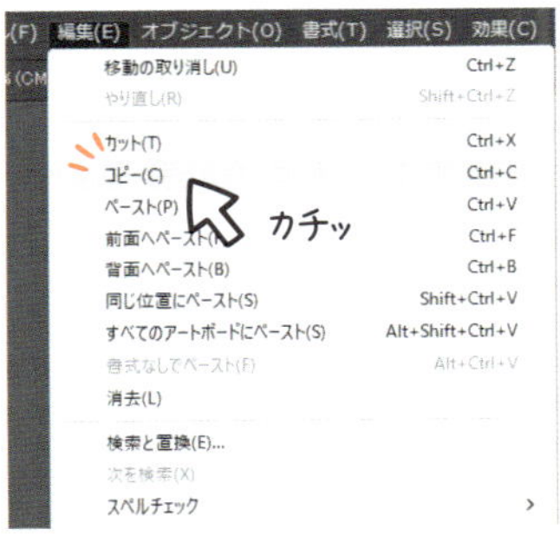

編集(E) オブジェクト(O) 書式(T) 選択(S) 効果(C)
移動の取り消し(U) Ctrl+Z
やり直し(R) Shift+Ctrl+Z
カット(T) Ctrl+X
コピー(C) Ctrl+C
ペースト(P) Ctrl+V
前面へペースト(F) Ctrl+F
背面へペースト(B) Ctrl+B
同じ位置にペースト(S) Shift+Ctrl+V
すべてのアートボードにペースト(S) Alt+Shift+Ctrl+V
書式なしでペースト(F) Alt+Ctrl+V
消去(L)
検索と置換(E)...
次を検索(X)
スペルチェック
カチッ

❶［メニューバー］にある［編集］から［コピー］を選んだあと

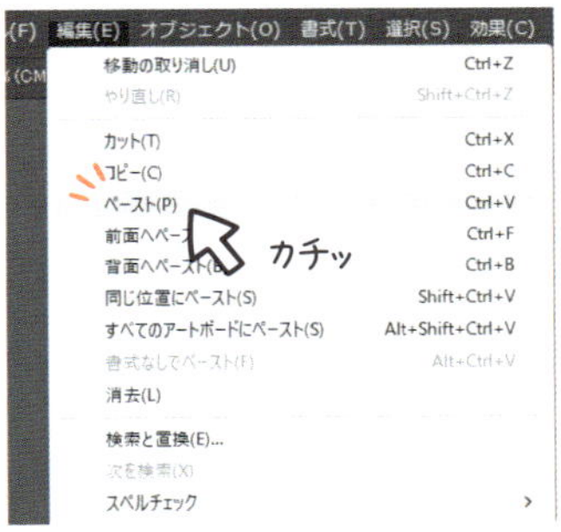

カチッ

❷［ペースト］を選択すると

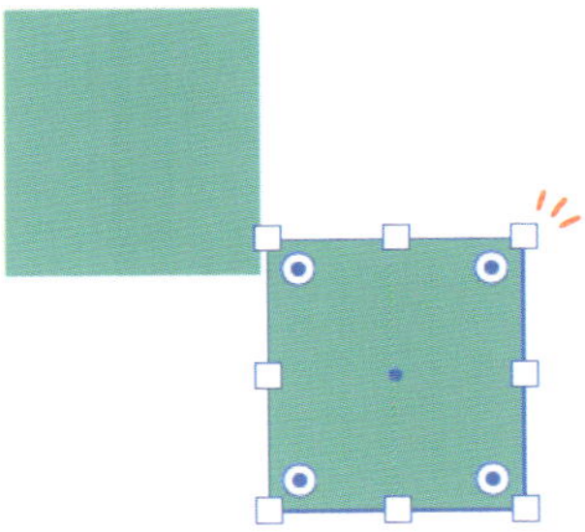

❸オブジェクトがペーストされる

3 ［前面へペースト］、［背面へペースト］［同じ位置にペースト］では、それぞれ言葉通りの操作を行うことができます。

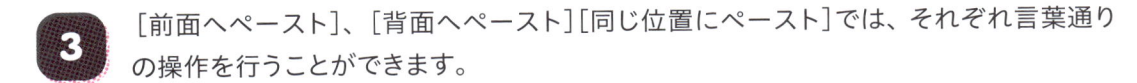

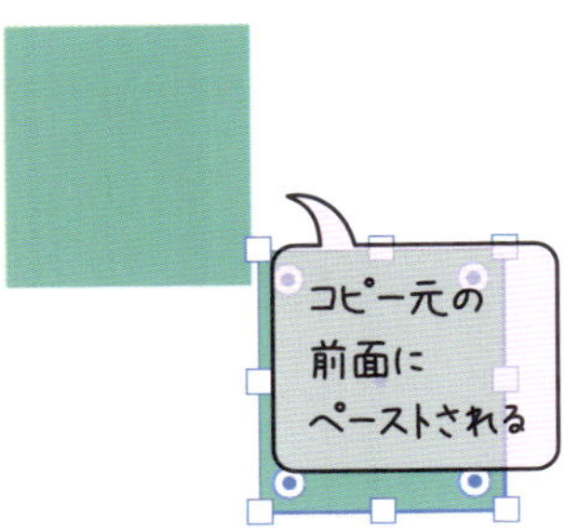

コピー元の
前面に
ペーストされる

❶［前面へペースト］を選択すると前面に

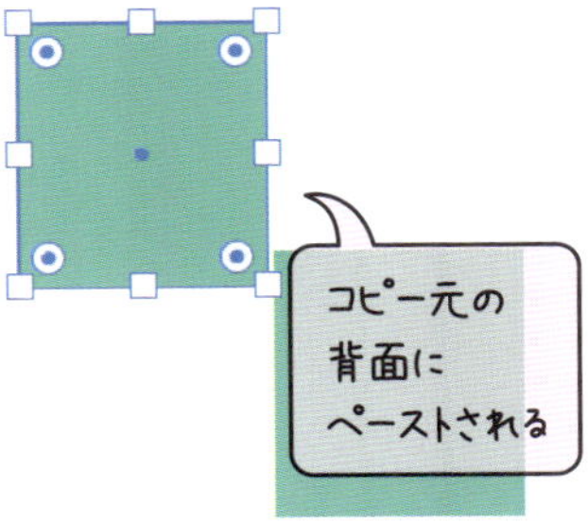

コピー元の
背面に
ペーストされる

❷［背面へペースト］を選択すると背面に

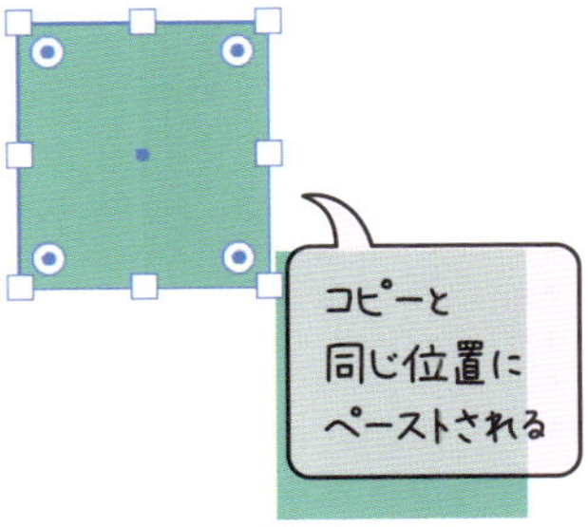

コピーと
同じ位置に
ペーストされる

❸［同じ位置にペースト］を選択すると同じ位置にペーストされる

4

また、ショートカットキーを使用することでもオブジェクトをコピーできます。Ctrl（⌘）＋Cでオブジェクトをコピーし、Ctrl（⌘）＋Vでオブジェクトをペーストします。

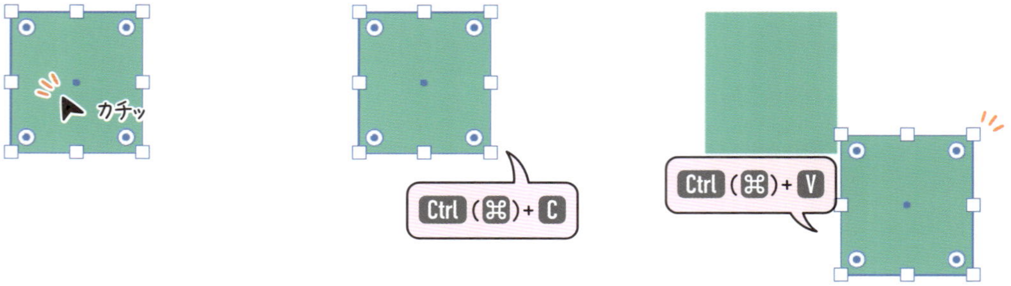

カチッ
Ctrl（⌘）＋C
Ctrl（⌘）＋V

❶オブジェクトを選択した状態で

❷Ctrl（⌘）＋Cでオブジェクトをコピーし

❸Ctrl（⌘）＋Vでオブジェクトをペーストできる

5

オブジェクトを選択した状態で、Alt（Option）を押しながらコピーしたい方向へドラッグすることでも、コピーが可能です。

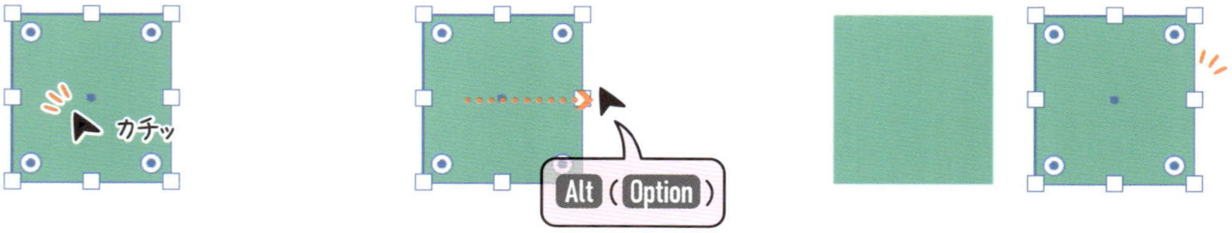

カチッ
Alt（Option）

❶オブジェクトを選択した状態で

❷Alt（Option）を押しながらコピーしたい方向へドラッグすると

❸オブジェクトがコピーできる

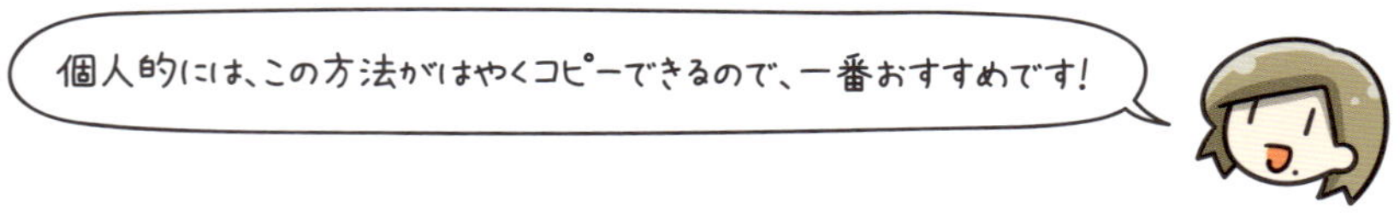

個人的には、この方法がはやくコピーできるので、一番おすすめです！

6

オブジェクトのコピーは、単体のオブジェクトだけでなく、複数選択すると、選択したオブジェクトすべてがコピーされます。

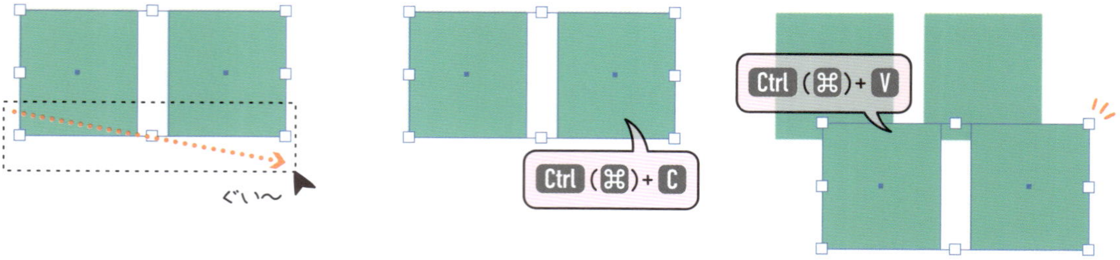

ぐぃ～
Ctrl（⌘）＋C
Ctrl（⌘）＋V

❶オブジェクトをドラッグで囲むまたはShiftで複数選択し

❷コピーしたあとペーストすると

❸選択したオブジェクトすべてがコピーされる

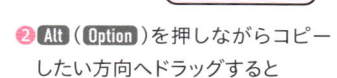

Chapter 3…5 オブジェクトの重なり順

オブジェクトを次々描いていくと、手前に手前にオブジェクトが配置されていきます。この章では、重なり順について学んでいきます。

Study

オブジェクトの重なり順について知ろう

オブジェクトは、基本的に作成した順に手前に配置されていきます。

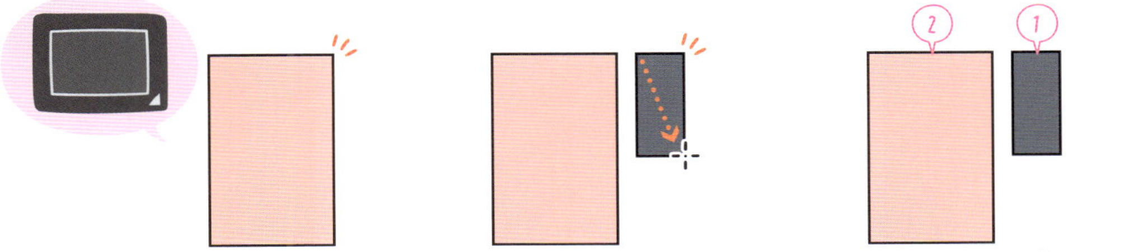

2
1

例えば、［長方形ツール］で長方形を描いたあと

続けて同じように長方形を描くと

重なり順は前からこんな感じになる

手前にオブジェクトが配置されると、その後ろにあるオブジェクトは隠れてしまいます。

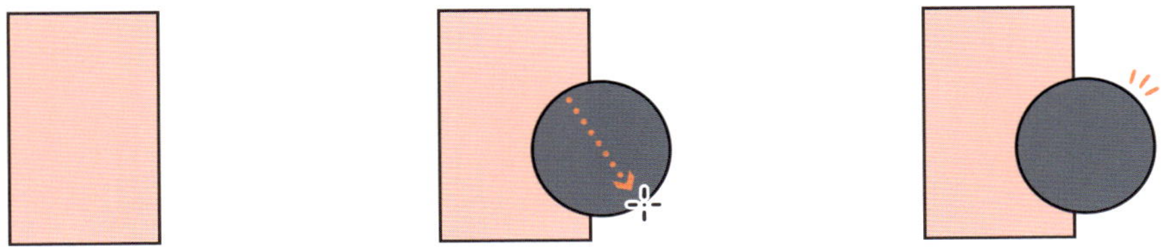

［長方形ツール］で長方形を描いたあと

重なるようにオブジェクトを描くと

最後に描いたオブジェクトが一番手前に来る

このオブジェクトの重なり順は、あとから変更することも可能です。次のページから、実際に重なり順の変更方法を学んでいきましょう。

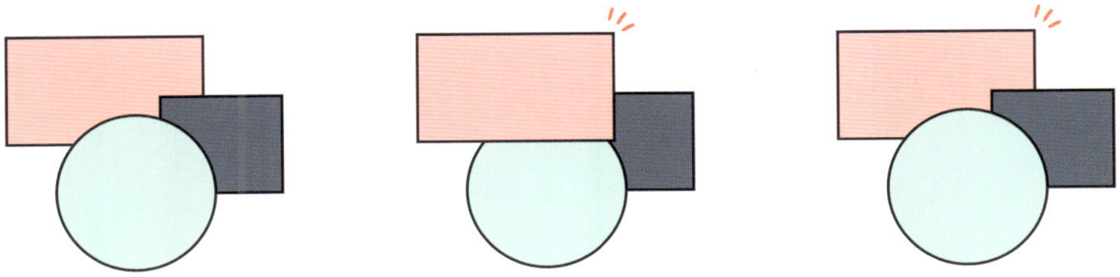

こんな風に重なってるオブジェクトを

一番後ろのオブジェクトを一個手前に持ってきたり

一番手前のオブジェクトを一番後ろに持っていったりできる

Let's Try!

オブジェクトの重なり順を変更してみよう

1 まずは、サンプルファイル「3-5-2.ai」を開きましょう。サンプルファイルを開くと、複数のオブジェクトが重なって配置されているのがわかります。上から三番目のオブジェクトを[選択ツール]で選択して、重なり順を変更してみます。

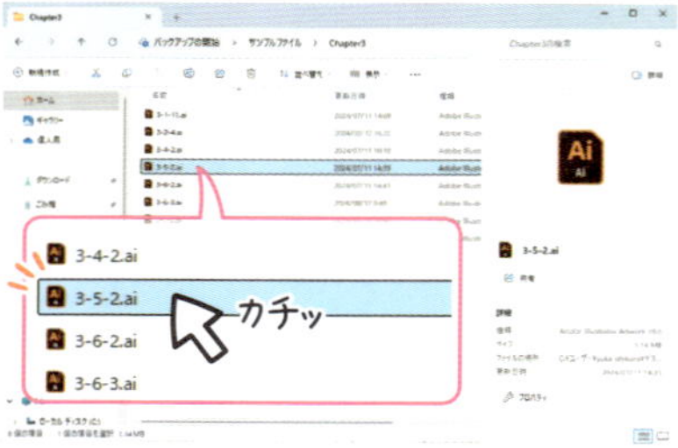

3-4-2.ai
3-5-2.ai
3-6-2.ai
3-6-3.ai
カチッ

❶サンプルファイル「3-5-2.ai」を開くと

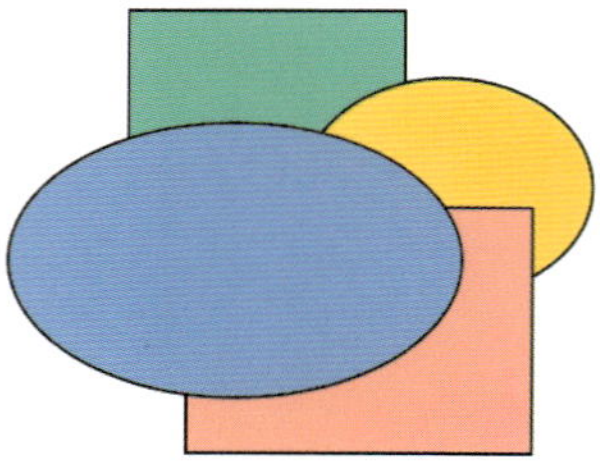

❷複数のオブジェクトが重なって配置されている

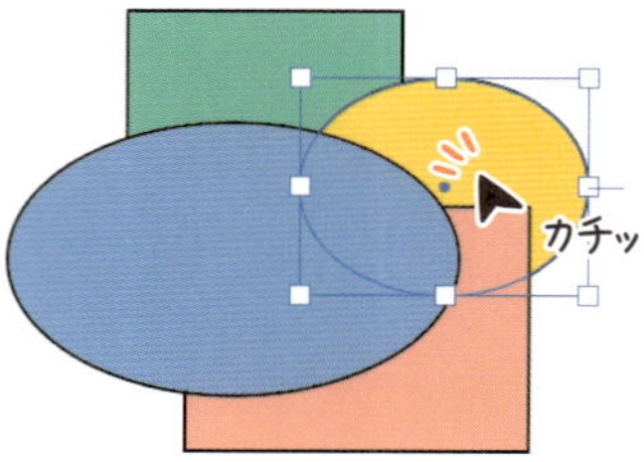

カチッ

❸[選択ツール]で上から三番目のオブジェクトを選択する

2 画面上部[メニューバー]にある[オブジェクト]をクリックし、[重ね順]にカーソルを合わせます。表示されるメニューから[前面へ]を選択してみましょう。すると、重ね順がひとつ上になり、上から二番目に表示されます。

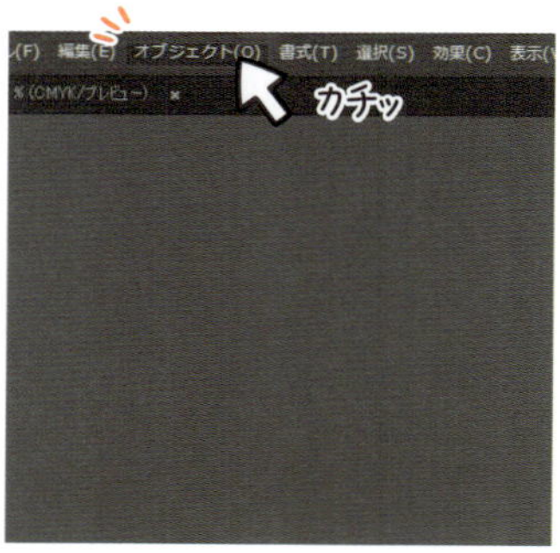

編集(E)
オブジェクト(O)
書式(T)
選択(S)
効果(C)
カチッ

❶[メニューバー]にある[オブジェクト]をクリックし

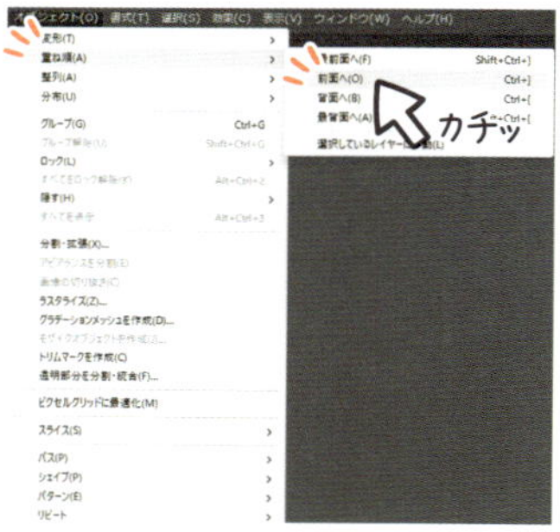

カチッ

❷[重ね順]にカーソルを合わせて[前面へ]を選択すると

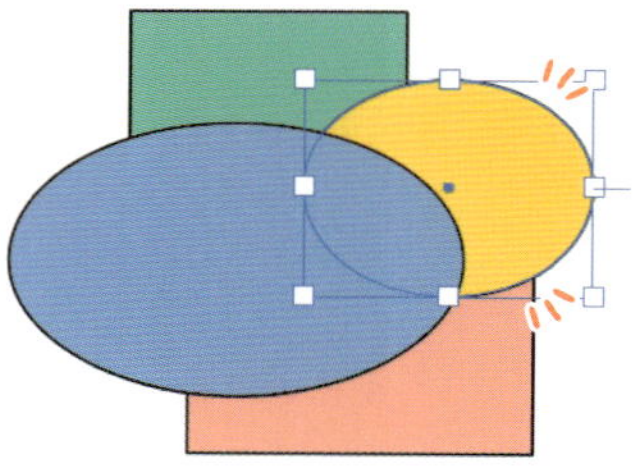

❸重ね順がひとつ上になり上から二番目に表示される

3 そのほかのオブジェクトも重なり順を変更してみます。上から四番目のオブジェクトを[選択ツール]で選択し、先ほどと同様の操作で、今度は[背面へ]を選択してみましょう。すると、重ね順がひとつ下になり、上から二番目に表示されます。

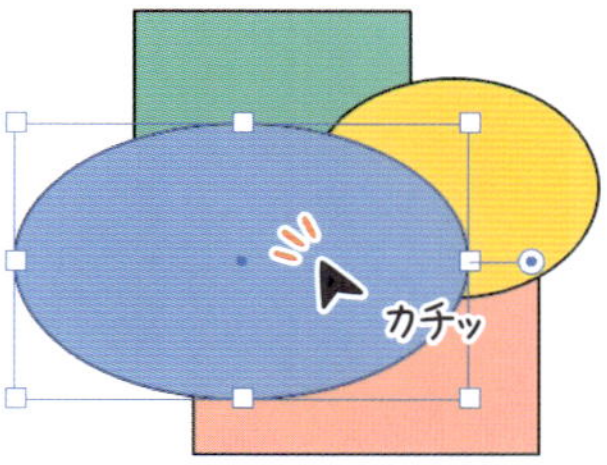
カチッ

❶[選択ツール]で一番手前のオブジェクトを選択し

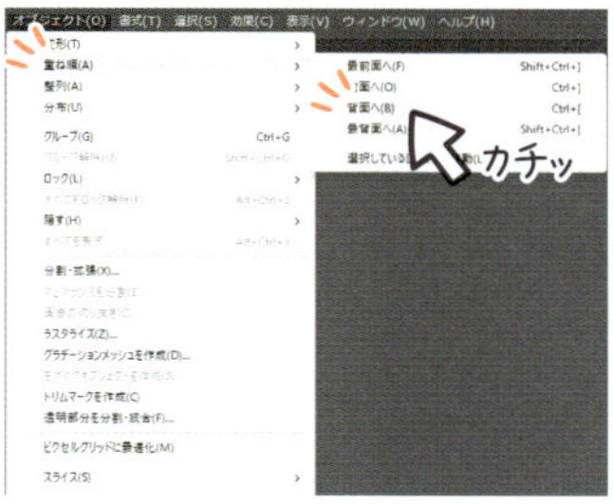
カチッ

❷[メニューバー]にある[編集]をクリックし[重ね順]>[背面へ]を選択すると

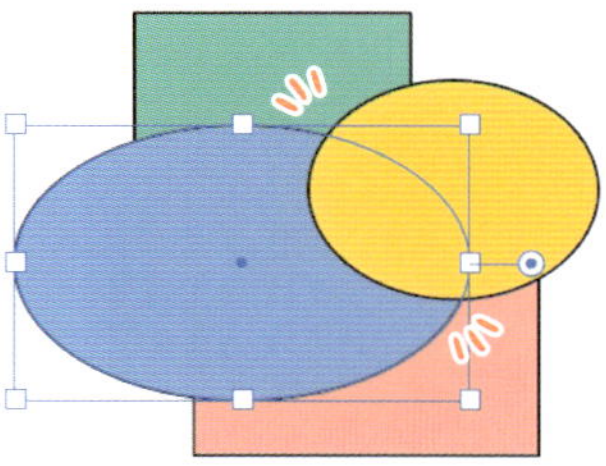

❸重ね順がひとつ下になり上から二番目に表示される

4 一番下にあるオブジェクトを、先ほどと同様の手順で[最前面へ]を選択すると、一番手前に表示されます。

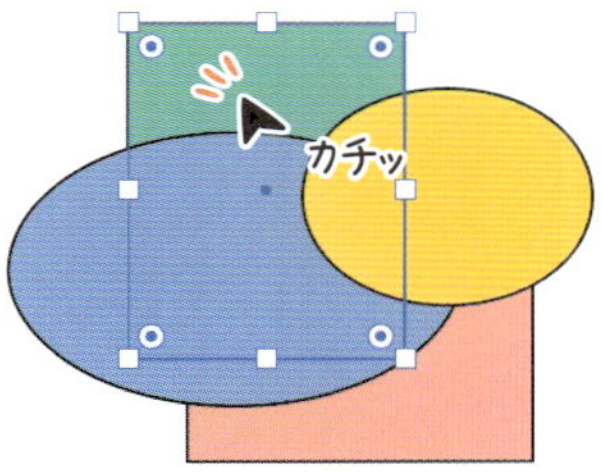
カチッ

❶[選択ツール]で一番下のオブジェクトを選択し

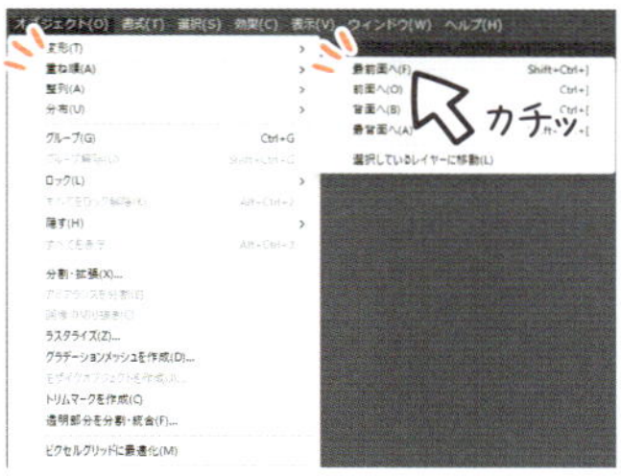
カチッ

❷[メニューバー]にある[編集]をクリックし[重ね順]>[最前面へ]を選択すると

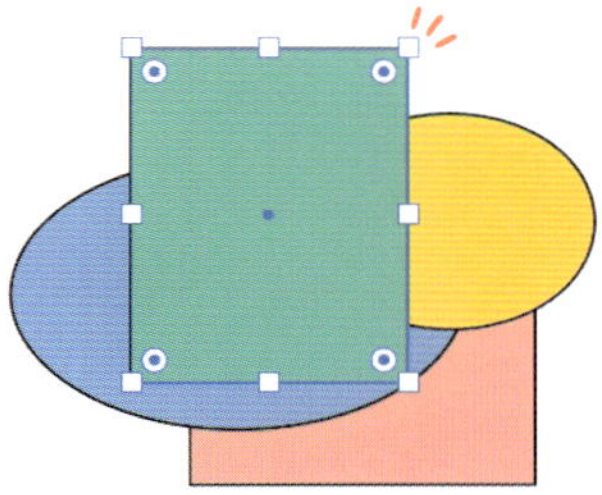

❸一番手前に表示される

5 反対に、一番手前にあるオブジェクトを、先ほどと同様の手順で[最背面へ]を選択すると、一番下に表示されます。

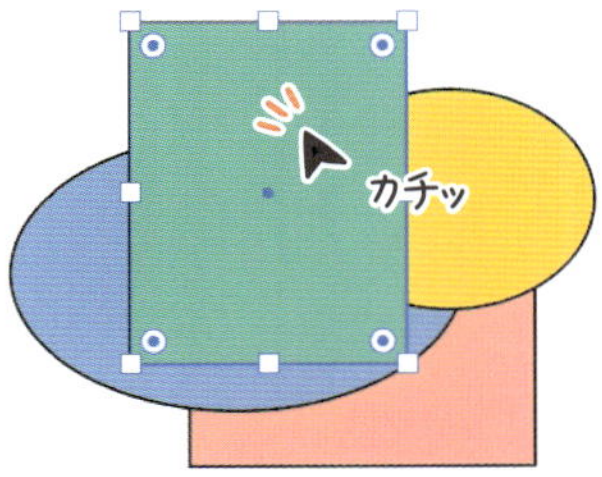
カチッ

❶[選択ツール]で一番手前のオブジェクトを選択し

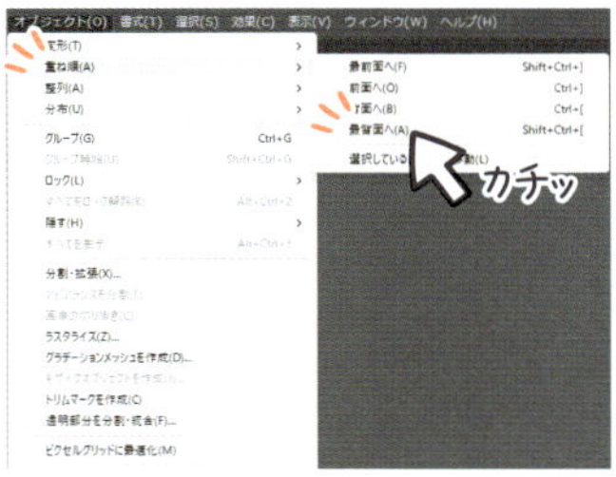
カチッ

❷[メニューバー]にある[編集]をクリックし[重ね順]>[最背面へ]を選択すると

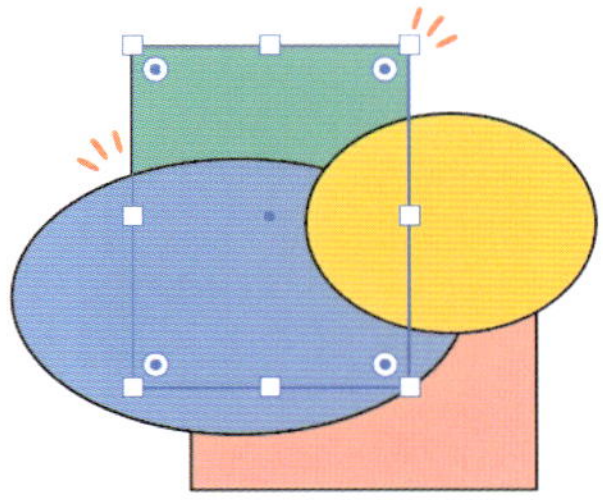

❸一番下に表示される

一番手前/下のオブジェクトでなくても、[最前面へ][最背面へ]を選ぶと、一番手前、もしくは一番下へオブジェクトが配置されます

Chapter

3…6 オブジェクトのグループ化

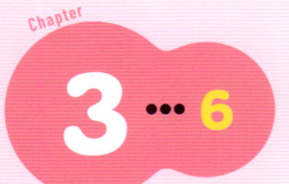

オブジェクトのグループ化は、複数のオブジェクトをまとめて動かすことができるようになる便利な機能です。

Study

オブジェクトのグループ化について知ろう

オブジェクトを配置していくと、「このオブジェクトとこのオブジェクトはひとつにまとめたいな～」と思うときがあります。

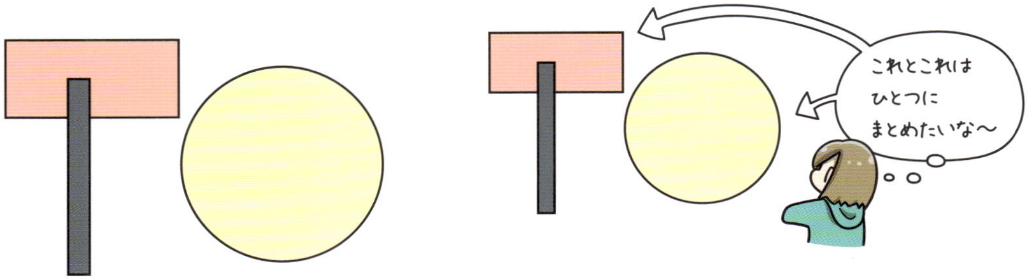
これとこれは
ひとつに
まとめたいな～

オブジェクトを次々配置していくと　…と思うときがある

そんなときは、ひとつにまとめたいオブジェクトを選択してグループ化しましょう。オブジェクトを選択したら、画面上部[メニューバー]にある[オブジェクト]から[グループ]を選ぶか、グループ化のショートカットCtrl(⌘)+Gでグループ化することができます。

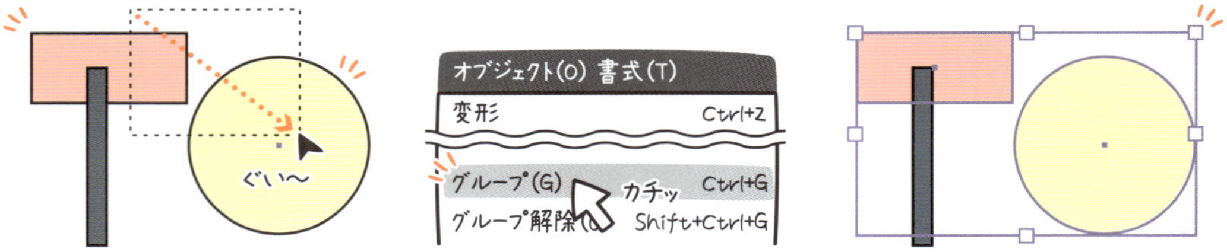
ぐい～
オブジェクト(O) 書式(T)
変形 Ctrl+Z
グループ(G) Ctrl+G
カチッ
グループ解除 Shift+Ctrl+G

[選択ツール]でひとつにまとめたいオブジェクトを選択し　[メニューバー]にある[オブジェクト]から[グループ]を選ぶと　ひとつのオブジェクトとしてまとめることができる

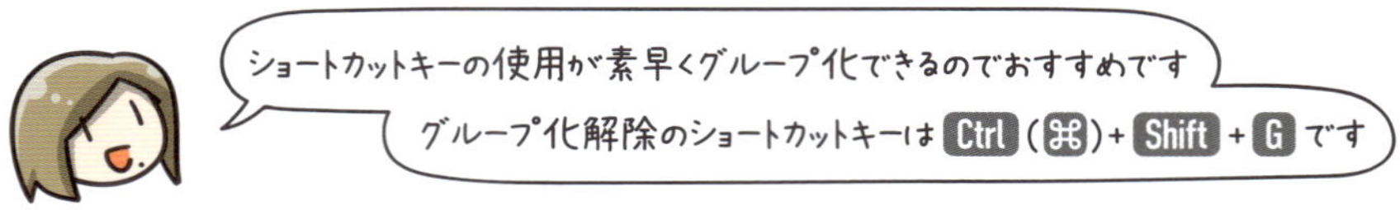
ショートカットキーの使用が素早くグループ化できるのでおすすめです
グループ化解除のショートカットキーは Ctrl (⌘)+ Shift + G です

Let's Try!

オブジェクトをグループ化させてみよう

1 まずは、サンプルファイル「3-6-2.ai」を開きましょう。サンプルファイルを開くと、複数のオブジェクトが重なって配置されているのがわかります。耳と輪郭のオブジェクトをひとつのグループにするため、[選択ツール]で耳と輪郭のオブジェクトを選択します。

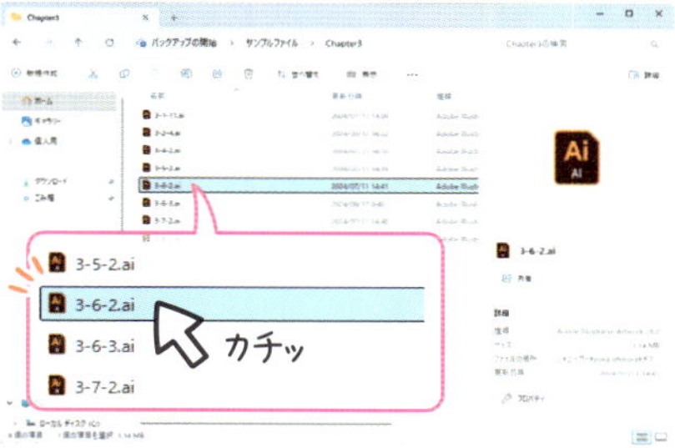
3-5-2.ai
3-6-2.ai
3-6-3.ai
3-7-2.ai
カチッ

❶サンプルファイル「3-6-2.ai」を開くと

❷複数のオブジェクトが重なって配置されている

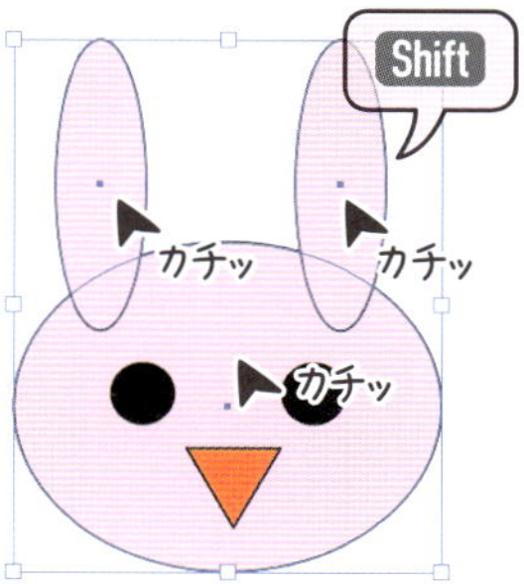
Shift
カチッ
カチッ
カチッ

❸[選択ツール]で耳と輪郭のオブジェクトを選択する

2 次に、画面上部の[メニューバー]にある[オブジェクト]から[グループ]を選択すると、選択したオブジェクトがひとつのグループとなります。試しに、[選択ツール]でグループ化したオブジェクトをどれか一つ選ぶと、グループ化したオブジェクト全体が選択されます。

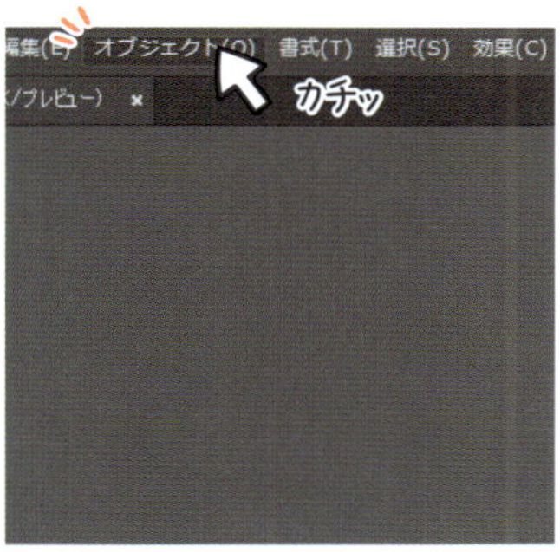
編集(E) オブジェクト(O) 書式(T) 選択(S) 効果(C)
カチッ

❶[メニューバー]にある[オブジェクト]から

オブジェクト(O) 書式(T) 選択(S) 効果(C) 表示
変形(T)
重ね順(A)
整列(A)
分布(U)
グループ(G) Ctrl+G
ロック(L)
隠す(H)
分割・拡張(X)...
カチッ

❷[グループ]を選択すると

グループ化!

❸選択したオブジェクトがひとつのグループとなる

カチッ

❹[選択ツール]でグループ化したオブジェクトのどれかを選択すると

❺グループ化したオブジェクト全体が選択される

3 ほかにも、ショートカットキーでオブジェクトをグループ化してみましょう。先ほどと同様、[選択ツール]でグループ化させたいオブジェクトを選択したあと、Ctrl (⌘) + G を押すことで、グループにすることができます。

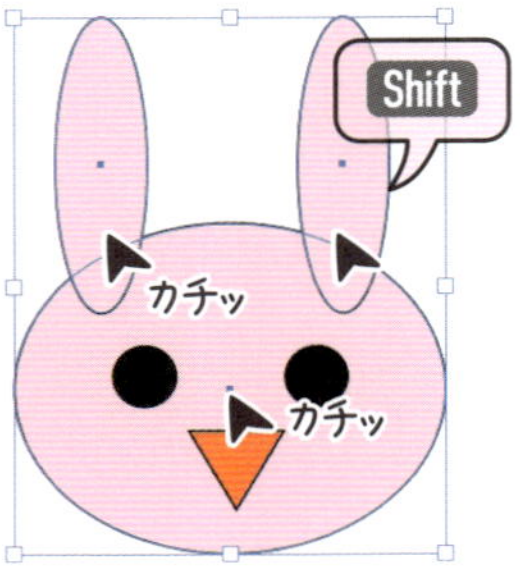
Shift
カチッ
カチッ

❶[選択ツール]で耳と輪郭のオブジェクトを選択した状態で

Ctrl (⌘) + G

❷ Ctrl (⌘) + G を押すと

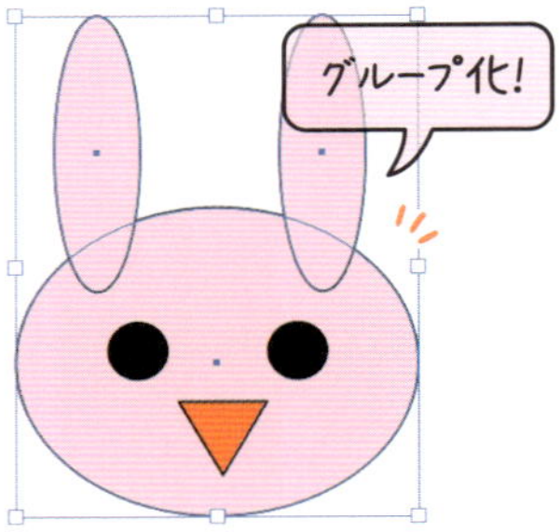
グループ化!

❸グループ化できる

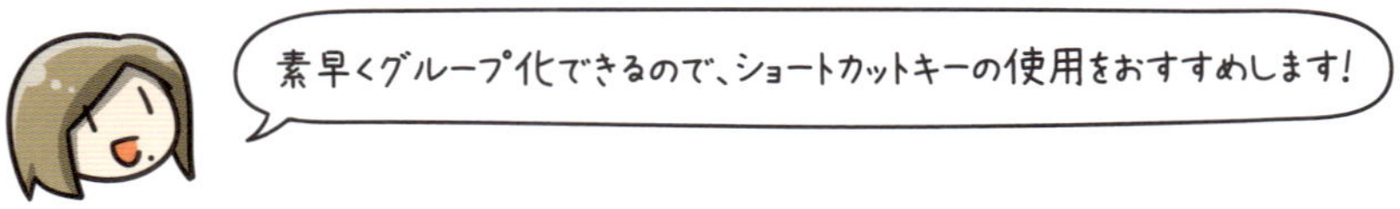
素早くグループ化できるので、ショートカットキーの使用をおすすめします!

4 グループ化の解除は、グループ化したオブジェクトを選択したあと、画面上部[メニューバー]にある[オブジェクト]から[グループ解除]を選択するか、ショートカットキー Ctrl (⌘) + Shift + G で解除することができます。

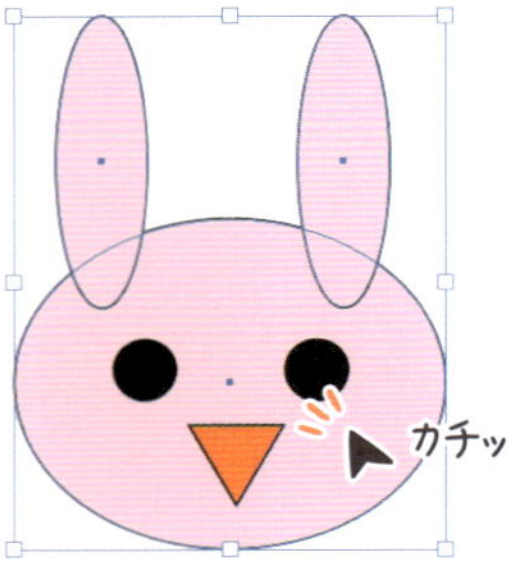
カチッ

❶グループ化したオブジェクトを[選択ツール]で選択したあと

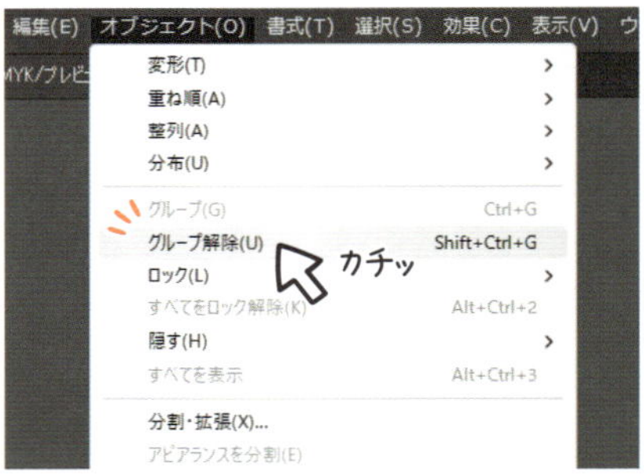
編集(E)
オブジェクト(O)
書式(T)
選択(S)
効果(C)
表示(V)
変形(T)
重ね順(A)
整列(A)
分布(U)
グループ(G)
Ctrl+G
グループ解除(U)
Shift+Ctrl+G
ロック(L)
すべてをロック解除(K)
Alt+Ctrl+2
隠す(H)
すべてを表示
Alt+Ctrl+3
分割・拡張(X)...
アピアランスを分割(E)
カチッ

❷[メニューバー]にある[オブジェクト]から[グループ解除]を選択するか

Ctrl (⌘) + Shift + G

❸ Ctrl (⌘) + Shift + G を押すと

❹グループ化の解除ができる

Let's Try!

グループ化したオブジェクトを移動してみよう

1 サンプルファイル「3-6-3.ai」を開いて、耳と輪郭がグループ化されているオブジェクトを移動してみます。[選択ツール]を選択して、オブジェクトを移動すると、グループ化されたオブジェクト全体が移動されます。

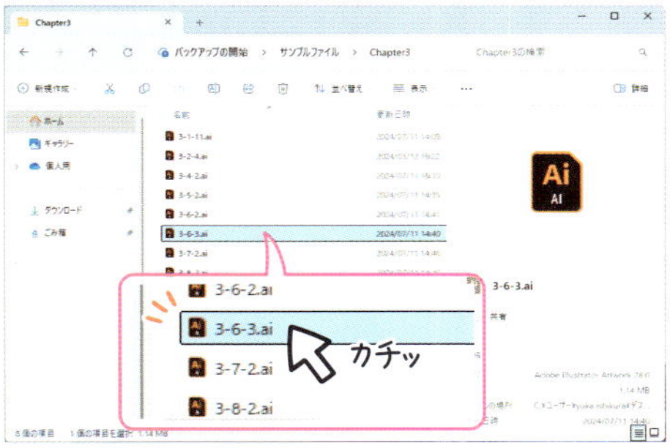
3-6-2.ai
3-6-3.ai
カチッ
3-7-2.ai
3-8-2.ai

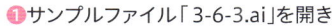

❶サンプルファイル「3-6-3.ai」を開き

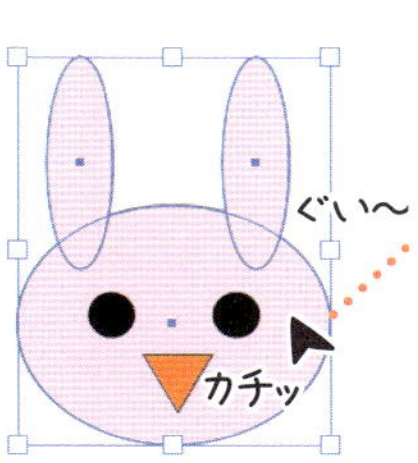
ぐい～
カチッ

❷[選択ツール]でグループ化されたオブジェクトをクリックしてドラッグすると

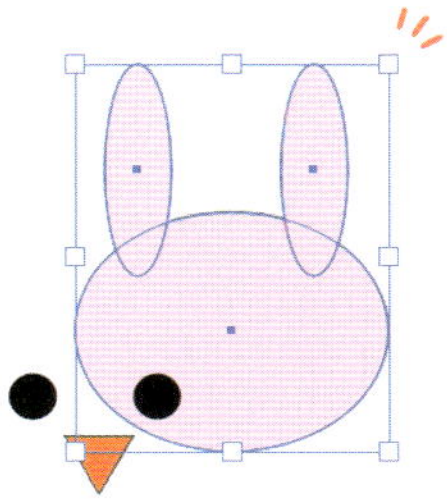

❸グループ化したオブジェクト全体を移動できる

2 [ダイレクト選択ツール]を使用すると、クリックしたオブジェクトのみを動かすことができます。

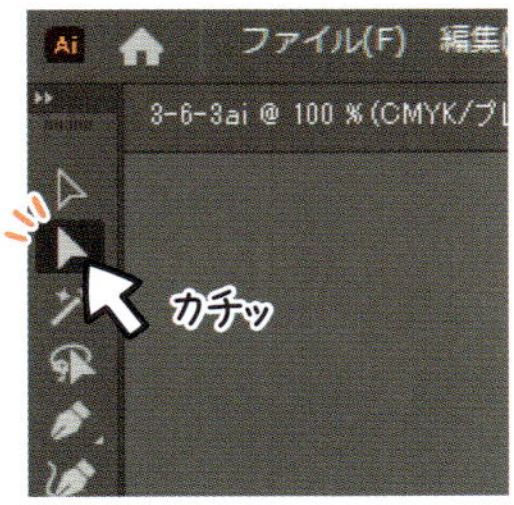
ファイル(F) 編集
3-6-3ai @ 100 % (CMYK/プ
カチッ

❶[ダイレクト選択ツール]を選び

カチッ

❷オブジェクトをクリックすると

❸クリックしたオブジェクトのみ選択状態となり

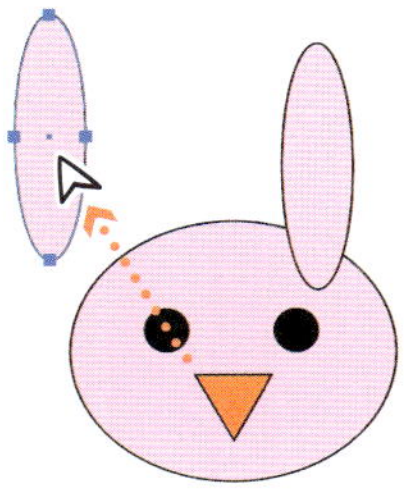

❹選択したオブジェクトだけ移動できるようになる

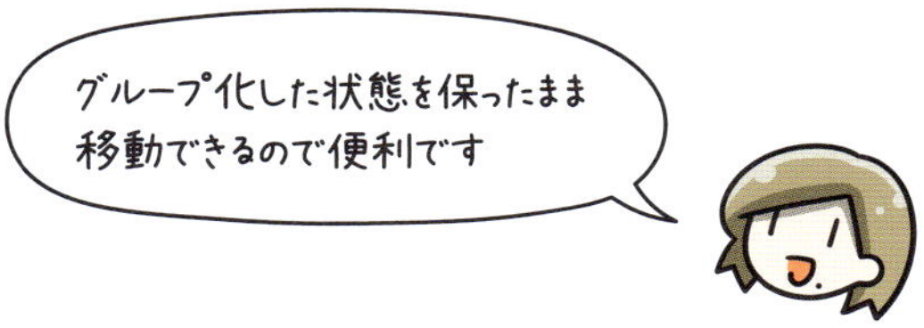
グループ化した状態を保ったまま
移動できるので便利です

Chapter 3…7 オブジェクトの整列

オブジェクトを配置していくと、ごちゃついてしまうときがあります。そんなときは、オブジェクトを整列させてみましょう。

Study

オブジェクトを整列させる方法について知ろう

オブジェクトを整列させるには、まず[整列パネル]を表示させる必要があります。画面上部[メニューバー]にある[ウィンドウ]から[整列]を選択します。

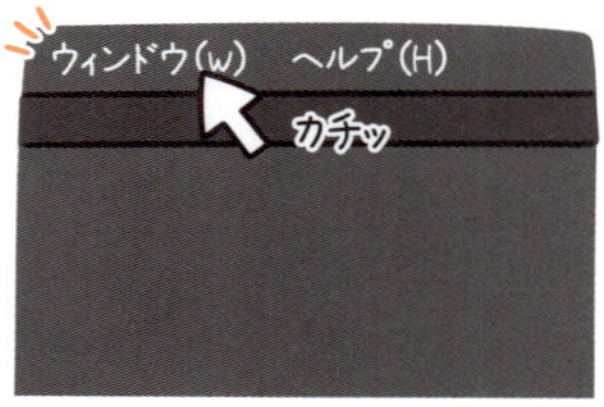
ウィンドウ(W)　ヘルプ(H)
カチッ

画面上部[メニューバー]にある[ウィンドウ]から

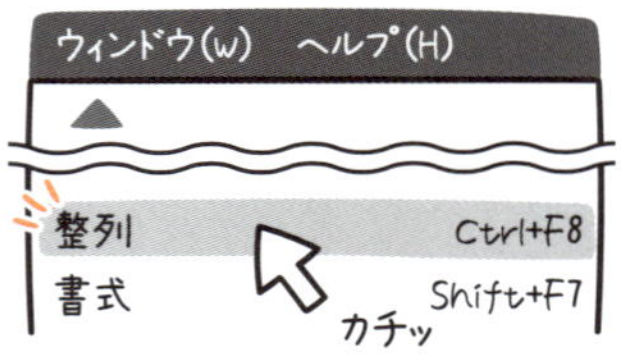
ウィンドウ(W)　ヘルプ(H)
整列　Ctrl+F8
書式　Shift+F7
カチッ

[整列]を選択すると

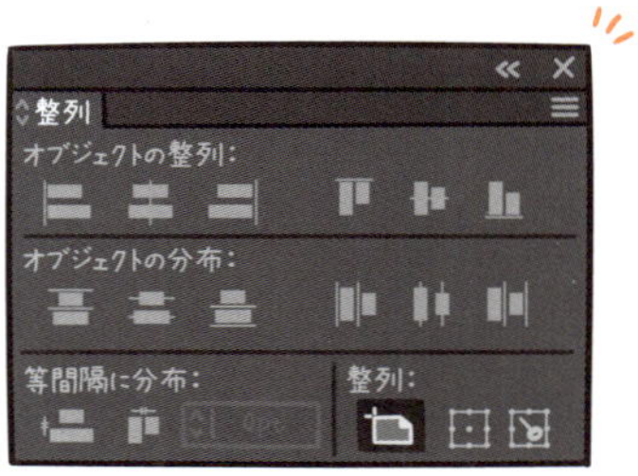
整列
オブジェクトの整列:
オブジェクトの分布:
等間隔に分布:
整列:

[整列パネル]が表示される

[整列パネル]のそれぞれの整列方法は次の通りです。まずは[オブジェクトの整列]から見てみましょう。

水平方向左 / 中央 / 右に整列

水平方向左に整列

アイコン

一番左のアイコン。オブジェクトを左揃えにする。

水平方向中央に整列

アイコン

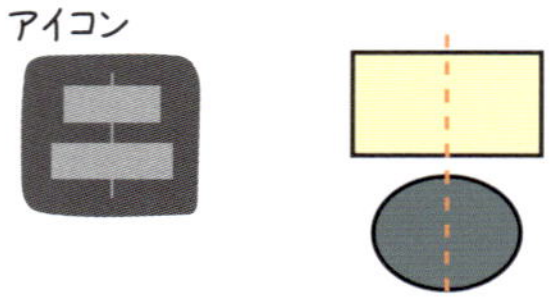

左から二番目のアイコン。オブジェクトを中央揃えにする。

水平方向右に整列

アイコン

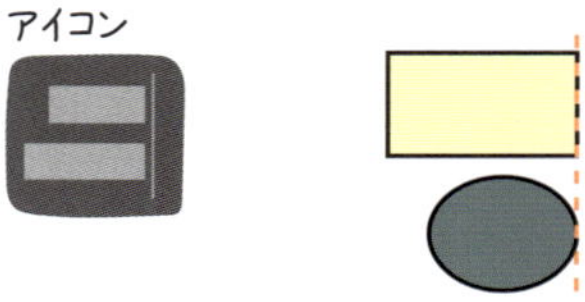

左から三番目のアイコン。オブジェクトを右揃えにする。

垂直方向上 / 中央 / 下に整列

垂直方向上に整列

アイコン

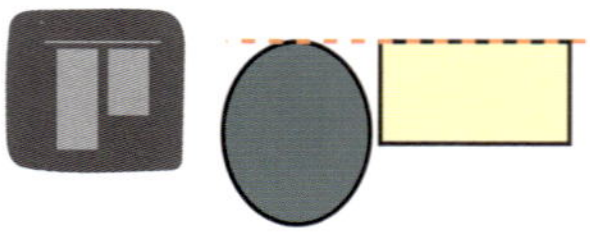

右から三番目のアイコン。オブジェクトを上揃えにする。

垂直方向中央に整列

アイコン

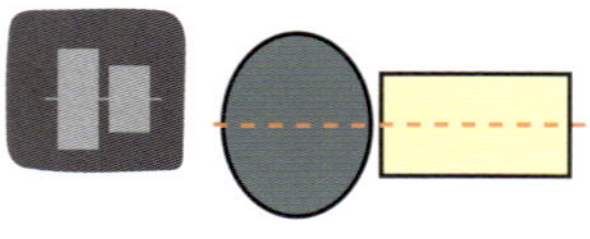

右から二番目のアイコン。オブジェクトを中央揃えにする。

垂直方向下に整列

アイコン

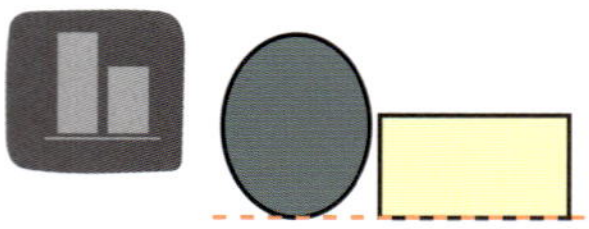

一番右のアイコン。オブジェクトを下揃えにする。

［オブジェクトの分布］での各アイコンの意味は次の通りです。

垂直方向上／中央／下に分布

垂直方向上に分布

アイコン

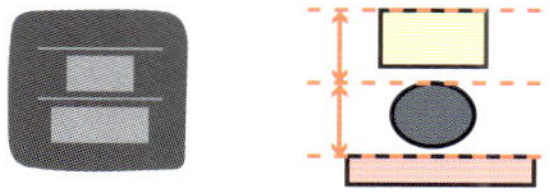

一番左のアイコン。オブジェクトの上端を基準に均等に配置される。

垂直方向中央に分布

アイコン

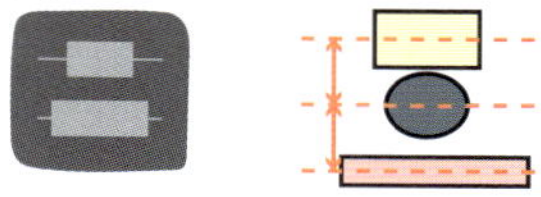

左から二番目のアイコン。オブジェクトの中央を基準に均等に配置される。

垂直方向下に分布

アイコン

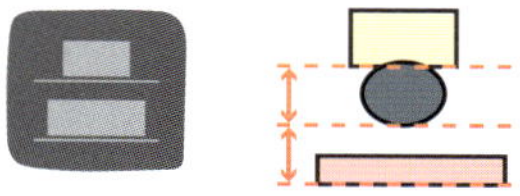

左から三番目のアイコン。オブジェクトの下端を基準に均等に配置される。

水平方向左／中央／右に分布

水平方向左に分布

アイコン

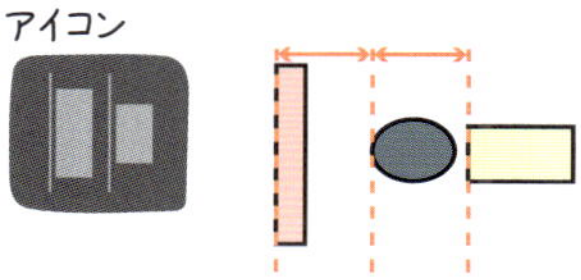

右から三番目のアイコン。オブジェクトの左端を基準に均等に配置される。

水平方向中央に分布

アイコン

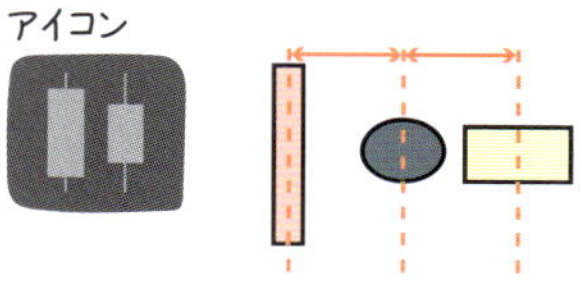

右から二番目のアイコン。オブジェクトの中央を基準に均等に配置される。

水平方向右に分布

アイコン

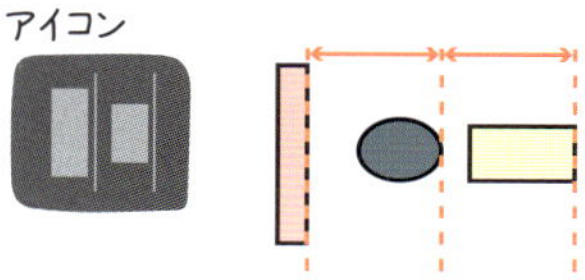

一番右のアイコン。オブジェクトの右端を基準に均等に配置される。

［等間隔に分布］では、オブジェクト間の余白に対して、等間隔に分布できます。

垂直／水平方向等間隔に分布

垂直方向等間隔に分布

アイコン

一番左のアイコン。オブジェクトの余白を垂直方向に等間隔に配置される。

水平方向等間隔に分布

アイコン

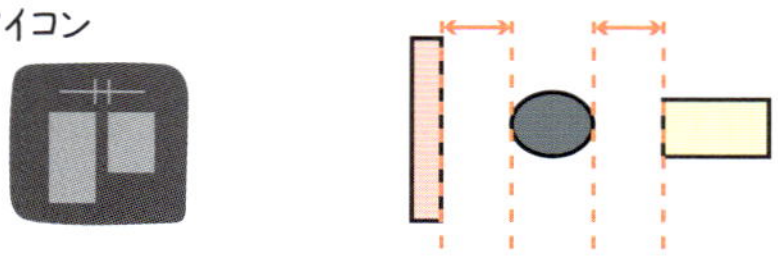

左から二番目のアイコン。オブジェクトの余白を水平方向に等間隔に配置される。

ほかにも、[等間隔に分布]では余白の間隔を数値で指定することができます。

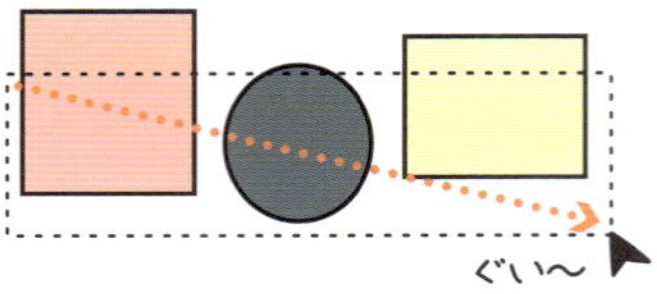
ぐい〜

整列したいオブジェクトを
すべて選択したあと

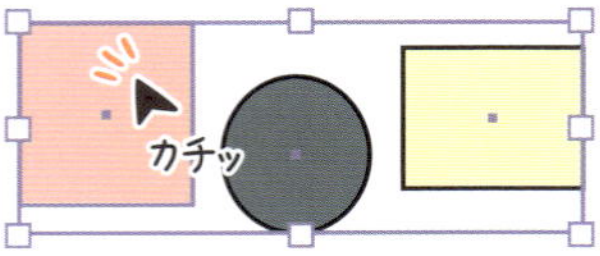
カチッ

基準にしたいオブジェクトを
クリックし

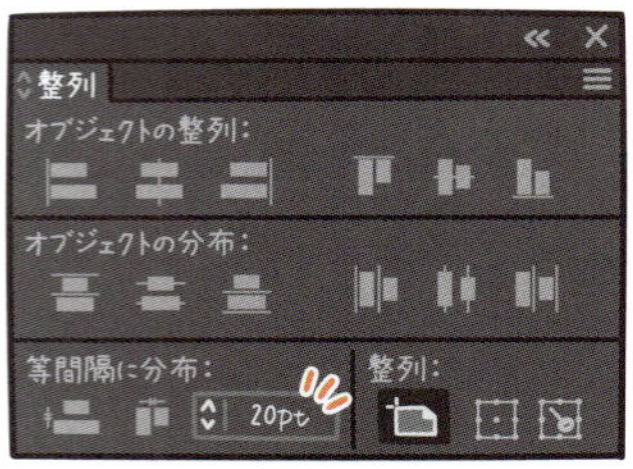
整列
オブジェクトの整列：
オブジェクトの分布：
等間隔に分布：
20pt
整列：

[整列パネル]内の数値を
入力する欄に数値を入力して

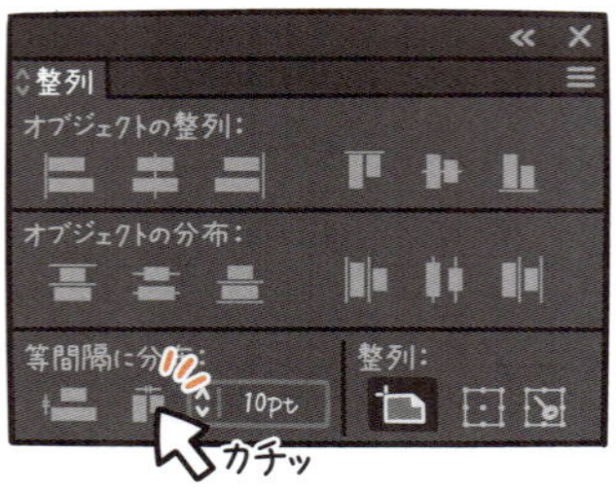
整列
オブジェクトの整列：
オブジェクトの分布：
等間隔に分布：
10pt
整列：
カチッ

[垂直/水平方向等間隔に
分布]のどちらかのアイコンをクリックすると

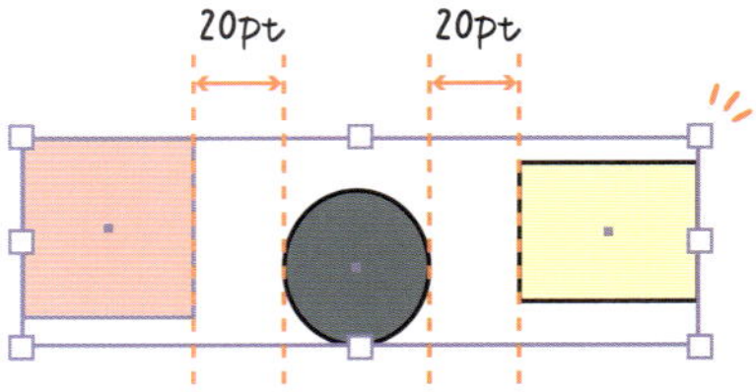
20pt
20pt

入力した数値の間隔で
オブジェクトが配置される

「このオブジェクトを基準に整列したい」といったときは、オブジェクトを複数選択したあと、最後に基準にしたいオブジェクトを選択します。

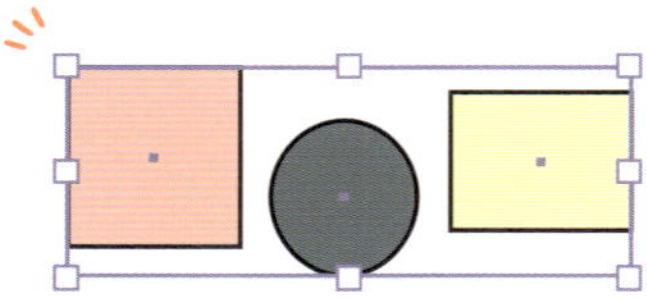

整列したいオブジェクトを
すべて選択したあと

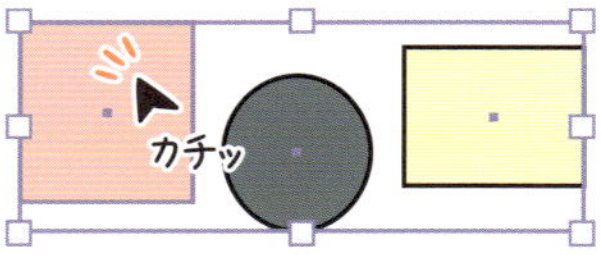
カチッ

基準にしたいオブジェクトを
クリックすることで

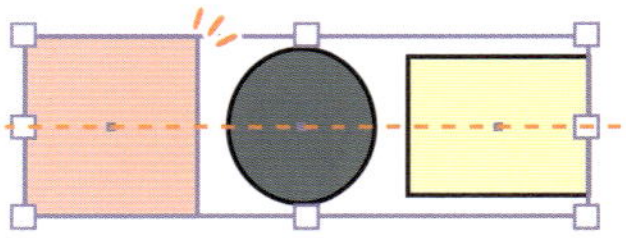

そのオブジェクトを基準に
オブジェクトが配置される

Let's Try!

オブジェクトを整列させてみよう

1 まずは、サンプルファイル「3-7-2.ai」を開きましょう。サンプルファイルを開くと、複数のオブジェクトが重なって配置されているのがわかります。次に、画面上部[メニューバー]にある[ウィンドウ]から[整列]を選びます。

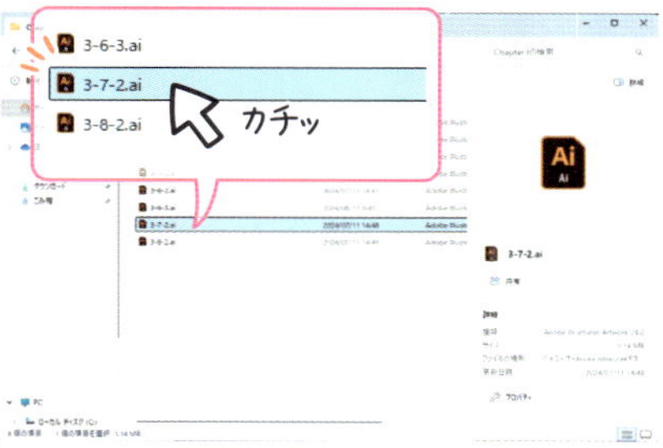
3-6-3.ai
3-7-2.ai
3-8-2.ai
カチッ

❶サンプルファイル「3-7-2.ai」を開くと

❷複数のオブジェクトが重なって配置されている

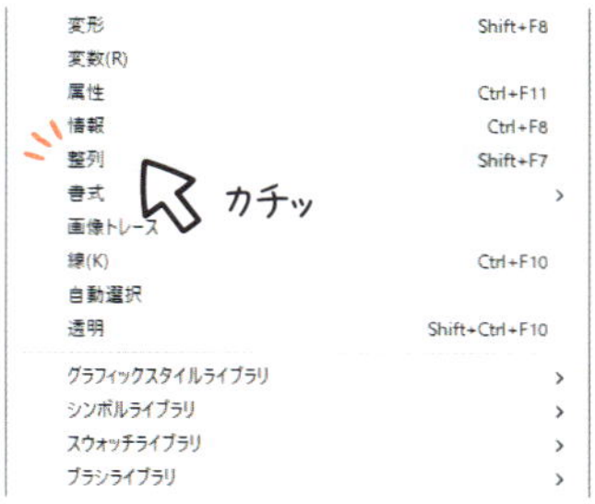
変形 Shift+F8
変数(R)
属性 Ctrl+F11
情報 Ctrl+F8
整列 Shift+F7
書式
画像トレース
線(K) Ctrl+F10
自動選択
透明 Shift+Ctrl+F10
グラフィックスタイルライブラリ
シンボルライブラリ
スウォッチライブラリ
ブラシライブラリ
カチッ

❸[メニューバー]にある[ウィンドウ]から[整列]を選ぶ

2 [整列パネル]を表示させたら、整列させたいオブジェクトを[選択ツール]で選択し、[整列パネル]を使ってオブジェクトを整列していきます。[オブジェクトの整列]内にある[水平方向左に整列]のアイコンをクリックして、オブジェクトを整列してみます。

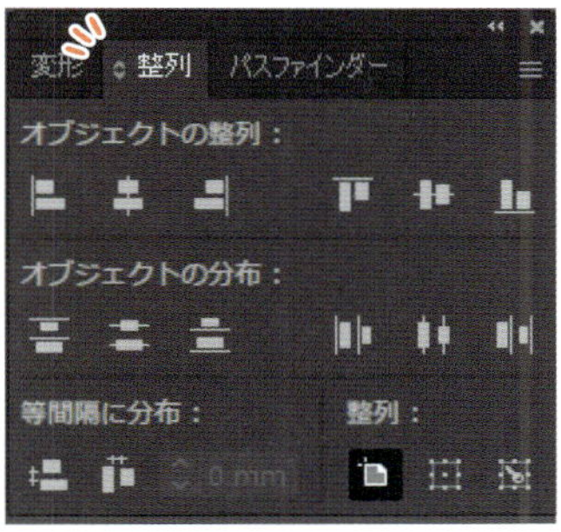
変形
整列
パスファインダー
オブジェクトの整列：
オブジェクトの分布：
等間隔に分布：
整列：

❶[整列パネル]が表示させたあと

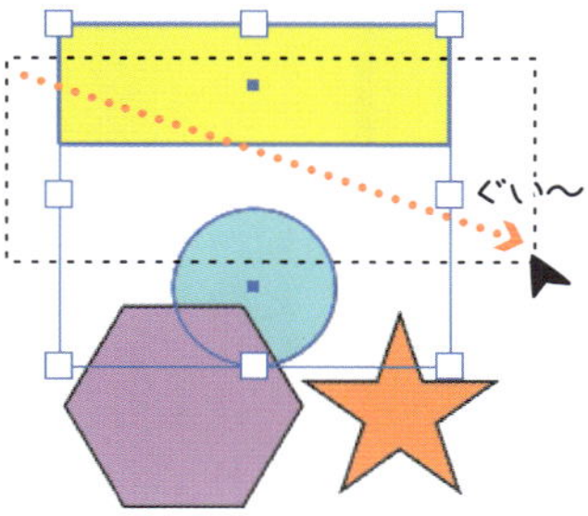
ぐい〜

❷[選択ツール]で整列させたいオブジェクトを選択し

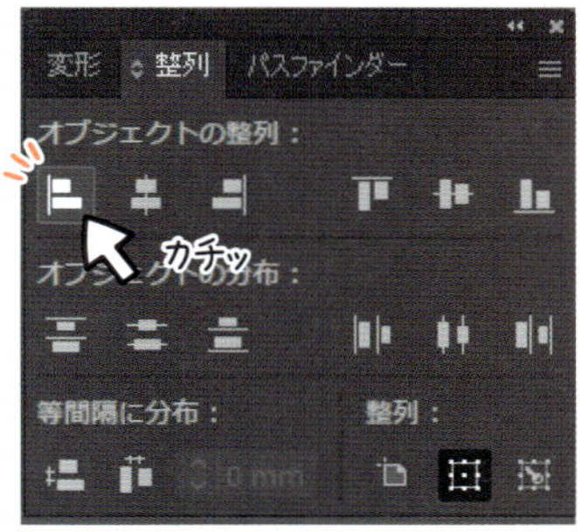
変形
整列
パスファインダー
オブジェクトの整列：
カチッ
等間隔に分布：
整列：

❸[整列パネル]から[水平方向左に整列]をクリックすると

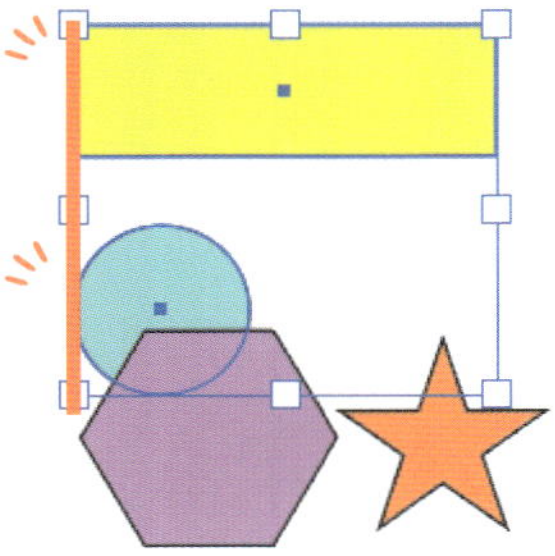

❹オブジェクトが左揃えで整列される

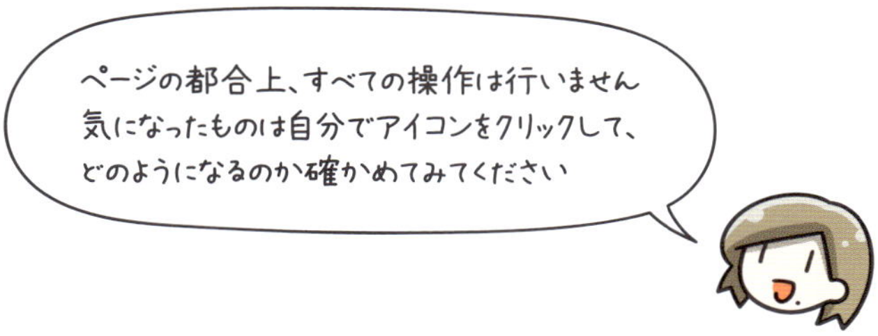
ページの都合上、すべての操作は行いません
気になったものは自分でアイコンをクリックして、
どのようになるのか確かめてみてください

3 次に[オブジェクトの分布]内にある[水平方向左に分布]のアイコンをクリックして、オブジェクトを整列してみましょう。

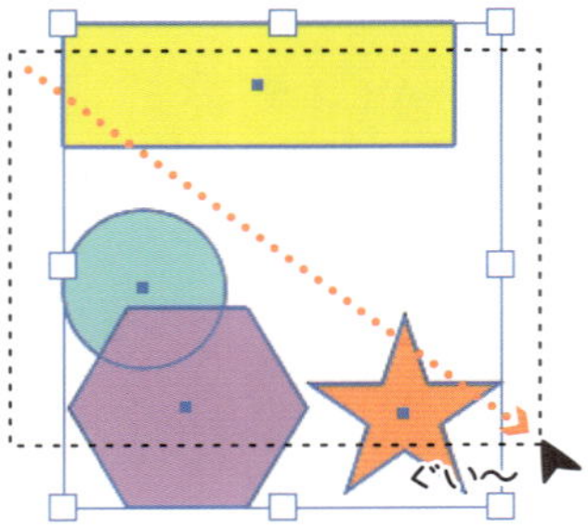
ぐい〜

❶オブジェクトを選択し

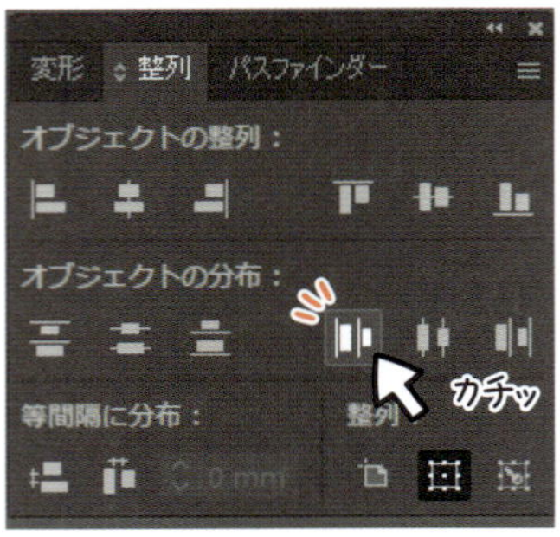
変形
整列
パスファインダー
オブジェクトの整列：
オブジェクトの分布：
等間隔に分布：
整列：
カチッ

❷[整列パネル]から[水平方向左に分布]をクリックすると

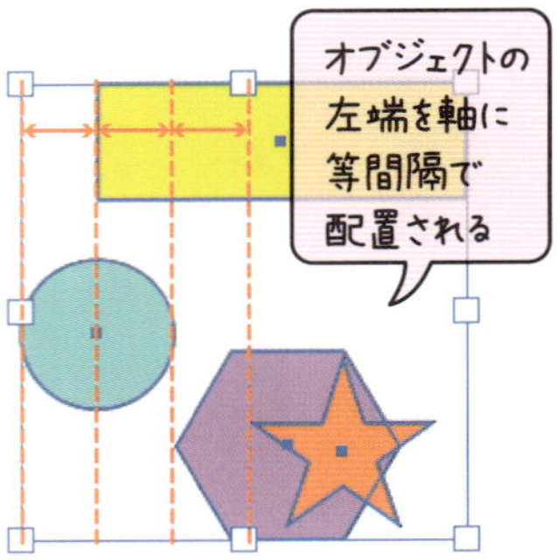
オブジェクトの
左端を軸に
等間隔で
配置される

❸オブジェクトの左端を基準にオブジェクトが配置される

4 [等間隔に分布]では、各オブジェクトの余白に対して、等間隔に分布されます。ここでは、[垂直方向等間隔に分布]のアイコンをクリックして整列してみます。

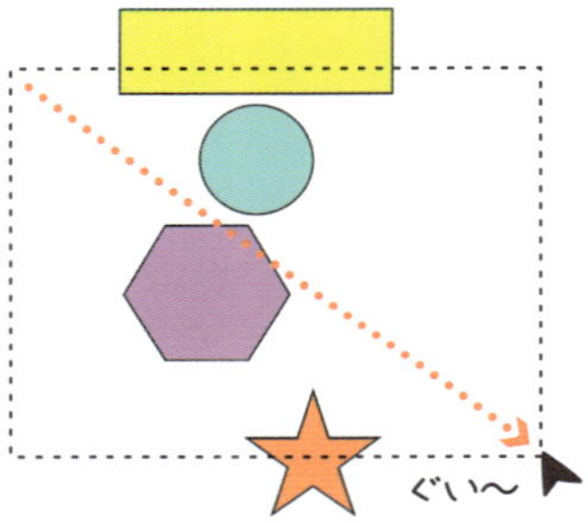
ぐい〜

❶オブジェクトを選択し

※オブジェクトが重なっていると
うまくいかない場合があるので、
重なっていない状態で行っています

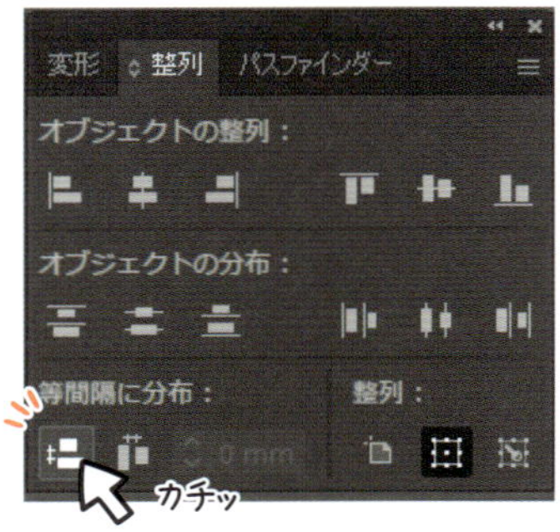
変形
整列
パスファインダー
オブジェクトの整列：
オブジェクトの分布：
等間隔に分布：
整列：
カチッ

❷[整列パネル]から[垂直方向等間隔に分布]をクリックすると

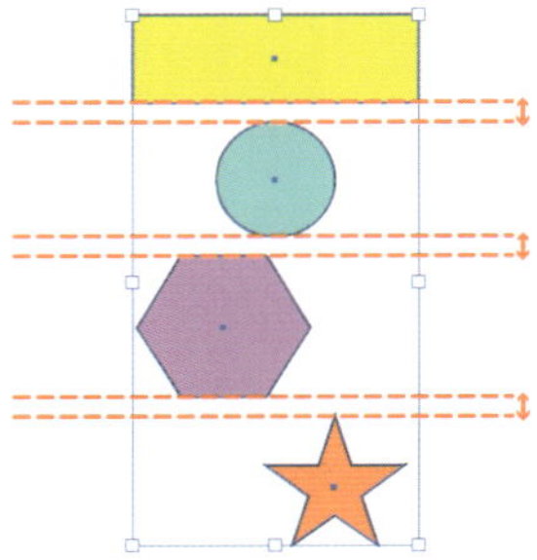

❸オブジェクトの空白が等間隔になるよう配置される

5 またどの操作でも、整列したいオブジェクトを選択したあと、基準としたいオブジェクトを最後にもう一度クリックすることで、そのオブジェクトを基準に整列することができます。

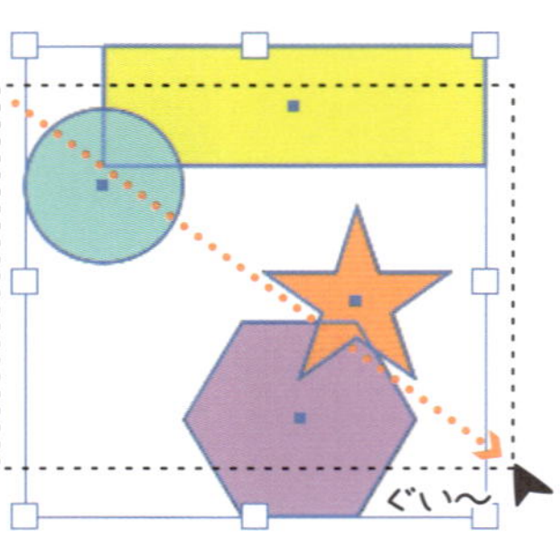
ぐい〜

❶オブジェクトを選択し

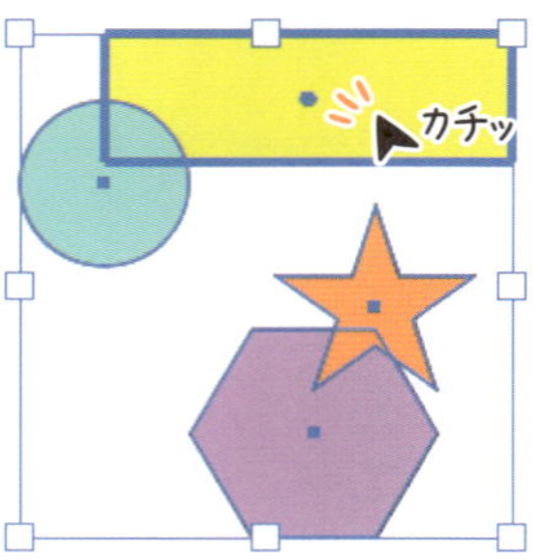
カチッ

❷基準としたいオブジェクトを最後にもう一度クリックすると

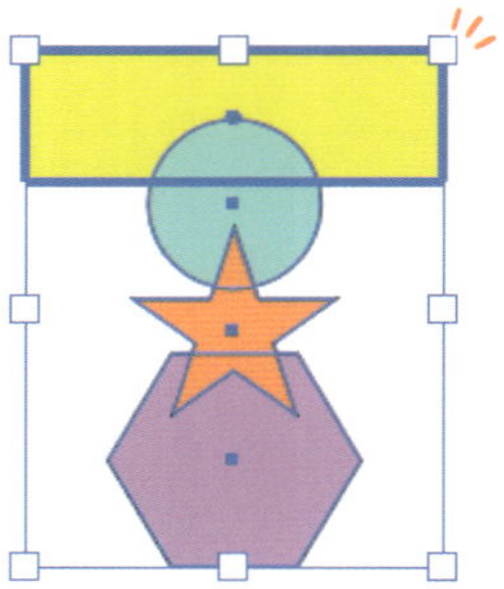

❸そのオブジェクトを基準に整列することができる

Chapter 3…8 パスファインダー

Illustratorでは、パスファインダーという機能があります。この機能を使うことで、より複雑なオブジェクトを描くことができます。

Study

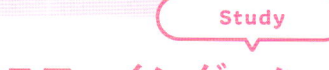

パスファインダーについて知ろう

パスファインダーでは、重なったオブジェクトに対して合成したり分割したりといった操作を行うことができます。

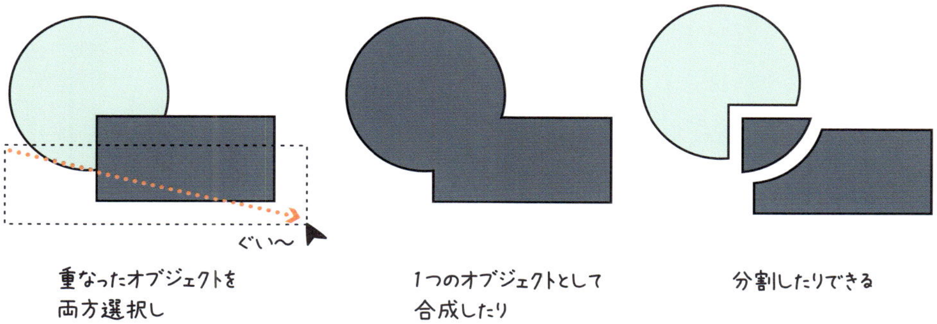

ぐい〜
重なったオブジェクトを両方選択し
1つのオブジェクトとして合成したり
分割したりできる

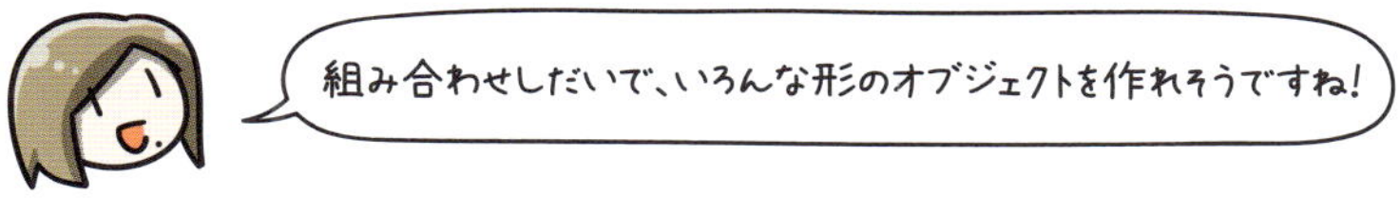

組み合わせしだいで、いろんな形のオブジェクトを作れそうですね！

パスファインダーで操作を行うには、[パスファインダーパネル]を表示させます。画面上部[メニューバー]にある[ウィンドウ]から[パスファインダー]を選択しましょう。

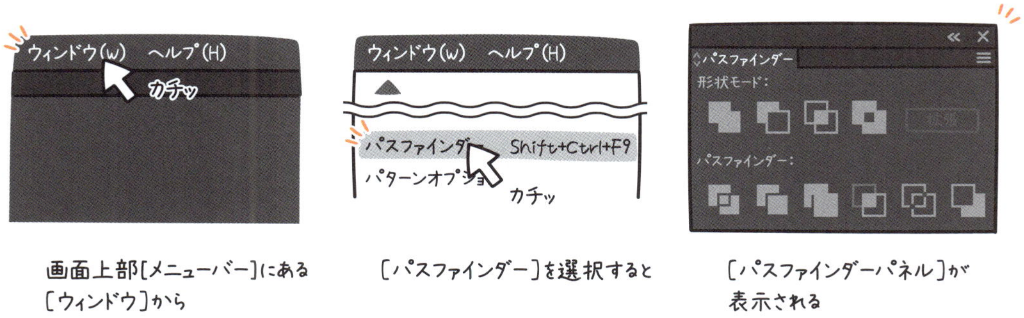

ウィンドウ(W)
ヘルプ(H)
カチッ
パスファインダー
Shift+Ctrl+F9
パターンオプション
カチッ
パスファインダー
形状モード：
拡張
パスファインダー：
画面上部[メニューバー]にある[ウィンドウ]から
[パスファインダー]を選択すると
[パスファインダーパネル]が表示される

各アイコンのそれぞれの操作結果は以下のとおりになります。

形状モード内のアイコン

合体

アイコン

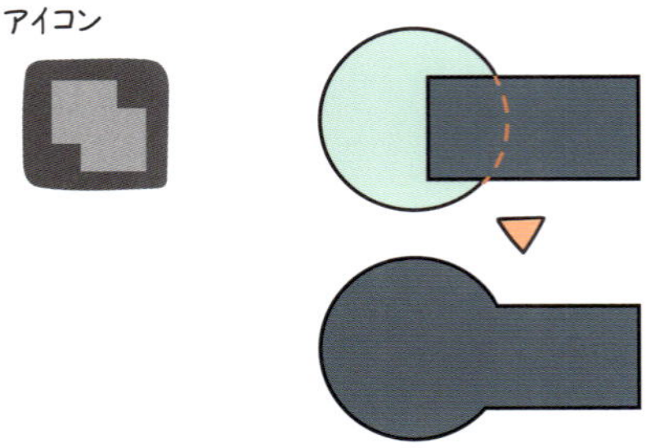

一番左のアイコン。選択したオブジェクトを一つのオブジェクトに合体する。最前面のオブジェクトの塗りと線が適用される。

前面オブジェクトで型抜き

アイコン

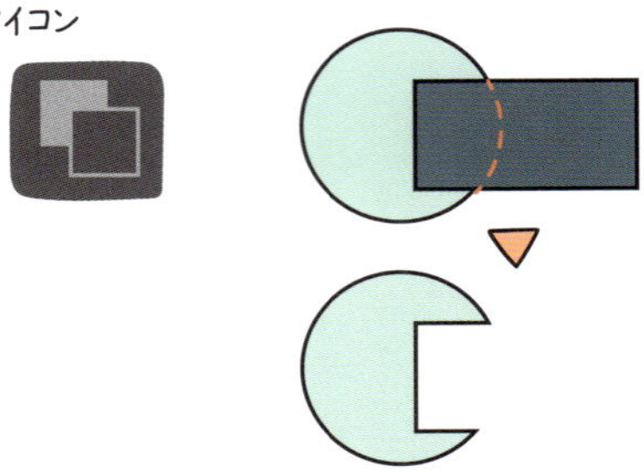

左から二番目のアイコン。前面にあるオブジェクトで背面のオブジェクトが型抜きされる。最背面のオブジェクトの塗りと線が適用される。

交差

アイコン

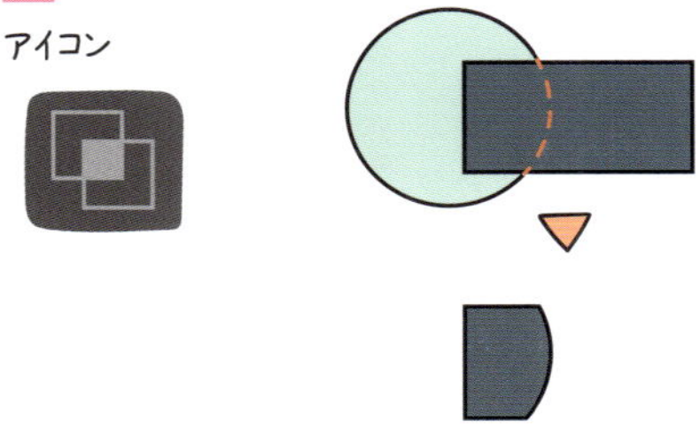

右から二番目のアイコン。重なった部分のみ残す。最前面のオブジェクトの塗りと線が適用される。

中マド

アイコン

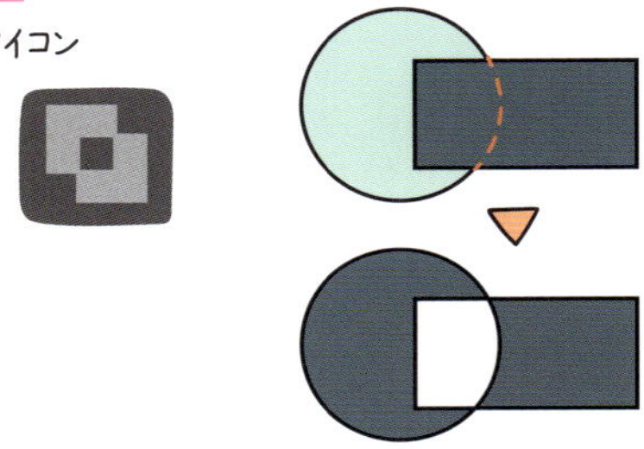

一番右のアイコン。重なった部分を切り抜く。最背面の塗りと線が適用される。

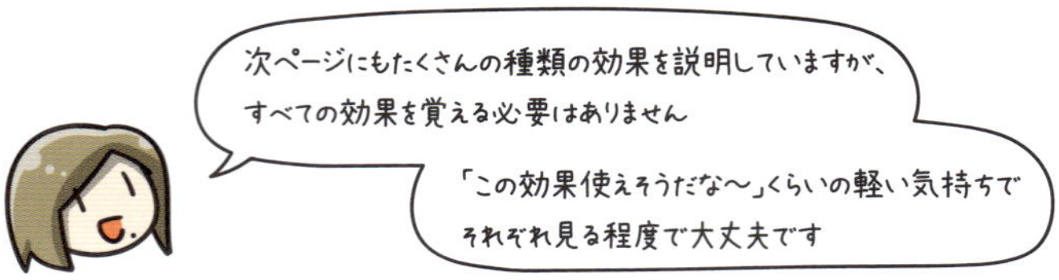
次ページにもたくさんの種類の効果を説明していますが、
すべての効果を覚える必要はありません
「この効果使えそうだな〜」くらいの軽い気持ちで
それぞれ見る程度で大丈夫です

パスファインダー内のアイコン

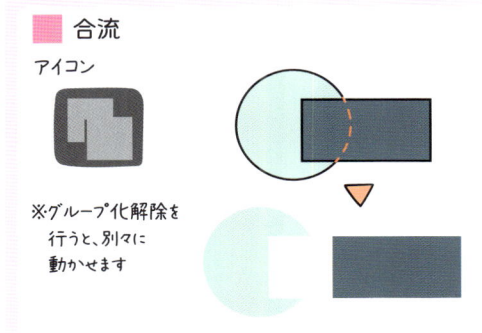

分割

アイコン

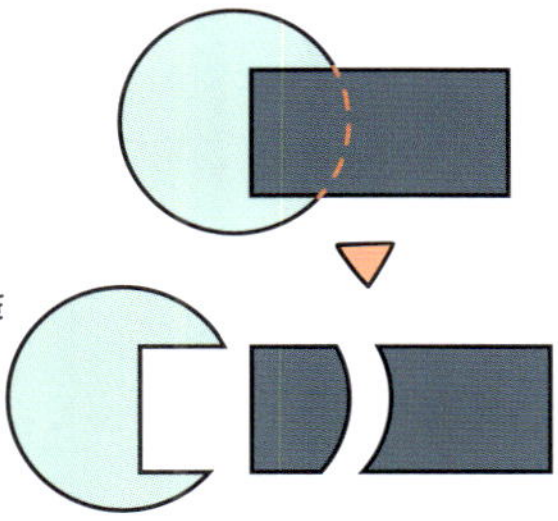

※グループ化解除を行うと、別々に動かせます

一番左のアイコン。重なった部分でオブジェクトを分割する。それぞれの塗りと線は保たれる。

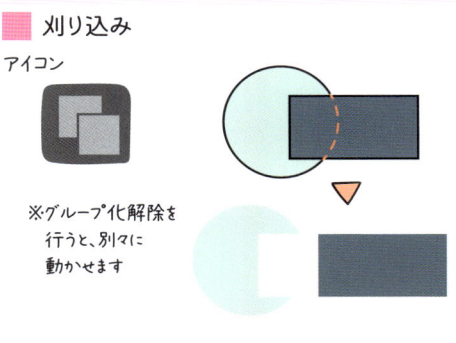

刈り込み

アイコン

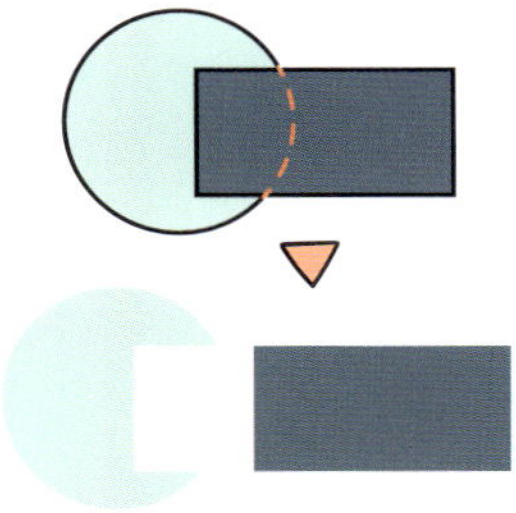

※グループ化解除を行うと、別々に動かせます

左から二番目のアイコン。オブジェクトが重なって隠れた部分を削除する。それぞれの塗りが保たれ、線はなくなる。

合流

アイコン

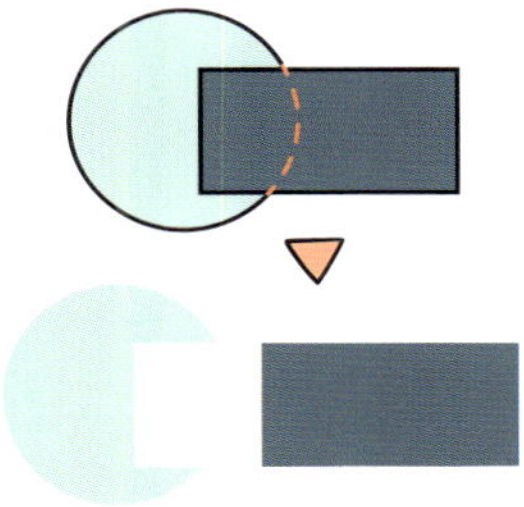

※グループ化解除を行うと、別々に動かせます

左から三番目のアイコン。オブジェクトが重なって隠れた部分を削除する。同じ色のオブジェクトは合成される。それぞれの塗りが保たれ、線はなくなる。

切り抜き

アイコン

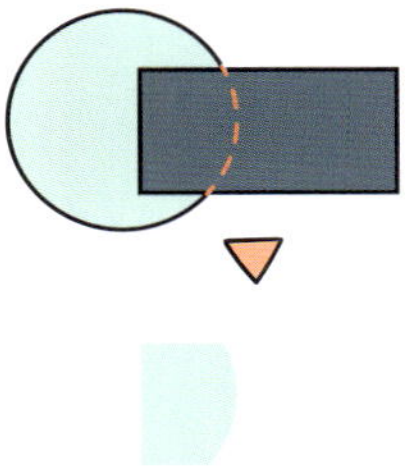

右から三番目のアイコン。最前面のオブジェクトはパスのみ残り、最前面に重なっている部分以外を削除する。残った部分の塗りと線は保たれる。

アウトライン

アイコン

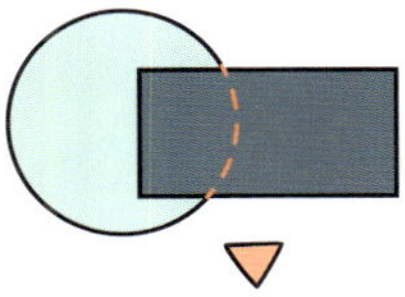

右から二番目のアイコン。選択したオブジェクトをアウトラインにする。

背面オブジェクトで型抜き

アイコン

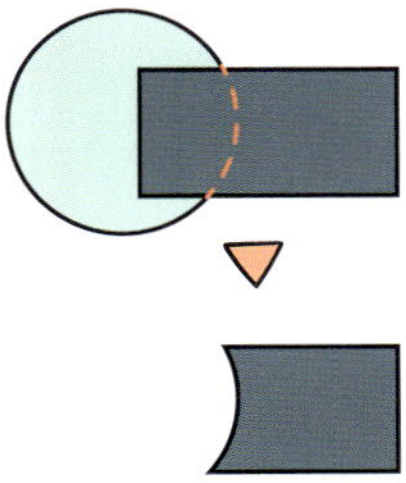

一番右のアイコン。最前面にあるオブジェクトが背面にあるオブジェクトで切り抜かれる。最前面のオブジェクトの塗りと線が適用される。

Let's Try!

パスファインダーを使ってみよう

1 まずは、サンプルファイル「3-8-2.ai」を開きましょう。サンプルファイルを開くと、複数のオブジェクトが重なって配置されているのがわかります。次に、画面上部［メニューバー］にある［ウィンドウ］から［パスファインダー］を選び、［パスファインダーパネル］を表示させます。

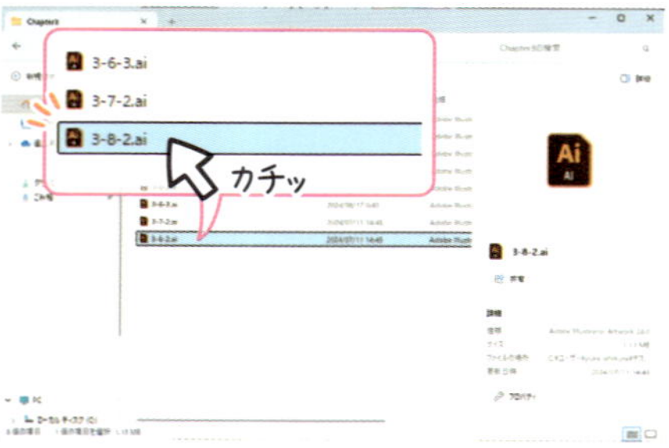

3-6-3.ai
3-7-2.ai
3-8-2.ai
カチッ

❶サンプルファイル「3-8-2.ai」を開くと

❷複数のオブジェクトが重なって配置されている

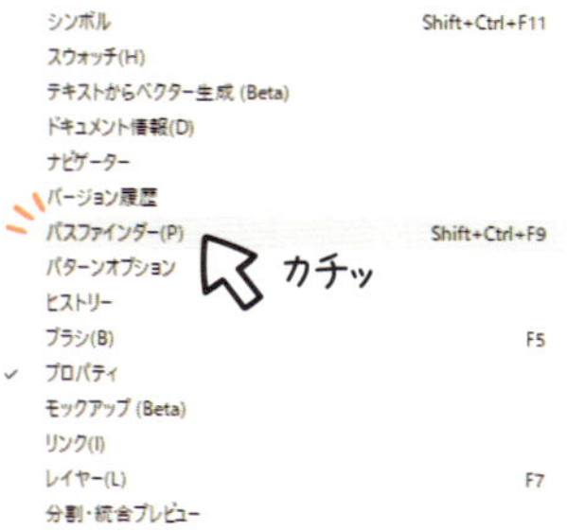

シンボル Shift+Ctrl+F11
スウォッチ(H)
テキストからベクター生成 (Beta)
ドキュメント情報(D)
ナビゲーター
バージョン履歴
パスファインダー(P) Shift+Ctrl+F9
パターンオプション
ヒストリー
ブラシ(B) F5
プロパティ
モックアップ (Beta)
リンク(I)
レイヤー(L) F7
分割・統合プレビュー
カチッ

❸［メニューバー］にある［ウィンドウ］から［パスファインダー］を選ぶ

2 ［パスファインダーパネル］を表示させたら、重なっているオブジェクトを［選択ツール］で選択し、［パスファインダーパネル］の［形状モード］内にある一番左のアイコン［合体］をクリックしてみましょう。すると、オブジェクトが合体されました。色などの設定は、前面に配置されているオブジェクトに統一されます。

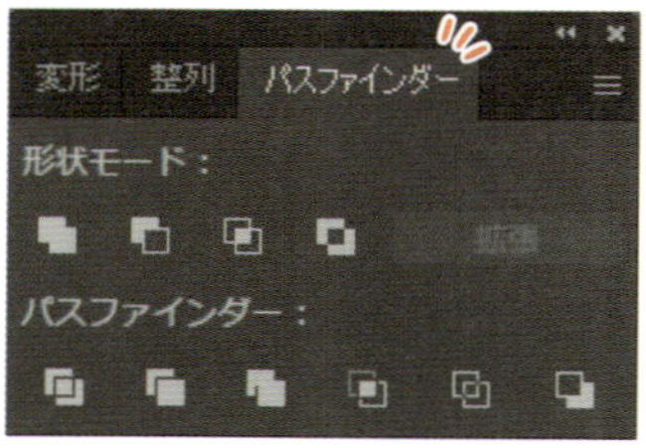

変形
整列
パスファインダー
形状モード：
パスファインダー：

❶［パスファインダーパネル］を表示させたあと

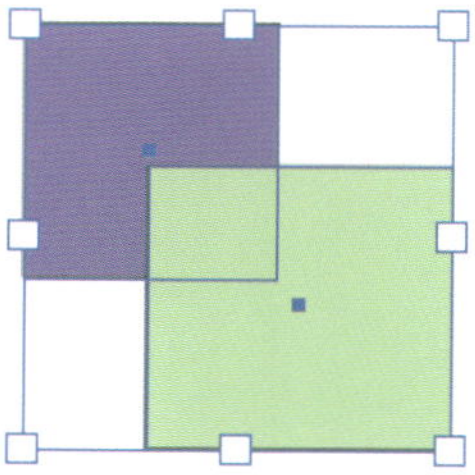

❷［選択ツール］で重なっているオブジェクトを選択し

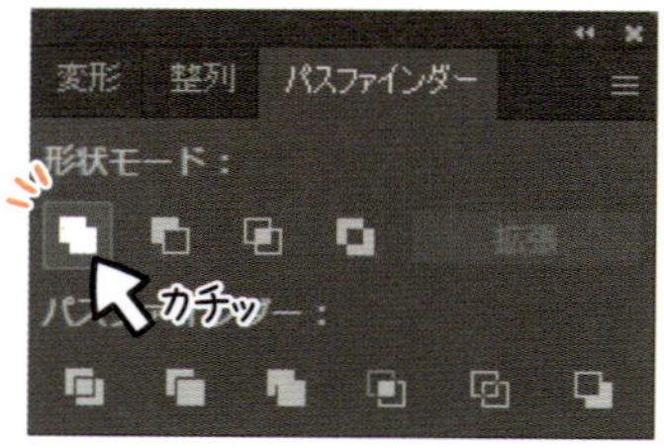

変形
整列
パスファインダー
形状モード：
カチッ

❸［パスファインダーパネル］から［合体］をクリックすると

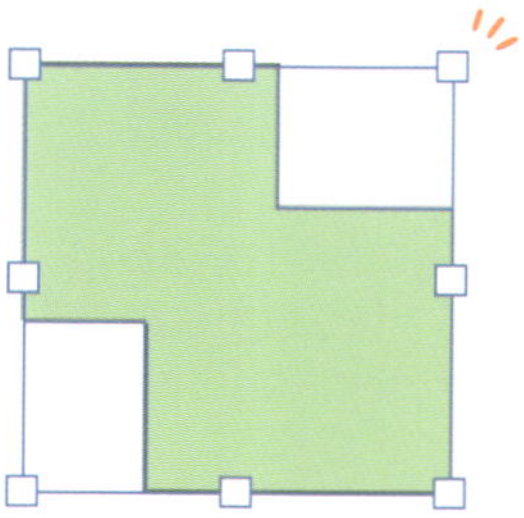

❹オブジェクトが合体され、ひとつのオブジェクトになる

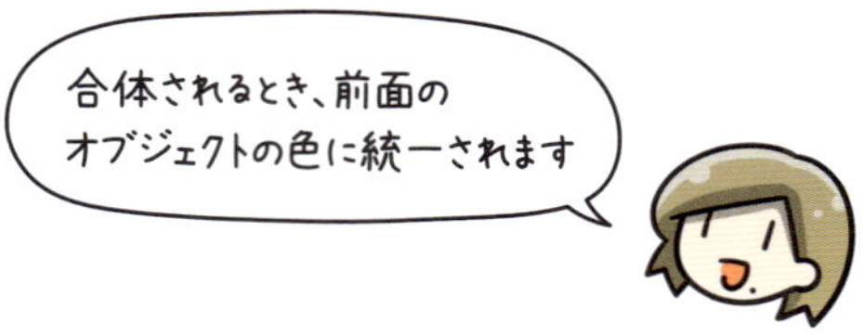

合体されるとき、前面の
オブジェクトの色に統一されます

3 次に、もう一方の重なったオブジェクトを[選択ツール]で選択し、[パスファインダーパネル]の[パスファインダー]内にある一番左のアイコン[分割]をクリックしてみましょう。すると、オブジェクトが分割されたことがわかります。

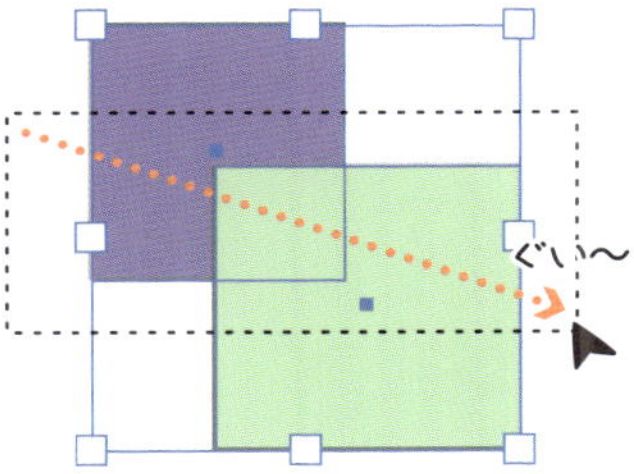
ぐい〜

❶[選択ツール]で重なっているオブジェクトを選択し

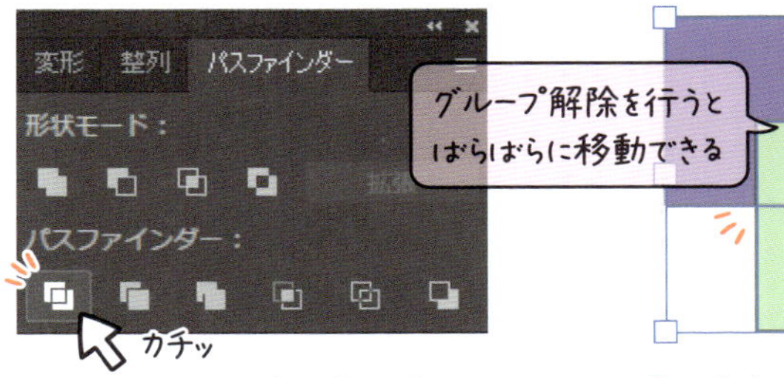
変形
整列
パスファインダー
形状モード：
パスファインダー：
カチッ
グループ解除を行うと
ばらばらに移動できる

❷[パスファインダーパネル]から[分割]をクリックすると

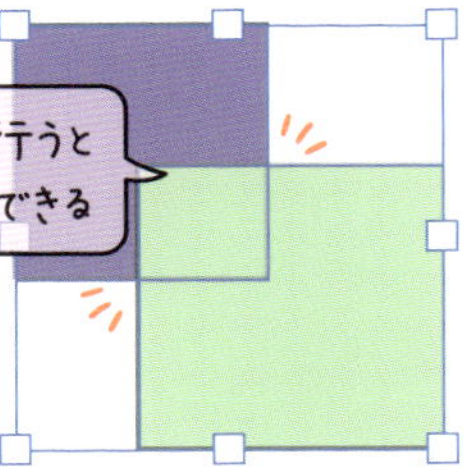

❸オブジェクトが分割される

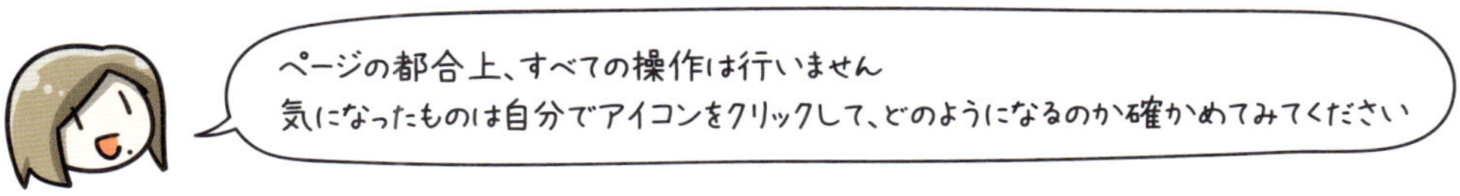
ページの都合上、すべての操作は行いません
気になったものは自分でアイコンをクリックして、どのようになるのか確かめてみてください

4 アイコンをクリックする際、Alt（Option）を押しながらクリックすると、各オブジェクトのパスを保ったまま、合成や分割を行うことができます。そのため、あとから操作を解除したり編集することも可能になります。

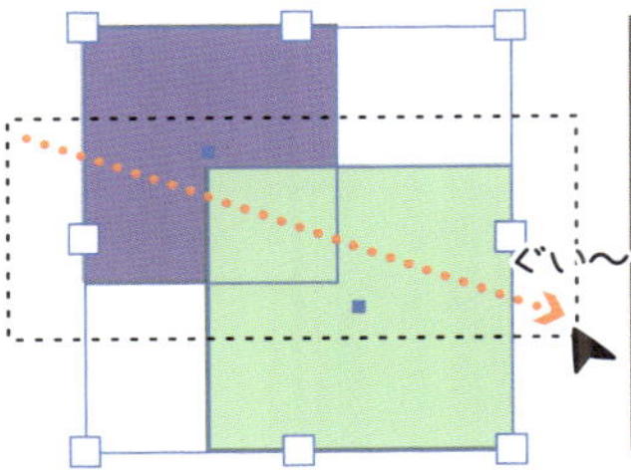
ぐい〜

❶[選択ツール]で重なっているオブジェクトを選択し

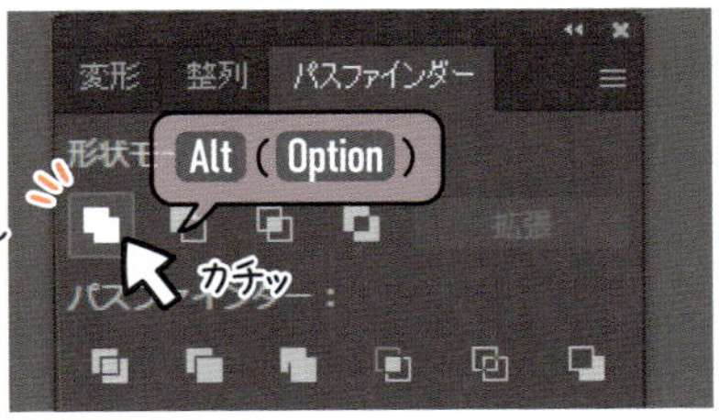
変形
整列
パスファインダー
Alt (Option)
拡張
カチッ

❷パネルから[合体]（ほかのアイコンも同様）をAlt（Option）を押しながらクリックすると

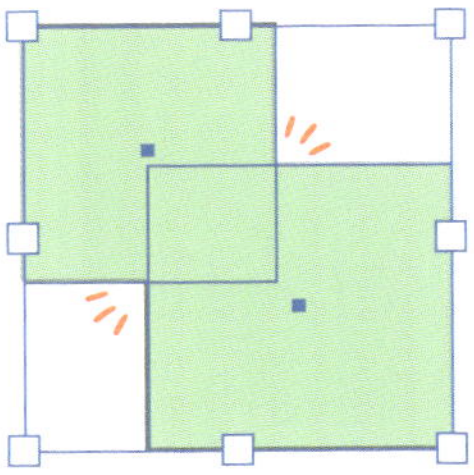

❸元のオブジェクトのパスを保ったまま合体できる

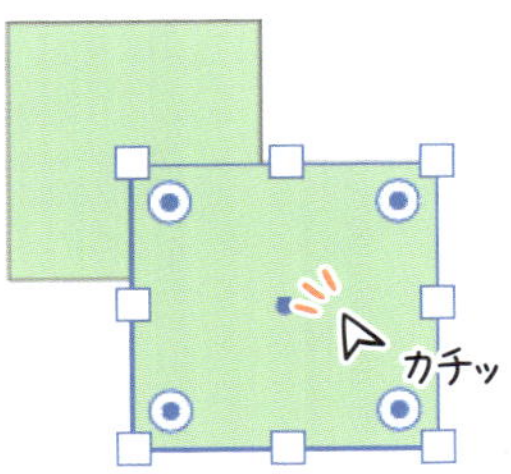
カチッ

❹[ダイレクト選択ツール]で各オブジェクトを編集できたり

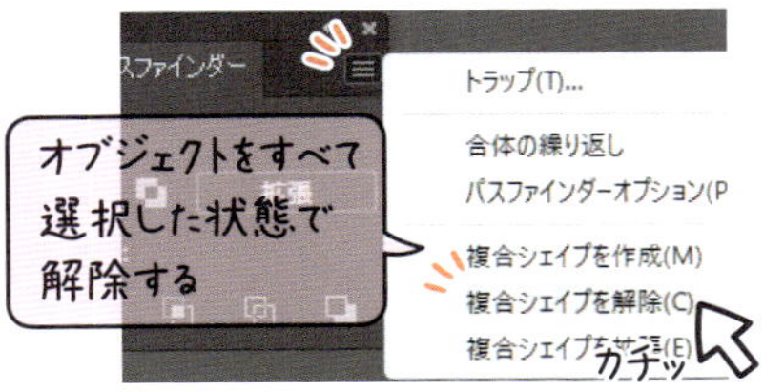
トラップ(T)...
合体の繰り返し
パスファインダーオプション(P
複合シェイプを作成(M)
複合シェイプを解除(C)
カチッ
オブジェクトをすべて
選択した状態で
解除する

❺パネルにある三本線をクリックし[複合シェイプを解除]を押すと

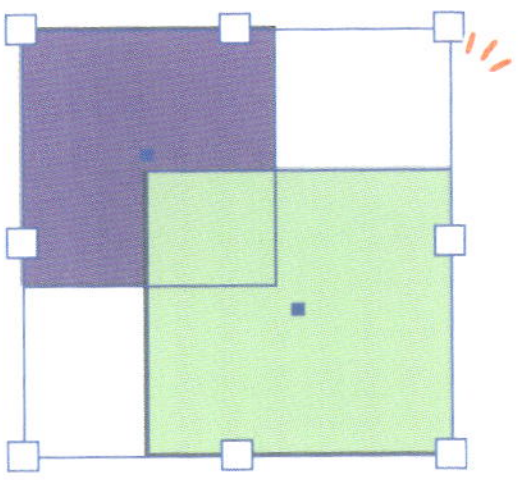

❻元のオブジェクトの形に戻せたりできる

[パスファインダーパネル]内にある[拡張]をクリックすると、
操作を解除したり、各オブジェクトを編集するといったことはできなくなります

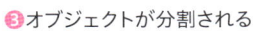

Chapter 3 番外編

名刺を作ってみよう②

この章で学んだことを活かして、名刺を作っていきます。ここでは、ガイドを作成し、ウサギなどのオブジェクトを作っていきます。

ガイドを作成しよう

1 3章で学んだことを踏まえて、ここではガイドの作成と、ウサギなどのオブジェクトの作成を行っていきます。

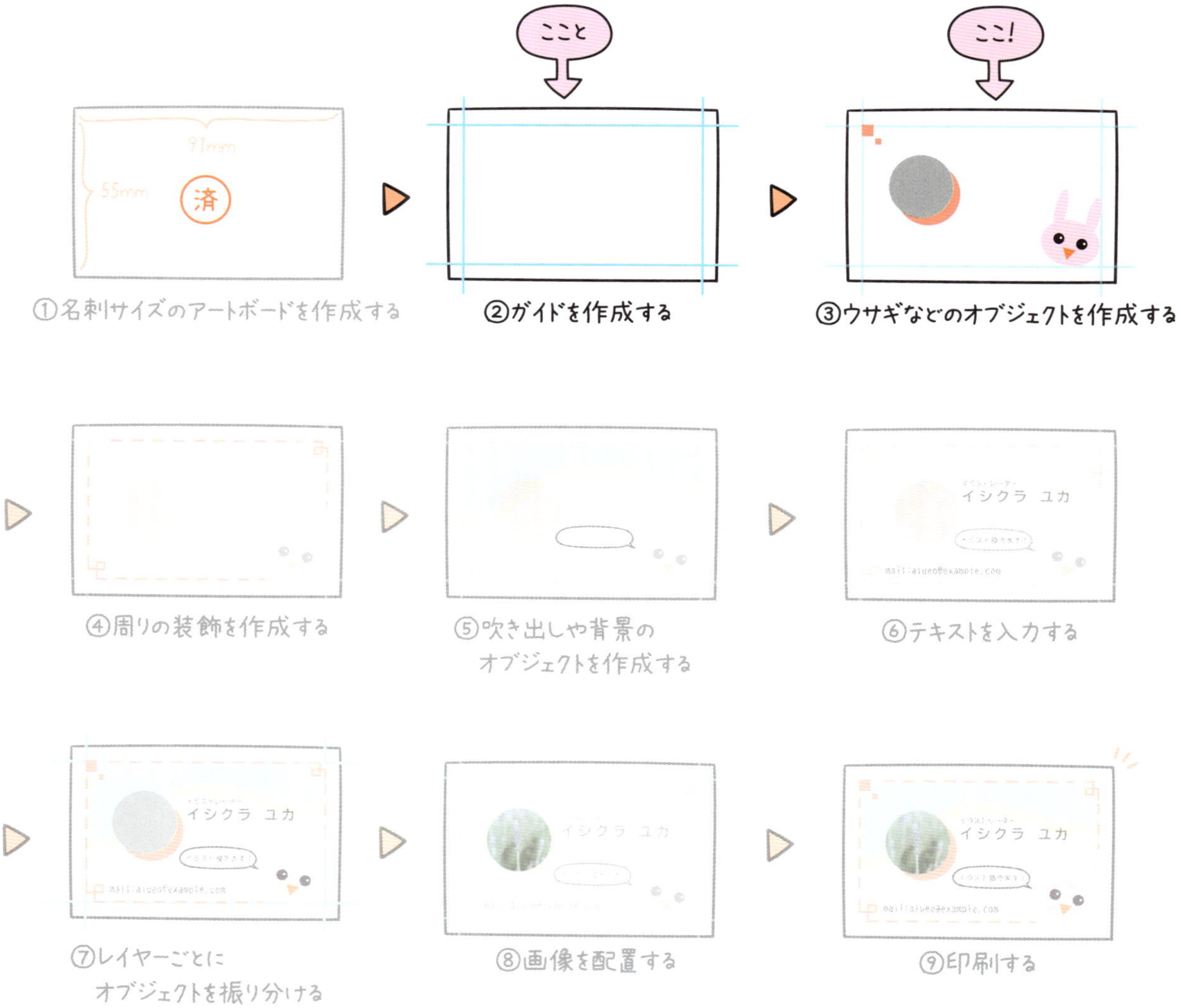

91mm
55mm
済
①名刺サイズのアートボードを作成する
ここと
②ガイドを作成する
ここ!
③ウサギなどのオブジェクトを作成する
④周りの装飾を作成する
⑤吹き出しや背景のオブジェクトを作成する
⑥テキストを入力する
⑦レイヤーごとにオブジェクトを振り分ける
⑧画像を配置する
⑨印刷する

2 2章の番外編で作成したファイルを開いたら、さっそくガイドを作成していきます。今回は、パスからガイドを作成していきます(p.72「ガイド/グリッドの表示させてみよう」参照)。ガイドは、アートボードの内側3mmになるよう作成します。

❶ファイルを開いたら

カチッ

❷[長方形ツール]を選択し

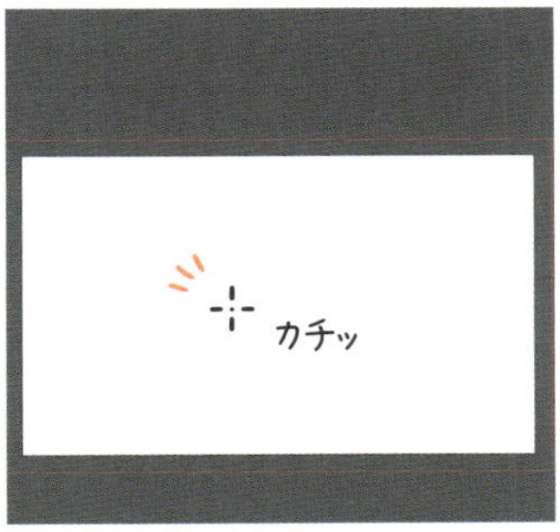
カチッ

❸アートボード上をクリックする

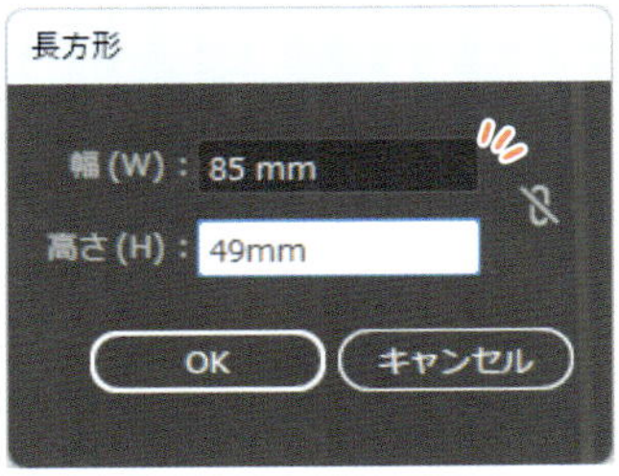
長方形
幅 (W)：85 mm
高さ (H)：49mm
OK
キャンセル

❹表示されたウィンドウから[幅]85mm、[高さ]49mmを入力する

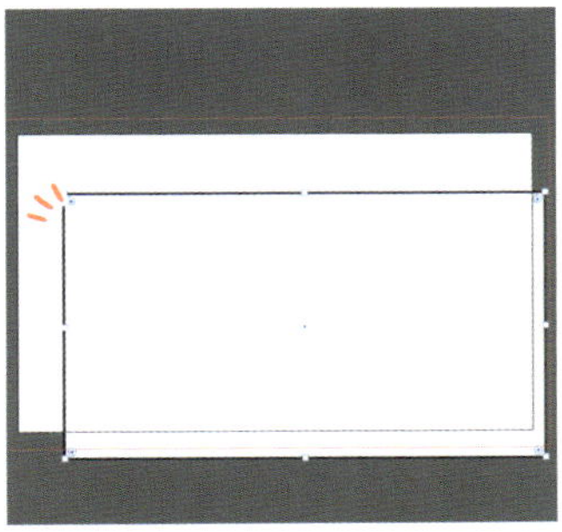

❺[幅]85mm、[高さ]49mmの長方形が作成できたら

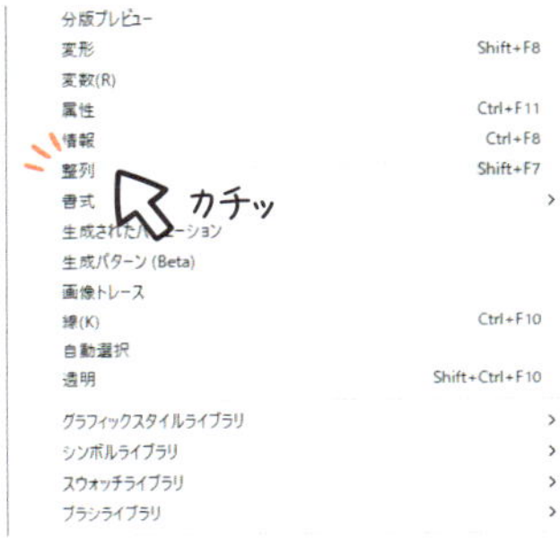
分版プレビュー
変形 Shift+F8
変数(R)
属性 Ctrl+F11
情報 Ctrl+F8
整列 Shift+F7
書式
生成パターン (Beta)
画像トレース
線(K) Ctrl+F10
自動選択
透明 Shift+Ctrl+F10
グラフィックスタイルライブラリ
シンボルライブラリ
スウォッチライブラリ
ブラシライブラリ
カチッ

❻「整列パネル」を表示させ

この数値は、アートボードのサイズから「-6」することで、アートボード内側3mmになるようにしています

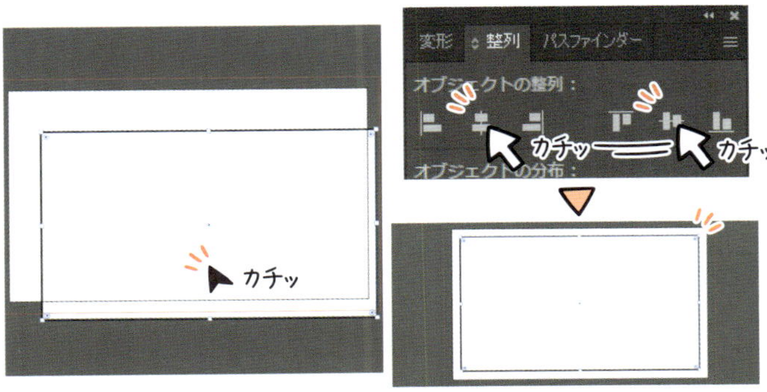
カチッ
変形
整列
パスファインダー
オブジェクトの整列：
オブジェクトの分布：
カチッ
カチッ

❼オブジェクトを選択した状態で、オブジェクトがアートボード中心に来るように整列させる

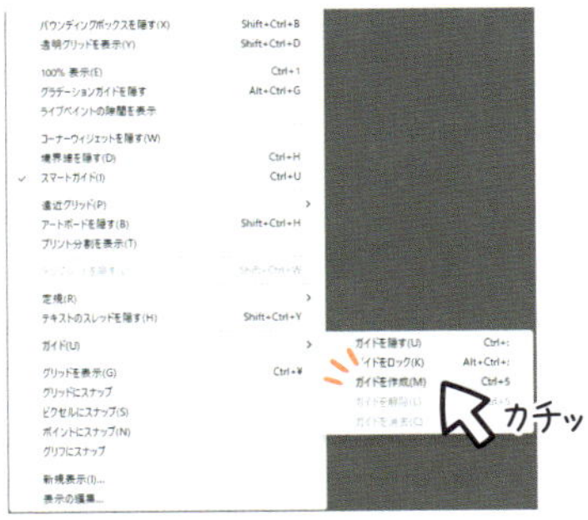
カチッ

❽整列できたら、画面上部[メニューバー]にある[表示]から[ガイド]>[ガイドを作成]を選択する

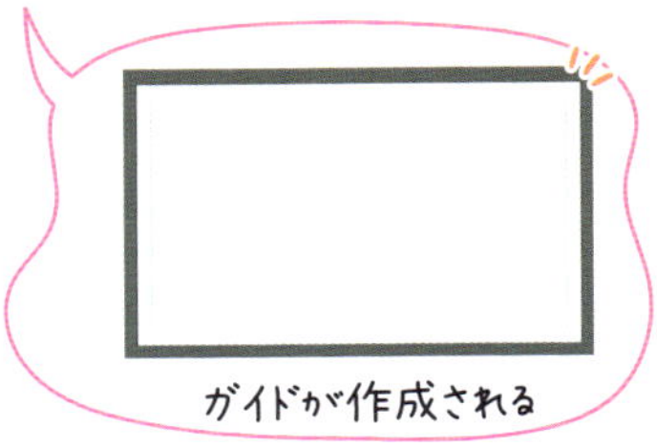
ガイドが作成される

ガイドがロックされていない場合は、画面上部[メニューバー]にある[表示]から[ガイド]>[ガイドをロック]を選択しましょう

オブジェクトを配置しよう

1 ［長方形ツール］などを使って、名刺周りの飾りなどを作っていきます。まずは、［長方形ツール］を選択し、左上ガイドぎりぎりの位置に正方形を2つ描いてみましょう（p.53「オブジェクトを描いてみよう」参照）。

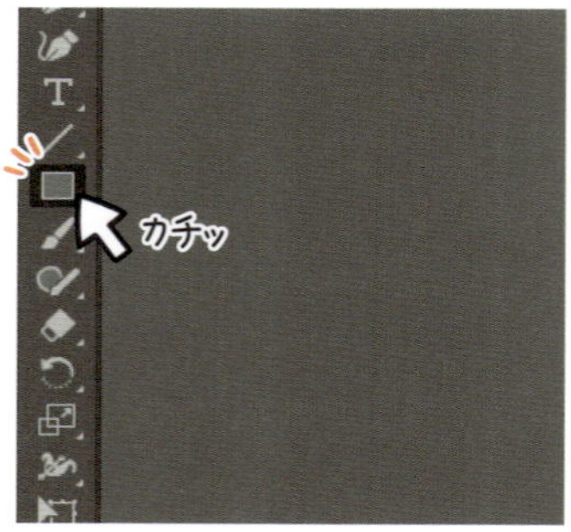
カチッ
❶［長方形ツール］を選択し

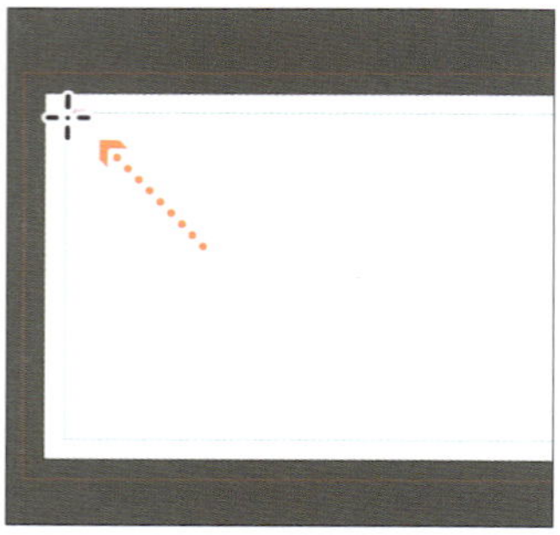
❷名刺左上のガイドぎりぎりの位置にカーソル持っていき

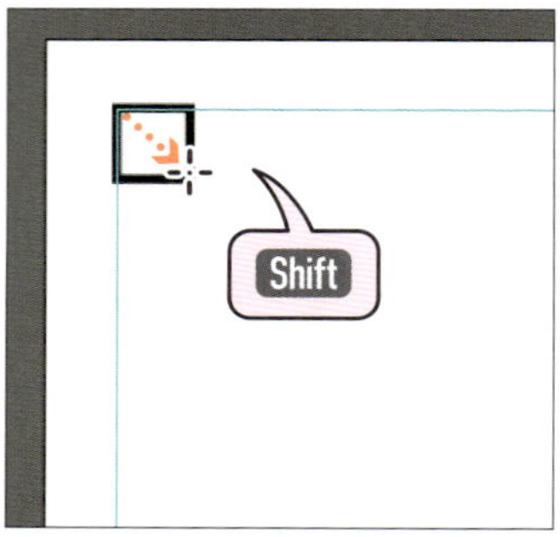
Shift
❸ Shift を押しながらドラッグし正方形を描く

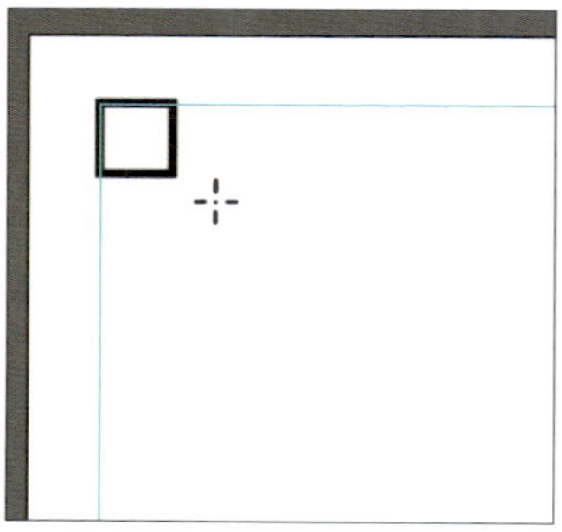
❹その斜め下にも同じように

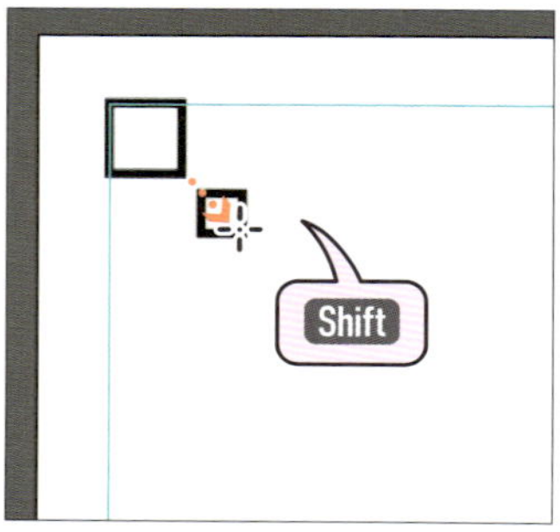
Shift
❺ Shift 押しながらドラッグし小さめの正方形を描く

色の設定はあとから
行っていきます

2 長方形が描けたら、次は［楕円形ツール］を選択して画像を配置する位置に正円を描いていきます。

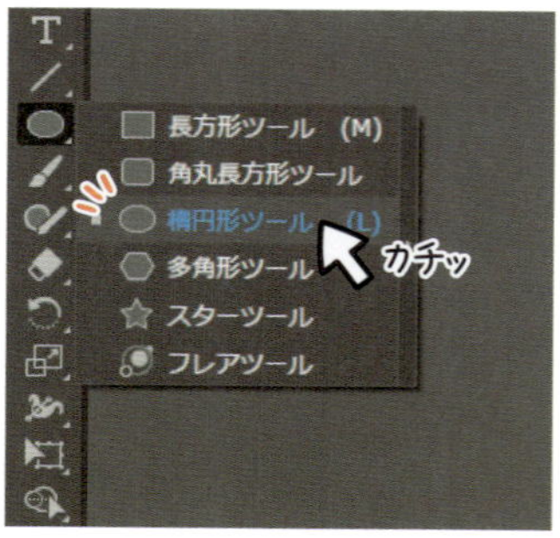
長方形ツール (M)
角丸長方形ツール
楕円形ツール (L)
多角形ツール
スターツール
フレアツール
カチッ
❶［楕円形ツール］を選択し

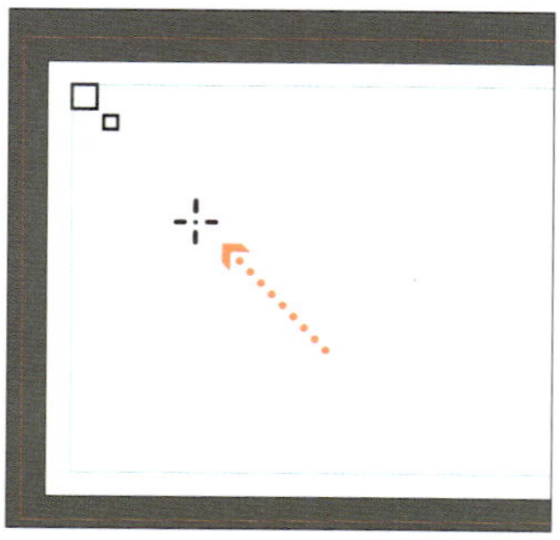
❷画像を配置するあたりにカーソルを持っていき

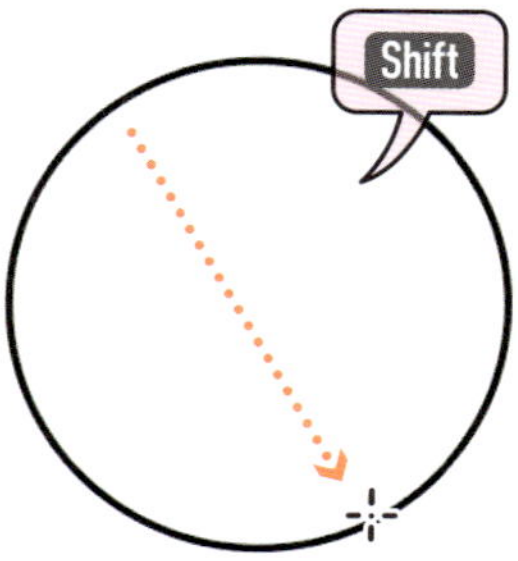
Shift
❸ Shift を押しながらドラッグし正円を描く

3 正円が描けたら[選択ツール]を選択し、今描いた正円をクリックします。選択状態にできたら、Alt(Option)を押しながら右斜め下にドラッグし、コピーしましょう(p.85「オブジェクトをコピーしてみよう」参照)。

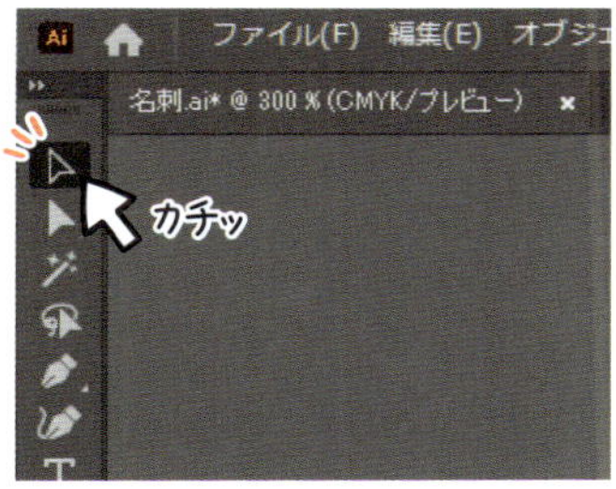
ファイル(F) 編集(E) オブジェ
名刺.ai* @ 300 % (CMYK/プレビュー)
カチッ

❶[選択ツール]を選択し

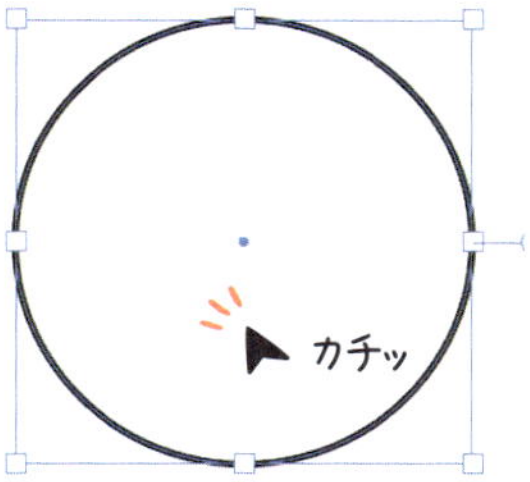
カチッ

❷今描いた正円を選択して

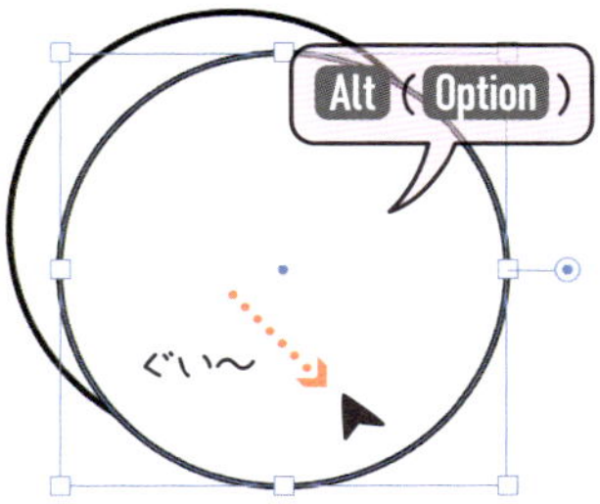
Alt (Option)
ぐい〜

❸Alt(Option)を押しながら右斜め下にドラッグしてコピーする

4 最後に、それぞれのオブジェクトに色を設定します。[選択ツール]で各オブジェクトを選択したあと、[プロパティパネル]もしくは[ツールバー]から色を設定しましょう(p.56「オブジェクトに塗りを設定してみよう」参照)。

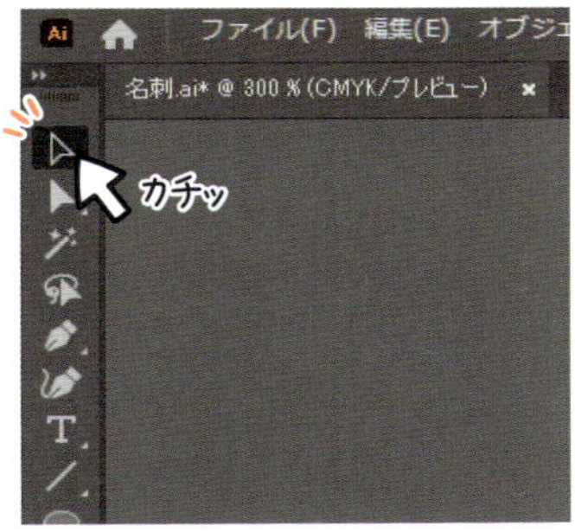
ファイル(F) 編集(E) オブジェ
名刺.ai* @ 300 % (CMYK/プレビュー)
カチッ

❶[選択ツール]を選択し

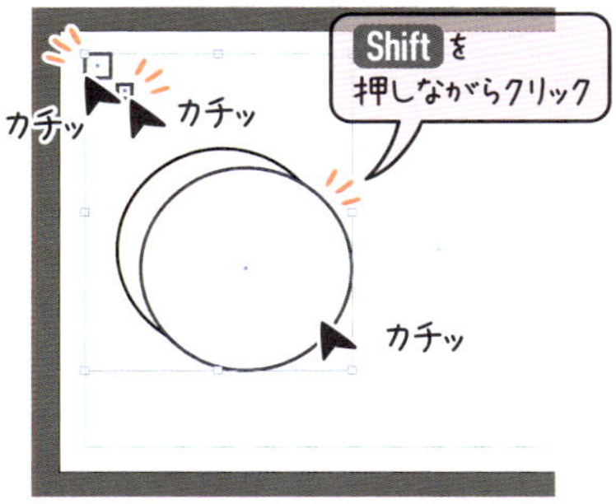
Shiftを押しながらクリック
カチッ
カチッ
カチッ

❷画像を配置するオブジェクト以外を選択し

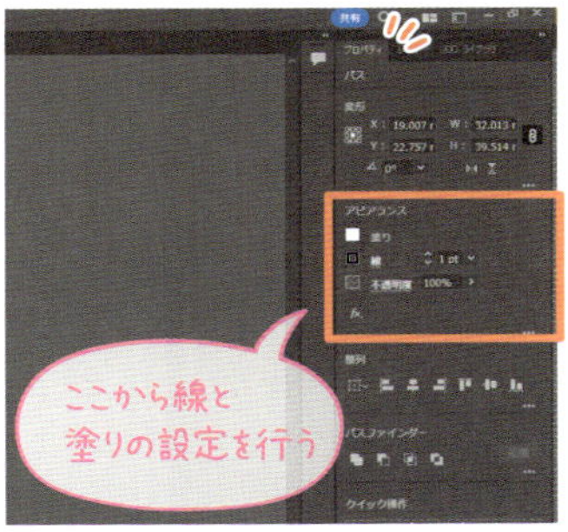
ここから線と塗りの設定を行う

❸[プロパティパネル]から

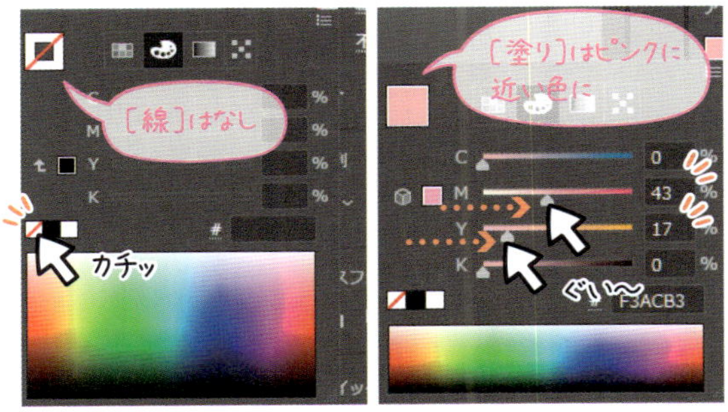
[線]はなし
カチッ
[塗り]はピンクに近い色に
43
17
0
ぐい〜
F3ACB3

❹[線]はなし、[塗り]は[M]の値を「43」に、[Y]の値を「17」に設定し

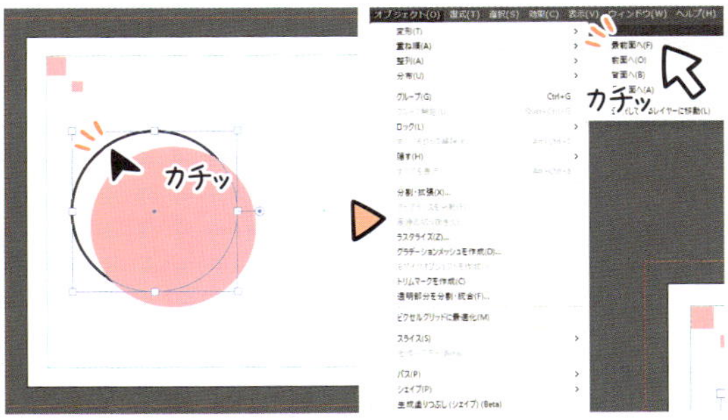
カチッ
カチッ

❺画像を配置するオブジェクトをクリックし、画面上部[オブジェクト]から[重なり順]>[最前面へ]を選択する

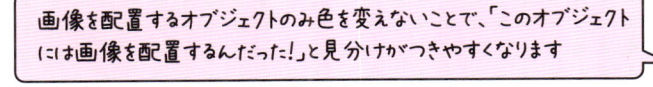

画像を配置するオブジェクトのみ色を変えないことで、「このオブジェクトには画像を配置するんだった!」と見分けがつきやすくなります

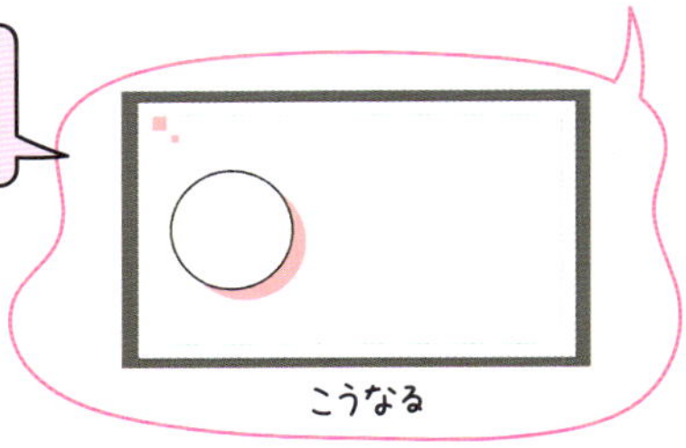
こうなる

それぞれのオブジェクトは好きな色を設定して問題ありません

ウサギを描いてみよう

1 名刺右下に配置するウサギのオブジェクトを描いていきましょう。まずは[楕円形ツール]を選択し、輪郭を描いていきます。輪郭が描けたら耳も同じく[楕円形ツール]で描きます。

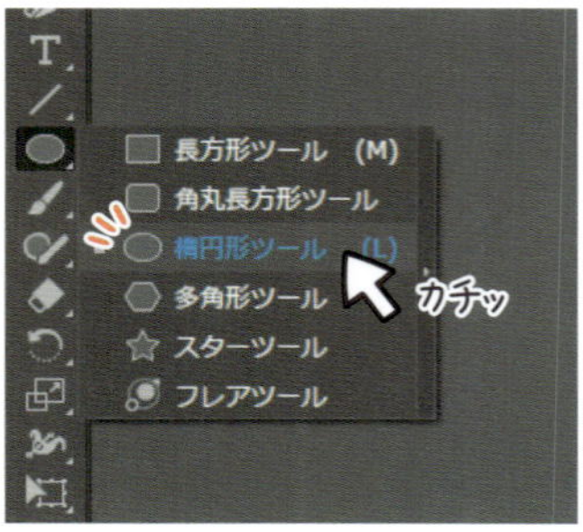
長方形ツール (M)
角丸長方形ツール
楕円形ツール (L)
多角形ツール
スターツール
フレアツール
カチッ

❶[楕円形ツール]を選択し

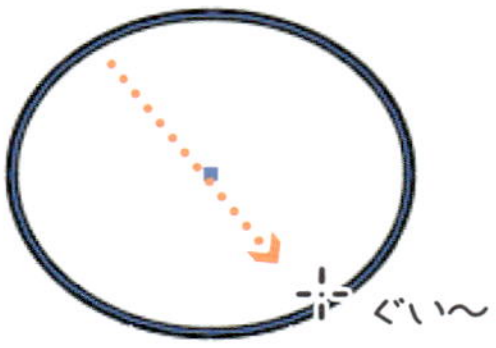
ぐい〜

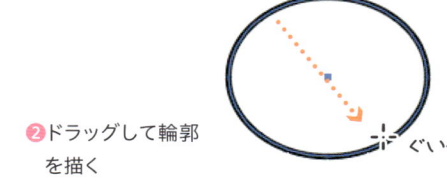

❷ドラッグして輪郭を描く

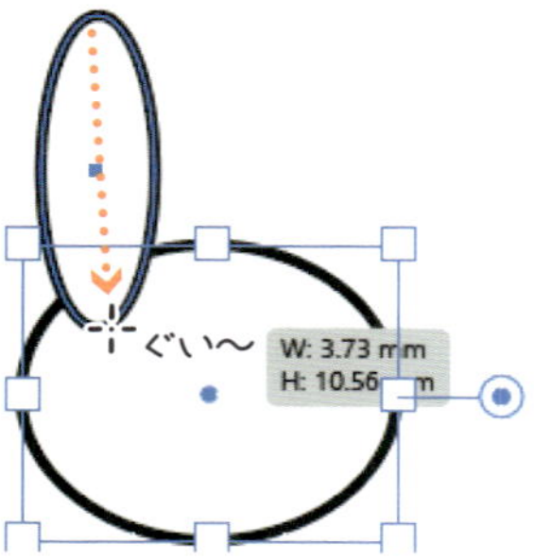
ぐい〜
W: 3.73 mm
H: 10.56

❸輪郭が描けたら、同じくドラッグしてウサギの耳を描いていき

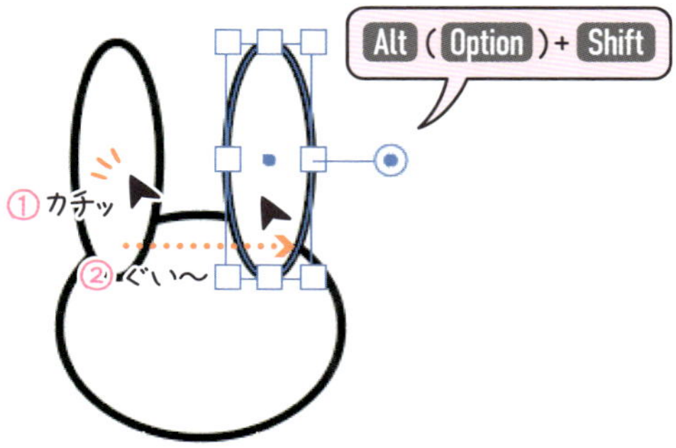
Alt (Option) + Shift
① カチッ
② ぐい〜

❹片側が描けたら、[選択ツール]でオブジェクトを選択して Alt (Option) と Shift を押しながら真横にドラッグし、コピーする

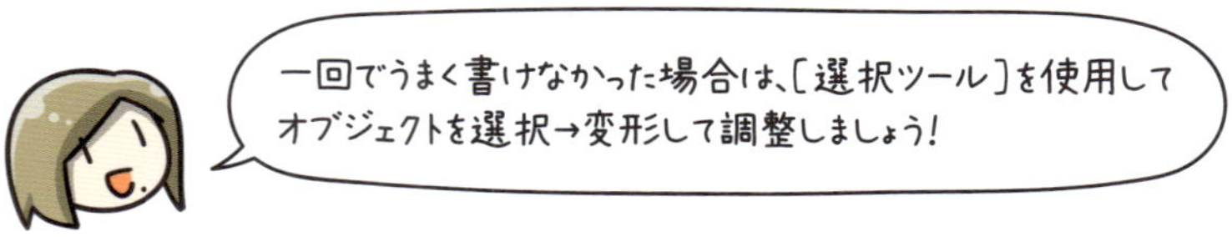
一回でうまく書けなかった場合は、[選択ツール]を使用してオブジェクトを選択→変形して調整しましょう!

2 輪郭と耳が描けたら、次は目を描いていきます。目も同様[楕円形ツール]を使って描きます。

❶[楕円形ツール]を選択したあと目の位置にカーソルを持っていき

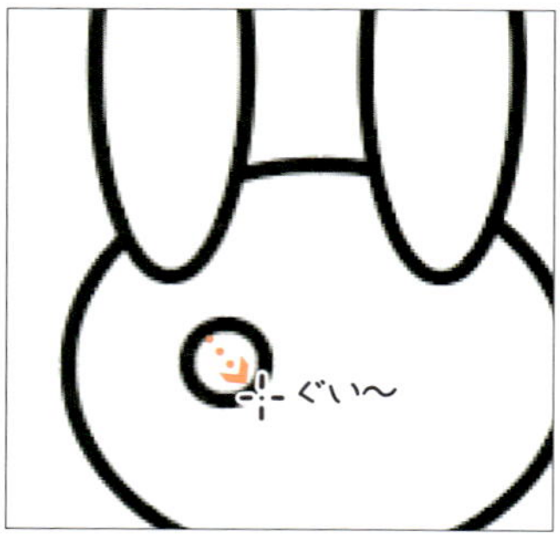
ぐい〜

❷ Shift を押しながらドラッグして正円の目を描く

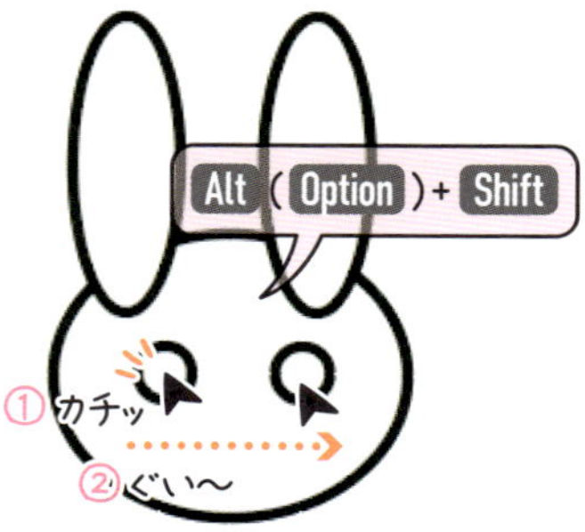
Alt (Option) + Shift
① カチッ
② ぐい〜

❸もう片方の目は Alt (Option) と Shift を押しながら真横にコピーする

3 目の中のハイライトも描いていきましょう。

❶目の中にカーソルを持っていき

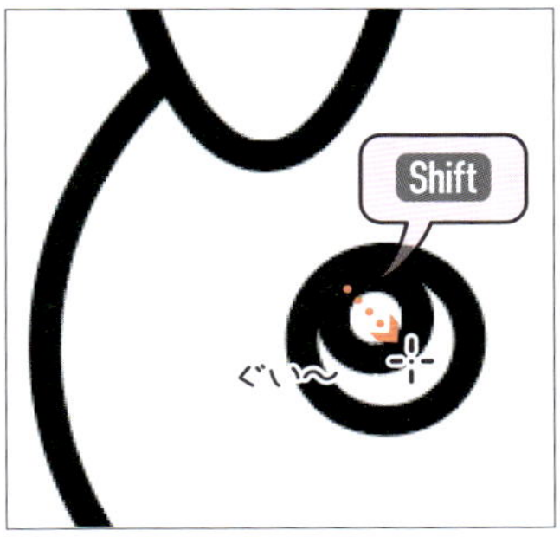
Shift
ぐい〜

❷ Shift を押しながらドラッグして正円の目のハイライトを描く

①カチッ
②ぐい〜

❸もう片方の目は Alt（Option）と Shift を押しながら真横にコピーする

4 目が描けたら、最後に口を描きましょう。[多角形ツール]を選択し、口のサイズになるようドラッグします。ドラッグしたあとは、バウンディングボックスに表示されている矢印を上に動かし、三角形になるよう調整します。

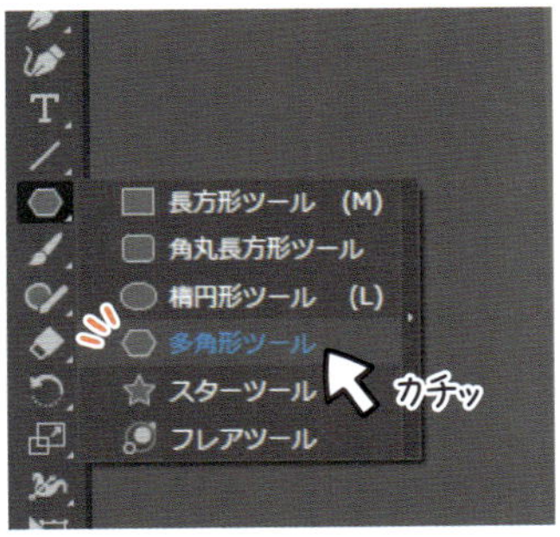
長方形ツール (M)
角丸長方形ツール
楕円形ツール (L)
多角形ツール
スターツール
フレアツール
カチッ

❶[多角形ツール]を選択し

ドラッグしている間にキーボードの ↓ を押すことでも角の数を調整できる

ぐい〜

❷ドラッグして口を描く

カチッ

❸オブジェクトを[選択ツール]で選択し

+/-
ぐい〜
+/-

❹バウンディングボックス横にある矢印を上に動かし、三角形になるよう調整する

↑
見えにくい場合は、画面を拡大してみてください

カチッ

❺再度オブジェクトを[選択ツール]で選択し

❻口の形になるようオブジェクトを回転させる

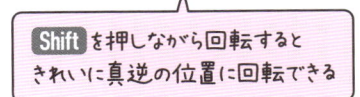

Shift を押しながら回転するときれいに真逆の位置に回転できる

5 すべてのオブジェクトが描けたら、それぞれに色を設定していきます。

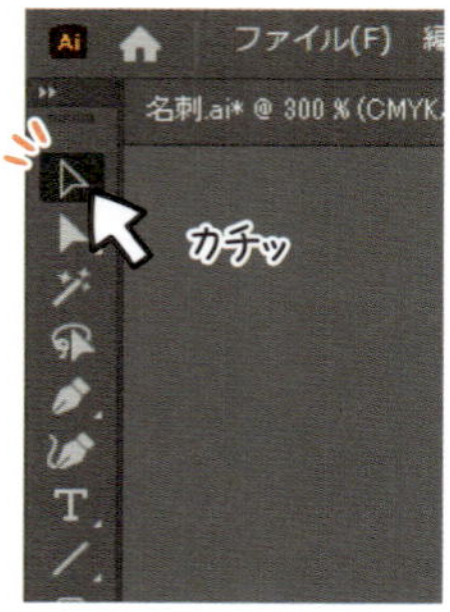
ファイル(F)
名刺.ai* @ 300 % (CMYK
カチッ

❶[選択ツール]を選択し

Shift を
押しながらクリック
カチッ
カチッ
カチッ

❷顔と輪郭を選択して

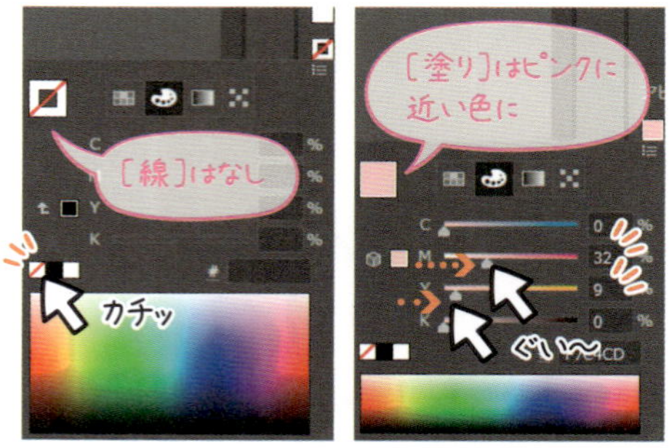
[線]はなし
カチッ
[塗り]はピンクに
近い色に
ぐい〜

❸[線]はなし、[塗り]はピンクに近い色にする

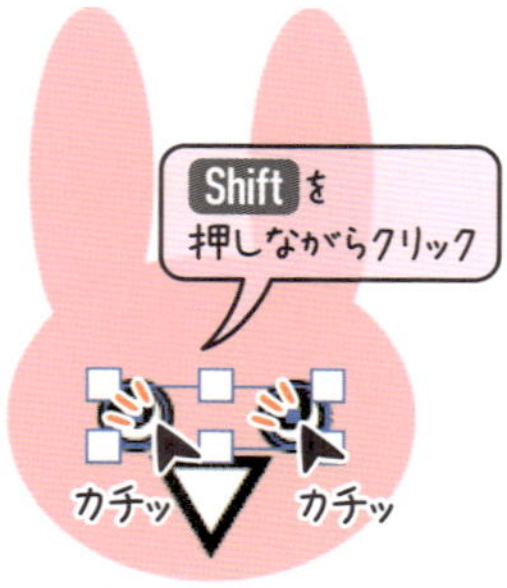
Shift を
押しながらクリック
カチッ
カチッ

❹つぎに両目を選択して

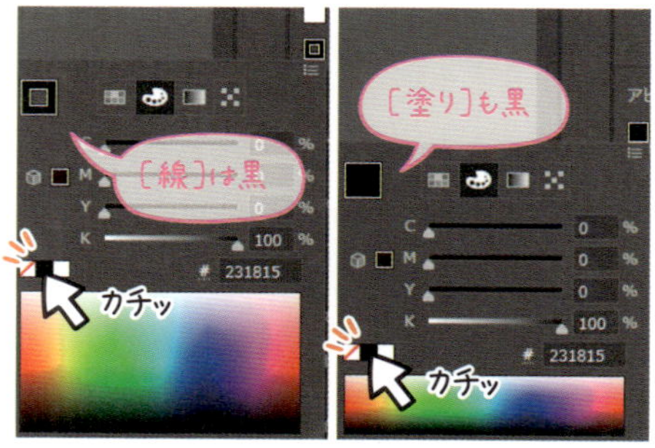
[線]は黒
カチッ
[塗り]も黒
カチッ

❺[線]と[塗り]を黒にする

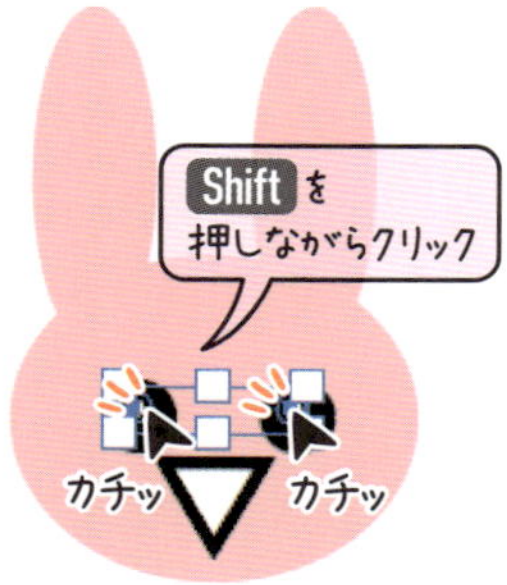
Shift を
押しながらクリック
カチッ
カチッ

❻両目のハイライトを選んで

[線]は白
カチッ
[塗り]も白
カチッ

❼[線]と[塗り]を白にする

カチッ

❽口を選択して

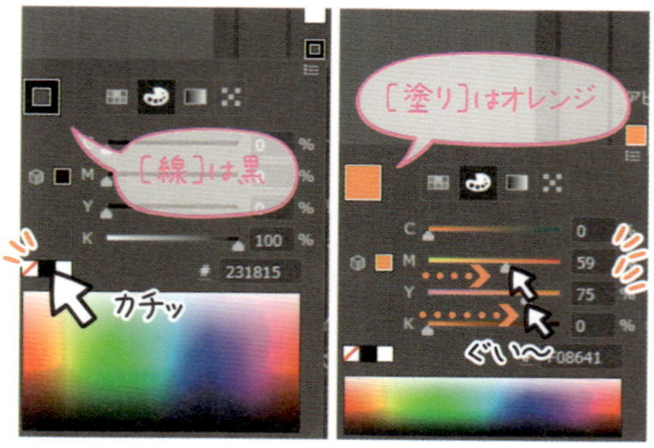
[線]は黒
カチッ
[塗り]はオレンジ
ぐい〜

❾[線]を黒、[塗り]をオレンジにする

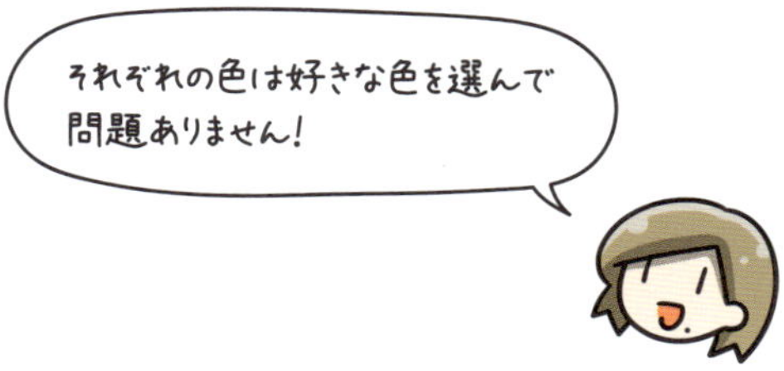
それぞれの色は好きな色を選んで
問題ありません!

6 色の設定ができたら、すべてを選択しグループ化を行いましょう。グループ化できたら、オブジェクトを選択して回転し、名刺右下に移動させます。

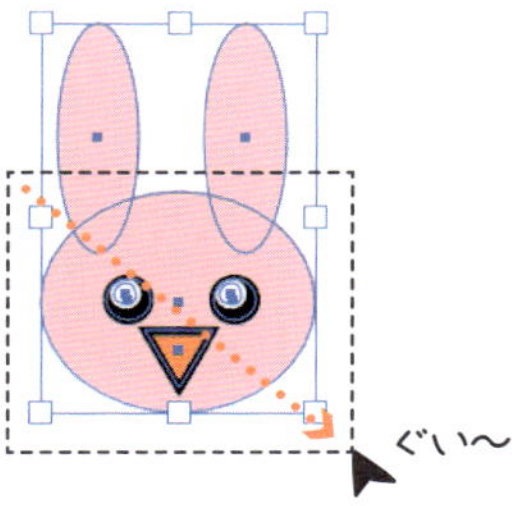
ぐい〜

❶オブジェクトすべて選択し

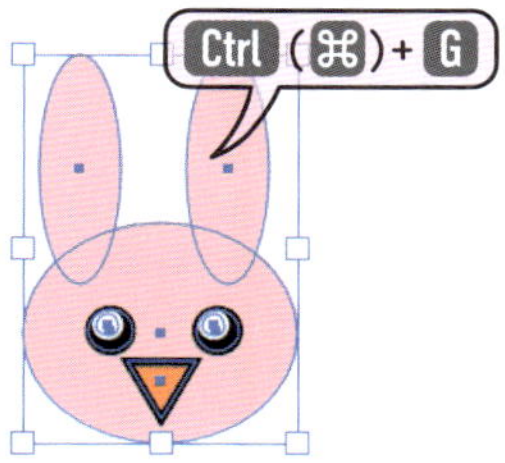
Ctrl (⌘) + G

❷グループ化を行ったあと

ぐい〜

❸オブジェクトを回転させて

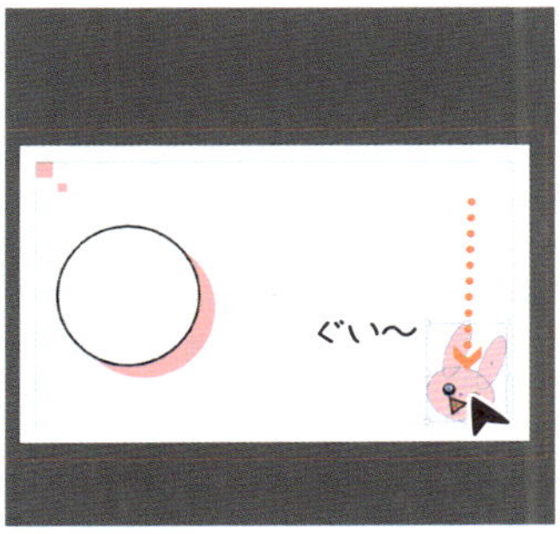
ぐい〜

❹名刺右下に移動させる

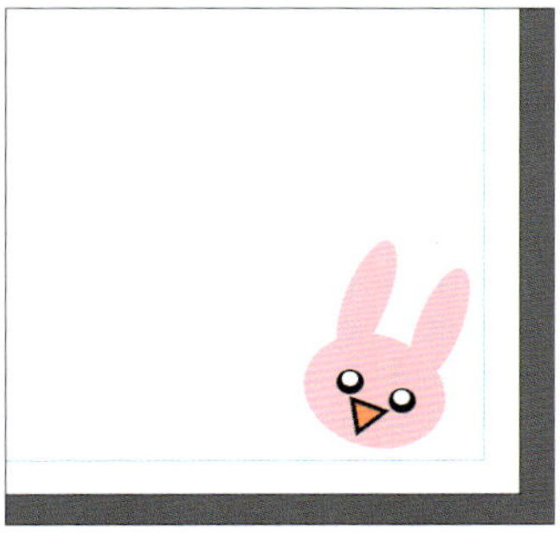

❺オブジェクトのサイズが小さい・大きいと思ったら

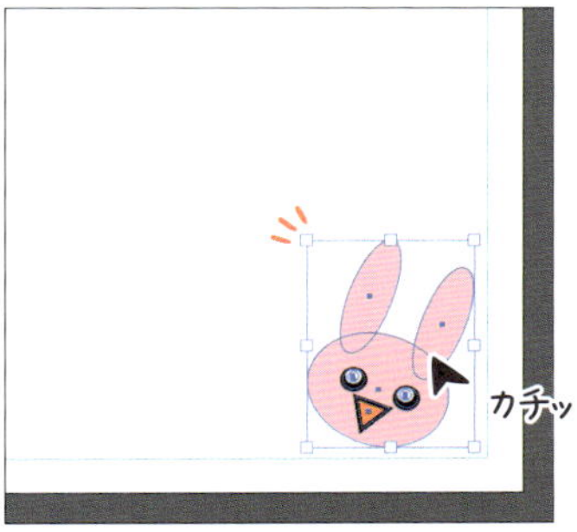
カチッ

❻オブジェクトを選択し

❼ Shift を押しながらバウンディングボックスをドラッグし

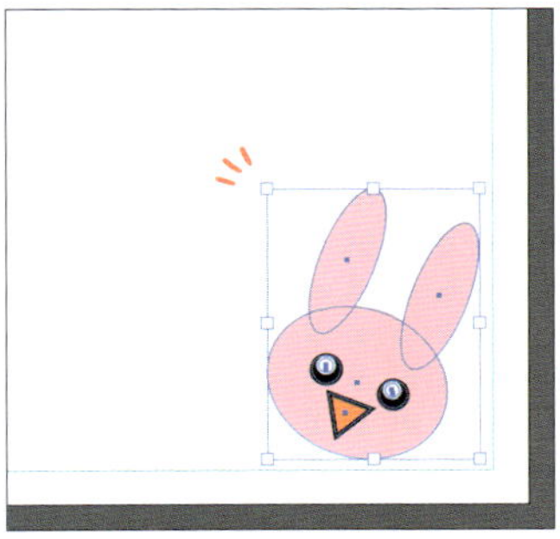

❽大きさを調整する

すべての作業が終わったら
保存しておきましょう!

Chapter

4

ベジェ曲線を描いてみる

この章では、Illustratorで扱える特徴的な「パス」について学びながら描いていきます。パスを思った通りに描けるようになるまでは、時間がかかります。パスの構成要素や直線/曲線の描き方など、知識も学びながら実際に手も動かして、パスに慣れていきましょう。

Chapter

4 ベジェ曲線を描いてみる

ベジェ曲線は、Illustrator で扱うことのできる特徴的な線です

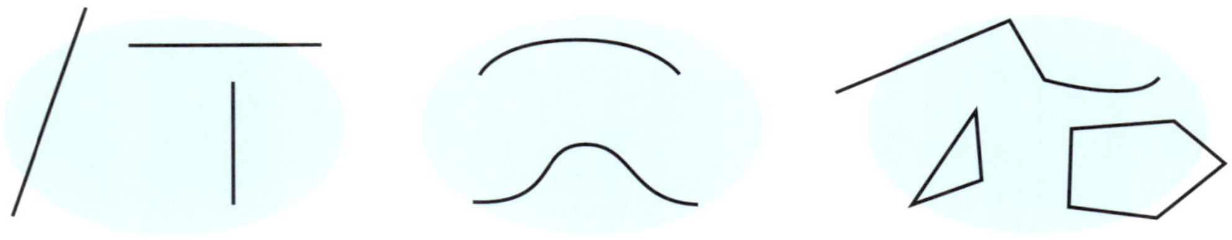

直線だったり　曲線だったり　いろんな線、図形が描ける

どれだけ拡大/縮小しても、画質が劣化することはありません

ベジェ曲線は想像した通りに描けるようになるまで、少々時間がかかります

グギギ…
なかなか思うような
曲線が描けない…

ベジェ曲線の構成要素や、直線、曲線の描き方など、初歩的なところから
この章では学んでいきましょう

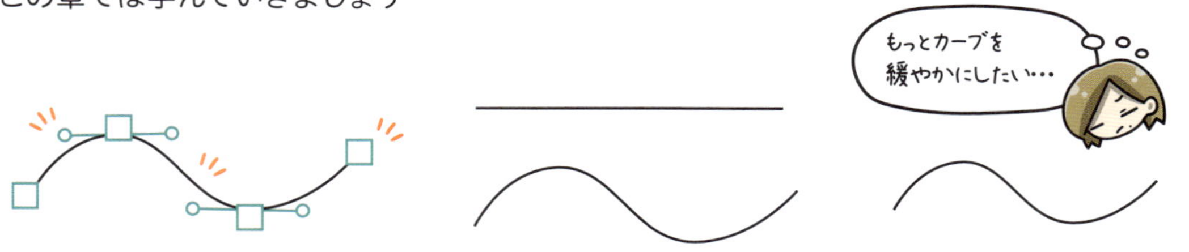
もっとカーブを
緩やかにしたい…

ベジェ曲線の構成要素は?　直線や曲線の描き方は?　描いたあとの修正方法は?

などなど…

Chapter 4…1 パスについて知る

パスについて理解することで、より思い通りに操作できるようになります。この節では、パスについての基礎知識を学びましょう。

Study

パスの構成要素について知ろう

Illustrator上で描く図形や線は、「パス」と呼ばれる要素で構成されます。

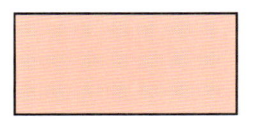

［長方形ツール］で描いた長方形や

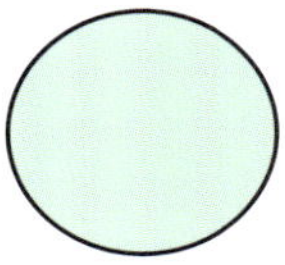

［楕円形ツール］で描いた円や

［ペンツール］で描いた線など

これらはすべて「パス」と呼ばれる要素が含まれています

パスには、「アンカーポイント」「セグメント」「ハンドル」といった要素から成り立っています。各要素の役割は次の通りです。

アンカーポイント

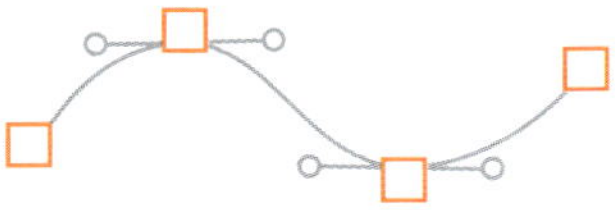

オブジェクトを構成する点のこと。アンカーポイントを繋ぐことで線（セグメント）が作られる。
アンカーポイントを動かすと、オブジェクトが変形する。

セグメント

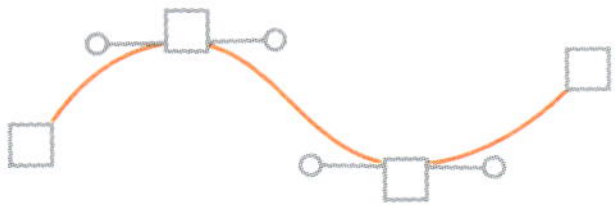

アンカーポイントとアンカーポイントを繋ぐ線のこと。セグメントを動かすことでもオブジェクトを変形できる。

ハンドル

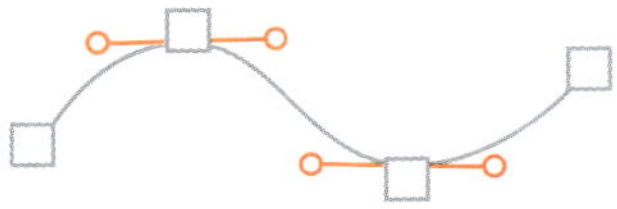

曲線を含むオブジェクトに対して、曲線の曲がり具合を調整する線のこと。ハンドルを動かすことで、曲線の形を変えられる。

Study

オープンパスとクローズパスについて知ろう

パスには、オープンパスとクローズパスがあります。オープンパスとは、閉じられていないパスのことで、簡単にいうと「線」のことを言います。

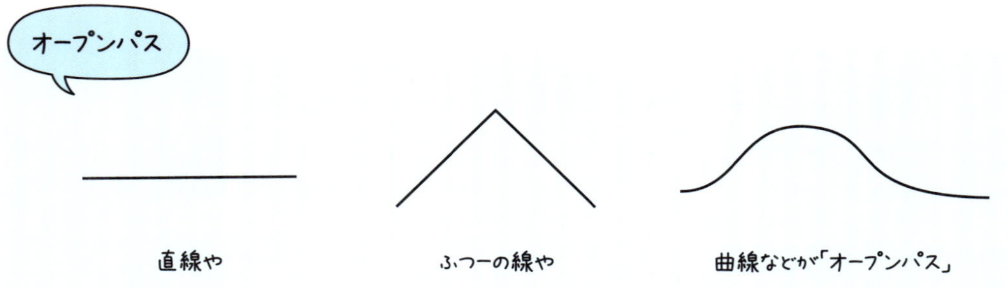

オープンパス
直線や
ふつーの線や
曲線などが「オープンパス」

反対にクローズパスは閉じられているパスのことです。長方形や三角形などを想像するとわかりやすいですね。

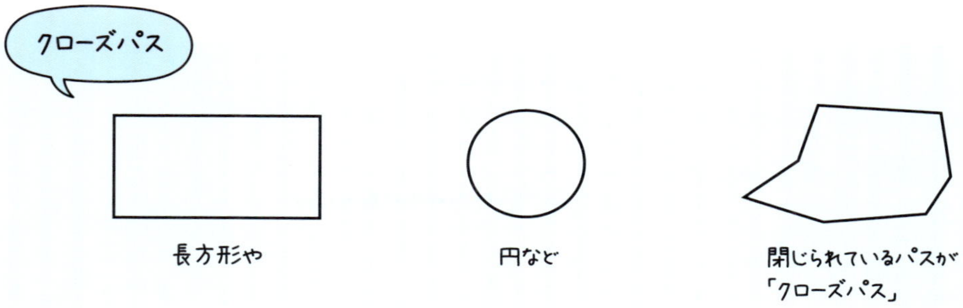

クローズパス
長方形や
円など
閉じられているパスが
「クローズパス」

塗りの設定ですが、基本的にクローズパスにのみ設定が可能です。オープンパスに塗りを設定することは推奨されていません。ですので、オープンパスには塗りを設定しないようにしましょう。

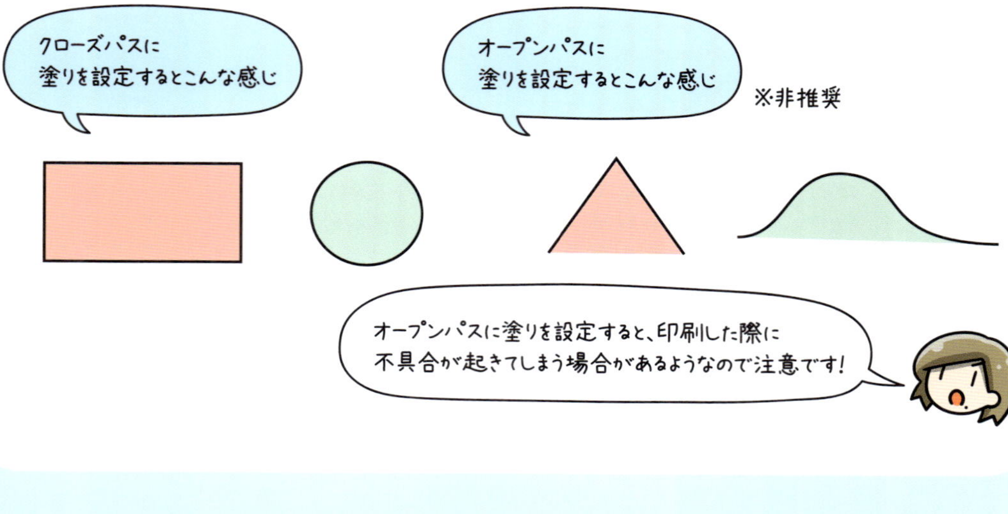

クローズパスに
塗りを設定するとこんな感じ
オープンパスに
塗りを設定するとこんな感じ
※非推奨
オープンパスに塗りを設定すると、印刷した際に
不具合が起きてしまう場合があるようなので注意です！

Study

ペンツールを使った直線/曲線の描き方について知ろう

［ペンツール］を使ってパスを描く場合、直線を描くときと曲線を描くときで操作方法が変わります。それぞれの描き方の違いは次の通りです。

直線を描くとき

［ペンツール］を選択した状態で、直線を描きたい箇所を**クリック**していくと直線が描かれていく。

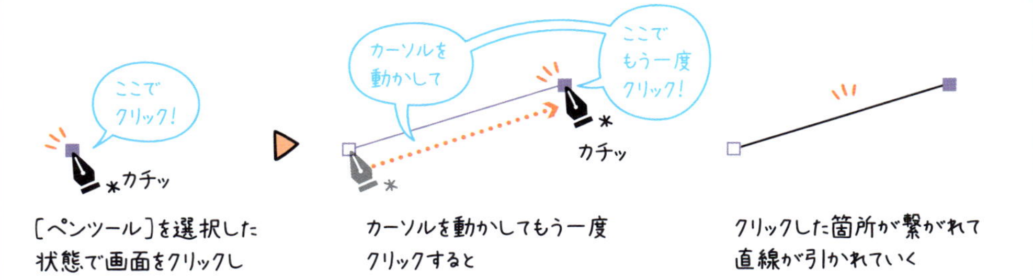

ここでクリック!
カチッ
［ペンツール］を選択した状態で画面をクリックし
カーソルを動かして
ここでもう一度クリック!
カチッ
カーソルを動かしてもう一度クリックすると
クリックした箇所が繋がれて直線が引かれていく

曲線を描くとき

［ペンツール］を選択した状態で、曲線を描きたい箇所を**クリックしたあとドラッグ**していくと曲線が描かれていく。

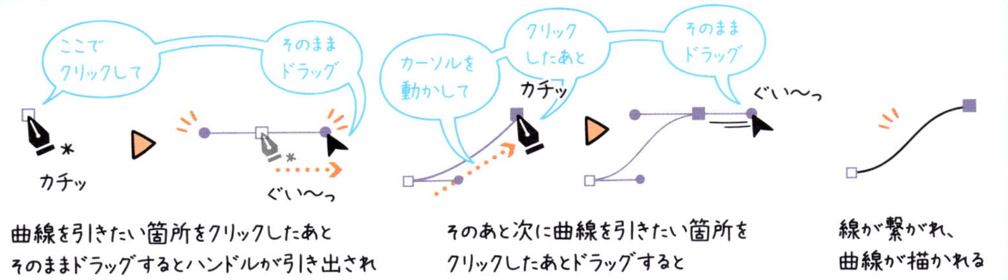

ここでクリックして
そのままドラッグ
カチッ
ぐい〜っ
曲線を引きたい箇所をクリックしたあとそのままドラッグするとハンドルが引き出され
カーソルを動かして
クリックしたあと
カチッ
そのままドラッグ
ぐい〜っ
そのあと次に曲線を引きたい箇所をクリックしたあとドラッグすると
線が繋がれ、曲線が描かれる

直線と曲線はそれぞれ組み合わせることも可能です。

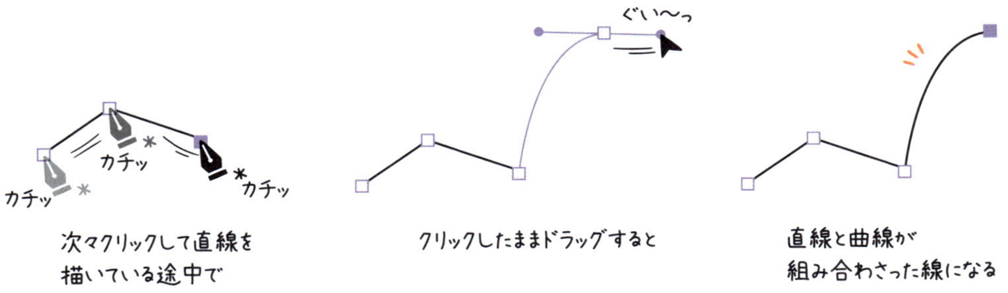

カチッ
カチッ
カチッ
次々クリックして直線を描いている途中で
ぐい〜っ
クリックしたままドラッグすると
直線と曲線が組み合わさった線になる

Chapter

4…2 直線について

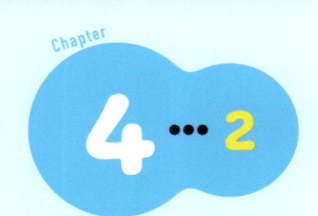

パスの基礎がわかったところで、次は直線について学び、実際に直線を描いてみましょう。

Study

直線の描き方について知ろう

前の節（p.117）で、直線は線を描きたい箇所をクリックすることで描くことを学びました。

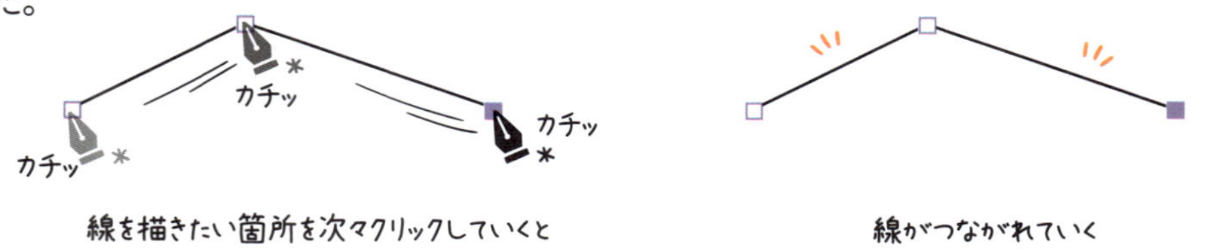

カチッ
カチッ
カチッ
線を描きたい箇所を次々クリックしていくと
線がつながれていく

［ペンツール］で線を描き終わり、最初にクリックした箇所へカーソルを近づけると、カーソルの横に○マークがつき、そのままクリックするとパスが閉じられます。

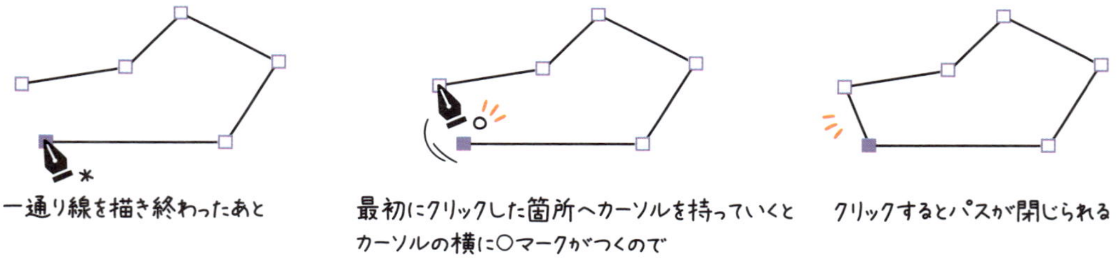

一通り線を描き終わったあと
最初にクリックした箇所へカーソルを持っていくと
カーソルの横に○マークがつくので
クリックするとパスが閉じられる

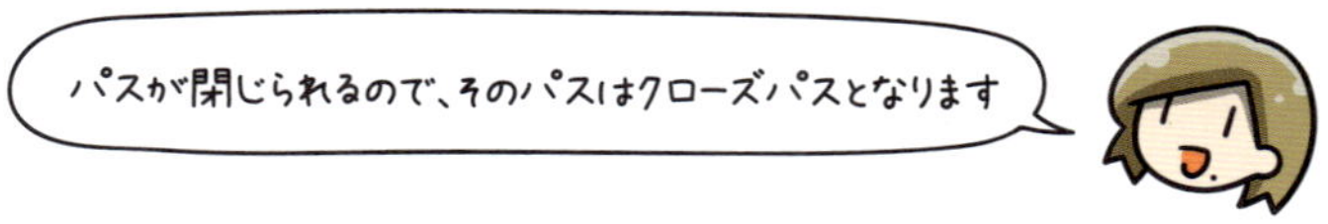

パスが閉じられるので、そのパスはクローズパスとなります

パスを閉じないまま、途中で線を描くことをやめると、その線はオープンパスとなります。

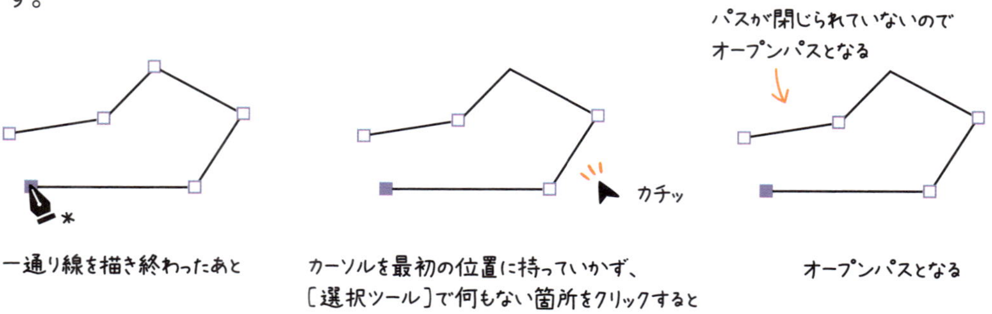

パスが閉じられていないので
オープンパスとなる
カチッ
一通り線を描き終わったあと
カーソルを最初の位置に持っていかず、
［選択ツール］で何もない箇所をクリックすると
オープンパスとなる

Let's Try!

線(オープンパス)を描いてみよう

1 まずは[ペンツール]を選択します。[ペンツール]を選択すると、カーソルの表示がペンのようなものに変わります。選択したら、直線を引きたい箇所をクリックしていきます。すると、自動的にクリックした箇所が繋がれ、直線が引かれます。

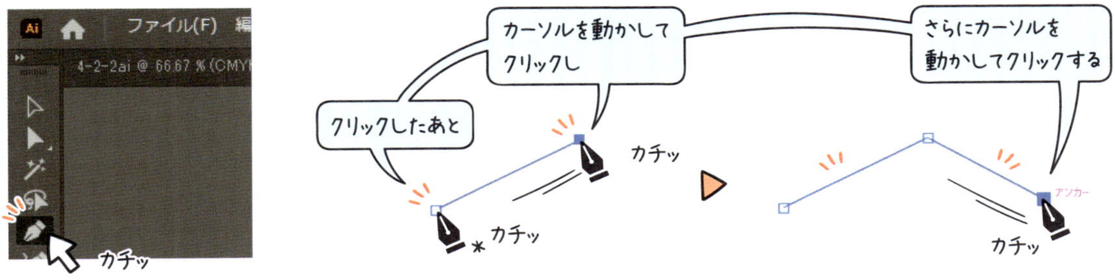
ファイル(F)
カチッ
クリックしたあと
カーソルを動かしてクリックし
カチッ
カチッ
さらにカーソルを動かしてクリックする
アンカー
カチッ

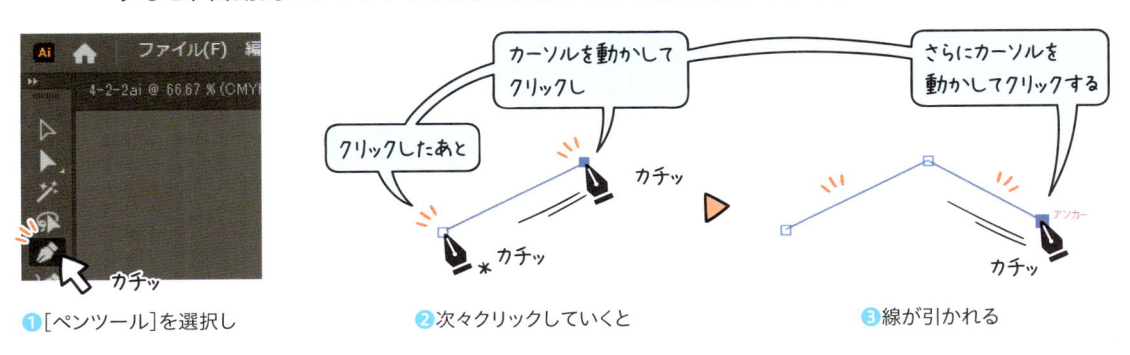

❶[ペンツール]を選択し　❷次々クリックしていくと　❸線が引かれる

2 線を引き終わったら[選択ツール]に持ち替え、何もない箇所をクリックすると、選択を解除できます。

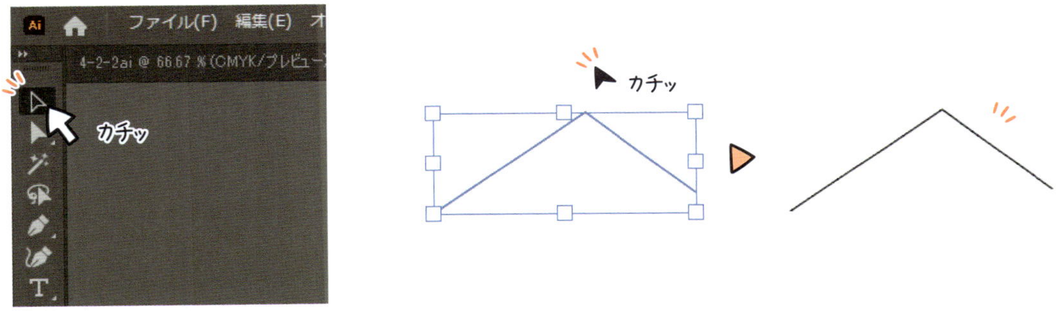
ファイル(F)　編集(E)
カチッ
カチッ

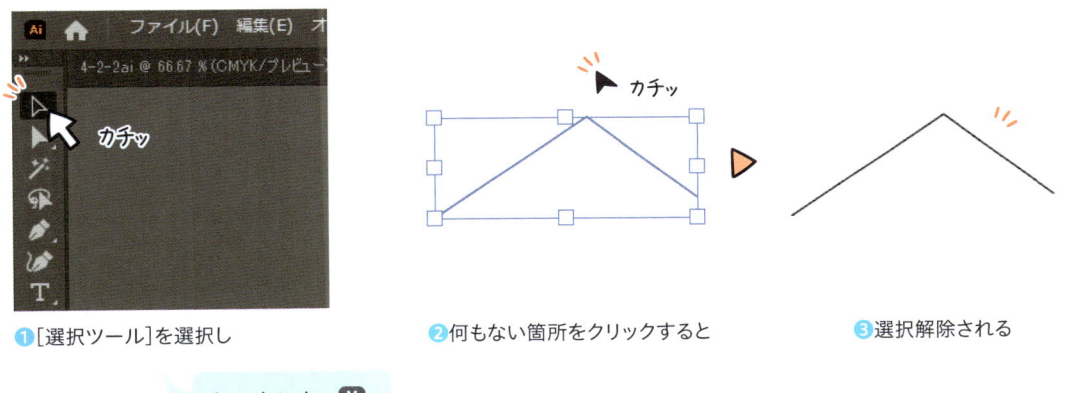

❶[選択ツール]を選択し　❷何もない箇所をクリックすると　❸選択解除される

ショートカットは V

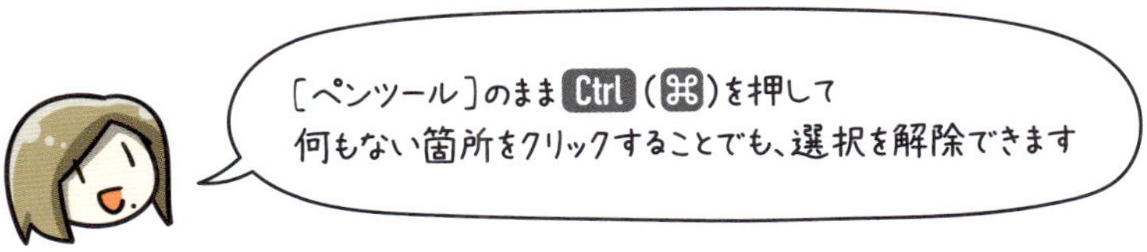
[ペンツール]のまま Ctrl (⌘)を押して
何もない箇所をクリックすることでも、選択を解除できます

選択解除した線はそのままに、次ページでは様々な直線を描いてみましょう

3 Shift を押しながらクリックしていくことで、水平な線、斜め45°の線、垂直の線を描くこともできます。

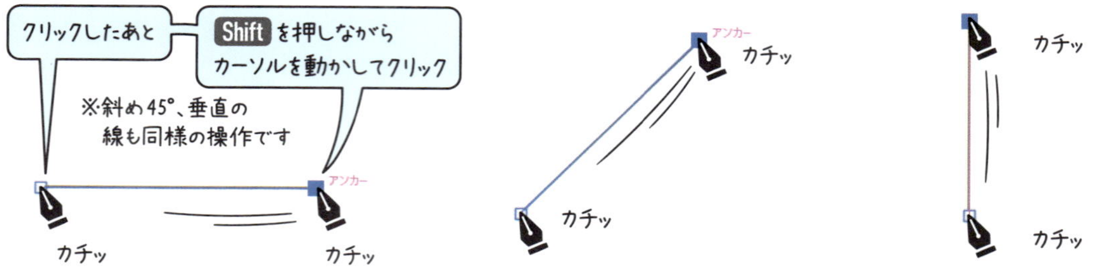
クリックしたあと
Shift を押しながらカーソルを動かしてクリック
※斜め45°、垂直の線も同様の操作です
アンカー
カチッ
カチッ
アンカー
カチッ
カチッ
カチッ
カチッ

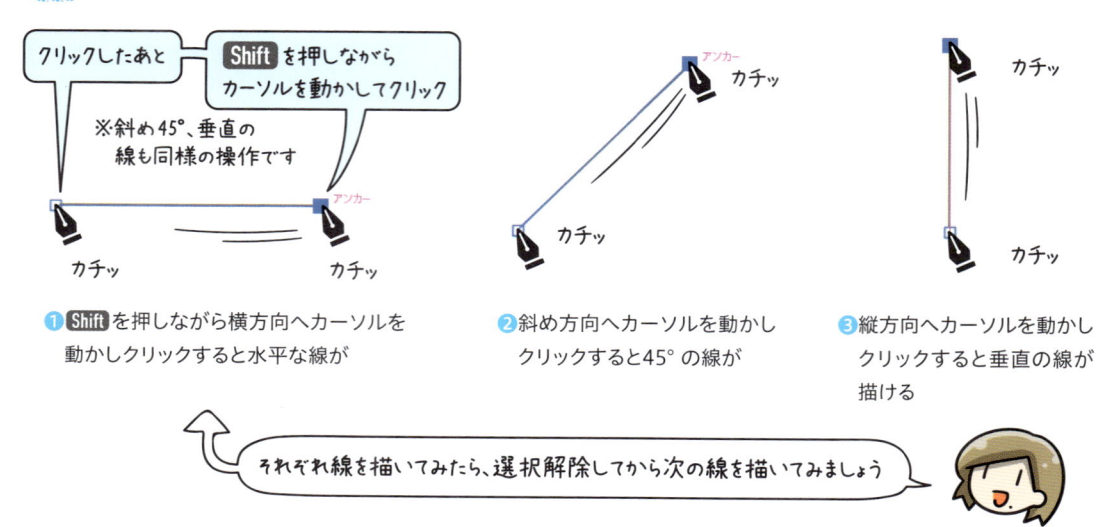

❶ Shift を押しながら横方向へカーソルを動かしクリックすると水平な線が

❷斜め方向へカーソルを動かしクリックすると45°の線が

❸縦方向へカーソルを動かしクリックすると垂直の線が描ける

それぞれ線を描いてみたら、選択解除してから次の線を描いてみましょう

4 オープンパスに対しては、線の設定のみすることが可能です。描いた線を[選択ツール]で選択し、[ツールバー]下にある四角形をダブルクリックして線の色を変更してみましょう。

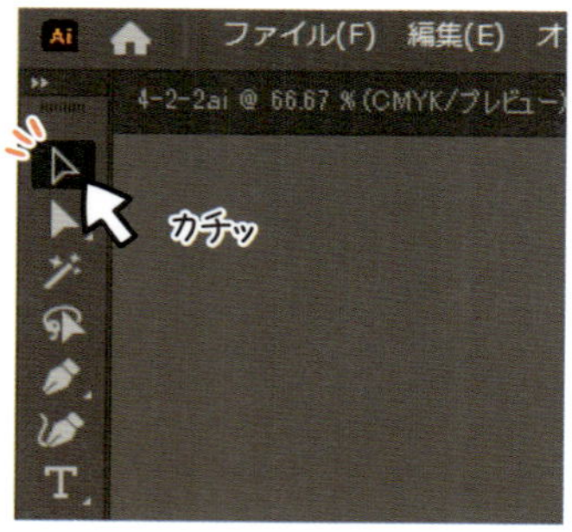
ファイル(F)
編集(E)
4-2-2ai @ 66.67 % (CMYK/プレビュー)
カチッ

❶[選択ツール]を選択し

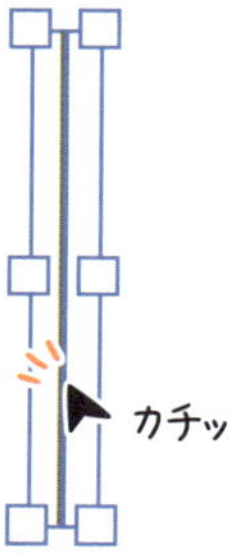
カチッ

❷描いた線を選択した状態で

カチッ
カチッ

❸[ツールバー]下にある四角形をダブルクリックする

5 色を設定するウィンドウが表示されるので、変更したい色を選択すると、線の色を変更できます。

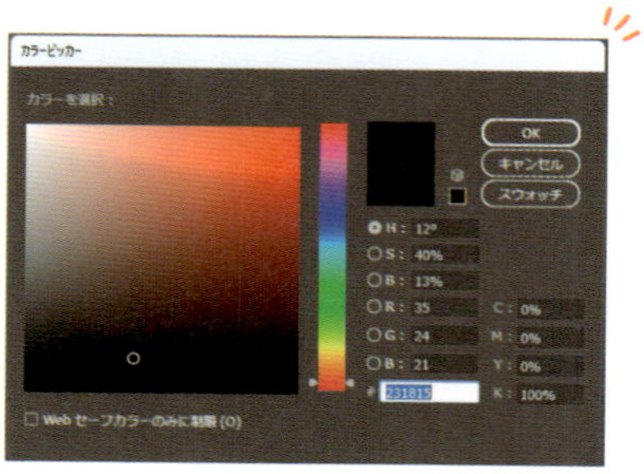
カラーピッカー
OK
キャンセル
スウォッチ

❶色を設定するウィンドウが開かれるので

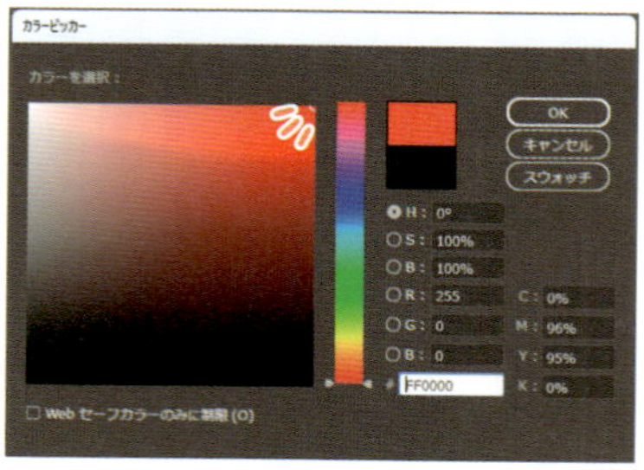
カラーピッカー
OK
キャンセル
スウォッチ
FF0000

❷そこから色を指定すると

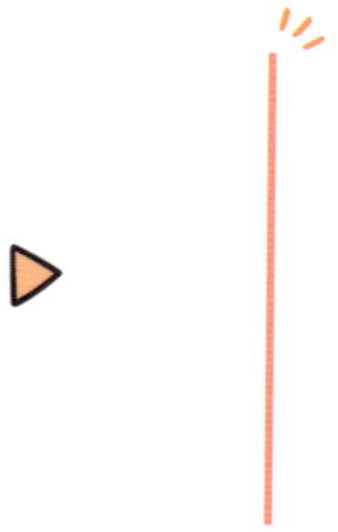

❸線の色が指定した色になる

Let's Try!

四角形(クローズパス)を描いてみよう

1 まずは[ペンツール]を選択します。選択したらまず一か所クリックし、次にShiftを押しながら真横へカーソルを動かしてクリックしましょう。

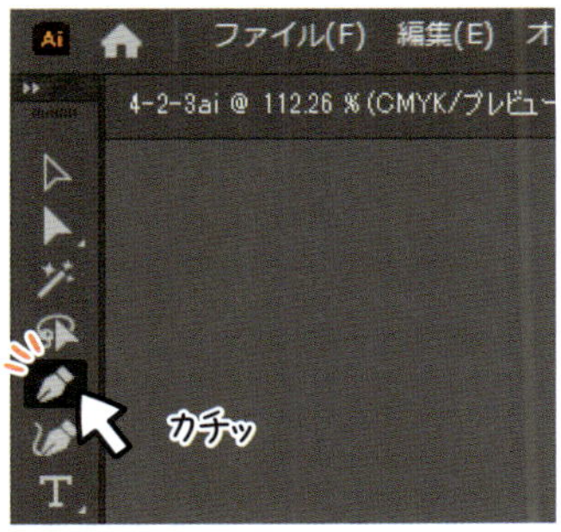

ファイル(F) 編集(E)
4-2-3ai @ 112.26 % (CMYK/プレビュー
カチッ

❶[ペンツール]を選択し

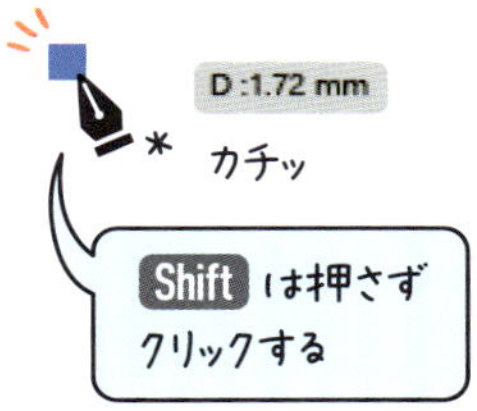

D :1.72 mm
カチッ
Shift は押さず
クリックする

❷適当な箇所を一か所クリックし

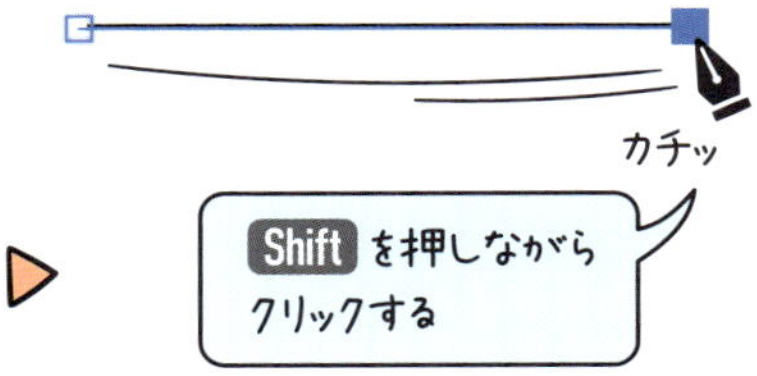

カチッ
Shift を押しながら
クリックする

❸次に、Shiftを押しながら真横にカーソルを動かしてクリックする

2 そのままShiftを押しながら真下へカーソルを動かしクリックし、次にShiftを押しながら真横へカーソルを動かし、最後に一番初めにクリックした箇所へカーソルをもっていきクリックすることで、四角形を描くことができます。

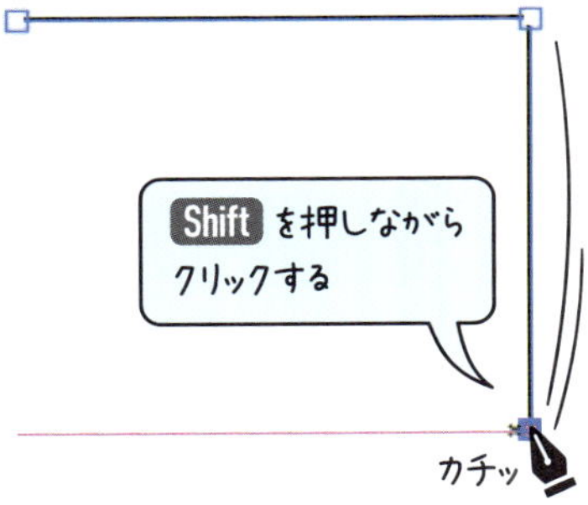

Shift を押しながら
クリックする
カチッ

❶Shiftを押しながら真下にカーソルを動かしてクリックし

Shift を押しながら
ピンクのガイドが出た
ところでクリックする
カチッ

❷Shiftを押しながら真横にカーソルを動かしてクリックして

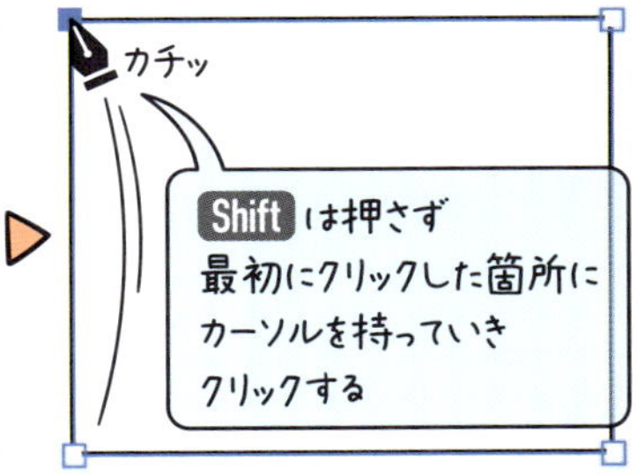

カチッ
Shift は押さず
最初にクリックした箇所に
カーソルを持っていき
クリックする

❸最初にクリックした箇所にカーソルを持っていき、クリックしてパスを閉じる

どんな線を描いていても、最後に一番初めにクリックした箇所へカーソルを持っていきクリックすると、パスが閉じられる

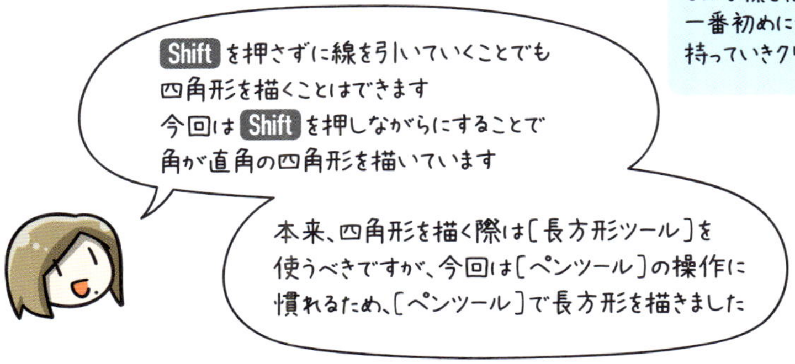

Shift を押さずに線を引いていくことでも
四角形を描くことはできます
今回は Shift を押しながらにすることで
角が直角の四角形を描いています
本来、四角形を描く際は[長方形ツール]を
使うべきですが、今回は[ペンツール]の操作に
慣れるため、[ペンツール]で長方形を描きました

3 クローズパスに対しては、塗りと線の設定をすることが可能です。描いたオブジェクトを[選択ツール]で選択し、[ツールバー]下にある四角形をダブルクリックして塗りの色を変更してみましょう。

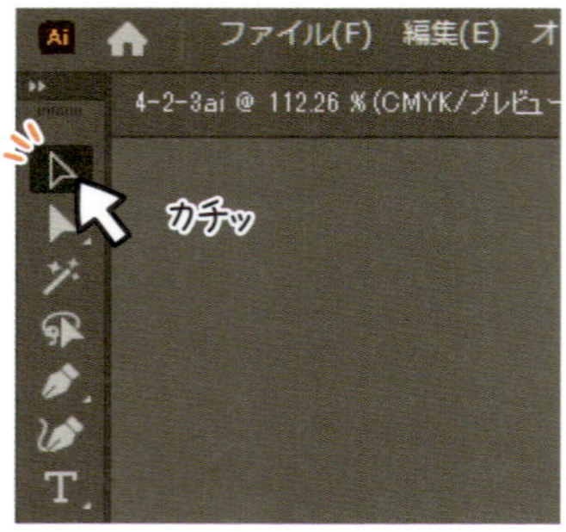

ファイル(F) 編集(E) オ
4-2-3ai @ 112.26 % (CMYK/プレビュー
カチッ

❶[選択ツール]を選択し

カチッ

❷描いた線を選択した状態で

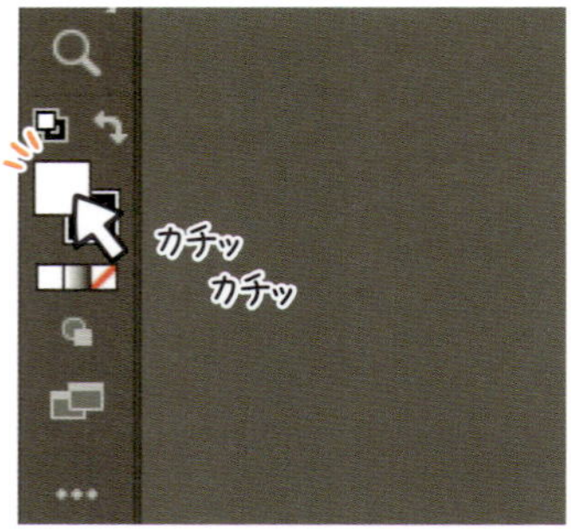

カチッ
カチッ

❸[ツールバー]下にある四角形をダブルクリックする

4 色を設定するウィンドウが表示されるので、変更したい色を選択すると、塗りの色を変更できます。

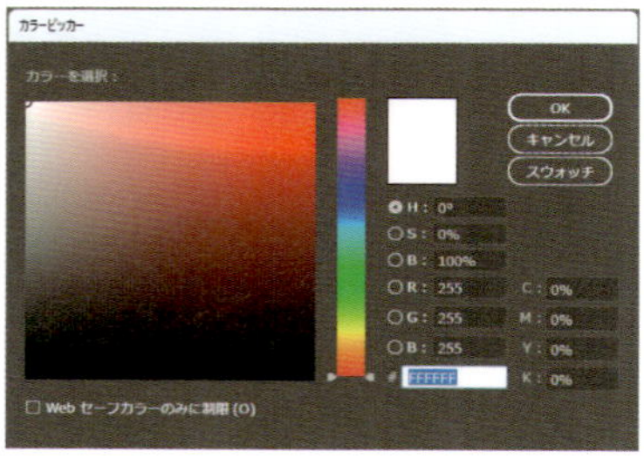

カラーピッカー
OK
キャンセル
スウォッチ
FFFFFF

❶色を設定するウィンドウが開かれるので

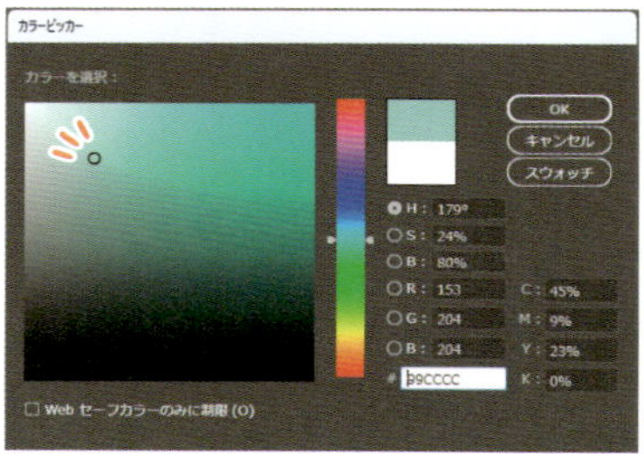

カラーピッカー
OK
キャンセル
スウォッチ
99CCCC

❷そこから色を指定すると

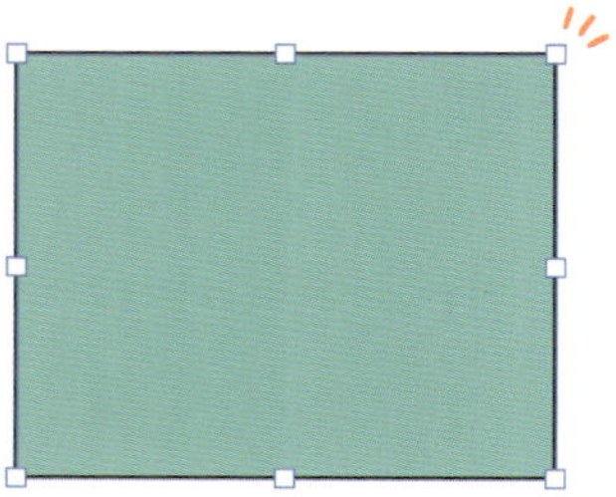

❸塗りの色が指定した色になる

5 線の色を変更する場合も、[ツールバー]下にある四角形をダブルクリックし、表示されたウィンドウから色を指定することで変更可能です。

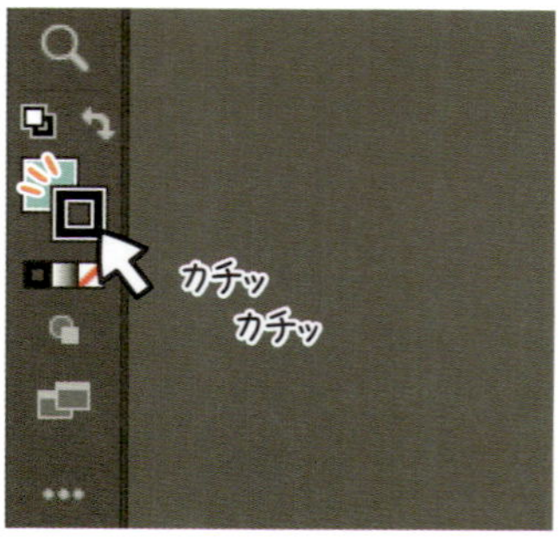

カチッ
カチッ

❶[ツールバー]下にある四角形をダブルクリックし

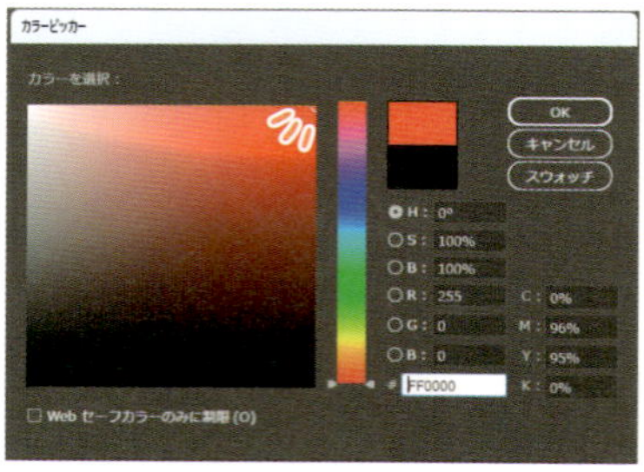

カラーピッカー
OK
キャンセル
スウォッチ
FF0000

❷表示されたウィンドウから色を指定すると

❸塗りの色が指定した色になる

Chapter 4…3 曲線について

直線の描き方がわかったら、次は曲線の書き方を見ていきましょう。思った通りに曲線を描けるようになるには、慣れが必要になります。

Study

曲線の描き方について知ろう

曲線の描き方は、［ペンツール］を使用し、クリックしたあとドラッグしハンドルを引き出すと描くことができると、p.117で学びました。

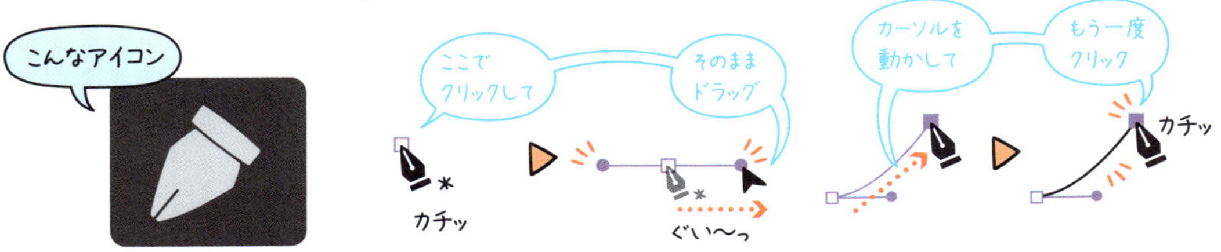
こんなアイコン
ここでクリックして
そのままドラッグ
カチッ
ぐい〜っ
カーソルを動かして
もう一度クリック
カチッ

［ペンツール］を選択した状態で

クリックしたあとドラッグし、ハンドルを引き出して

別の箇所をクリックすると曲線が描かれる

曲線は、ハンドルの引き出された方向に対して描かれます。

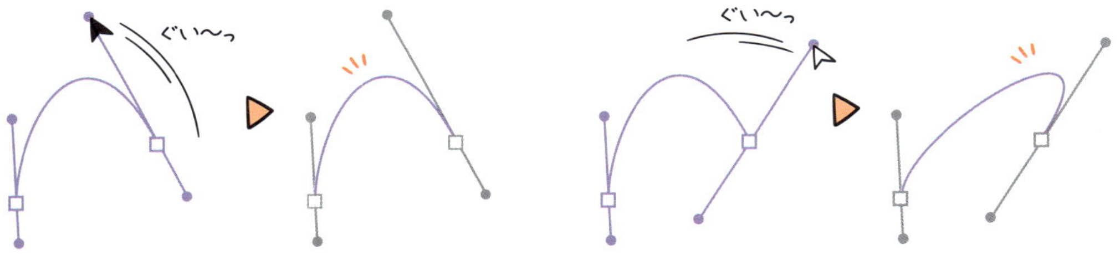
ぐい〜っ
ぐい〜っ

ハンドルが引き出された方向に曲線が描かれるので

ハンドルを動かすと、その方向に合わせて曲線が描かれる方向も変わる

また、曲線を描く際、ドラッグして引き出すハンドルが大きければ大きいほど、曲線の大きさが大きくなります。

小さくハンドルを引き出した場合

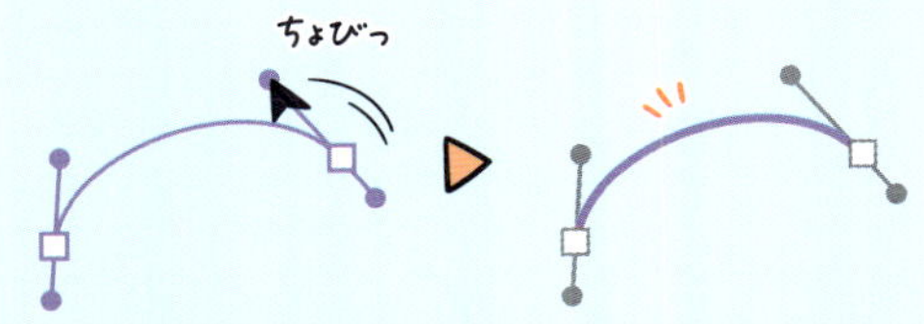
ちょびっ

ハンドルを小さく引き出すと、曲線の大きさは小さくなる

大きくハンドルを引き出した場合

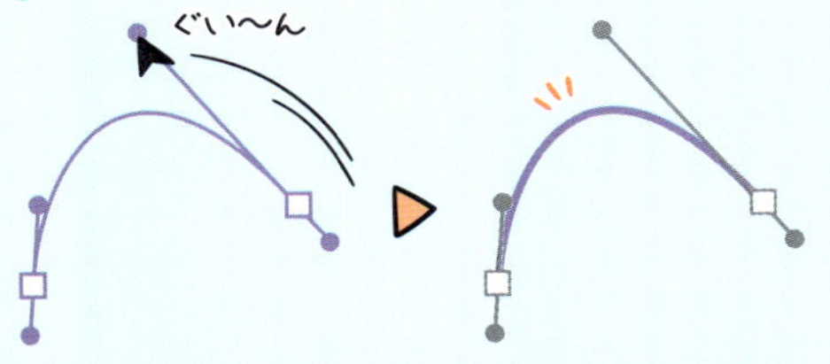
ぐい〜ん

ハンドルを大きく引き出すと、曲線の大きさは大きくなる

Let's Try!

波線を描いてみよう①

1 ［ペンツール］を選択した状態で、波線を描き始める箇所をクリックしたあと、Shiftを押しながら真横へドラッグします。すると、水平なハンドルが引き出されるのがわかります。

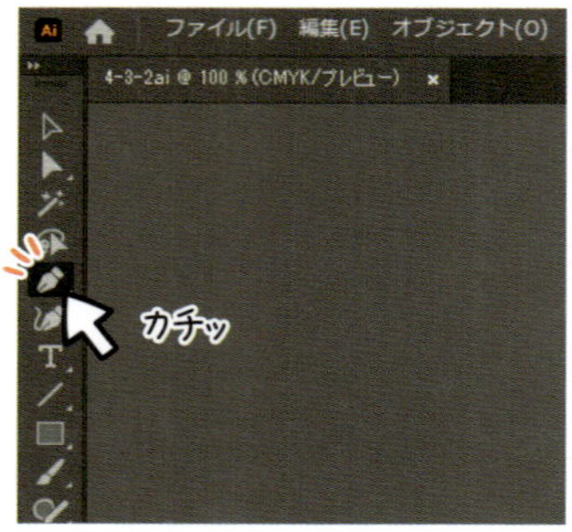

ファイル(F) 編集(E) オブジェクト(O)
4-3-2ai @ 100 % (CMYK/プレビュー)
カチッ

❶［ペンツール］を選択した状態で

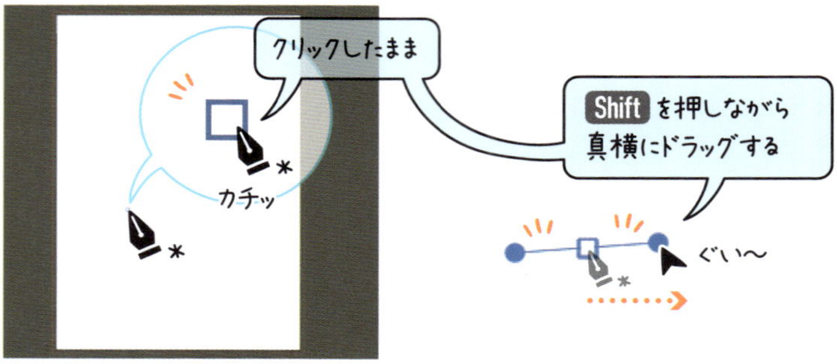

クリックしたまま
カチッ
Shift を押しながら
真横にドラッグする
ぐい〜

❷波線を描き始める箇所をクリックしたまま

❸Shiftを押し真横へドラッグし水平なハンドルを引き出す

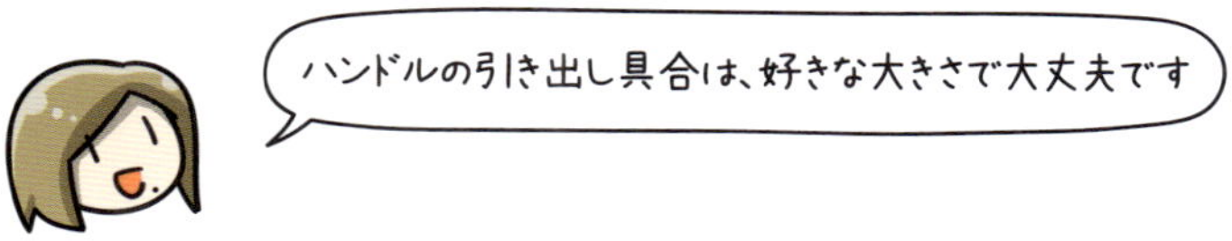

ハンドルの引き出し具合は、好きな大きさで大丈夫です

2 ハンドルが引き出されたら、カーソルを右斜め上に動かしてクリックし、先ほどと同様Shiftを押しながらハンドルを引き出します。

カーソルをそのまま
右斜め上に
動かして

❶ハンドルが引き出されたあとは、カーソルを右斜め上に動かし

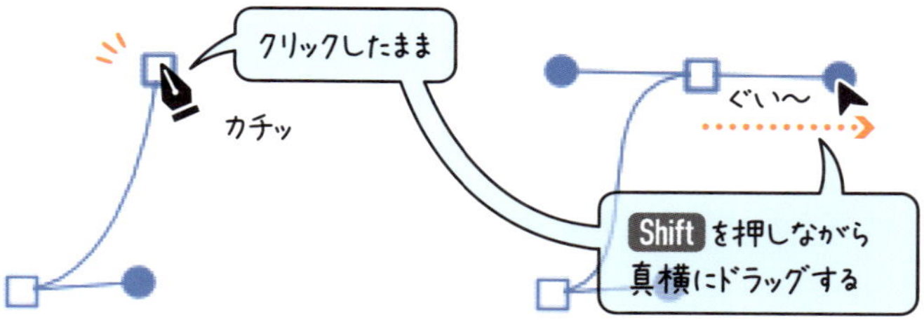

クリックしたまま
カチッ
ぐい〜
Shift を押しながら
真横にドラッグする

❷クリックしたあと、Shiftを押しながらハンドルを引き出す

3 その次は、カーソルを右斜め下に動かしてクリックし、Shiftを押しながらハンドルを引き出します。

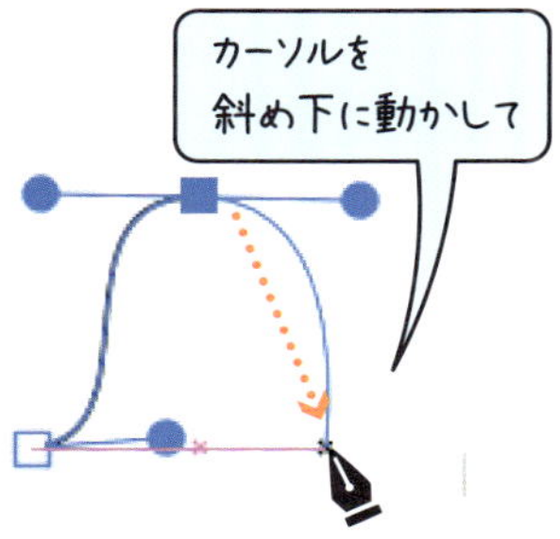
カーソルを
斜め下に動かして

❶次に、カーソルを斜め下に動かして

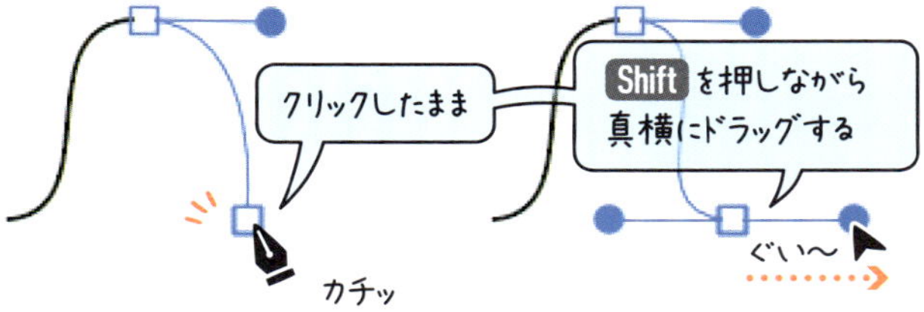
クリックしたまま
Shift を押しながら
真横にドラッグする
カチッ
ぐい～

❷クリックしたあと、Shiftを押しながらハンドルを引き出す

4 同様の操作を繰り返し行うことで、波線を描くことができます。

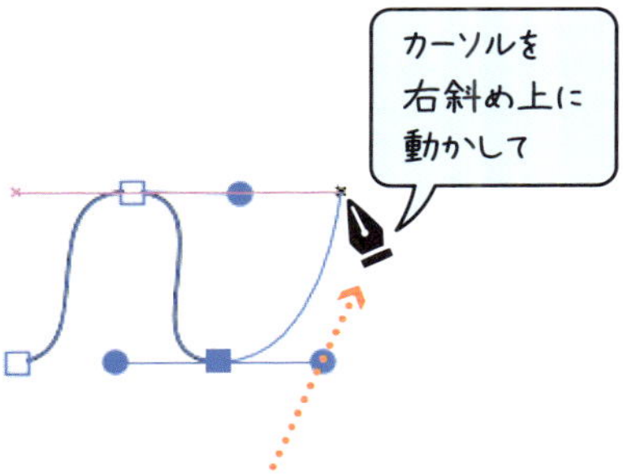
カーソルを
右斜め上に
動かして

❶カーソルを右斜め上に動かし

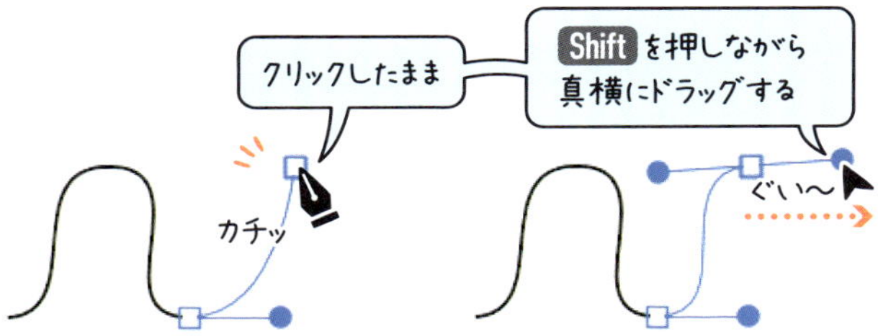
クリックしたまま
Shift を押しながら
真横にドラッグする
カチッ
ぐい～

❷クリックしたあと、Shiftを押しながらハンドルを引き出し

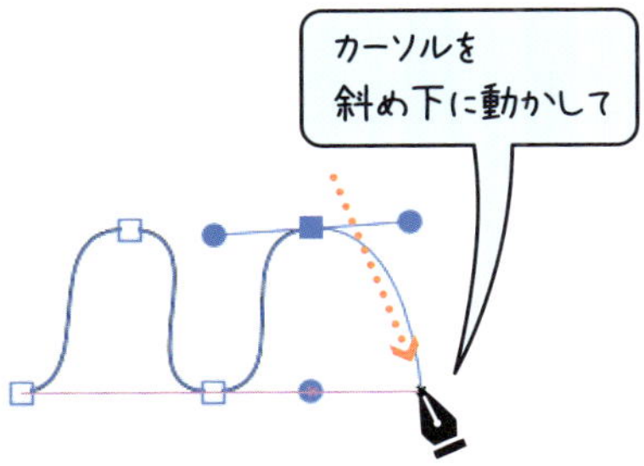
カーソルを
斜め下に動かして

❸カーソルを斜め下に動かして

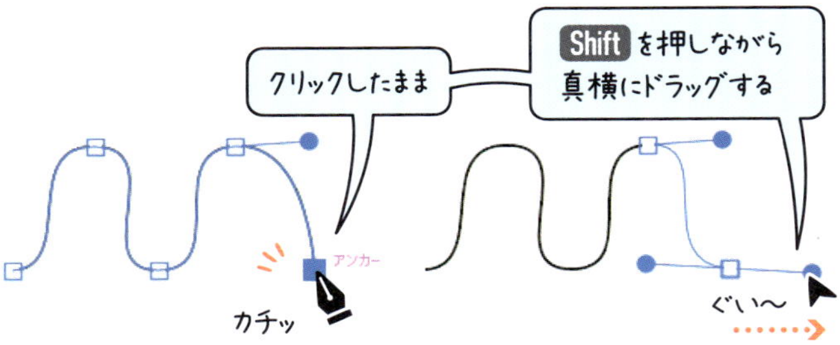
クリックしたまま
Shift を押しながら
真横にドラッグする
アンカー
カチッ
ぐい～

❹クリックしたあと、Shiftを押しながらハンドルを引き出す…という操作を繰り返すと、波線を描くことができる

［ペンツール］を選択している状態でCtrl（⌘）を押すと、押している間だけ
［ダイレクト選択ツール］になるので、その状態で何もない箇所をクリックすれば波線の完成です！

Let's Try!

波線を描いてみよう②

1 [ペンツール]を選択した状態で、波線を描き始める箇所をクリックしたあと、右上に向かってドラッグし、ハンドルを引き出します。

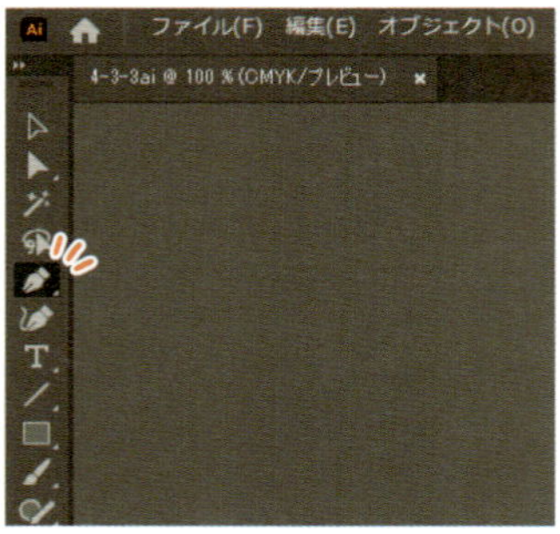

ファイル(F) 編集(E) オブジェクト(O)
4-3-3ai @ 100 % (CMYK/プレビュー)

❶[ペンツール]を選択した状態で

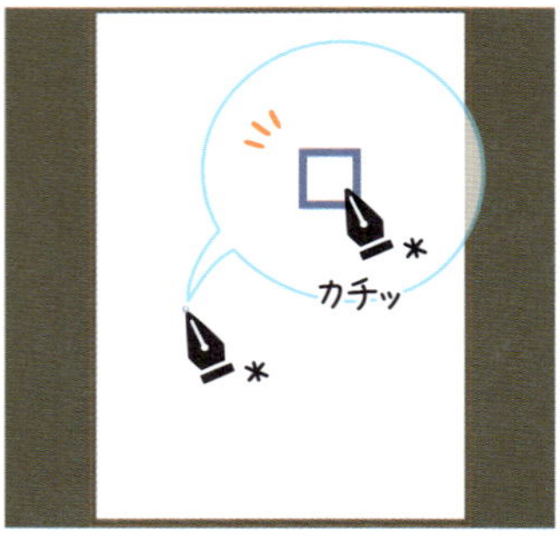

カチッ

❷波線を描き始める箇所をクリックしたまま

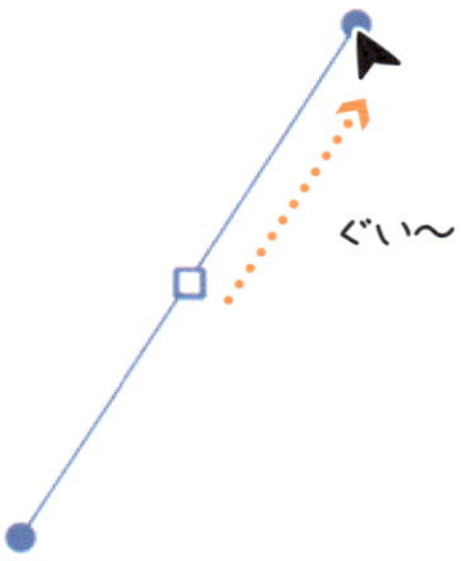

ぐい〜

❸右上に向かってドラッグし、ハンドルを引き出す

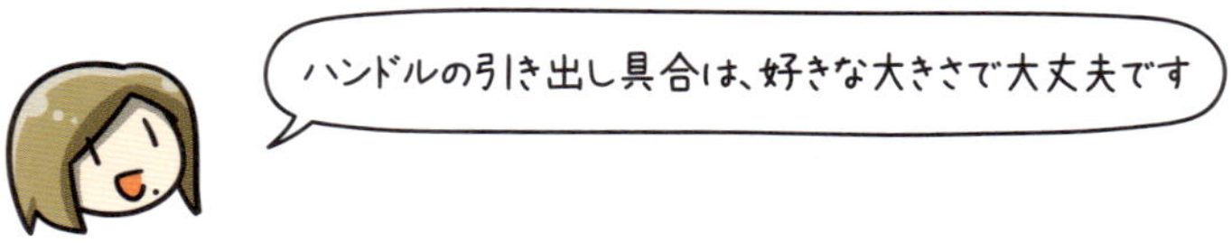

ハンドルの引き出し具合は、好きな大きさで大丈夫です

2 ハンドルが引き出されたら、カーソルをそのまま横に動かしクリックし、次は Alt (Option) を押しながら、先ほどと同じように右上に向かってドラッグします。

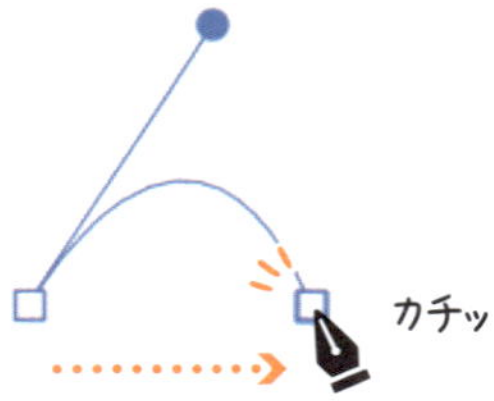

カチッ

❶カーソルを横に動かしクリックしたあと

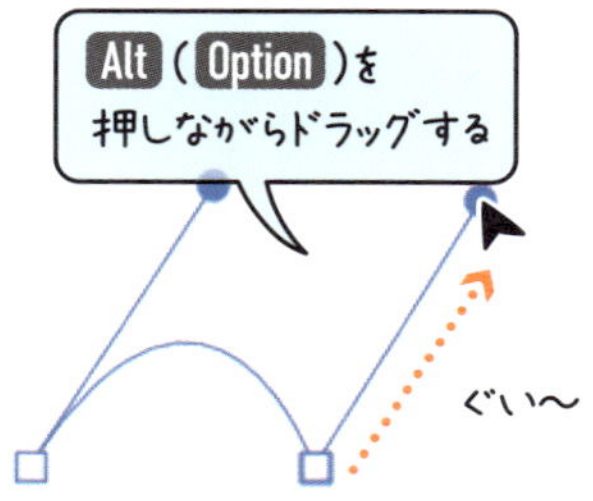

Alt (Option)を
押しながらドラッグする
ぐい〜

❷クリックしたまま Alt (Option) を押し続け、右上に向かってドラッグし

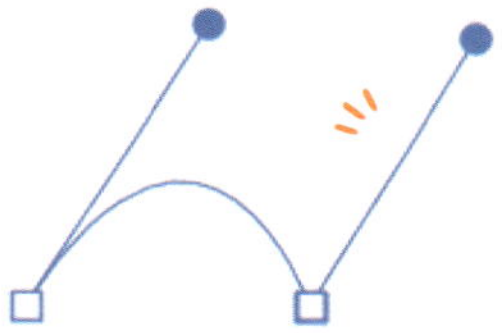

❸ハンドルを引き出す

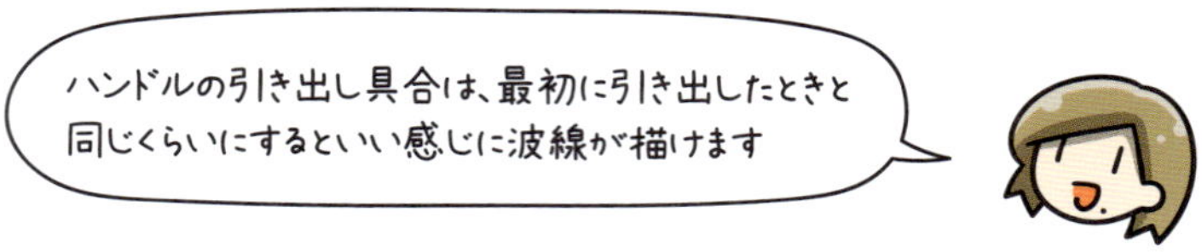

ハンドルの引き出し具合は、最初に引き出したときと
同じくらいにするといい感じに波線が描けます

3 [ペンツール]を選択した状態で、波線を描き始める箇所をクリックしたあと、右上に向かってドラッグし、ハンドルを引き出します。

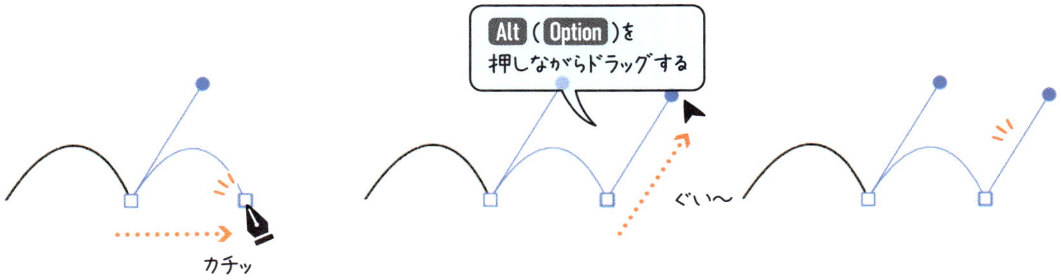
Alt (Option)を
押しながらドラッグする
カチッ
ぐい〜

❶同様にカーソルを真横に動かしたあとクリックし

❷Alt (Option)を押しながら右上に向かってドラッグして

❸ハンドルを引き出す

波線を描くことができましたね!

4 Alt (Option)を押しながらドラッグすると、ツールが一時的に[ペンツール]から[アンカーポイントの切り替えツール]になります。このツールでは、ハンドルを左右独立して動かすことができます。

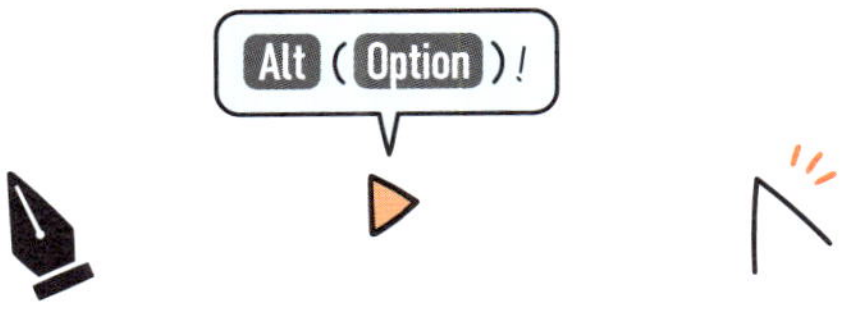
Alt (Option)!

ツールを切り替える必要がないので、便利ですね!

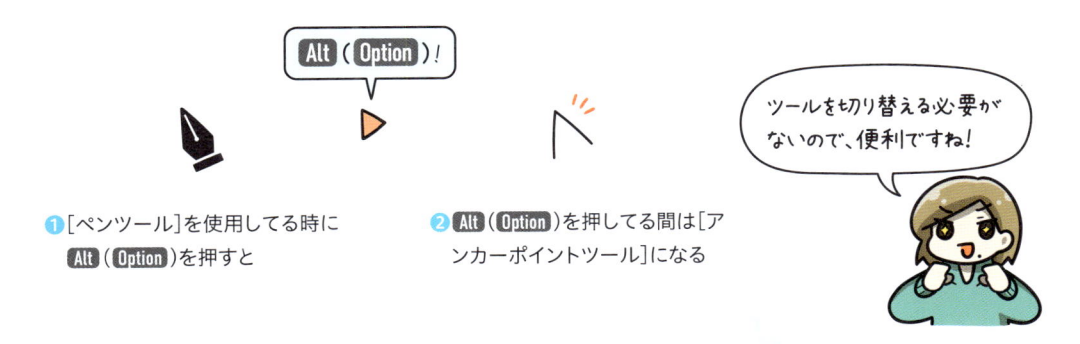

❶[ペンツール]を使用してる時にAlt (Option)を押すと

❷Alt (Option)を押してる間は[アンカーポイントツール]になる

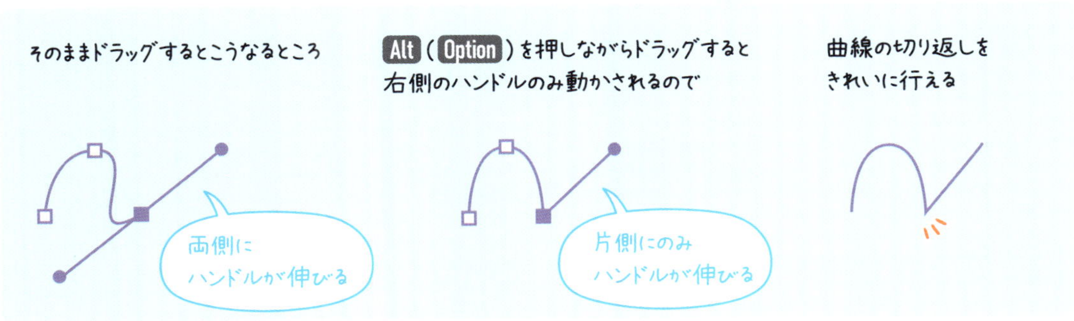
そのままドラッグするとこうなるところ
Alt (Option)を押しながらドラッグすると
右側のハンドルのみ動かされるので
曲線の切り返しを
きれいに行える
両側に
ハンドルが伸びる
片側にのみ
ハンドルが伸びる

Let's Try!

直線と曲線の混じった線を描いてみよう

1 まずは、[ペンツール]を選択し、直線から書いていきます。[ペンツール]を選択したら、直線を描きたい場所をクリックします。

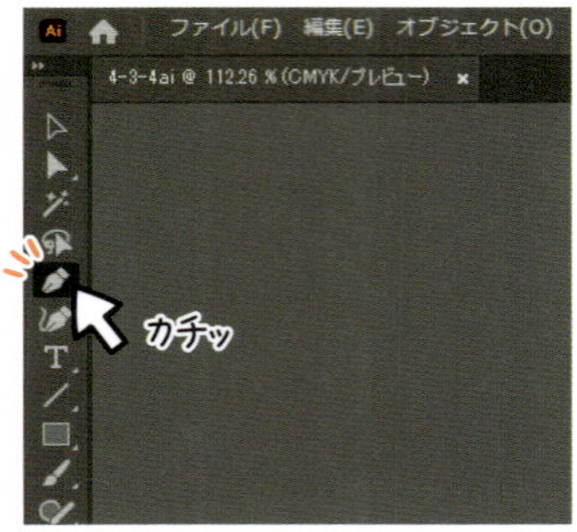
ファイル(F) 編集(E) オブジェクト(O)
カチッ

❶[ペンツール]を選択し

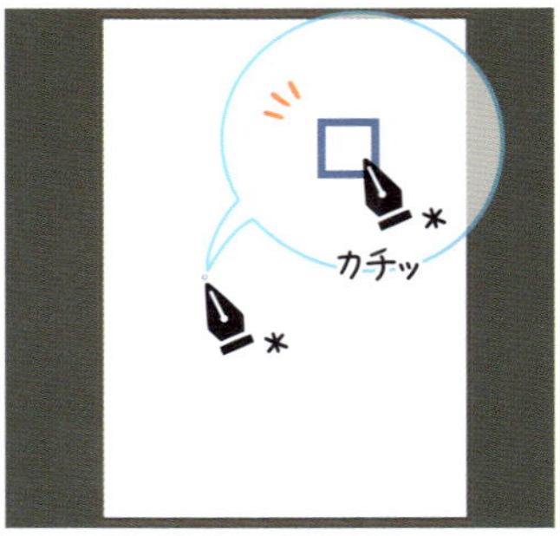
カチッ

❷直線を描きたい場所をクリックする

2 カーソルを動かして直線を引きたい箇所をクリックすると、アンカーポイントが繋がれ、線が引かれます。

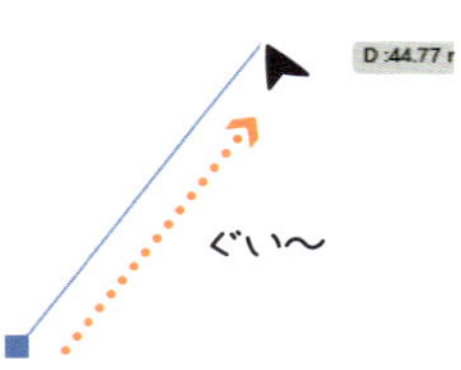
ぐい〜

❶カーソルを動かして

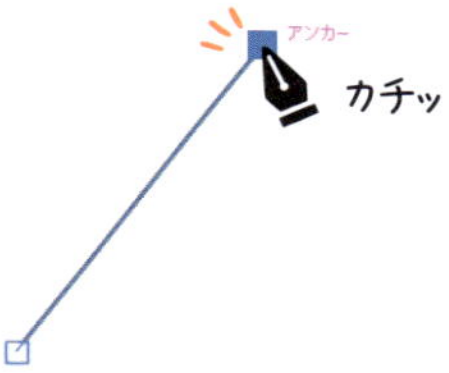
カチッ

❷直線を引きたい箇所をクリックすると

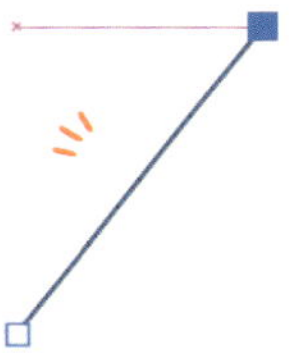

❸線が引かれる

3 次にカーソルを好きな箇所に動かし、クリックしたまま右上へとドラッグさせます。するとハンドルが引き出され、曲線が描かれます。

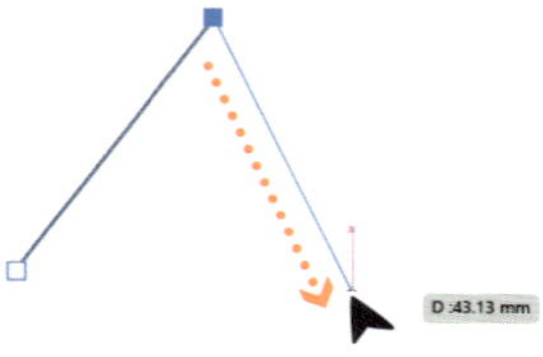

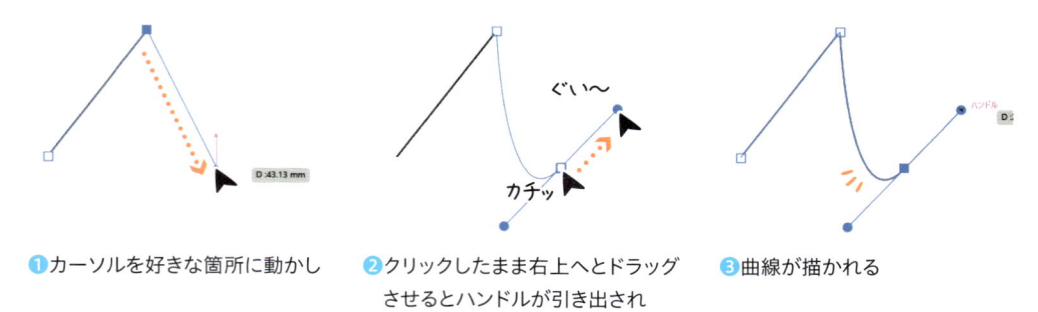

❶カーソルを好きな箇所に動かし

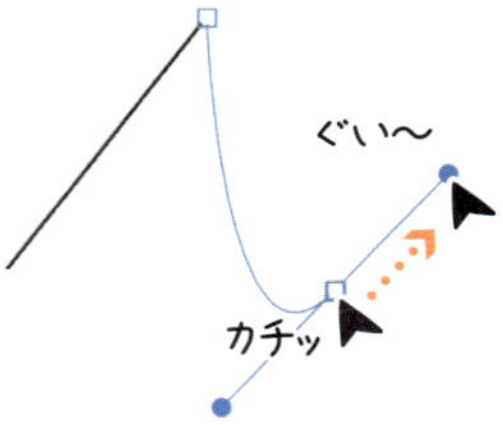
ぐい〜
カチッ

❷クリックしたまま右上へとドラッグさせるとハンドルが引き出され

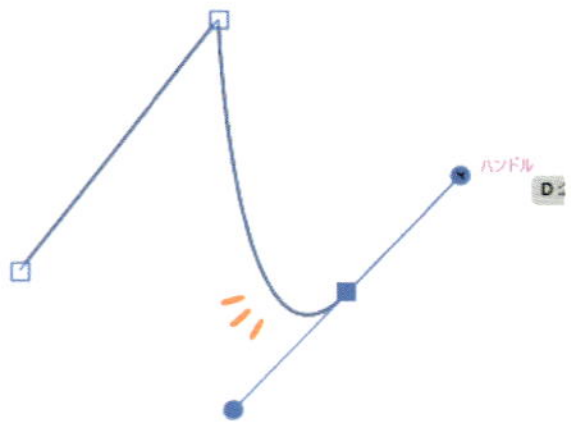

❸曲線が描かれる

4 またカーソルを動かしドラッグせずにクリックしたあと、さらにカーソルを動かしクリックすると、直線が描かれます。

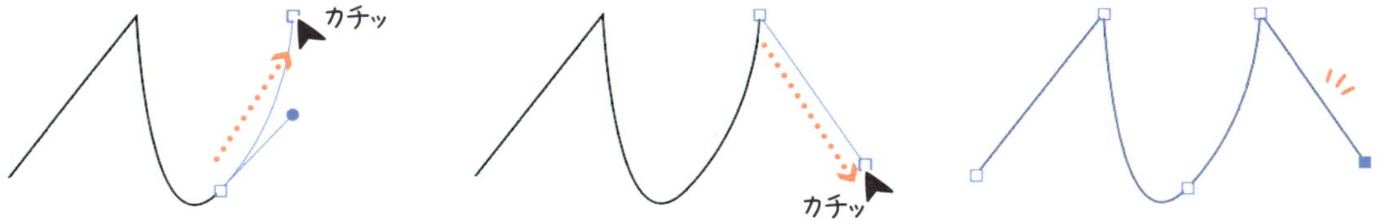
カチッ
カチッ

❶カーソルを動かしクリックしたあと ❷さらにカーソルを動かしてクリックすると ❸直線が描かれる

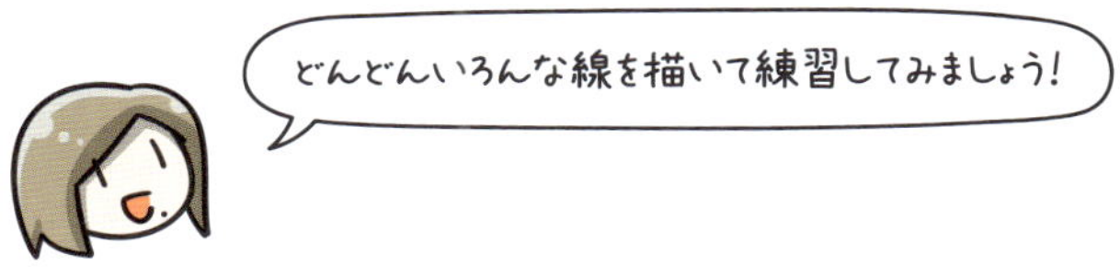
どんどんいろんな線を描いて練習してみましょう!

知っておこう!

選択解除したパスの続きからパスを描く方法

一旦選択解除したパスは、その後パス上のアンカーポイントへ[ペンツール]のままカーソルを持っていきクリックすることで、その続きからパスを描き始めることができます。

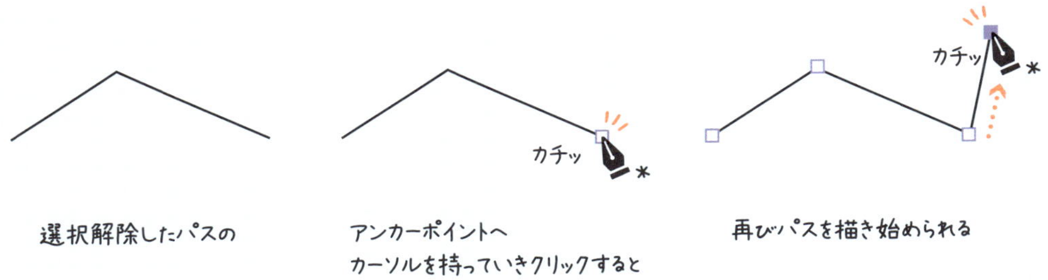
カチッ
カチッ
選択解除したパスの
アンカーポイントへ
カーソルを持っていきクリックすると
再びパスを描き始められる

4…4 パスの編集方法

編集方法を知っておくことで、あとから思い通りのパスに近づけることができます。

Study

アンカーポイント/ハンドルの役割について知ろう

「パスの構成要素について知ろう」(p.115)で、パスを成り立たせる要素について学びました。ここでは、アンカーポイントとハンドルの役割をおさらいしましょう。

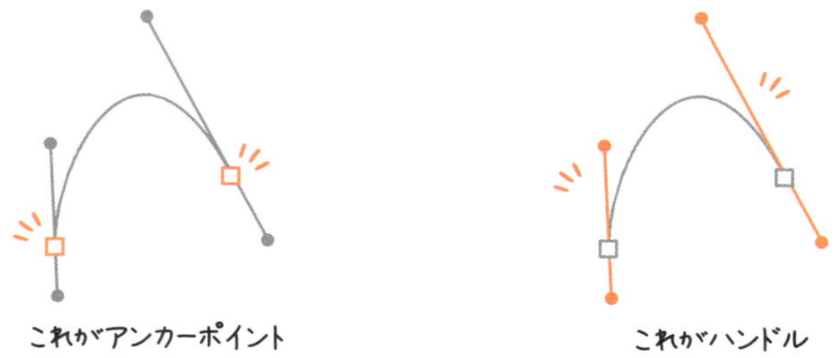

これがアンカーポイント
これがハンドル

アンカーポイントとアンカーポイントを繋ぐことで、セグメントが作られます。アンカーポイントは動かすことができ、動かすとセグメントの形が変わります。

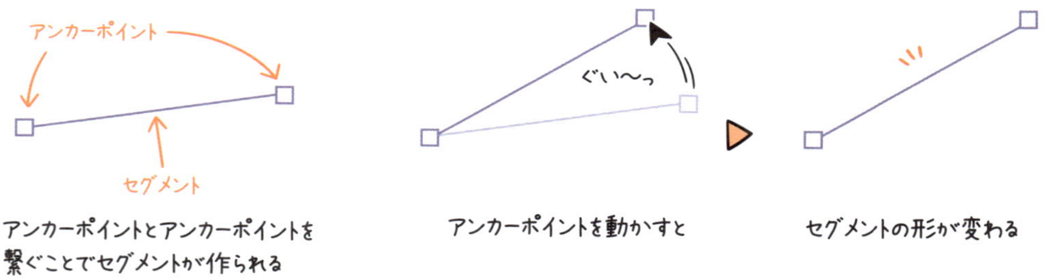

アンカーポイント
セグメント
アンカーポイントとアンカーポイントを繋ぐことでセグメントが作られる
ぐぃ〜っ
アンカーポイントを動かすと
セグメントの形が変わる

ハンドルは曲線の大きさや向きを調整する線です。ハンドルも動かすことができ、動かすと曲線の形が変わります。

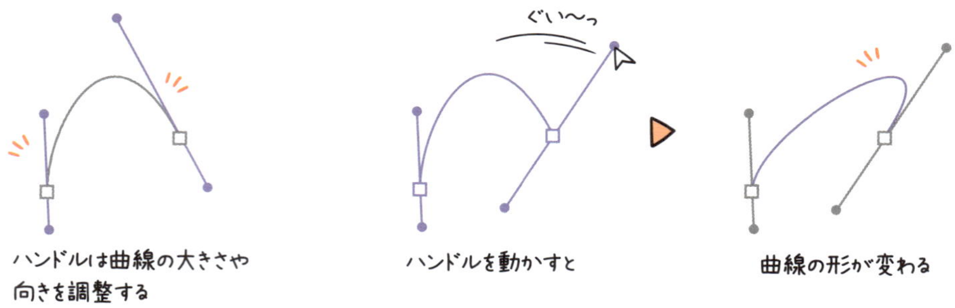

ハンドルは曲線の大きさや向きを調整する
ぐぃ〜っ
ハンドルを動かすと
曲線の形が変わる

Study

アンカーポイント/ハンドルを編集するツールについて知ろう

アンカーポイント/ハンドルを編集するツールは「ダイレクト選択ツール」「アンカーポイントツール」「アンカーポイントの追加ツール」「アンカーポイントの削除ツール」の4つがあります。それぞれの特徴は以下の通りです。

ダイレクト選択ツール

パスのアンカーポイントやハンドルを動かせるツール

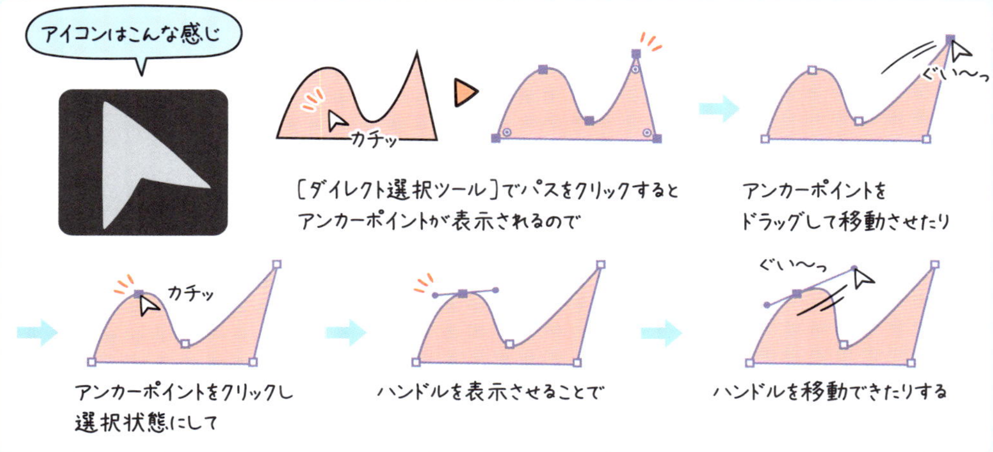
アイコンはこんな感じ
カチッ
ぐい〜っ
[ダイレクト選択ツール]でパスをクリックすると
アンカーポイントが表示されるので
アンカーポイントを
ドラッグして移動させたり
カチッ
ぐい〜っ
アンカーポイントをクリックし
選択状態にして
ハンドルを表示させることで
ハンドルを移動できたりする

アンカーポイントツール

ハンドルを片方ずつ動かしたり、ハンドルを引き出したり削除したりできるツール

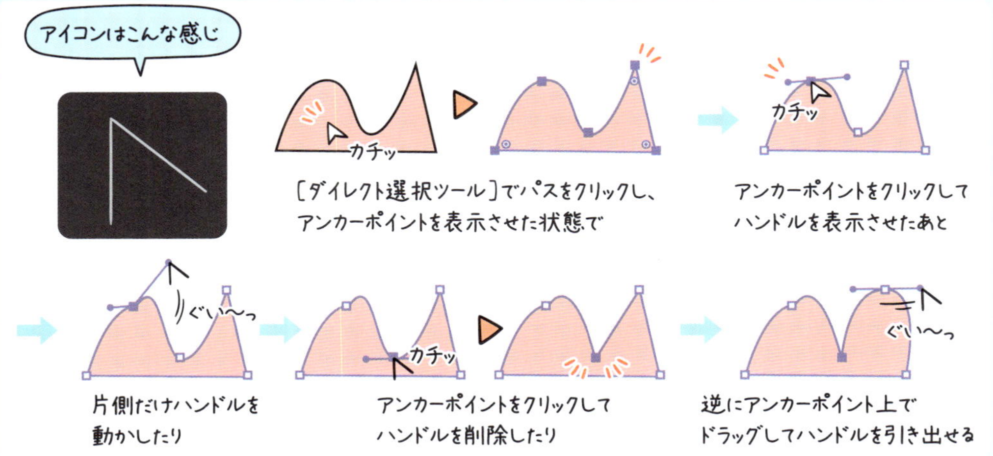
アイコンはこんな感じ
カチッ
[ダイレクト選択ツール]でパスをクリックし、
アンカーポイントを表示させた状態で
カチッ
アンカーポイントをクリックして
ハンドルを表示させたあと
ぐい〜っ
カチッ
ぐい〜っ
片側だけハンドルを
動かしたり
アンカーポイントをクリックして
ハンドルを削除したり
逆にアンカーポイント上で
ドラッグしてハンドルを引き出せる

アンカーポイントの追加ツール

名前のとおり、アンカーポイントを追加できるツール

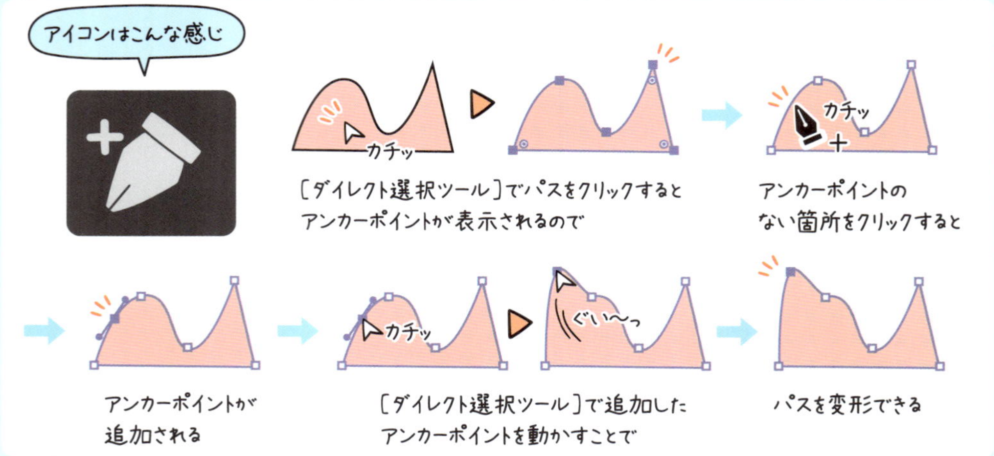
アイコンはこんな感じ
カチッ
[ダイレクト選択ツール]でパスをクリックすると
アンカーポイントが表示されるので
カチッ
アンカーポイントの
ない箇所をクリックすると
アンカーポイントが
追加される
カチッ
ぐい〜っ
[ダイレクト選択ツール]で追加した
アンカーポイントを動かすことで
パスを変形できる

アンカーポイントの削除ツール

名前のとおり、アンカーポイントを削除できるツール

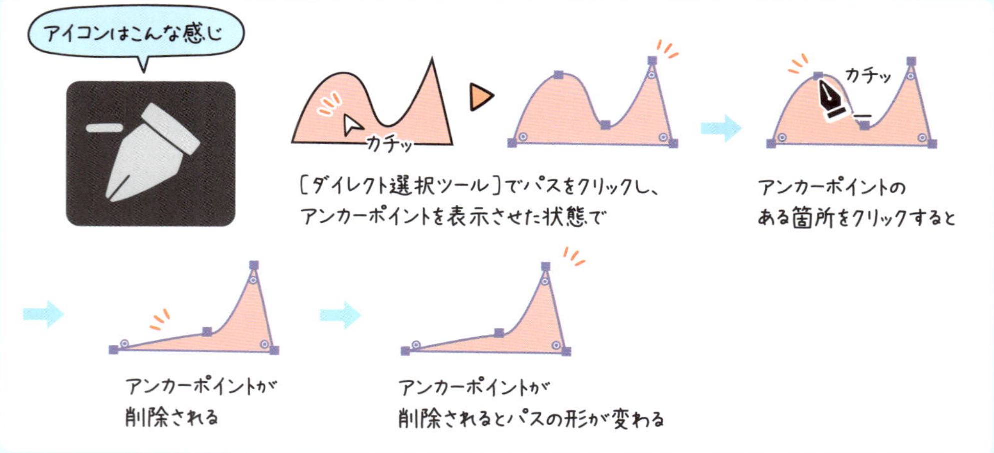
アイコンはこんな感じ
カチッ
[ダイレクト選択ツール]でパスをクリックし、
アンカーポイントを表示させた状態で
カチッ
アンカーポイントの
ある箇所をクリックすると
アンカーポイントが
削除される
アンカーポイントが
削除されるとパスの形が変わる

Let's Try!

アンカーポイントを移動してオブジェクトを変形してみよう

1 サンプルファイル「4-4-3.ai」を開いて、アンカーポイントを移動していきます。サンプルファイルを開くと、四角形のオブジェクトが配置されていることがわかります。

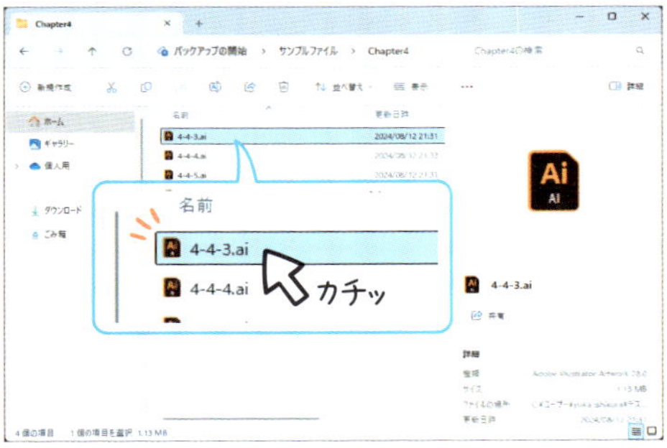

名前
4-4-3.ai
4-4-4.ai
カチッ

❶サンプルファイル「4-4-3.ai」を開くと

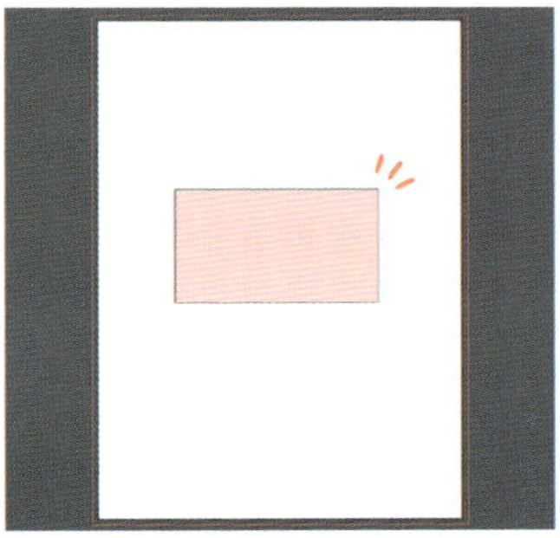

❷四角形のオブジェクトが配置されている

2 [ツールバー]から[ダイレクト選択ツール]を選択し、オブジェクトをクリックします。するとアンカーポイントが表示されます。

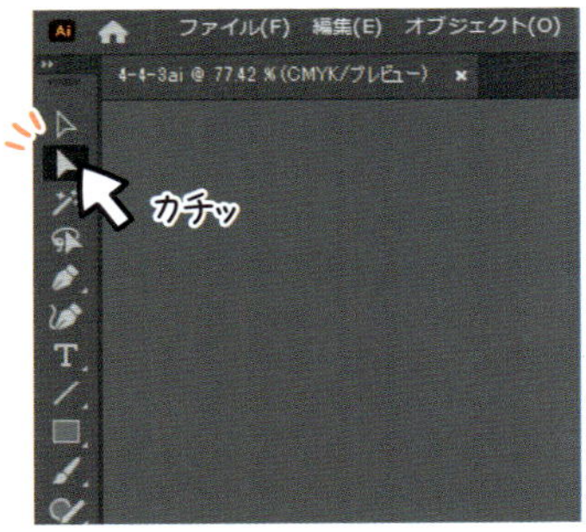

ファイル(F) 編集(E) オブジェクト(O)
4-4-3.ai @ 77.42 % (CMYK/プレビュー)
カチッ

❶[ツールバー]から[ダイレクト選択ツール]を選択し

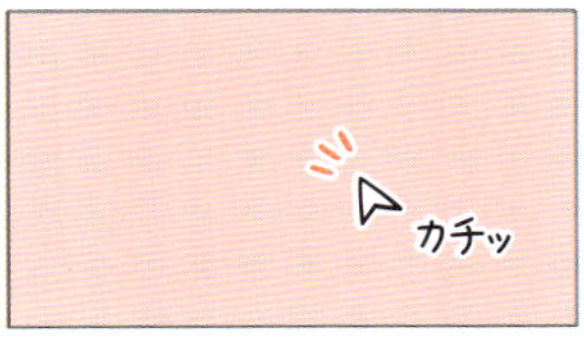

カチッ

❷オブジェクトをクリックすると

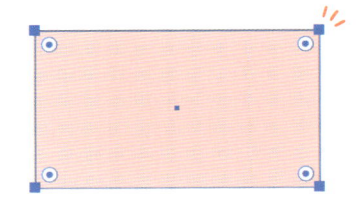

❸アンカーポイントが表示される

3 アンカーポイントが表示されたら、移動したいアンカーポイントをクリックしたあとドラッグすることで、アンカーポイントを移動することができます。

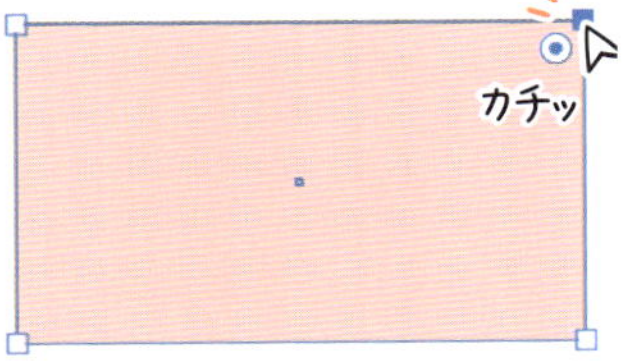

カチッ

❶移動したいアンカーポイントをクリックしたあと

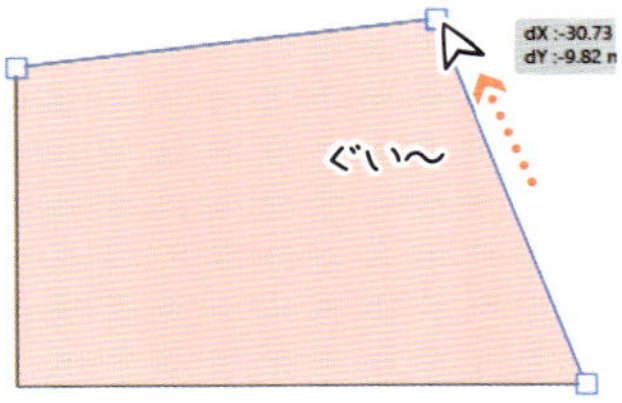

dX :-30.73
dY :-9.82
ぐい〜

❷移動したい方向へドラッグすることで

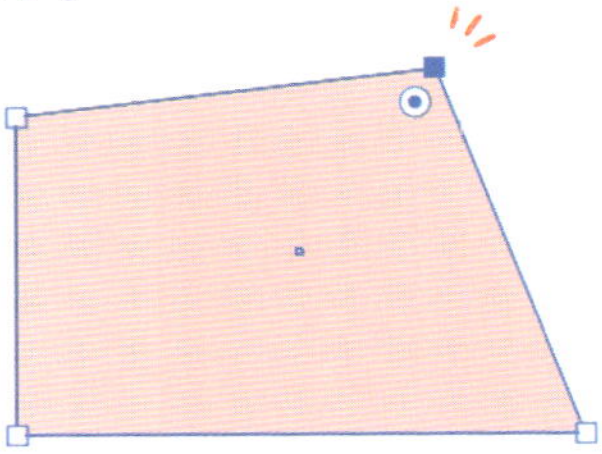

❸アンカーポイントを移動できる

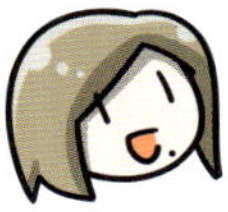

アンカーポイントが表示されたときはすべてのアンカーポイントが選択状態になり、青色で表示されます
移動したいアンカーポイントをクリックした際は、クリックしたアンカーポイントのみ選択状態になり、青色で表示されます

4 また、アンカーポイントをドラッグして囲う、もしくは Shift で複数選択することで複数のアンカーポイントを同時に移動することが可能です。

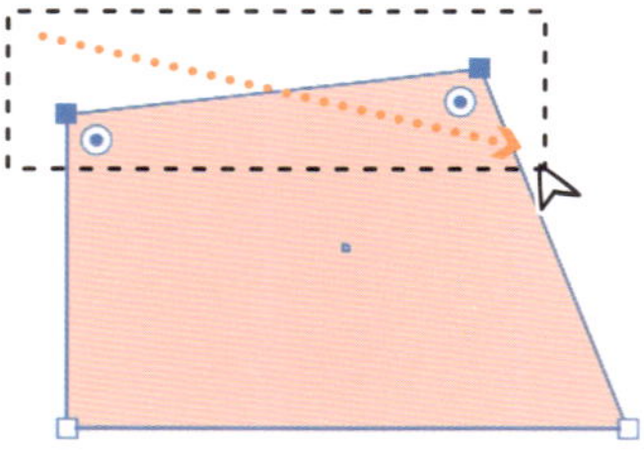

❶アンカーポイントを複数選択して

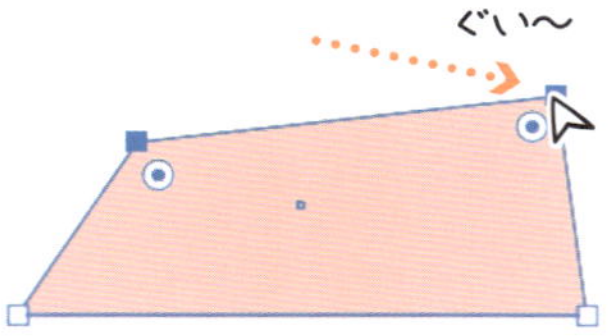
ぐい〜

❷ドラッグすると

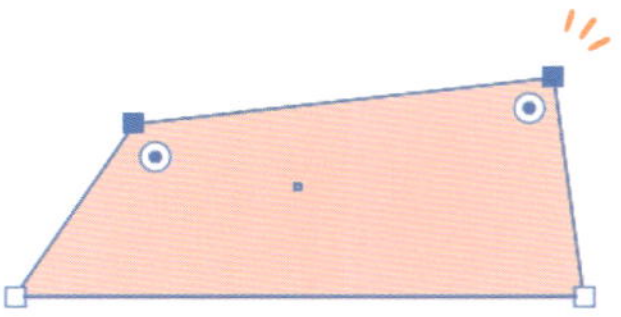

❸同時に移動できる

5 [ダイレクト選択ツール]でオブジェクトをクリックする際、アンカーポイントの近くにカーソルを持っていくと、アンカーポイントが表示されます。その状態でアンカーポイントをクリックすると、クリックしたアンカーポイントが選択状態となります。

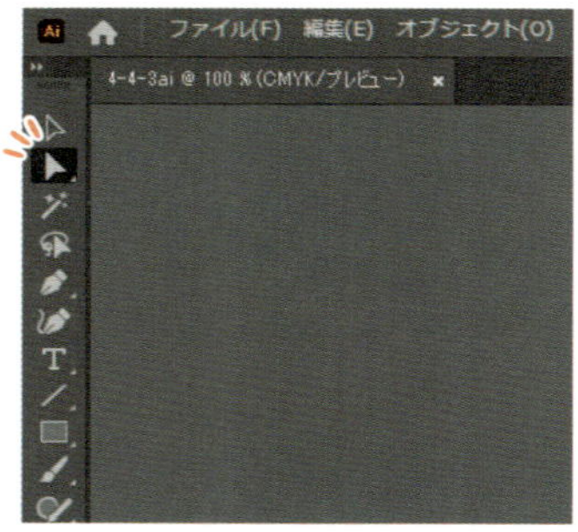
ファイル(F)
編集(E)
オブジェクト(O)
4-4-3ai @ 100 % (CMYK/プレビュー)

❶[ダイレクト選択ツール]を選択した状態で

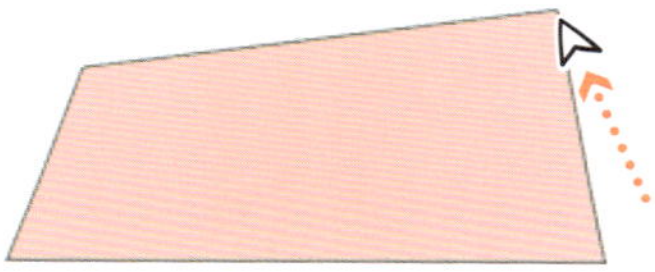

❷アンカーポイントの近くへカーソルを持っていくと

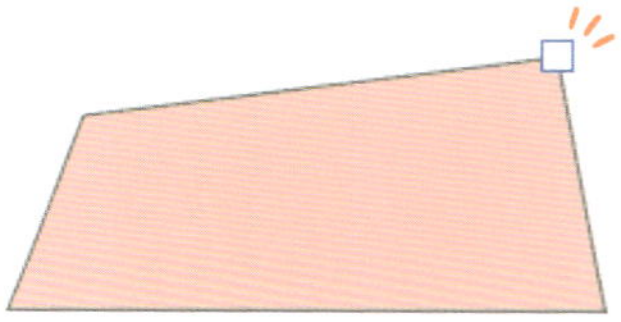

❸アンカーポイントが表示される

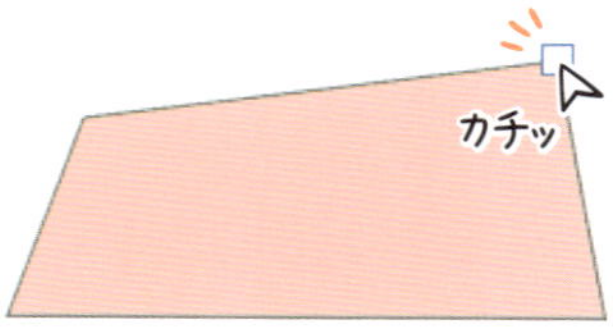
カチッ

❹その状態でアンカーポイントをクリックすると

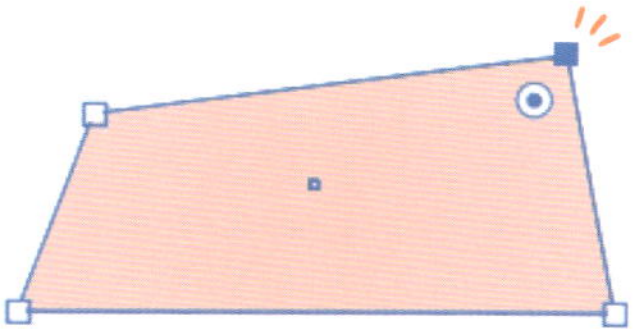

❺クリックしたアンカーポイントが選択状態になる

選択状態のアンカーポイントは青色、選択されていないアンカーポイントは白色で表記されます
選択状態(青色)のアンカーポイントのみ動かすことができます

Let's Try!

パスのハンドルを移動してみよう

1 サンプルファイル「4-4-4.ai」を開いて、ハンドルを移動していきます。サンプルファイルを開くと、波線のオブジェクトが配置されていることがわかります。

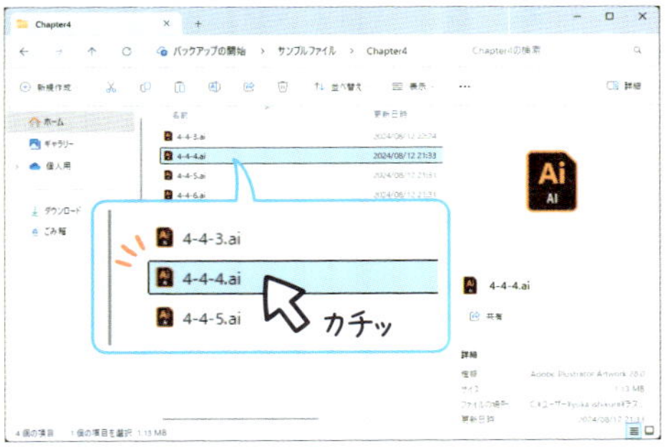
4-4-3.ai
4-4-4.ai
4-4-5.ai
カチッ

❶サンプルファイル「4-4-4.ai」を開くと

❷波線のオブジェクトが配置されている

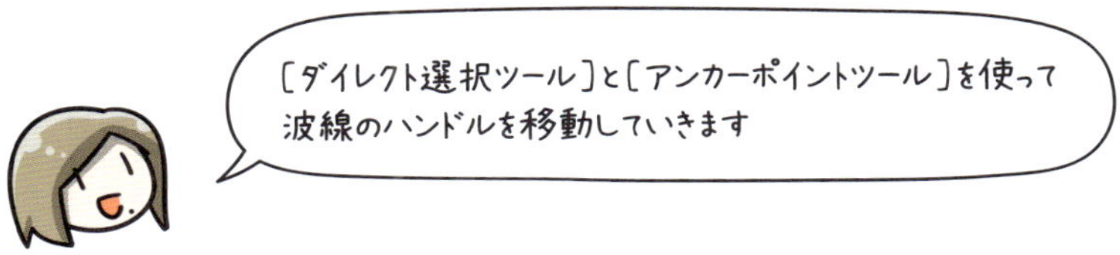
[ダイレクト選択ツール]と[アンカーポイントツール]を使って波線のハンドルを移動していきます

2 まずは、[ダイレクト選択ツール]を使ってハンドルを移動してみましょう。[ツールバー]から[ダイレクト選択ツール]を選択し、パスをクリックします。すると、アンカーポイントが表示されます。

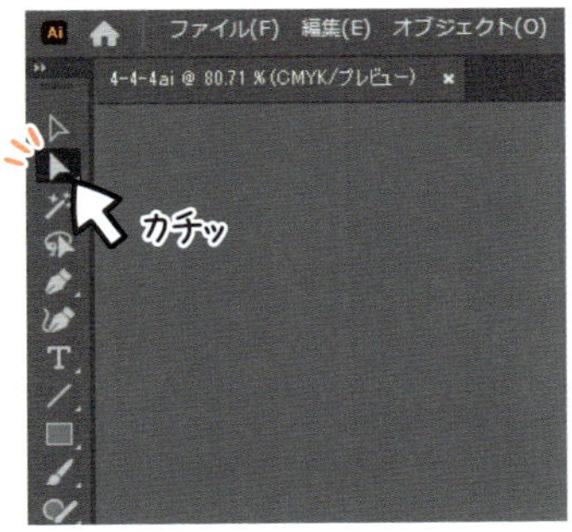
ファイル(F) 編集(E) オブジェクト(O)
4-4-4ai @ 80.71 % (CMYK/プレビュー)
カチッ

❶[ダイレクト選択ツール]を選択し

カチッ

❷パスをクリックすると

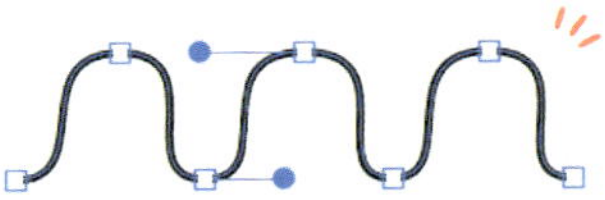

❸アンカーポイントが表示される

3 アンカーポイントが表示されたら、どれか1つ、アンカーポイントをクリックします。すると、ハンドルが表示されるので、ドラッグすることでハンドルを移動することができます。

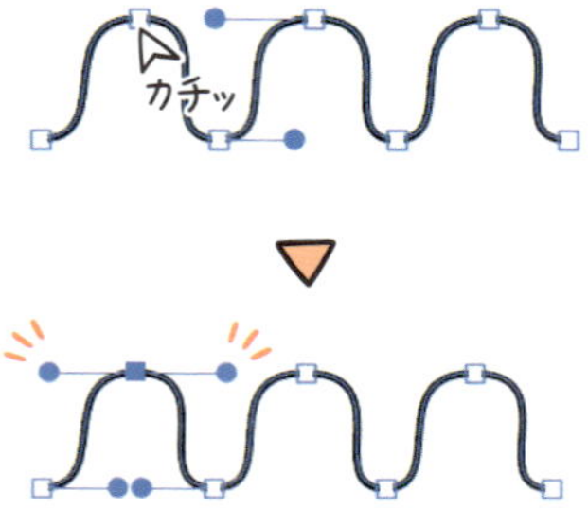
カチッ

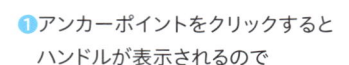

❶アンカーポイントをクリックすると
ハンドルが表示されるので

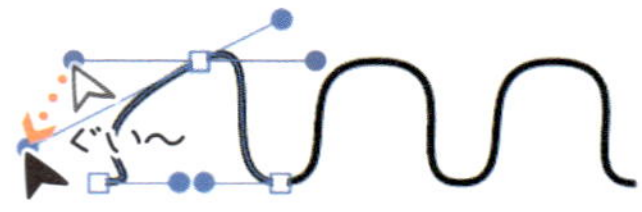
ぐい〜

❷ハンドルをドラッグすると

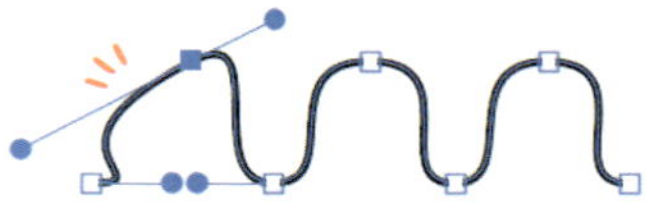

❸ハンドルが移動され、曲線の角度が変わる

4 次に、[ダイレクト選択ツール]でアンカーポイントを表示させ、ハンドルも表示させた状態で、[アンカーポイントツール]を選択します。ハンドルをドラッグすると、ドラッグさせた方のみハンドルが移動できます。

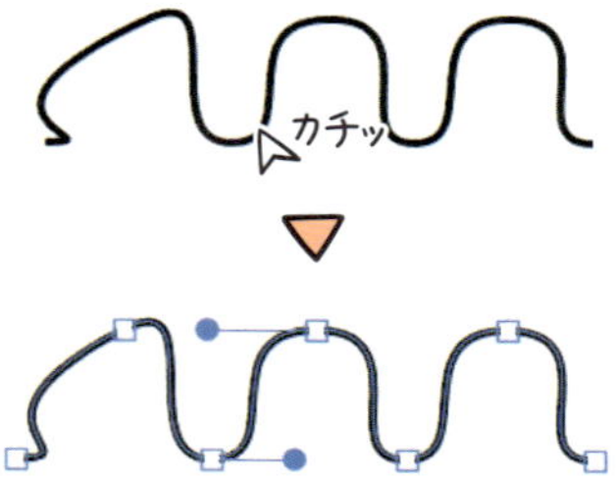
カチッ

❶[ダイレクト選択ツール]でパスをクリックしアンカーポイントを表示し

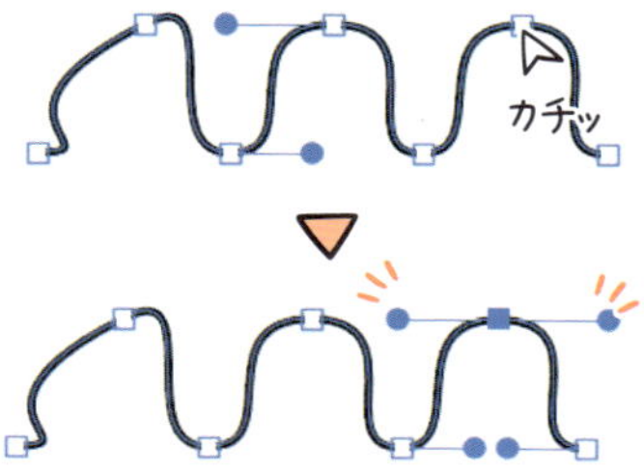
カチッ

❷アンカーポイントをクリックしてハンドルを表示させたあと

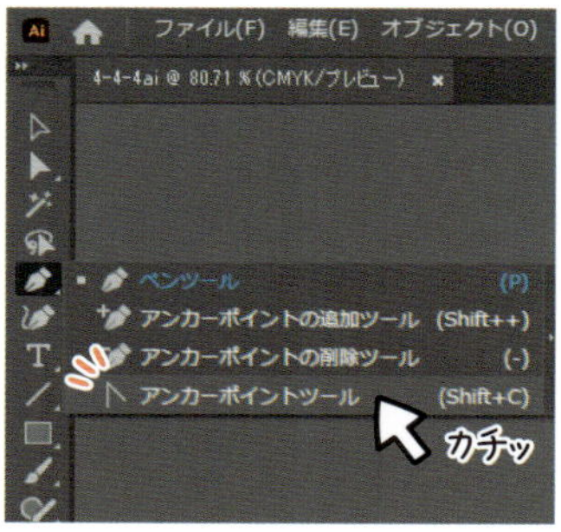
ファイル(F) 編集(E) オブジェクト(O)
4-4-4ai @ 80.71 % (CMYK/プレビュー)
ペンツール (P)
アンカーポイントの追加ツール (Shift++)
アンカーポイントの削除ツール (-)
アンカーポイントツール (Shift+C)
カチッ

❸[アンカーポイントツール]を選択する

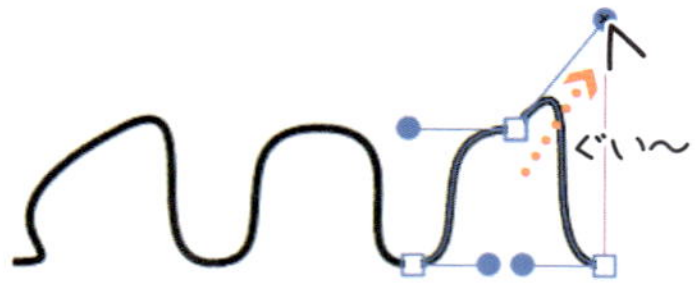
ぐい〜

❹ハンドルをドラッグすると

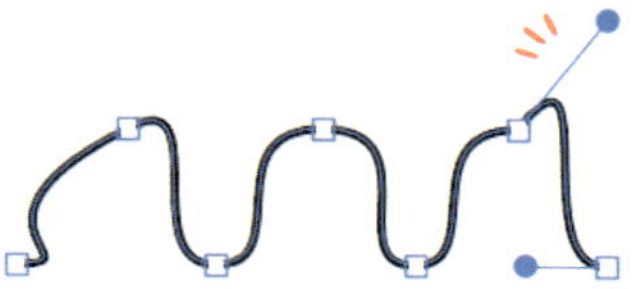

❺ドラッグさせた方のハンドルのみ移動することができる

両側に伸びている
ハンドルを個別に移動
できるわけですね！

Let's Try!

四角形のパスのアンカーポイントからハンドルを引き出してみよう

1 サンプルファイル「4-4-5.ai」を開いて、ハンドルを引き出していきます。サンプルファイルを開くと、四角形のオブジェクトが配置されていることがわかります。

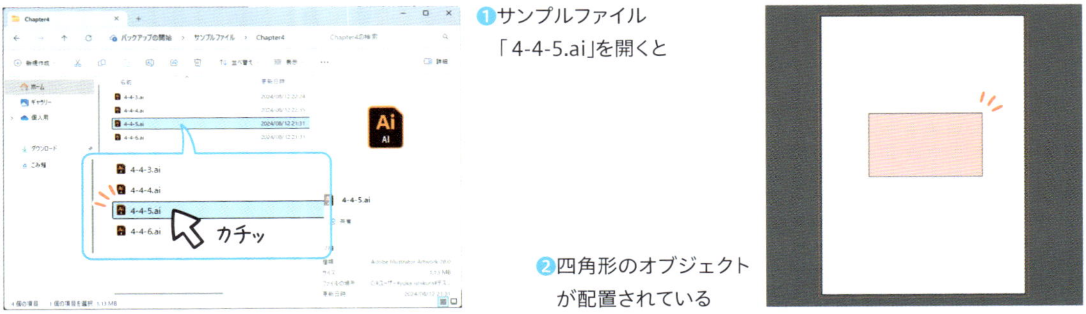

①サンプルファイル「4-4-5.ai」を開くと
4-4-3.ai
4-4-4.ai
4-4-5.ai
4-4-6.ai
カチッ
②四角形のオブジェクトが配置されている

2 まずは[ツールバー]から[ダイレクト選択ツール]を選択し、パスをクリックしてアンカーポイントを表示させます。

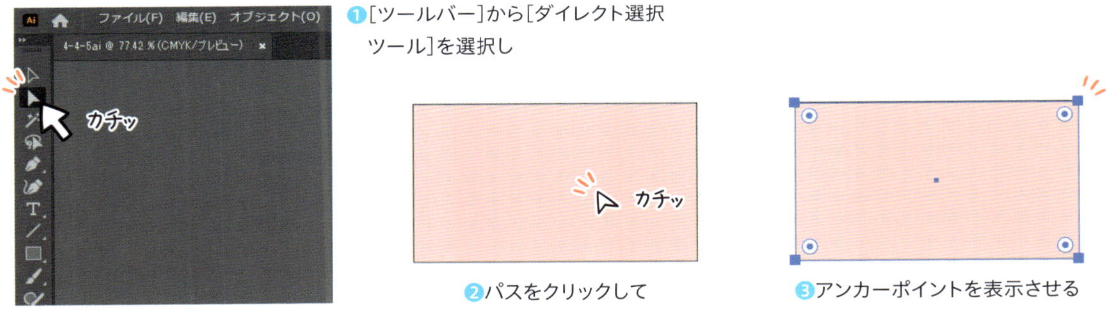

ファイル(F) 編集(E) オブジェクト(O)
4-4-5ai @ 77.42 % (CMYK/プレビュー)
カチッ
①[ツールバー]から[ダイレクト選択ツール]を選択し
カチッ
②パスをクリックして
③アンカーポイントを表示させる

3 アンカーポイントを表示させたら、[アンカーポイントツール]を選択し、パスをドラッグします。するとハンドルが引き出されます。

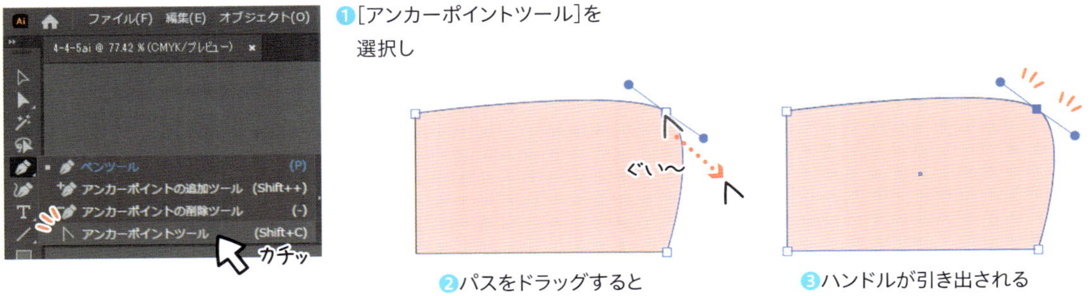

ファイル(F) 編集(E) オブジェクト(O)
4-4-5ai @ 77.42 % (CMYK/プレビュー)
ペンツール (P)
アンカーポイントの追加ツール (Shift++)
アンカーポイントの削除ツール (-)
アンカーポイントツール (Shift+C)
カチッ
①[アンカーポイントツール]を選択し
ぐい〜
②パスをドラッグすると
③ハンドルが引き出される

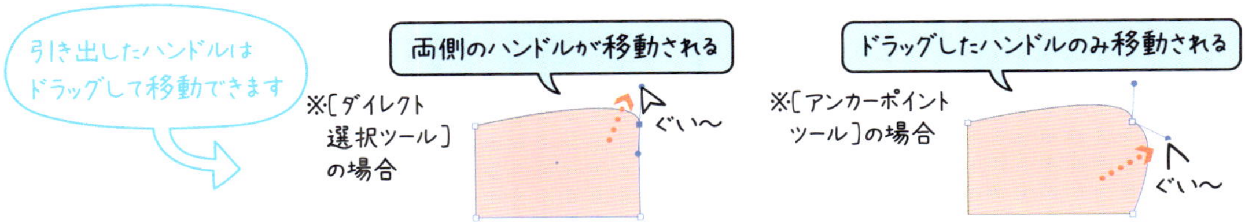

引き出したハンドルはドラッグして移動できます
両側のハンドルが移動される
※[ダイレクト選択ツール]の場合
ぐい〜
ドラッグしたハンドルのみ移動される
※[アンカーポイントツール]の場合
ぐい〜

Let's Try!

アンカーポイントの追加/削除をしてみよう

1 サンプルファイル「4-4-6.ai」を開いて、アンカーポイントの追加/削除を行っていきます。サンプルファイルを開くと、四角形のオブジェクトが配置されていることがわかります。

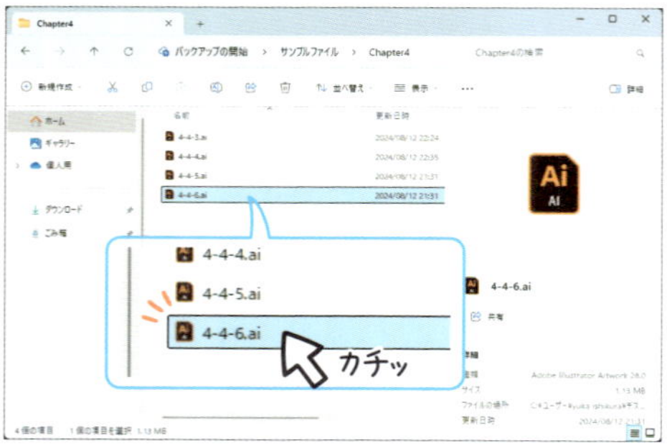
4-4-4.ai
4-4-5.ai
4-4-6.ai
カチッ
Ai

❶サンプルファイル「4-4-6.ai」を開くと

❷四角形のオブジェクトが配置されている

2 [ツールバー]から[アンカーポイントの削除ツール]を選択し、パス上をクリックすると、アンカーポイントが削除されます。反対に[アンカーポイントの追加ツール]を選択し、パス上をクリックすると、アンカーポイントが追加されます。

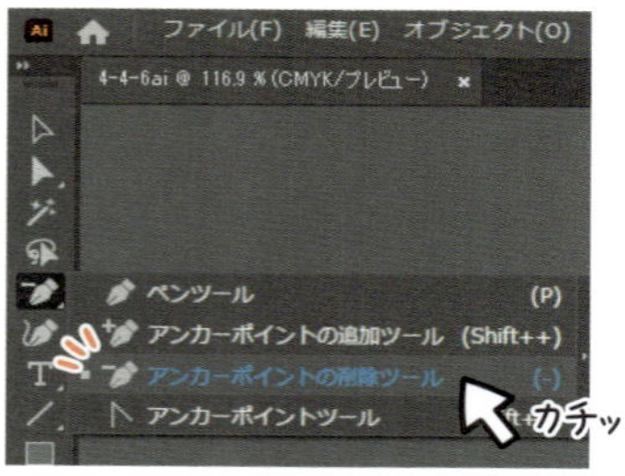
ファイル(F) 編集(E) オブジェクト(O)
ペンツール (P)
アンカーポイントの追加ツール (Shift++)
アンカーポイントの削除ツール (-)
アンカーポイントツール
カチッ

❶[ツールバー]から[アンカーポイントの削除ツール]を選択し

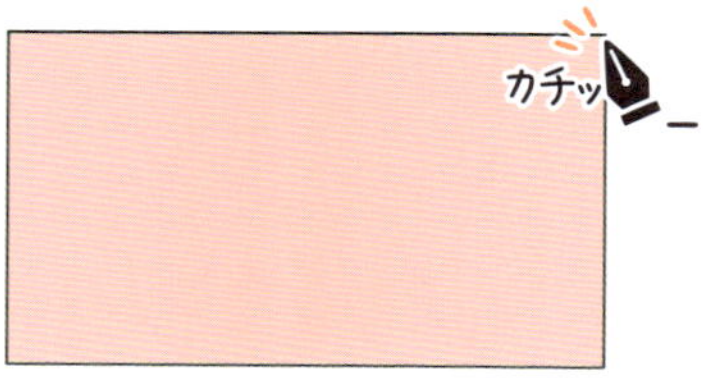
カチッ

❷パス上をクリックすると

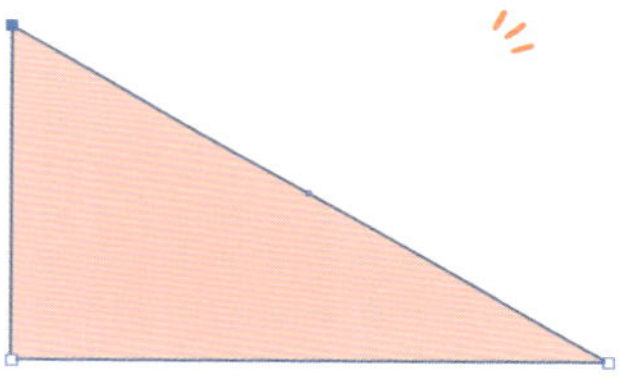

❸アンカーポイントが削除される

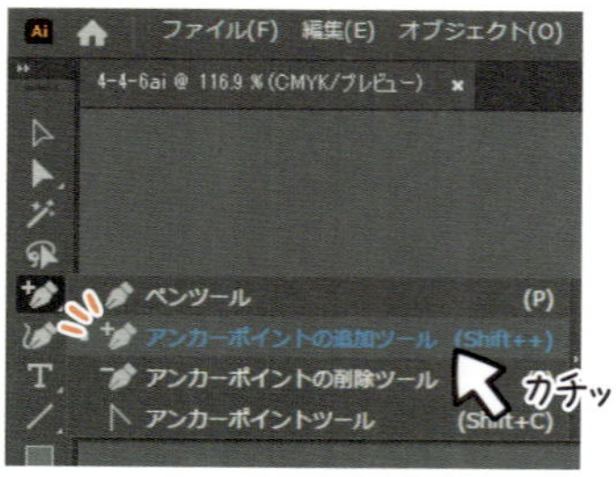
ファイル(F) 編集(E) オブジェクト(O)
ペンツール (P)
アンカーポイントの追加ツール (Shift++)
アンカーポイントの削除ツール
アンカーポイントツール (Shift+C)
カチッ

❹[ツールバー]から[アンカーポイントの削除ツール]を選択し

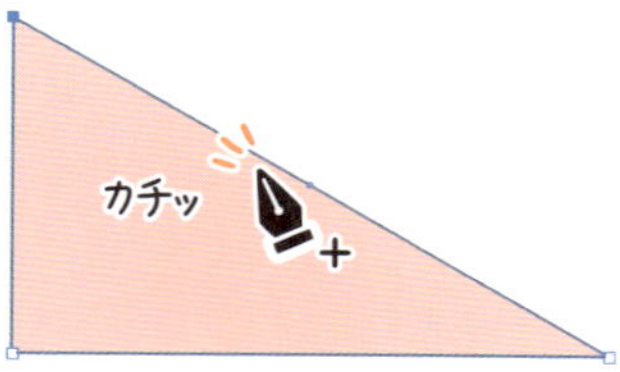
カチッ

❺パス上をクリックすると

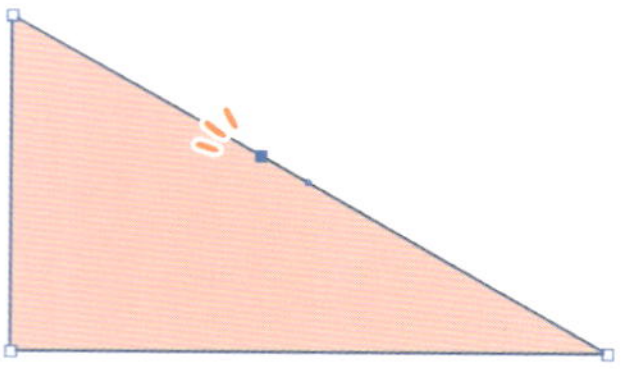

❻アンカーポイントが追加される

追加したアンカーポイントは
[ダイレクト選択ツール]で移動できます

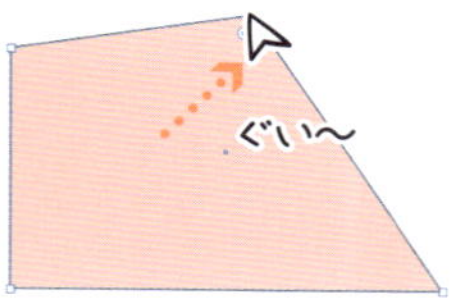
ぐい～

名刺を作ってみよう❸

この章で学んだことを活かして、名刺を作っていきます。ここでは直線を描いていき、周りの装飾を作成してみましょう。

飾りを描いてみよう

1 4章で学んだことを踏まえて、ここでは名刺周りの飾りを描いていきます。

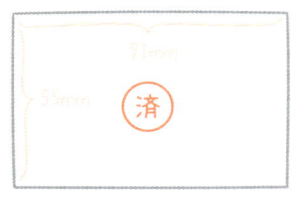

済
①名刺サイズのアートボードを作成する
済
②ガイドを作成する
済
③ウサギなどのオブジェクトを作成する
ここ!
④周りの装飾を作成する
⑤吹き出しや背景のオブジェクトを作成する
イシクラ ユカ
⑥テキストを入力する
イシクラ ユカ
⑦レイヤーごとにオブジェクトを振り分ける
⑧画像を配置する
イシクラ ユカ
⑨印刷する

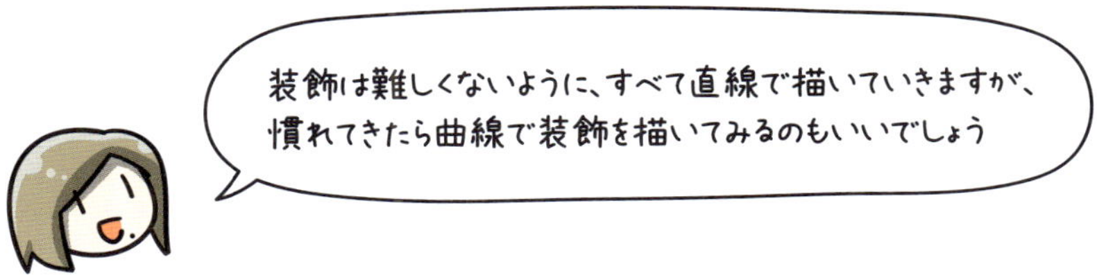

装飾は難しくないように、すべて直線で描いていきますが、
慣れてきたら曲線で装飾を描いてみるのもいいでしょう

2 3章で作成したファイルを開いたら、［ペンツール］を選択します。今回描いていくパスはオープンパスとなるため、［塗り］の設定はなしにしておきましょう（p.56「オブジェクトに塗りを設定してみよう」参照）。［線］の太さは、デフォルトの［1pt］としておきます（p.61「オブジェクトに線を設定してみよう」参照）。

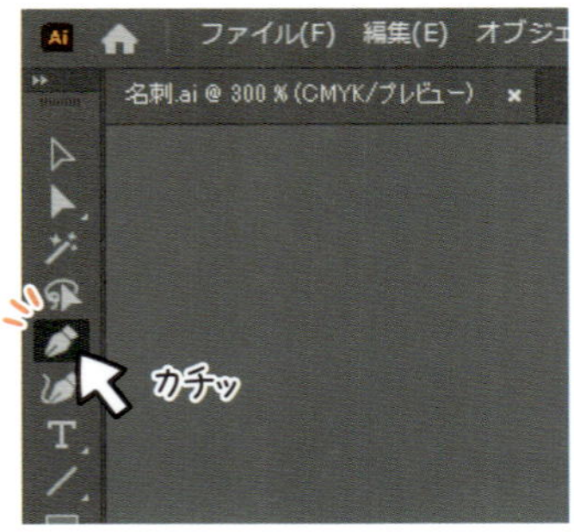
ファイル(F) 編集(E) オブジェ
名刺.ai @ 300 % (CMYK/プレビュー)
カチッ
❶［ペンツール］を選択し

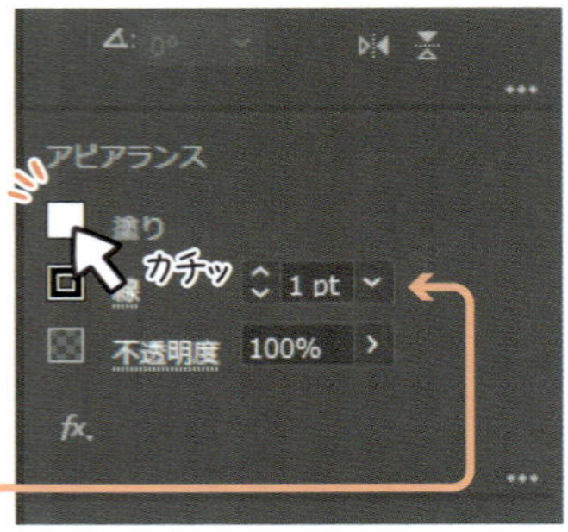
アピアランス
塗り
カチッ
線
1 pt
不透明度
100%
❷［プロパティパネル］内にある［塗り］の

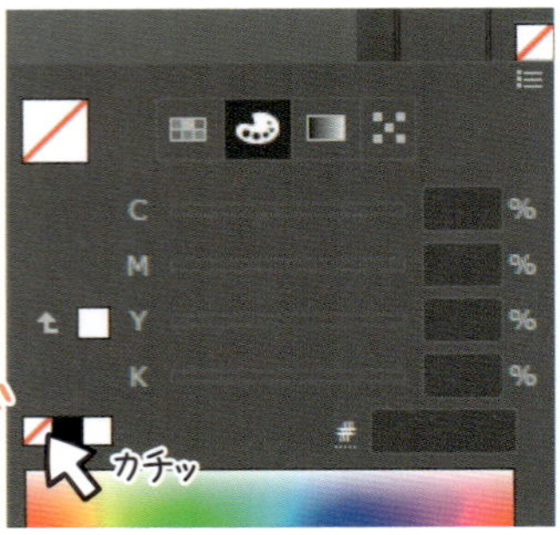
C
M
Y
K
カチッ
❸設定をなしにしておく

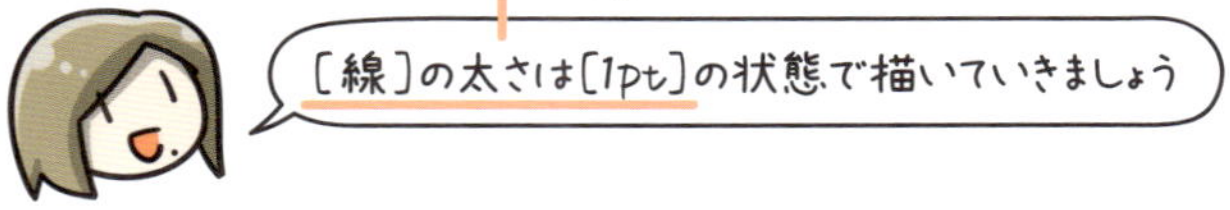
［線］の太さは［1pt］の状態で描いていきましょう

3 ［ペンツール］を選択したら、左下にカーソルを持っていき、ガイドぎりぎりを Shift を押しながらクリックしていき、装飾を描いていきます（p.119「線（オープンパス）を描いてみよう」参照）。

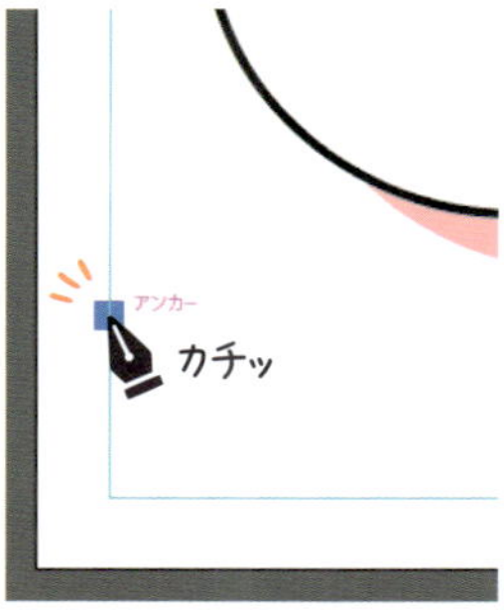
アンカー
カチッ
❶左下のガイドぎりぎりをクリックし

Shift
カチッ
❷ Shift を押しながら真下に動かしクリック

Shift
アンカー
カチッ
❸ Shift を押しながら真横に動かしクリック

Shift
アンカー
❹ Shift を押しながら真上に動かしクリック

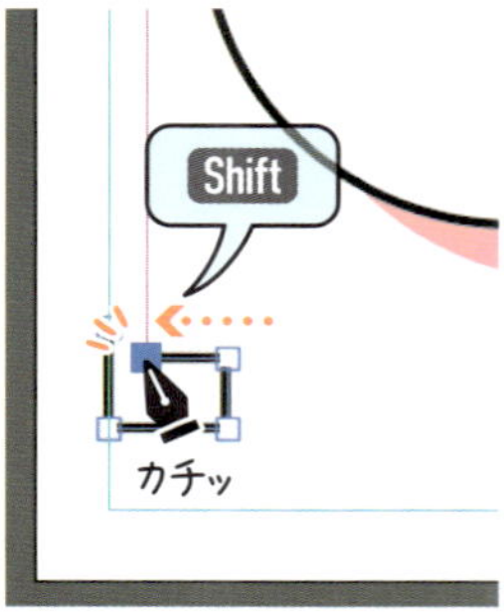
Shift
カチッ
❺ Shift を押しながら真横に動かしクリック

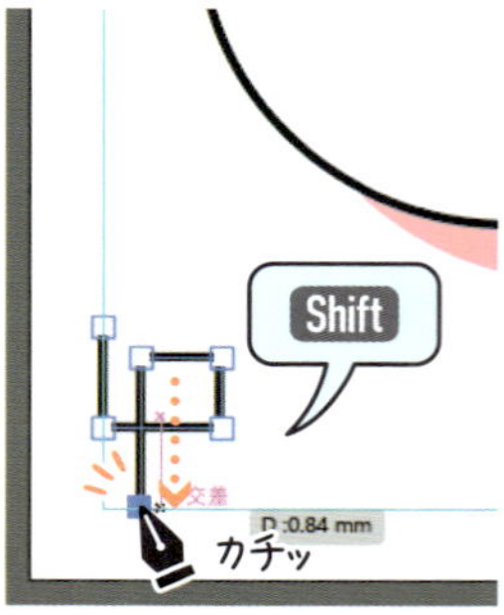
Shift
カチッ
❻ Shift を押しながら真下に動かしクリック

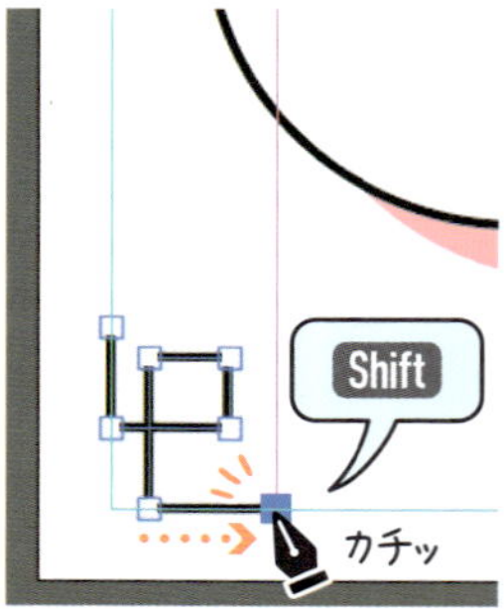
Shift
カチッ
❼ Shift を押しながら真横に動かしクリックする

線が描けたら、適宜
選択を解除して、次の
線を描いていきましょう

4 右上の装飾も同じように、ガイドぎりぎりを Shift を押しながらクリックし、装飾を描いていきます。

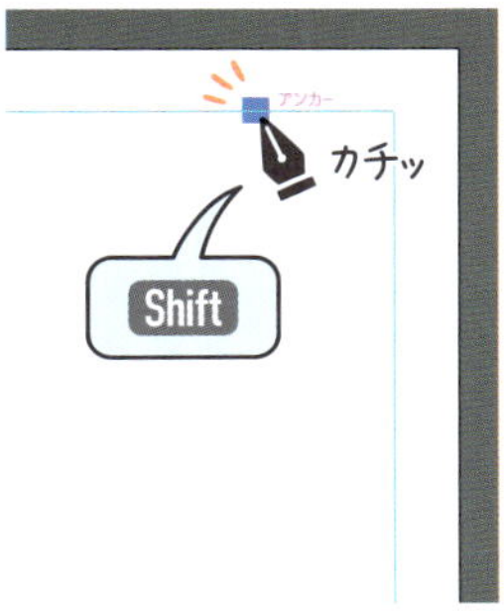
カチッ
Shift

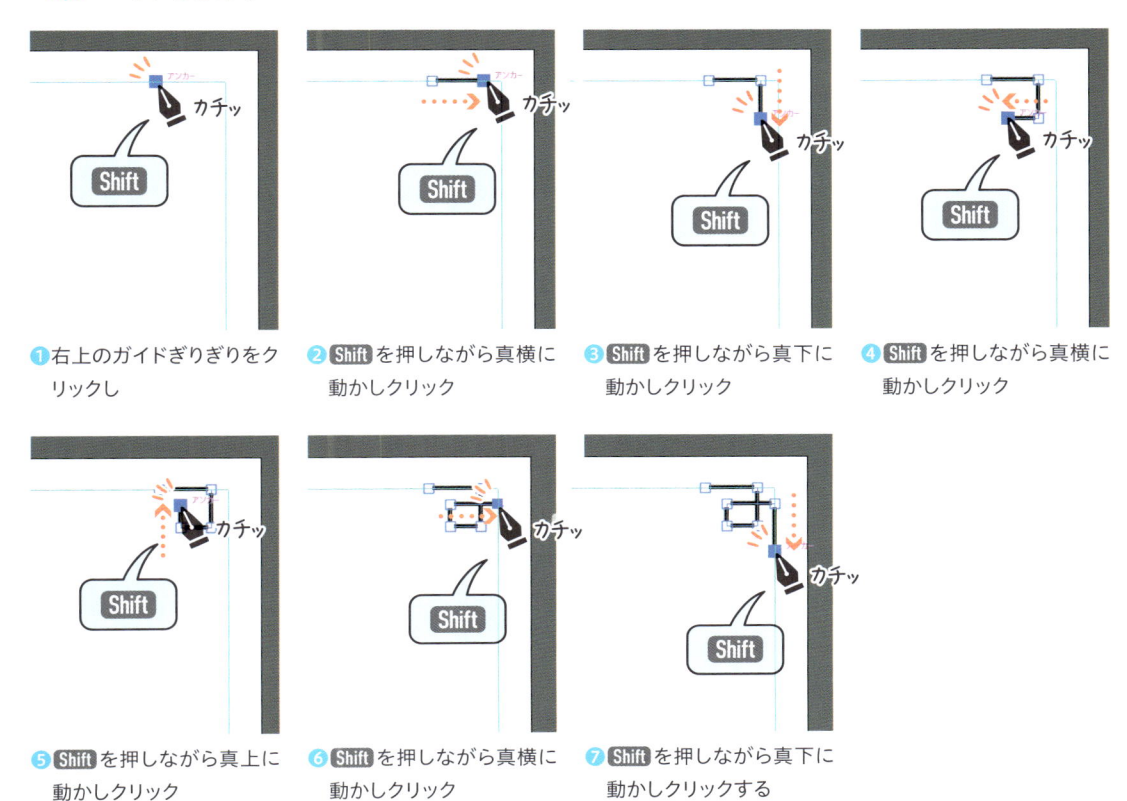

❶右上のガイドぎりぎりをクリックし

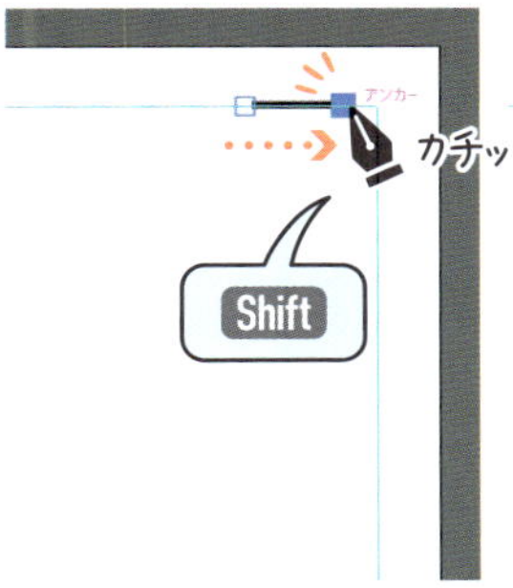
カチッ
Shift

❷ Shift を押しながら真横に動かしクリック

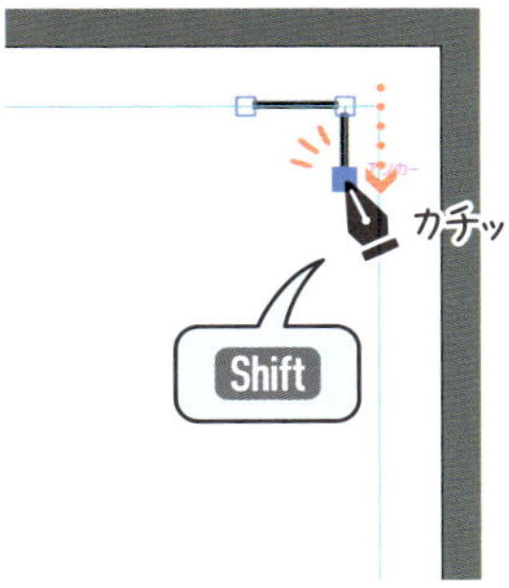
カチッ
Shift

❸ Shift を押しながら真下に動かしクリック

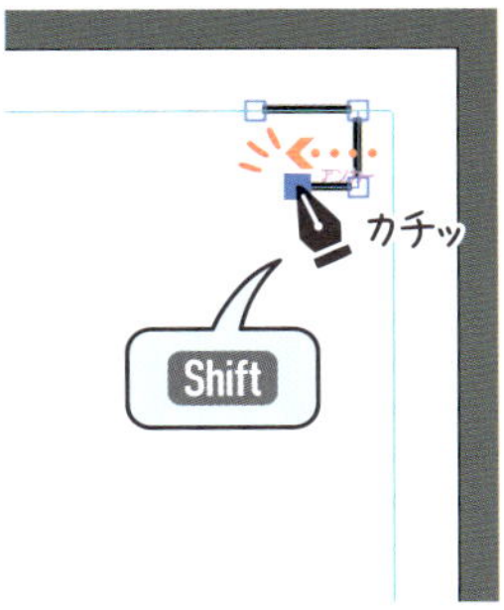
カチッ
Shift

❹ Shift を押しながら真横に動かしクリック

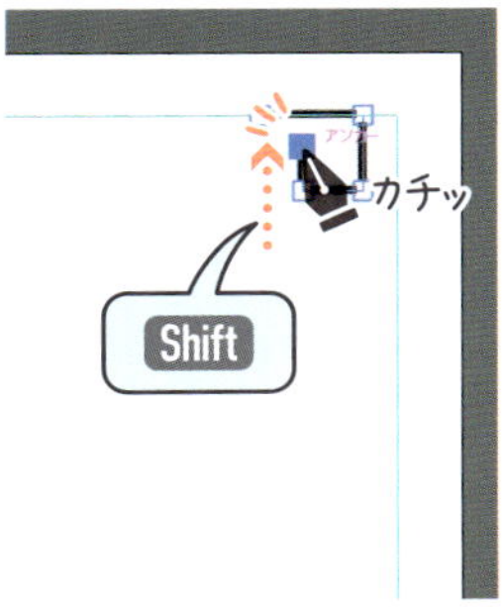
カチッ
Shift

❺ Shift を押しながら真上に動かしクリック

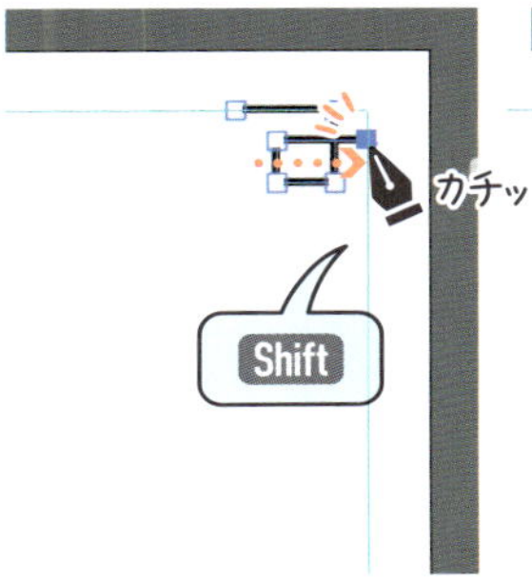
カチッ
Shift

❻ Shift を押しながら真横に動かしクリック

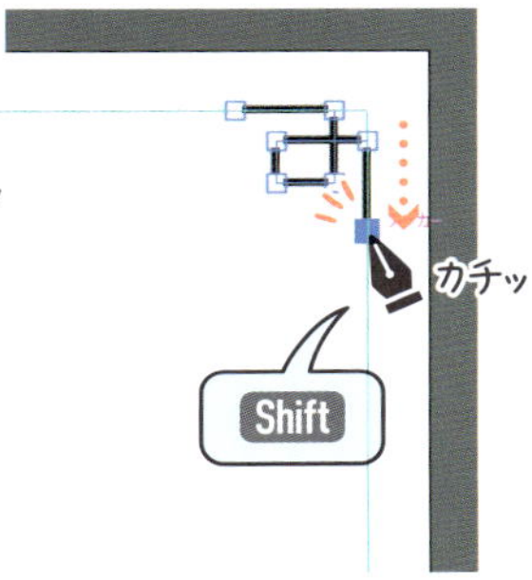
カチッ
Shift

❼ Shift を押しながら真下に動かしクリックする

5 次に、ガイドとなっている四角形の辺に合わせて直線を引いていきます。

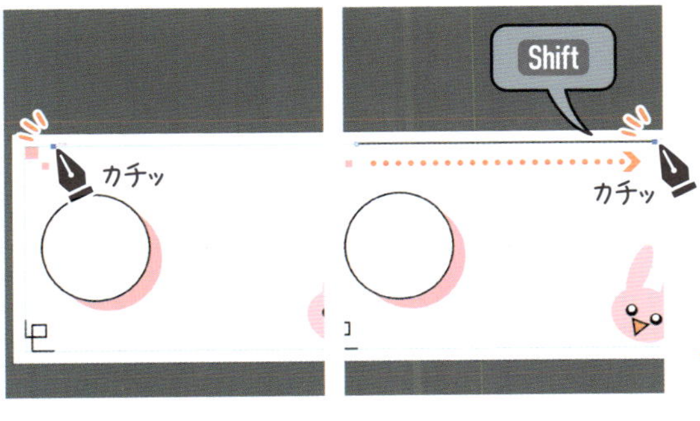
カチッ
Shift
カチッ

❶上の辺をクリックし Shift を押しながら真横にカーソルを動かしクリックする

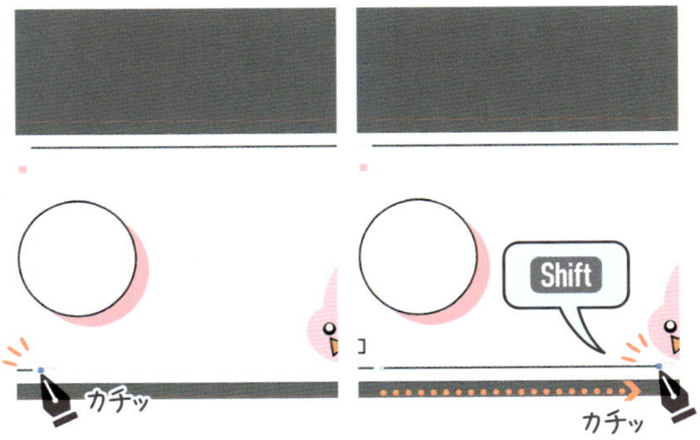
カチッ
Shift
カチッ

❷下の辺をクリックし Shift を押しながら真横にカーソルを動かしクリックする

6 両脇の辺も同じように直線を引いていきましょう。

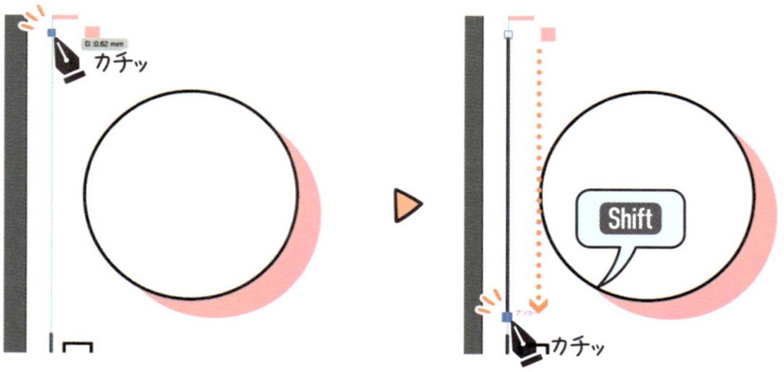
カチッ
Shift
カチッ

❶左の辺をクリックし Shift を押しながら、真下にカーソルを動かしクリックする

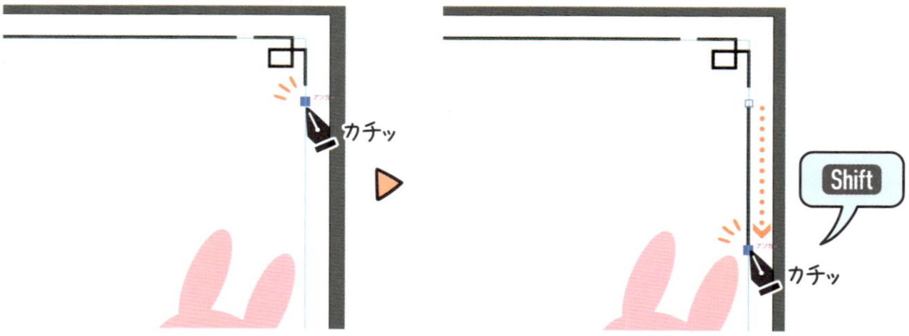
カチッ
Shift
カチッ

❷右の辺をクリックし Shift を押しながら、真下にカーソルを動かしクリックする

7 直線が引けたら、色の設定を行っていきます。今回は、左上にある長方形と同じ色にしてみます。

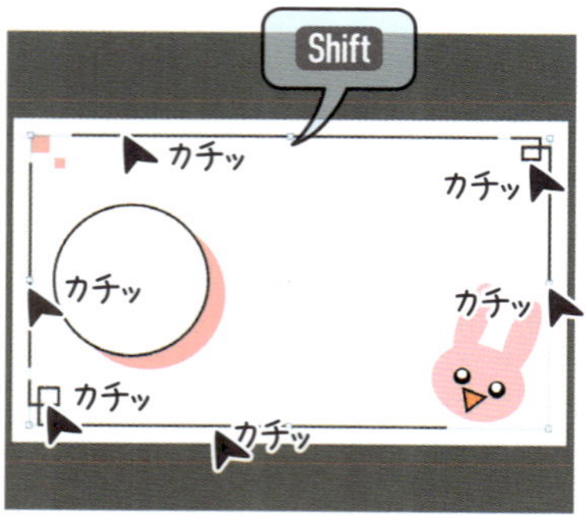
Shift
カチッ
カチッ
カチッ
カチッ
カチッ
カチッ

❶[選択ツール]で描いた線をすべて選択し

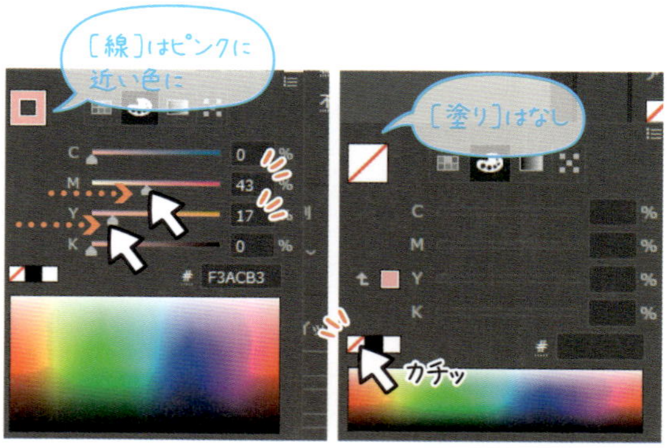
[線]はピンクに近い色に
C
M
Y
K
0
43
17
0
F3ACB3
[塗り]はなし
C
M
Y
K
カチッ

❷[プロパティパネル]から[線]の[M]の値を「43」[Y]の値を「17」に設定し、[塗り]はなしにする

[線]の色の値は、2章で作成した長方形の[塗り]の色の値を使用しています

8 色の設定ができたら、最後に破線の設定をして装飾の完成です(p.61「オブジェクトに線を設定してみよう」参照)。

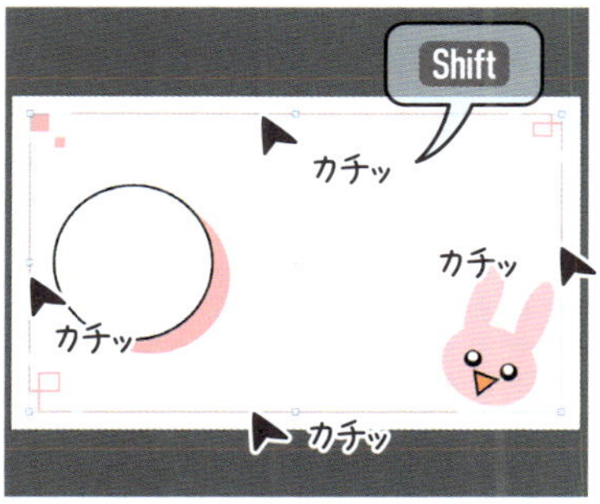
Shift
カチッ
カチッ
カチッ
カチッ

❶[選択ツール]で辺に描いた直線をすべて選択し

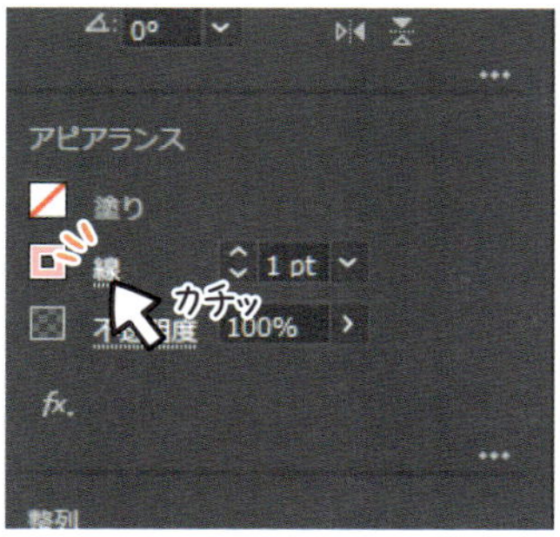
アピアランス
塗り
線
1 pt
カチッ
100%
fx.

❷[プロパティパネル]内にある[線]をクリックして

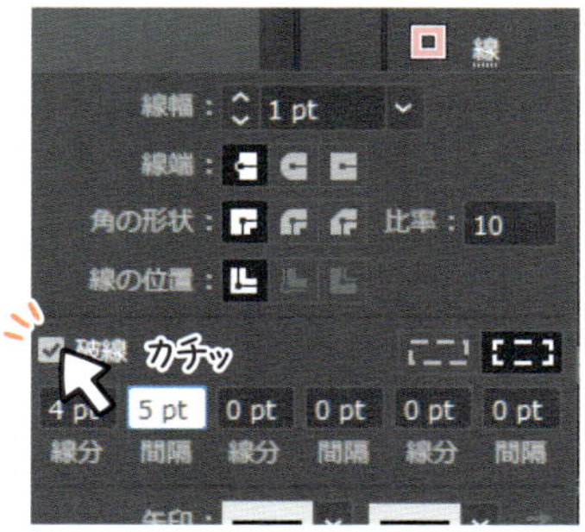
線
線幅：1 pt
線端：
角の形状：
比率：10
線の位置：
破線
カチッ
5 pt
0 pt
0 pt
0 pt
0 pt
線分
間隔
線分
間隔
線分
間隔

❸破線にチェックを入れて線を点線にする

[線分]には[4pt]、[間隔]には[5pt]と今回は設定しています

ここまでの完成図はこんな感じ

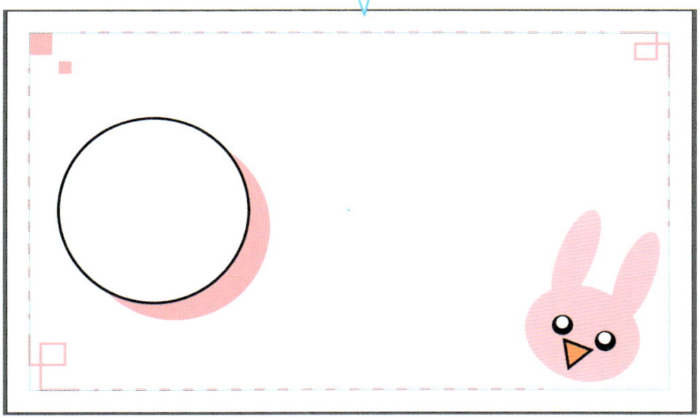

作業が終わったら、
ちゃんと保存しておきましょう

Chapter

5

フリーハンドで描いてみる

この章では、ブラシツールや鉛筆ツールなど、フリーハンドで線などを描くことができるツールについて学んでいきます。フリーハンドで線や塗りを描くことができると、手描きのイラストや文字、ちょっとした装飾なんかも描いて配置できるようになります。さっそく学んでいきましょう。

Chapter

5 フリーハンドで描いてみる

Illustrator では、［ブラシツール］や［鉛筆ツール］といった
フリーハンドで線を描くツールも用意されています

［ブラシツール］を使ってイラストを描いたり、装飾を描いたり

［鉛筆ツール］を使って、自由にパスを描いたりできる

ほかにも、塗りを作成できる［塗りブラシツール］や、
オブジェクトを消しゴム感覚で削除できる［消しゴムツール］などもあります

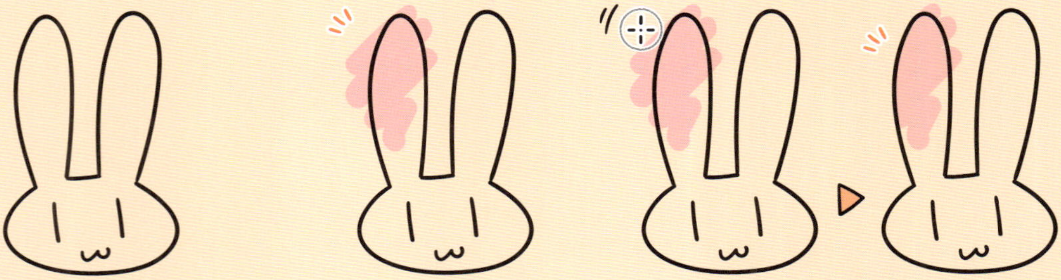

線のみのオブジェクトに対して　塗りを作成していったり　余分な箇所を消しゴムで消したり

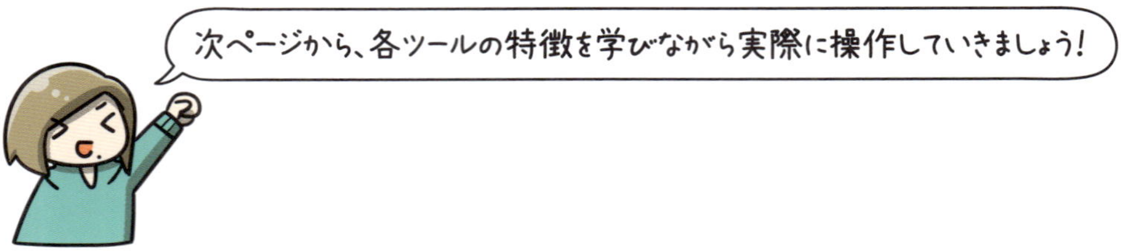
次ページから、各ツールの特徴を学びながら実際に操作していきましょう！

Chapter 5…1 ブラシツール

フリーハンドで線を描けるツールの一つに、ブラシツールがあります。フリーハンドで線を描くことで、表現の幅が広がります。

Study

ブラシツールについて知ろう

［ブラシツール］では、フリーハンドで線を描くことができます。また、［ツールバー］から「線」の色を変更すればブラシで描かれる線の色を変更することもできます。

こんなアイコン

［ブラシツール］を選択した状態で

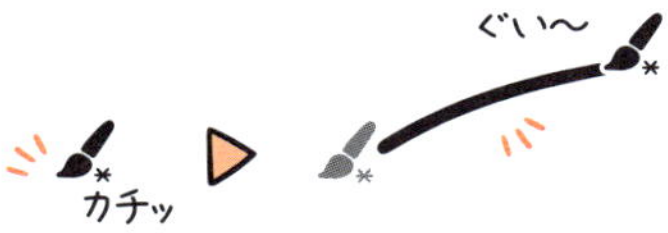
カチッ
ぐい〜

アートボード上をドラッグすると線が描ける

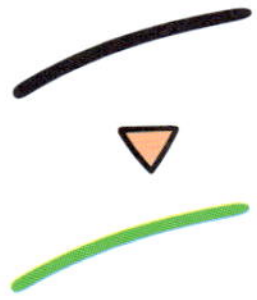

線の色を変更することもできる

線を描くとき、鉛筆のような線や水彩のような線を描いたりすることが可能です。また、すでに描いてある線に対して、ブラシの効果をあとから適用することもできます。

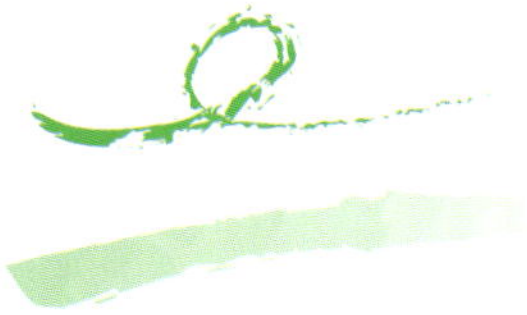

鉛筆で描いたような線や水彩のような線を描くことができ

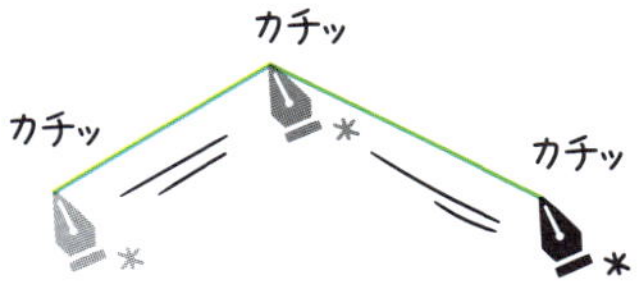
カチッ
カチッ
カチッ

［ペンツール］で描いた線などにも

同じような線の効果を適用できる

ブラシツールで線を描くことでちょっとしたイラストを描いたり、手描きの文字を書いたり、装飾を描いたり、といったことができます。

［ブラシツール］ではイラストを描いたり

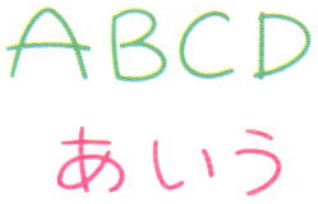
ABCD
あいう

手描きの文字を書いたり

装飾を描いたりできる

このような装飾にするには［ブラシライブラリメニュー］というものを使います

Let's Try!

ブラシツールで線を描いてみよう

1 [ツールバー]から[ブラシツール]を選び、アートボード上をドラッグして適当な線を描いてみましょう。すると、線が描かれます。

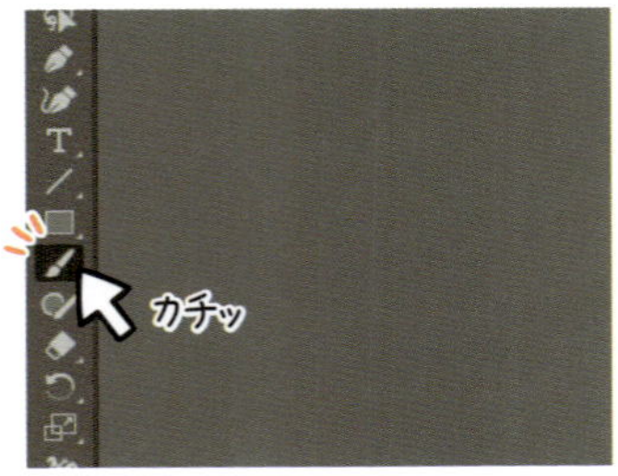
カチッ
❶[ツールバー]から[ブラシツール]を選択し

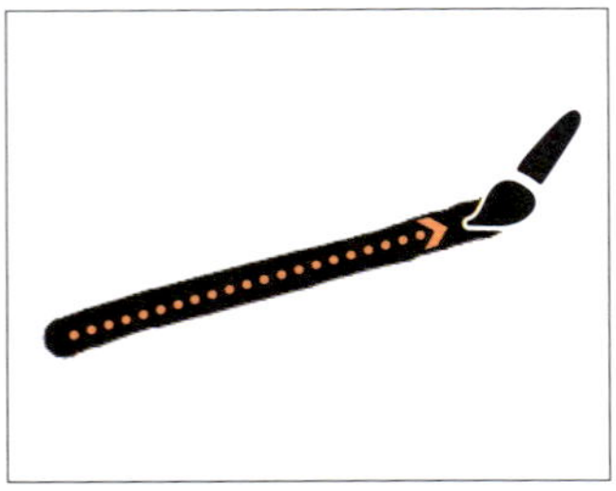
❷アートボード上をドラッグすると

❸線が描かれる

ブラシのサイズは、「]」を押すと大きく、「[」を押すと小さくできます

2 描いた線を[選択ツール]で選択し、[ブラシツール]に切り替えたあと、重なる様に線を描くと、線を付け足すことができます。

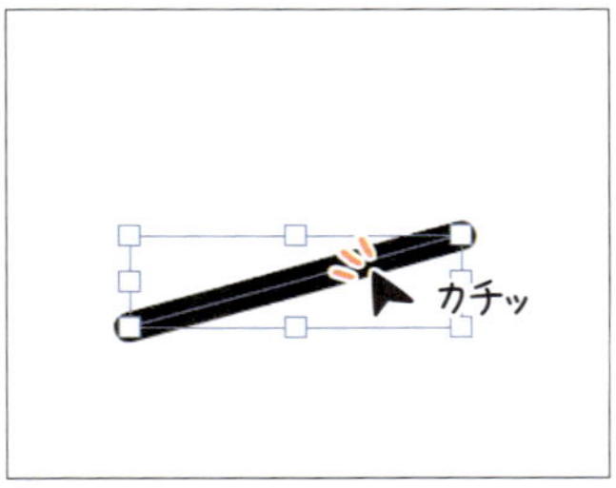
カチッ
❶描いた線を[選択ツール]で選択し

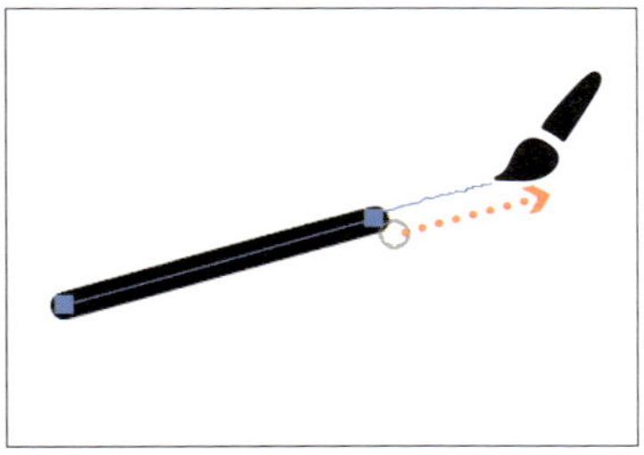
❷[ブラシツール]に切り替えて重なる様に線を描くと

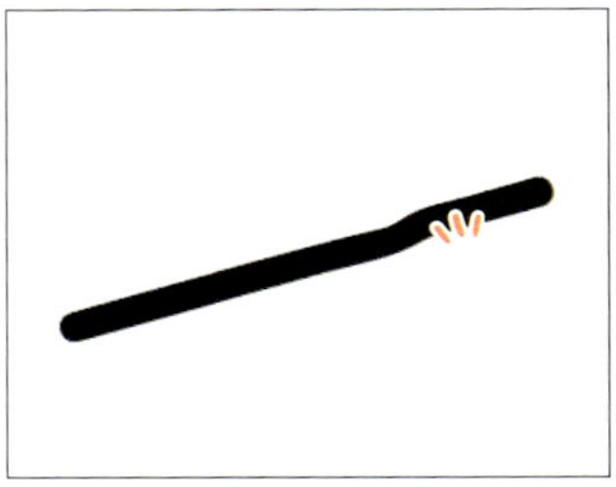
❸線が付け足される

同様の操作ができない場合は、[ブラシツール]のアイコンをダブルクリックして表示されたウィンドウから[選択したパスを編集]にチェックを入れてください

3 また、[ツールバー]から「線」の色を変更することで、描く線の色を変更することが可能です。

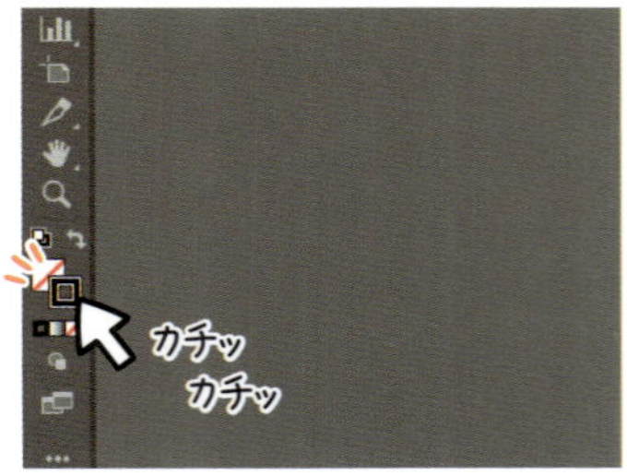
カチッ
カチッ
❶[ツールバー]下にある「線」を設定する四角形をダブルクリックし

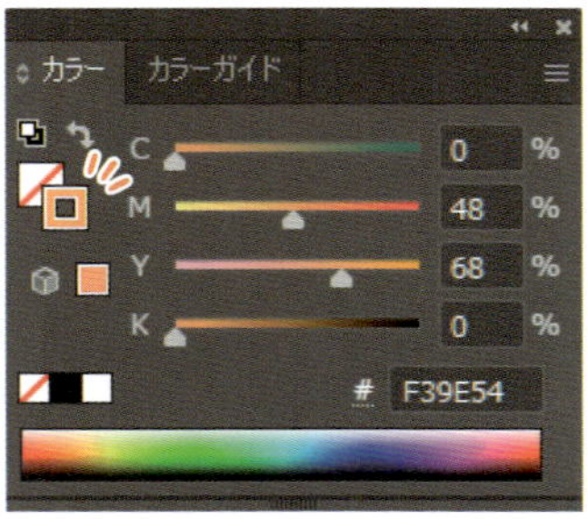
カラー
カラーガイド
C 0 %
M 48 %
Y 68 %
K 0 %
F39E54
❷線の色を設定することで

❸描く線の色を変更できる

4 線を描く際、Shiftを押しながらドラッグすると、水平、垂直、斜め45度に線を描くこともできます。

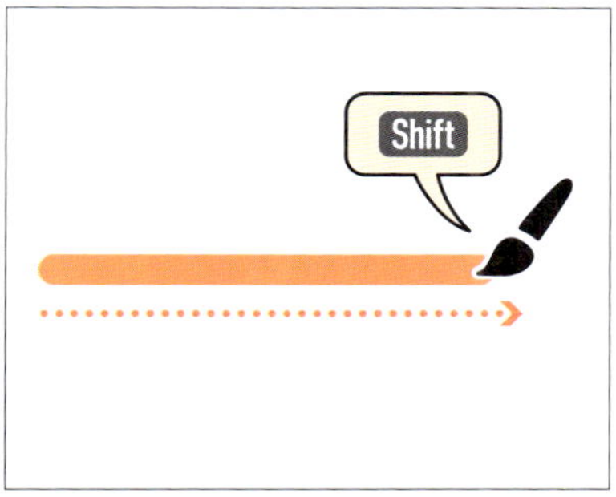
Shift

❶Shiftを押しながらカーソルを横に動かすと水平に

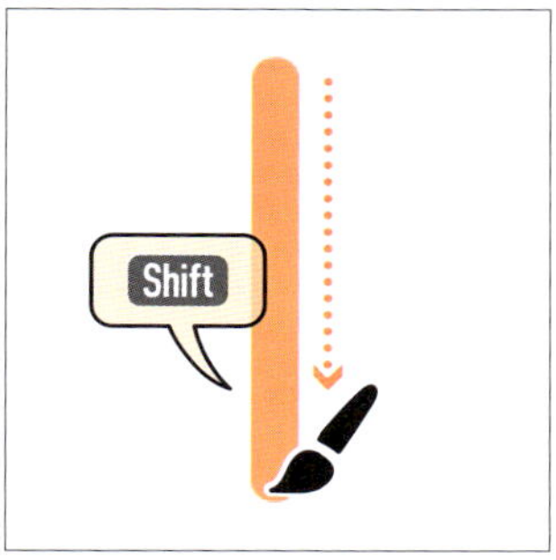
Shift

❷カーソルを縦に動かすと垂直に

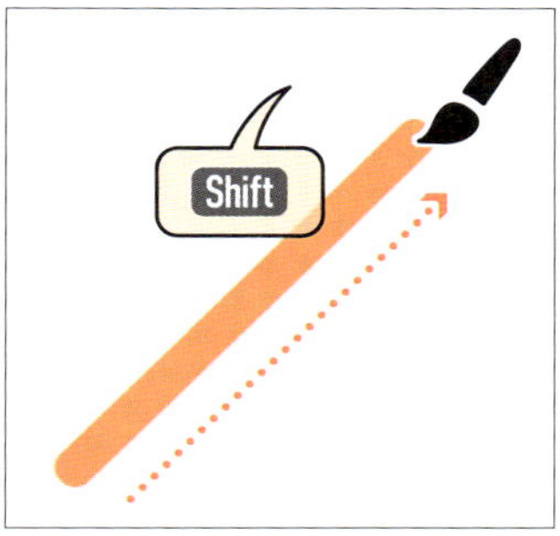
Shift

❸カーソルを斜めに動かすと45°Cの線が描ける

5 ブラシの種類を変えるには、画面上部[メニューバー]にある[ウィンドウ]から[ブラシ]を選択し、[ブラシパネル]を表示させます。次に、パネル内にあるブラシを選択し、線を描くと、選択した種類のブラシで線が描かれます。

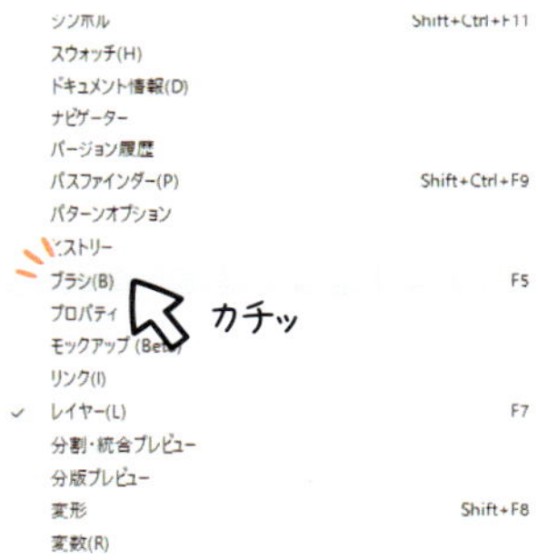
シンボル Shift+Ctrl+F11
スウォッチ(H)
ドキュメント情報(D)
ナビゲーター
バージョン履歴
パスファインダー(P) Shift+Ctrl+F9
パターンオプション
ヒストリー
ブラシ(B) F5
プロパティ
モックアップ(Beta)
リンク(I)
レイヤー(L) F7
分割・統合プレビュー
分版プレビュー
変形 Shift+F8
変数(R)
カチッ

❶[メニューバー]にある[ウィンドウ]から[ブラシ]を選択し

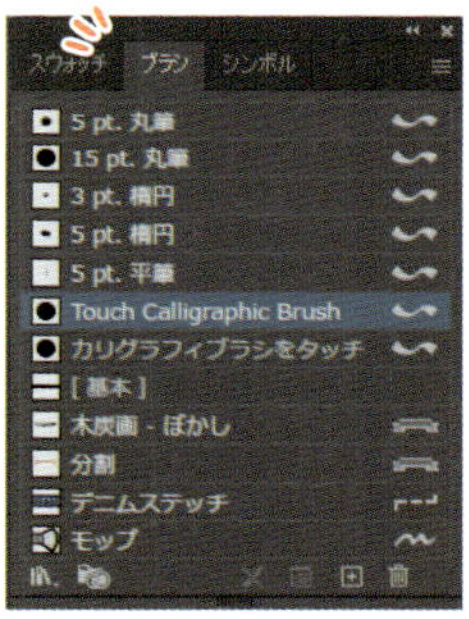
スウォッチ ブラシ シンボル
5 pt. 丸筆
15 pt. 丸筆
3 pt. 楕円
5 pt. 楕円
5 pt. 平筆
Touch Calligraphic Brush
カリグラフィブラシをタッチ
[基本]
木炭画 - ぼかし
分割
デニムステッチ
モップ

❷[ブラシパネル]を表示させたあと

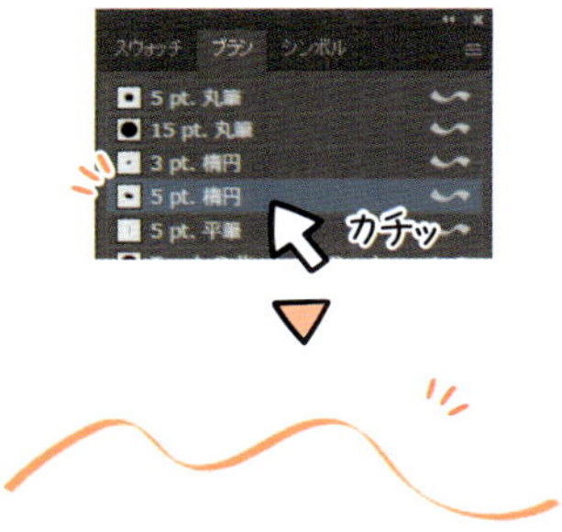
スウォッチ ブラシ シンボル
5 pt. 丸筆
15 pt. 丸筆
3 pt. 楕円
5 pt. 楕円
5 pt. 平筆
カチッ

❸パネル内にあるブラシを選択し線を描くと、選択したブラシで描かれる

6 すでに描いてある線もあとから、ブラシの種類を変更できます。[選択ツール]で描いてある線を選択し、[ブラシパネル]から変更したいブラシの種類を選択すると、選択した種類のブラシの設定が適用されます。

カチッ

❶[選択ツール]で描いてある線を選択し

5 pt. 平筆
Touch Calligraphic Brush
カリグラフィブラシをタッチ
[基本]
木炭画 - ぼかし
分割
デニムステッチ
モップ
カチッ

❷[ブラシパネル]から変更したいブラシの種類を選択すると

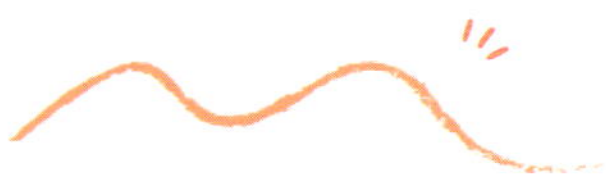

❸選択したブラシの設定が適用される

※[ペンツール]で描いた線にも同様の方法でブラシの効果を適用することができます

知っておこう！

［ブラシツールオプション］で設定できる項目

［ツールバー］にある［ブラシツール］をダブルクリックすると、［ブラシツールオプション］のウィンドウが開かれます。

カチッ
カチッ
［ツールバー］にある［ブラシツール］を
ダブルクリックすると
［ブラシツール］に関する
ウィンドウが開かれる

［ブラシツールオプション］では、描いた線の精度を調整したり、線を描いた直後に描いた線を選択した状態のままにするか、解除した状態にするかなどの設定を行うことができます。

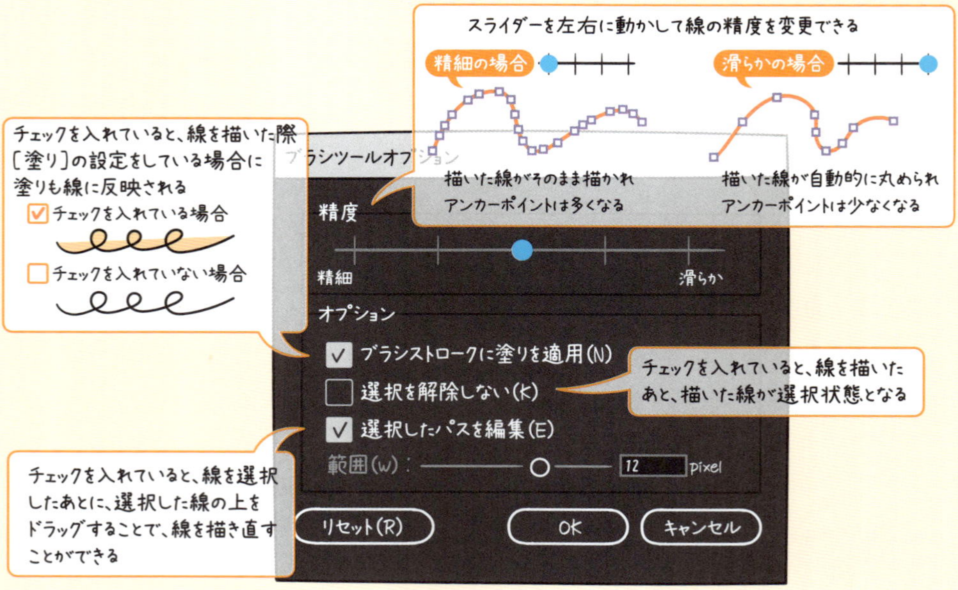

スライダーを左右に動かして線の精度を変更できる
精細の場合
描いた線がそのまま描かれ
アンカーポイントは多くなる
滑らかの場合
描いた線が自動的に丸められ
アンカーポイントは少なくなる
チェックを入れていると、線を描いた際［塗り］の設定をしている場合に塗りも線に反映される
チェックを入れている場合
チェックを入れていない場合
ブラシツールオプション
精度
精細
滑らか
オプション
ブラシストロークに塗りを適用(N)
選択を解除しない(K)
選択したパスを編集(E)
範囲(W)：
12
pixel
リセット(R)
OK
キャンセル
チェックを入れていると、線を描いたあと、描いた線が選択状態となる
チェックを入れていると、線を選択したあとに、選択した線の上をドラッグすることで、線を描き直すことができる

Let's Try!

ブラシライブラリメニューを使ってみよう

1 [ブラシライブラリメニュー]を使うことで、用意されているたくさんのブラシを使用することができます。[ブラシパネル]左下にある[ブラシライブラリメニューボタン]をクリックすると、カテゴリ別にブラシの種類が表示されます。

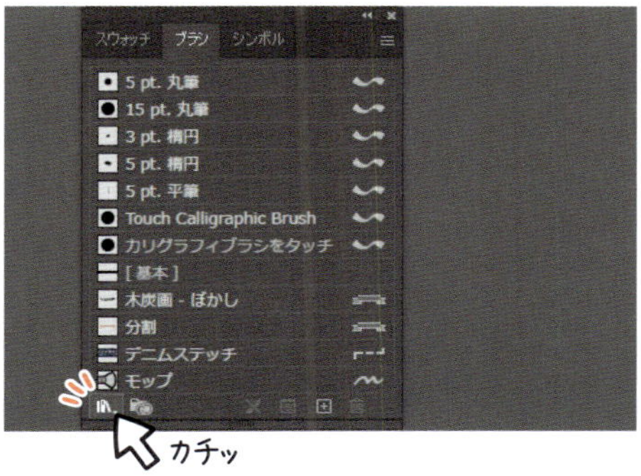

スウォッチ
ブラシ
シンボル
5 pt. 丸筆
15 pt. 丸筆
3 pt. 楕円
5 pt. 楕円
5 pt. 平筆
Touch Calligraphic Brush
カリグラフィブラシをタッチ
[基本]
木炭画 - ぼかし
分割
デニムステッチ
モップ
カチッ

❶[ブラシパネル]左下にある[ブラシライブラリメニューボタン]をクリックすると

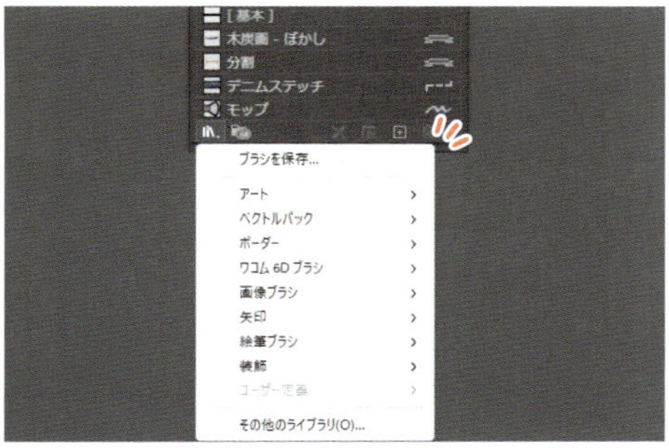

[基本]
木炭画 - ぼかし
分割
デニムステッチ
モップ
ブラシを保存...
アート
ベクトルパック
ボーダー
ワコム 6D ブラシ
画像ブラシ
矢印
絵筆ブラシ
装飾
ユーザー定義
その他のライブラリ(O)...

❷用意されているブラシがカテゴリ別に表示される

2 試しに[アート]にカーソルを合わせ、表示されたメニューから[アート_インク]を選んでみましょう。すると、パネルが別途表示されます。

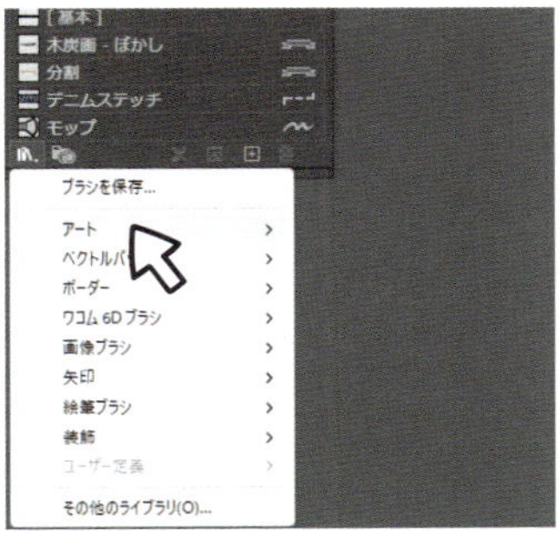

ブラシを保存...
アート
ボーダー
ワコム 6D ブラシ
画像ブラシ
矢印
絵筆ブラシ
装飾
ユーザー定義
その他のライブラリ(O)...

❶[アート]にカーソルを合わせ

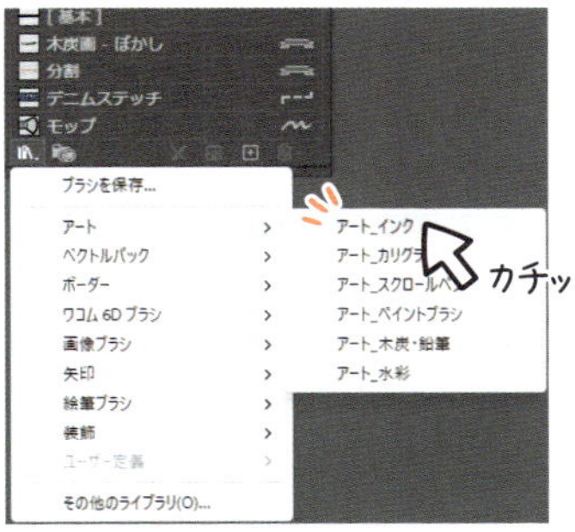

ブラシを保存...
アート
ベクトルパック
ボーダー
ワコム 6D ブラシ
画像ブラシ
矢印
絵筆ブラシ
装飾
ユーザー定義
その他のライブラリ(O)...
アート_インク
アート_ペイントブラシ
アート_木炭・鉛筆
アート_水彩
カチッ

❷表示されたメニューから[アート_インク]を選ぶと

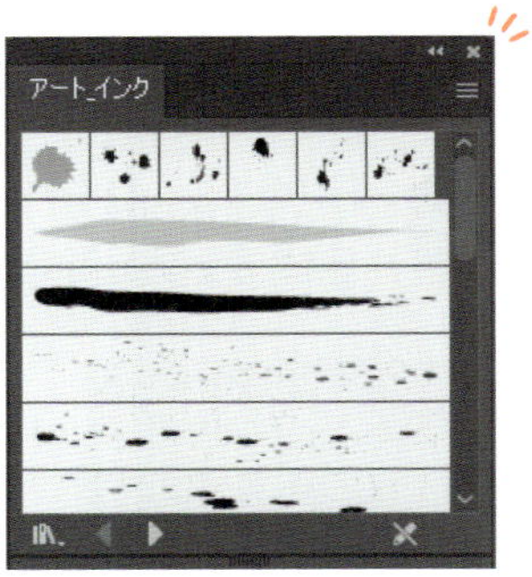

アート_インク

❸パネルが別途表示される

3 その中から好きなブラシを選び、アートボード上に線を描いてみると、選択したブラシの設定で線が描かれます。また、選択したブラシは［ブラシパネル］に追加されます。

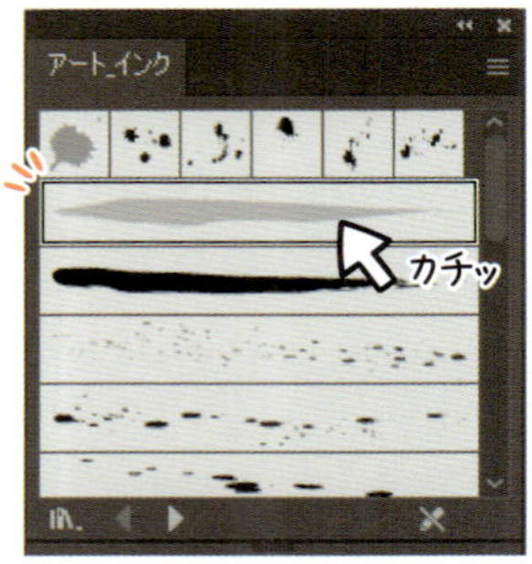

アート_インク
カチッ

❶表示されたパネルから好きなブラシを選び

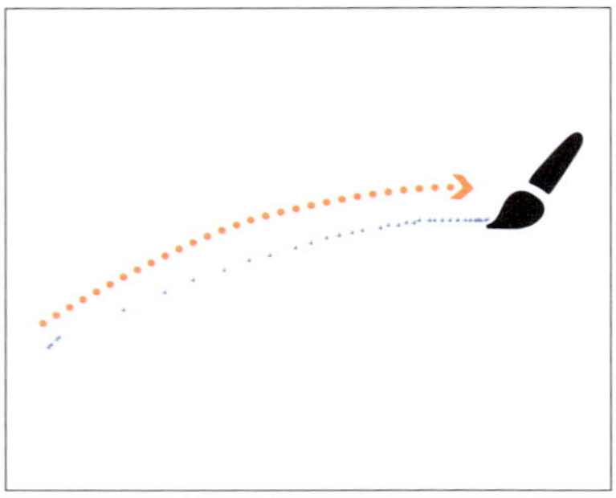

❷アートボード上をドラッグして線を描くと

❸選択したブラシの設定で線が描かれる

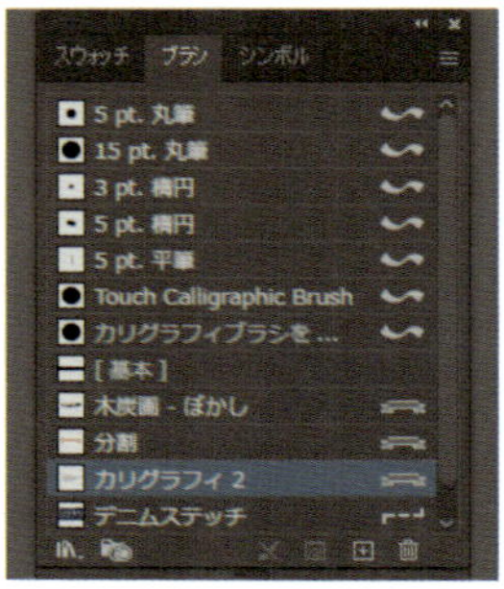

スウォッチ
ブラシ
シンボル
5 pt. 丸筆
15 pt. 丸筆
3 pt. 楕円
5 pt. 楕円
5 pt. 平筆
Touch Calligraphic Brush
カリグラフィブラシを ...
［基本］
木炭画 - ぼかし
分割
カリグラフィ 2
デニムステッチ

❹［ブラシパネル］を見てみると

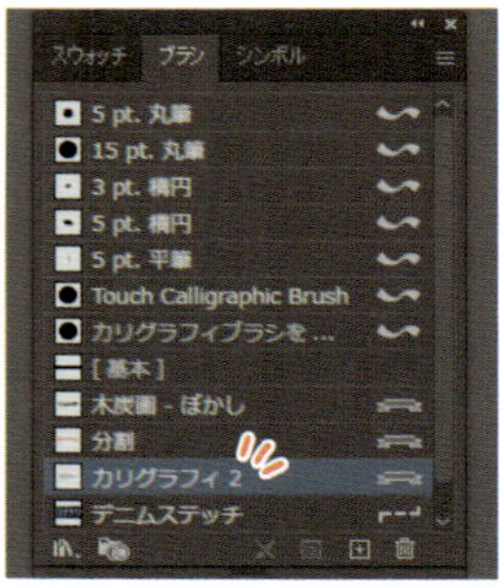

スウォッチ
ブラシ
シンボル
5 pt. 丸筆
15 pt. 丸筆
3 pt. 楕円
5 pt. 楕円
5 pt. 平筆
Touch Calligraphic Brush
カリグラフィブラシを ...
［基本］
木炭画 - ぼかし
分割
カリグラフィ 2
デニムステッチ

❺選択したブラシが追加されている

表示されたパネルはずっと表示されたままなので、邪魔なら「×」をクリックして消しましょう

4 ほかにも、［ボーダー］から［ボーダー_デコレーション］などを選ぶと、装飾に使えるようなブラシも用意されています。

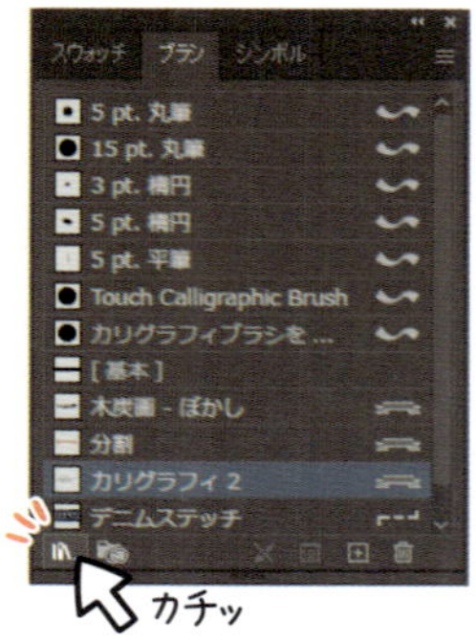

スウォッチ
ブラシ
シンボル
5 pt. 丸筆
15 pt. 丸筆
3 pt. 楕円
5 pt. 楕円
5 pt. 平筆
Touch Calligraphic Brush
カリグラフィブラシを ...
［基本］
木炭画 - ぼかし
分割
カリグラフィ 2
デニムステッチ
カチッ

❶［ブラシライブラリメニューボタン］をクリックし

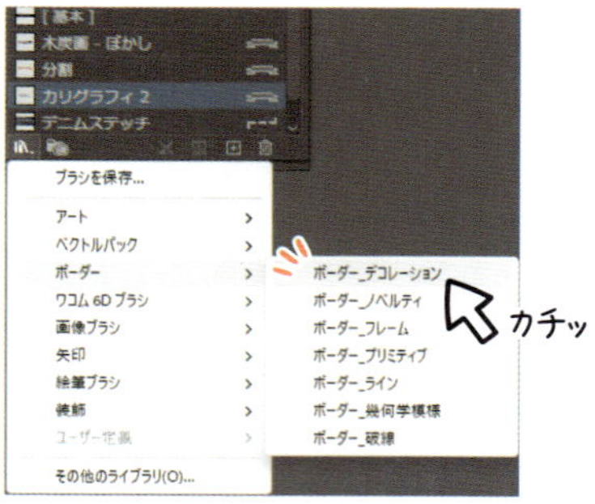

ブラシを保存...
アート
ベクトルパック
ボーダー
ワコム 6D ブラシ
画像ブラシ
矢印
絵筆ブラシ
装飾
ユーザー定義
その他のライブラリ(O)...
ボーダー_デコレーション
ボーダー_ノベルティ
ボーダー_フレーム
ボーダー_プリミティブ
ボーダー_ライン
ボーダー_幾何学模様
ボーダー_破線
カチッ

❷［ボーダー］から［ボーダー_デコレーション］を選ぶと

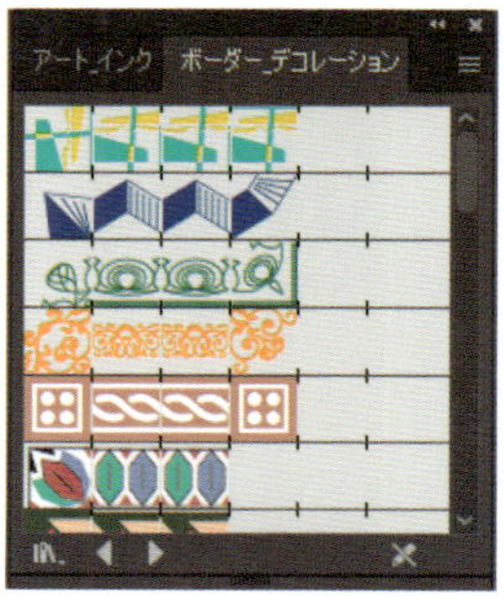

アート_インク
ボーダー_デコレーション

❸装飾に使えそうなブラシが表示される

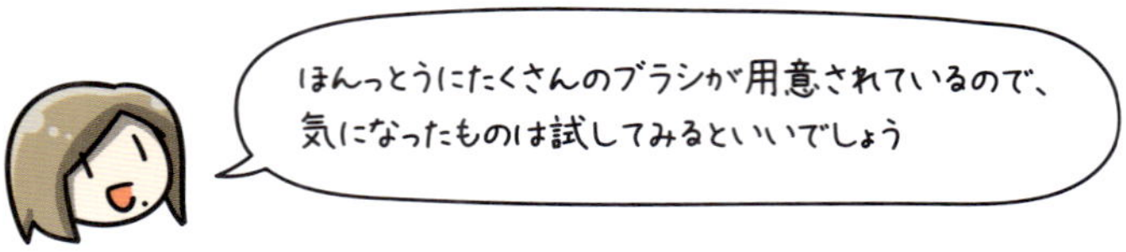

ほんっとうにたくさんのブラシが用意されているので、気になったものは試してみるといいでしょう

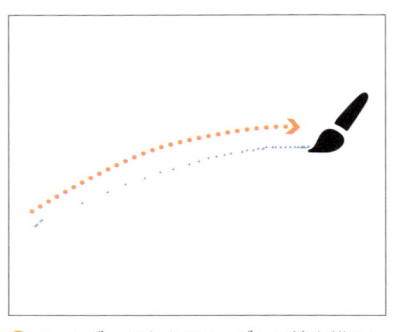

Chapter 5…2 鉛筆ツール

鉛筆ツールもブラシツール同様、フリーハンドで線を描くことができます。プロパティパネルから線の設定を行えることが特徴です。

Study

鉛筆ツールについて知ろう

[鉛筆ツール]を使うことで、フリーハンドの線を描くことができます。[ペンツール]のような線をフリーハンドで描けるようなイメージです。

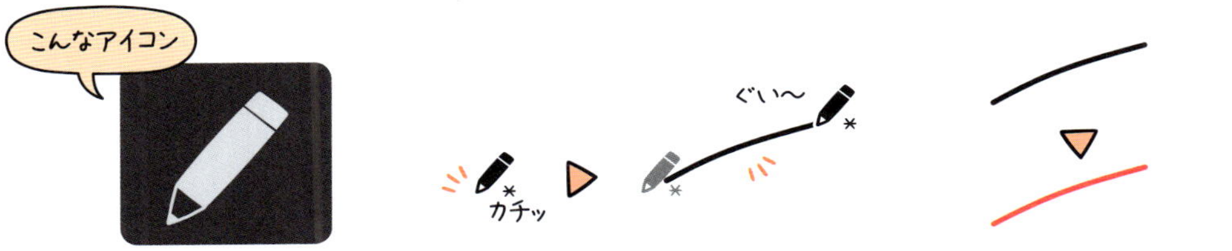
こんなアイコン
カチッ
ぐい〜

[鉛筆ツール]を選択して

アートボード上をドラッグすると線が描ける

線の色を変更することもできる

描いた線は[プロパティパネル]の[線]から線の太さを変更したり、破線にしたりといったことが可能です。また、クローズパスを描いた場合は、塗りの設定を行うこともできます。

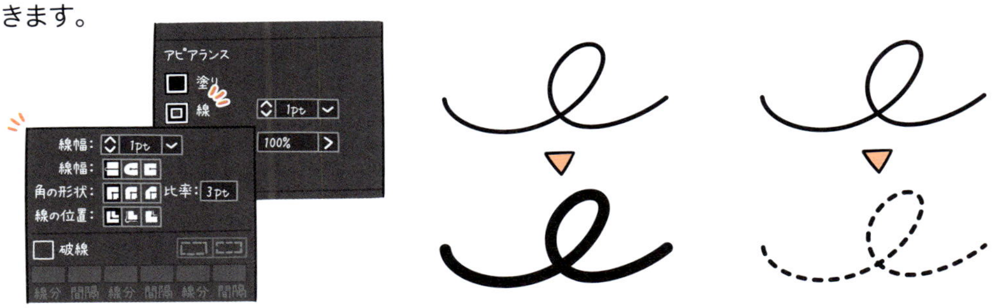
アピアランス
塗り
線
1pt
100%
線幅：
1pt
線幅：
角の形状：
比率：
3pt
線の位置：
破線
線分 間隔 線分 間隔 線分 間隔

[プロパティパネル]の[線]から

線の太さを太くしたり

線を破線にしたりといったことができる

パスが閉じられている
クローズパスを描いた場合

塗りの設定も行える

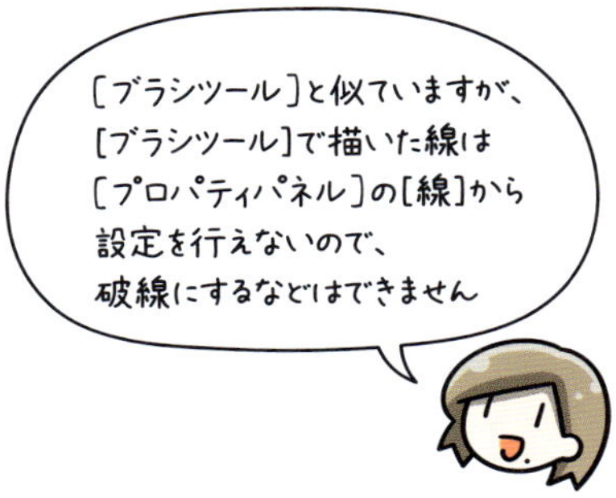
[ブラシツール]と似ていますが、
[ブラシツール]で描いた線は
[プロパティパネル]の[線]から
設定を行えないので、
破線にするなどはできません

Let's Try!

鉛筆ツールで線を描いてみよう

1 [ツールバー]から[鉛筆ツール]を選択し、アートボード上をドラッグし、円のようなパスを描いてみましょう。最初に描いた箇所へカーソルを近づけドラッグをやめると、自動的にパスが閉じられます。

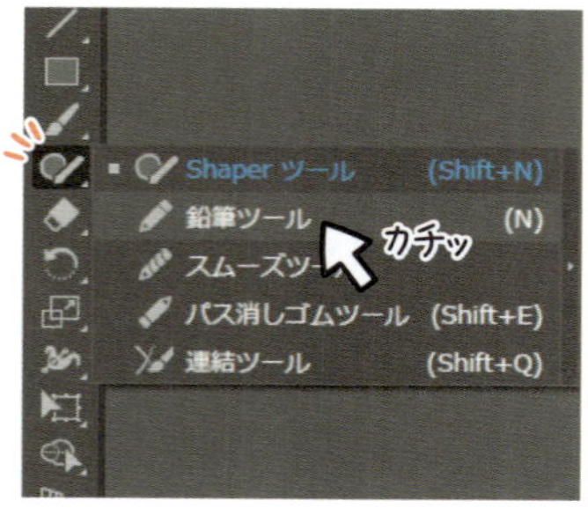

Shaper ツール (Shift+N)
鉛筆ツール (N)
カチッ
パス消しゴムツール (Shift+E)
連結ツール (Shift+Q)

❶[ツールバー]から[鉛筆ツール]を選択し

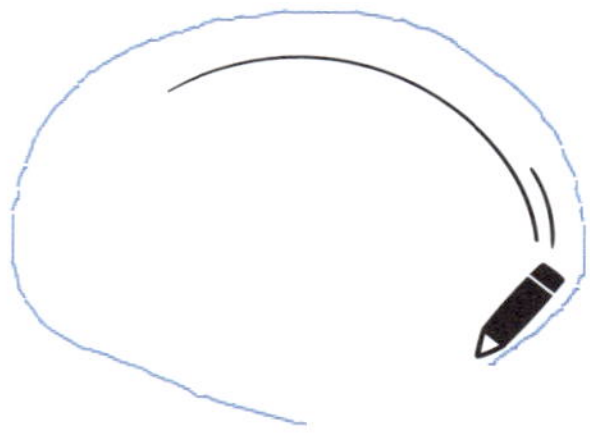
❷フリーハンドで円のような形を描き

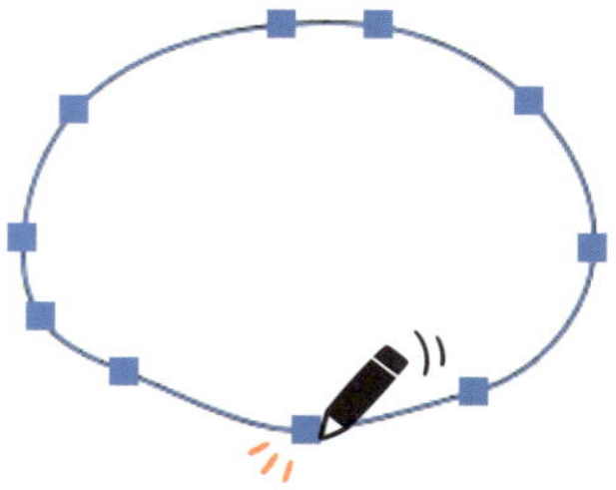
❸始点にカーソルを持っていくと自動的にパスが閉じられる

2 パスが描けたら、塗りの設定を行ってみます。まず、[選択ツール]で線を選択します。次に、[ツールバー]下にある[塗り]をダブルクリックして、カラーを設定するウィンドウを表示させます。

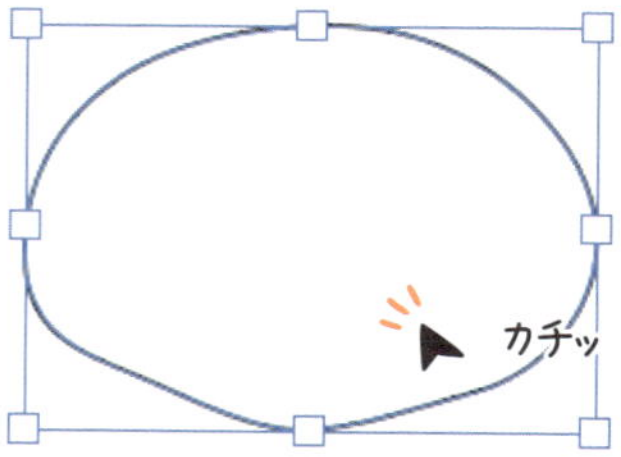

カチッ

❶[選択ツール]で線を選択し

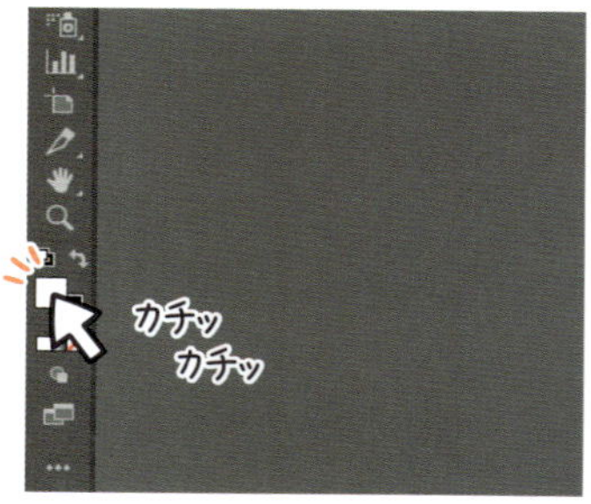

カチッ
カチッ

❷[ツールバー]下にある[塗り]をダブルクリックして

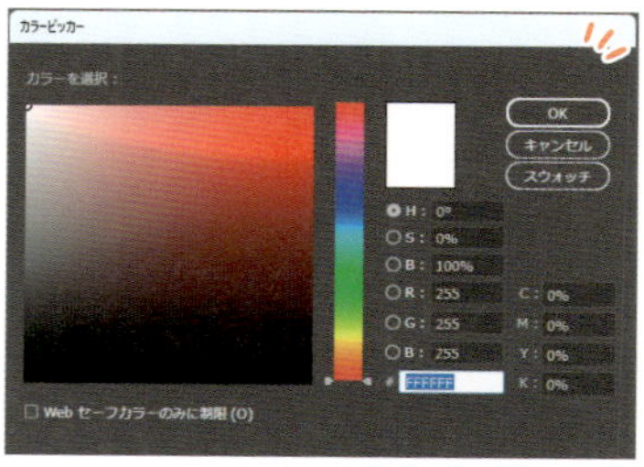

カラーピッカー
カラーを選択：
OK
キャンセル
スウォッチ

❸カラーを設定するウィンドウを表示させる

3 表示されたウィンドウから好きな色を選べば、色が設定されます。

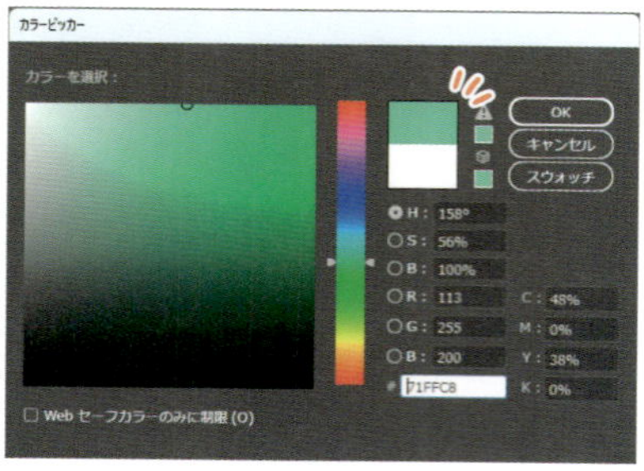

カラーピッカー
カラーを選択：
OK
キャンセル
スウォッチ

❶ウィンドウから好きな色を選ぶと

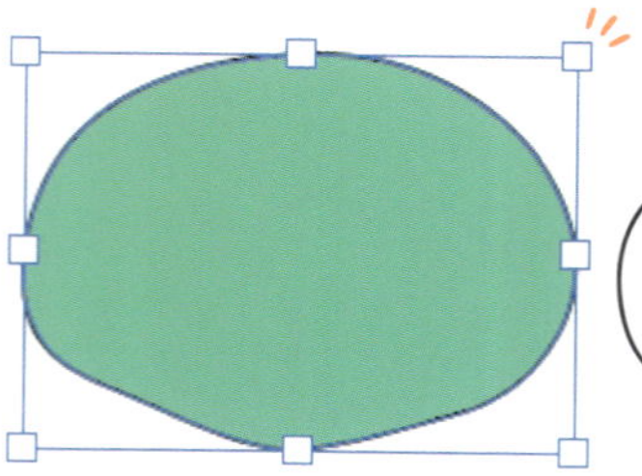
❷塗りの色が変更される

線も同様に[ツールバー]にある
[線]から色を選ぶことで、
色を変更できます

4 線を描く際、始点にカーソルを持っていかなければパスは閉じられないので、オープンパスとなります。

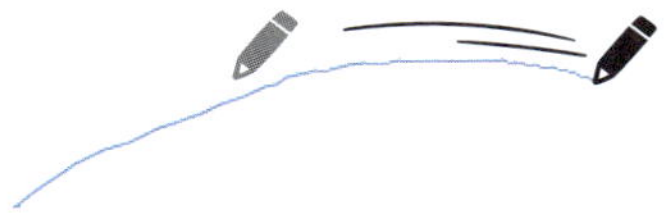

❶[鉛筆ツール]で画面上をドラッグし

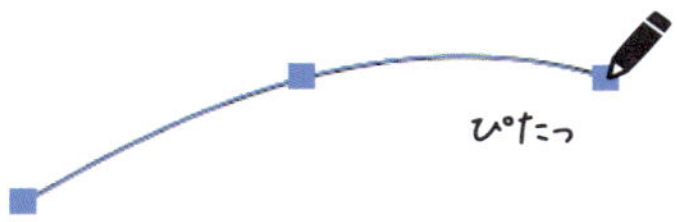
ぴたっ

❷途中でドラッグをやめると

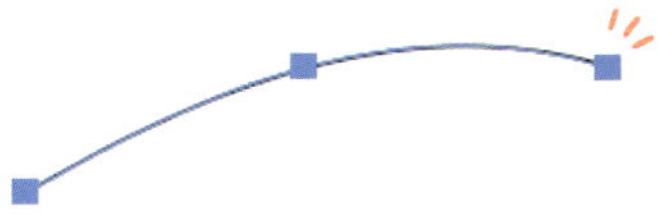

❸オープンパスとなる

5 描いた線を[選択ツール]で選択し、[プロパティパネル]から線の太さや破線にするかなどの設定も行えます。

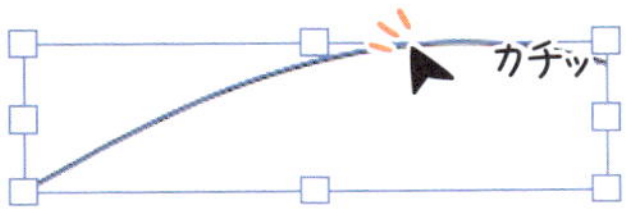
カチッ

❶描いた線を[選択ツール]で選択し

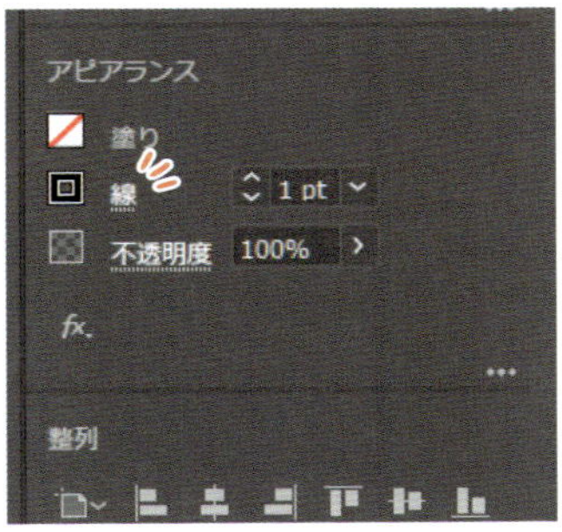
アピアランス
塗り
線
1 pt
不透明度
100%
fx.
整列

❷[プロパティパネル]にある[線]から

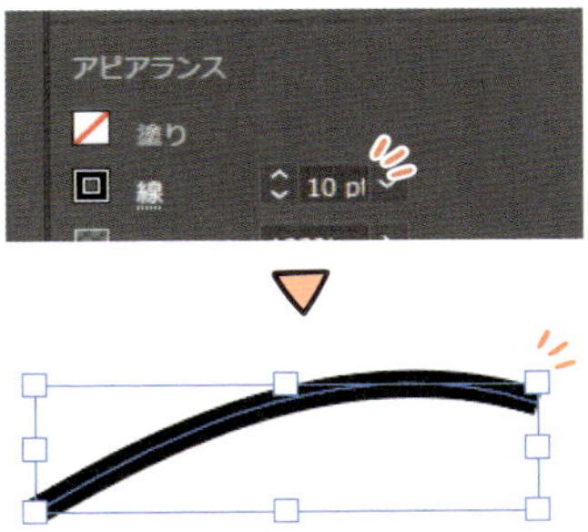
アピアランス
塗り
線
10 pt

❸線の太さを変更したり

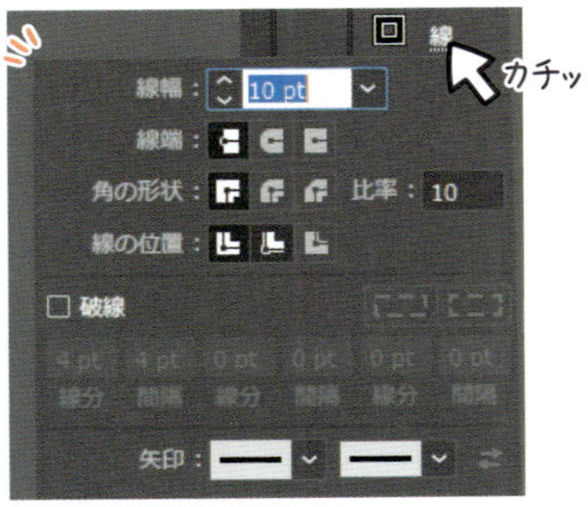
線
カチッ
線幅：
10 pt
線端：
角の形状：
比率：
10
線の位置：
破線
矢印：

❹[線]をクリックして表示されるメニューから

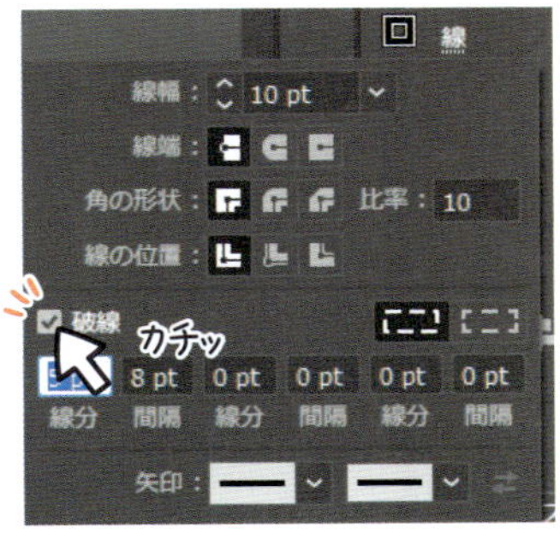
線
線幅：
10 pt
線端：
角の形状：
比率：
10
線の位置：
破線
カチッ
8 pt
0 pt
0 pt
0 pt
0 pt
線分
間隔
線分
間隔
線分
間隔
矢印：

❺[破線]にチェックを入れることで

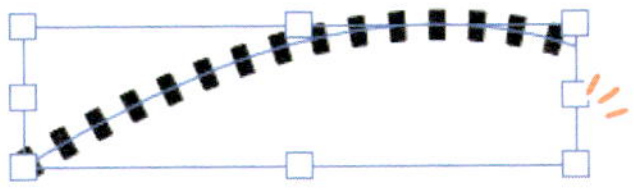

❻描いた線を破線にしたりできる

知っておこう!

[鉛筆ツールオプション]で設定できる項目

[ツールバー]にある[鉛筆ツール]をダブルクリックすると、[鉛筆ツールオプション]のウィンドウが開かれます。設定できる項目は以下の通りです。

Shaperツール
鉛筆ツール
スムーズツール
パス消しゴムツール
連結ツール
カチッ

[鉛筆ツール]を選択した状態で

カチッ
カチッ

[ツールバー]にある[鉛筆ツール]を
ダブルクリックすると

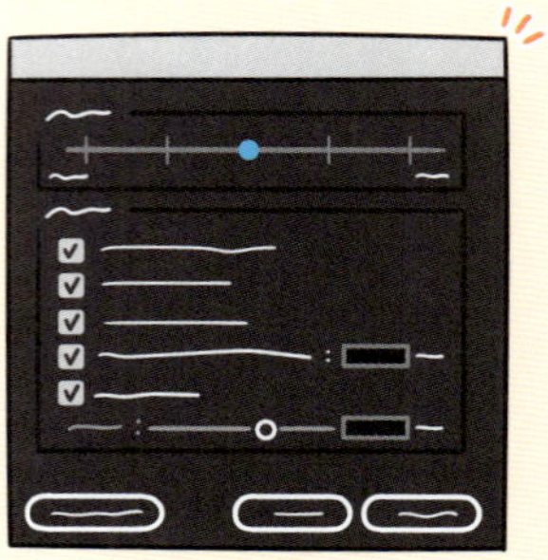

[鉛筆ツール]に関する
ウィンドウが開かれる

[鉛筆ツールオプション]で設定できる項目は、一部[ブラシツールオプション]と同じものが含まれています。

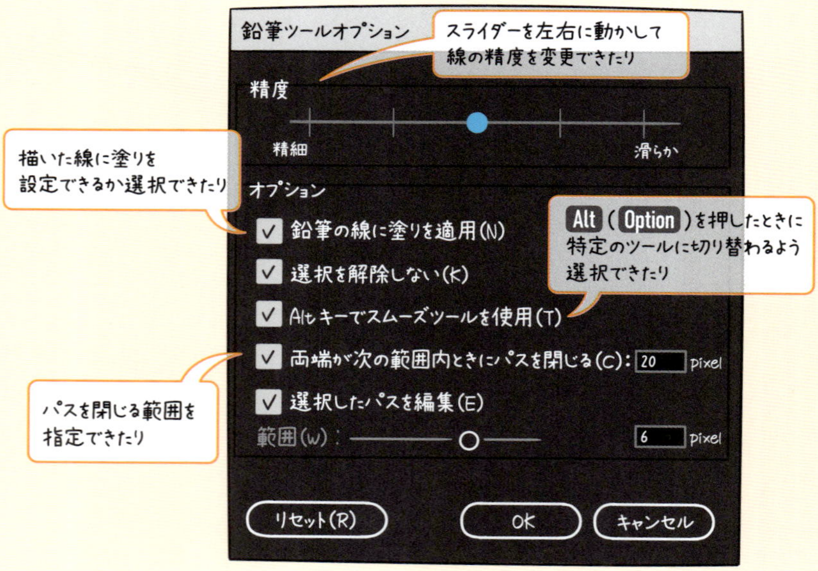

鉛筆ツールオプション
スライダーを左右に動かして
線の精度を変更できたり
精度
精細
滑らか
描いた線に塗りを
設定できるか選択できたり
オプション
鉛筆の線に塗りを適用(N)
選択を解除しない(K)
Altキーでスムーズツールを使用(T)
Alt (Option) を押したときに
特定のツールに切り替わるよう
選択できたり
両端が次の範囲内ときにパスを閉じる(C): 20 pixel
パスを閉じる範囲を
指定できたり
選択したパスを編集(E)
範囲(W): 6 pixel
リセット(R)
OK
キャンセル

Chapter 5…3 塗りブラシツール

塗りブラシツールでは、名前の通り塗りを作成できます。オブジェクトを塗るときなどに使いやすいツールです。

Study

塗りブラシツールについて知ろう

[塗りブラシツール]では、フリーハンドで塗りを描くことができます。

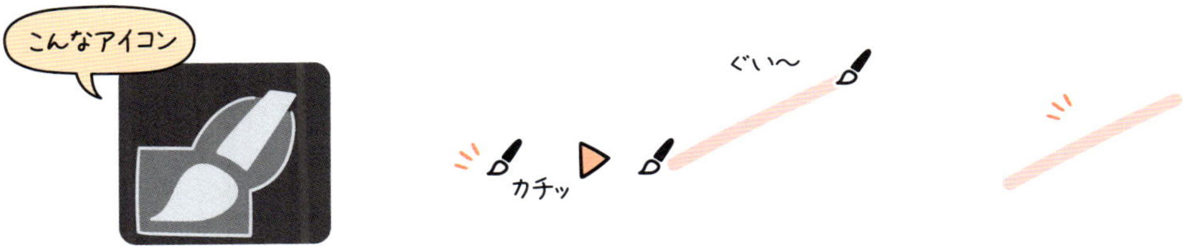
こんなアイコン
カチッ
ぐい〜

［塗りブラシツール］を選択した状態で　アートボード上をドラッグすると　塗りを作成できる

[ブラシツール]と似ていますが、[ブラシツール]では描いた線がパスとなり、そのパスにブラシの効果が適用されます。一方[塗りブラシツール]で描いた線は、描いた塗り全体がパスとなります。

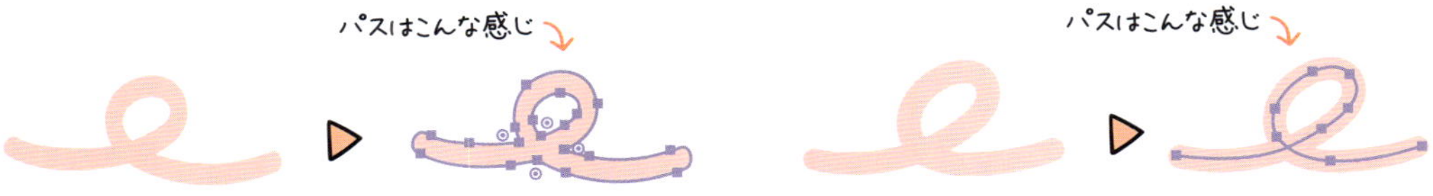
パスはこんな感じ
パスはこんな感じ

［塗りブラシツール］では塗り全体がパスとなる

［ブラシツール］では描いた線がパスとなり、パスにブラシの効果が適用されている

[塗りブラシツール]でフリーハンドで塗りを描いたあと、同じ色で再度塗りを描くことで、重なった部分が同一のオブジェクトとなります(※[塗りブラシツールオプション]にて[選択範囲のみ結合]にチェックが入っていない場合)。

塗りを描いたあと　再度塗りを描いていくと　重なった部分は同一のオブジェクトとなる

Let's Try!

塗りブラシツールでオブジェクトを塗ってみよう

1 サンプルファイル「5-3-2.ai」を開いて、オブジェクトを塗っていきます。サンプルファイルを開くと、ウサギの線のみのオブジェクトが配置されていることがわかります。

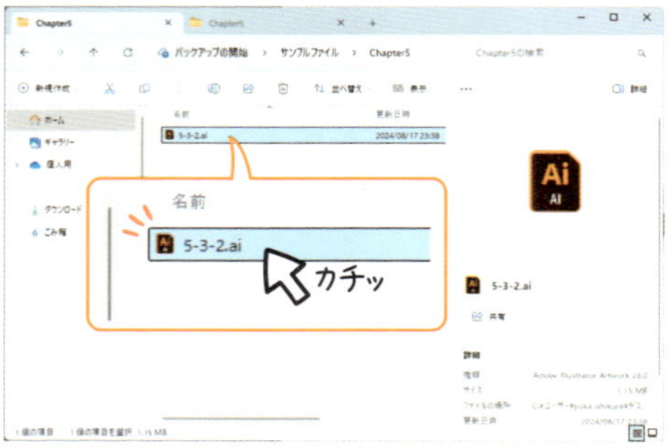
名前
5-3-2.ai
カチッ

❶サンプルファイル「5-3-2.ai」を開くと

❷ウサギの線のみのオブジェクトが配置されている

2 [ツールバー]から[塗りブラシツール]を選択し、[線]の色をピンク色に変更します(好きな色でも問題ありません)。

ブラシツール (B)
塗りブラシツール (Shift+B)
カチッ

❶[ツールバー]から[塗りブラシツール]を選択し

カチッ
カチッ

❷[ツールバー]下にある線を設定する四角形をダブルクリックして

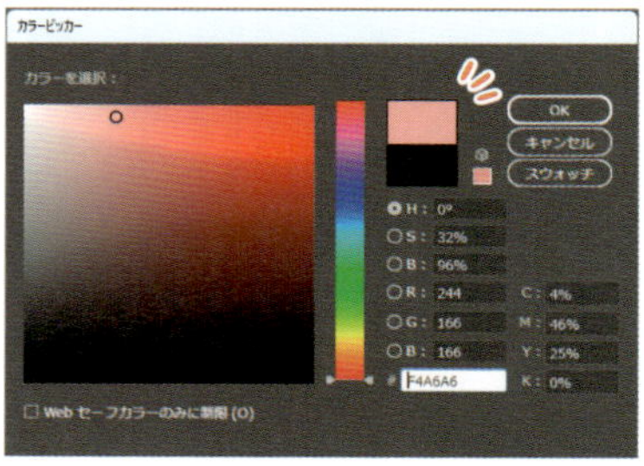
カラーピッカー
OK
キャンセル
スウォッチ
H : 0°
S : 32%
B : 96%
R : 244
G : 166
B : 166
C : 4%
M : 46%
Y : 25%
K : 0%
F4A6A6

❸表示されたウィンドウからピンク色を選択する

3 色が選択できたら、ウサギの輪郭に沿って色を塗っていきます。

❶色が選択できたら、輪郭に沿ってドラッグしていき

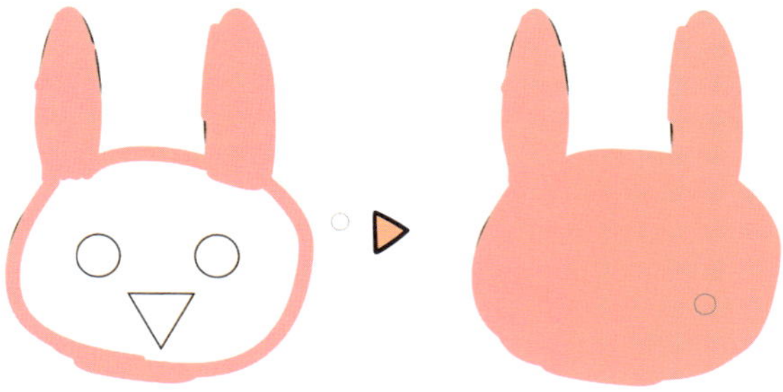

❷何回かに分けて色を塗っていく

ブラシのサイズは、]を押すと大きく、[を押すと小さくできます

4 オブジェクトを塗っていくと、塗りが最前面にくるため線が見えなくなってしまいます。なので、塗りを[選択ツール]で選択し、画面上部[メニューバー]から[オブジェクト]を選び、[重ね順]>[最背面へ]を選んで、塗りを一番後ろに配置しましょう。

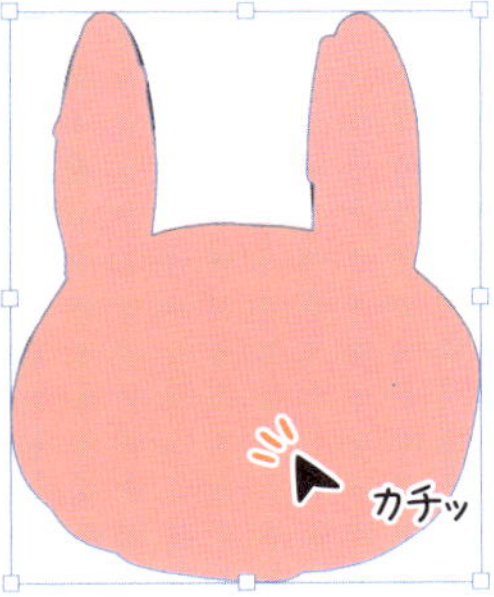
カチッ

❶線のオブジェクトが埋もれてしまうため、作成した塗りを選択し

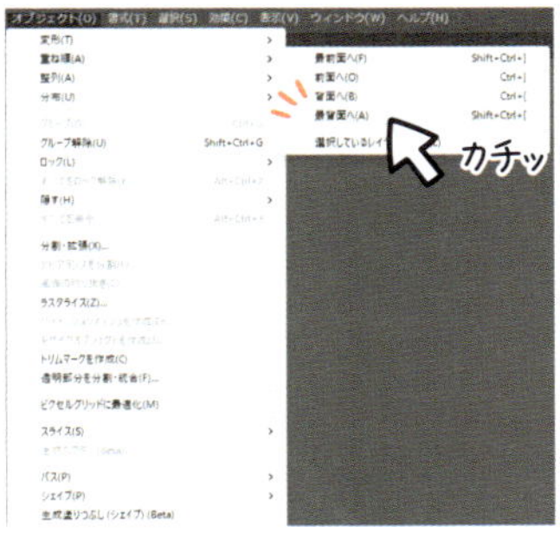
カチッ

❷[メニューバー]から[オブジェクト]の[重ね順]>[最背面へ]を選んで

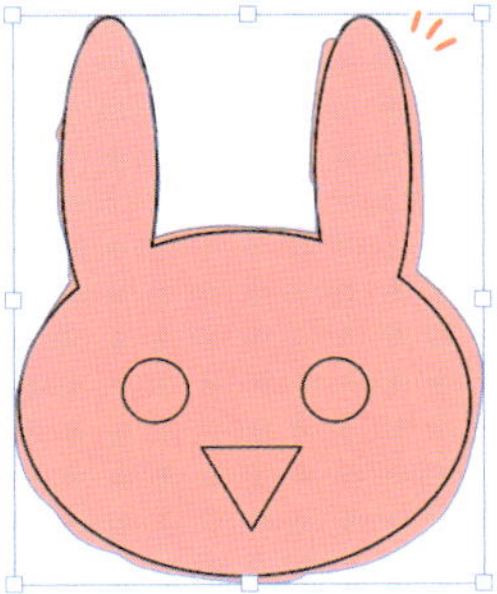

❸塗りを一番後ろに配置する

5 輪郭が塗れたら次は色をオレンジ色にし、口を塗っていきます。最後に色を黒色にして目を塗れば塗りの作業は完了です。

❶線の色をオレンジ色にし、口を塗り

❷線の色を黒色にし、目を塗る

6 塗りを作成していくと、塗りが手前に配置されるため、ウサギの線が埋もれてしまいます。なので、ウサギの線をどこかクリックし、最前面に配置しましょう。

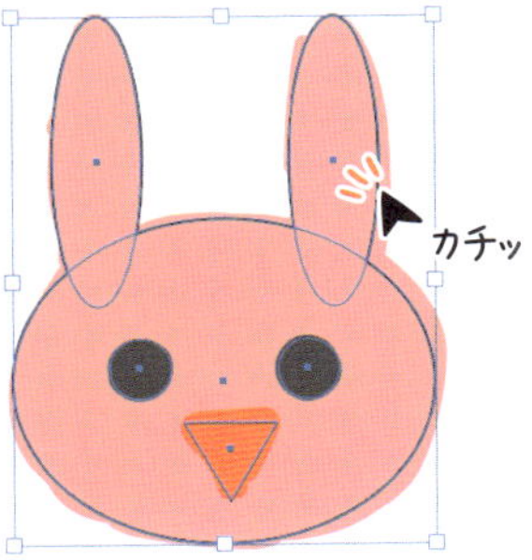
カチッ

❶線のオブジェクトが埋もれてしまうため、線オブジェクトを選択し

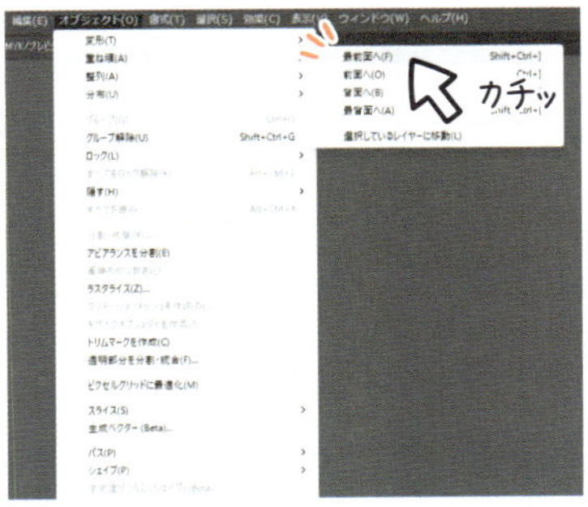
カチッ

❷[メニューバー]から[オブジェクト]の[重ね順]>[最前面へ]を選んで

❸線オブジェクトを最前面に配置する

知っておこう！

[塗りブラシツールオプション]で設定できる項目

[ツールバー]にある[塗りブラシツール]をダブルクリックすると、[塗りブラシツールオプション]のウィンドウが開かれます。

ブラシツール
塗りブラシツール
カチッ

[塗りブラシツール]を選択した状態で

カチッ
カチッ

[ツールバー]にある[塗りブラシツール]をダブルクリックすると

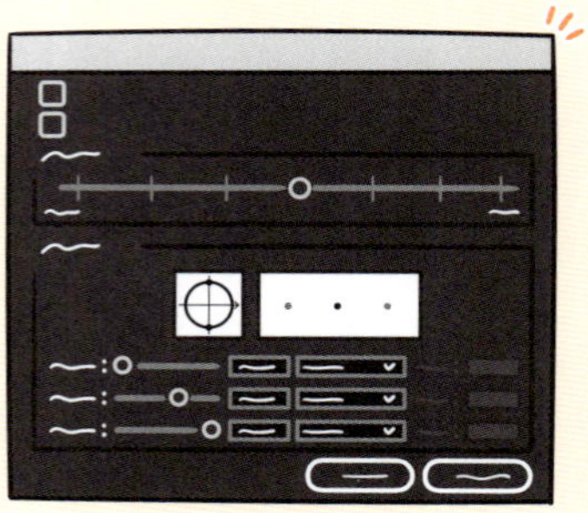

[塗りブラシツール]に関するウィンドウが開かれる

[塗りブラシツールオプション]では、[ブラシツールオプション]と同じく、線の精度を設定できるほか、ブラシのサイズや形を変更することができます。

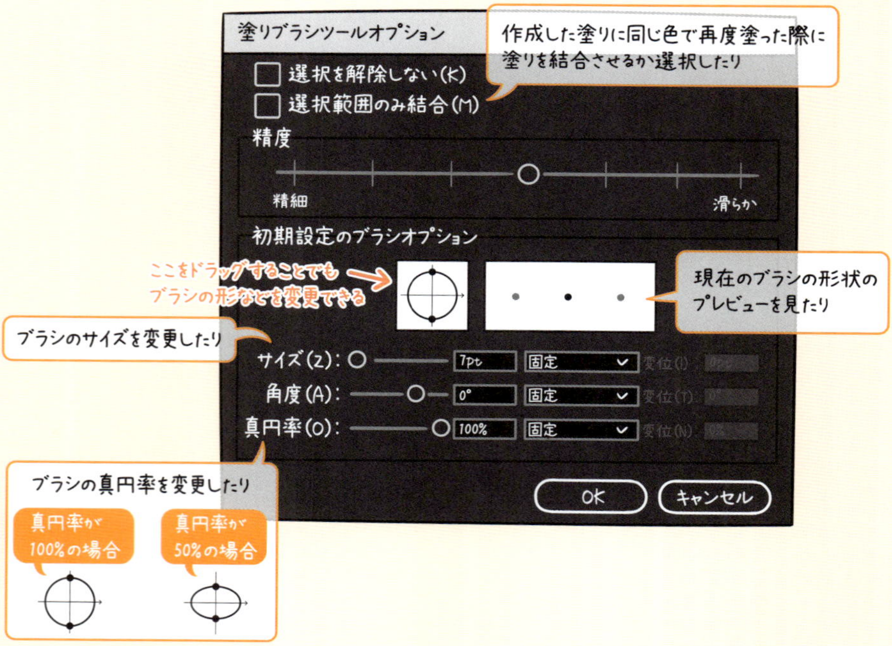

塗りブラシツールオプション
作成した塗りに同じ色で再度塗った際に塗りを結合させるか選択したり
選択を解除しない(K)
選択範囲のみ結合(M)
精度
精細
滑らか
初期設定のブラシオプション
ここをドラッグすることでもブラシの形などを変更できる
現在のブラシの形状のプレビューを見たり
ブラシのサイズを変更したり
サイズ(Z)：
7pt
固定
角度(A)：
0°
固定
真円率(O)：
100%
固定
OK
キャンセル
ブラシの真円率を変更したり
真円率が100%の場合
真円率が50%の場合

Chapter 5…4 消しゴムツール

消しゴムツールは、オブジェクトを消すことができるツールです。ドラッグした箇所を削除できるため、消しゴム感覚で使用できます。

Study

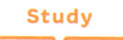

消しゴムツールについて知ろう

［消しゴムツール］では、ドラッグした箇所を消しゴムのように削除することができます。

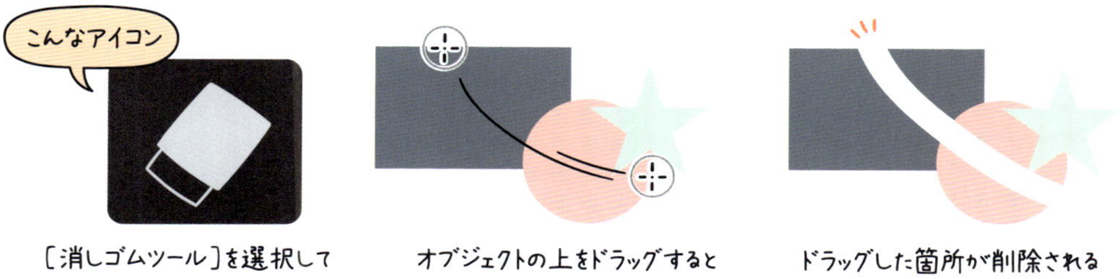
こんなアイコン
［消しゴムツール］を選択して
オブジェクトの上をドラッグすると
ドラッグした箇所が削除される

なにも選択せずにドラッグした場合は、ドラッグした箇所にあるオブジェクト全てが削除され、なにかオブジェクトを選択した場合は、選択したオブジェクトのみ削除されます。

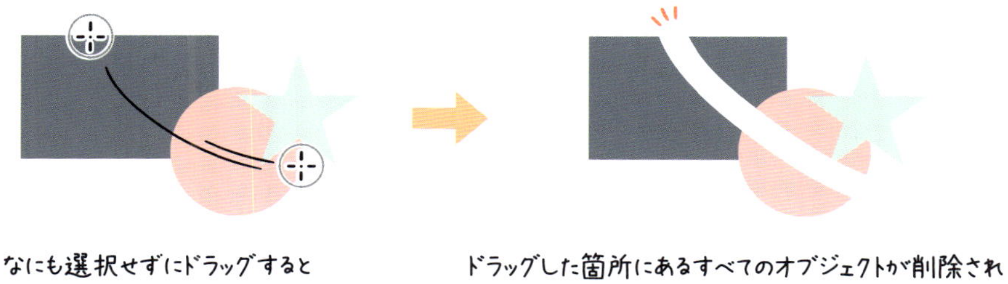
なにも選択せずにドラッグすると
ドラッグした箇所にあるすべてのオブジェクトが削除され

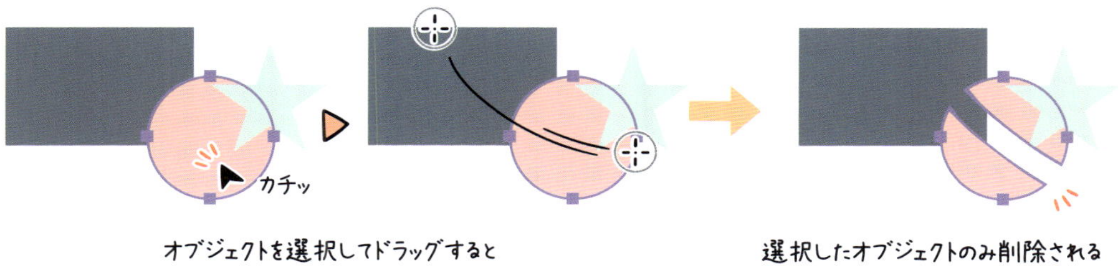
カチッ
オブジェクトを選択してドラッグすると
選択したオブジェクトのみ削除される

Let's Try!

消しゴムツールで塗りを消してみよう

1 前ページで塗りを作成した箇所のうち、はみ出した部分を削除していきます。

❶前ページで作成した塗りを

❷[消しゴムツール]を使って削除していく

2 [ツールバー]から[消しゴムツール]を選択し、輪郭からはみ出ている塗りの近くを大雑把にドラッグしてみます。すると、ドラッグした箇所が削除されます。

カチッ

❶[消しゴムツール]を選択し

❷輪郭からはみ出ている塗りの近くを大雑把にドラッグすると

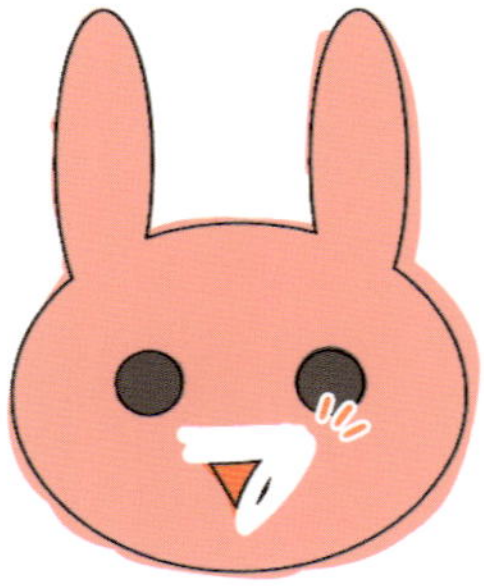

❸ドラッグした箇所が削除される

消しゴムのサイズは、]を押すと大きく、[を押すと小さくできます

3 Ctrl (⌘) + Z で操作を元に戻したら、[選択ツール]でピンク色に塗られているオブジェクトを選択します。選択状態にできたら、[消しゴムツール]を選択し、オブジェクト上をドラッグしてみましょう。すると、選択したオブジェクトのドラッグした箇所のみ削除されます。

❶口の一部が消えた状態を

❷ Ctrl (⌘) + Z で削除する前に戻したら

カチッ

❸[選択ツール]でオレンジ色に塗られているオブジェクトを選択する

カチッ

❹[消しゴムツール]を選択し

❺オブジェクト上をドラッグすると

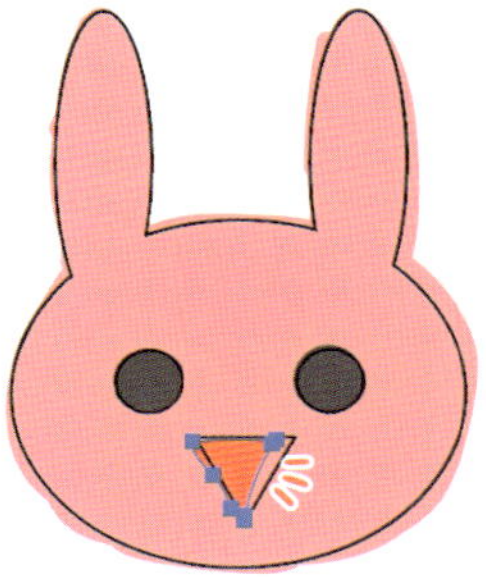

❻選択したオブジェクトのドラッグした箇所のみ削除される

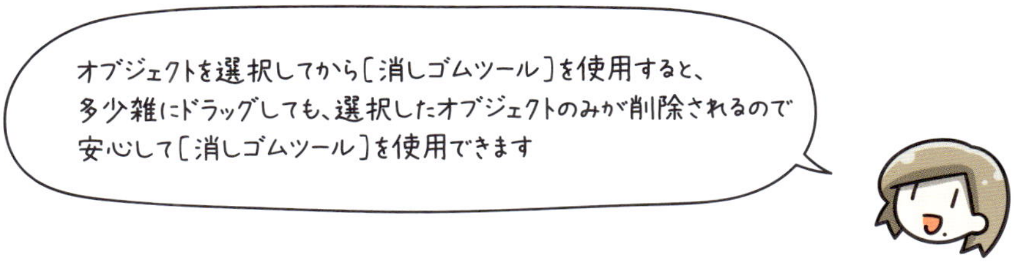
オブジェクトを選択してから[消しゴムツール]を使用すると、
多少雑にドラッグしても、選択したオブジェクトのみが削除されるので
安心して[消しゴムツール]を使用できます

名刺を作ってみよう④

この章で学んだことを活かして、名刺を作っていきます。ここでは、フリーハンドで装飾などを作成していきましょう。

吹き出しを描いてみよう

1 5章で学んだことを踏まえて、ここではフリーハンドで吹き出しや、背景のオブジェクトを作成していきます。

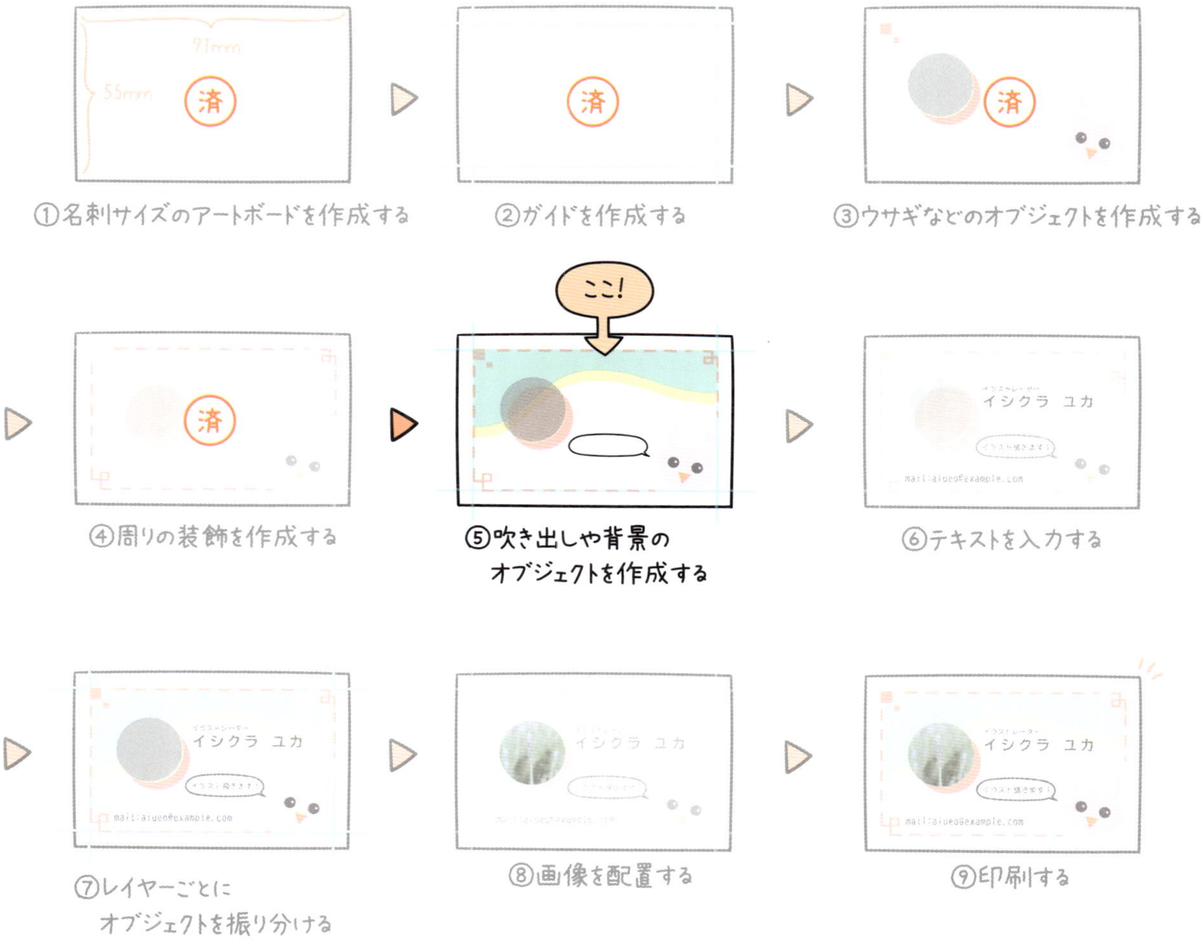
91mm
55mm
済
①名刺サイズのアートボードを作成する
②ガイドを作成する
③ウサギなどのオブジェクトを作成する
④周りの装飾を作成する
ここ!
⑤吹き出しや背景のオブジェクトを作成する
イシクラ ユカ
⑥テキストを入力する
⑦レイヤーごとにオブジェクトを振り分ける
⑧画像を配置する
⑨印刷する

2 4章で作成したファイルを開いたら、[ブラシツール]を選択します。[線]は黒、[塗り]は白のデフォルトの状態に設定しておきます(p.61「オブジェクトに線を設定してみよう」参照)。[ブラシパネル]を表示させ、「Touch Calligraphic Brush」を選択します(p.148「ブラシツールで線を描いてみよう」参照)。

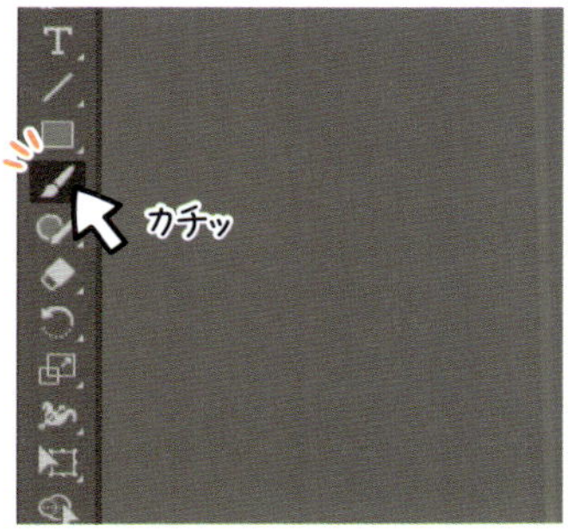
カチッ

❶[ブラシツール]を選択し

カチッ

❷[ツールバー]から[線]と[塗り]をデフォルトの状態にしたら

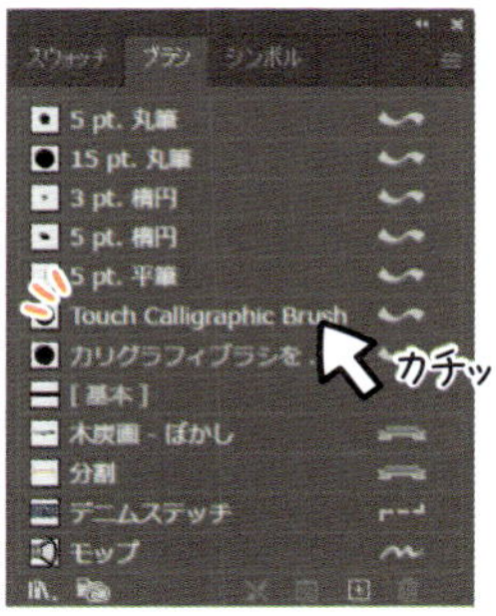
スウォッチ
ブラシ
シンボル
5 pt. 丸筆
15 pt. 丸筆
3 pt. 楕円
5 pt. 楕円
5 pt. 平筆
Touch Calligraphic Brush
カリグラフィブラシを
[基本]
木炭画 - ぼかし
分割
デニムステッチ
モップ
カチッ

❸[ブラシパネル]を表示させて上記のブラシを選択する

3 デフォルトのブラシサイズだと線が太すぎるため、[を押してブラシのサイズを小さくします。サイズが小さくできたら、アートボード上をドラッグし、楕円形を描きます。

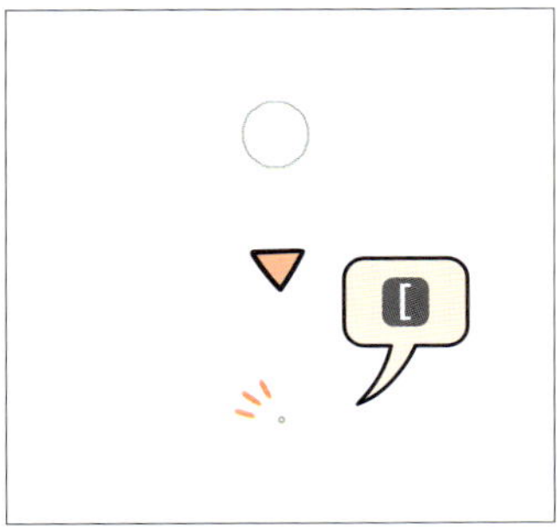
[

❶[を何回か(9回ほど)押してブラシのサイズを小さくし

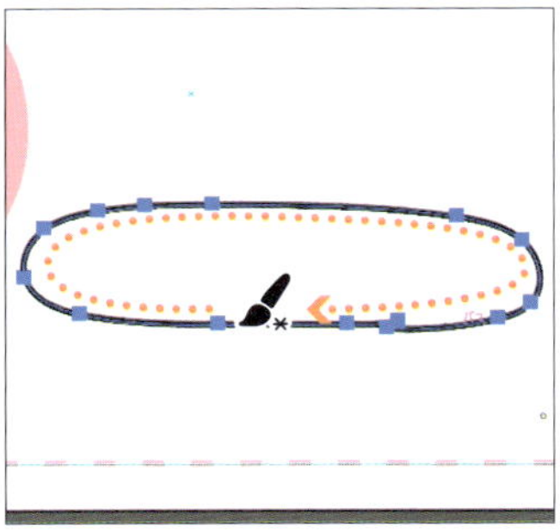

❷アートボード上をドラッグして楕円形を描く

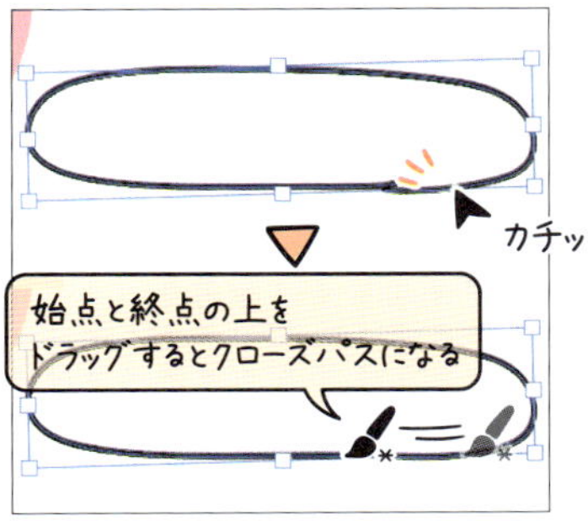
カチッ
始点と終点の上をドラッグするとクローズパスになる

❸楕円形を[選択ツール]でクリックし、[ブラシツール]でクローズパスにする

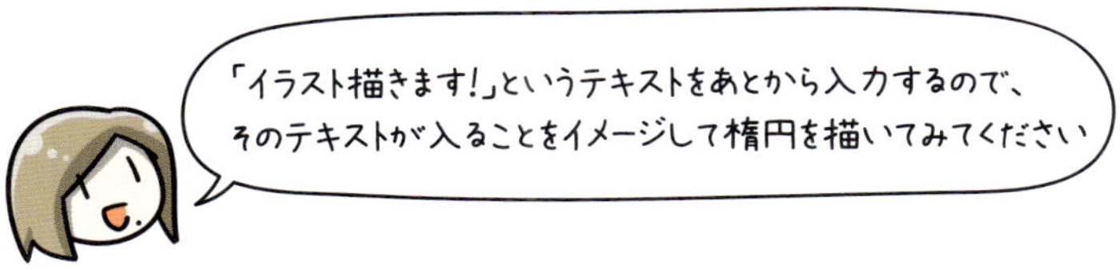
「イラスト描きます!」というテキストをあとから入力するので、そのテキストが入ることをイメージして楕円を描いてみてください

4 なかなか綺麗な楕円が描けない場合は、[スムーズツール]を選択し、描いたパスを何回かドラッグしてなぞってみてください。すると、ガタガタの線がきれいになります。

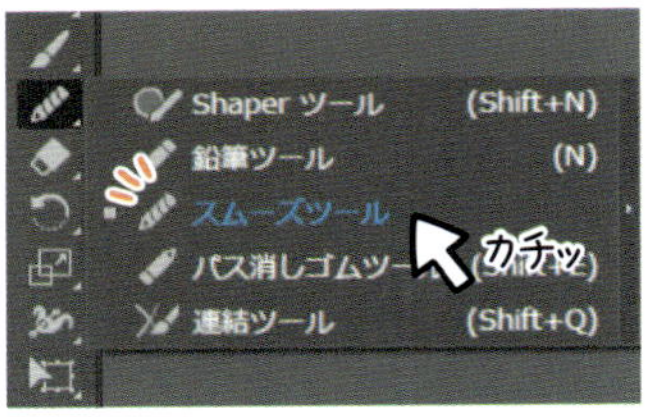
Shaper ツール (Shift+N)
鉛筆ツール (N)
スムーズツール
パス消しゴムツール
連結ツール (Shift+Q)
カチッ

❶楕円形を選択したあと[スムーズツール]を選択し

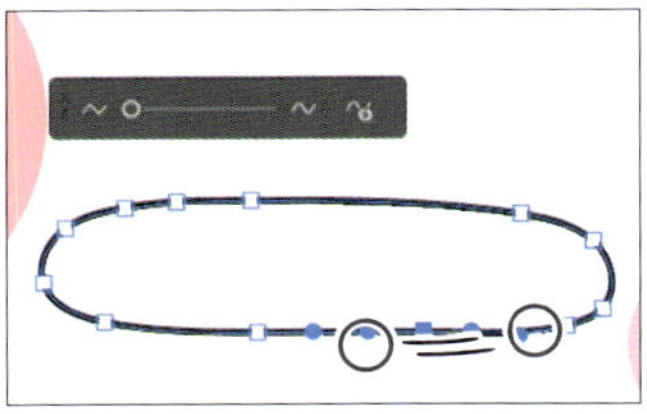

❷描いた楕円上を何回かドラッグすると

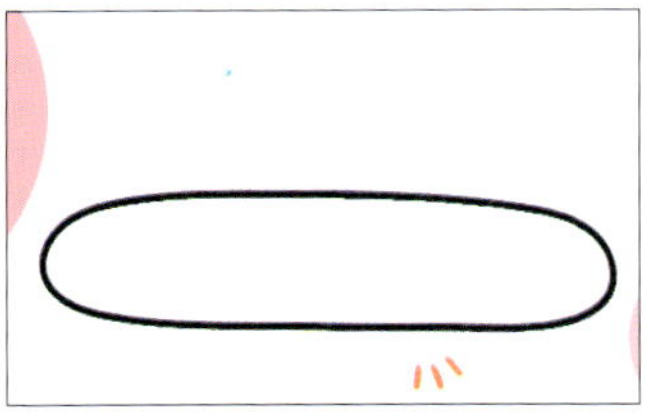

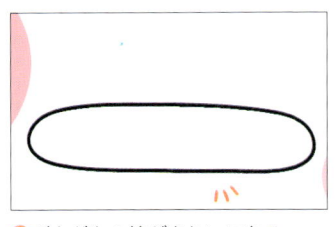

❸ガタガタの線がきれいになる

5 どうしてもフリーハンドで楕円を描くのが難しければ、[楕円形ツール]で楕円をかきましょう。

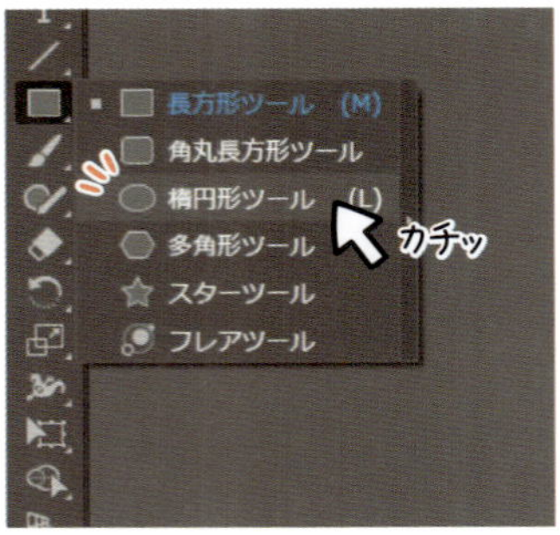
長方形ツール (M)
角丸長方形ツール
楕円形ツール (L)
多角形ツール
スターツール
フレアツール
カチッ

❶[楕円形ツール]を選択し

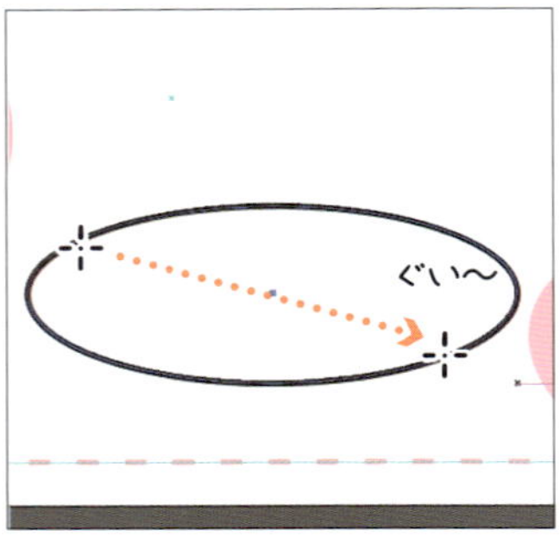
ぐい〜

❷アートボード上をドラッグして

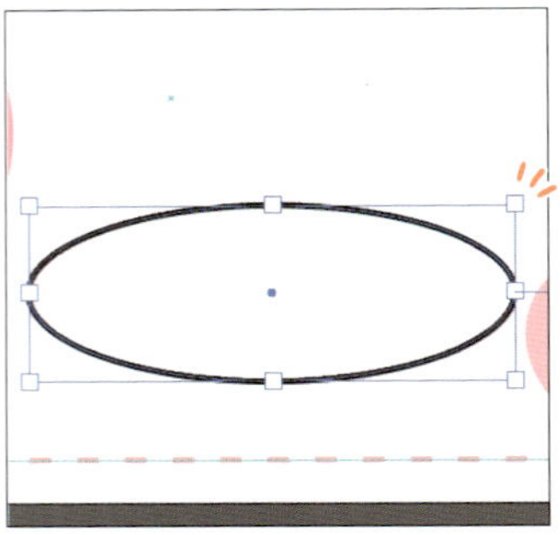

❸楕円形を描く

※この先は[ブラシツール]で描いたものをもとに操作を進めていきます
[楕円形ツール]で描いたものも同様の操作で問題ありません

6 楕円が描けたら、吹き出しのしっぽを描きます。吹き出し右下あたりに吹き出しのしっぽを描いてみましょう。

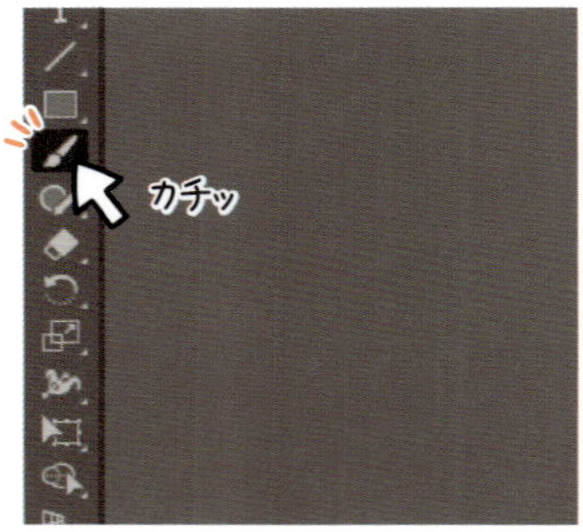
カチッ

❶[ブラシツール]を選択し

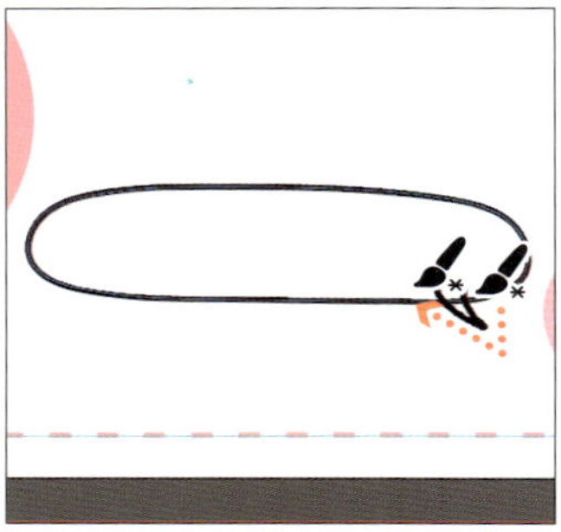

❷吹き出しの右下あたりをドラッグして

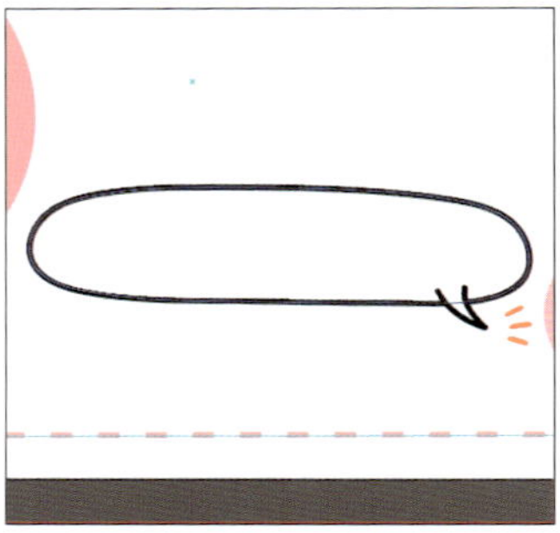

❸吹き出しのしっぽを描く

7 吹き出し全体が描けたら、最後にオブジェクトをすべて選択し、[パスファインダー]からオブジェクトの合体を行い、吹き出しの完成です。

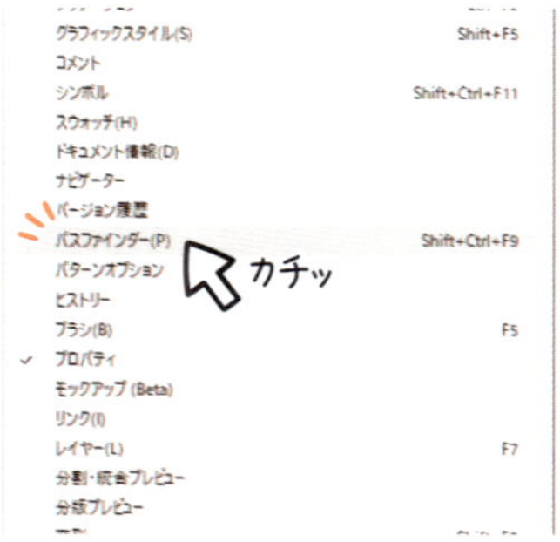
グラフィックスタイル(S) Shift+F5
コメント
シンボル Shift+Ctrl+F11
スウォッチ(H)
ドキュメント情報(D)
ナビゲーター
バージョン履歴
パスファインダー(P) Shift+Ctrl+F9
パターンオプション
ヒストリー
ブラシ(B) F5
プロパティ
モックアップ (Beta)
リンク(I)
レイヤー(L) F7
分割・統合プレビュー
分版プレビュー
カチッ

❶[パスファインダーパネル]を表示させ

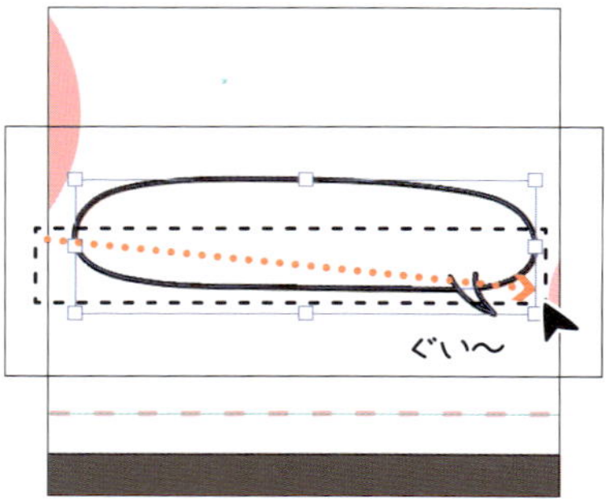
ぐい〜

❷[選択ツール]で吹き出しのオブジェクトをすべて選択したら

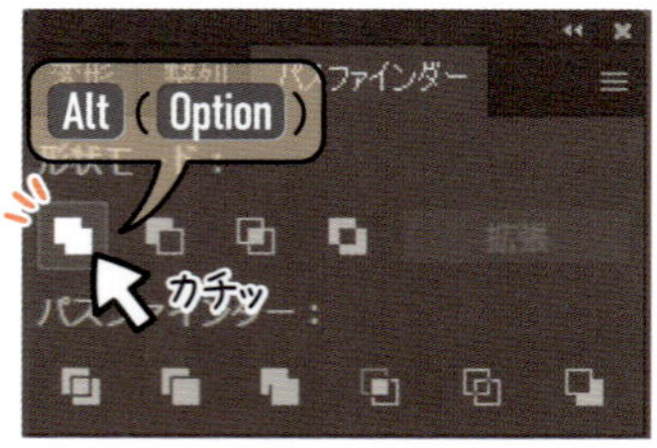
Alt (Option)
パスファインダー
カチッ

❸[パスファインダー]から Alt (Option) を押しながら[合体]をクリックする

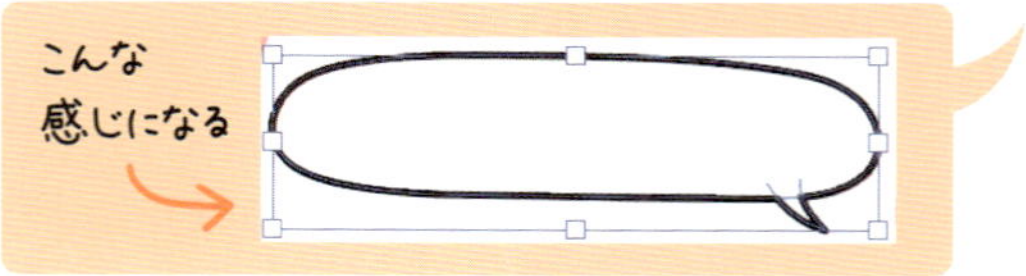
こんな
感じになる

背景のオブジェクトを描いてみよう

1 次は、[鉛筆ツール]を使って、波線の背景を作っていきます。まず、[鉛筆ツール]のアイコンをダブルクリックし、[鉛筆の線に塗りを適用]にチェックマークを入れましょう。そうすることで、あらかじめ設定した塗りを適用することができます(p.154「鉛筆ツールで線を描いてみよう」参照)。

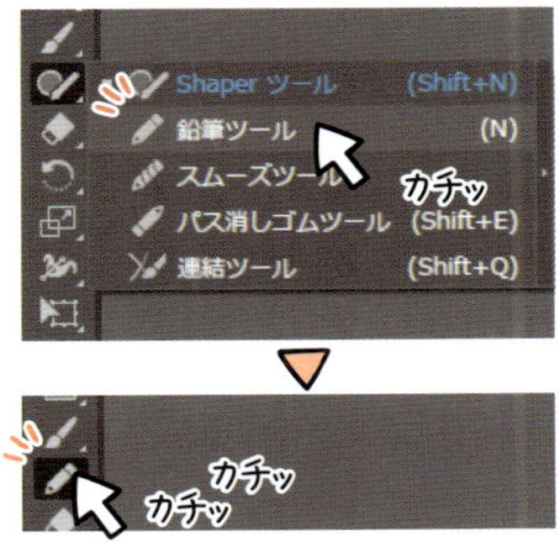
Shaper ツール (Shift+N)
鉛筆ツール (N)
スムーズツール
パス消しゴムツール (Shift+E)
連結ツール (Shift+Q)
カチッ
カチッ
カチッ

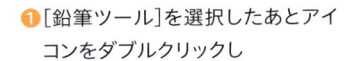

❶[鉛筆ツール]を選択したあとアイコンをダブルクリックし

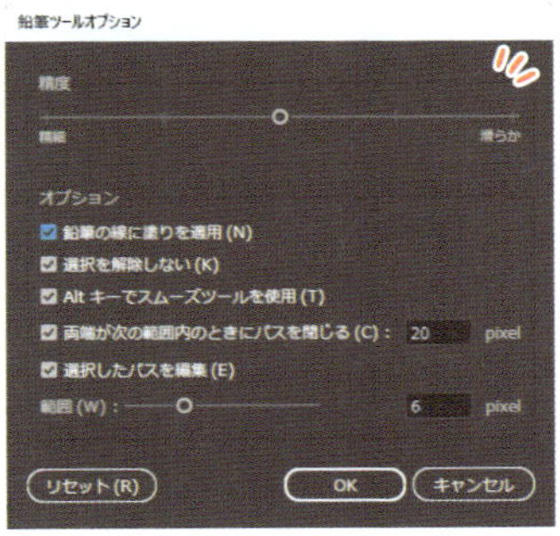
鉛筆ツールオプション
精度
オプション
鉛筆の線に塗りを適用 (N)
選択を解除しない (K)
Alt キーでスムーズツールを使用 (T)
両端が次の範囲内のときにパスを閉じる (C) : 20 pixel
選択したパスを編集 (E)
範囲 (W) : 6 pixel
リセット (R)
OK
キャンセル

❷表示されたウィンドウから

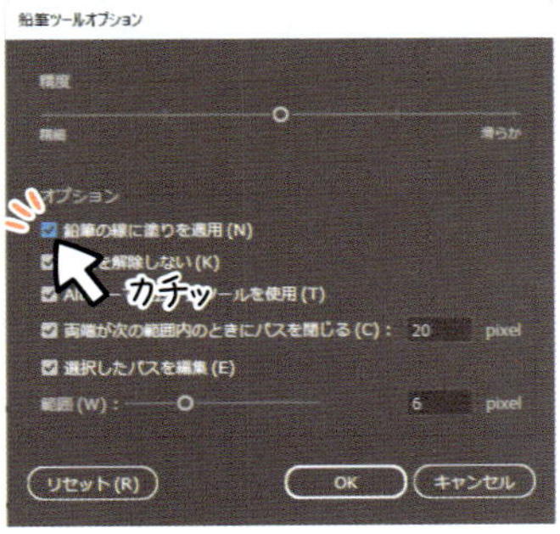
鉛筆ツールオプション
精度
オプション
鉛筆の線に塗りを適用 (N)
カチッ
リセット (R)
OK
キャンセル

❸[鉛筆の線に塗りを適用]にチェックを入れる

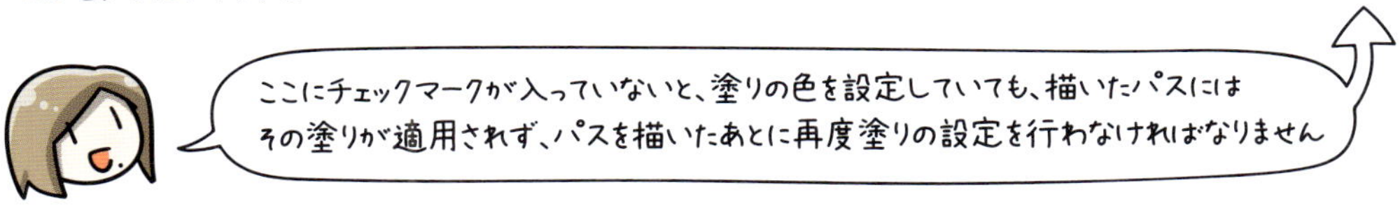
ここにチェックマークが入っていないと、塗りの色を設定していても、描いたパスにはその塗りが適用されず、パスを描いたあとに再度塗りの設定を行わなければなりません

2 [鉛筆ツール]を選択したら、[プロパティパネル]内にある[線]はなしに設定し、[塗り]を黄色にします。

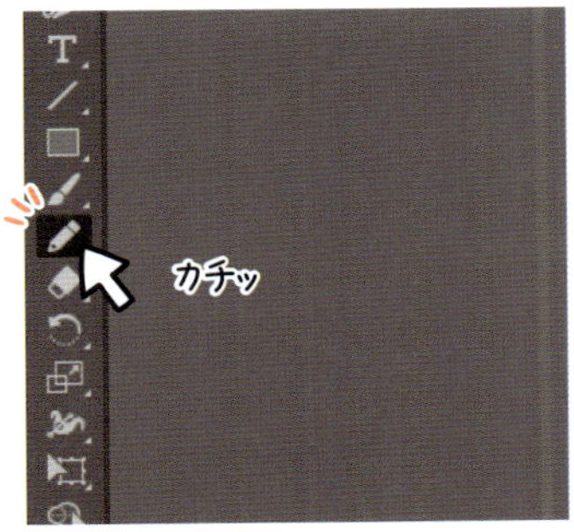
カチッ

❶[鉛筆ツール]を選択したら

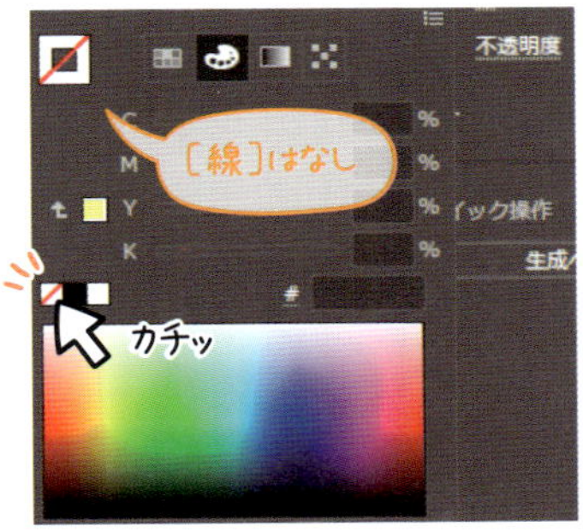
不透明度
[線]はなし
カチッ

❷[プロパティパネル]内にある[線]はなしに

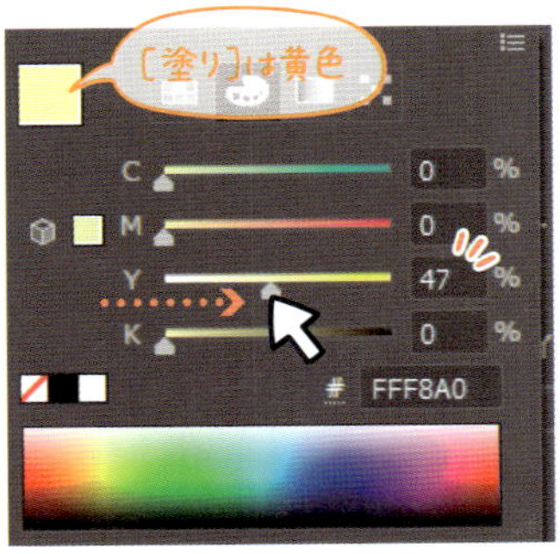
[塗り]は黄色
C 0 %
M 0 %
Y 47 %
K 0 %
FFF8A0

❸[塗り]を黄色に設定する

3 次に、ガイドの上をShiftを押しながらドラッグし、直線を描いていきます。

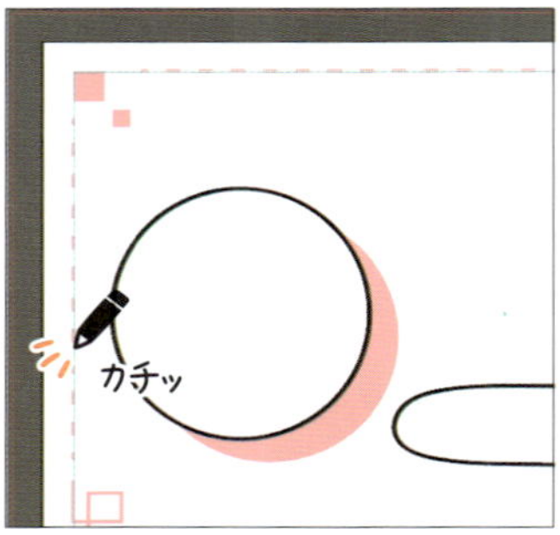
カチッ

❶左のガイドへカーソルを持っていきクリックしたあと

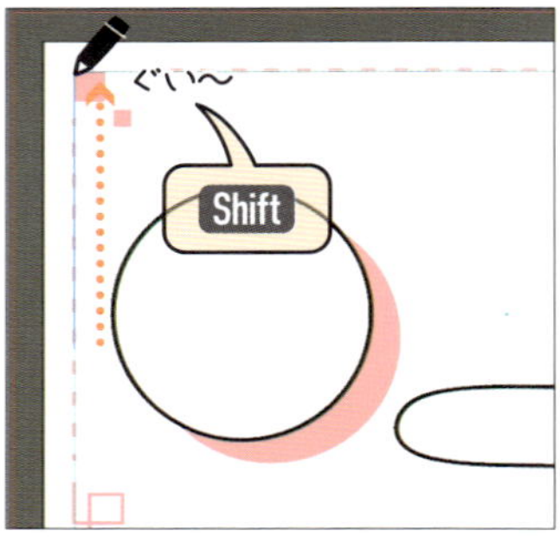
ぐい〜
Shift

❷そのままShiftを押しながら真上にドラッグし

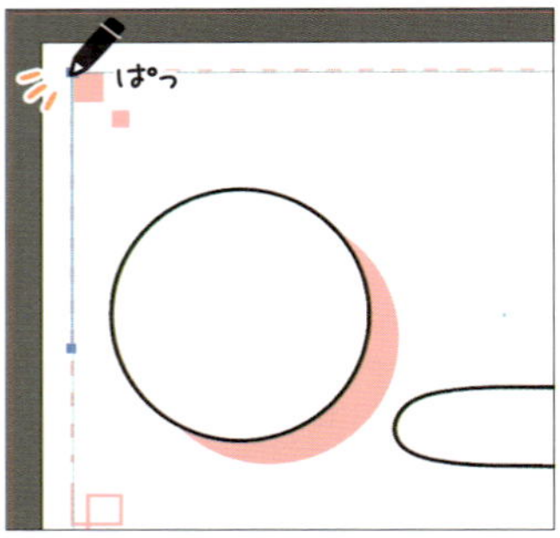
ぱっ

❸左上の角までカーソルを持っていき、ドラッグをやめる

4 次に、ドラッグをやめた位置にカーソルを近づけ、クリックしてShiftを押しながら真横にドラッグして直線を描きます。

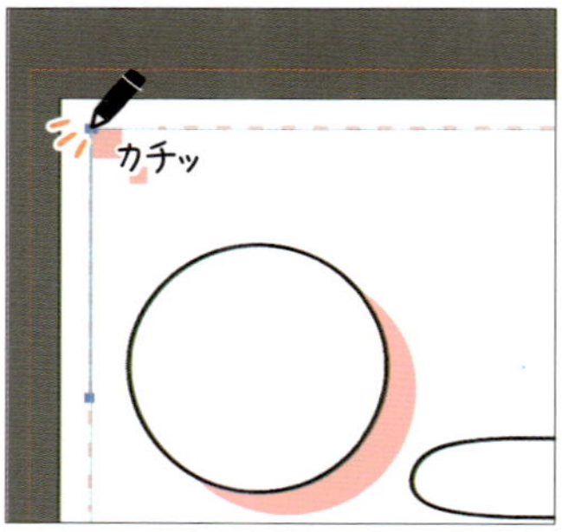
カチッ

❶ドラッグをやめた位置にカーソルを持っていったあとクリックし

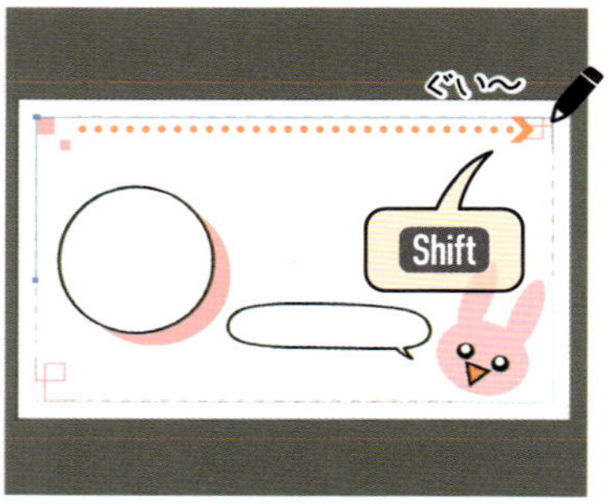
ぐい〜
Shift

❷Shiftを押しながら真横にドラッグし

ぱっ

❸右上の角までカーソルを持っていき、ドラッグをやめる

5 次も同じように、ドラッグをやめた位置にカーソルを近づけ、クリックしてShiftを押しながら真下にドラッグして直線を描きます。

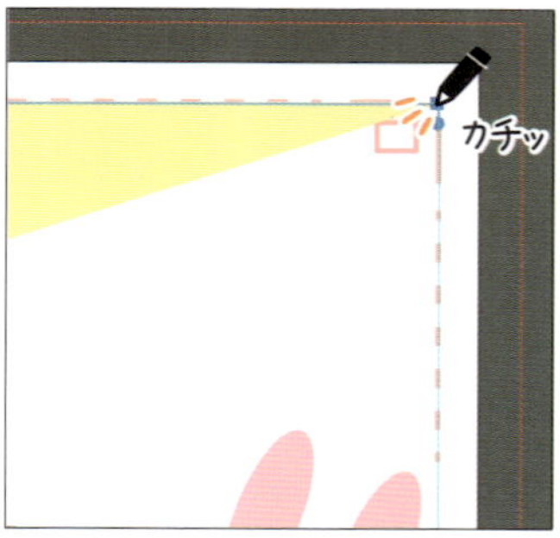
カチッ

❶ドラッグをやめた位置にカーソルを持っていったあとクリックし

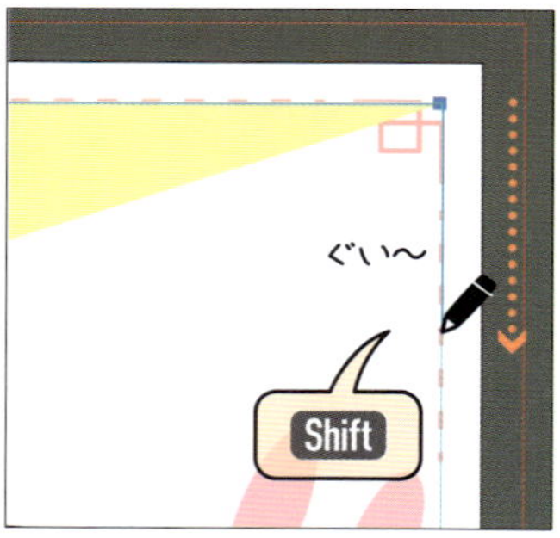
ぐい〜
Shift

❷Shiftを押しながら真下にドラッグし

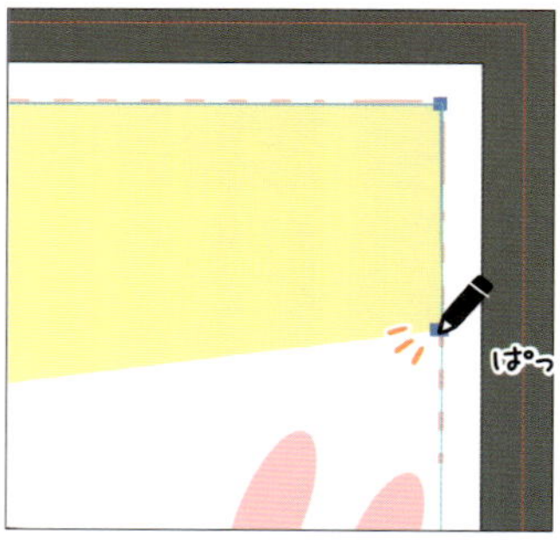
ぱっ

❸真ん中あたりまでカーソルを持っていき、ドラッグをやめる

6 ドラッグをやめた位置にカーソルを持っていき、波線を描くようにフリーハンドで左に向かってドラッグします。一番最初に描いた箇所までカーソルを持っていき、ドラッグをやめます。

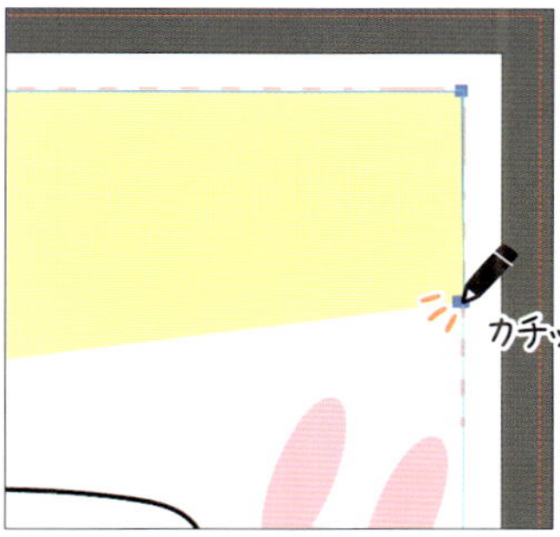
カチッ

❶ドラッグをやめた位置にカーソルを持っていったあとクリックし

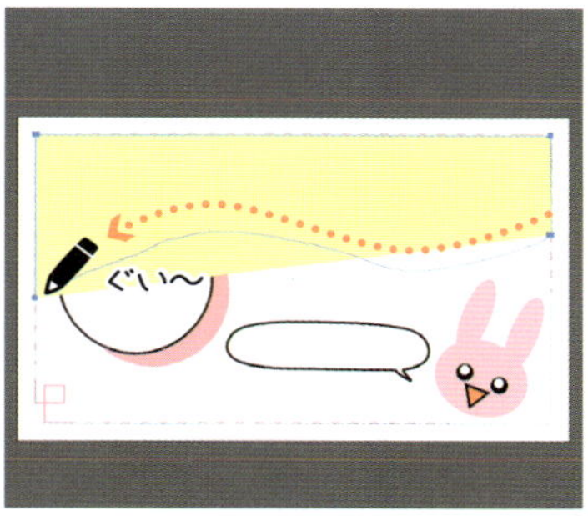
ぐい〜

❷波線を描くようにフリーハンドで左に向かってドラッグし

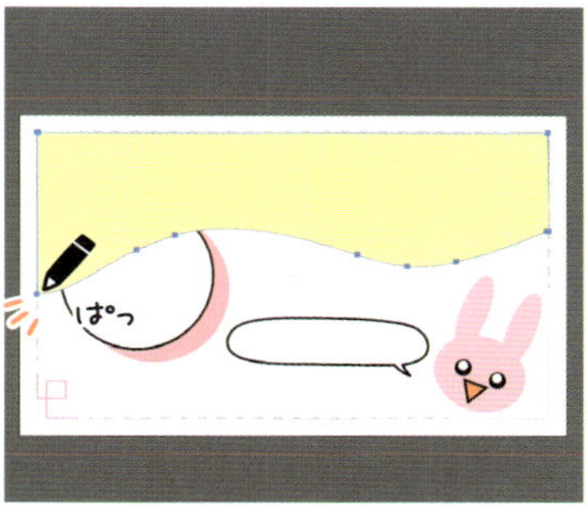
ぱっ

❸一番最初に描いた箇所までカーソルを持っていき、ドラッグをやめる

7 波線のオブジェクトが描けたら、[選択ツール]で波線のオブジェクトを選択します。そして、オブジェクトをコピーして前面へペーストします(p.88「オブジェクトの重なり順を変更してみよう」参考)。

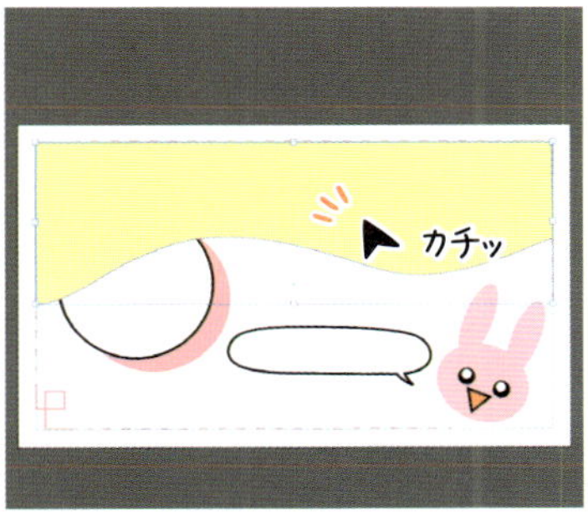
カチッ

❶波線のオブジェクトを[選択ツール]で選択し

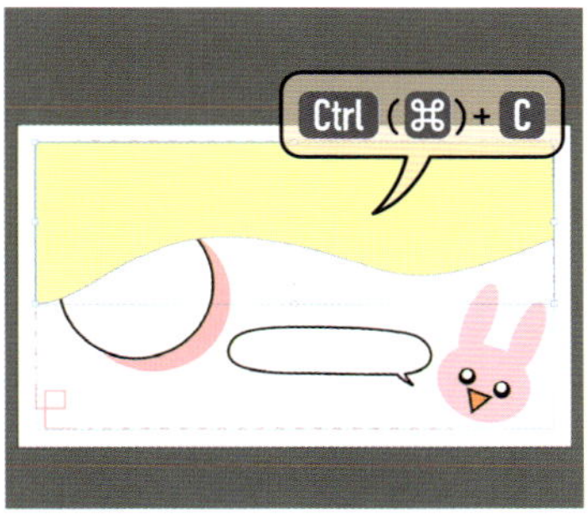
Ctrl (⌘)+ C

❷コピーしたら

編集(E) オブジェクト(O) 書式(T) 選択(S) 効果(C)
鉛筆の取り消し(U) Ctrl+Z
カット(T) Ctrl+X
コピー(C) Ctrl+C
ペースト(P) Ctrl+V
前面へペースト(F) Ctrl+F
背面へペースト(B) Ctrl+B
同じ位置にペースト(S) Shift+Ctrl+V
すべてのアートボードにペースト(S) Alt+Shift+Ctrl+V
消去(L)
検索と置換(E)...
カチッ

❸画面上部[編集]から[前面へペースト]を選択する

8 ペーストしたオブジェクトを[選択ツール]で選択し、表示されたバウンディングボックスの下の辺を上方向へドラッグし、変形させます(p.81「オブジェクトを変形してみよう」参考)。

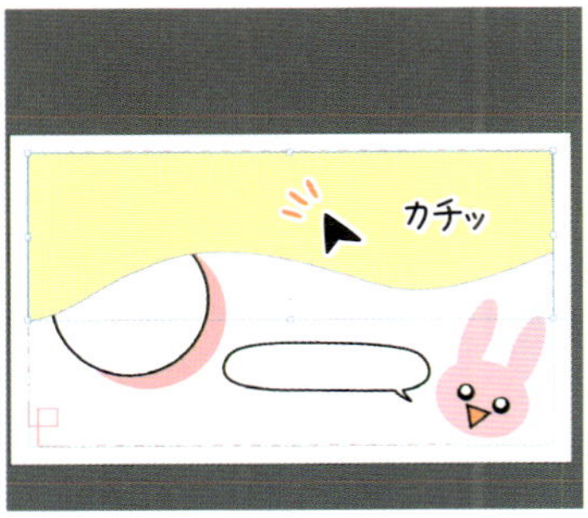
カチッ

❶ペーストしたオブジェクトを[選択ツール]で選択し

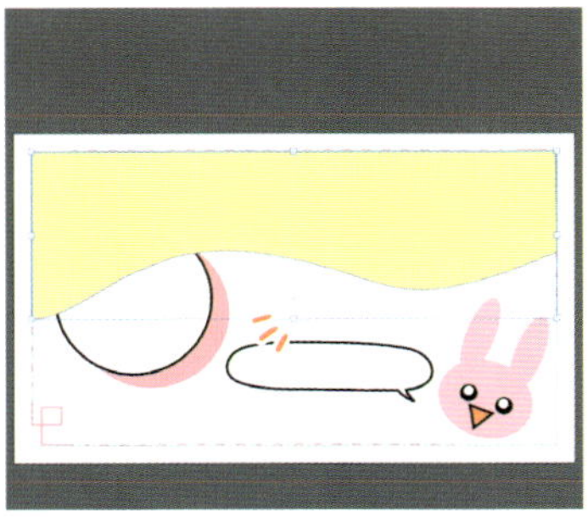

❷表示されたバウンディングボックスの下の辺を

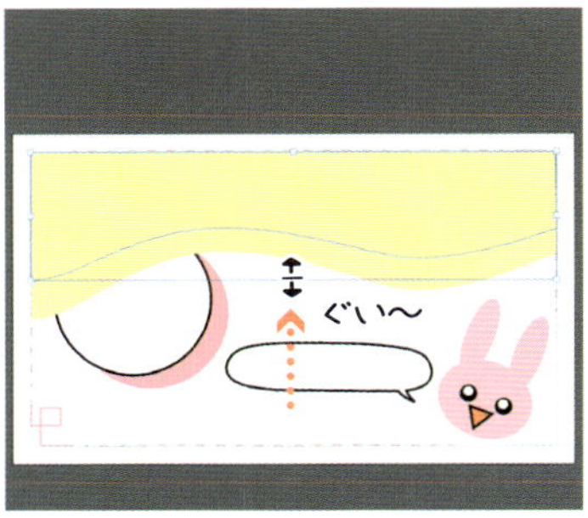
ぐい〜

❸上方向へドラッグし変形させる

9 変形させたオブジェクトを選択状態にしたまま、[プロパティパネル]内にある[線]はなしに、[塗り]を青緑色にすれば、背景の完成です。

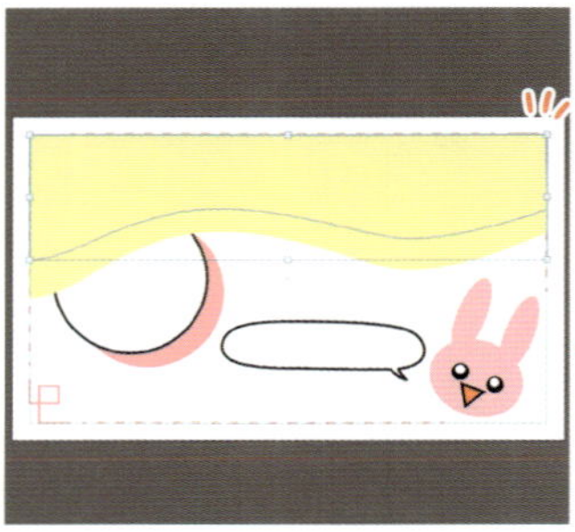

❶変形させたオブジェクトを選択状態にしたまま

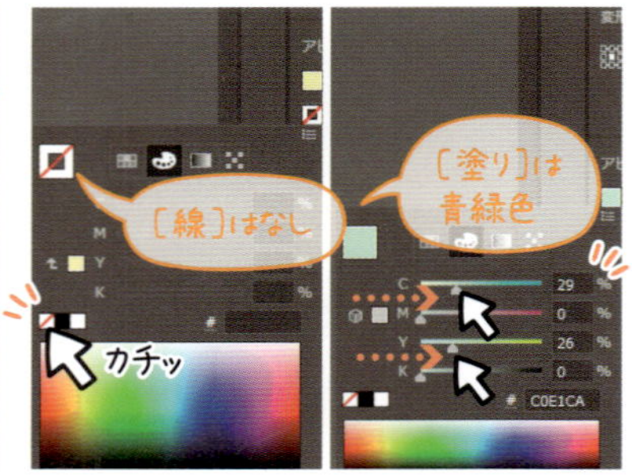
[線]はなし
[塗り]は青緑色
カチッ

❷[線]はなしに、[塗り]を青緑色にすれば

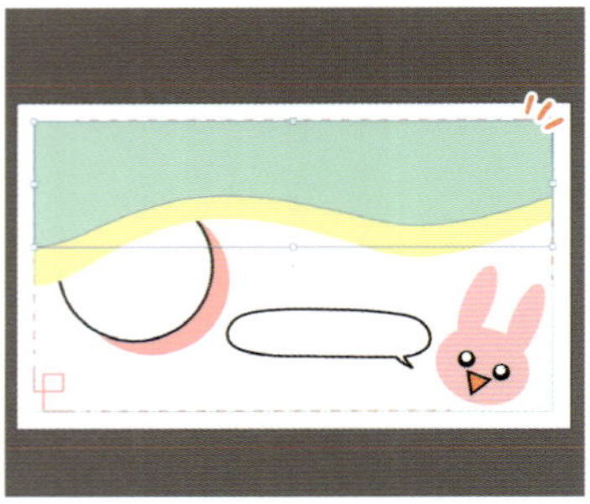

❸背景の完成！

オブジェクトが重なって見えなくなっているオブジェクトはとりあえずそのままで大丈夫です

作業が終わったら、ファイルは保存しておきましょう！

ここまでの完成図はこんな感じ

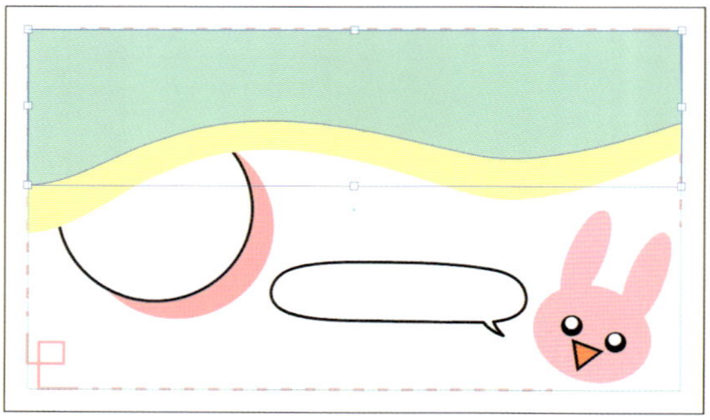

次の番外編では、これまでに配置してきたオブジェクトを各レイヤーに振り分けていきます

Chapter

6

文字を入力してみる

この章では、文字を入力する方法について学んでいきます。
文字を入力することができるようになれば、ポスターを作成したり、名刺を作成したりと、制作できるものの幅が広がります。

Caffe

Chapter

6 文字を入力してみる

Illustrator ではテキストを入力して配置することが可能です

吾輩は猫である

［文字ツール］を使って文字を入力したり

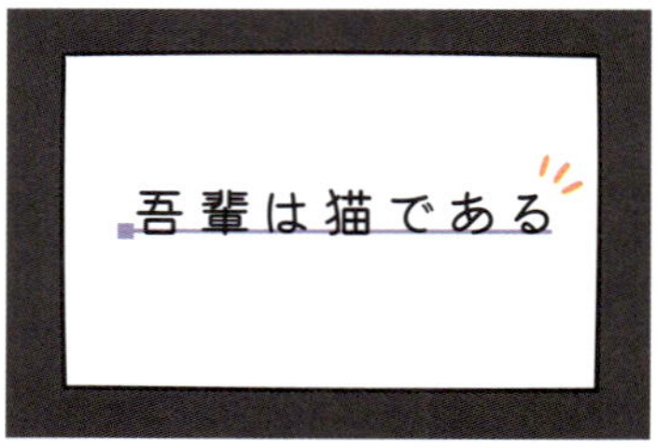

吾輩は猫である

［文字パネル］から文字の間隔を調整したり

テキストを入力することで、ポスターを作ったりすることなどができます

あとは文字を
入力すれば
ポスターの完成だ…
ワークショップ
in ちば
開催日時
2月11日 10:00~15:00
アクセス
○○駅より徒歩3分
できた！

用意されているツールも様々で、パスに沿ってテキストを入力できたりします

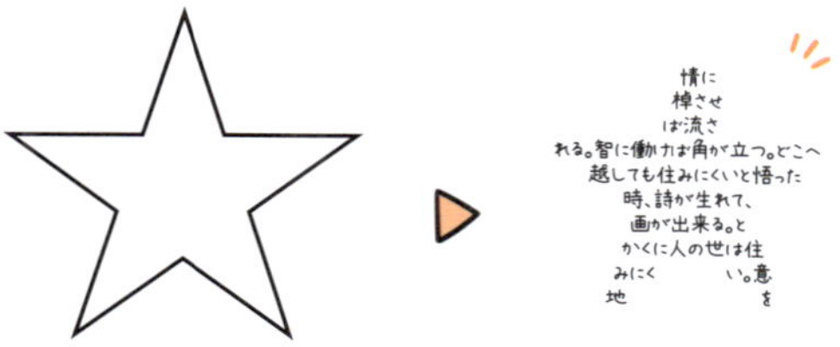

情に
棹させ
ば流さ
れる。智に働けば角が立つ。どこへ
越しても住みにくいと悟った
時、詩が生れて、
画が出来る。と
かくに人の世は住
みにくい。意
地を

星形のオブジェクトに合わせてテキストを入力したり

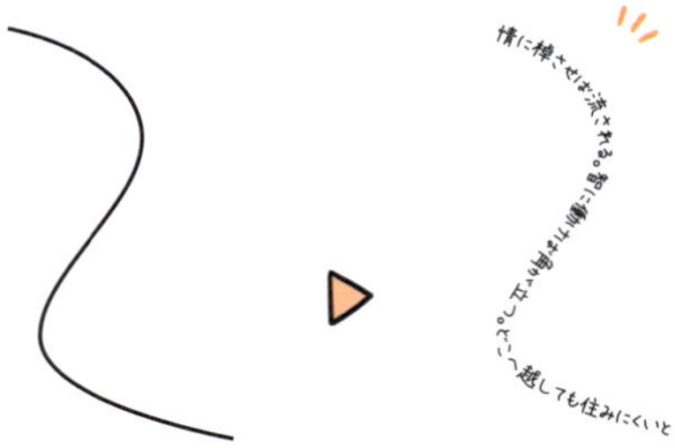

情に棹させば流される。智に働けば角が立つ。どこへ越しても住みにくいと

曲線のパスに合わせてテキストを入力したり

Chapter

6…1 テキストツール

テキストを入力できるようになると、ポスターを作成したり名刺を作成したりといったことができるようになります。

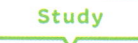

Study

どんなテキストツールがあるのか知ろう

テキストツールには、[文字ツール][エリア内文字ツール]など、様々な種類が用意されています。代表的なツールの各特徴は以下の通りです。

代表的な図形を作成するツール

文字ツール

横書きのテキストを入力できるツール

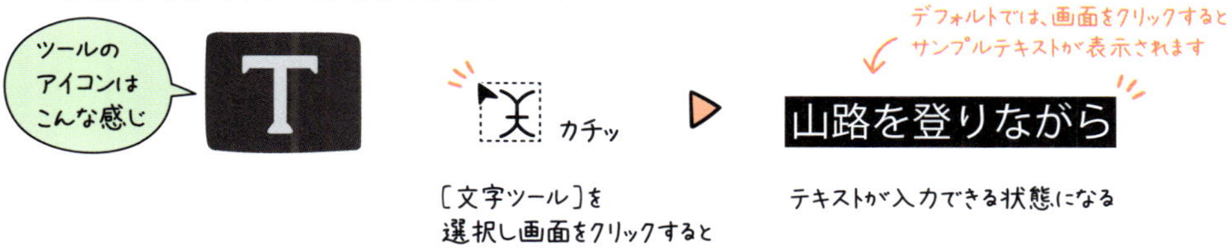

ツールのアイコンはこんな感じ
カチッ
デフォルトでは、画面をクリックするとサンプルテキストが表示されます
山路を登りながら
[文字ツール]を選択し画面をクリックすると
テキストが入力できる状態になる

エリア内文字ツール

作成したパス内にテキストを入力できるツール

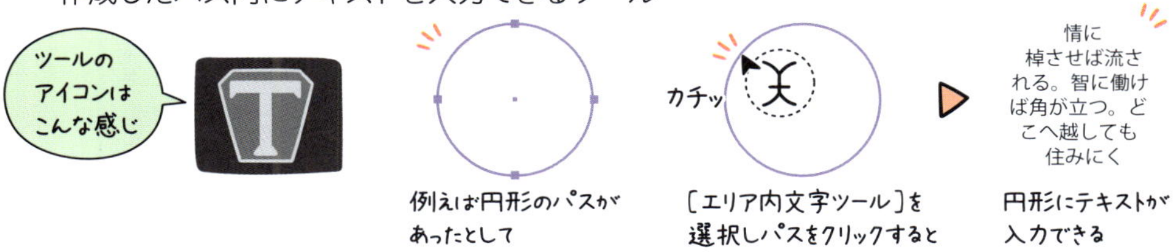

ツールのアイコンはこんな感じ
カチッ
情に棹させば流される。智に働けば角が立つ。どこへ越しても住みにくく
例えば円形のパスがあったとして
[エリア内文字ツール]を選択しパスをクリックすると
円形にテキストが入力できる

パス上文字ツール

パスの上にテキストを入力できるツール

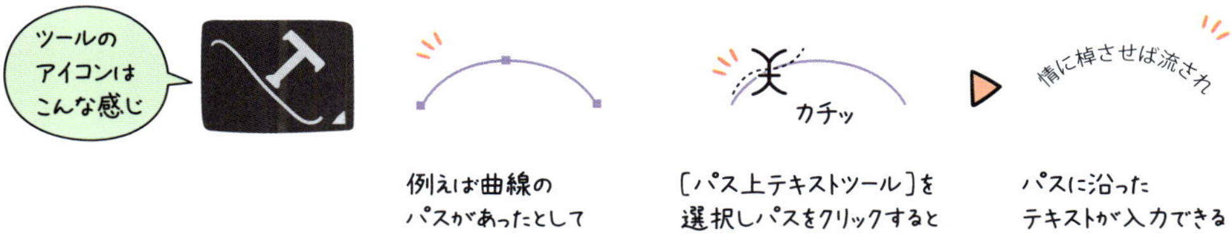

ツールのアイコンはこんな感じ
カチッ
情に棹させば流され
例えば曲線のパスがあったとして
[パス上テキストツール]を選択しパスをクリックすると
パスに沿ったテキストが入力できる

紹介したツールはすべて横書きですが、それぞれ縦書き用のツールも用意されています

Study

ポイント文字とエリア内文字について知ろう

Illustratorには、「ポイント文字」と「エリア内文字」というものがあります。それぞれの特徴を知っておくと、テキストを入力する際役に立つでしょう。それぞれの特徴は以下の通りです。

ポイント文字

テキストを入力するツールを選択し、任意の場所をクリックして入力されたテキストのこと。

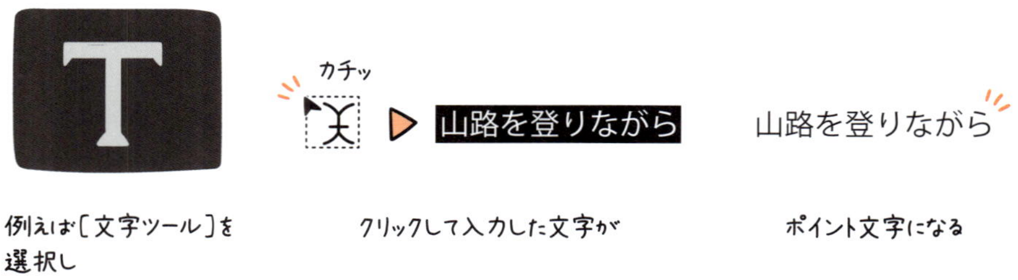

カチッ
山路を登りながら
山路を登りながら
例えば[文字ツール]を選択し
クリックして入力した文字が
ポイント文字になる

エリア内文字

テキストを入力するツールを選択し、テキストを入力する箇所をドラッグしてテキストボックスを作り、その中に入力されたテキストのこと。

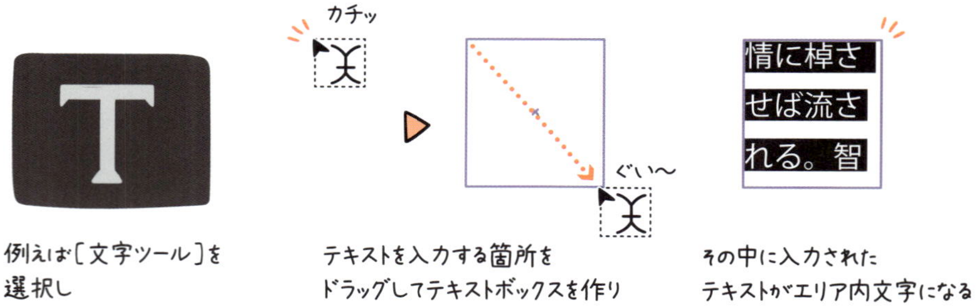

カチッ
ぐい〜
情に棹さ
せば流さ
れる。智
例えば[文字ツール]を選択し
テキストを入力する箇所をドラッグしてテキストボックスを作り
その中に入力されたテキストがエリア内文字になる

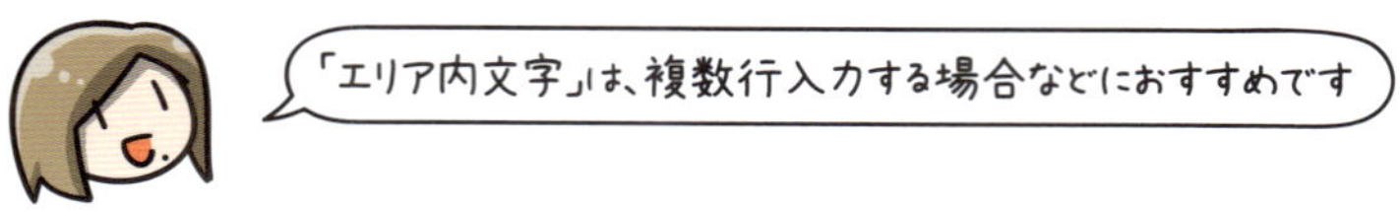

「エリア内文字」は、複数行入力する場合などにおすすめです

Let's Try!

ポイント文字を入力してみよう

1 テキストツールを使ってテキストを入力してみましょう。[ツールバー]から[文字ツール]を選択し、アートボード上をクリックします。すると、サンプルテキストがクリックした箇所に表示されます。

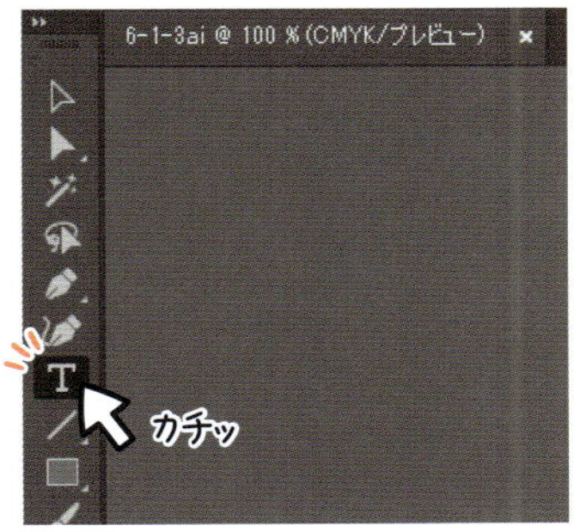
6-1-3ai @ 100 % (CMYK/プレビュー)
カチッ

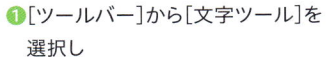

❶[ツールバー]から[文字ツール]を選択し

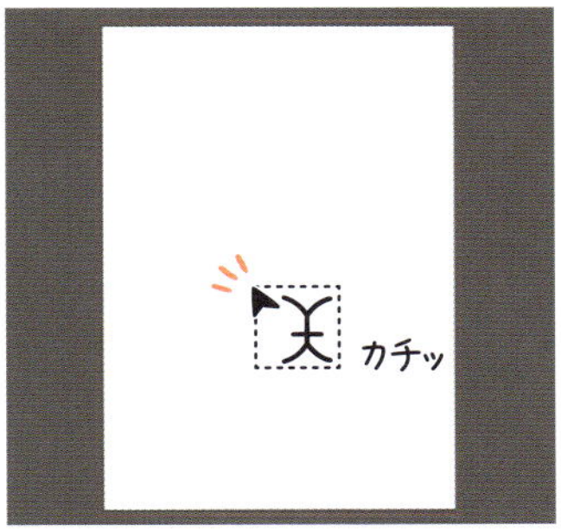
カチッ

❷アートボード上をクリックすると

山路を登りながら

❸サンプルテキストが表示される

2 その状態で入力したいテキストを打ち込んでいくと、テキストが入力されていきます。Enter で入力を確定し、再度 Enter を押すことで、テキストを改行することができます。

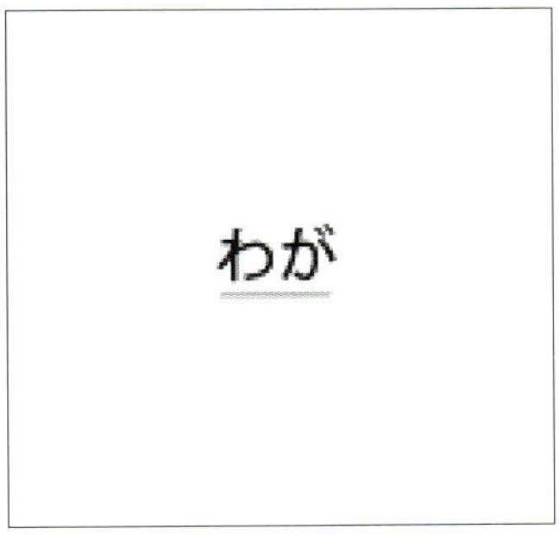
わが

❶テキストを打ち込んでいくと

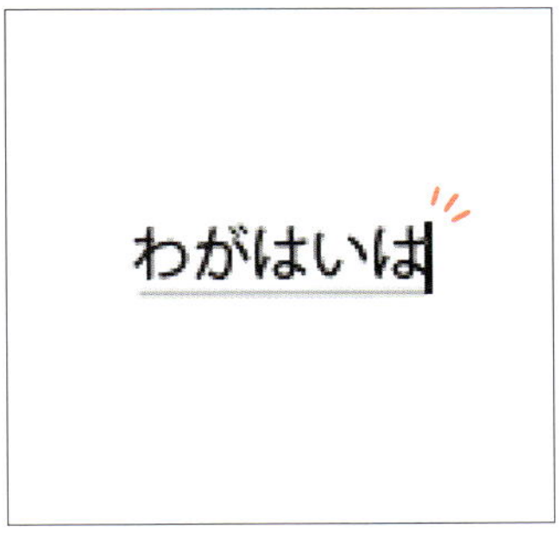
わがはいは

❷テキストが入力され

Enter
わがはいは

❸ Enter で入力を確定したあと

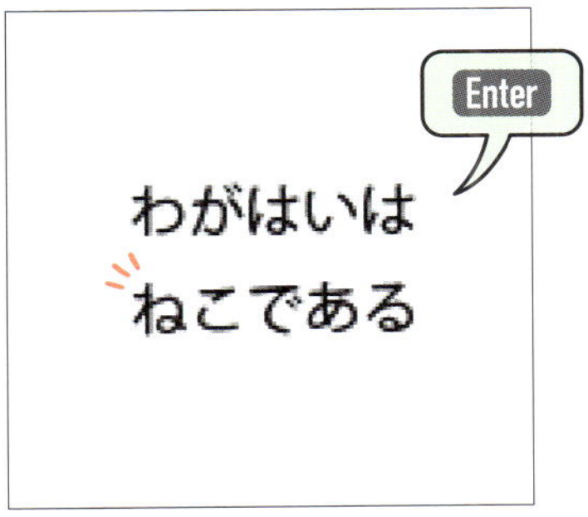
Enter
わがはいは
ねこである

❹再度 Enter を押すと改行され次の行から入力される

フォントが違っていても気にしなくて大丈夫です

3 入力を終了させたい場合は、[選択ツール]を選択し、何もない箇所をクリックすることで、テキストの入力を終了できます。

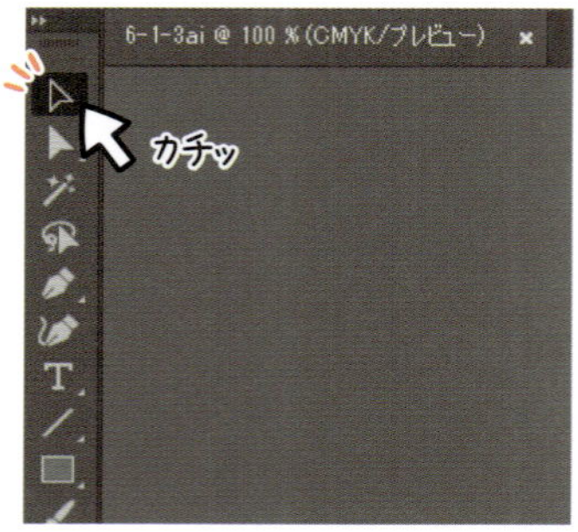
6-1-3ai @ 100 % (CMYK/プレビュー)
カチッ

❶[選択ツール]を選択し

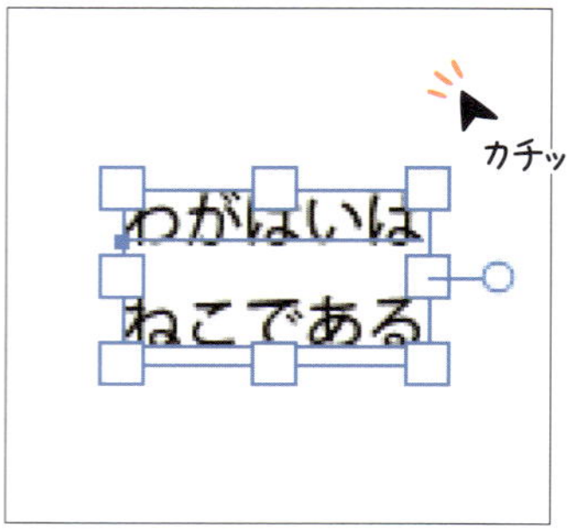
カチッ
わがはいは
ねこである

❷何もない箇所をクリックすると

わがはいは
ねこである

❸テキストの入力を終了できる

4 [テキストツール]を選択し、入力を終了させたテキストにカーソルを合わせクリックすることで、再度、テキストの入力を再開することができます。

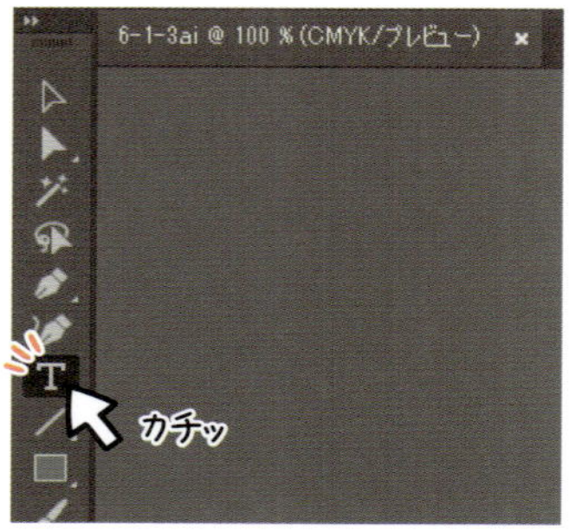
6-1-3ai @ 100 % (CMYK/プレビュー)
カチッ

❶[テキストツール]を選択し

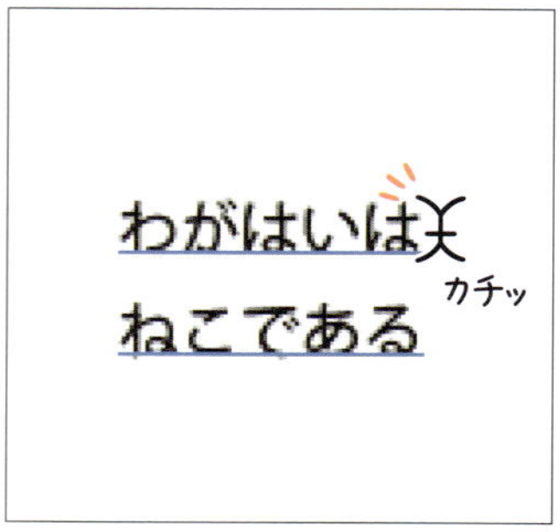
わがはいは
ねこである
カチッ

❷入力を終了させたテキストにカーソルを合わせてクリックすると

わがはいは吾輩は
ねこである

❸テキストの入力を再開できる

カーソルを合わせクリックしたところからテキストの入力が開始される

5 また、[選択ツール]で入力したテキストを選択しドラッグすることで、テキストを移動することが可能です。

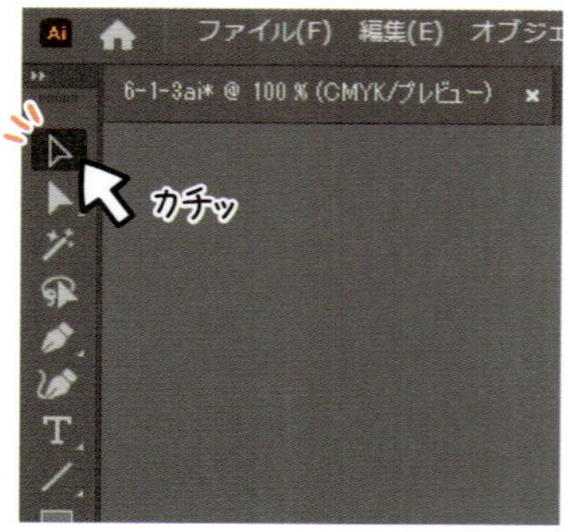
ファイル(F) 編集(E) オブジェ
6-1-3ai* @ 100 % (CMYK/プレビュー)
カチッ

❶[選択ツール]を選択し

わがはいは吾輩は
ねこである
カチッ

❷入力したテキストを選択したあと

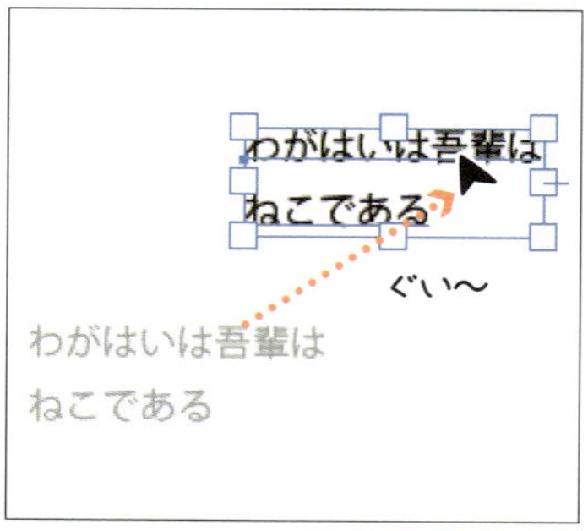
わがはいは吾輩は
ねこである
ぐい〜
わがはいは吾輩は
ねこである

❸ドラッグするとテキストを移動できる

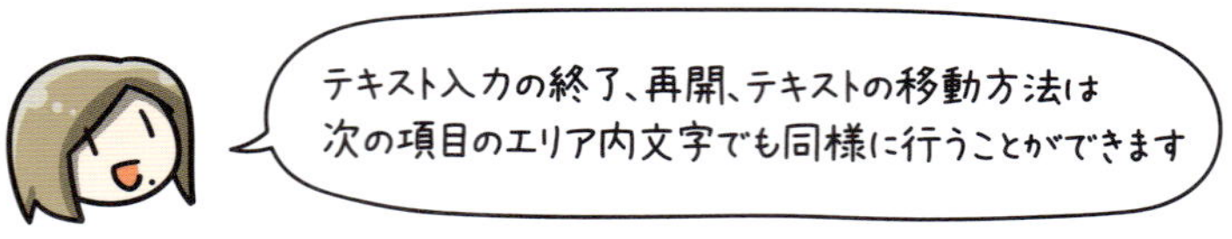
テキスト入力の終了、再開、テキストの移動方法は
次の項目のエリア内文字でも同様に行うことができます

《知っておこう！》

テキストの色を変更する方法

テキストを[選択ツール]で選択し、[プロパティパネル]もしくは[ツールバー]にある[塗り]の色を変更すると、テキストの色を変更することができます。

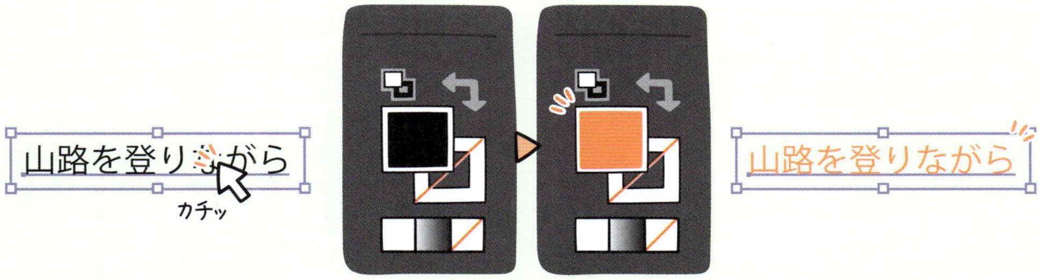
山路を登りながら
カチッ
山路を登りながら

入力したテキストを選択して　［ツールバー］などから［塗り］の色を変更すると　テキストの色が変更できる

《知っておこう！》

テキストを入力する際にサンプルテキストを表示させない方法

テキストを入力しようとした際、デフォルトではサンプルテキストが表示されます。

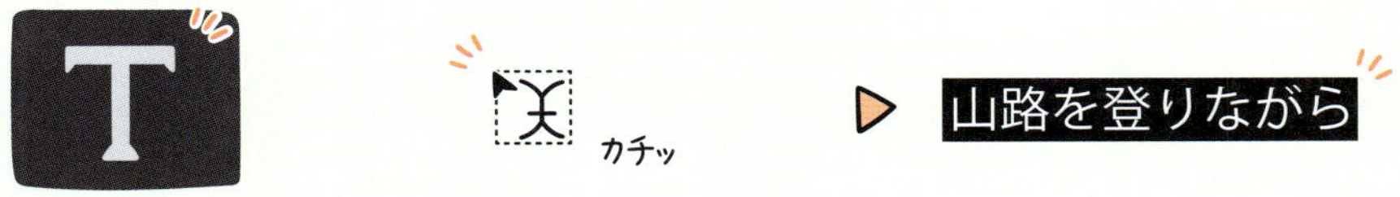
T
カチッ
山路を登りながら

［テキストツール］を選択した状態で　アートボード上をクリックすると　サンプルテキストが表示される

サンプルテキストを表示させたくないな～と思った場合は、画面上部[メニューバー]から[編集]をクリックし、[環境設定]>[テキスト]を選択して表示されるウィンドウから、[新規テキストオブジェクトにサンプルテキストを割り付け]のチェックを外しましょう。

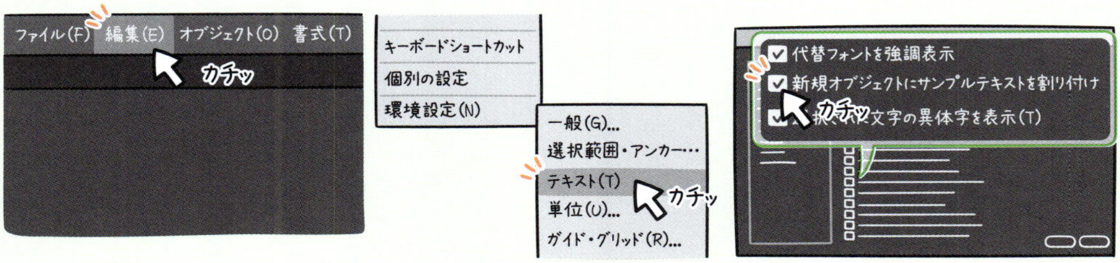
ファイル(F)　編集(E)　オブジェクト(O)　書式(T)
カチッ
キーボードショートカット
個別の設定
環境設定(N)
一般(G)...
選択範囲・アンカー...
テキスト(T)
カチッ
単位(U)...
ガイド・グリッド(R)...
代替フォントを強調表示
新規オブジェクトにサンプルテキストを割り付け
カチッ
文字の異体字を表示(T)

画面上部［メニューバー］から［編集］をクリックし　［環境設定］>［テキスト］を選択して　表示されるウィンドウから、［新規テキストオブジェクトにサンプルテキストを割り付け］のチェックを外す

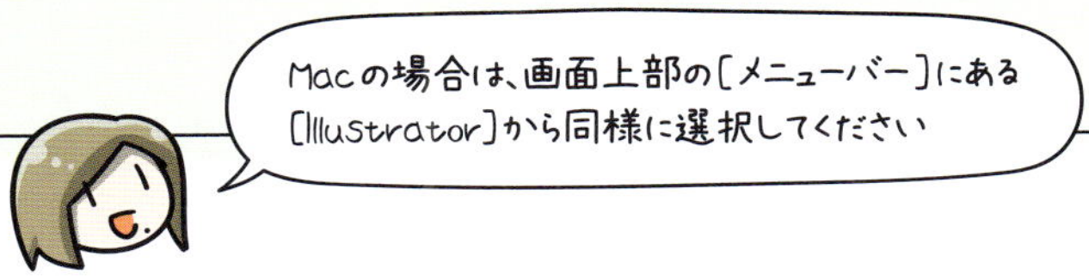
Macの場合は、画面上部の［メニューバー］にある［Illustrator］から同様に選択してください

Let's Try!

エリア内文字を入力してみよう

1 ポイント文字を入力した次は、エリア内文字を入力してみましょう。[ツールバー]から[文字ツール]を選択したら、アートボード上をドラッグし、テキストボックスを作成します。すると、そのボックス内にサンプルテキストが表示されます。

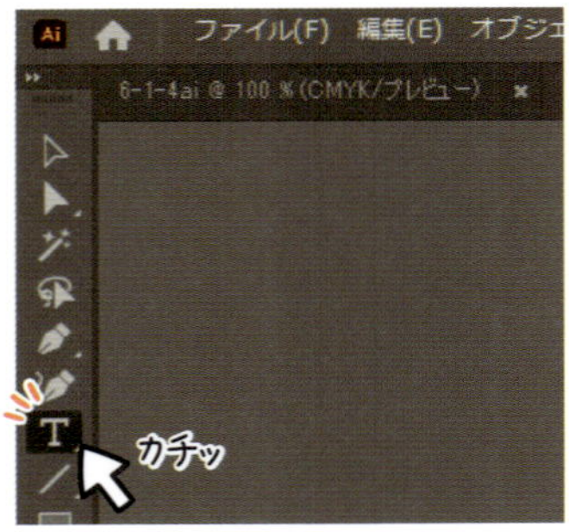

ファイル(F) 編集(E) オブジェ
6-1-4ai @ 100 % (CMYK/プレビュー)
カチッ

❶[文字ツール]を選択し

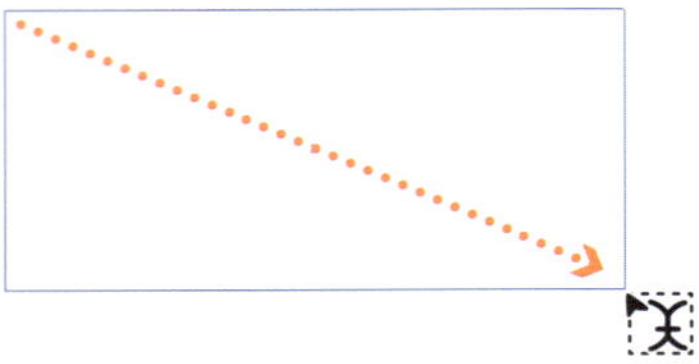

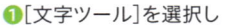

❷アートボード上をクリックしドラッグすると、テキストボックスが作られ

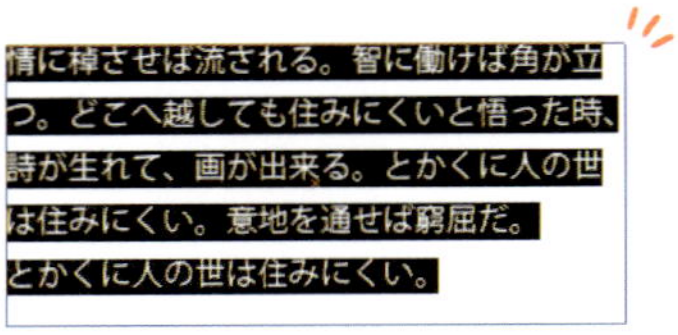

情に棹させば流される。智に働けば角が立つ。どこへ越しても住みにくいと悟った時、詩が生れて、画が出来る。とかくに人の世は住みにくい。意地を通せば窮屈だ。
とかくに人の世は住みにくい。

❸テキストボックス内にサンプルテキストが表示される

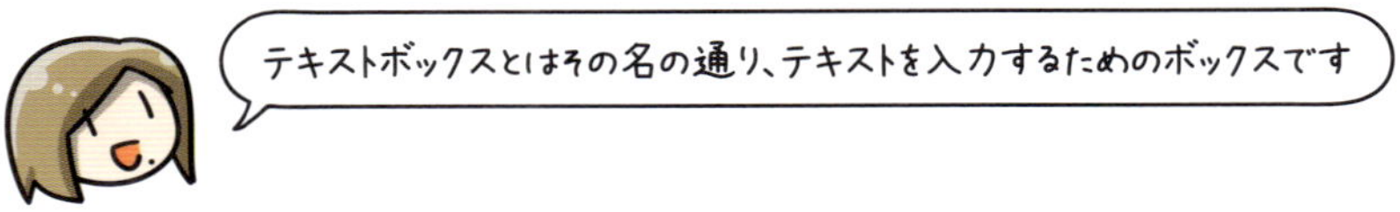

テキストボックスとはその名の通り、テキストを入力するためのボックスです

2 その状態で入力したいテキストを打ち込んでいくと、テキストが入力されていきます。エリア内文字の場合、テキストボックスの端までテキストが入力されると、自動的に次の行にテキストが入力されます。端まで入力していない場合でも、Enter を押すと改行されます。

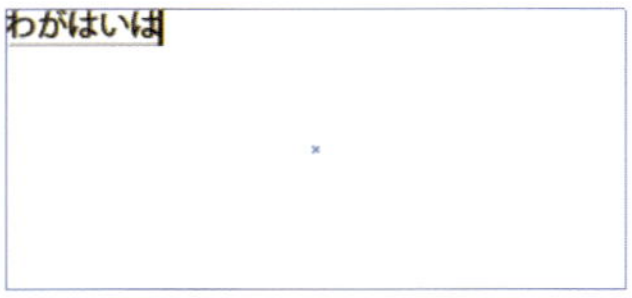

わがはいは

❶テキストを打ち込んでいくとテキストが入力され

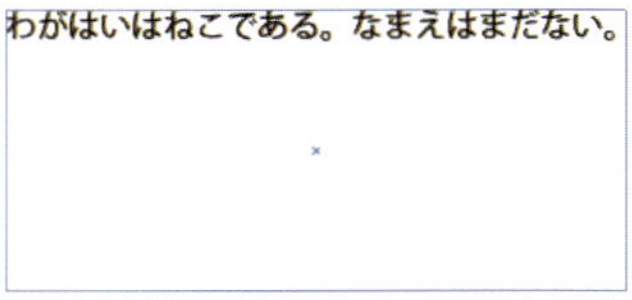

わがはいはねこである。なまえはまだない。

❷ボックスの端までテキストが入力されると

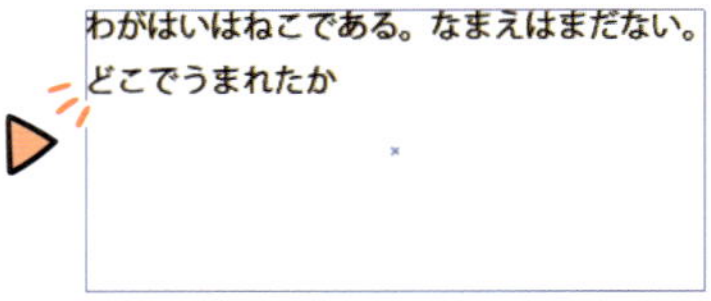

わがはいはねこである。なまえはまだない。
どこでうまれたか

❸次の行にテキストが入力されるようになる

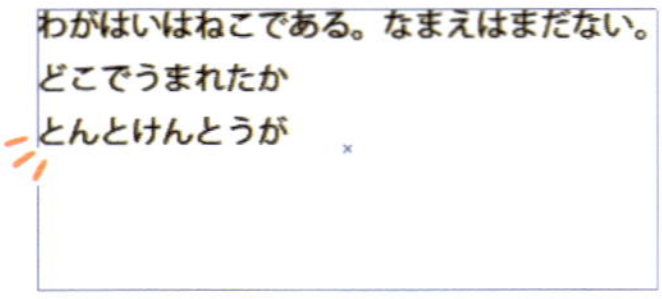

わがはいはねこである。なまえはまだない。
どこでうまれたか
とんとけんとうが

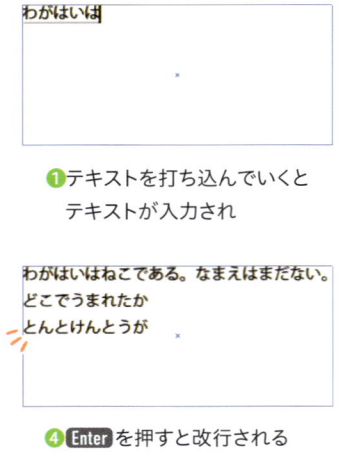

❹ Enter を押すと改行される

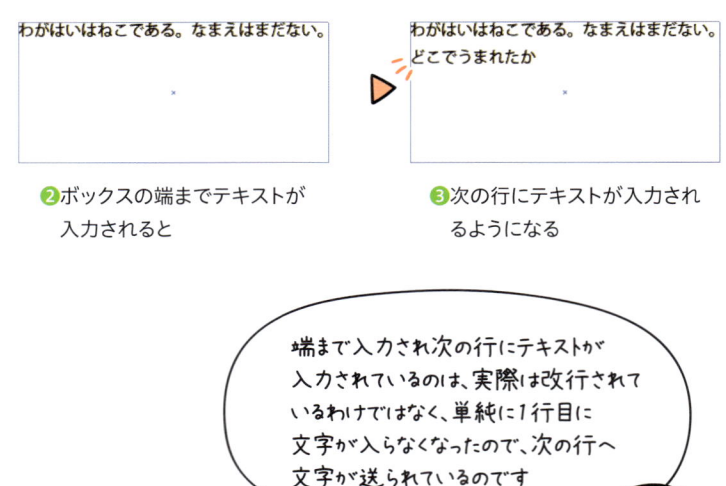

端まで入力され次の行にテキストが入力されているのは、実際は改行されているわけではなく、単純に1行目に文字が入らなくなったので、次の行へ文字が送られているのです

3 [選択ツール]を選択したあと、エリア内文字をクリックし、表示されたテキストボックスをドラッグすると、テキストボックスのサイズを変更できます。

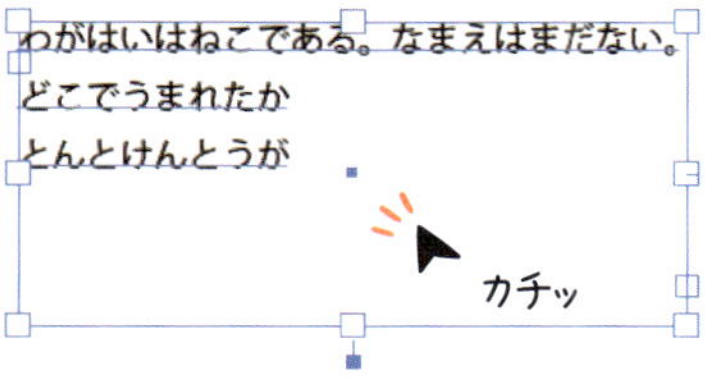
わがはいはねこである。なまえはまだない。
どこでうまれたか
とんとけんとうが
カチッ

❶[選択ツール]を選択したあと
エリア内文字をクリックし

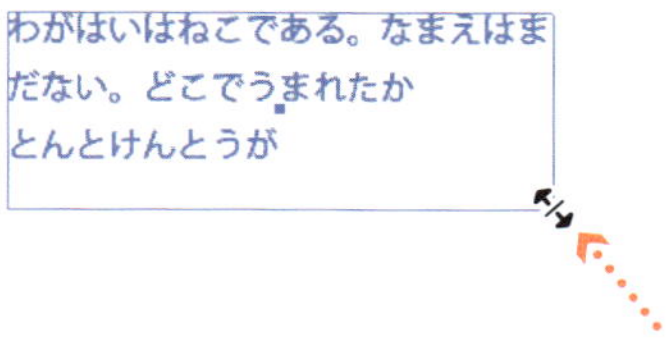
わがはいはねこである。なまえはま
だない。どこでうまれたか
とんとけんとうが

❷表示されたテキストボックスの
小さな四角形をドラッグすると

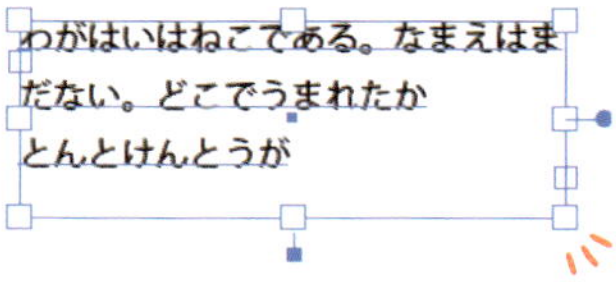
わがはいはねこである。なまえはま
だない。どこでうまれたか
とんとけんとうが

❸テキストボックスのサイズを
変更できる

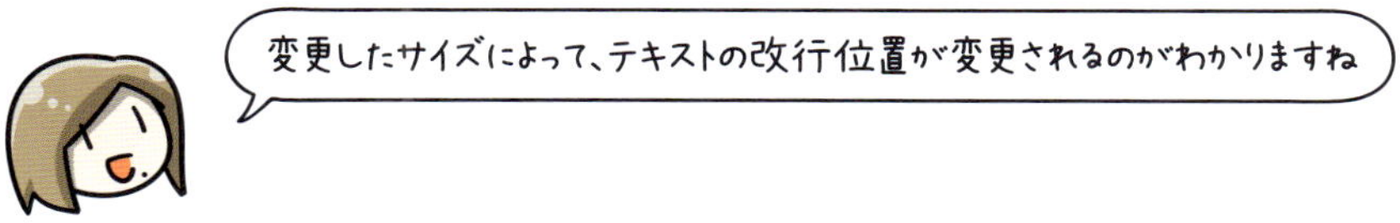
変更したサイズによって、テキストの改行位置が変更されるのがわかりますね

4 作成したテキストボックスに収まる文字数よりもテキストを多く入力すると、テキストボックス右下あたりに赤い十字マークが表示されます。これは、テキストがテキストボックスに収まりきっていないことをあらわしています。なので、テキストボックスの大きさを調整し、テキストが収まるようにしましょう。

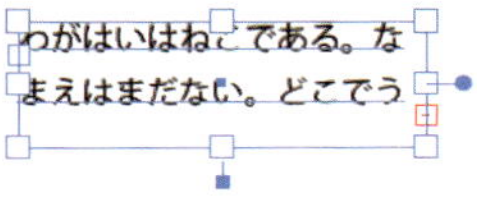
わがはいはねこである。な
まえはまだない。どこでう

❶テキストボックスに収まる文字数より
も多いテキストを入力すると

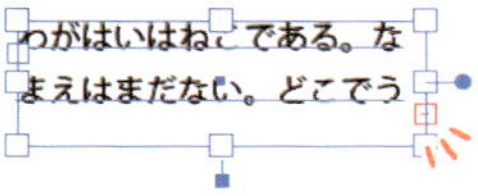
わがはいはねこである。な
まえはまだない。どこでう

❷テキストボックスの右下に赤い十字
マークが表示される

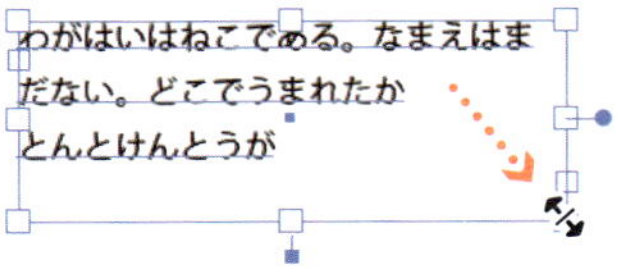
わがはいはねこである。なまえはま
だない。どこでうまれたか
とんとけんとうが

❸[選択ツール]でテキストボックスをド
ラッグしてサイズ調整すると

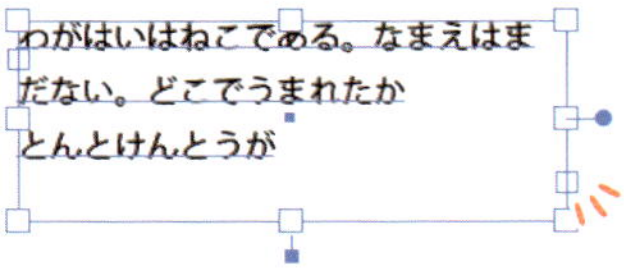
わがはいはねこである。なまえはま
だない。どこでうまれたか
とんとけんとうが

❹赤い十字マークは消える

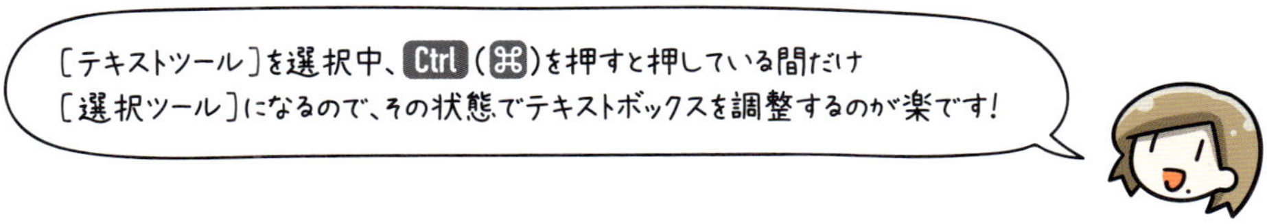
[テキストツール]を選択中、Ctrl(⌘)を押すと押している間だけ
[選択ツール]になるので、その状態でテキストボックスを調整するのが楽です!

((知っておこう!))

ポイント文字とエリア内文字の切り替え

ポイント文字とエリア内文字はそれぞれに切り替えることができます。

吾輩は猫である
吾輩は猫である
吾輩は猫である
吾輩は猫である

ポイント文字からエリア内文字に　　エリア内文字からポイント文字に

切り替え方は、テキストを選択した状態で画面上部[メニューバー]にある[書式]から[ポイント文字に切り替え]もしくは[エリア内文字に切り替え]を選択します。

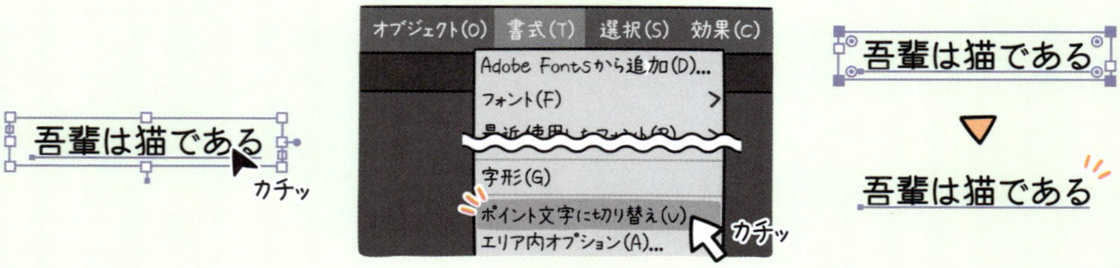

吾輩は猫である
カチッ
オブジェクト(O)　書式(T)　選択(S)　効果(C)
Adobe Fontsから追加(D)...
フォント(F)
字形(G)
ポイント文字に切り替え(V)
エリア内オプション(A)...
カチッ
吾輩は猫である
吾輩は猫である

[選択ツール]でテキストを選択し　　[メニューバー]にある[書式]から[ポイント文字に切り替え]を選択すると　　ポイント文字に切り替わる

エリア内文字に切り替えるときも、同様の操作で切り替えられます

他にも、[選択ツール]を選択し、ポイント文字もしくはエリア内文字を選択し、テキスト右側に表示される○マークをダブルクリックすることで、ポイント文字とエリア内文字を交互に切り替えることができます。

吾輩は猫である
カチッ
吾輩は猫である
カチッ
カチッ
吾輩は猫である

[選択ツール]でテキストを選択し　　テキスト右側に表示される○マークをダブルクリックすると　　ポイント文字に切り替わる

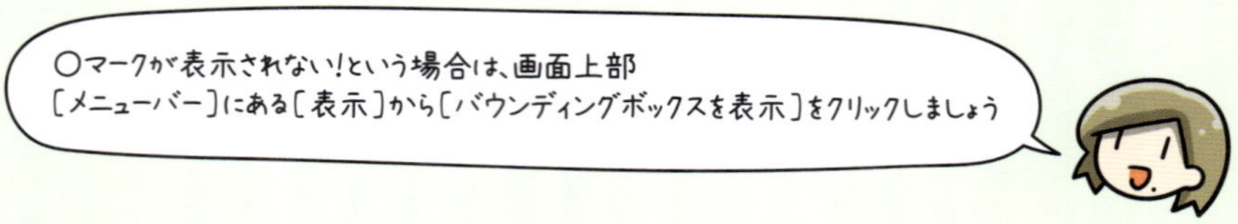

○マークが表示されない!という場合は、画面上部
[メニューバー]にある[表示]から[バウンディングボックスを表示]をクリックしましょう

Let's Try!

エリア内文字ツール/パス上文字ツールを使ってみよう

1 サンプルファイル「6-1-5.ai」を開いて、各ツールを使ってみます。サンプルファイルを開くと、星形のパスと、曲線のパスが配置されているのがわかります。

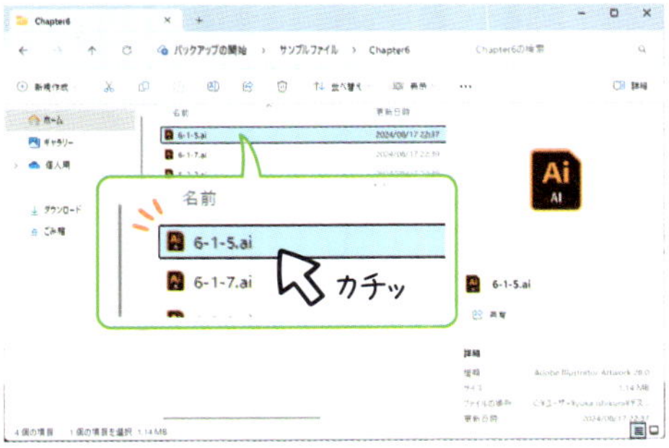
名前
6-1-5.ai
6-1-7.ai
カチッ
6-1-5.ai

❶サンプルファイル「6-1-5.ai」を開くと

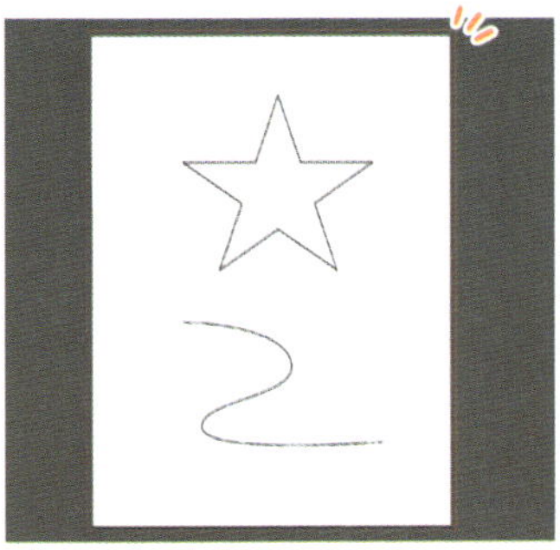

❷星形のパスと曲線のパスが配置されている

2 まずは、[エリア内文字ツール]から使ってみましょう。[エリア内文字ツール]を選択したら、星形のパスのふちをクリックします。すると、サンプルテキストが表示され、テキストが入力できるようになります。

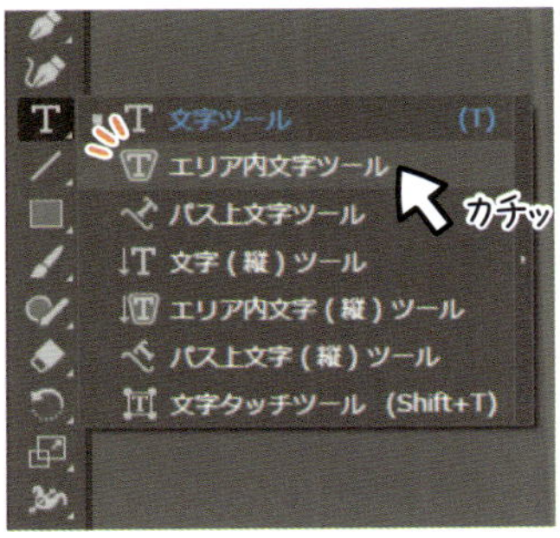
文字ツール (T)
エリア内文字ツール
パス上文字ツール
文字（縦）ツール
エリア内文字（縦）ツール
パス上文字（縦）ツール
文字タッチツール (Shift+T)
カチッ

❶[エリア内文字ツール]を選択し

カチッ

❷星形のパスのふちをクリックすると

❸テキストが入力できる状態になる

3 次に、[パス上文字ツール]を使ってみます。[パス上文字ツール]を選択したら、パスの上をクリックします。すると、サンプルテキストが表示され、テキストが入力できるようになります。

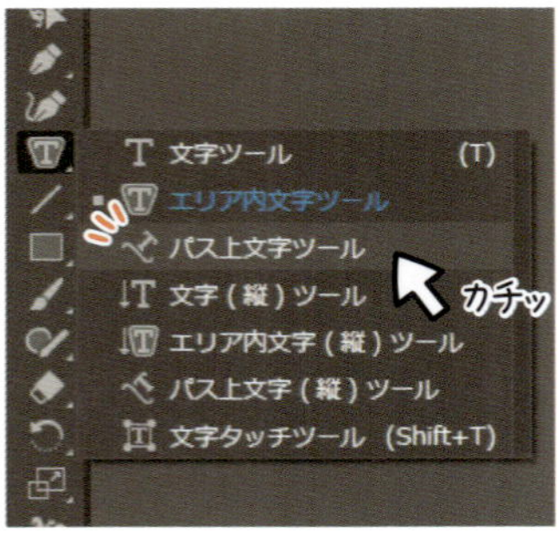
文字ツール (T)
エリア内文字ツール
パス上文字ツール
文字（縦）ツール
エリア内文字（縦）ツール
パス上文字（縦）ツール
文字タッチツール (Shift+T)
カチッ

❶[パス上文字ツール]を選択し

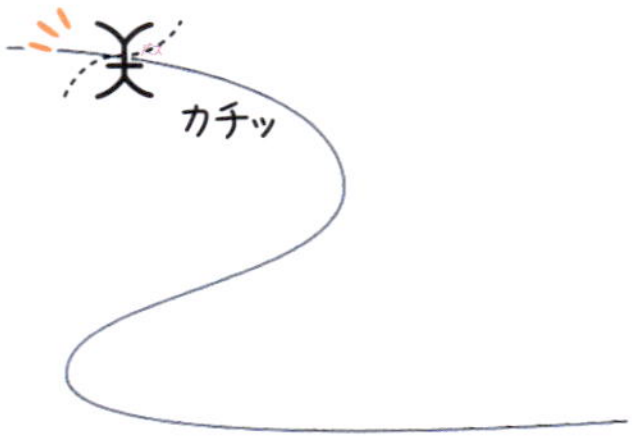
カチッ

❷曲線のパスの上をクリックすると

❸テキストが入力できる状態になる

4 [選択ツール]で今入力したテキストをクリックすると、テキストにハンドルが表示されます。テキスト先頭のハンドルを動かすとテキストの開始位置を、テキスト末尾のハンドルを動かすとテキストの終了位置を変更することができます。

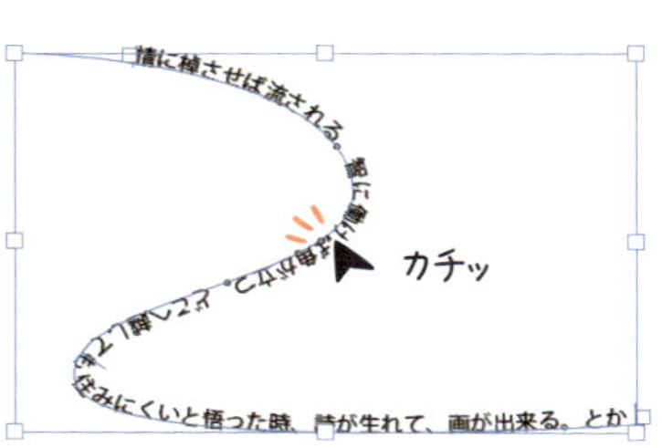
カチッ

❶[選択ツール]でパス上に入力したテキストを選択すると

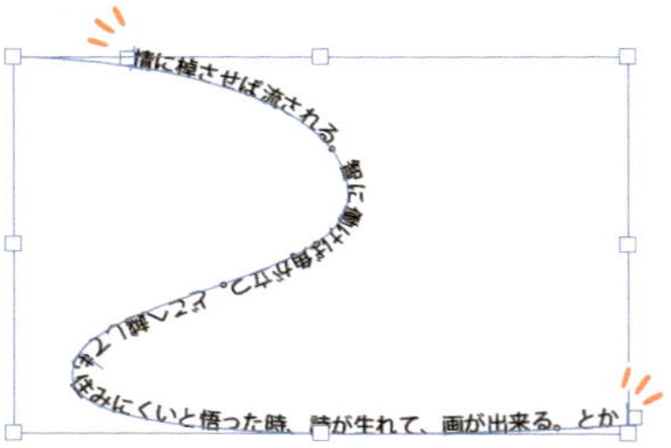

❷ハンドルが表示される

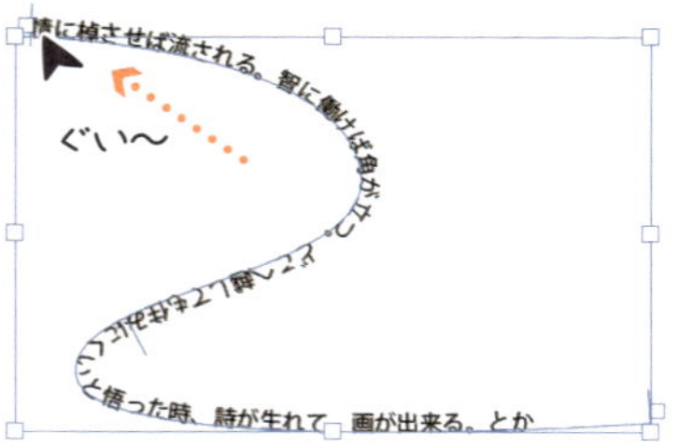
ぐい〜

❸テキスト先頭のハンドルを動かすとテキストの開始位置が変更され

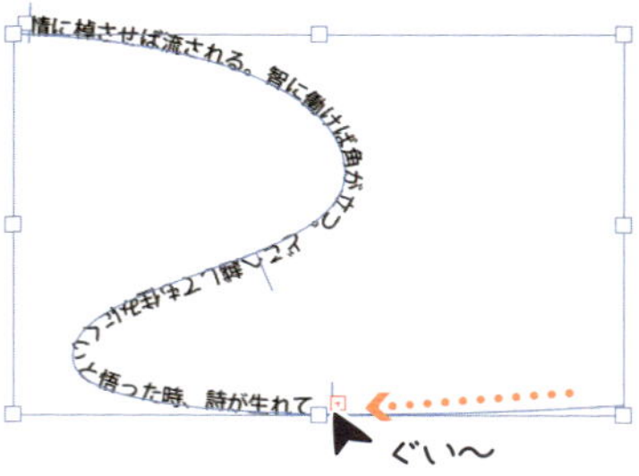
ぐい〜

❹テキスト末尾のハンドルを動かすとテキストの終了位置が変更される

知っておこう!

ツールを切り替えずにそれぞれのツールを使う方法

[エリア内文字ツール]も[パス上文字ツール]も、実はそれぞれツールを切り替えなくても使用することができます。

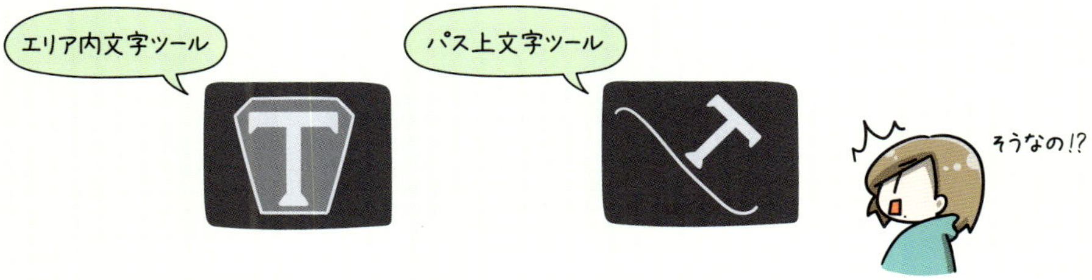
エリア内文字ツール
パス上文字ツール
そうなの!?

[テキストツール]を選択した状態で、クローズパスにカーソルを近づけると[エリア内文字ツール]に、オープンパスの近くにカーソルを近づけると[パス上文字ツール]に自動的にカーソルの表示が変わります。

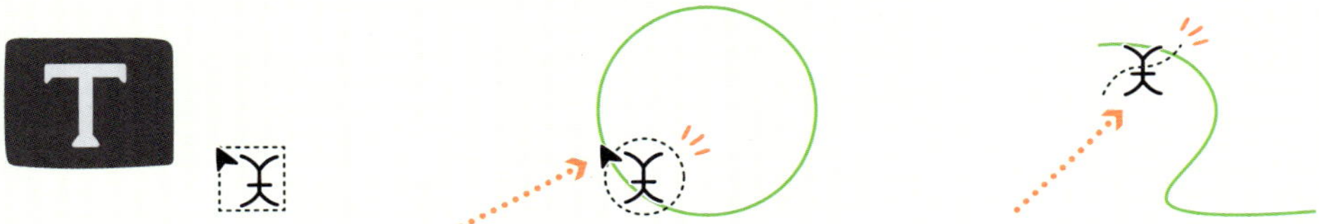

[テキストツール]を選択した状態で

クローズパスにカーソルを近づけると
[エリア内文字ツール]に
カーソルの表示が変わり

オープンパスにカーソルを近づけると
[パス上文字ツール]に
カーソルの表示が変わる

その状態でクリックすれば、各ツールに切り替えなくともそれぞれのツールを使用することができるわけです。

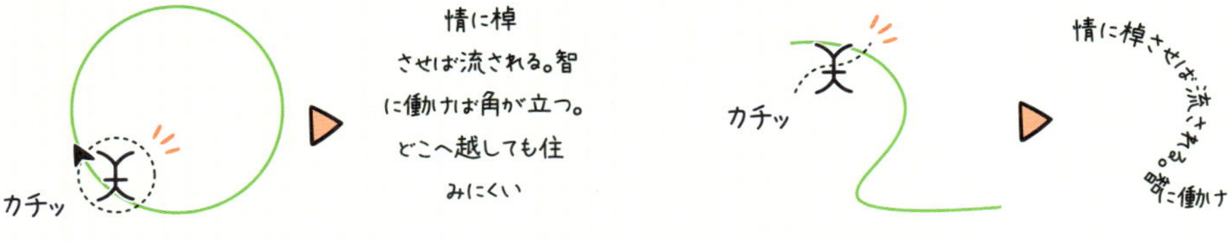
カチッ
情に棹
させば流される。智
に働けば角が立つ。
どこへ越しても住
みにくい
カチッ
情に棹させば流される。智に働け

クローズパスにカーソルを近づけ、
[エリア内文字ツール]にカーソルの
表示が変わったところでクリックする

オープンパスにカーソルを近づけ、
[パス上文字ツール]にカーソルの
表示が変わったところでクリックする

Study

テキストに対して設定できる項目を知ろう

テキストを入力したあと［文字パネル］を使うことで、フォントを変更したり、テキストのサイズなどを変更することができます。

山路を登りながら ▽ 山路を登りながら	山路を登りながら ▽ 山路を登りながら	山路を登りながら ▽ 山 路 を 登 り な が ら
フォントを変更したり	テキストのサイズを変更したり	テキストの間隔を変更したりできる

［文字パネル］を使用して変更できる代表的な項目は以下の通りです。

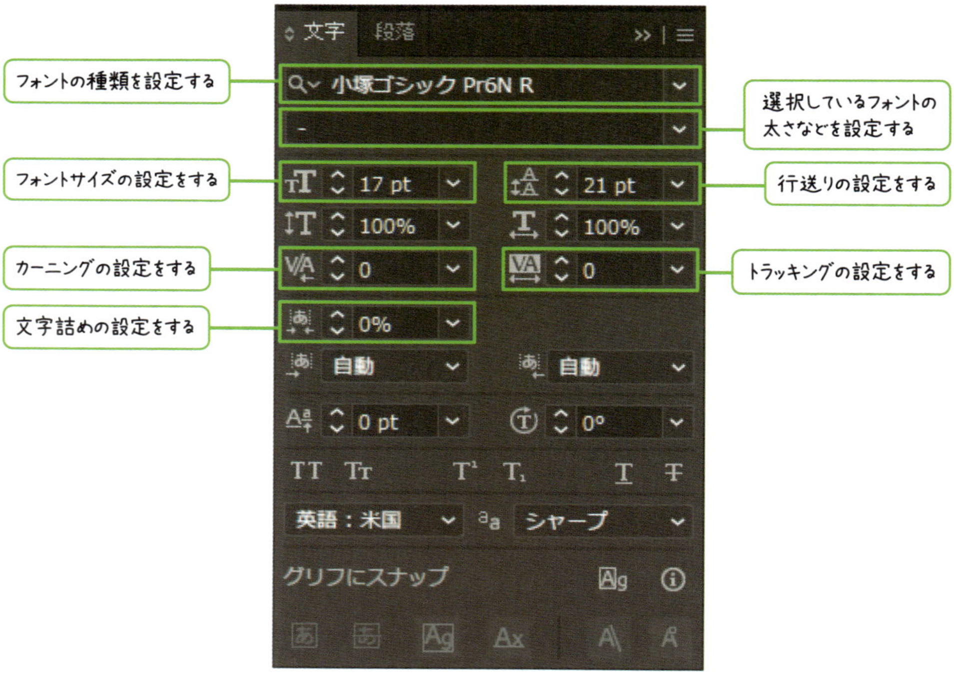

文字
段落
小塚ゴシック Pr6N R
17 pt
21 pt
100%
100%
0
0
0%
自動
自動
0 pt
0°
英語：米国
シャープ
グリフにスナップ
フォントの種類を設定する
選択しているフォントの太さなどを設定する
フォントサイズの設定をする
行送りの設定をする
カーニングの設定をする
トラッキングの設定をする
文字詰めの設定をする

次ページから、実際にフォントの変更などの操作を行ってみましょう！

Let's Try!

フォントの変更などをしてみよう

1 サンプルファイル「6-1-7.ai」を開いて、フォントの変更などを行っていきます。まずは[文字パネル]を表示させましょう。画面上部[メニューバー]にある[ウィンドウ]から[書式]>[文字]を選択します。

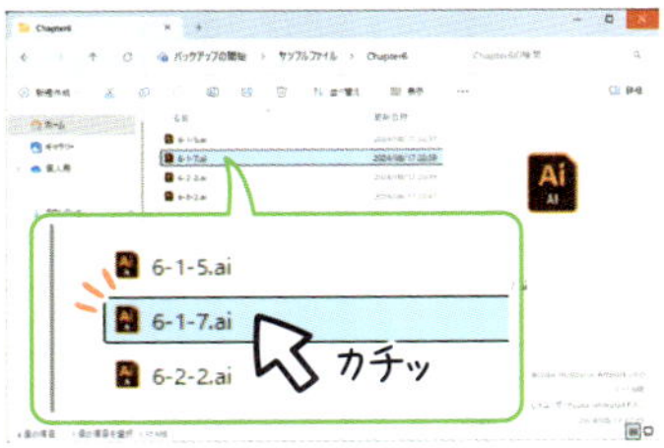
6-1-5.ai
6-1-7.ai
6-2-2.ai
カチッ

❶サンプルファイル「6-1-7.ai」を開くと

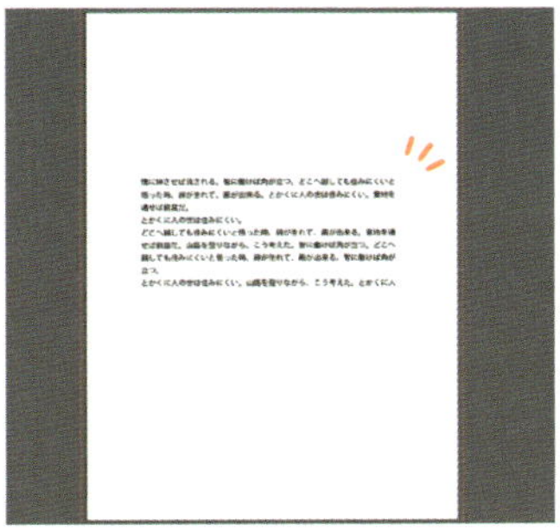

❷複数行にわたるポイント文字が配置されている

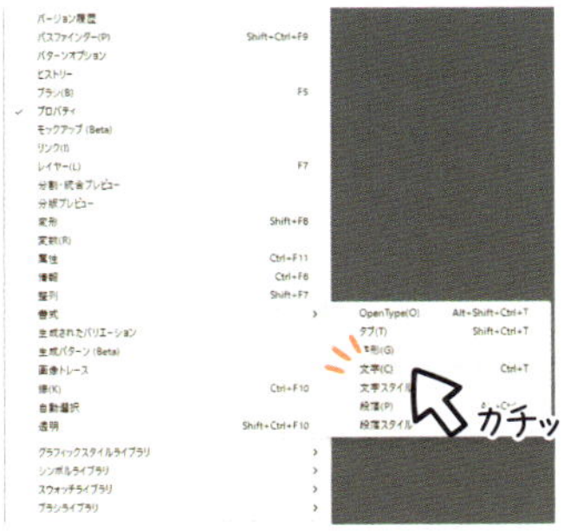
カチッ

❸[ウィンドウ]から[書式]>[文字]を選択する

2 [ツールバー]から[選択ツール]を選択し、表示されているテキストを選択します。次に、[文字パネル]一番上にあるボックスをクリックし、フォントを選ぶとフォントが変更されます。フォントによってはテキストの太さを変更することもできます。

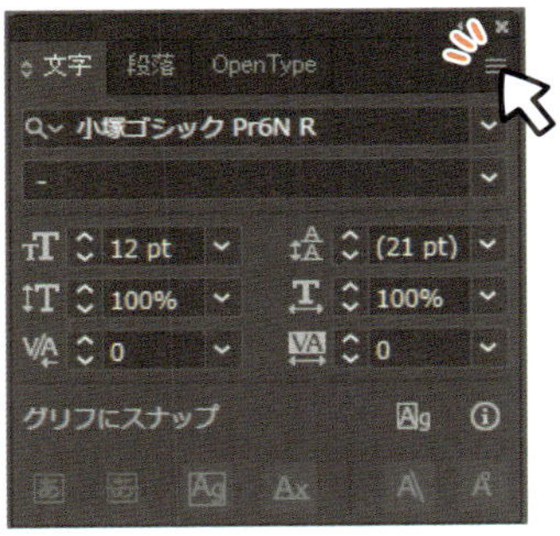
文字
段落
OpenType
小塚ゴシック Pr6N R
12 pt
(21 pt)
100%
100%
0
0
グリフにスナップ

❶パネル右上の三本線をクリックし

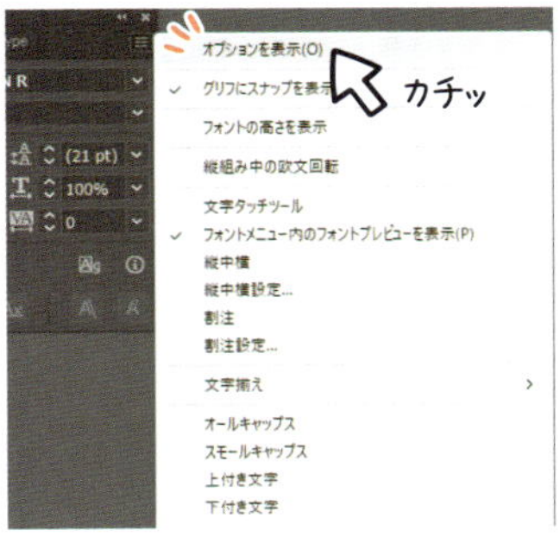
オプションを表示(O)
グリフにスナップを表示
カチッ
フォントの高さを表示
縦組み中の欧文回転
文字タッチツール
縦中横
縦中横設定...
割注
割注設定...
文字揃え
オールキャップス
スモールキャップス
上付き文字
下付き文字

❷[オプションを表示]をクリックすると

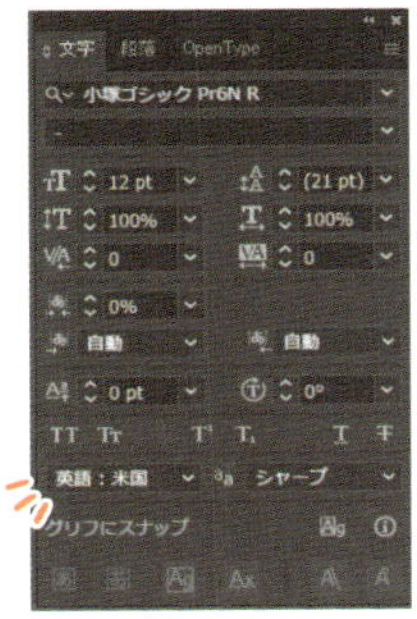
小塚ゴシック Pr6N R
グリフにスナップ

❸より細かい設定を行えるようになる

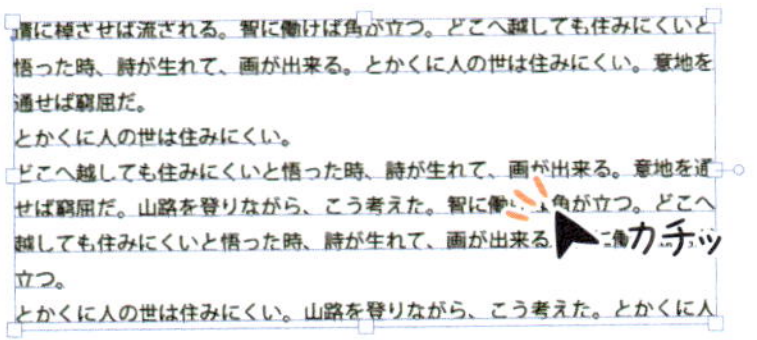
カチッ

❹[選択ツール]を選択して表示されているテキストを選択する

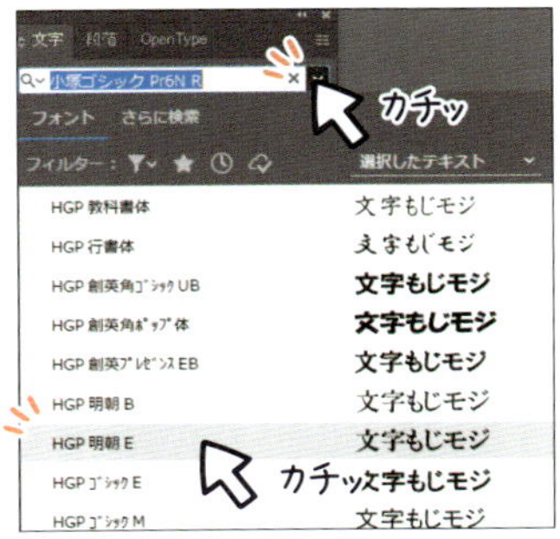
小塚ゴシック Pr6N R
カチッ
HGP 教科書体
HGP 行書体
HGP 明朝 B
HGP 明朝 E
カチッ

❺[文字パネル]一番上のボックスをクリックしてフォントを選ぶと

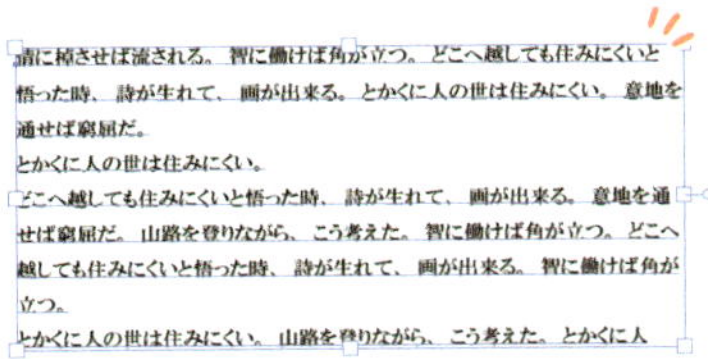

❻選択したフォントに変更される

3 また、フォントのサイズを変更したり行と行の間の間隔を変更したり、文字と文字の間の間隔を変更したりといったことも可能です。

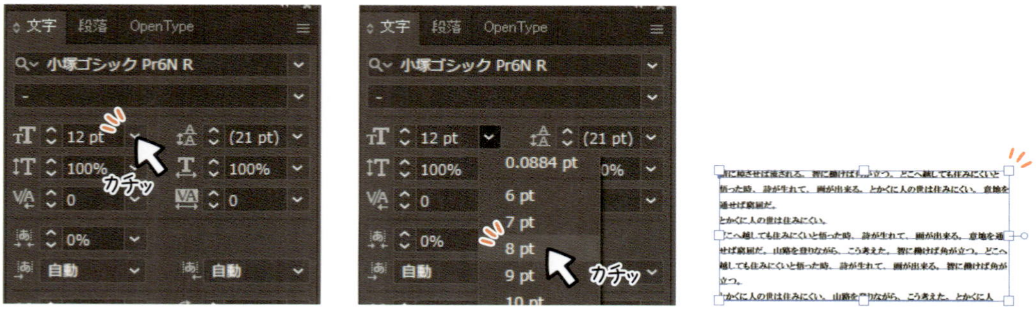

文字
段落
OpenType
小塚ゴシック Pr6N R
12 pt
(21 pt)
100%
100%
0
0
0%
自動
自動
カチッ
0.0884 pt
6 pt
7 pt
8 pt
9 pt
カチッ

❶フォントのサイズを変更できたり

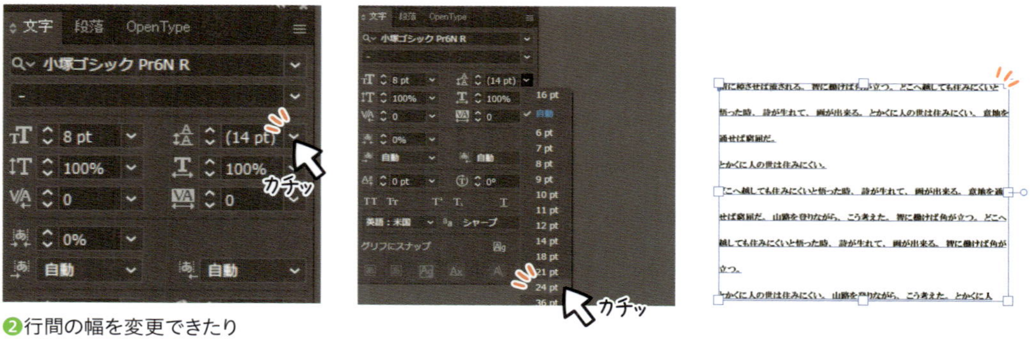

文字
段落
OpenType
小塚ゴシック Pr6N R
8 pt
(14 pt)
100%
100%
0
0
0%
自動
自動
カチッ
カチッ

❷行間の幅を変更できたり

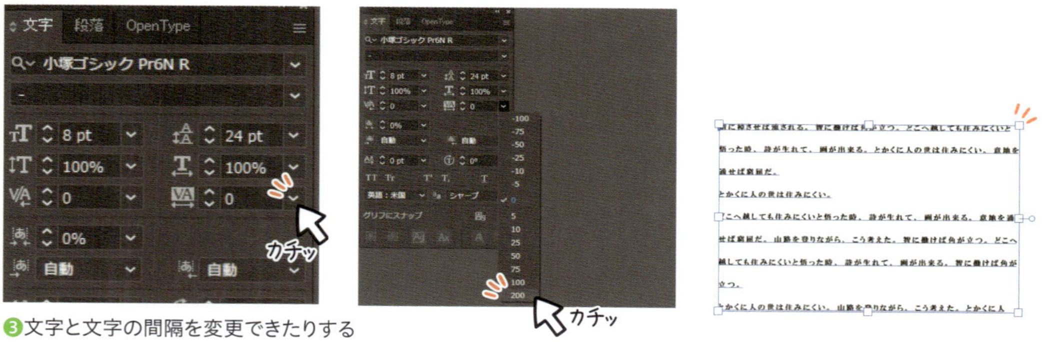

文字
段落
OpenType
小塚ゴシック Pr6N R
8 pt
24 pt
100%
100%
0
0
0%
自動
自動
カチッ
カチッ

❸文字と文字の間隔を変更できたりする

ボックス内をクリックすることで直接数値を入力できたり、
ボックス左隣の矢印をクリックすることで、1ptずつ数値を変更することもできます

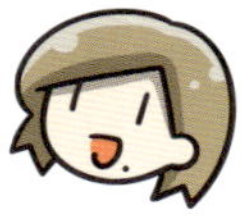

知っておこう!

テキスト内の一部文字のみ設定を変更する方法

テキストの設定を変更していると、一部テキストのみフォントサイズを変えるなどをしたくなるときがあります。そんなときは、変更したいテキスト部分をドラッグして選択し、[文字パネル]からフォントサイズなどを変更しましょう。

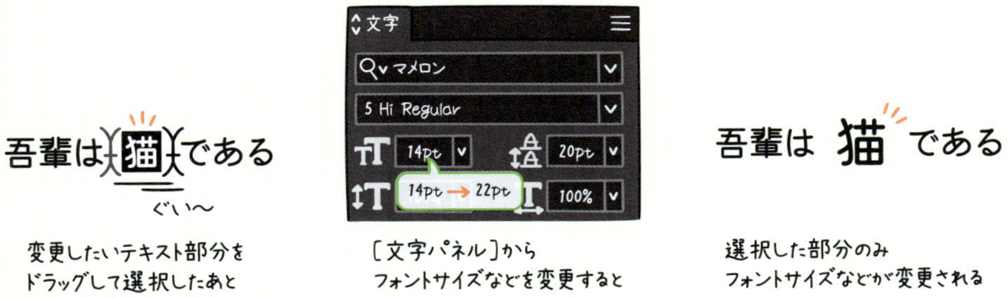
吾輩は猫である
ぐい～
変更したいテキスト部分を
ドラッグして選択したあと
文字
マメロン
5 Hi Regular
14pt
20pt
14pt → 22pt
100%
[文字パネル]から
フォントサイズなどを変更すると
吾輩は 猫 である
選択した部分のみ
フォントサイズなどが変更される

知っておこう!

カーニング、トラッキング、文字詰めの違い

[文字パネル]では、文字の間隔を調整する項目がいくつかります。

V/A
カーニング
V/A
トラッキング
あ
文字詰め

「カーニング」は、1文字ずつ調整する場合に使用します。

吾輩は猫である。
あそこだけ
間隔広くしたいな～
吾輩は 猫である。
いい感じ!
という風に
使うのが「カーニング」

「トラッキング」は、文字全体の間隔を調整する場合に使用します。

吾輩は猫である。
全体的に
間隔広くしたいな～
吾 輩 は 猫 で あ る。
いい感じ!
という風に
使うのが「トラッキング」

「文字詰め」は、文字全体の前後の間隔を調整する場合に使用します。
日本語フォントの場合に使用するといいでしょう。

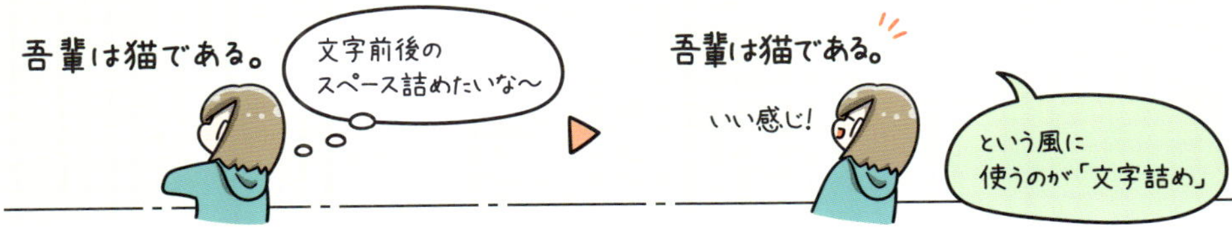
吾輩は猫である。
文字前後の
スペース詰めたいな～
吾輩は猫である。
いい感じ!
という風に
使うのが「文字詰め」

Chapter

6…2 段落の設定

段落パネルから設定できる項目を知っておくと、テキストを入力したときに、文字を揃える位置の変更などを行うことができます。

Study

段落パネルで設定できる項目を知ろう

テキストを入力したあと、[段落パネル]から行を右揃えにしたり、約物(括弧など)を半角にするか全角にするか、といった設定を行うことができます。

しかし挨拶をしないと険呑
だと思ったから「吾輩は
猫である。名前はまだ
ない」となるべく平気を
装って冷然と答えた。

入力したテキストを

しかし挨拶をしないと険呑
だと思ったから「吾輩は
猫である。名前はまだ
ない」となるべく平気を
装って冷然と答えた。

右揃えにしたり

しかし挨拶をしないと険呑
だと思ったから「吾輩は
猫である。名前はまだ
ない」となるべく平気を
装って冷然と答えた。

約物を半角にしたりできる

[段落パネル]で設定できる代表的な項目は以下の通りです。

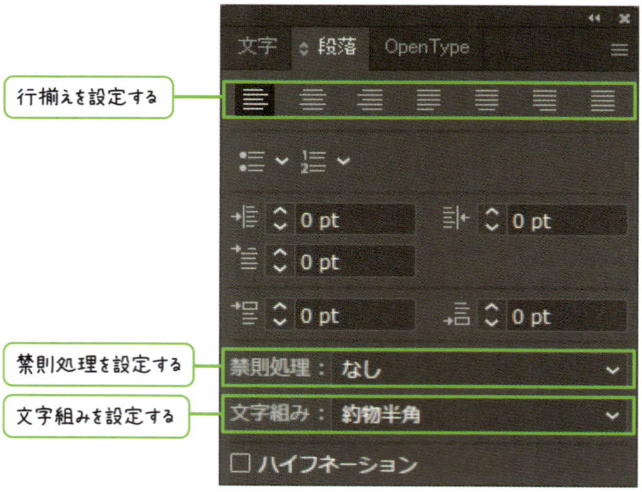
文字
段落
OpenType
行揃えを設定する
0 pt
0 pt
0 pt
0 pt
0 pt
禁則処理を設定する
禁則処理：なし
文字組みを設定する
文字組み：約物半角
ハイフネーション

次ページから、行揃えの変更などの操作を行ってみましょう!

Let's Try!

テキストの段落を設定してみよう

1 サンプルファイル「6-2-2.ai」を開いて、段落の設定を行っていきます。まずは[文字パネル]を表示させましょう。画面上部[メニューバー]にある[ウィンドウ]から[書式]>[段落]を選択します。

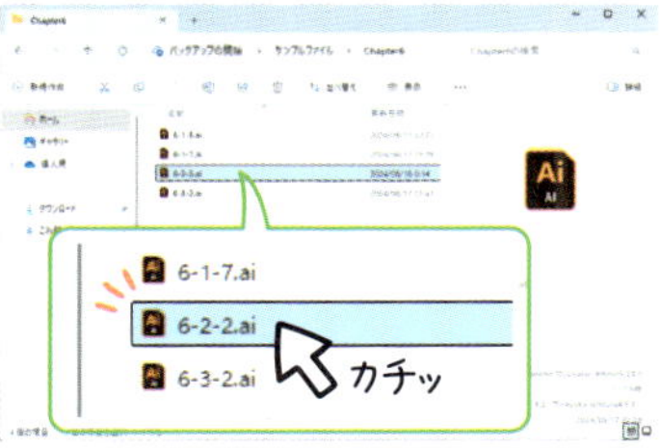
6-1-7.ai
6-2-2.ai
6-3-2.ai
カチッ

❶サンプルファイル「6-2-2.ai」を開くと

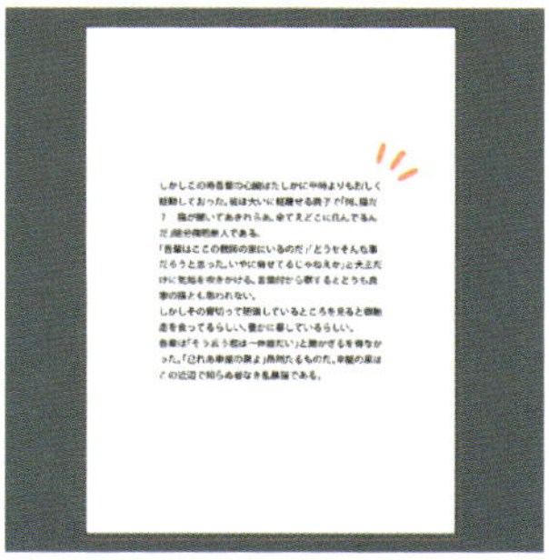

❷複数行にわたるエリア内文字が配置されている

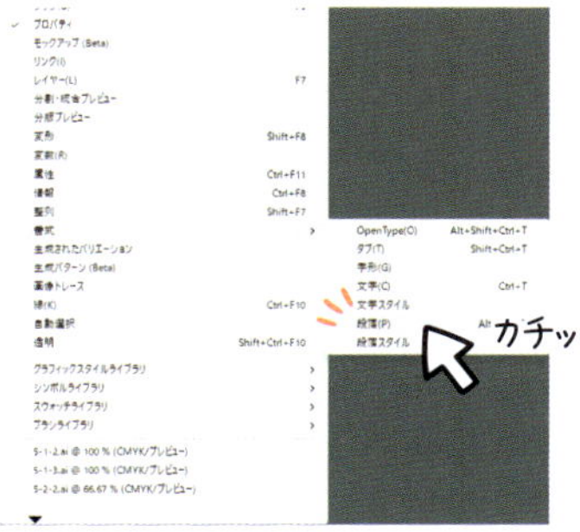
カチッ

❸[ウィンドウ]から[書式]>[段落]を選択する

2 [ツールバー]から[選択ツール]を選択し、表示されているテキストを選択します。次に、[段落パネル]一番上にある項目から、[右揃え]を選んでみましょう。すると、テキストが右揃えになります。

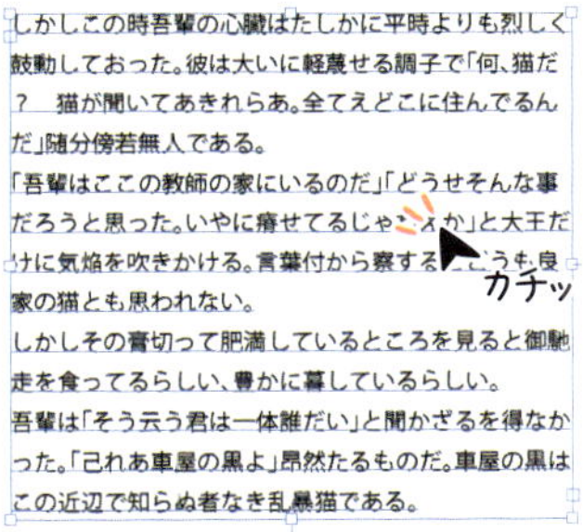
カチッ

❶[選択ツール]で表示されているテキストを選択し

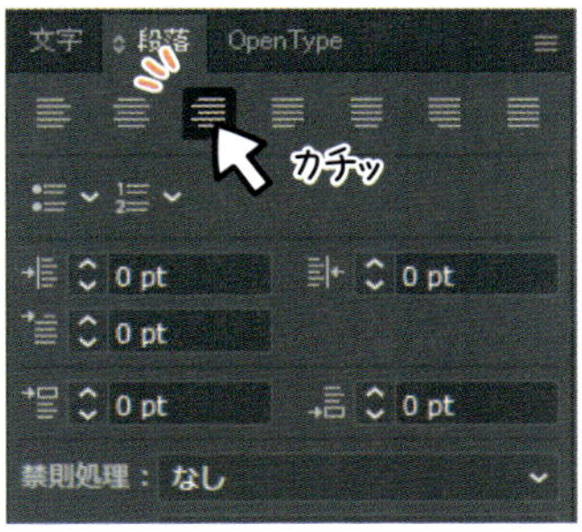
文字
段落
OpenType
カチッ
0 pt
0 pt
0 pt
0 pt
0 pt
禁則処理：なし

❷[段落パネル]一番上にある項目から、[右揃え]を選ぶと

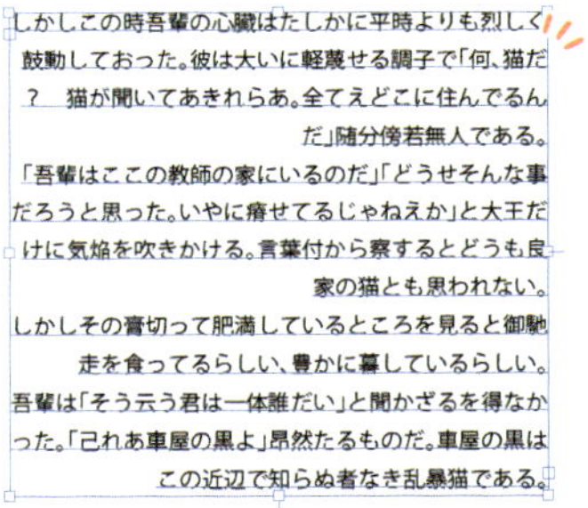

❸テキストが右揃えになる

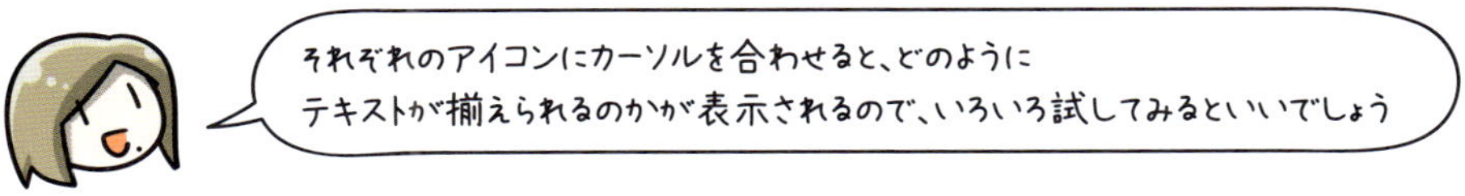
それぞれのアイコンにカーソルを合わせると、どのように
テキストが揃えられるのかが表示されるので、いろいろ試してみるといいでしょう

3 [禁則処理]では、テキストボックス内のテキストをどこで折り返すかを変更することができます。[強い禁則]にすると、句読点などが文頭にこなくなります。

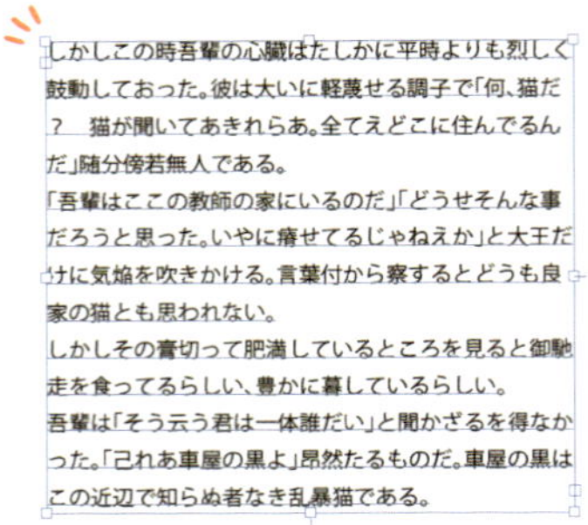
しかしこの時吾輩の心臓はたしかに平時よりも烈しく
鼓動しておった。彼は大いに軽蔑せる調子で「何、猫だ
？　猫が聞いてあきれらあ。全てえどこに住んでるん
だ」随分傍若無人である。
「吾輩はここの教師の家にいるのだ」「どうせそんな事
だろうと思った。いやに瘠せてるじゃねえか」と大王だ
けに気焔を吹きかける。言葉付から察するとどうも良
家の猫とも思われない。
しかしその膏切って肥満しているところを見ると御馳
走を食ってるらしい、豊かに暮しているらしい。
吾輩は「そう云う君は一体誰だい」と聞かざるを得なか
った。「己れあ車屋の黒よ」昂然たるものだ。車屋の黒は
この近辺で知らぬ者なき乱暴猫である。

❶Ctrl（⌘）＋Zでテキストを左揃えに戻し

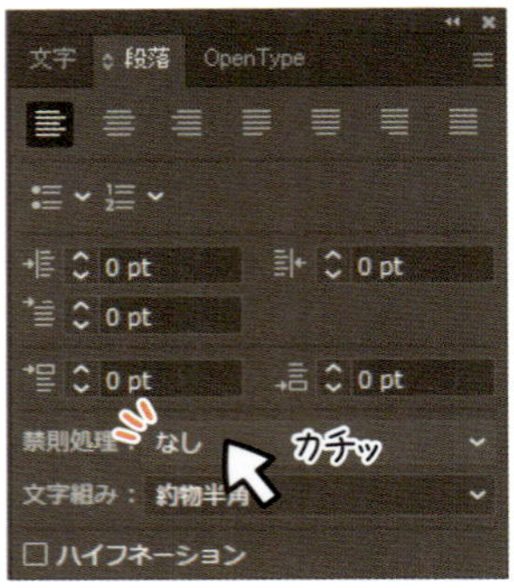
文字
段落
OpenType
0 pt
禁則処理：
なし
文字組み：
約物半角
ハイフネーション
カチッ

❷[禁則処理]横のボックスをクリックし

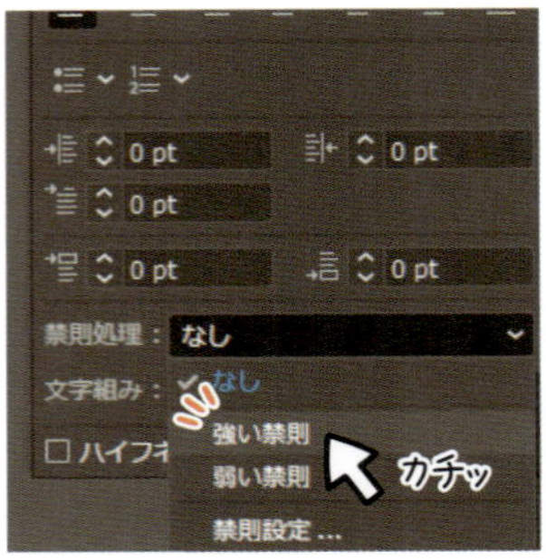
0 pt
禁則処理：
なし
文字組み：
強い禁則
弱い禁則
禁則設定...
カチッ

❸[強い禁則]にすると

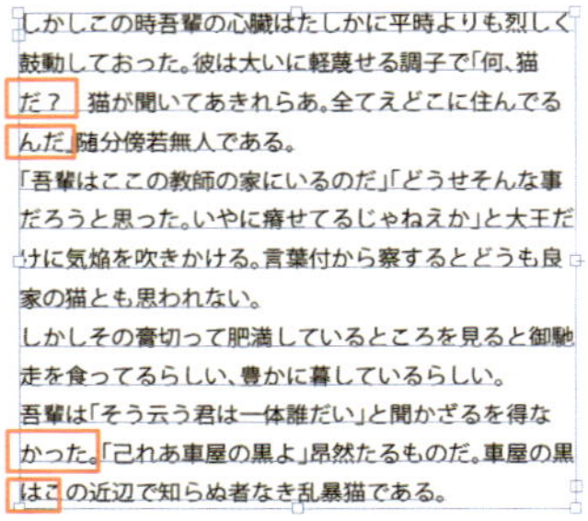
しかしこの時吾輩の心臓はたしかに平時よりも烈しく
鼓動しておった。彼は大いに軽蔑せる調子で「何、猫
だ？　猫が聞いてあきれらあ。全てえどこに住んでる
んだ」随分傍若無人である。
「吾輩はここの教師の家にいるのだ」「どうせそんな事
だろうと思った。いやに瘠せてるじゃねえか」と大王だ
けに気焔を吹きかける。言葉付から察するとどうも良
家の猫とも思われない。
しかしその膏切って肥満しているところを見ると御馳
走を食ってるらしい、豊かに暮しているらしい。
吾輩は「そう云う君は一体誰だい」と聞かざるを得な
かった。「己れあ車屋の黒よ」昂然たるものだ。車屋の黒
はこの近辺で知らぬ者なき乱暴猫である。

❹句読点の位置などが変わる

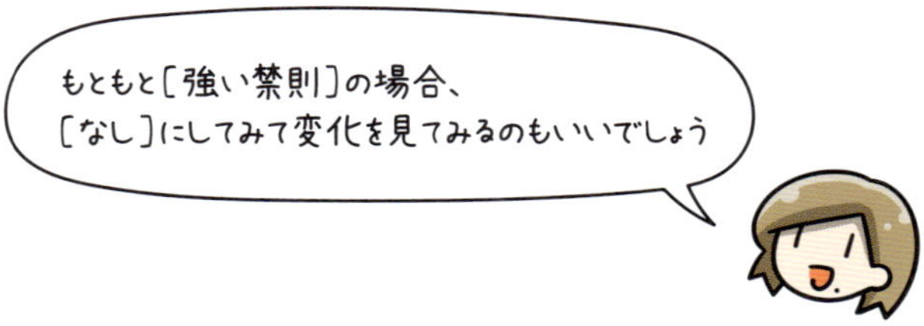
もともと[強い禁則]の場合、
[なし]にしてみて変化を見てみるのもいいでしょう

4 [文字組み]横にあるボックスをクリックし、[行末約物半角]とすると、括弧などの約物のうち、行末にあるもののみ半角に変更されます。

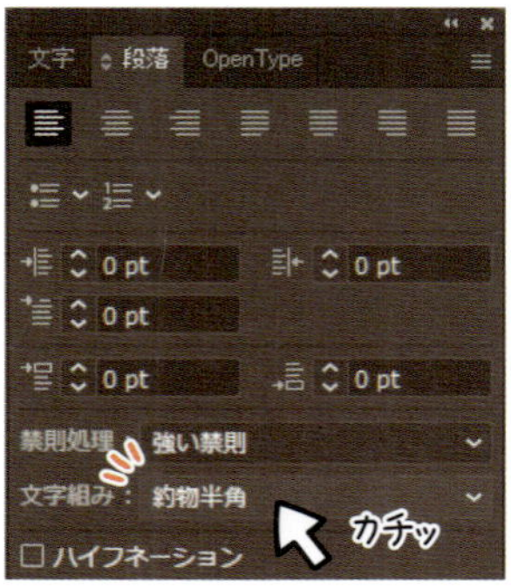
文字
段落
OpenType
0 pt
禁則処理：
強い禁則
文字組み：
約物半角
ハイフネーション
カチッ

❶[文字組み]横のボックスをクリックし

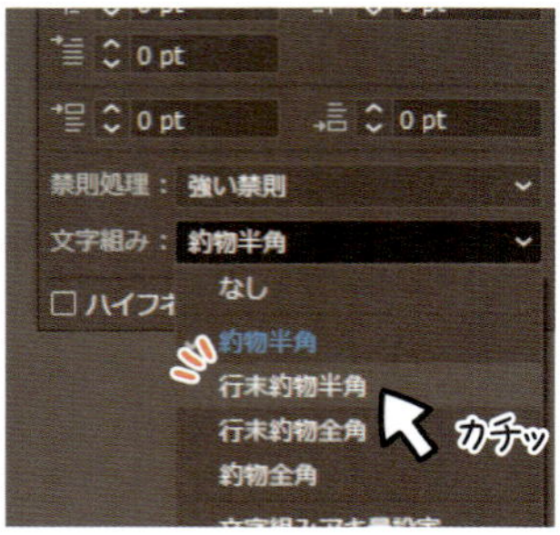
0 pt
禁則処理：
強い禁則
文字組み：
約物半角
なし
約物半角
行末約物半角
行末約物全角
約物全角
カチッ

❷[行末約物半角]に変更すると

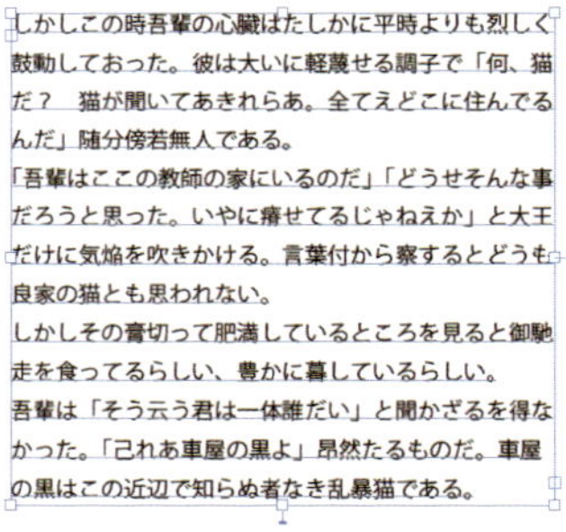
しかしこの時吾輩の心臓はたしかに平時よりも烈しく
鼓動しておった。彼は大いに軽蔑せる調子で「何、猫
だ？　猫が聞いてあきれらあ。全てえどこに住んでる
んだ」随分傍若無人である。
「吾輩はここの教師の家にいるのだ」「どうせそんな事
だろうと思った。いやに瘠せてるじゃねえか」と大王
だけに気焔を吹きかける。言葉付から察するとどうも
良家の猫とも思われない。
しかしその膏切って肥満しているところを見ると御馳
走を食ってるらしい、豊かに暮しているらしい。
吾輩は「そう云う君は一体誰だい」と聞かざるを得な
かった。「己れあ車屋の黒よ」昂然たるものだ。車屋
の黒はこの近辺で知らぬ者なき乱暴猫である。

❸行末の約物のみ半角扱いになる

Chapter 6…3 テキストのアウトライン化

テキストのアウトライン化は主に、どの環境でもフォントが置き換わらないように行います。大切な知識なので知っておきましょう。

Study

テキストのアウトライン化について知ろう

入力したテキストを、長方形などのようにパスで構成されているオブジェクトに変換することを「アウトライン化」といいます。

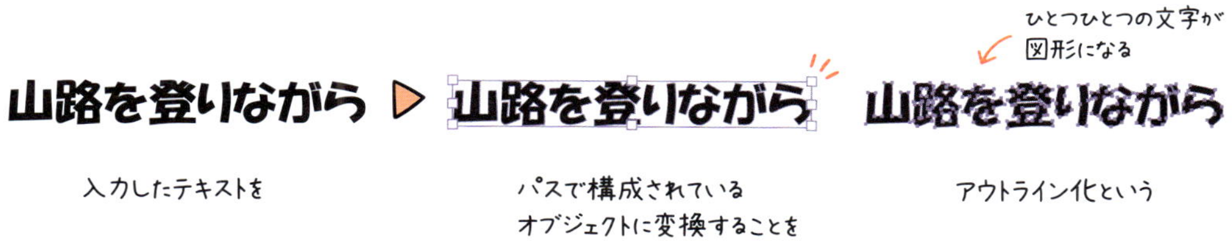

ひとつひとつの文字が
図形になる
山路を登りながら
山路を登りながら
山路を登りながら
入力したテキストを
パスで構成されている
オブジェクトに変換することを
アウトライン化という

アウトライン化することで、入力したテキスト一つ一つがパスで構成された図形となります。そのため、長方形などのオブジェクトと同じように変形することができます。

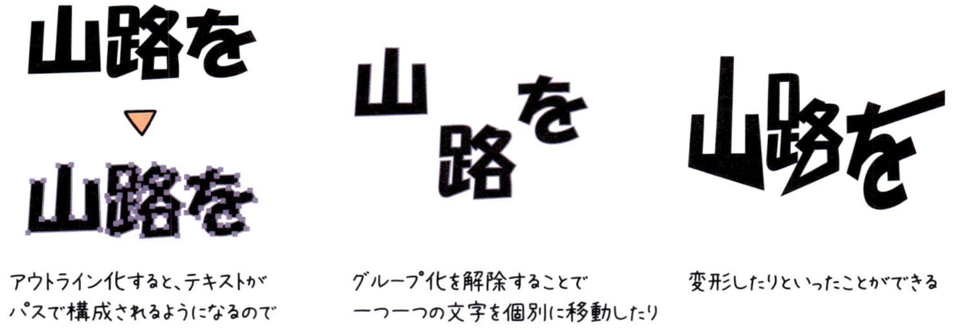

山路を
山路を
山
路
を
山路を
アウトライン化すると、テキストが
パスで構成されるようになるので
グループ化を解除することで
一つ一つの文字を個別に移動したり
変形したりといったことができる

アウトライン化すると、テキストはパスとなるため、テキストの修正などが行えなくなる点に注意が必要です。また、アウトライン化したテキストをあとから通常のテキストに戻すこともできないので、注意しましょう。

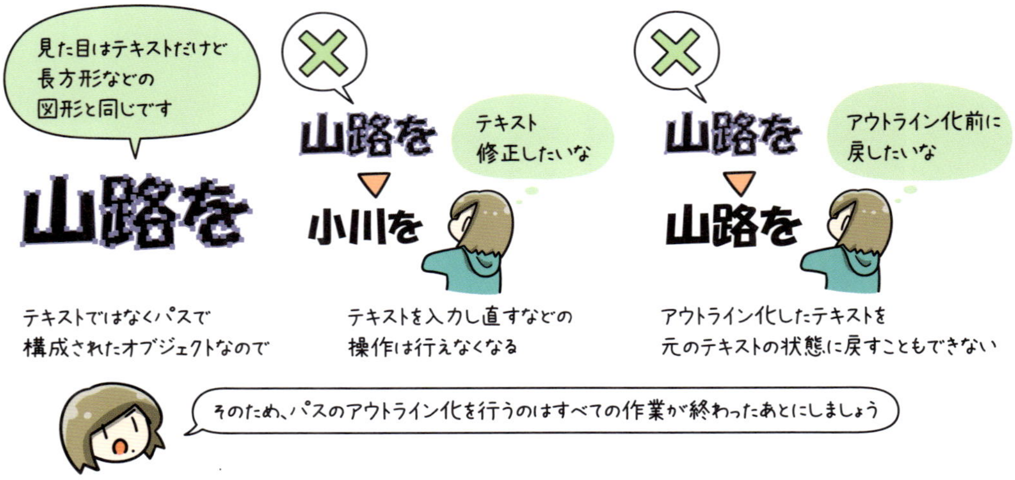

見た目はテキストだけど長方形などの図形と同じです
山路を
テキストではなくパスで構成されたオブジェクトなので
山路を
テキスト修正したいな
小川を
テキストを入力し直すなどの操作は行えなくなる
山路を
アウトライン化前に戻したいな
山路を
アウトライン化したテキストを元のテキストの状態に戻すこともできない
そのため、パスのアウトライン化を行うのはすべての作業が終わったあとにしましょう

アウトライン化することのメリットとして、データを送信した際、送信した相手の環境に同じフォントが入っていなくても、テキストの見た目が変わらない点です。

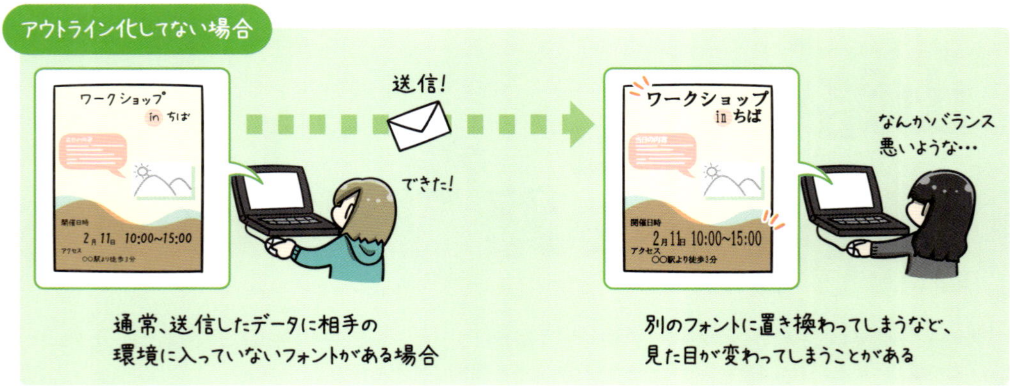

アウトライン化してない場合
ワークショップ in ちば
開催日時 2月11日 10:00~15:00
送信!
できた!
なんかバランス悪いような…
通常、送信したデータに相手の環境に入っていないフォントがある場合
別のフォントに置き換わってしまうなど、見た目が変わってしまうことがある

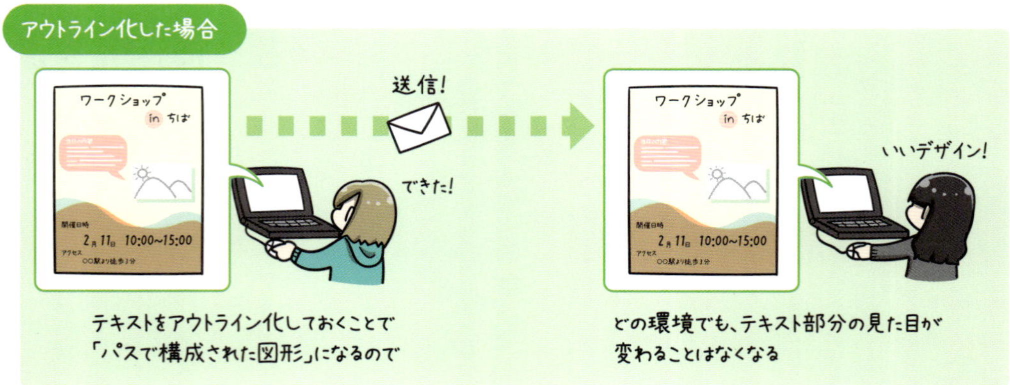

アウトライン化した場合
ワークショップ in ちば
開催日時 2月11日 10:00~15:00
送信!
できた!
いいデザイン!
テキストをアウトライン化しておくことで「パスで構成された図形」になるので
どの環境でも、テキスト部分の見た目が変わることはなくなる

Let's Try!

テキストをアウトライン化してみよう

1 サンプルファイル「6-3-2.ai」を開いて、テキストのアウトライン化を行っていきます。[ツールバー]から[選択ツール]を選択し、テキストを選択状態にします。

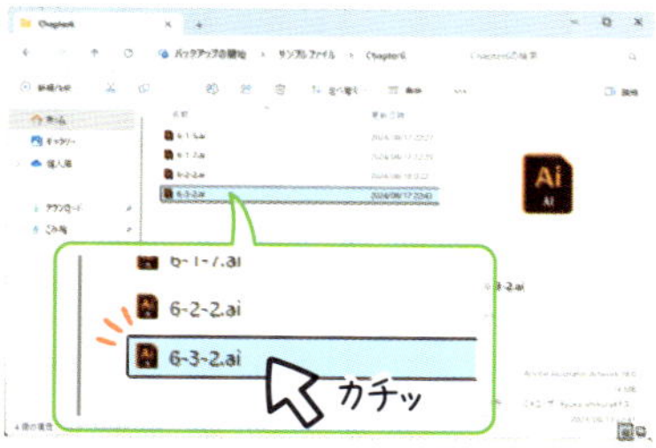
6-2-2.ai
6-3-2.ai
カチッ

❶サンプルファイル「6-3-2.ai」を開くと

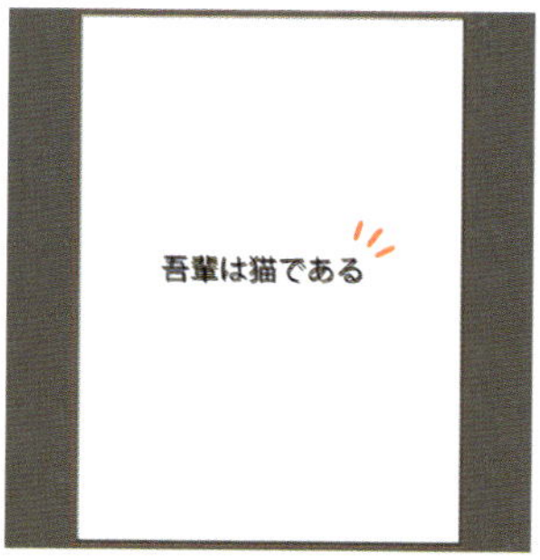
吾輩は猫である

❷ポイント文字が配置されている

吾輩は猫である
カチッ

❸[選択ツール]を選択し、テキストを選択状態にする

2 選択できたら、画面上部[メニューバー]にある[書式]から[アウトラインを作成]を選択します。すると、テキストがアウトライン化されます。

オブジェクト(O)
書式(T)
選択(S)
効果(C)
カチッ

❶画面上部[メニューバー]にある[書式]から

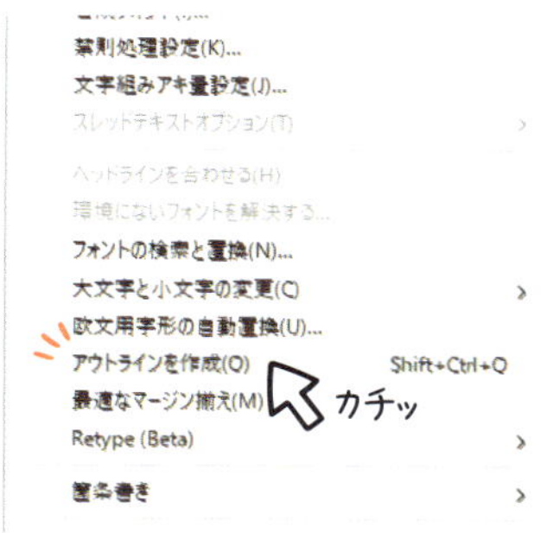
禁則処理設定(K)...
文字組みアキ量設定(J)...
スレッドテキストオプション(T)
ヘッドラインを合わせる(H)
環境にないフォントを解決する...
フォントの検索と置換(N)...
大文字と小文字の変更(C)
欧文用字形の自動置換(U)...
アウトラインを作成(O) Shift+Ctrl+O
最適なマージン揃え(M)
Retype (Beta)
箇条書き
カチッ

❷[アウトラインを作成]を選択すると

吾輩は猫である

❸テキストがアウトライン化される

3 アウトライン化されたテキストを再度選択し、グループ化解除を行うと、一つ一つのテキストオブジェクトを選択し、移動したり、変形したりできるようになります。

吾輩は猫である
カチッ

❶アウトライン化したテキストを[選択ツール]で再度選択し

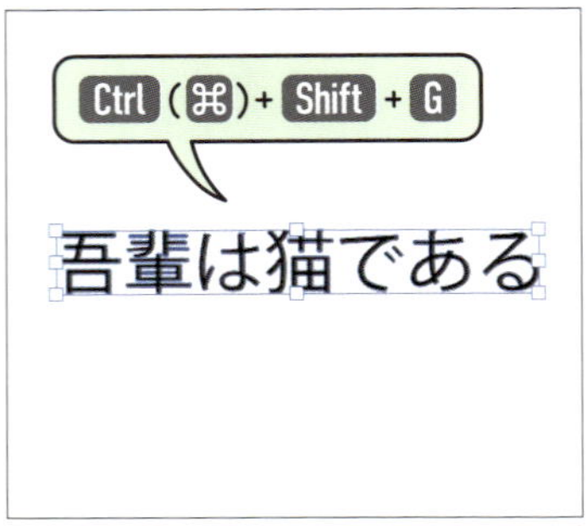
Ctrl (⌘)+ Shift + G
吾輩は猫である

❷グループ化解除を行うと

吾輩は猫である

❸一つ一つのテキストを移動できたり

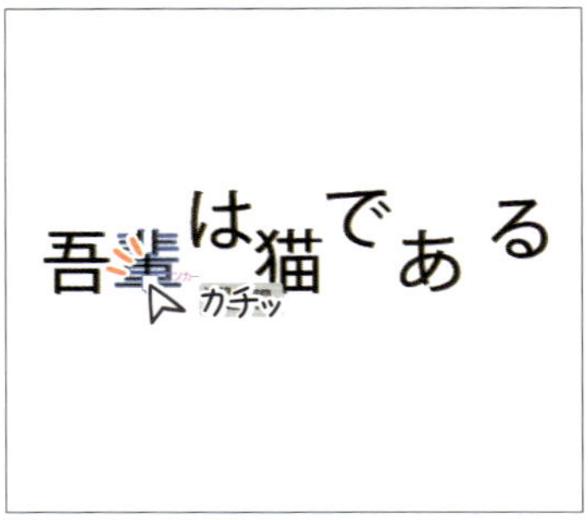
吾輩は猫である
カチッ

❹[ダイレクト選択ツール]でアウトライン化したテキストをクリックし

吾輩は猫である

❺アンカーポイントを表示させ

吾輩は猫である
ぐい〜

❻アンカーポイントを移動することで

吾輩は猫である

❼より自由に変形することができる

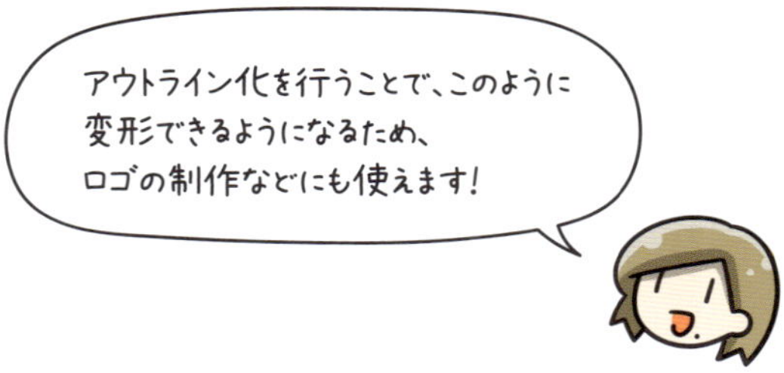
アウトライン化を行うことで、このように
変形できるようになるため、
ロゴの制作などにも使えます！

名刺を作ってみよう❺

この章で学んだことを活かして、名刺を作っていきます。ここでは、氏名などのテキストを入力していきます。

テキストを入力してみよう

1 6章で学んだことを踏まえて、ここではテキストを入力していきます。例として著者の名前を入力しますが、自分の名前を入力するのもいいでしょう。

①名刺サイズのアートボードを作成する
②ガイドを作成する
③ウサギなどのオブジェクトを作成する
④周りの装飾を作成する
⑤吹き出しや背景のオブジェクトを作成する
ここ!
イラストレーター
イシクラ ユカ
mail:aiueo@example.com
⑥テキストを入力する
⑦レイヤーごとにオブジェクトを振り分ける
⑧画像を配置する
⑨印刷する

2 5章で作成したファイルを開いたら、[テキストツール]を選択し、画像を配置するオブジェクトの横をクリックして、テキストを入力できる状態にします(p.175「ポイント文字を入力してみよう」参照)。

カチッ

❶[テキストツール]を選択し

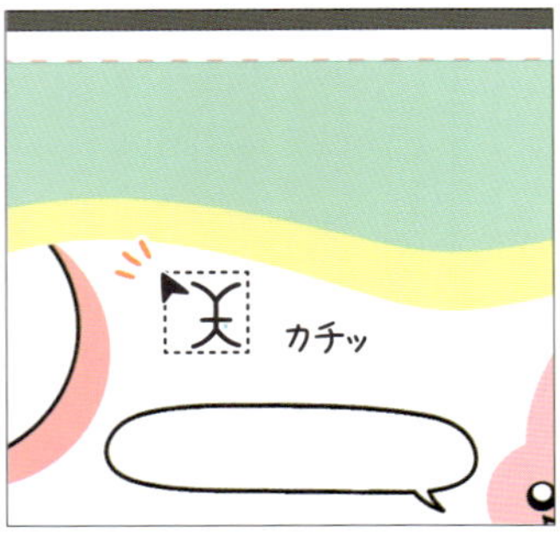
カチッ

❷画像を配置するオブジェクトの横をクリックし

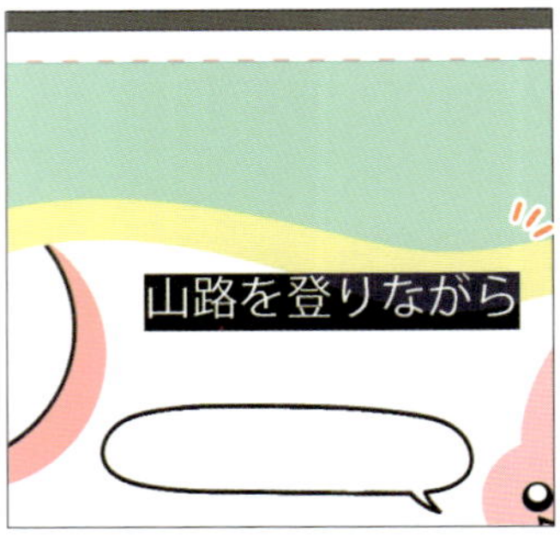
山路を登りながら

❸テキストを入力できる状態にする

3 さっそく氏名を入力していきます。氏名が入力できたら、[文字パネル]を表示させ、氏名のテキストを選択した状態のまま、フォントを変更してみます。

イシクラ ユカ

❶氏名を入力していき

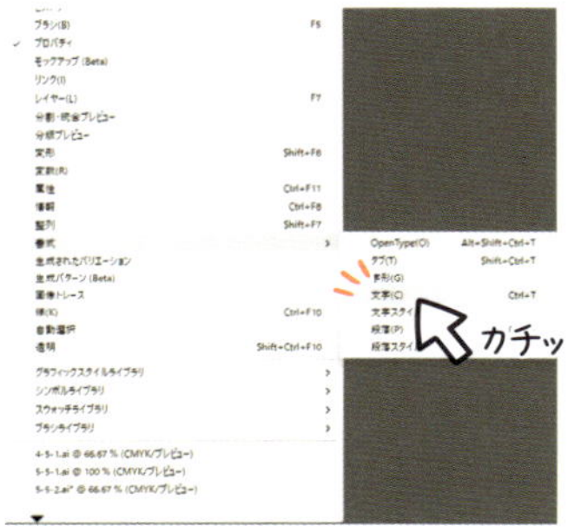
カチッ

❷画面上部[ウィンドウ]から[文字パネル]を表示させ

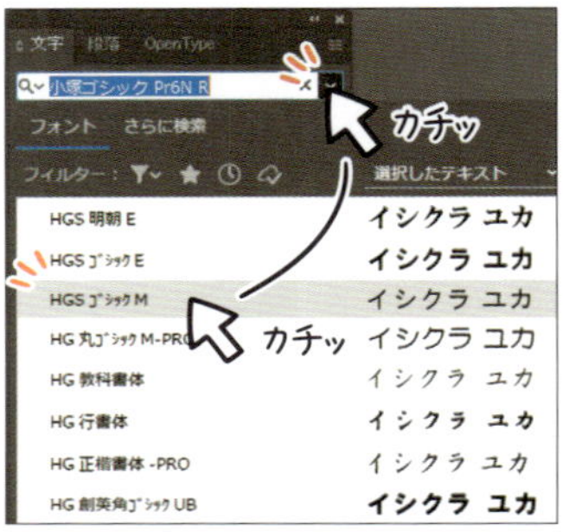
文字
小塚ゴシック Pr6N R
フォント
さらに検索
カチッ
選択したテキスト
HGS 明朝 E
HGS ゴシック E
HGS ゴシック M
HG 教科書体
HG 行書体
HG 正楷書体 -PRO
イシクラ ユカ
カチッ

❸氏名を選択した状態でフォントを変更する

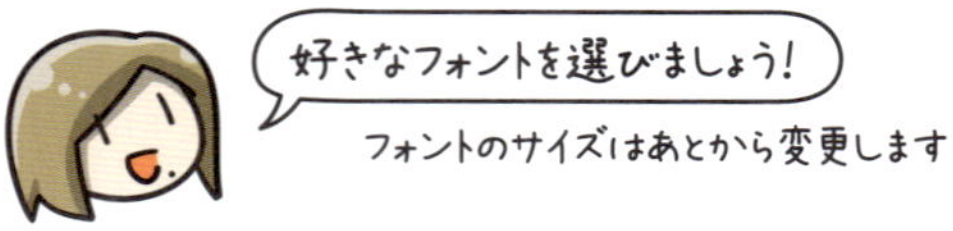
好きなフォントを選びましょう!
フォントのサイズはあとから変更します

4 次に、氏名の少し上をクリックして、肩書を入力していきます。会社員でも、学生でも、入力するテキストはなんでも大丈夫です。

チッ

❶[テキストツール]を選択し氏名の少し上をクリックし

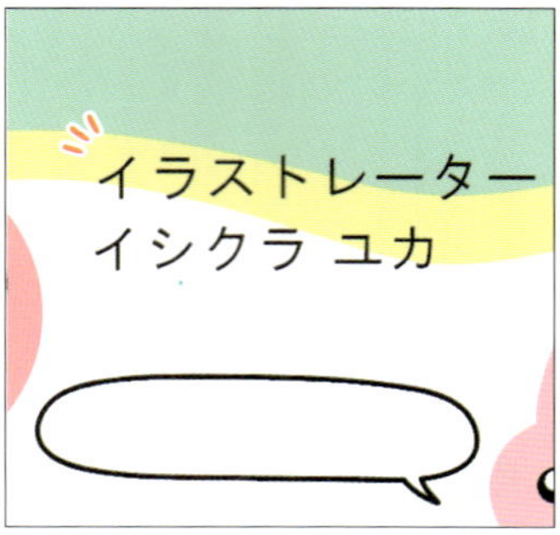
イラストレーター
イシクラ ユカ

❷肩書を入力していく

思った位置に入力できなかった場合は、[選択ツール]でテキストを選択し、ドラッグさせて位置を調整しましょう

5 次に、名刺左下をクリックしてメールアドレスを入力します。

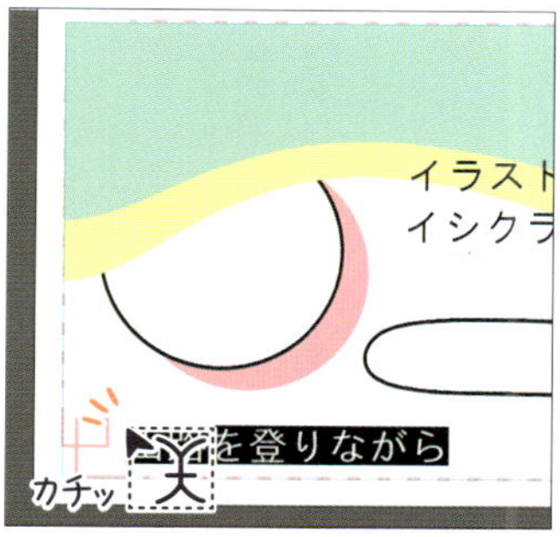
イラスト
イシクラ
を登りながら
カチッ

❶[テキストツール]を選択し名刺左下をクリックして

イラスト
イシクラ
mail:aiueo@example.com

❷メールアドレスを入力する

イラスト
イシクラ
mail:aiueo@example.com

❸適宜[選択ツール]で位置を調整する

6 吹き出し内、左端をクリックして売り文句を入力していきます。これで一通りのテキストの入力は完了です。

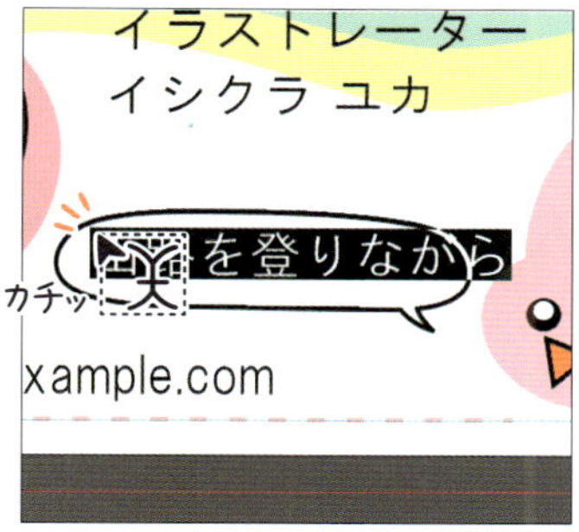
イラストレーター
イシクラ ユカ
を登りながら
カチッ
xample.com

❶[テキストツール]を選択し吹き出し内の左端をクリックして

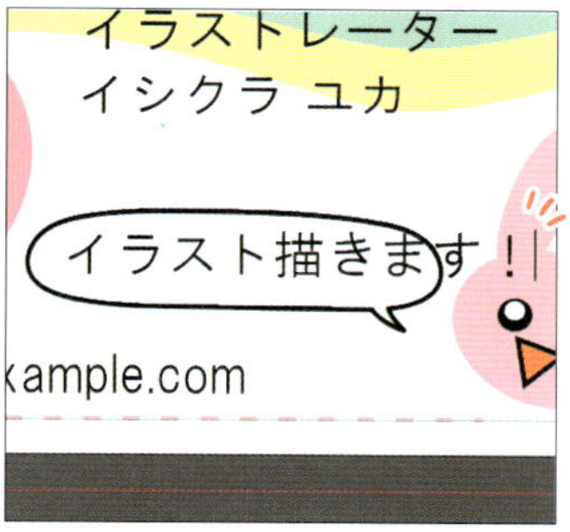
イラストレーター
イシクラ ユカ
イラスト描きます!!
xample.com

❷売り文句を入力する

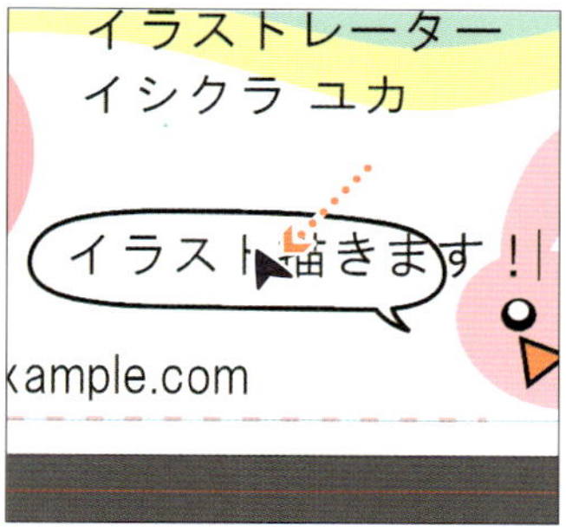
イラストレーター
イシクラ ユカ
イラスト描きます!!
xample.com

❸適宜[選択ツール]で位置を調整する

7 [文字パネル]からテキストのサイズや文字の間隔などを調整していきましょう。まずは氏名を[選択ツール]で選択して、テキストのサイズとテキストの間隔を広くします(p.185「フォントの変更などをしてみよう」参照)。

イラストレーター
イシクラ ユカ
カチッ

❶氏名のテキストを[選択ツール]で選択し

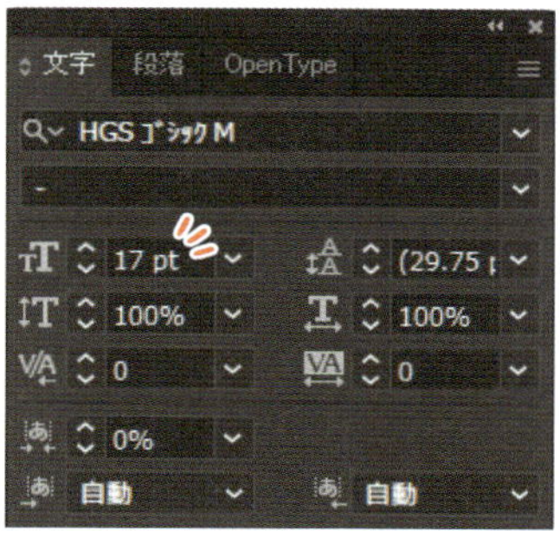
文字
段落
OpenType
HGS ゴシック M
17 pt
(29.75
100%
100%
0
0
0%
自動
自動

❷テキストのサイズを[17pt]

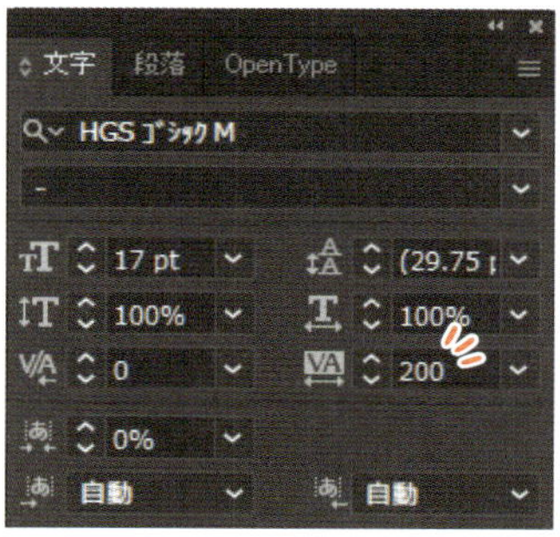
文字
段落
OpenType
HGS ゴシック M
17 pt
(29.75
100%
100%
0
200
0%
自動
自動

❸[トラッキング]を[200pt]に設定する

8 肩書のテキストを選択し、同様にテキストのサイズと間隔を調整します。

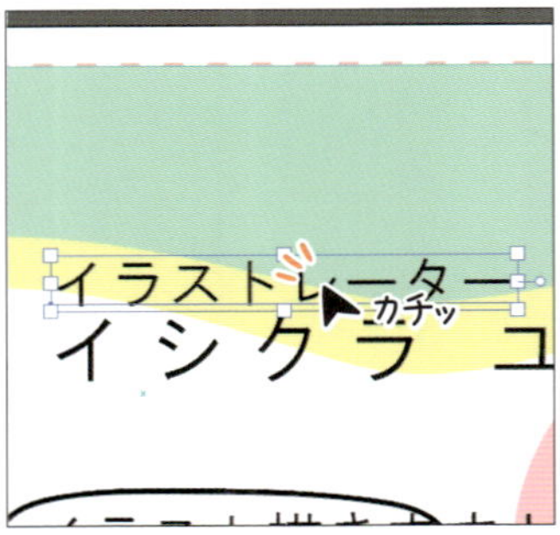
イラストレーター
イ シ ク ラ ユ
カチッ

❶肩書のテキストを［選択ツール］で選択し

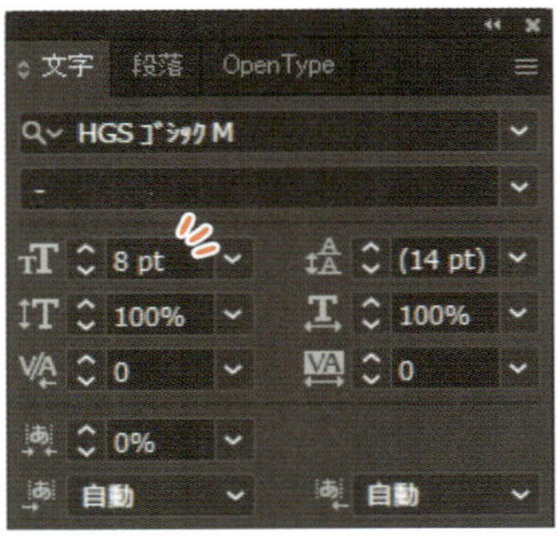
文字
段落
OpenType
HGSゴシックM
8 pt
(14 pt)
100%
100%
0
0
0%
自動
自動

❷テキストのサイズを［8pt］

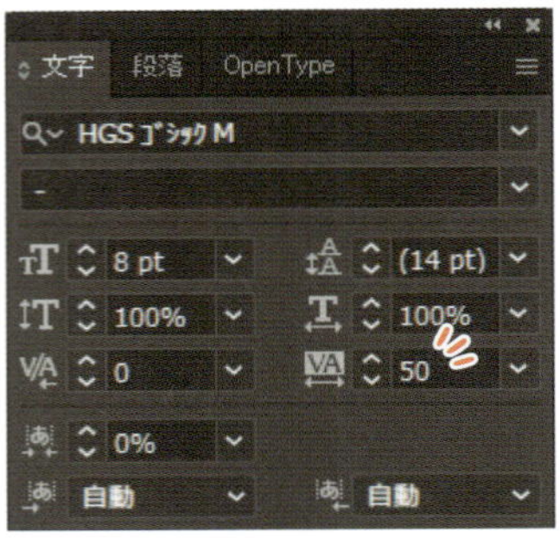
文字
段落
OpenType
HGSゴシックM
8 pt
(14 pt)
100%
100%
0
50
0%
自動
自動

❸［トラッキング］を［50pt］に設定する

9 吹き出し内のテキストをクリックし、吹き出し内に収まる大きさにテキストの大きさを調整します。文字の間隔も併せて調整しましょう。

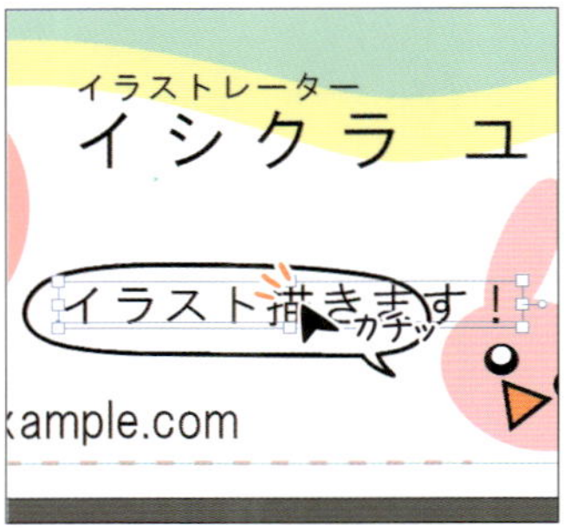
イラストレーター
イ シ ク ラ ユ
イラスト描きます！
カチッ
xample.com

❶吹き出し内のテキストを［選択ツール］で選択し

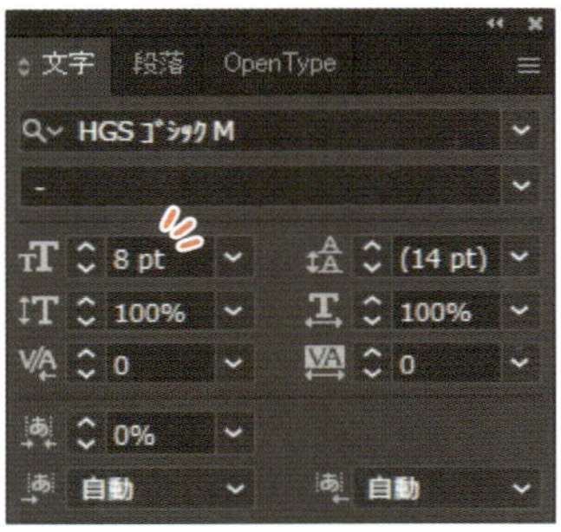
文字
段落
OpenType
HGSゴシックM
8 pt
(14 pt)
100%
100%
0
0
0%
自動
自動

❷テキストのサイズを吹き出し内に収まるサイズにし

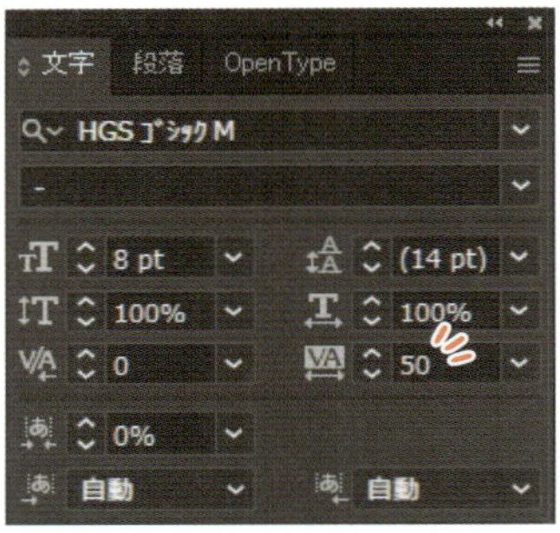
文字
段落
OpenType
HGSゴシックM
8 pt
(14 pt)
100%
100%
0
50
0%
自動
自動

❸［トラッキング］を［50pt］に設定する

10 メールアドレスのテキストを選択し、テキストのサイズとテキストの間隔を調整する。

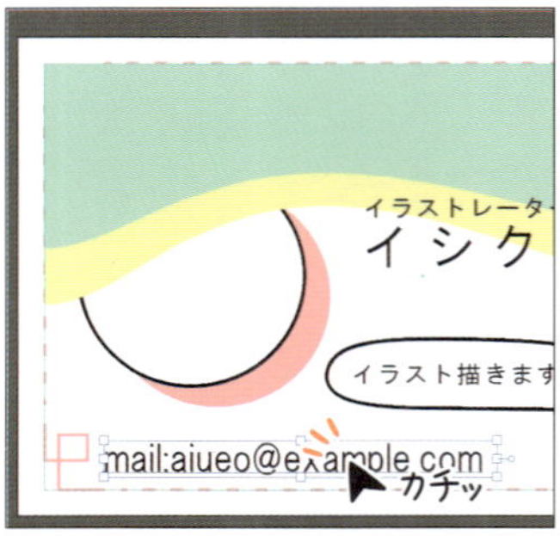
イラストレーター
イ シ ク
イラスト描きます
mail:aiueo@example.com
カチッ

❶メールアドレスのテキストを［選択ツール］で選択し

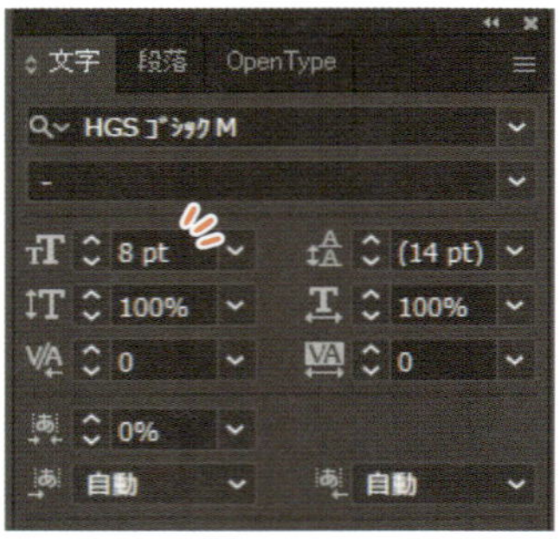
文字
段落
OpenType
HGSゴシックM
8 pt
(14 pt)
100%
100%
0
0
0%
自動
自動

❷テキストのサイズを［8pt］

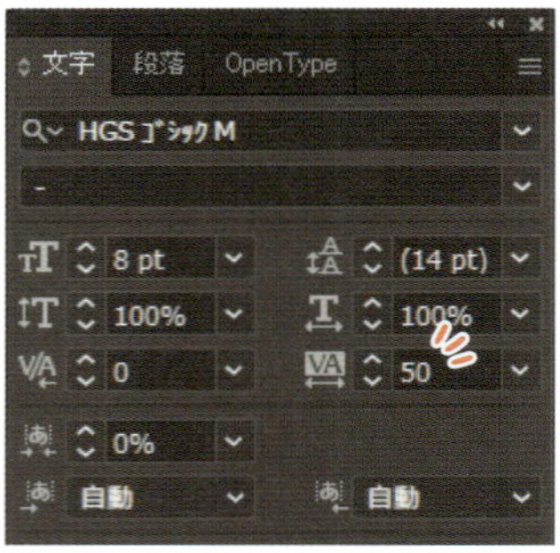
文字
段落
OpenType
HGSゴシックM
8 pt
(14 pt)
100%
100%
0
50
0%
自動
自動

❸［トラッキング］を［50pt］に設定する

Chapter

7

レイヤーについて学ぶ

この章では、レイヤーについて学んでいきます。
レイヤーとはどういったものなのか、ということはもちろん、レイヤーに対して行える操作についても学びます。レイヤーを使いこなせるようになると、作業がしやすくなるので、しっかり学んでいきましょう。

Chapter

7 レイヤーについて学ぶ

この章では、知っておくと作業を行いやすくなる「レイヤー」について学んでいきます

レイヤーとは、透明な画用紙のようなもので
レイヤーを重ねていき、作品を作っていくのです

HaPPY!
じゃ〜ん!
HaPPY!

何枚もレイヤーを重ねて　　一つの作品を作る

レイヤーについて学ぶだけでなく、レイヤーに対して行える操作についても学びます

HaPPY!
HaPPY!
~~レイヤー4~~
テキスト

レイヤーの追加方法は?　　レイヤーの名前を変えるには?

HaPPY!
HaPPY!
HaPPY!
HaPPY!

特定のレイヤーをロックするには?　　レイヤーの順番を入れ替えるには?

…などなど

レイヤーを使いこなせるようになると、作品づくりがよりしやすくなりますよ!

Chapter 7…1 レイヤーとは

この節では、図形を作成するツールについて学んでいきます。塗りや不透明度の設定方法など、基本的な操作を見ていきましょう。

Study

レイヤーについて知ろう

レイヤーは、「透明な画用紙」のようなものをイメージするとわかりやすいでしょう。レイヤーを重ねることで、作品を作っていきます。

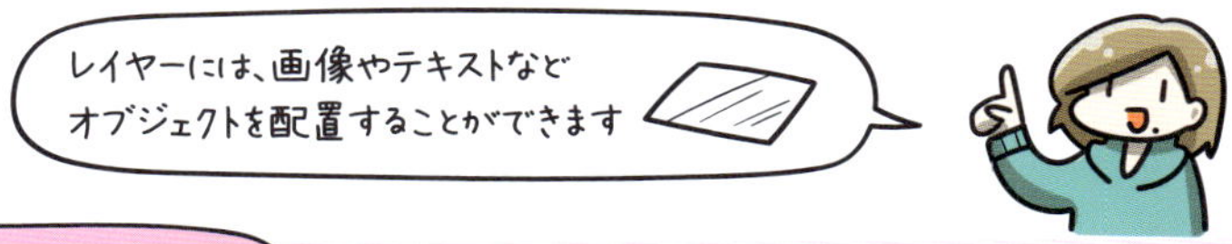
レイヤーには、画像やテキストなど
オブジェクトを配置することができます

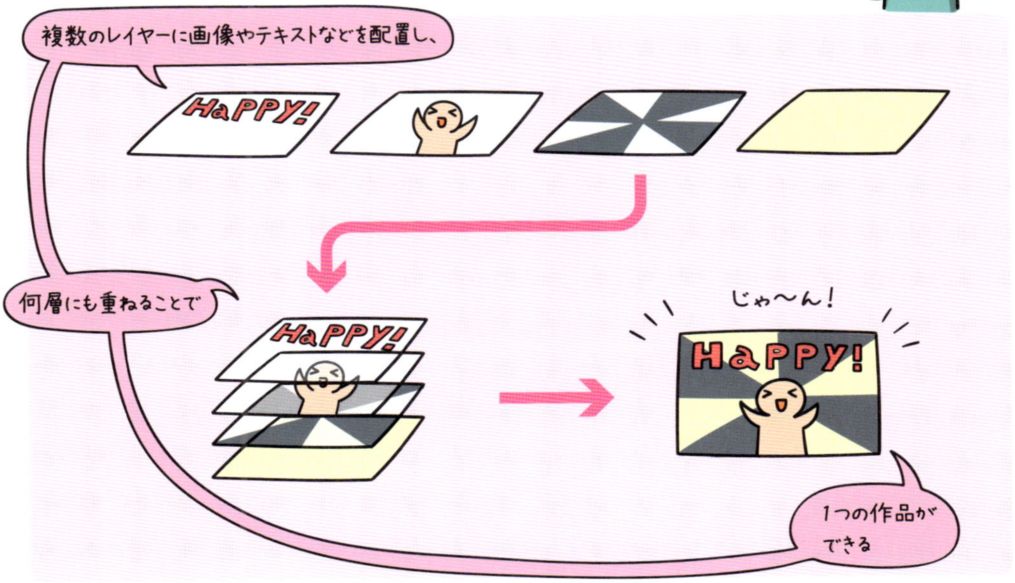
複数のレイヤーに画像やテキストなどを配置し、
HaPPY!
何層にも重ねることで
じゃ〜ん!
1つの作品ができる

レイヤーを分けることで、あるレイヤーをロックして作業するなど、効率的に作業を行うことができます。

HaPPY!
このレイヤーにあるオブジェクトは動かしたくないな…
これでロックしたレイヤーは動かなくなった!
複数のレイヤーを作り
レイヤーをロックして
作業を行うなどできる

Study

レイヤーパネルを見てみよう

［レイヤーパネル］からどんな操作を行えるのか見てみましょう。よく使う［レイヤーパネル］から行う操作は以下の通りです。

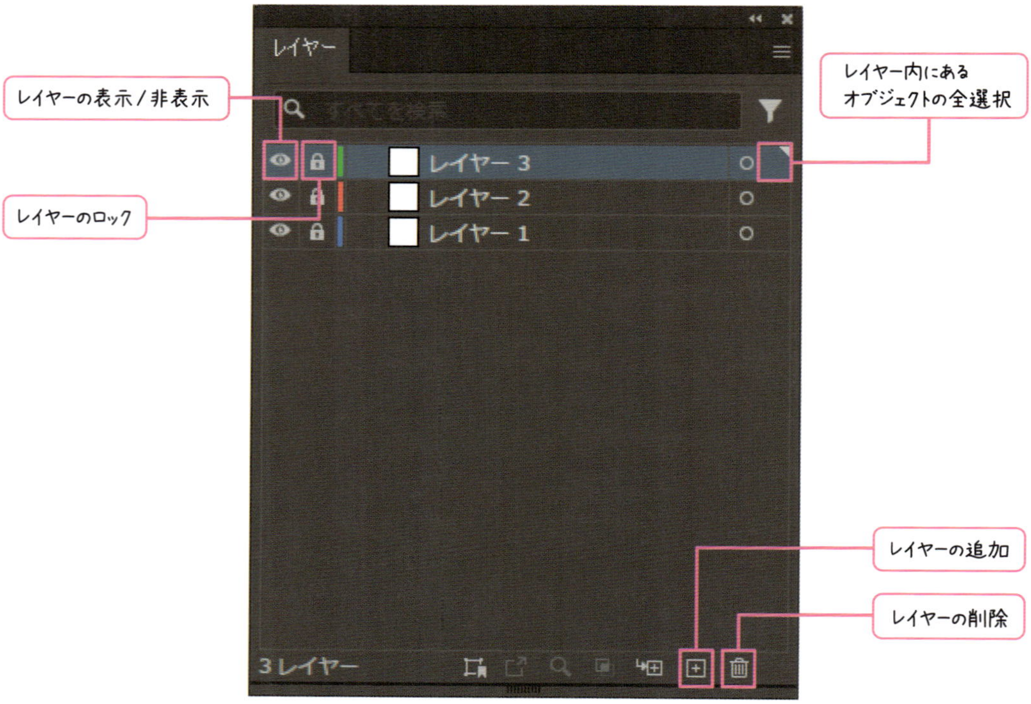

レイヤー
レイヤーの表示／非表示
レイヤーのロック
レイヤー内にある
オブジェクトの全選択
レイヤー 3
レイヤー 2
レイヤー 1
レイヤーの追加
レイヤーの削除
3 レイヤー

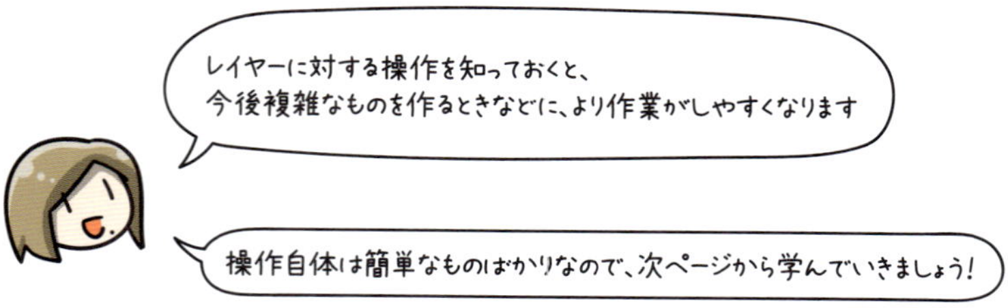

レイヤーに対する操作を知っておくと、
今後複雑なものを作るときなどに、より作業がしやすくなります
操作自体は簡単なものばかりなので、次ページから学んでいきましょう！

Chapter 7…2 レイヤーの基本的な操作

レイヤーとは何か学んだあとは、実際にレイヤーに対する操作を行っていきます。基礎的な内容なので、必ず身につけましょう。

Study

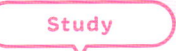

レイヤーを分けることのメリットを知ろう

前のページにて、レイヤーパネルから行える代表的な操作を見ました。

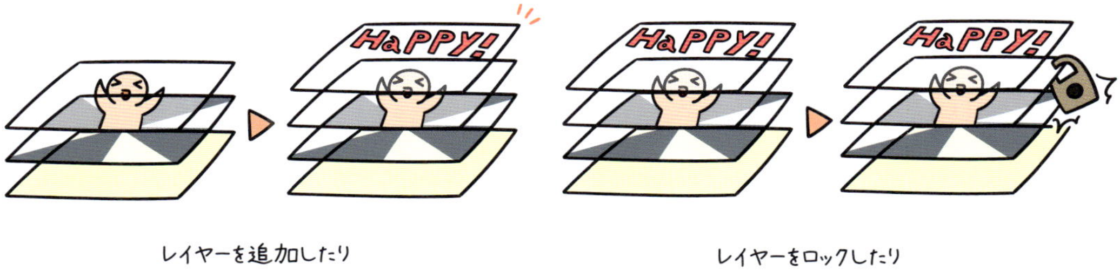
HaPPY!
レイヤーを追加したり
レイヤーをロックしたり

オブジェクトをレイヤーごとに分けることは、オブジェクトの管理がしやすくなるなど、制作を効率的に進めていけるようになります。

レイヤー名を変更して、どのレイヤーになにが配置されているかわかりやすくしたり
HaPPY!
レイヤー4
レイヤー3
レイヤー2
レイヤー1
どのレイヤーになにがあるんだっけ…
テキスト
人物
模様
背景
わかりやすい！

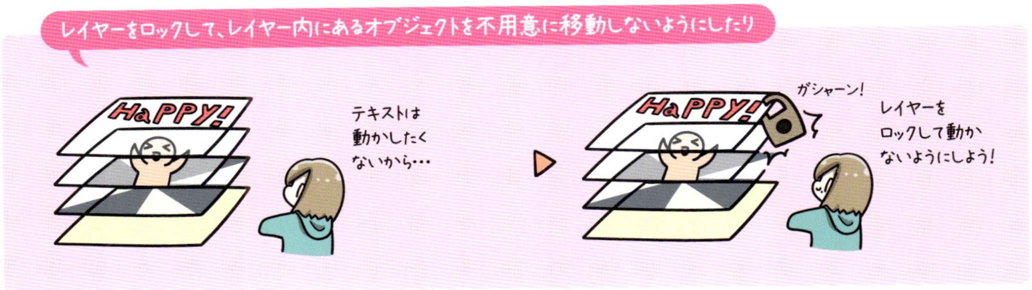
レイヤーをロックして、レイヤー内にあるオブジェクトを不用意に移動しないようにしたり
HaPPY!
テキストは動かしたくないから…
ガシャーン！
レイヤーをロックして動かないようにしよう！

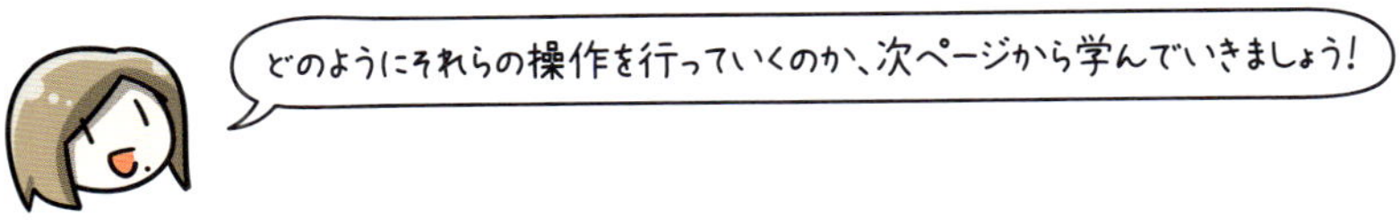
どのようにそれらの操作を行っていくのか、次ページから学んでいきましょう！

Let's Try!

レイヤーの新規作成をしてみよう

1 サンプルファイル「7-2-1.ai」を開いてレイヤーを新規作成していきます。サンプルファイルを開くと、複数のオブジェクトが配置されています。

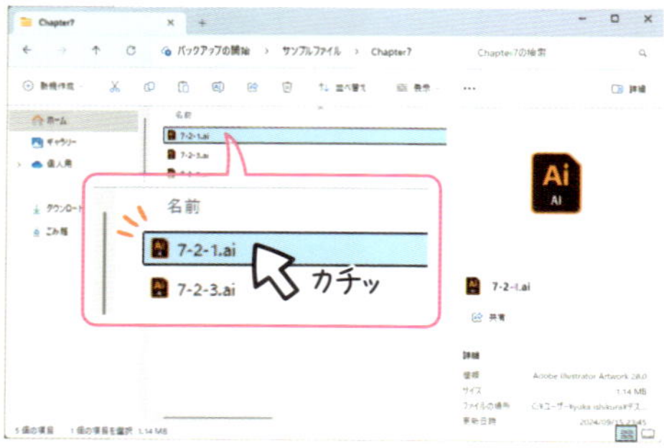
名前
7-2-1.ai
7-2-3.ai
カチッ

❶サンプルファイル「7-2-1.ai」を開くと

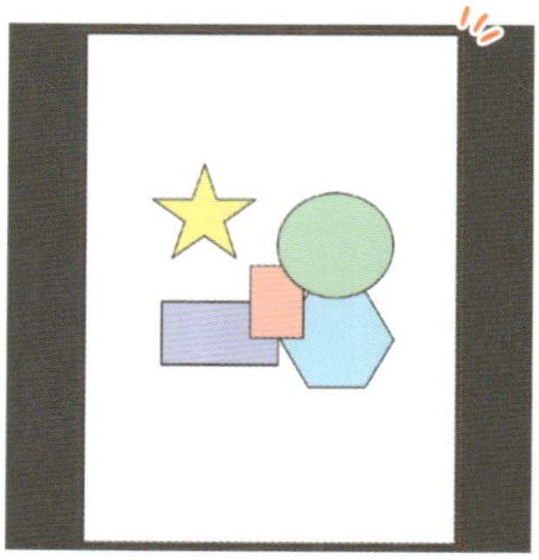

❷複数のオブジェクトが配置されている

2 画面右側から[レイヤーパネル]をクリックし、パネルを表示させます。すると、複数のレイヤーにオブジェクトが配置されていることがわかります。

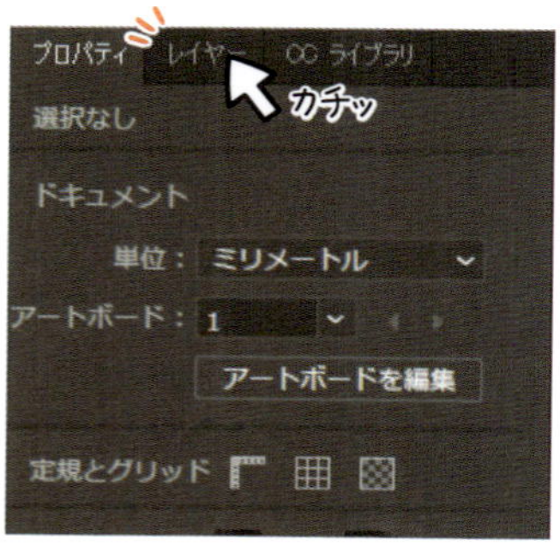
プロパティ
レイヤー
CC ライブラリ
カチッ
選択なし
ドキュメント
単位：ミリメートル
アートボード：1
アートボードを編集
定規とグリッド

❶画面右側から[レイヤーパネル]をクリックし、パネルを表示させる

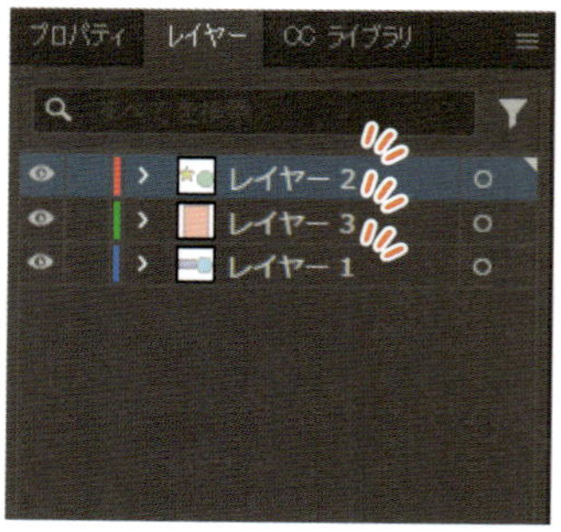
プロパティ
レイヤー
CC ライブラリ
レイヤー 2
レイヤー 3
レイヤー 1

❷すると、複数のレイヤーにオブジェクトが配置されている

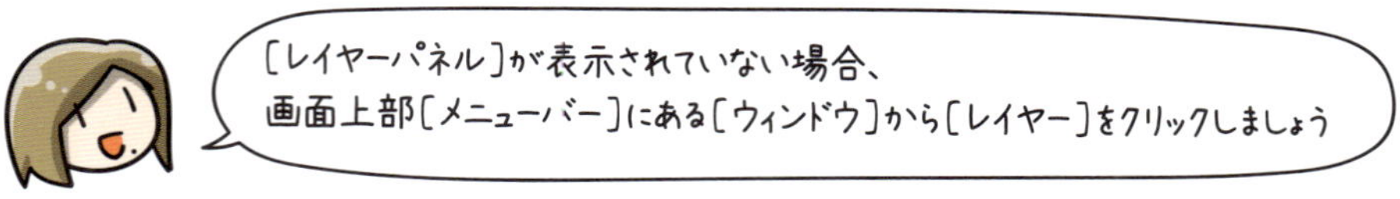
[レイヤーパネル]が表示されていない場合、
画面上部[メニューバー]にある[ウィンドウ]から[レイヤー]をクリックしましょう

3 レイヤーの新規作成は、[レイヤーパネル]下にある[新規レイヤーを作成]のアイコンをクリックすると、レイヤーを新しく追加することができます。

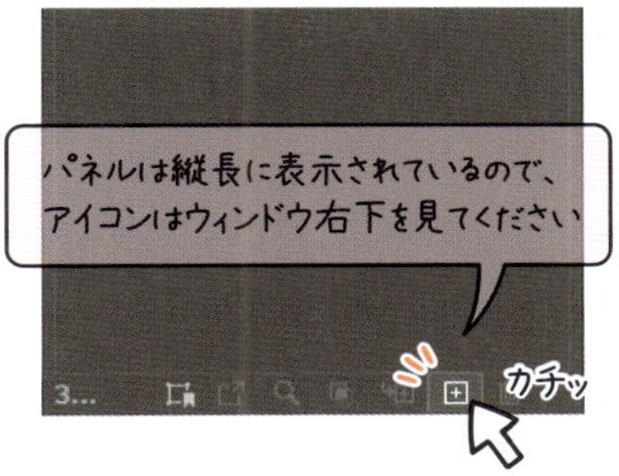
パネルは縦長に表示されているので、アイコンはウィンドウ右下を見てください
カチッ

❶[新規レイヤーを作成]のアイコンをクリックすると

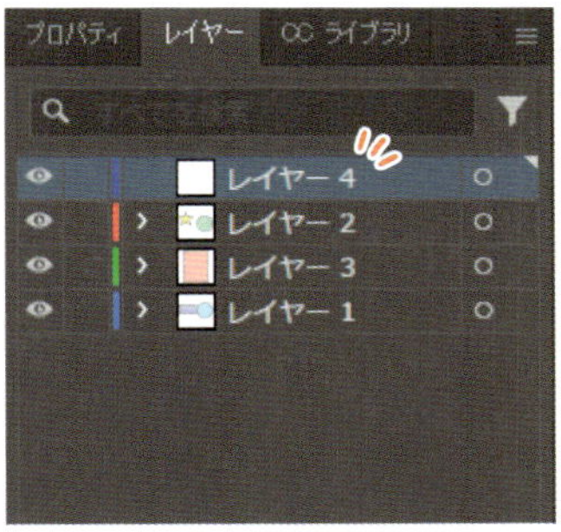
プロパティ レイヤー ライブラリ
レイヤー 4
レイヤー 2
レイヤー 3
レイヤー 1

❷レイヤーが新しく作成される

4 レイヤーを新規作成すると、新規作成したレイヤーが選択状態となり、なにかオブジェクトを作成すると、新規作成したレイヤーに配置されます。

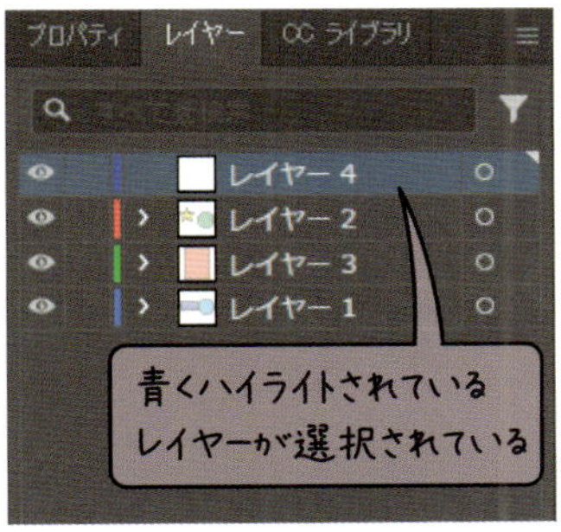
プロパティ レイヤー ライブラリ
レイヤー 4
レイヤー 2
レイヤー 3
レイヤー 1
青くハイライトされているレイヤーが選択されている

❶レイヤーを新規作成すると、作成したレイヤーが選択状態となり

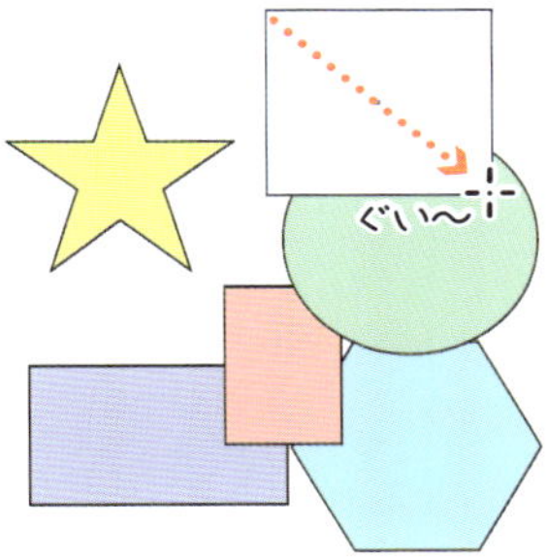
ぐい～

❷オブジェクトを作成すると

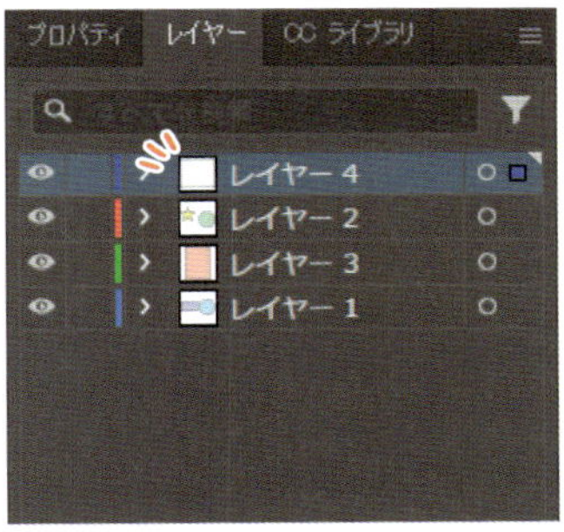
プロパティ レイヤー ライブラリ
レイヤー 4
レイヤー 2
レイヤー 3
レイヤー 1

❸新規作成したレイヤーに配置される

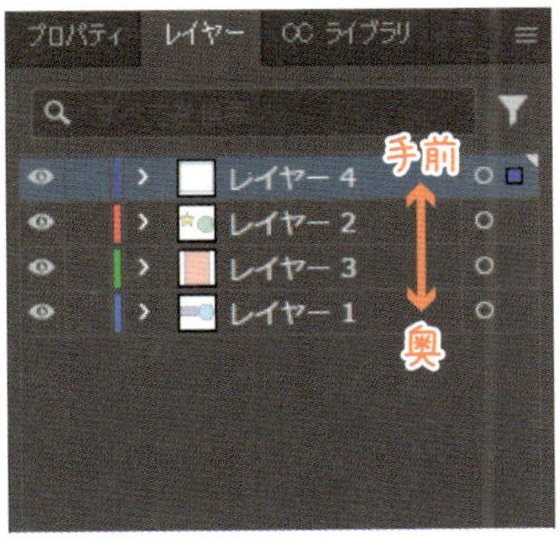
プロパティ レイヤー ライブラリ
レイヤー 4
レイヤー 2
レイヤー 3
レイヤー 1
手前
奥

❹新規作成したレイヤーが一番手前に表示されるため

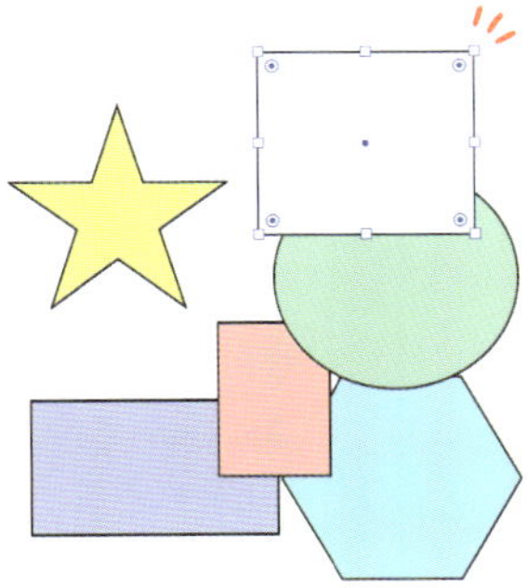

❺作成したオブジェクトがどのオブジェクトよりも前面に表示される

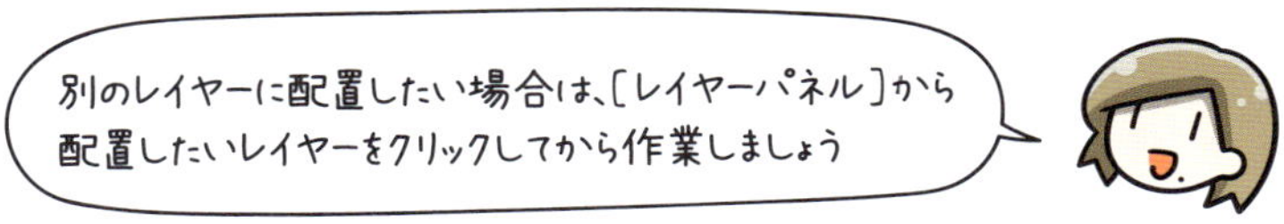
別のレイヤーに配置したい場合は、[レイヤーパネル]から配置したいレイヤーをクリックしてから作業しましょう

Let's Try!

レイヤーの削除をしてみよう

1 前ページで作成したレイヤーを削除してみましょう。レイヤーを削除するには、削除したいレイヤーをクリックして選択状態にします。そして、[レイヤーパネル]下にある[選択項目を削除]のアイコンをクリックすると、レイヤーが削除されます。

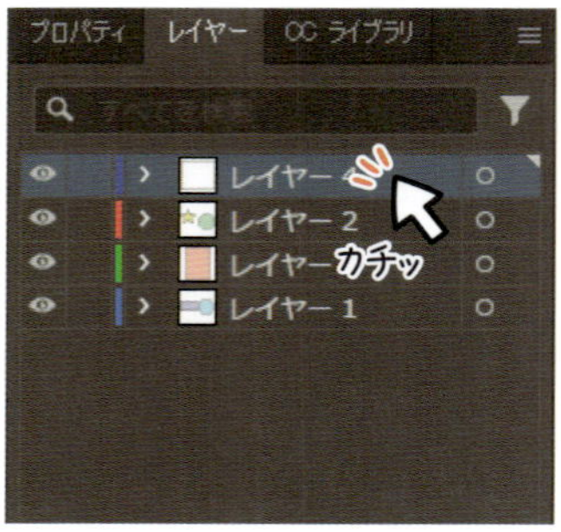

プロパティ
レイヤー
CC ライブラリ
レイヤー 2
レイヤー 1
カチッ

❶削除したいレイヤーをクリックして選択状態にし

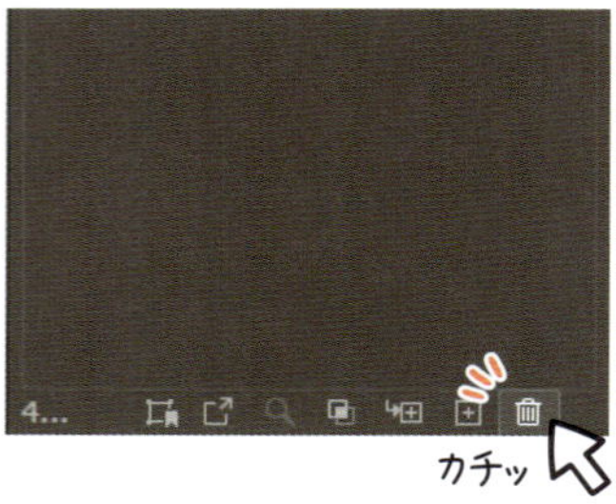

カチッ

❷[選択項目を削除]のアイコンをクリックすると

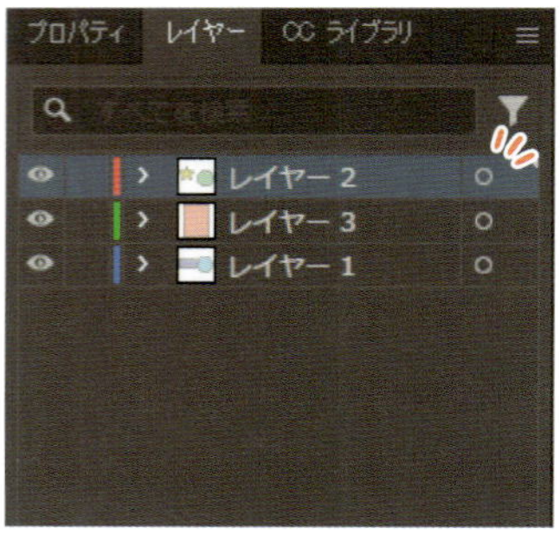

プロパティ
レイヤー
CC ライブラリ
レイヤー 2
レイヤー 3
レイヤー 1

❸レイヤーが削除される

削除するレイヤーにオブジェクトが配置されている場合、ほんとうに削除していいかどうか、ウィンドウが表示されます

今回は削除しても問題ないので、[はい]を選択しましょう

2 レイヤーを削除すると、削除したレイヤーに含まれていたオブジェクトも同時に削除されます。レイヤーを削除する前とあとを比較すると以下のようになります。

レイヤーを削除する前

レイヤーを削除したあと

複数のレイヤーを削除したい場合は、Shift もしくは Ctrl (⌘) で削除したいレイヤーをクリックしたあと、先ほどと同様に[選択項目を削除]のアイコンをクリックします

削除して保存をしたあとファイルを閉じると、削除したレイヤーはもとに戻すことができないので注意してください

削除ではなく非表示という方法もあります(次ページで学びます)

Let's Try!

レイヤーの表示/非表示をしてみよう

1 サンプルファイル「7-2-3.ai」を開いて、レイヤーの表示/非表示を行っていきます。サンプルファイルを開くと、複数のレイヤーごとにオブジェクトが配置されているのがわかります。

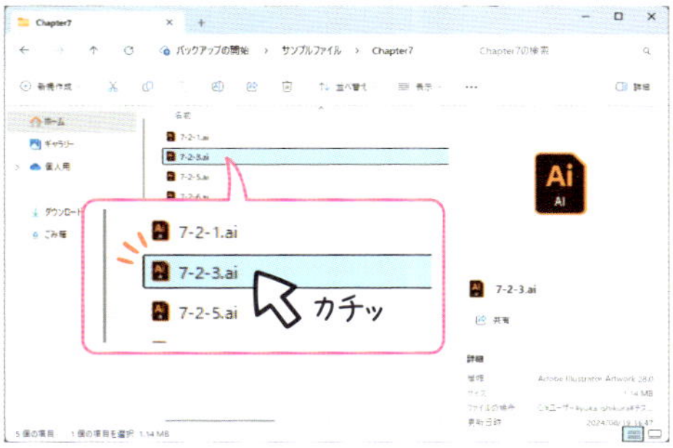
7-2-1.ai
7-2-3.ai
7-2-5.ai
カチッ

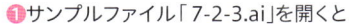

❶サンプルファイル「7-2-3.ai」を開くと

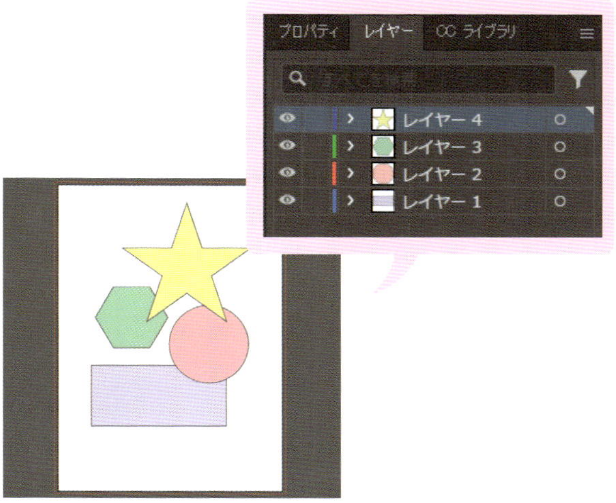
プロパティ
レイヤー
CC ライブラリ
レイヤー 4
レイヤー 3
レイヤー 2
レイヤー 1

❷複数のレイヤーごとにオブジェクトが配置されている

2 [レイヤーパネル]左側にある目のアイコンをクリックすると、レイヤーが非表示になり、非表示にしたレイヤー内にあるオブジェクトが表示されなくなります。

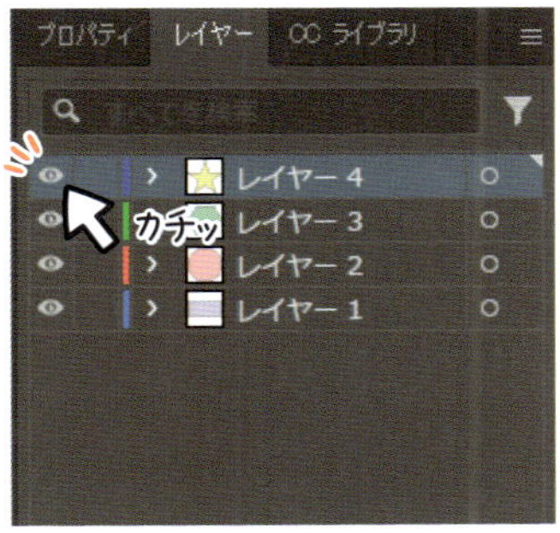
プロパティ
レイヤー
CC ライブラリ
レイヤー 4
カチッ
レイヤー 3
レイヤー 2
レイヤー 1

❶[レイヤーパネル]左側にある目のアイコンをクリックすると

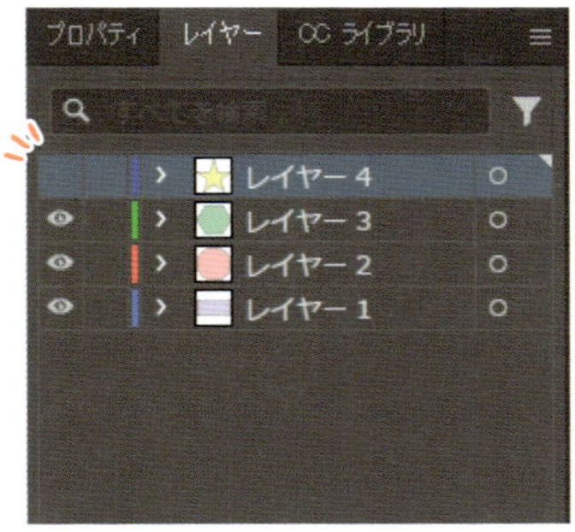
プロパティ
レイヤー
CC ライブラリ
レイヤー 4
レイヤー 3
レイヤー 2
レイヤー 1

❷レイヤーが非表示になり

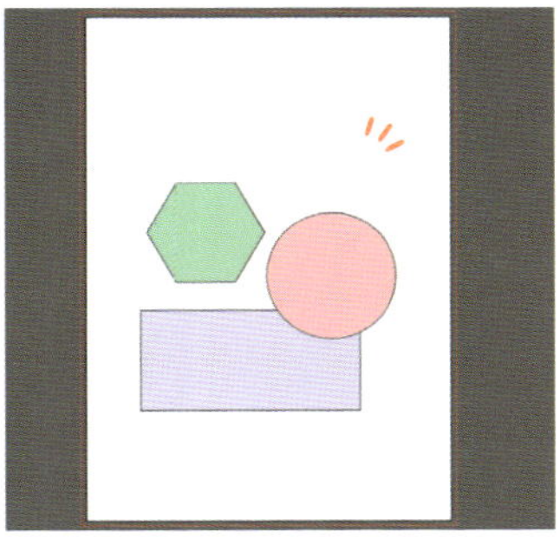

❸非表示にしたレイヤー内にあるオブジェクトが表示されなくなる

3 再度、目のアイコンがあった場所をクリックするとレイヤーは表示される状態に戻ります。

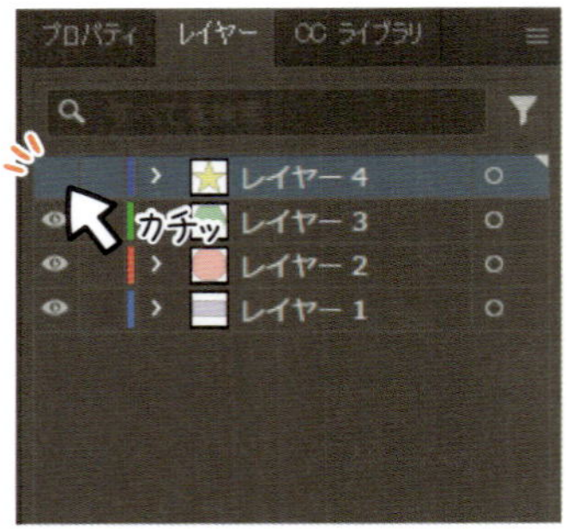
プロパティ
レイヤー
CC ライブラリ
レイヤー 4
カチッ
レイヤー 3
レイヤー 2
レイヤー 1

❶再度目のアイコンがあった場所をクリックすると

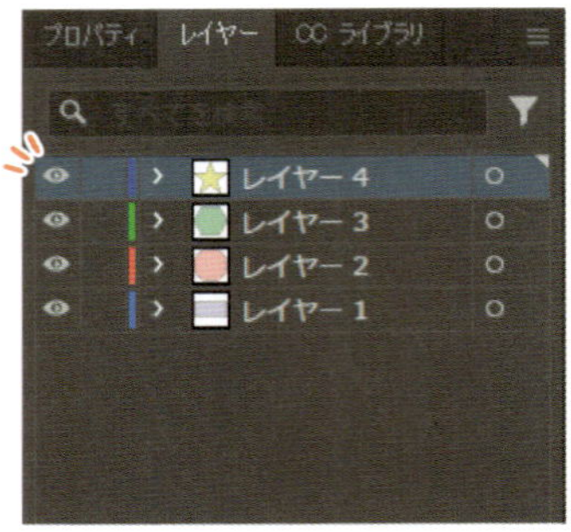
プロパティ
レイヤー
CC ライブラリ
レイヤー 4
レイヤー 3
レイヤー 2
レイヤー 1

❷レイヤーが表示され

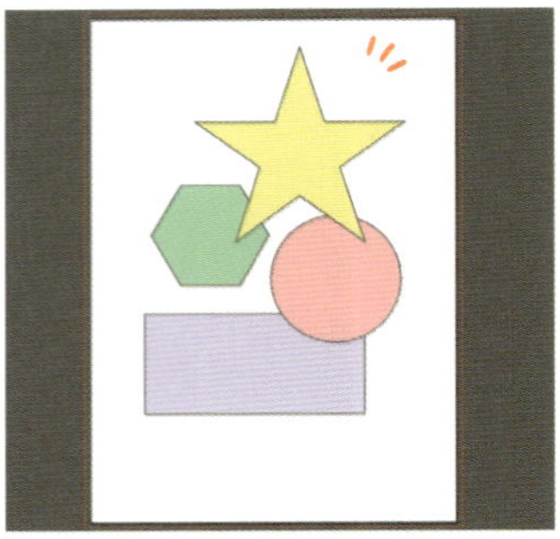

❸レイヤー内にあるオブジェクトも表示される

4 また、Alt（Option）を押しながら目のアイコンをクリックすると、クリックしたレイヤー以外のレイヤーが非表示になります。非表示にしたレイヤー表示するには、Alt（Option）を押しながら同じ個所をクリックします。

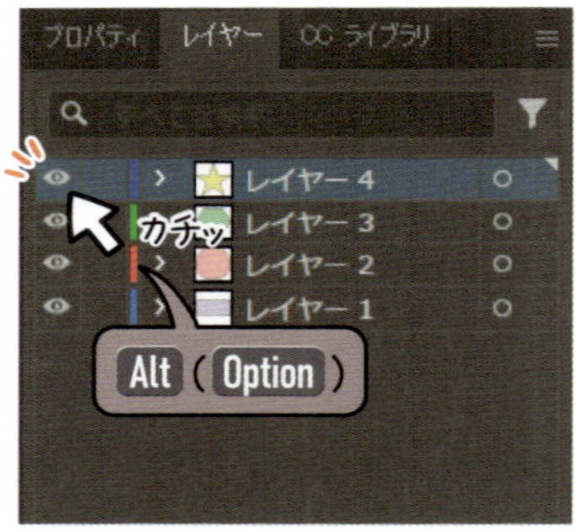
プロパティ
レイヤー
CC ライブラリ
レイヤー 4
カチッ
レイヤー 3
レイヤー 2
レイヤー 1
Alt（Option）

❶Alt（Option）を押しながら目のアイコンをクリックすると

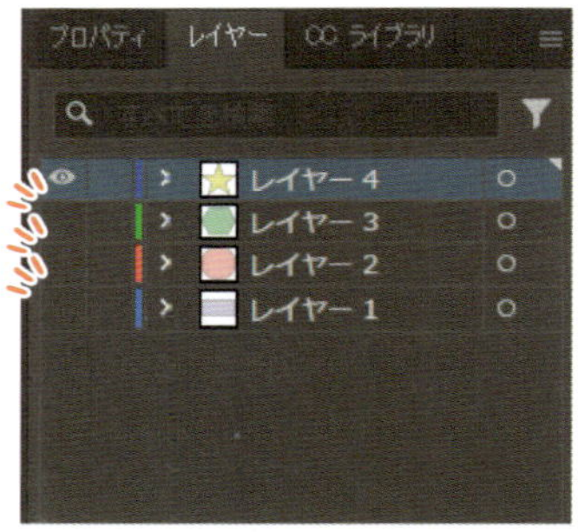
プロパティ
レイヤー
CC ライブラリ
レイヤー 4
レイヤー 3
レイヤー 2
レイヤー 1

❷クリックしたレイヤー以外のレイヤーが非表示になり

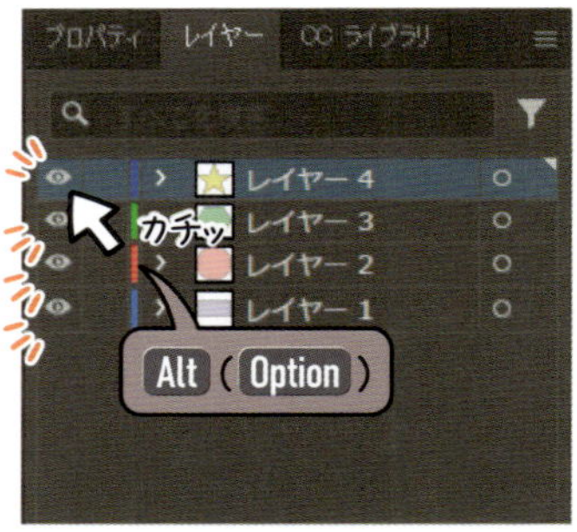
プロパティ
レイヤー
CC ライブラリ
レイヤー 4
カチッ
レイヤー 3
レイヤー 2
レイヤー 1
Alt（Option）

❸再度Alt（Option）を押しながら同じ個所をクリックすると、再び表示される

こんな感じ

こんな感じ

Let's Try!

レイヤー名の変更をしてみよう

1 レイヤー名の変更は、[レイヤーパネル]から変更したいレイヤー名の上でダブルクリックします。すると、テキストが入力できる状態になります。

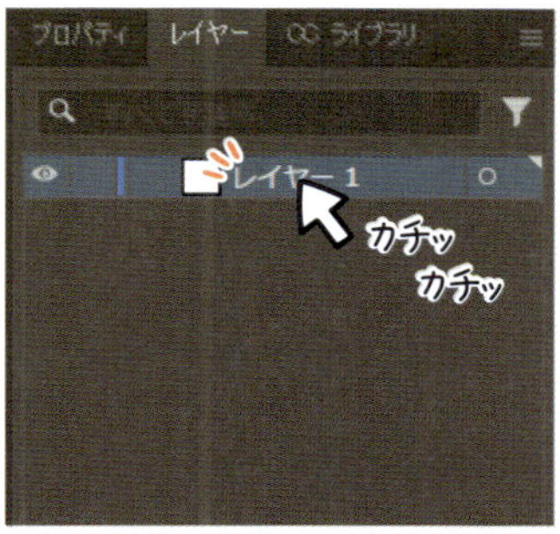

プロパティ
レイヤー
CC ライブラリ
レイヤー 1
カチッ
カチッ

❶[レイヤーパネル]から変更したいレイヤー名の上でダブルクリックすると

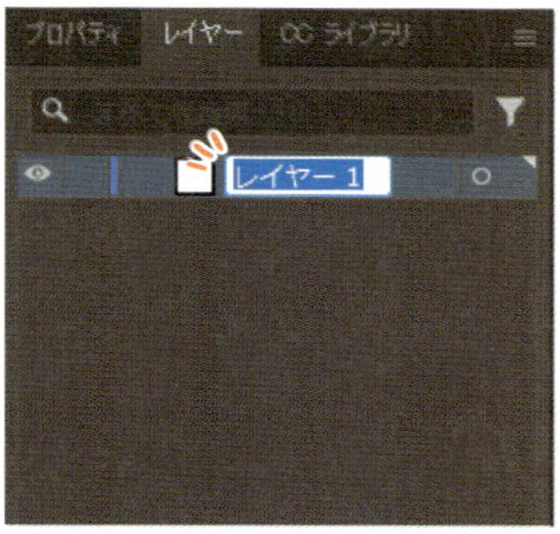

プロパティ
レイヤー
CC ライブラリ
レイヤー 1

❷テキストが入力できる状態になる

2 その状態で、レイヤー名を入力し Enter を2回押すことで、レイヤー名の変更が確定されます。

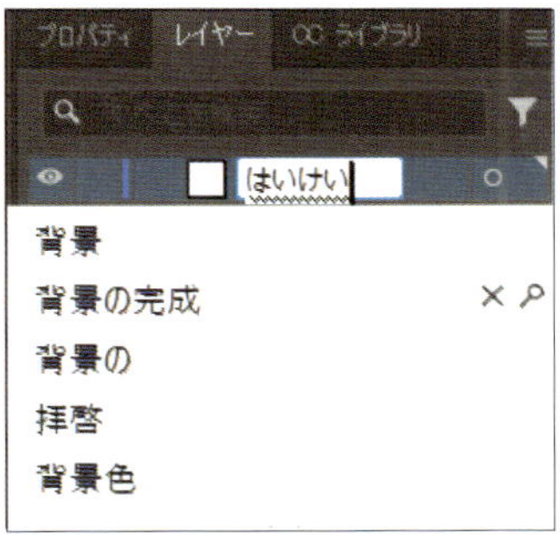

プロパティ
レイヤー
CC ライブラリ
はいけい
背景
背景の完成
背景の
拝啓
背景色

❶その状態でレイヤー名を入力し

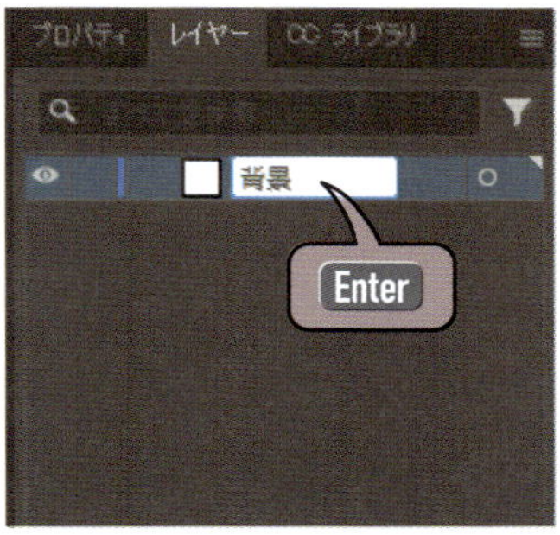

プロパティ
レイヤー
CC ライブラリ
背景
Enter

❷ Enter を一度押し文字の入力を確定し

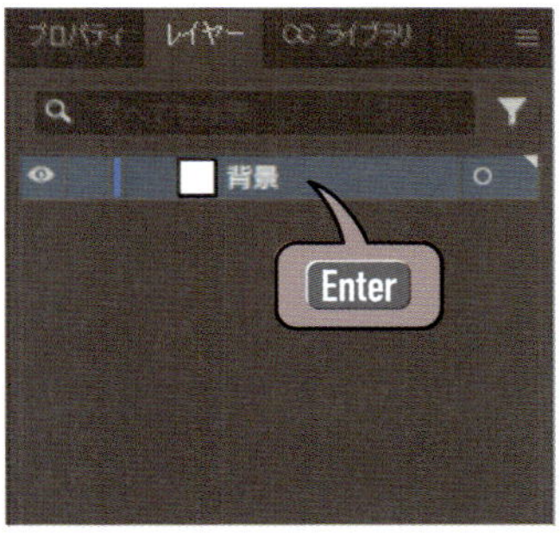

プロパティ
レイヤー
CC ライブラリ
背景
Enter

❸もう一度 Enter を押してレイヤー名の変更を確定する

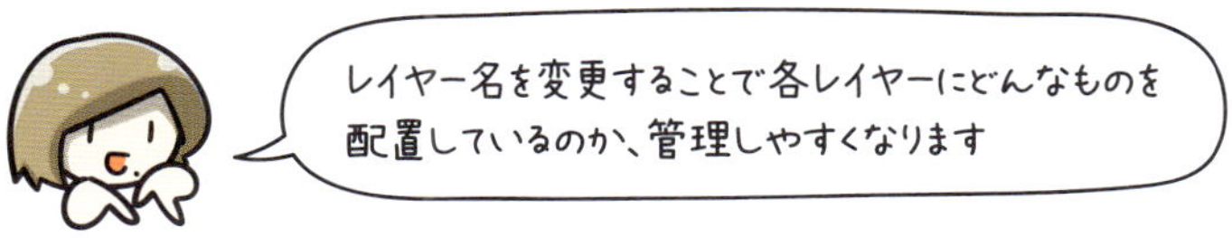

レイヤー名を変更することで各レイヤーにどんなものを配置しているのか、管理しやすくなります

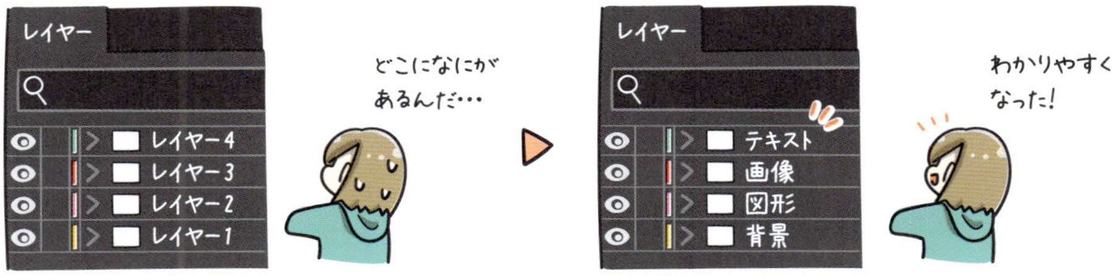

レイヤー
レイヤー4
レイヤー3
レイヤー2
レイヤー1
どこになにがあるんだ…
レイヤー
テキスト
画像
図形
背景
わかりやすくなった!

Let's Try!

レイヤーのコピーをしてみよう

1 サンプルファイル「7-2-5.ai」を開いて、レイヤーのコピーを行っていきます。サンプルファイルを開くと、複数のレイヤーごとにオブジェクトが配置されているのがわかります。

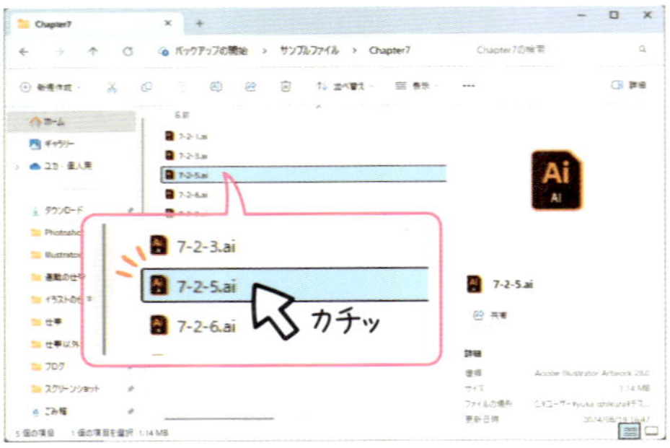

7-2-3.ai
7-2-5.ai
7-2-6.ai
カチッ

❶サンプルファイル「7-2-5.ai」を開くと

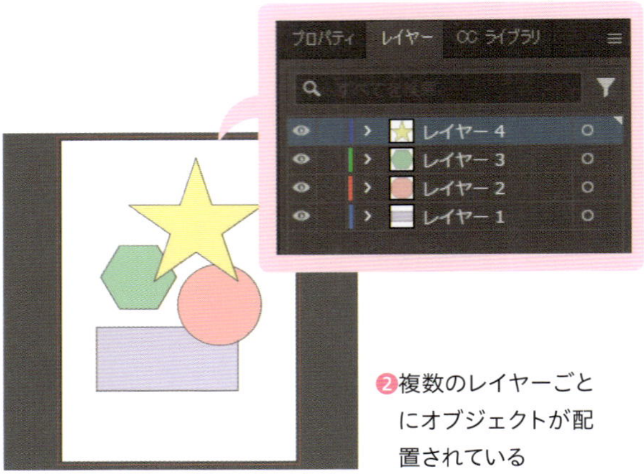

プロパティ
レイヤー
CC ライブラリ
レイヤー 4
レイヤー 3
レイヤー 2
レイヤー 1

❷複数のレイヤーごとにオブジェクトが配置されている

2 コピーしたいレイヤーをクリックして選択し、[レイヤーパネル]右上にある三本線をクリックします。すると、メニューが表示されるので、[レイヤー2を複製]を選択することで、レイヤーをコピーできます。

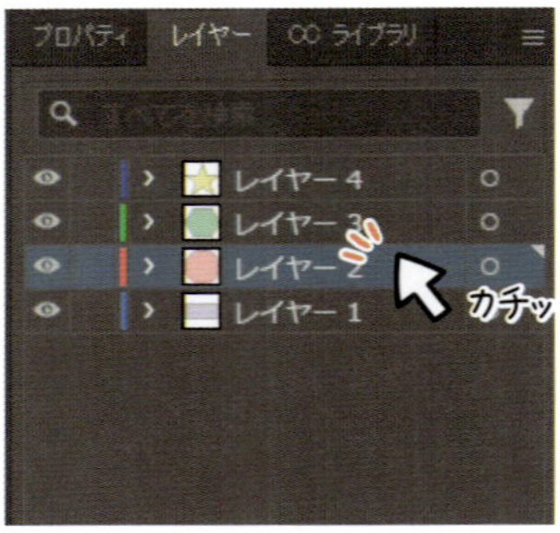

プロパティ
レイヤー
CC ライブラリ
レイヤー 4
レイヤー 3
レイヤー 2
レイヤー 1
カチッ

❶コピーしたいレイヤーをクリックして選択し

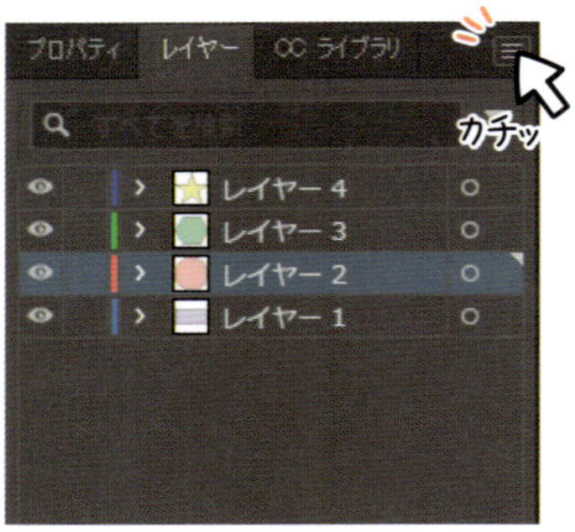

プロパティ
レイヤー
CC ライブラリ
カチッ
レイヤー 4
レイヤー 3
レイヤー 2
レイヤー 1

❷[レイヤーパネル]右上にある三本線をクリックすると

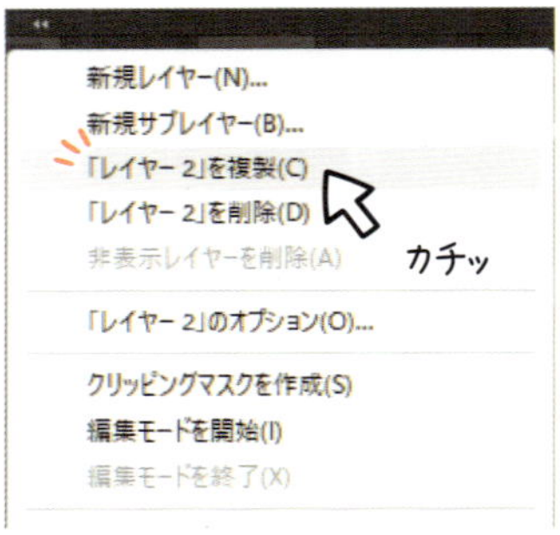

新規レイヤー(N)...
新規サブレイヤー(B)...
「レイヤー 2」を複製(C)
「レイヤー 2」を削除(D)
非表示レイヤーを削除(A)
カチッ
「レイヤー 2」のオプション(O)...
クリッピングマスクを作成(S)
編集モードを開始(I)
編集モードを終了(X)

❸メニューが表示されるので、[レイヤー2を複製]を選択すると

メニューが表示される際、今回は[レイヤー2を複製]となっていますが、「レイヤー2」となっている部分は、選択したレイヤー名が表示されます

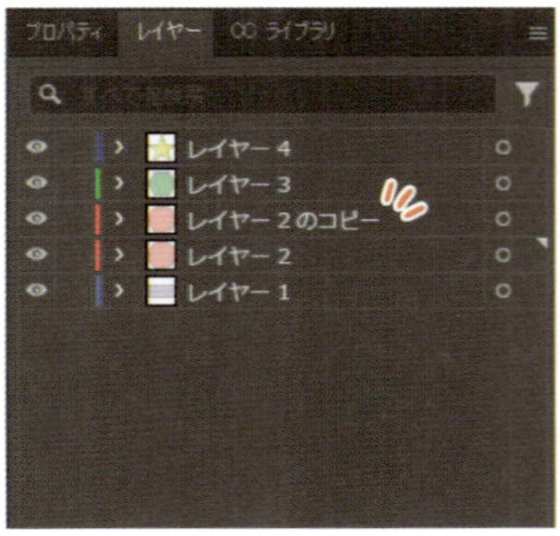

プロパティ
レイヤー
CC ライブラリ
レイヤー 4
レイヤー 3
レイヤー 2のコピー
レイヤー 2
レイヤー 1

❹レイヤーがコピーされる

❺同位置にコピーされるので見た目は変わらない

コピーした方のオブジェクトを[選択ツール]で移動させてみると、その下にオブジェクトが現れるのでレイヤーがコピーされたことがわかります

Let's Try!

レイヤーをロックしてみよう

1 サンプルファイル「7-2-6.ai」を開いて、レイヤーのロックを行っていきます。サンプルファイルを開くと、複数のレイヤーごとにオブジェクトが配置されているのがわかります。

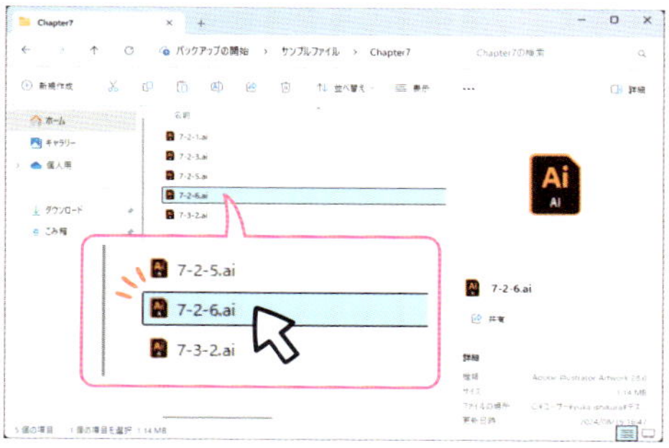
7-2-5.ai
7-2-6.ai
7-3-2.ai

❶サンプルファイル「7-2-6.ai」を開くと

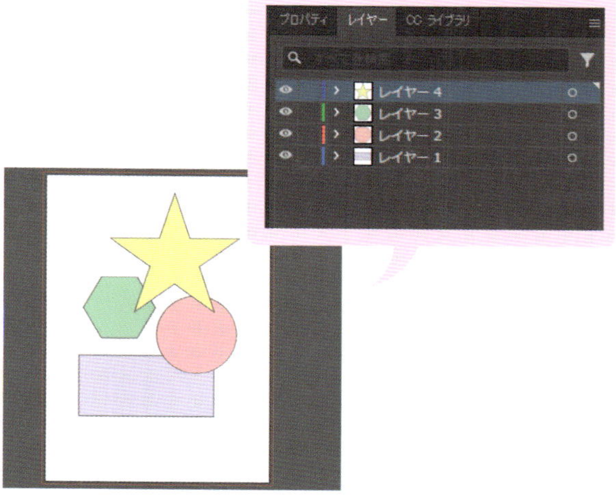
プロパティ
レイヤー
CC ライブラリ
レイヤー 4
レイヤー 3
レイヤー 2
レイヤー 1

❷複数のレイヤーごとにオブジェクトが配置されている

2 [レイヤーパネル]からレイヤーのロックを行いたいレイヤーの、目のアイコン横にある空欄をクリックします。すると南京錠のアイコンが表示され、レイヤーがロックされます。

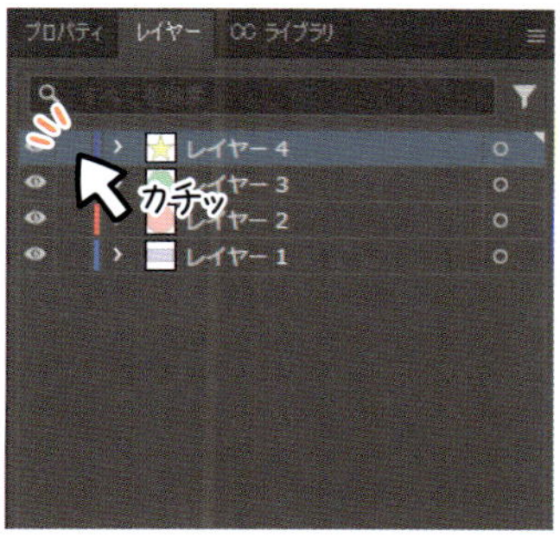
プロパティ
レイヤー
CC ライブラリ
レイヤー 4
レイヤー 3
レイヤー 2
レイヤー 1
カチッ

❶ロックを行いたいレイヤーの目のアイコンの横にある空欄をクリックすると

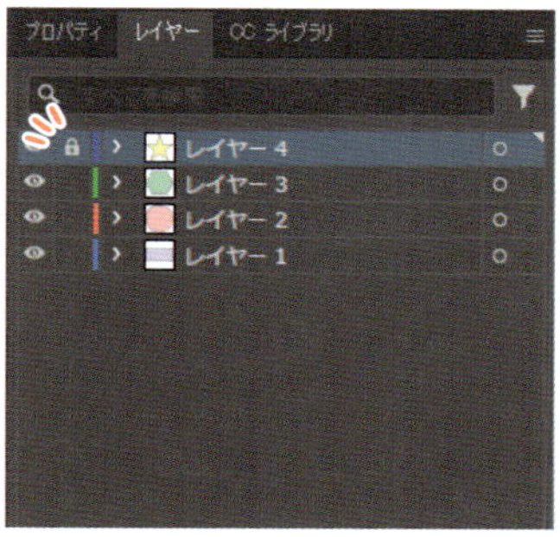
プロパティ
レイヤー
CC ライブラリ
レイヤー 4
レイヤー 3
レイヤー 2
レイヤー 1

❷南京錠のアイコンが表示されレイヤーがロックされる

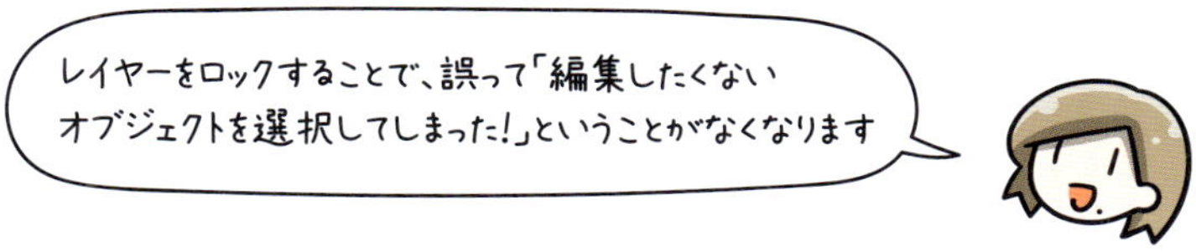
レイヤーをロックすることで、誤って「編集したくないオブジェクトを選択してしまった!」ということがなくなります

3 試しに、ロックしたレイヤーをクリックして選択した状態で、[ツールバー]から[選択ツール]を選択し、オブジェクトをクリックしてみます。レイヤーはロックされているのでオブジェクトは選択できません。

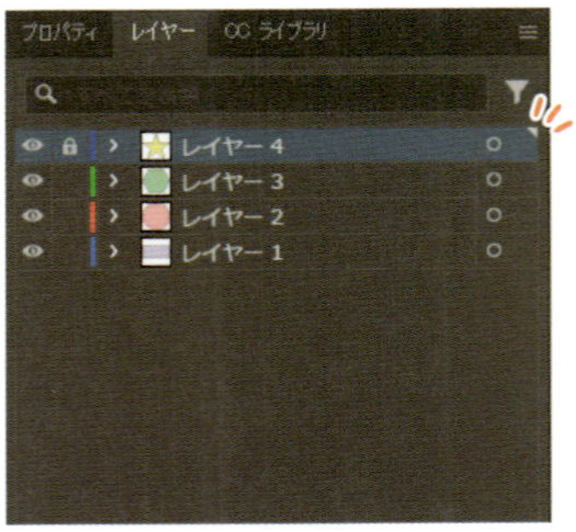
プロパティ レイヤー CC ライブラリ
レイヤー 4
レイヤー 3
レイヤー 2
レイヤー 1

❶ロックしたレイヤーをクリックして選択した状態で

カチッ

❷[ツールバー]から[選択ツール]を選択し、オブジェクトをクリックしても

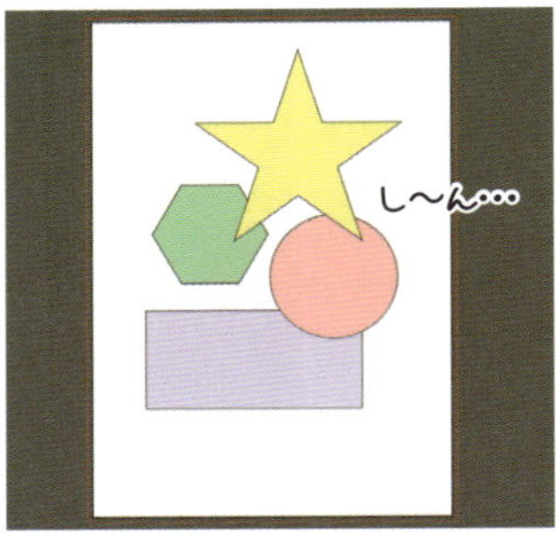
し〜ん…

❸レイヤーがロックされているためオブジェクトを選択できない

4 ロックの解除は、南京錠のアイコンをクリックするとロックの解除が行えます。

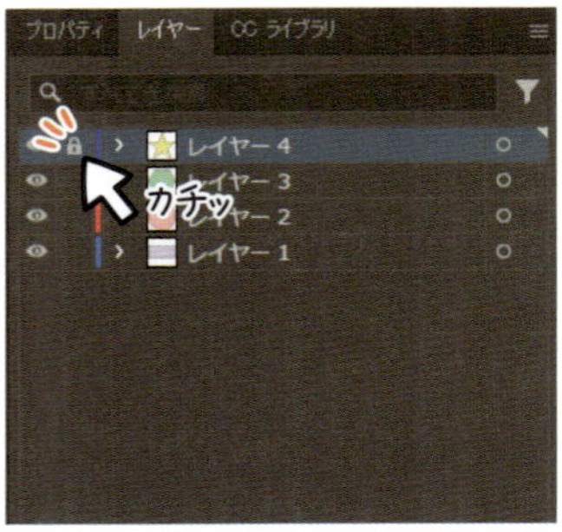
プロパティ レイヤー CC ライブラリ
レイヤー 4
レイヤー 3
レイヤー 2
レイヤー 1
カチッ

❶南京錠のアイコンをクリックすると

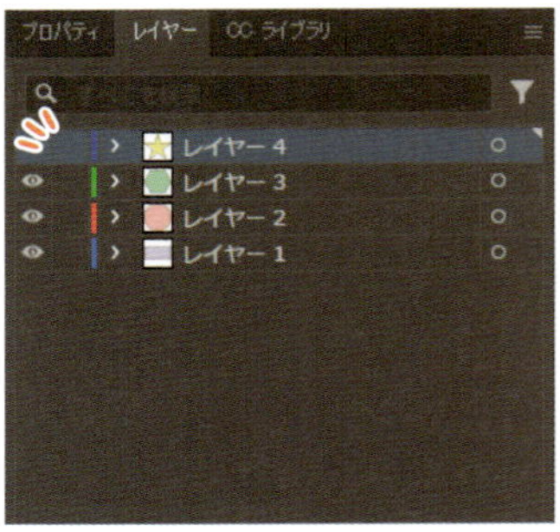
プロパティ レイヤー CC ライブラリ
レイヤー 4
レイヤー 3
レイヤー 2
レイヤー 1

❷ロックは解除される

知っておこう！

複数のレイヤーをロックする方法

レイヤーをロックする際、Ctrl（⌘）もしくはAlt（Option）を押しながらクリックすると、クリックした箇所以外のレイヤーがロックされます。また、ドラッグすることでも複数のレイヤーをロックできます。

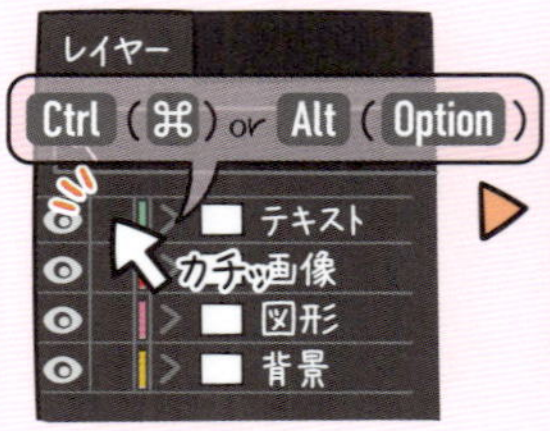
レイヤー
Ctrl（⌘）or Alt（Option）
テキスト
画像
図形
背景
カチッ

Ctrl（⌘）もしくはAlt（Option）押しながらクリックすると

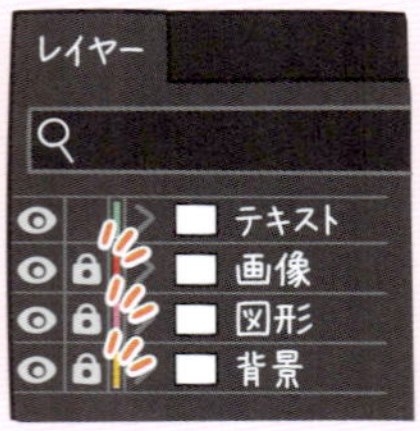
レイヤー
テキスト
画像
図形
背景

クリックした箇所以外のレイヤーがロックされる

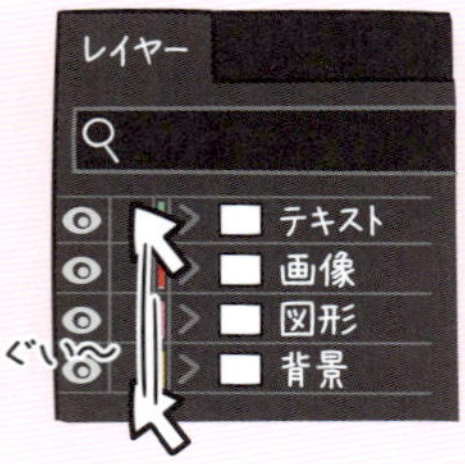
レイヤー
テキスト
画像
図形
背景
ぐい〜

目のアイコンの横をドラッグすると

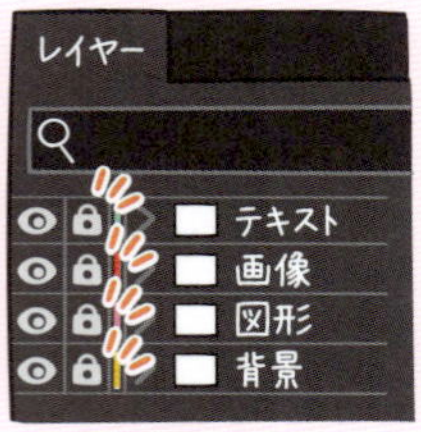
レイヤー
テキスト
画像
図形
背景

ドラッグした箇所のレイヤーがロックされる

再度Ctrl（⌘）もしくはAlt（Option）を押しながらクリックすればロックの解除、また、複数の南京錠のアイコンの上をドラッグすればロックを解除できます

Chapter 7…3 レイヤーの順番を変える

レイヤーの順番を入れ替える操作も、基礎的な操作の一つです。入れ替えるとどうなるかも併せて、学んでいきましょう。

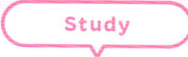

Study

レイヤーの順番を入れ替えるとどうなるか知ろう

レイヤーは、[レイヤーパネル]に表示されているものの上から順に、手前に表示されるようになっています。

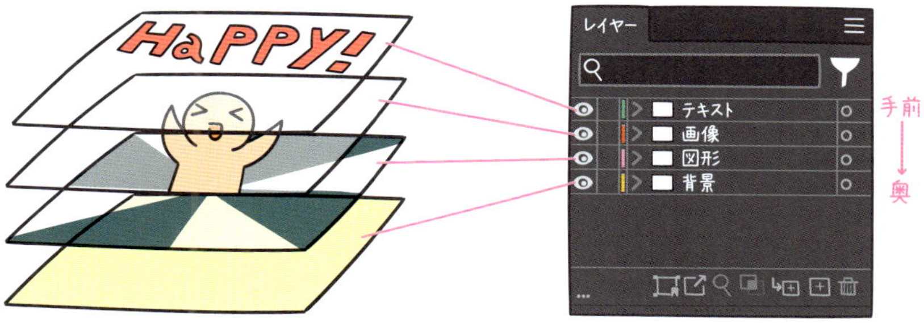

HaPPY!
レイヤー
テキスト
画像
図形
背景
手前
奥

レイヤーの順番は入れ替えることが可能です。入れ替えることで表示される順番が変わるため、オブジェクトの重なり順が変わります。

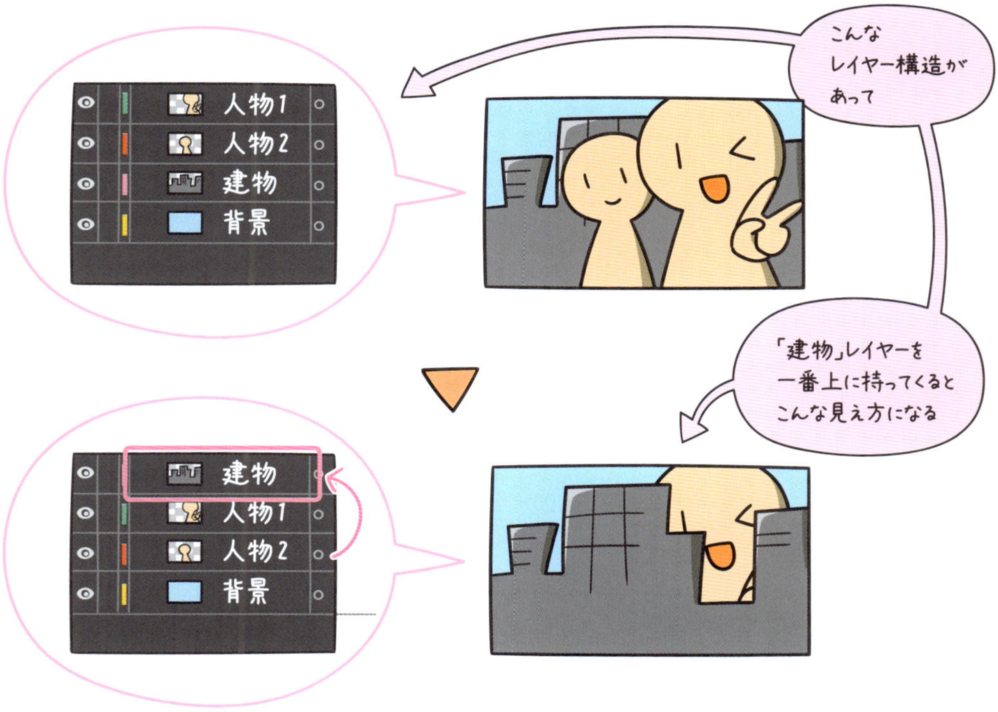

人物1
人物2
建物
背景
こんなレイヤー構造があって
「建物」レイヤーを一番上に持ってくるとこんな見え方になる
建物
人物1
人物2
背景

Let's Try!

レイヤーの順番を入れ替えてみよう

1 サンプルファイル「7-3-2.ai」を開いて、レイヤーの順番を入れ替えていきます。サンプルファイルを開くと、複数のレイヤーそれぞれにオブジェクトが配置されているのがわかります。

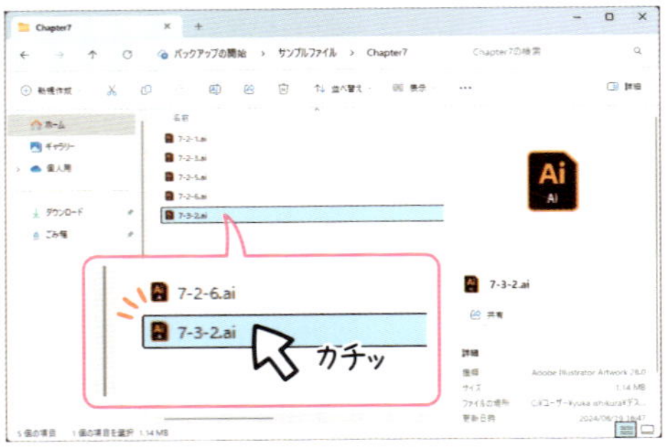

7-2-6.ai
7-3-2.ai
カチッ

❶サンプルファイル「7-3-2.ai」を開くと

プロパティ
レイヤー
CC ライブラリ
レイヤー 4
レイヤー 3
レイヤー 2
レイヤー 1

❷複数のレイヤーごとにオブジェクトが配置されている

2 レイヤーの順番を入れ替えるには、入れ替えたいレイヤーを入れ替えたい箇所に向かってドラッグします。

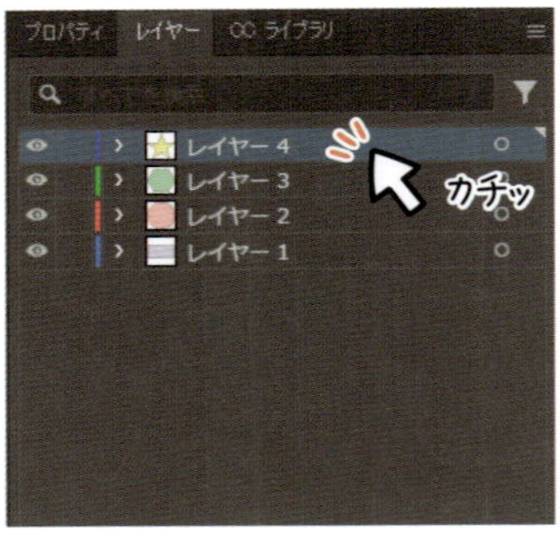

プロパティ
レイヤー
CC ライブラリ
レイヤー 4
レイヤー 3
レイヤー 2
レイヤー 1
カチッ

❶入れ替えたいレイヤーをクリックし

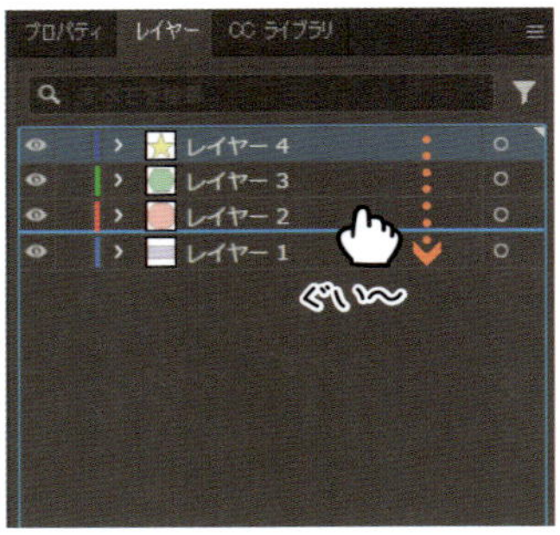

プロパティ
レイヤー
CC ライブラリ
レイヤー 4
レイヤー 3
レイヤー 2
レイヤー 1
ぐい〜

❷入れ替えたい箇所に向かってドラッグすると

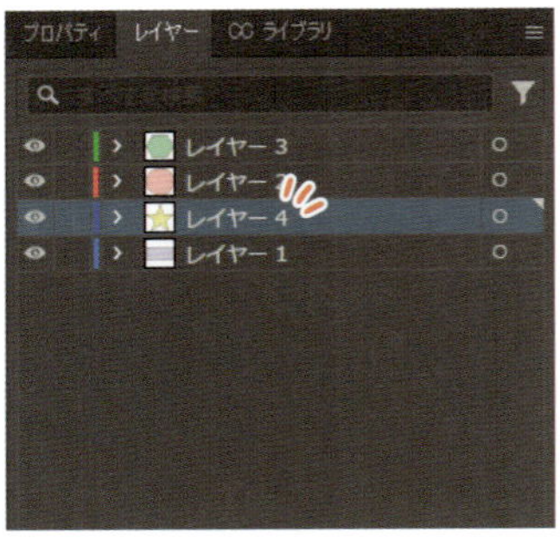

プロパティ
レイヤー
CC ライブラリ
レイヤー 3
レイヤー 4
レイヤー 1

❸レイヤーが入れ替わり

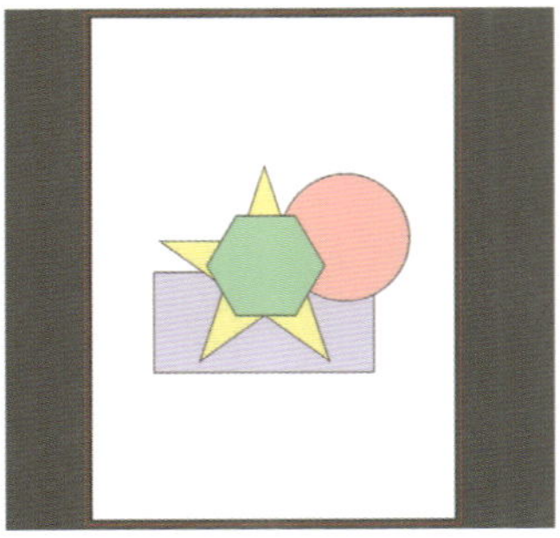

❹それに伴って、オブジェクトの重なり順も変更される

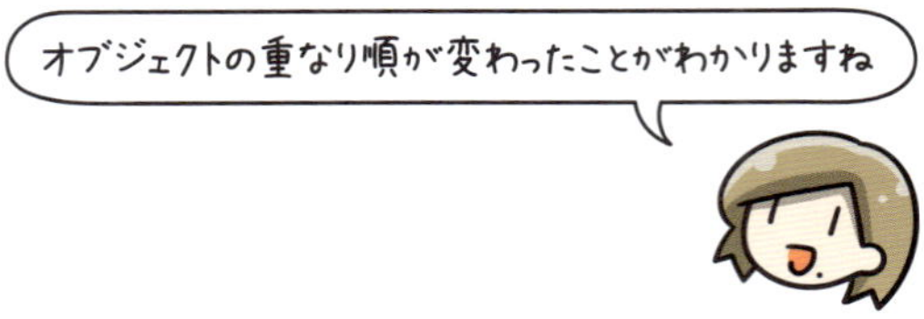

オブジェクトの重なり順が変わったことがわかりますね

知っておこう！

別のレイヤーへオブジェクトを移動する方法

制作を進めていくと、「このオブジェクトを別のレイヤーに移動したいな…」というときがあります。そんなときは、［レイヤーパネル］から操作を行いましょう。

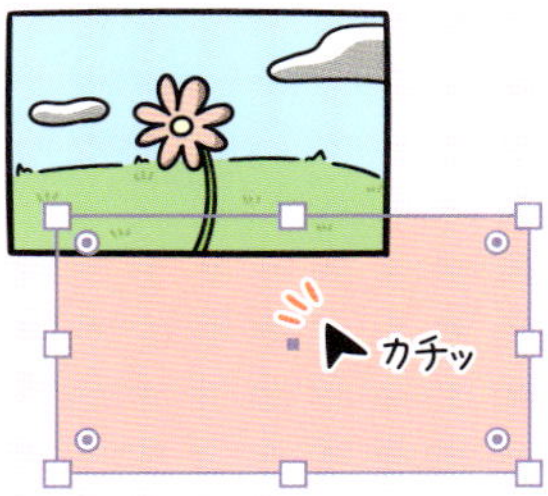
カチッ

移動したいオブジェクトを［選択ツール］で選択すると

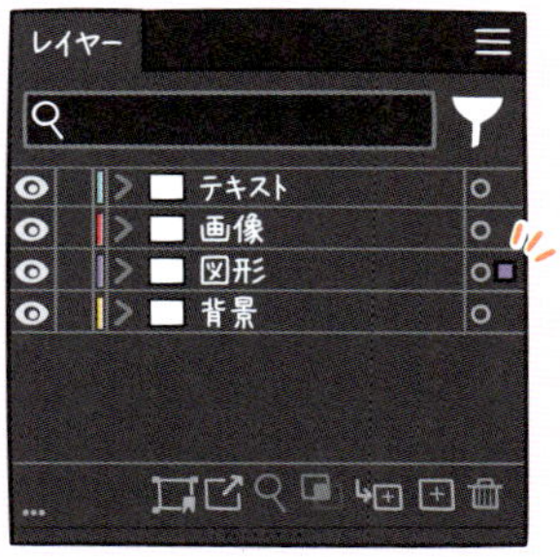
レイヤー
テキスト
画像
図形
背景

［レイヤーパネル］の丸の横に四角形が表示されるので

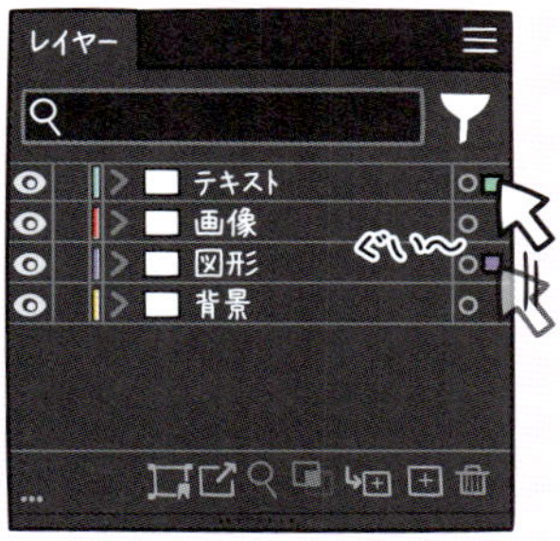
レイヤー
テキスト
画像
図形
背景
ぐい〜

その四角形を移動したいレイヤーへドラッグすると、選択したオブジェクトが移動される

レイヤーを移動すると、移動した場所によってオブジェクトの表示される順番が変わります

移動前
移動後

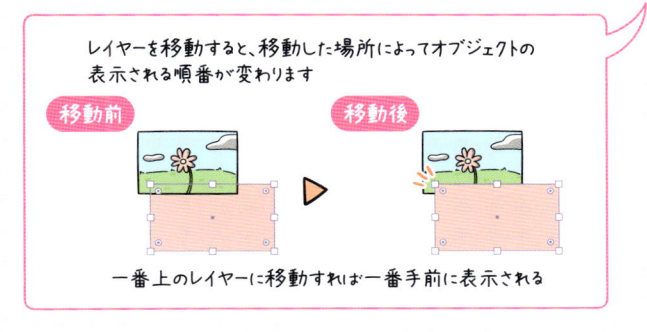

一番上のレイヤーに移動すれば一番手前に表示される

知っておこう！

レイヤー内のオブジェクトをすべて選択する方法

「このレイヤー内にあるオブジェクトをすべて選択したい！」と思ったときは、［レイヤーパネル］の右側にある丸印の隣の空欄をクリックすることで、クリックしたレイヤー内すべてのオブジェクトを選択することができます。

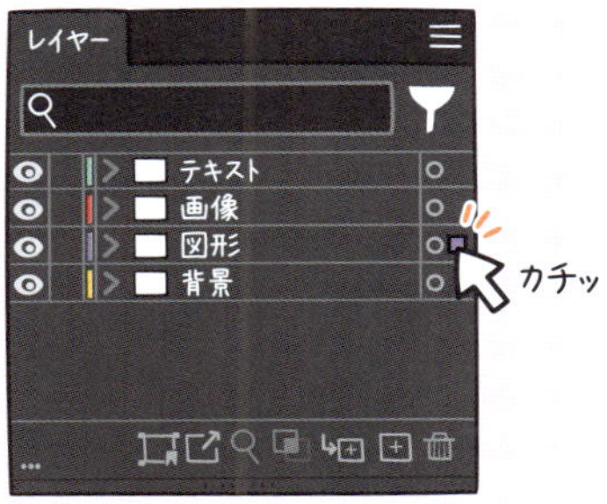
レイヤー
テキスト
画像
図形
背景
カチッ

［レイヤーパネル］の丸の横の空欄をクリックすると

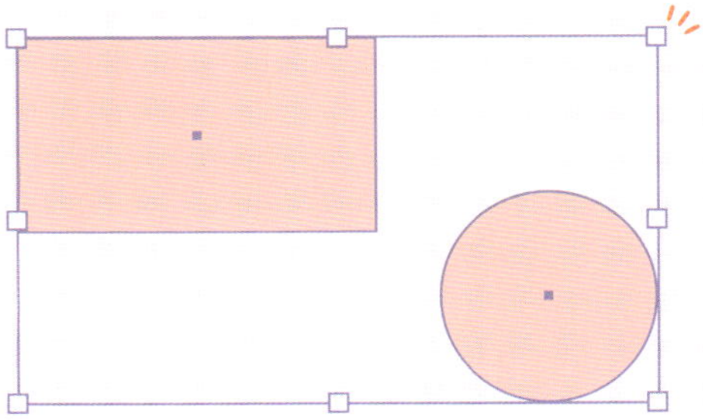

クリックしたレイヤー内すべてのオブジェクトを選択できる

知っておこう！

オブジェクトの重ね順とレイヤーの重ね順の違い

Illustratorでは、オブジェクトは作成したものが手前に配置されていくと学びました。

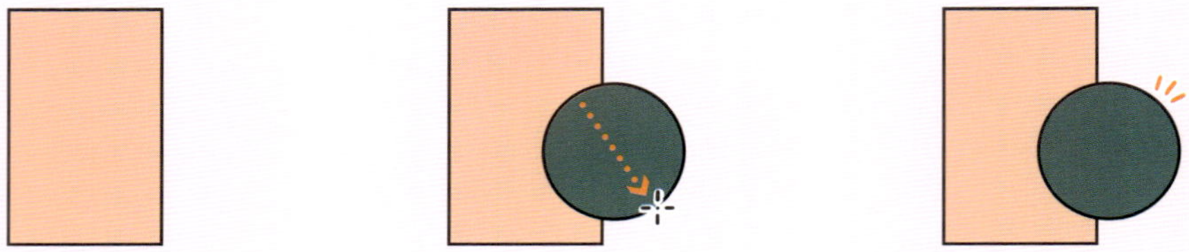

オブジェクトを描いたあと　　重なるようにオブジェクトを描くと　　最後に描いたオブジェクトが一番手前に来る

それとは別に、[レイヤーパネル]内で、上にあるものほど手前に配置されるとも学びました。

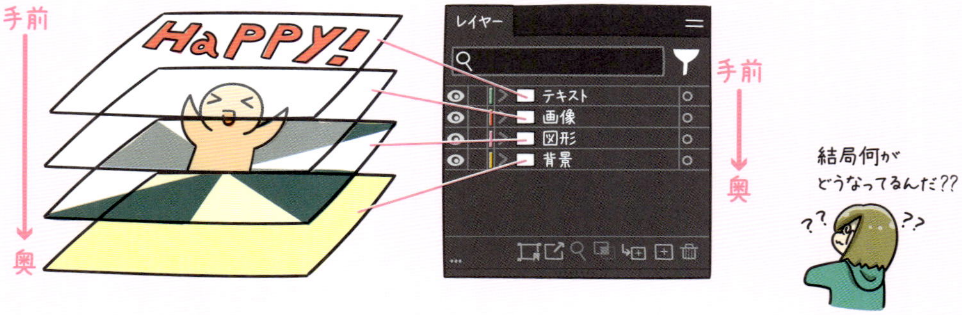

手前
奥
HaPPY!
レイヤー
テキスト
画像
図形
背景
手前
奥
結局何がどうなってるんだ??

一見すると複雑ですが、まずレイヤーの順にオブジェクトの重ね順が決まり、そこから各レイヤー内のオブジェクトの中で、オブジェクトの重なり順が決まります。

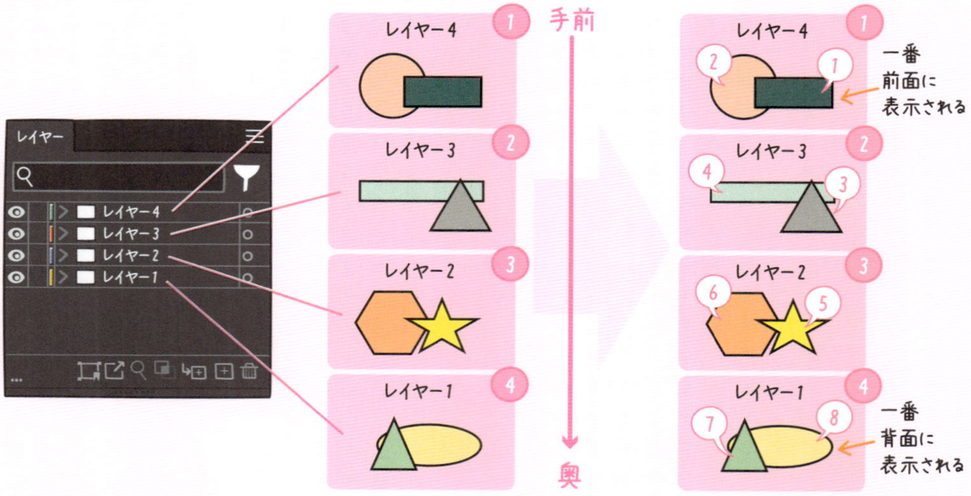

レイヤー
レイヤー4
レイヤー3
レイヤー2
レイヤー1
手前
奥
一番前面に表示される
一番背面に表示される

こんなレイヤー構造があったとして　　まず、レイヤーの上から順に手前に表示され　　さらにそのレイヤー内のオブジェクトの中で、重なり順がある

名刺を作ってみよう❻

この章で学んだことを活かして、名刺を作っていきます。ここでは、各オブジェクトをレイヤーに分けていきます。

今まで作成したオブジェクトをレイヤーごとに分けてみよう

1 7章で学んだことを踏まえて、新規作成したレイヤーに、これまで作成してきたオブジェクトを振り分けていきます。

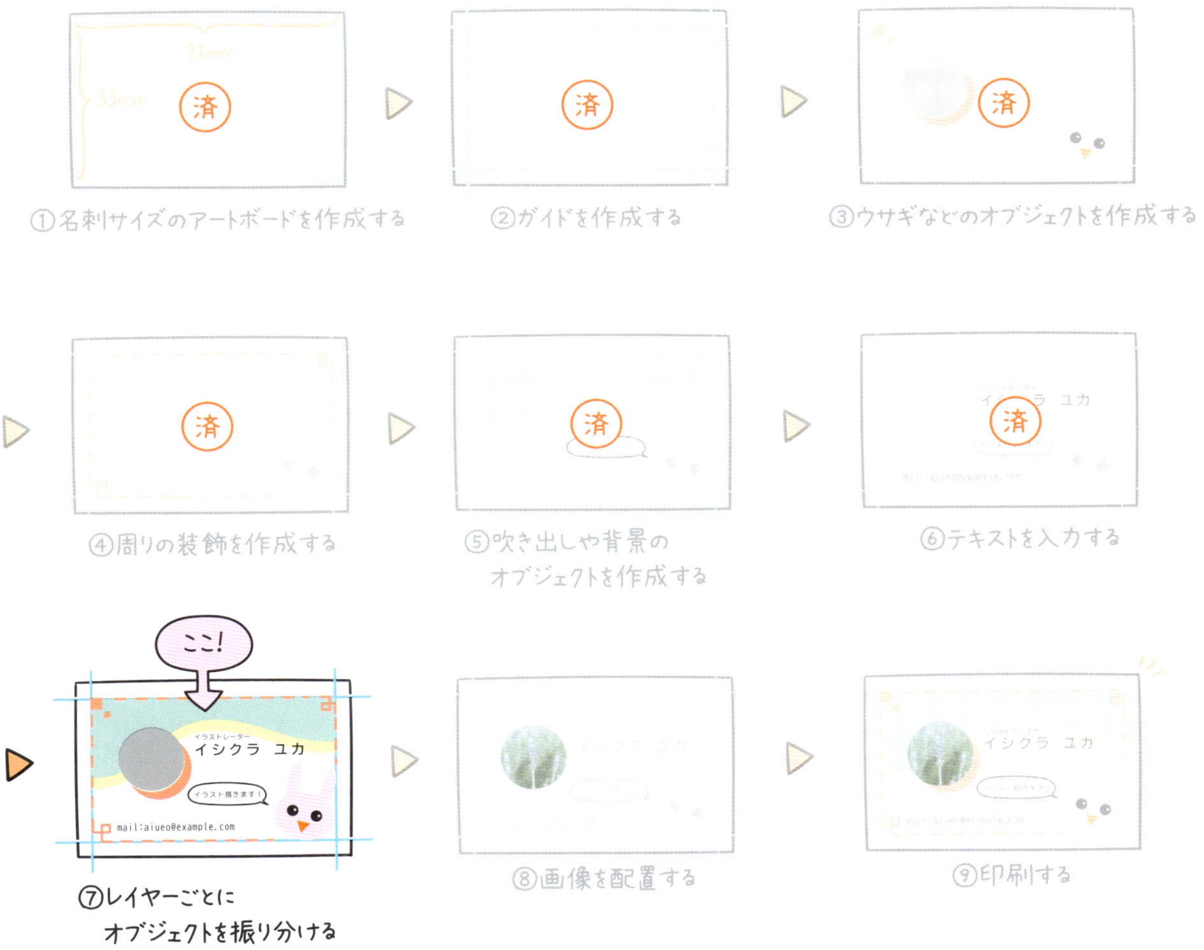
済
①名刺サイズのアートボードを作成する
済
②ガイドを作成する
済
③ウサギなどのオブジェクトを作成する
済
④周りの装飾を作成する
済
⑤吹き出しや背景のオブジェクトを作成する
済
⑥テキストを入力する
ここ!
イラストレーター
イシクラ ユカ
イラスト描きます!
mail:aiueo@example.com
⑦レイヤーごとにオブジェクトを振り分ける
⑧画像を配置する
⑨印刷する

2 6章で作成したファイルを開いたら、さっそくレイヤーを作成していきましょう。作成するレイヤーは全部で4つです（p.204「レイヤーの新規作成をしてみよう」参照）。

イラストレーター
イシクラ ユカ
イラスト描きます！
mail:aiueo@example.com
❶作成したファイルを開いたら

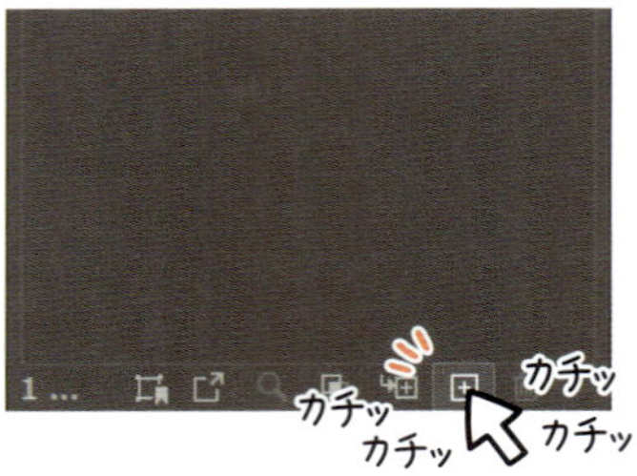
カチッ
カチッ
カチッ
カチッ
❷［レイヤーパネル］から［新規レイヤーを作成］を4回クリックし

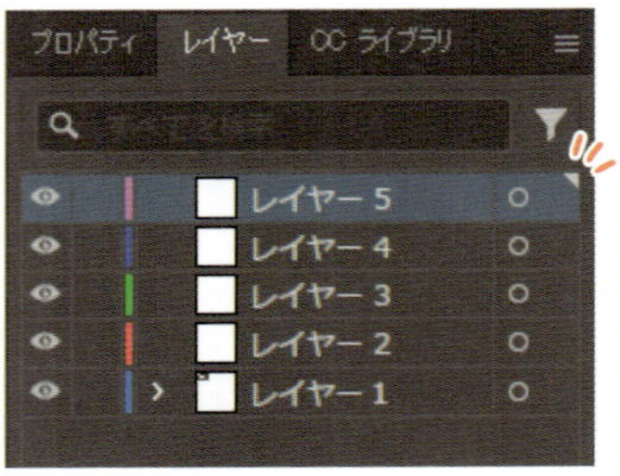
プロパティ
レイヤー
CC ライブラリ
レイヤー 5
レイヤー 4
レイヤー 3
レイヤー 2
レイヤー 1
❸レイヤーを4つ作成する

3 作成したレイヤーそれぞれの名前を以下のように変更します（p.209「レイヤー名の変更をしてみよう」参照）。

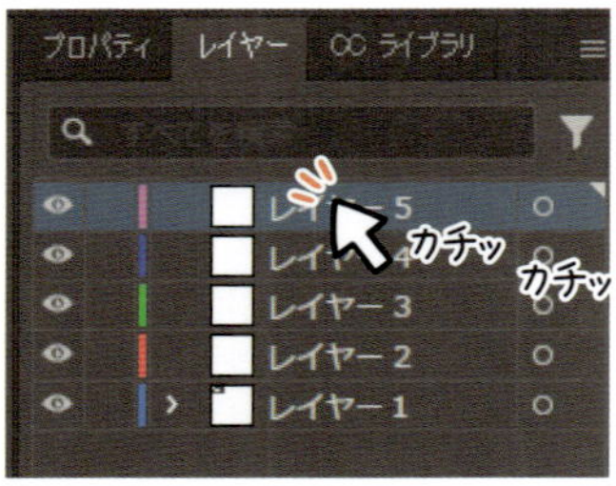
プロパティ
レイヤー
CC ライブラリ
カチッ
カチッ
レイヤー 3
レイヤー 2
レイヤー 1
❶変更するレイヤーのレイヤー名をダブルクリックして

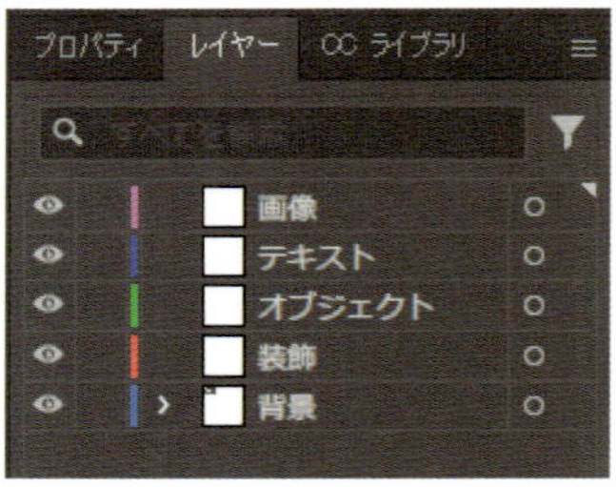
プロパティ
レイヤー
CC ライブラリ
画像
テキスト
オブジェクト
装飾
背景
❷画像のように名前を変更する

4 名前が変更できたら、各レイヤーにオブジェクトを振り分けていきます。まずはすべてのオブジェクトを選択し、「画像」レイヤーに移動します（p.214「レイヤーの順番を入れ替えてみよう」参照）。移動できたら、背景のオブジェクトを選択し、「背景」レイヤーに移動します。

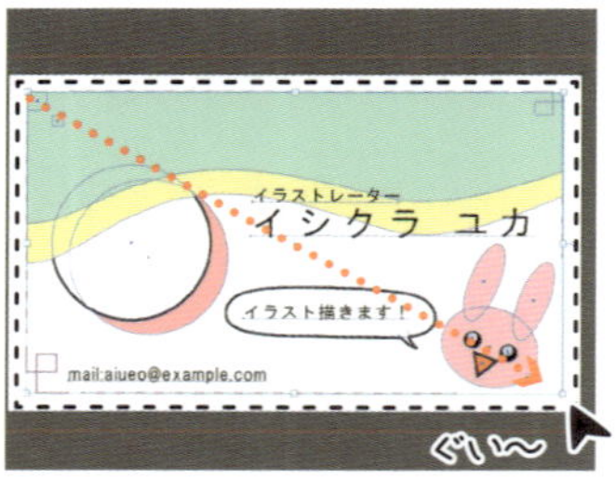
ぐい～
❶すべてのオブジェクトを選択し

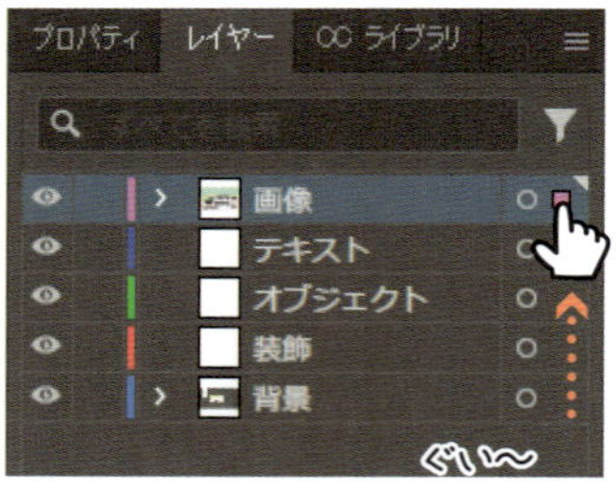
画像
テキスト
オブジェクト
装飾
背景
ぐい～
❷パネル横の小さな四角形を「画像」レイヤーへドラッグし

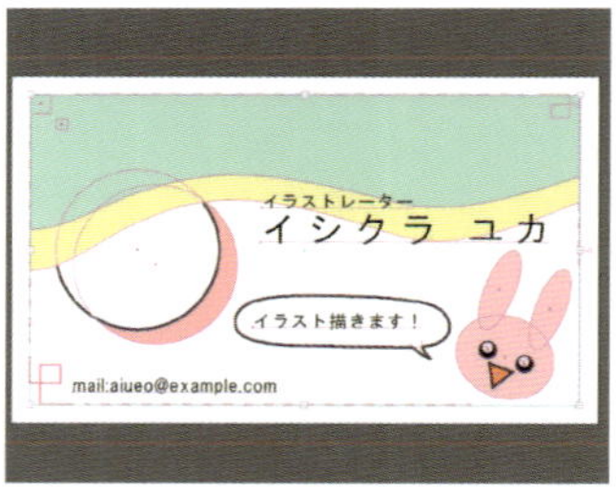
❸オブジェクトを移動する

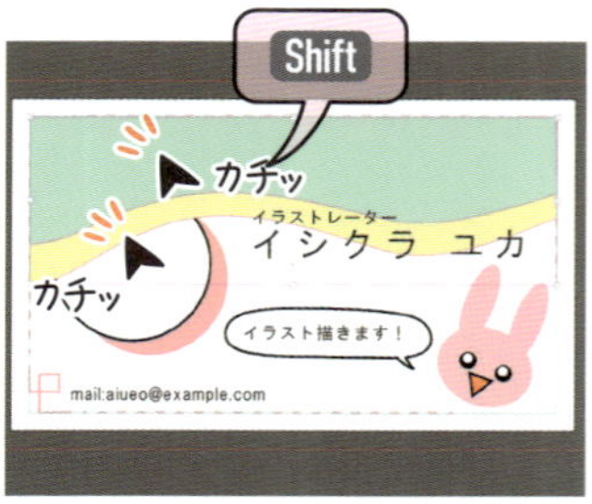
Shift
カチッ
カチッ
❹背景のオブジェクトを［選択ツール］で選択し

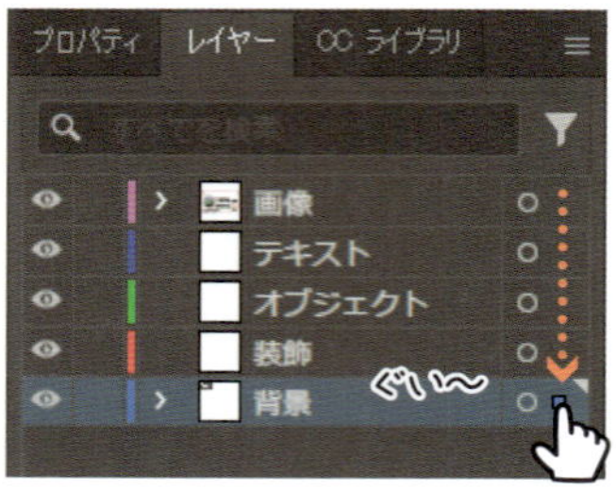
画像
テキスト
オブジェクト
装飾
背景
ぐい～
❺パネル横の小さな四角形を「背景」レイヤーへドラッグし

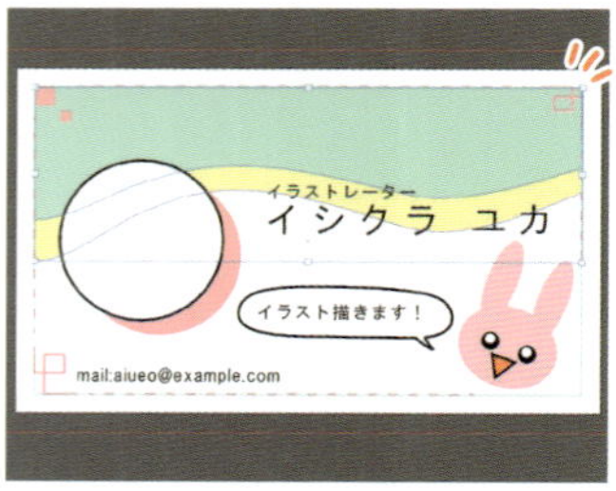
❻オブジェクトを移動する

5 次も同様、周りの装飾を選択し、「装飾」レイヤーに移動します。

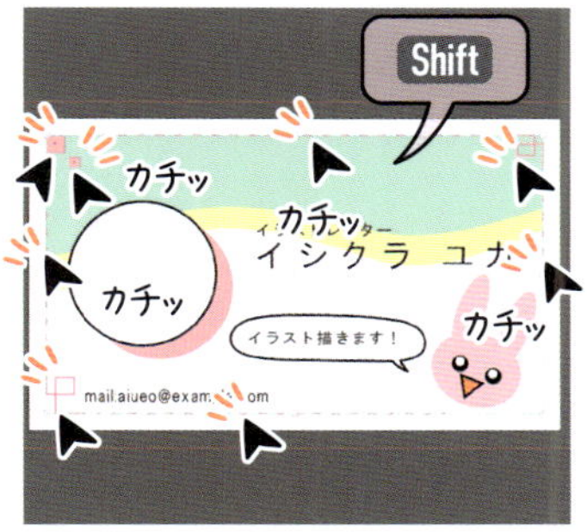
Shift
カチッ
カチッ
カチッ
カチッ

❶周りの装飾を[選択ツール]で選択し

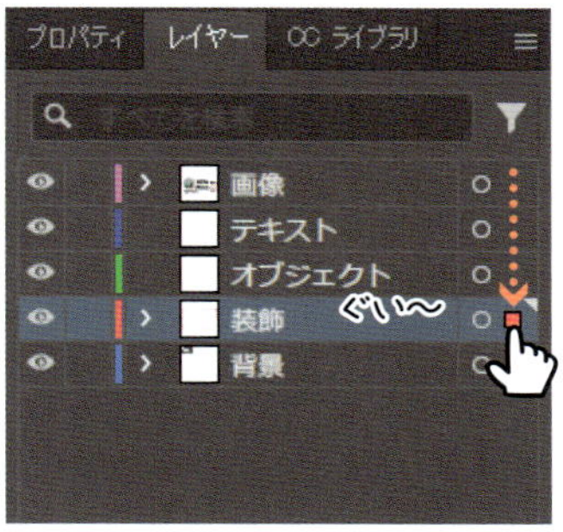
プロパティ
レイヤー
ライブラリ
画像
テキスト
オブジェクト
装飾
背景
ぐい〜

❷パネル横の小さな四角形を「装飾」レイヤーへドラッグし

❸オブジェクトを移動する

6 ウサギとピンクの円、吹き出しのオブジェクトを選択し、「オブジェクト」レイヤーに移動します。

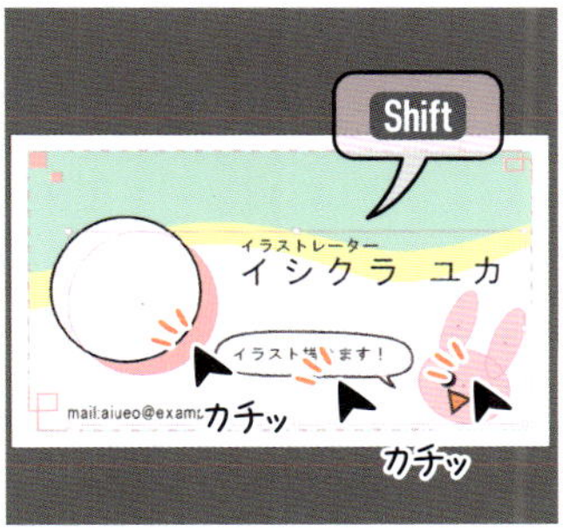
Shift
カチッ
カチッ

❶ウサギとピンクの円、吹き出しのオブジェクトを[選択ツール]で選択し

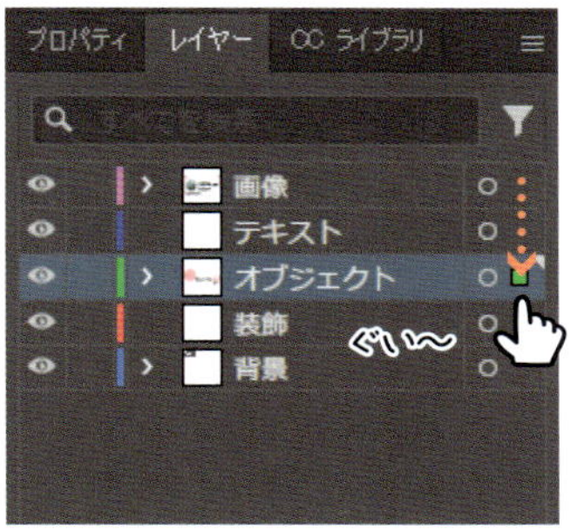
プロパティ
レイヤー
ライブラリ
画像
テキスト
オブジェクト
装飾
背景
ぐい〜

❷パネル横の小さな四角形を「オブジェクト」レイヤーへドラッグし

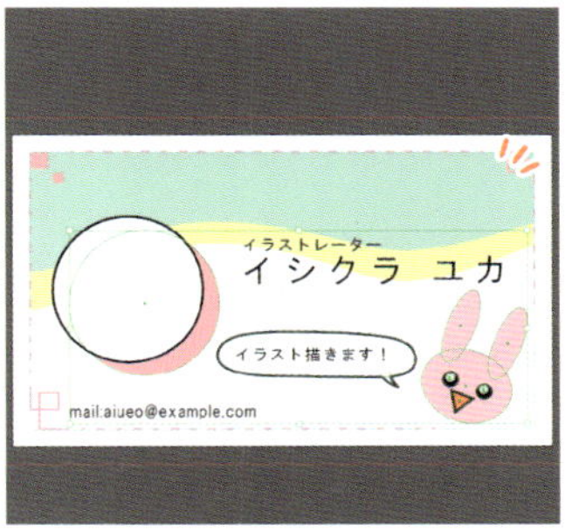

❸オブジェクトを移動する

7 最後に、入力したテキストをすべて選択し、「テキスト」レイヤーに移動します。

Shift
カチッ
カチッ

❶入力したテキストを[選択ツール]で選択し

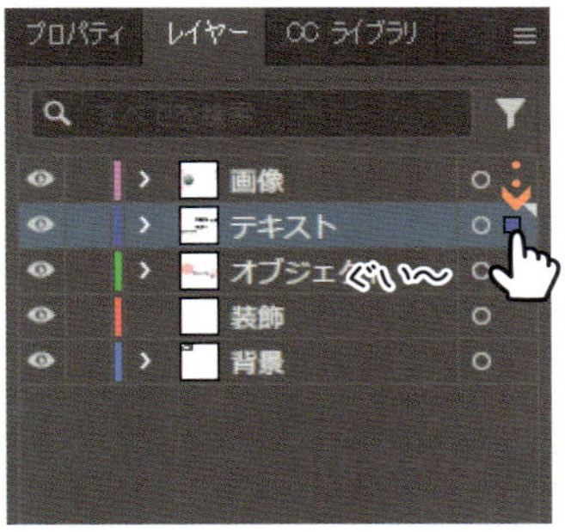
プロパティ
レイヤー
ライブラリ
画像
テキスト
装飾
背景
ぐい〜

❷パネル横の小さな四角形を「テキスト」レイヤーへドラッグし

❸オブジェクトを移動する

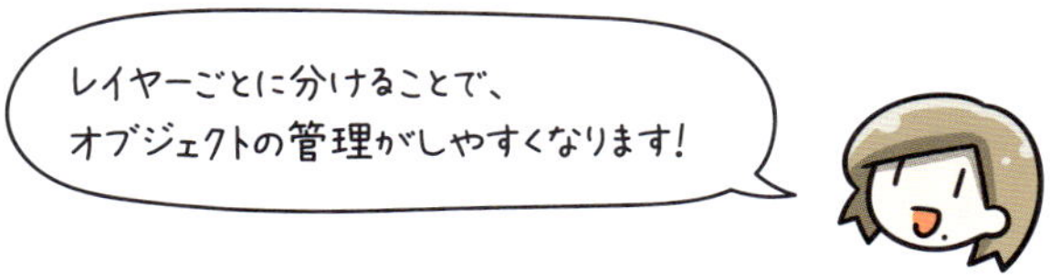
レイヤーごとに分けることで、
オブジェクトの管理がしやすくなります！

Chapter

8

画像を配置してみる

この章では、画像を配置する方法について学んでいきます。
Illustratorでは、画像を配置する方法が2つ用意されています。それぞれのメリット・デメリットや画像を図形で切り抜く方法などを見ていきます。

Caffe

Chapter

8 画像を配置してみる

この章では、画像に関することを学んでいきます

ワークショップ
in ちば
開催日時
2月11日 10:00~15:00
アクセス
○○駅より徒歩3分
ここに画像を配置したいな〜…

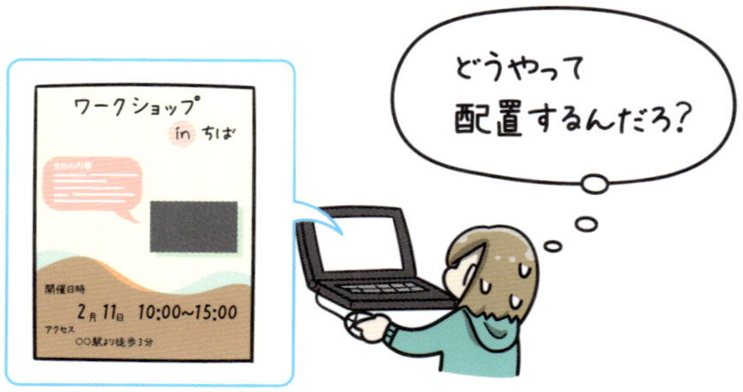

ワークショップ
in ちば
開催日時
2月11日 10:00~15:00
アクセス
○○駅より徒歩3分
どうやって配置するんだろ?

…ということを学ぶ

画像の配置方法は 2 種類あるので、その違いなんかも学んでいきます

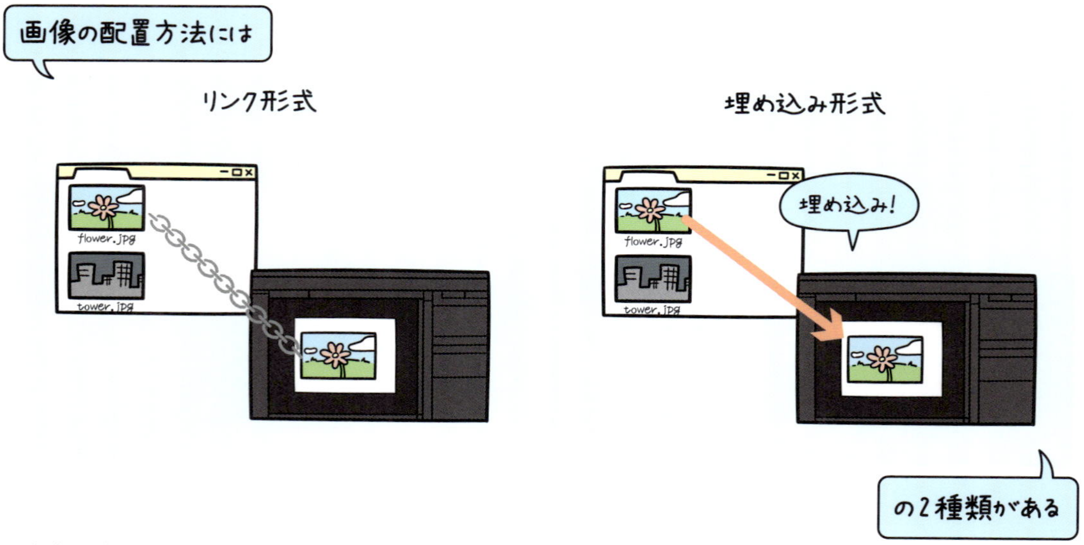

画像の配置方法には
リンク形式
flower.jpg
tower.jpg
埋め込み形式
埋め込み!
flower.jpg
tower.jpg
の2種類がある

また、知っておくとなにかと使える「オブジェクトを
上に配置したオブジェクトの形に切り抜く方法」についても学びます

例えば、画像の上に図形を配置して

その図形の形に画像を切り抜く

Chapter 8…1 画像を配置する

画像を配置できるようになると、ポスターを作ることができるなど表現できる幅が広がります。2つの配置方法を学んでいきましょう。

Study

画像の配置方法を知ろう

画像の配置方法は、「埋め込み形式」と「リンク形式」の2種類があります。それぞれの簡単な特徴は次の通りです。

リンク形式

画像データを参照して、画像を配置する方法。データの管理をしなければならず、リンク切れを起こしてしまう可能性がある。データが軽いメリットがある。

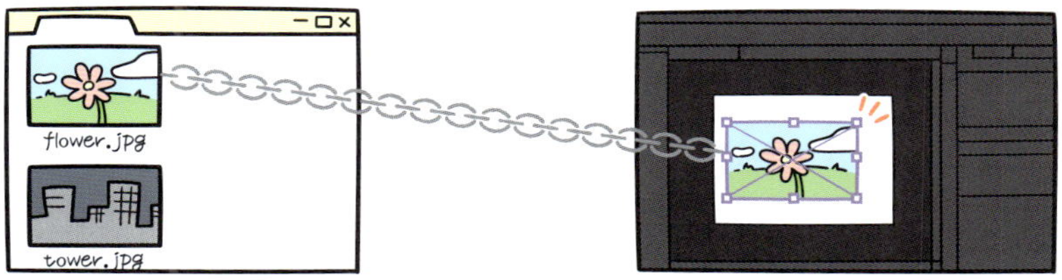
flower.jpg
tower.jpg

画像データを参照して　画像をファイル上に配置する方法

埋め込み形式

配置した画像をそのままファイル内に埋め込む方法。データの管理をしなくてすむので、ミスが起こりにくい。データが重くなるデメリットがある。

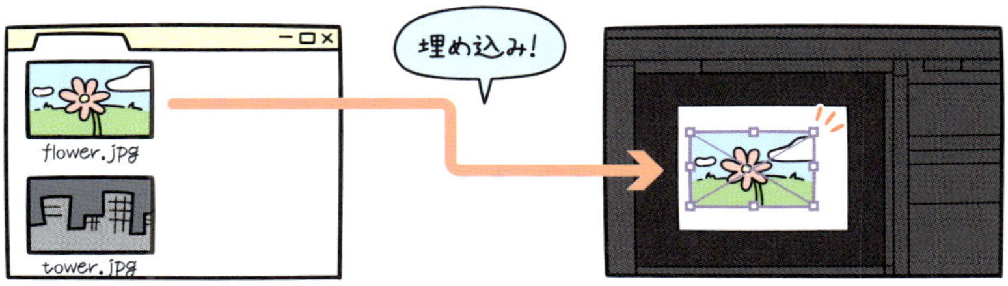
flower.jpg
tower.jpg
埋め込み!

配置する画像をそのまま　ファイル上に埋め込む方法

リンク形式で画像を配置すると、画像データを埋め込むのではなく、画像データを参照して表示します。

flower.jpg
tower.jpg
紐づけされている
イメージ

そのため、元データの場所を移動したり、削除したりしてしまうと、エラーが起こってしまいます。いわゆる「リンク切れ」というものです。

元データを削除すれば
表示する画像がなくなるので
エラーが起きる

リンク切れが起きた場合は、[リンクパネル]から再度、画像を指定してリンクし直します

また、元データを修正した場合、[リンクを配置]で配置した画像にも、その修正は反映されます。

flower.jpg
tower.jpg
元データを修正すれば
配置した画像にも
その修正が反映される

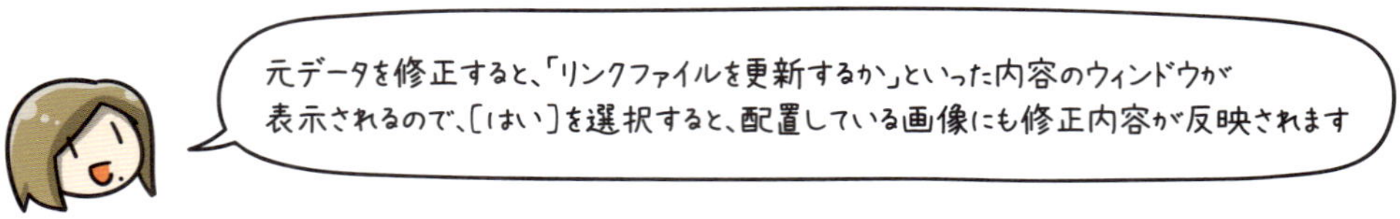
元データを修正すると、「リンクファイルを更新するか」といった内容のウィンドウが
表示されるので、[はい]を選択すると、配置している画像にも修正内容が反映されます

埋め込み形式で画像を配置すると、そのまま画像が埋め込まれるため、元データを移動したり削除したりしても、リンク切れを起こす心配はありません。

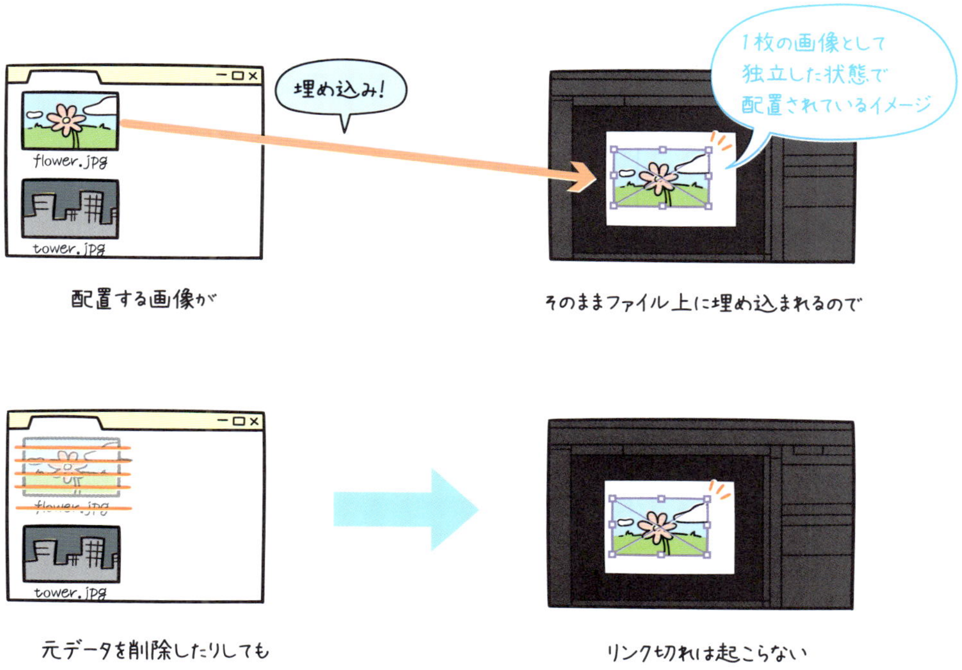
flower.jpg
tower.jpg
埋め込み!
1枚の画像として
独立した状態で
配置されているイメージ
配置する画像が
そのままファイル上に埋め込まれるので
flower.jpg
tower.jpg
元データを削除したりしても
リンク切れは起こらない

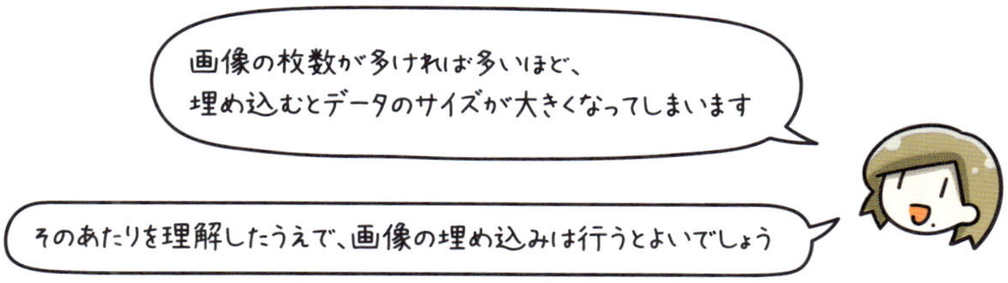
画像の枚数が多ければ多いほど、
埋め込むとデータのサイズが大きくなってしまいます
そのあたりを理解したうえで、画像の埋め込みは行うとよいでしょう

Let's Try!

画像を配置してみよう

1 画像をさっそく配置してみましょう。画面上部[メニューバー]にある[ファイル]から[配置]をクリックします。すると別途ウィンドウが開かれるので、サンプルの画像を選びましょう。

コピーを保存(Y)...
Alt+Ctrl+S
選択したスライスを保存...
バージョン履歴
テンプレートとして保存...
復帰(V)
Adobe Stock を検索...
配置(L)...
Shift+Ctrl+P
カチッ
編集に招待
レビュー用に共有...
書き出し(E)
選択範囲を書き出し...
パッケージ(G)...
Alt+Shift+Ctrl+P

❶[メニューバー]にある[ファイル]から[配置]をクリックすると

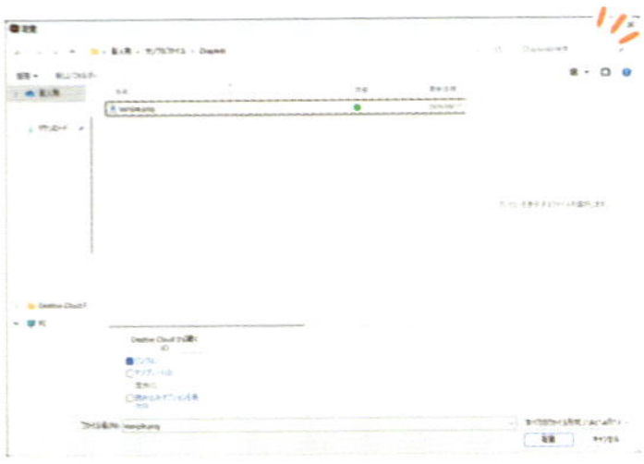

❷どの画像を配置するか選択するウィンドウが開かれるので

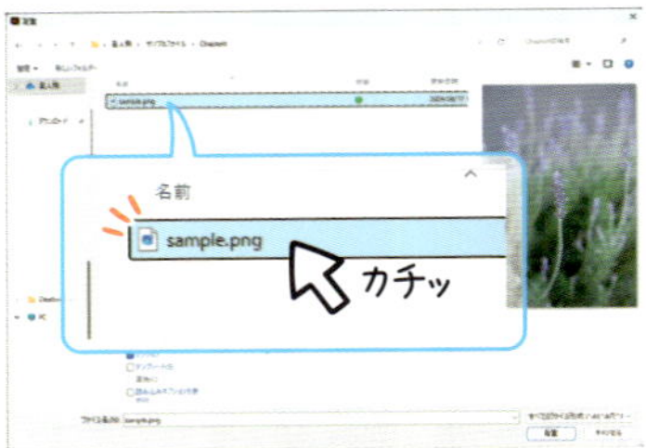

名前
sample.png
カチッ

❸サンプル画像を選択する

2 ウィンドウ下にあるチェックボックスは、[リンク]にチェックを入れておくと画像がリンクされた状態で配置されます。

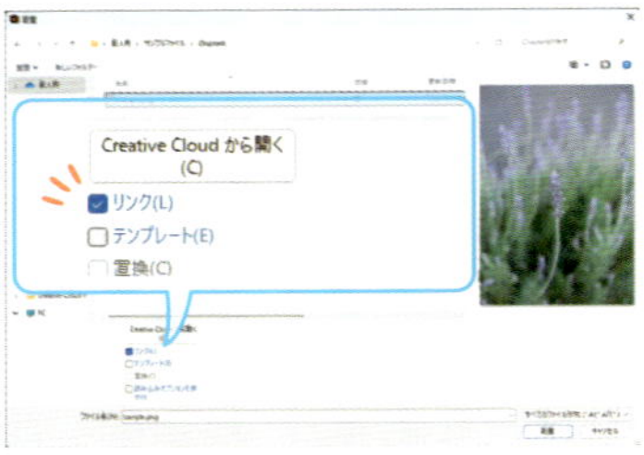

Creative Cloud から開く(C)
リンク(L)
テンプレート(E)
置換(C)

❶ウィンドウ下にある[リンク]にチェックが入っているか確認し

デフォルトでは[リンク]にチェックは入っています

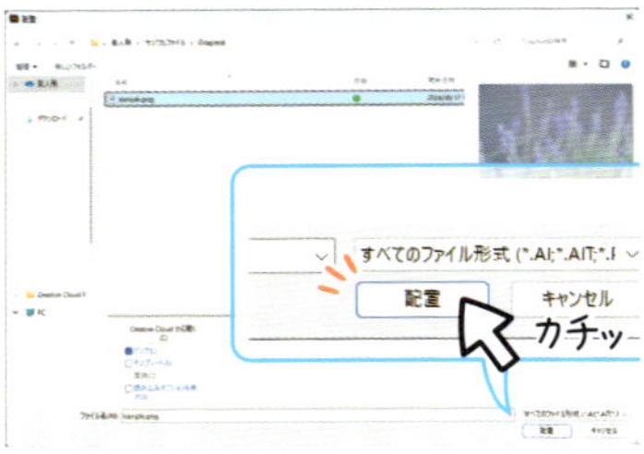

配置
キャンセル
カチッ

❷[配置]をクリックすると

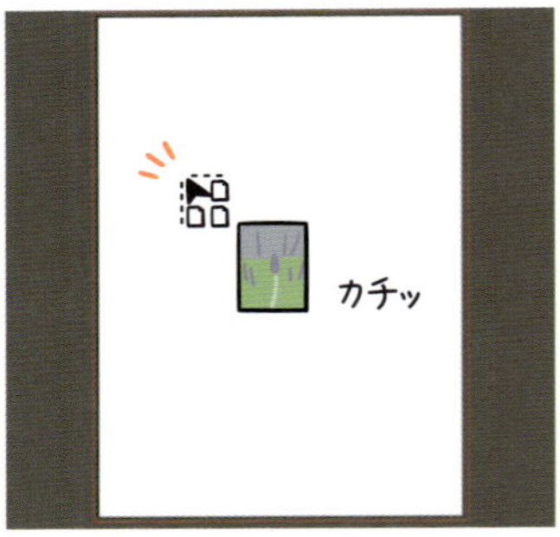

カチッ

❸カーソルの表記が変わるのでクリックする

❹すると、画像がリンクされた状態で配置される

ちゃんとリンクで配置されているか、
次ページの操作を行って確認してみましょう!

3 配置した画像がリンクされているかどうかは、[リンクパネル]を表示させることで確認することができます。

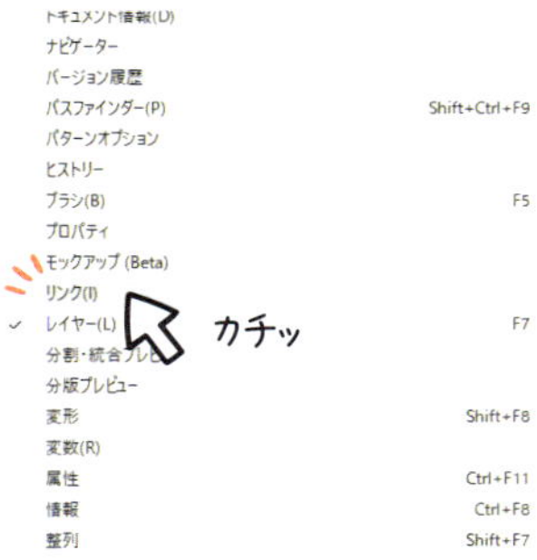
リンク(I)
レイヤー(L)
カチッ

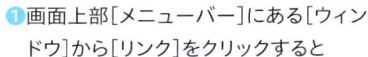

❶画面上部[メニューバー]にある[ウィンドウ]から[リンク]をクリックすると

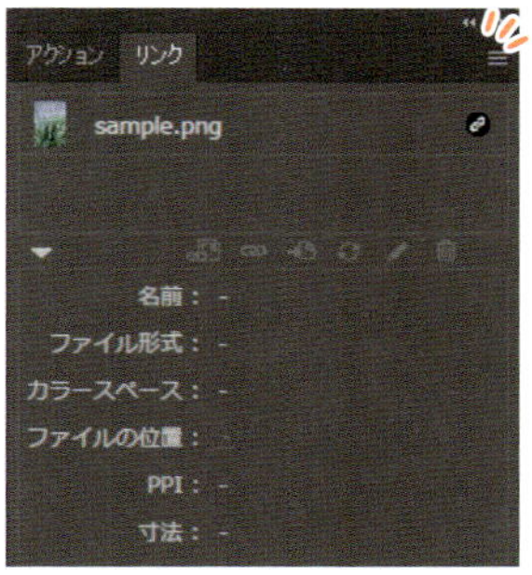
アクション リンク
sample.png
名前：-
ファイル形式：-
カラースペース：-
ファイルの位置：-
PPI：-
寸法：-

❷[リンクパネル]が表示され

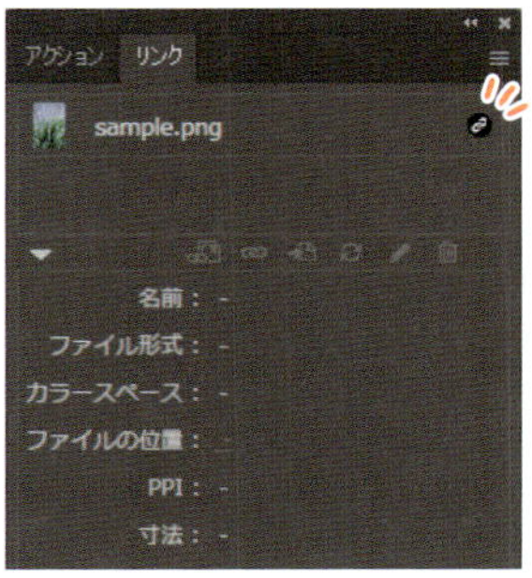
アクション リンク
sample.png
名前：-
ファイル形式：-
カラースペース：-
ファイルの位置：-
PPI：-
寸法：-

❸リンクされている画像の横には鎖のアイコンが表示されている

画像が表示されない場合は、パネル下部にカーソルを持っていきカーソルの表記が変わったタイミングで、下に向かってドラッグしてみてください

4 配置した画像がリンクされており、その画像を埋め込みたい場合は、埋め込みたい画像を[リンクパネル]上で選択します。次に、[リンクパネル]右上にある三本線をクリックし、表示されたメニューから[画像を埋め込み]を選択すると、画像が埋め込まれます。

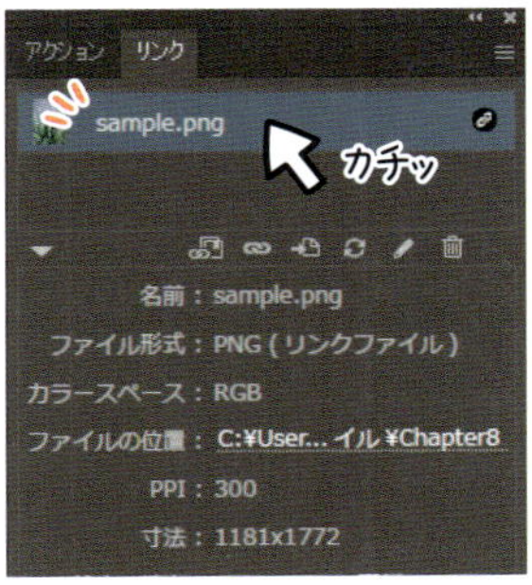
アクション リンク
sample.png
カチッ
名前：sample.png
ファイル形式：PNG（リンクファイル）
カラースペース：RGB
ファイルの位置：C:¥User... イル ¥Chapter8
PPI：300
寸法：1181x1772

❶埋め込みたい画像を[リンクパネル]上で選択し

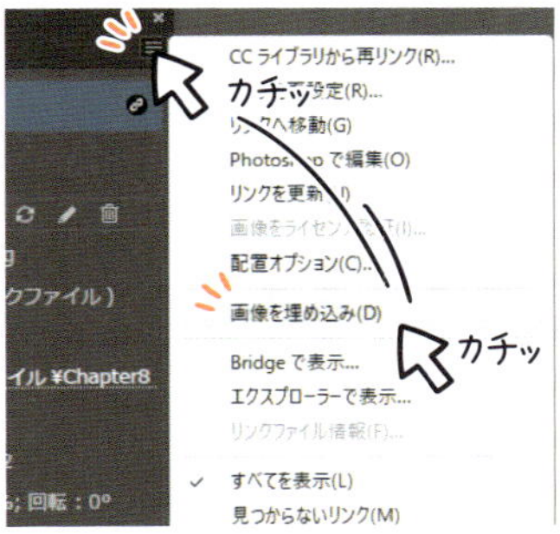
カチッ
画像を埋め込み(D)
カチッ
Bridge で表示...
エクスプローラーで表示...
すべてを表示(L)
見つからないリンク(M)

❷[リンクパネル]右上の三本線をクリックして[画像を埋め込み]を選択すると

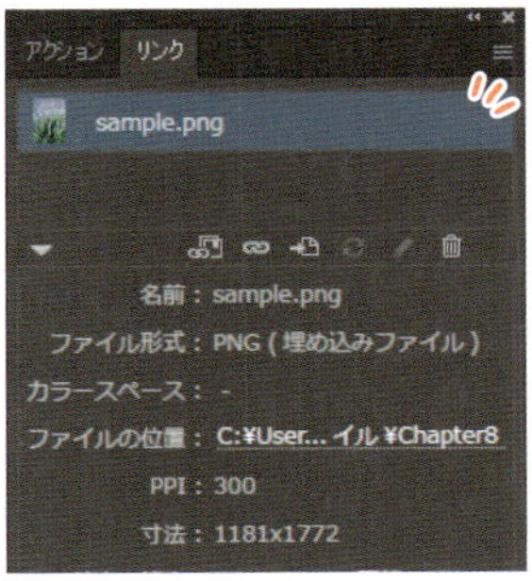
アクション リンク
sample.png
名前：sample.png
ファイル形式：PNG（埋め込みファイル）
カラースペース：-
ファイルの位置：C:¥User... イル ¥Chapter8
PPI：300
寸法：1181x1772

❸画像が埋め込まれる

埋め込まれた画像には鎖のアイコンが表示されません

画像のリンクが切れた場合、リンクが切れたことを知らせるウィンドウが表示されます

画像を置換する場合は[はい]→[置換]の順で選択し、置換する画像を選んでください

知っておこう！

「リンク形式」と「埋め込み形式」のメリット・デメリット

「リンク形式」、「埋め込み形式」にはそれぞれメリット・デメリットがあります。まずは、「リンク形式」のメリット・デメリットを見てみましょう。

リンク形式

◎メリット

・元の画像データを修正すると、修正内容が自動的に反映される

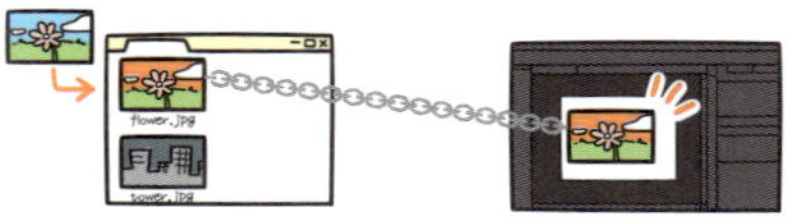

・Illustratorのファイルサイズが小さい

2MB
Ai

✕デメリット

・元の画像データを移動したり削除したりするとリンク切れが起きる

「埋め込み形式」のメリット・デメリットは以下の通りです。

埋め込み形式

◎メリット

・画像を埋め込むので、リンク切れが起こらない

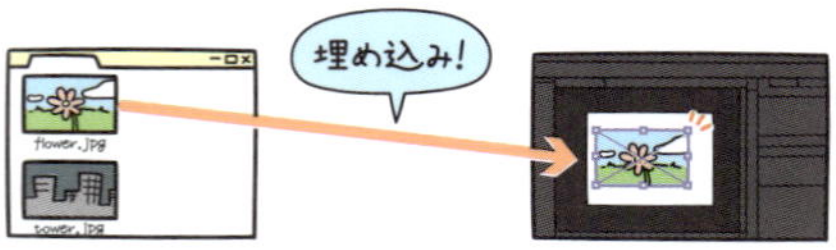
埋め込み！

✕デメリット

・元の画像データを修正しても、修正内容は反映されない

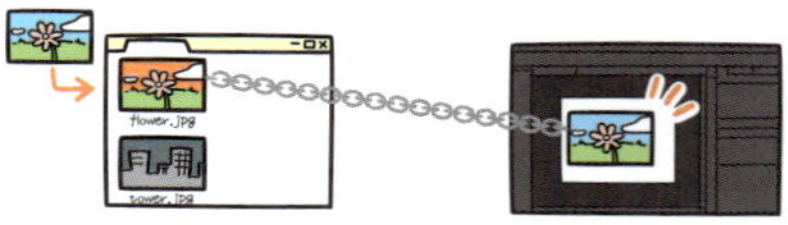

・Illustratorのファイルサイズが大きい

5GB
Ai

Chapter 8…2 クリッピングマスク

クリッピングマスクは、オブジェクトを切り抜いたように見せる機能です。知っておくと使える機能なので、学んでいきましょう。

Study

クリッピングマスクについて知ろう

クリッピングマスクとは簡単にいうと、オブジェクトを切り抜く方法のことです。例えば、画像を三角形に切り抜いたり、正円で切り抜いたり、といったことができるのです。

配置した画像を　三角形にくりぬいたり　グループ化された複雑なオブジェクトを　正円で切り抜いたりできる

クリッピングマスクを作成すると、前面に配置されているオブジェクトの形状に切り抜かれます。

こんな風な順序で配置されているオブジェクトがあったとすると　最前面に配置されているのは円のオブジェクトなので　背面に配置されているオブジェクトが円の形に切り抜かれる

入力したテキストを前面に配置して、クリッピングマスクを作成すれば、画像などをテキストで切り抜いたような見た目にすることも可能です。

Flower
Flower
Flower

テキストを入力したあと　画像の上に配置してクリッピングマスクを作成すると　画像をテキストで切り抜いたような見た目になる

Let's Try!

クリッピングマスクをかけてみよう

1 「画像を配置してみよう（p.226）」で配置した画像にクリッピングマスクをかけてみましょう。［ツールバー］から［楕円形ツール］を選択し、画像を切り抜きたい位置でドラッグし、円を作成します。

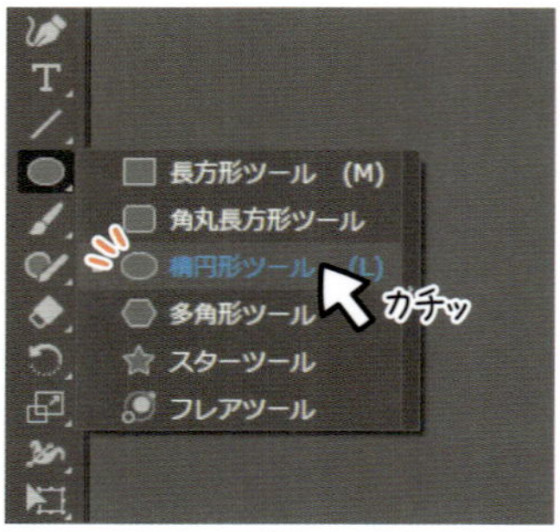
長方形ツール (M)
角丸長方形ツール
楕円形ツール (L)
多角形ツール
スターツール
フレアツール
カチッ

❶［ツールバー］から［楕円形ツール］を選択し

ぐい～

❷画像を切り抜きたい位置でドラッグして円を作成する

2 一度で理想の位置に円を描くのは難しいので、微調整を行います。［ツールバー］から［選択ツール］を選択し、描いた円をクリックして選択状態にします。下の画像が透けて見えると位置の調整がしやすいので、不透明度を［プロパティパネル］から下げましょう。

カチッ

❶［ツールバー］から［選択ツール］を選択し、描いた円をクリックして選択状態にし

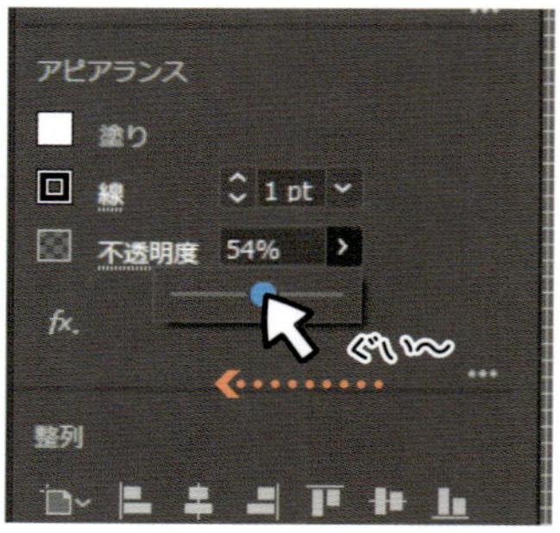
アピアランス
塗り
線
1 pt
不透明度
54%
fx
ぐい～
整列

❷［プロパティパネル］から不透明度を下げる

画像の上にテキストを配置し、ここから先と同様の
操作を行うことで、テキストでクリッピングマスクを作成することができます

画像をテキストで切り抜いたような見た目になります

3 不透明度を下げ、下の画像が少し見える状態になったら、切り抜きたい位置に円を移動させせます。

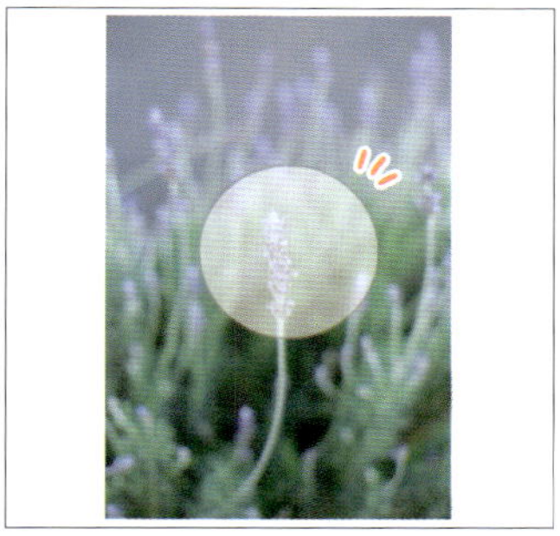

❶不透明度を下げて、下の画像が少し見える状態になったら

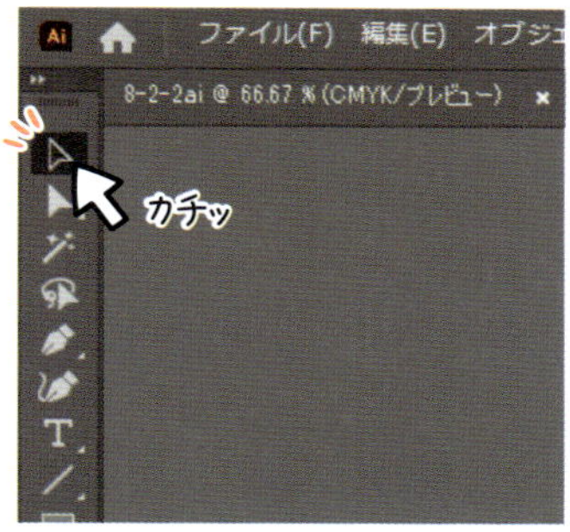
ファイル(F) 編集(E) オブジェ
8-2-2ai @ 66.67 % (CMYK/プレビュー)
カチッ

❷［選択ツール］を選択して

ぐい〜

❸切り抜きたい位置に円をドラッグして移動させる

4 円を移動したら、画像と円どちらも選択し、画面上部［メニューバー］にある［オブジェクト］から［クリッピングマスク］>［作成］を選びます。すると、描いた円の形に画像が切り抜かれました。

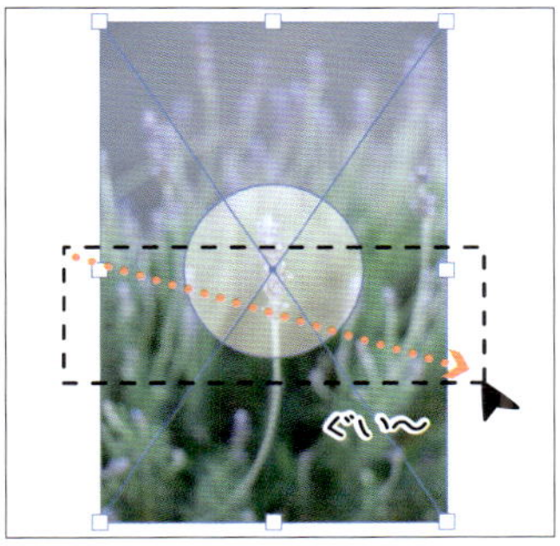
ぐい〜

❶画像と円どちらも選択し

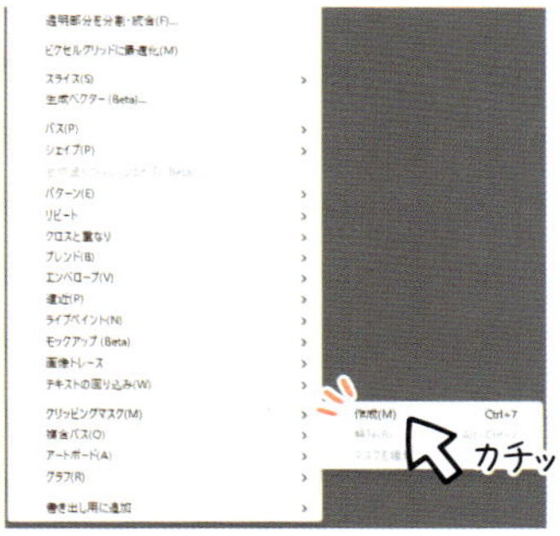
カチッ

❷［メニューバー］の［オブジェクト］から［クリッピングマスク］>［作成］を選ぶと

❸クリッピングマスクが作成され、円の形に画像が切り抜かれる

5 切り抜かれた画像を選択し、画面上部［メニューバー］にある［オブジェクト］から［クリッピングマスク］>［解除］を選ぶと、クリッピングマスクは解除され、元の画像の状態に戻ります。

カチッ

❶切り抜かれた画像を選択し

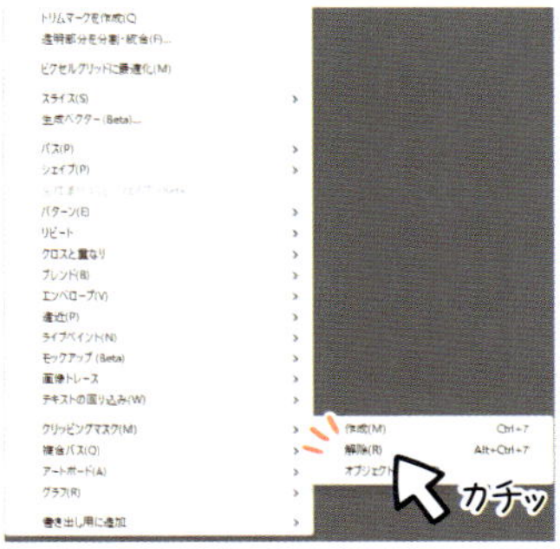
カチッ

❷［メニューバー］の［オブジェクト］から［クリッピングマスク］>［解除］を選ぶと

❸クリッピングマスクが解除され、元の画像に戻る

名刺を作ってみよう⑦

この章で学んだことを活かして、名刺を作っていきます。ここでは、画像を配置していきます。

画像を配置してクリッピングマスクを作成してみよう

1 8章で学んだことを踏まえて、画像を配置していきます。今回は、画像をリンクで配置するのではなく、埋め込んで配置します。

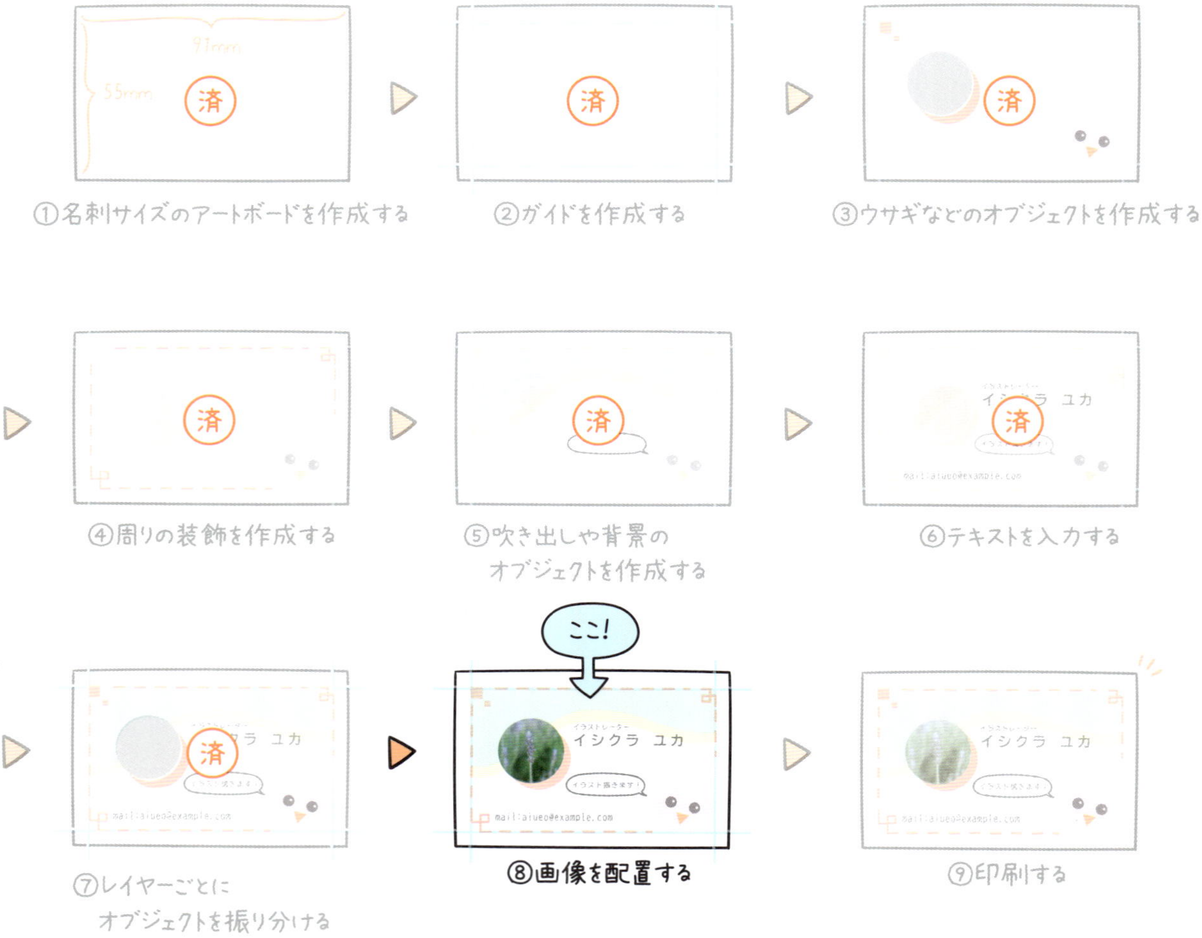

91mm
55mm
済
①名刺サイズのアートボードを作成する
②ガイドを作成する
③ウサギなどのオブジェクトを作成する
④周りの装飾を作成する
⑤吹き出しや背景のオブジェクトを作成する
⑥テキストを入力する
⑦レイヤーごとにオブジェクトを振り分ける
ここ!
イシクラ ユカ
mail:aiueo@example.com
⑧画像を配置する
⑨印刷する

2 7章で作成したファイルを開いたら、まずは[レイヤーパネル]から一番上にある「画像」レイヤーをクリックして選択します。

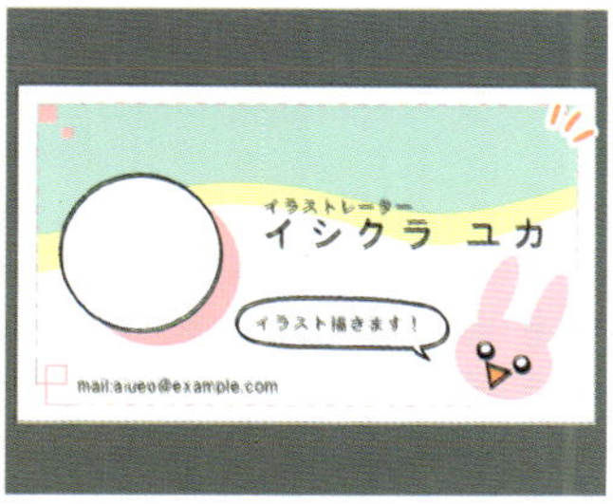
イラストレーター
イシクラ ユカ
イラスト描きます！
mail:aiueo@example.com

❶作成したファイルを開いたら

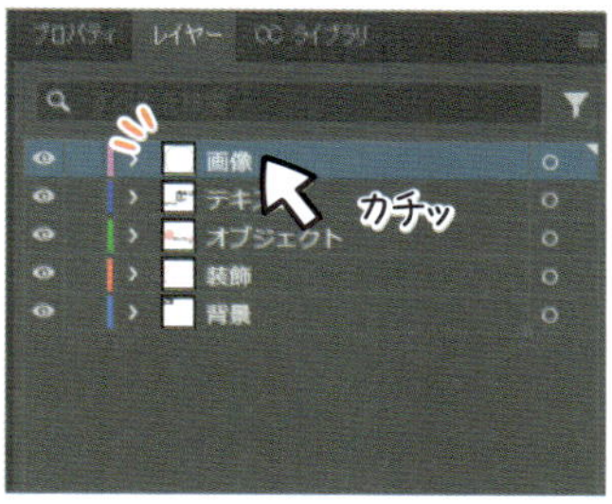
プロパティ
レイヤー
CC ライブラリ
画像
テキスト
オブジェクト
装飾
背景
カチッ

❷[レイヤーパネル]一番上にある「画像」レイヤーをクリックして

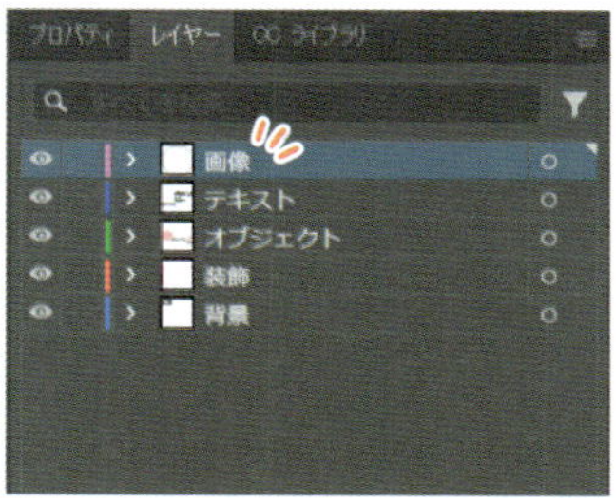
プロパティ
レイヤー
CC ライブラリ
画像
テキスト
オブジェクト
装飾
背景

❸選択する

3 画面上部[ファイル]から[配置]を選択し、表示されたウィンドウから配置する画像「sample.png」を選択し、[リンク]のチェックを外して、[配置]をクリックします(p.226「画像を配置してみよう」参照)。

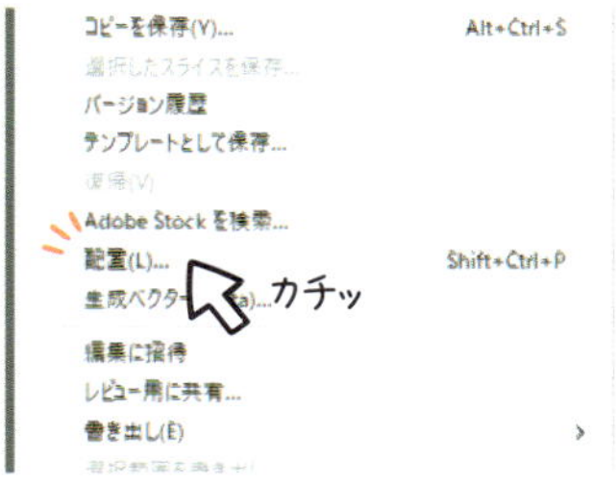
コピーを保存(Y)...
Alt+Ctrl+S
バージョン履歴
テンプレートとして保存...
Adobe Stock を検索...
配置(L)...
Shift+Ctrl+P
カチッ
編集に招待
レビュー用に共有...
書き出し(E)

❶画面上部[ファイル]から[配置]を選択し

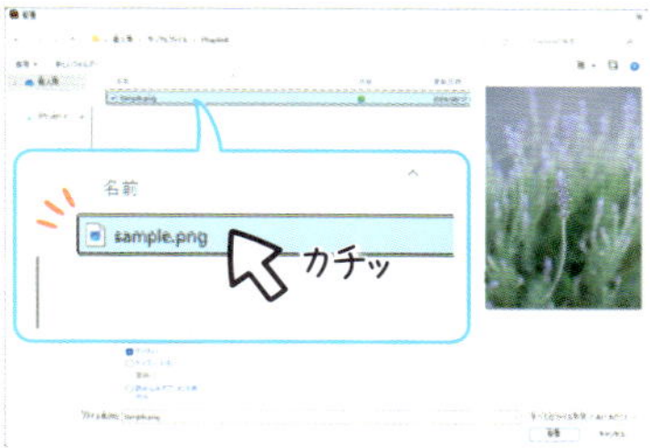
名前
sample.png
カチッ

❷表示されたウィンドウから配置する画像「sample.png」を選択し

Creative Cloud から開く
(C)
リンク(L)
カチッ
カチッ
配置

❸[リンク]のチェックを外して[配置]をクリックする

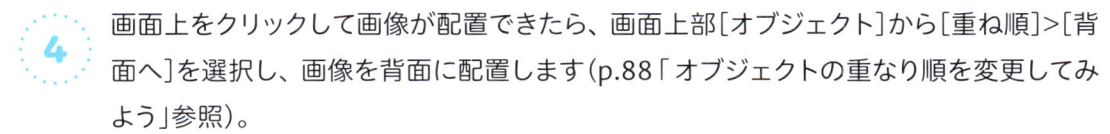

例と同じ画像にするなら、[サンプルファイル]>[Chapter8]の中に画像があります
好きな画像でももちろん大丈夫です!

4 画面上をクリックして画像が配置できたら、画面上部[オブジェクト]から[重ね順]>[背面へ]を選択し、画像を背面に配置します(p.88「オブジェクトの重なり順を変更してみよう」参照)。

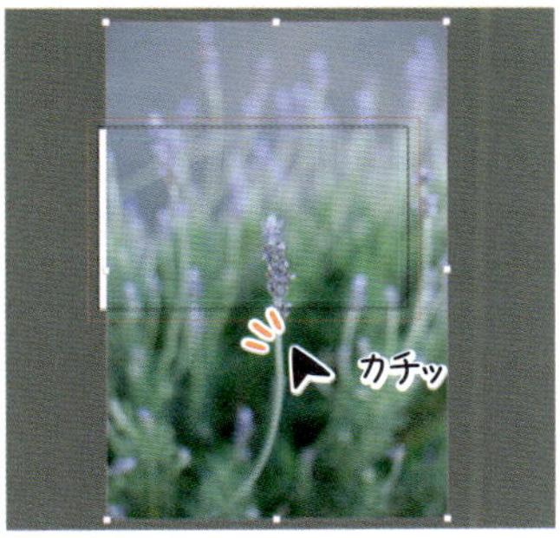
カチッ

❶画像を配置したあと画像を[選択ツール]で選択し

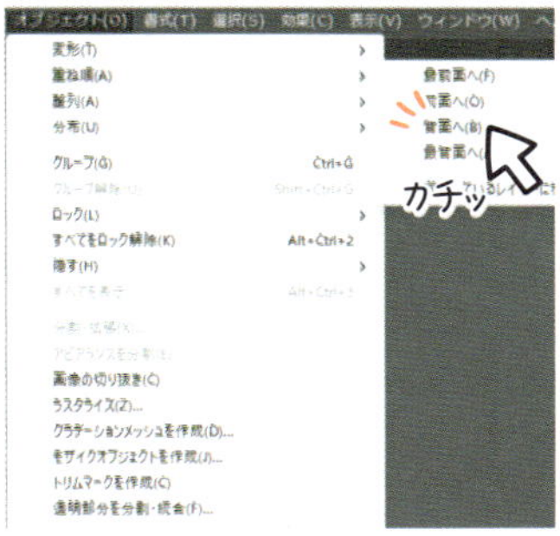
オブジェクト(O)
書式(T)
選択(S)
効果(C)
表示(V)
ウィンドウ(W)
変形(T)
重ね順(A)
整列(A)
分布(U)
グループ(G)
Ctrl+G
ロック(L)
すべてをロック解除(K)
Alt+Ctrl+2
隠す(H)
画像の切り抜き(C)
ラスタライズ(Z)...
グラデーションメッシュを作成(D)...
モザイクオブジェクトを作成(J)...
トリムマークを作成(C)
透明部分を分割・統合(F)...
最前面へ(F)
前面へ(O)
背面へ(B)
最背面へ
カチッ

❷画面上部[オブジェクト]から[重ね順]>[背面へ]を選択し

❸背面に配置する

5 画像を配置するオブジェクトの不透明度を下げ、クリッピングマスクを作成しやすくします（p.230「クリッピングマスクをかけてみよう」参照）。

カチッ

❶画像を配置するオブジェクトを［選択ツール］で選択し

アピアランス
塗り
線
1 pt
不透明度
47%
ぐい〜
整列

❷［プロパティパネル］内にある［不透明度］を変更し

❸画像が透けて見えるようにする

6 画像を切り抜きたい位置にドラッグして移動させます。画像の大きさが大きいと思ったら、バウンディングボックスをShiftを押しながらドラッグし、調整しましょう。

ぐい〜

❶画像を切り抜きたい位置にドラッグして移動させる

カチッ

❷画像が大きい場合は、バウンディングボックスを表示させ

Shift
ぐい〜

❸Shiftを押しながらドラッグして大きさを調整する

7 画像の調整が終わったら、画像と画像を配置するオブジェクト両方選択し、画面上部［オブジェクト］から［クリッピングマスク］>［作成］を選択して、名刺の完成です！

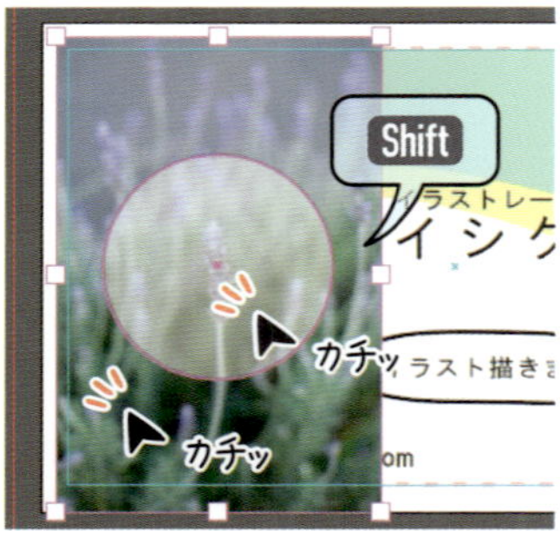
Shift
カチッ
カチッ

❶画像と画像を配置するオブジェクト両方選択し

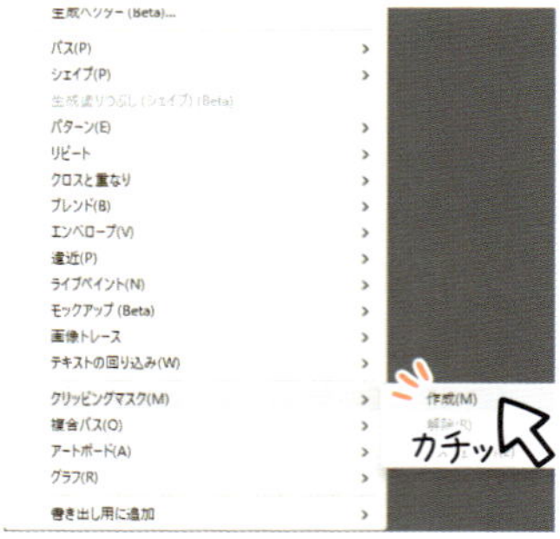
クリッピングマスク(M)
作成(M)
カチッ

❷画面上部［オブジェクト］から［クリッピングマスク］>［作成］を選択すると

mail:aiueo@example.com

❸画像が円形に切り抜かれる

画像の大きさを調整できたら、場合によっては
再度画像をオブジェクトに重なるよう移動が必要です
（上記の画像は移動したあとです）

Chapter

9

画像を書き出してみる

この章では、主に画像に関することについて学んでいきます。
画像の書き出し方や、媒体ごとに使われる色の違い、媒体ごとに必要な解像度など、画像に関する知っておいたほうがいいことを見ていくので、しっかりと学んでいきましょう。

Caffe

Chapter

9 画像を書き出してみる

いよいよ、作成した作品を書き出す方法を学んでいきます

ワークショップ
in ちば
開催日時
2月11日 10:00~15:00
画像として
いつでも見れる!

ワークショップ
in ちば
開催日時
2月11日 10:00~15:00
SNSに
投稿してみよ~

画像を書き出すことで
PCに画像として保存できたり

web上に公表できたりする

書き出す方法以外にも、知っておいた方がいい画像に関する知識にも触れています

媒体ごとに
使われている色の違いとは?

R
G
B
K
C
M
Y

解像度ってなに?

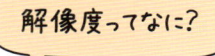

印刷するときは
どれくらいの解像度が
必要なんだ…?

画像形式による違いとは?

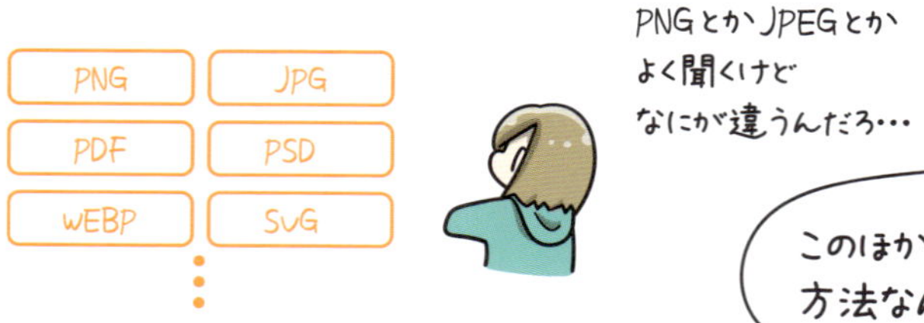
PNG
JPG
PDF
PSD
WEBP
SVG
PNGとかJPEGとか
よく聞くけど
なにが違うんだろ…

このほかにも、プリントする
方法なんかも学んでいきます!

Chapter 9…1 カラーモードを変えてみる

webで使用するのか、それとも印刷して使用するのかで、使われるカラーモードは違います。用途に合ったカラーモードを学びましょう。

Study

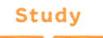

媒体ごとに最適なカラーモードを知ろう

画像はwebで使用するか、印刷して使用するかで使われている色が違います。それぞれどのような色が使われているかは、以下の通りです。

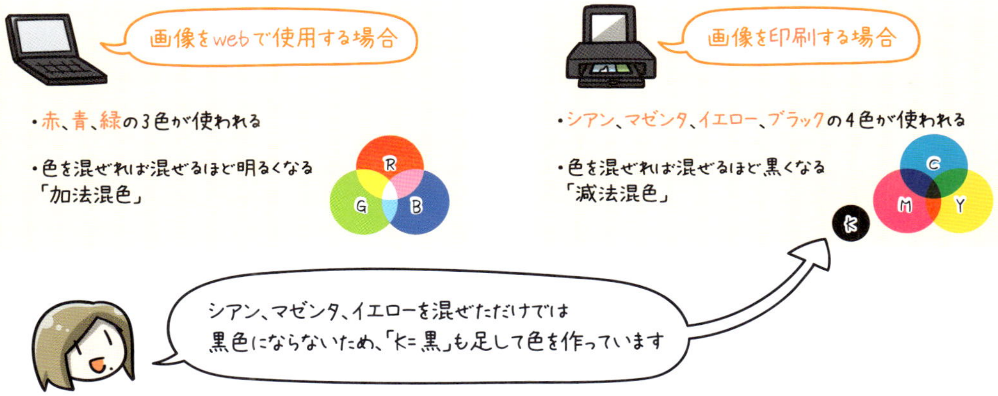

画像をwebで使用する場合
・赤、青、緑の3色が使われる
・色を混ぜれば混ぜるほど明るくなる「加法混色」
R
G
B
画像を印刷する場合
・シアン、マゼンタ、イエロー、ブラックの4色が使われる
・色を混ぜれば混ぜるほど黒くなる「減法混色」
C
M
Y
K
シアン、マゼンタ、イエローを混ぜただけでは黒色にならないため、「K=黒」も足して色を作っています

「RGB」と「CMYK」では表現できる色の幅に違いがあり、「RGB」の方が表現できる色が多いです。

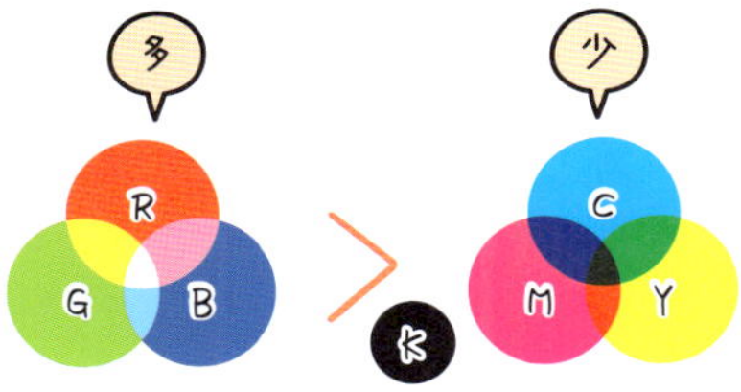

多
少
R
G
B
C
M
Y
K

RGBの方が、CMYKに比べて表現できる色が多い

RGB
CMYK
変換!

RGBからCMYKに変換すると、CMYKにはない色も近似色を使ってRGBの色を再現するので、色味がくすんでしまうことがある

Let's Try!

カラーモードを変更してみよう

1 サンプルファイル「9-1-2.ai」を開いて、カラーモードの変更を行っていきます。サンプルファイルを開くと、複数のオブジェクトが配置されいていることがわかります。

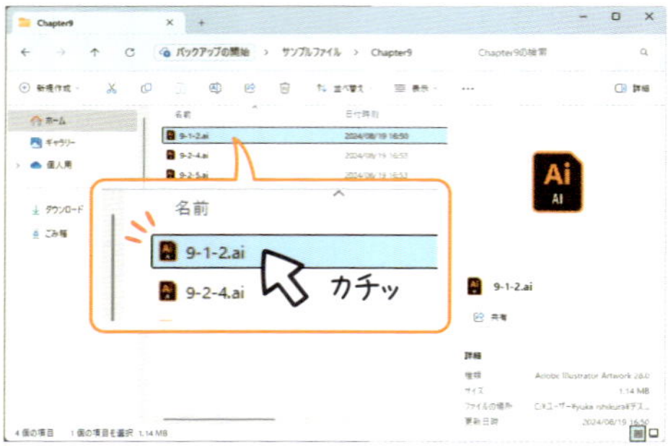

名前
9-1-2.ai
9-2-4.ai
カチッ

❶サンプルファイル「9-1-2.ai」を開くと

❷複数のオブジェクトが配置されている

2 ファイルを開いた状態で、画面上部[メニューバー]にある[ファイル]から[ドキュメントのカラーモード]>[RGBカラー]を選択します。すると、ファイル全体のカラーモードがRGBカラーに変更されました。

ファイル(F)　編集(E)　オブジェクト(O)
カチッ

❶画面上部[メニューバー]にある[ファイル]から

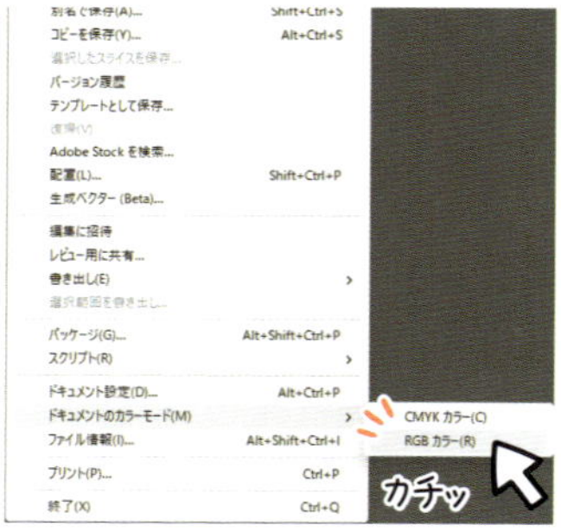

ドキュメントのカラーモード(M)
CMYK カラー(C)
RGB カラー(R)
カチッ

❷[ドキュメントのカラーモード]>[RGBカラー]を選択すると

❸ファイル全体のカラーがRGBになる

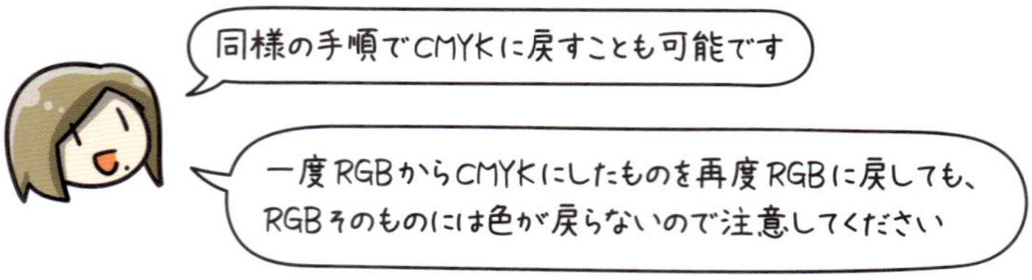

同様の手順でCMYKに戻すことも可能です
一度RGBからCMYKにしたものを再度RGBに戻しても、RGBそのものには色が戻らないので注意してください

Chapter 9…2 画像の書き出し方法

目的によって、画像を書き出す必要がある場合があります。書き出す方法も複数あるので、特徴を学んでいきましょう。

Study

画像形式について知ろう

画像を書き出す際、どのような形式で書き出すか設定することになります。代表的な画像形式の特徴を知っておくと、用途にあった画像形式を選べるようになります。

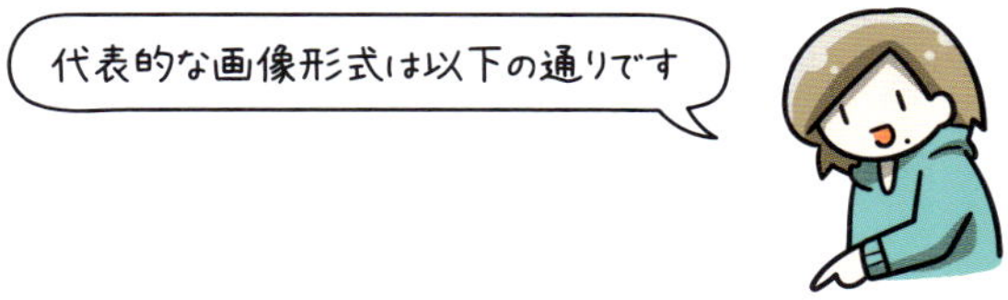
代表的な画像形式は以下の通りです

JPEG

拡張子が「.jpg」のもの。フルカラー（約1677万色）を表現できるため、写真の印刷やwebでの使用に向いている。保存を繰り返すと画質が劣化してしまう。データ容量が小さい。

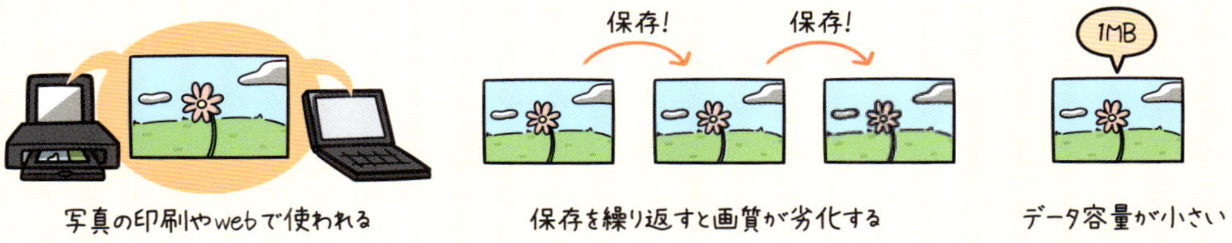
写真の印刷やwebで使われる
保存!
保存!
保存を繰り返すと画質が劣化する
1MB
データ容量が小さい

PNG

拡張子が「.png」のもの。フルカラー（約1677万色）を表現できる。webでの使用に向いている。保存を繰り返しても画質は劣化しない。データ容量が大きくなりやすい。画像の背景を透明にするなどの透過処理ができる。

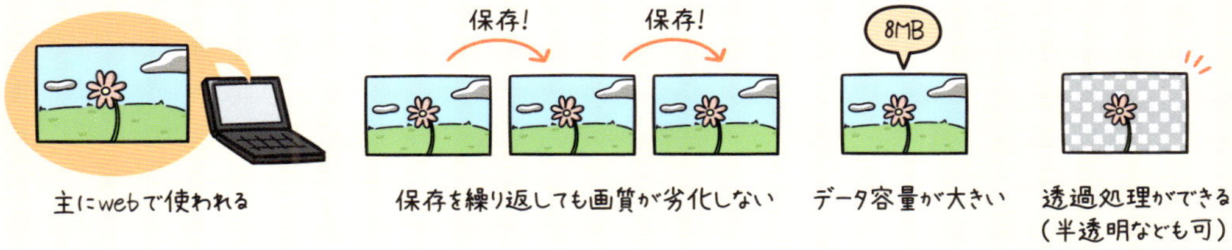
主にwebで使われる
保存!
保存!
保存を繰り返しても画質が劣化しない
8MB
データ容量が大きい
透過処理ができる
（半透明なども可）

GIF

拡張子が「.gif」のもの。表現できる色は256色のみ。データ容量が軽い。画像の背景を透過するなどの透過処理ができる。アニメーションを書き出すことができる。

256色
256色までしか表現できない
1MB
データ容量が小さい
透過処理ができる
（半透明などは不可）
アニメーションを
書き出すことができる

代表的とまでは言いませんが、Illustratorを開発しているAdobe社が出しているPhotoshopで扱える画像形式もあります。

Illustratorで画像を書き出す際、この「.psd」形式で書き出すこともできます

PSD

拡張子が「.psd」のもの。Photoshopのソフトがないと開くことができない。

Photoshopのファイルを
保存する基本形式
エラー
ガーン
Photoshopのソフトが
ないと開けない
psd
変換
jpg
見れた！
別の形式に変換すると、ソフトを
持っていなくても見れるようになる

この形式で保存することで、Photoshopの独自の機能を使うことができる。

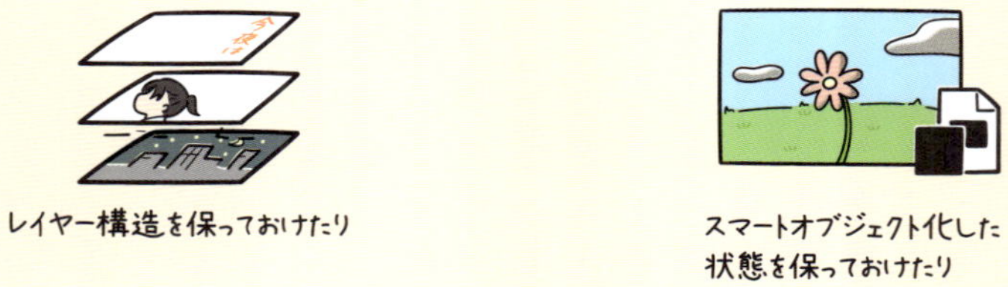

レイヤー構造を保っておけたり
スマートオブジェクト化した
状態を保っておけたり

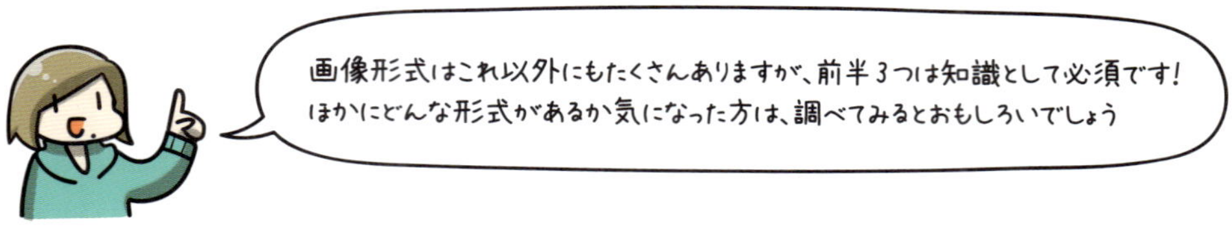

画像形式はこれ以外にもたくさんありますが、前半3つは知識として必須です！
ほかにどんな形式があるか気になった方は、調べてみるとおもしろいでしょう

Study

媒体ごとに最適な解像度を知ろう

解像度とは、画像を構成している点（ピクセル）の密度のことです。密度が高ければ高いほど、その画像はきれいに表示することができます。

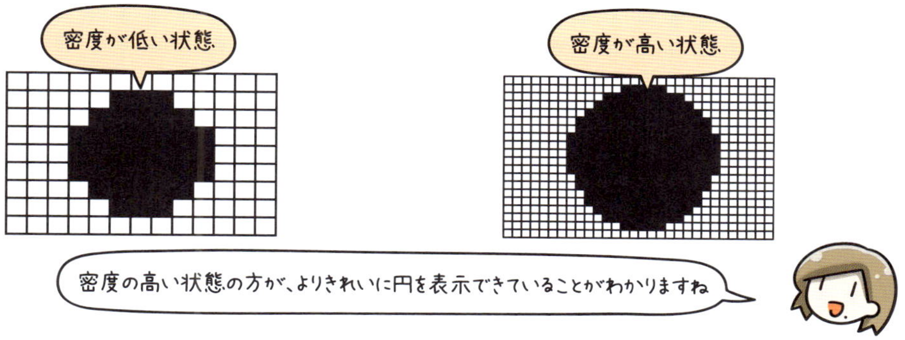
密度が低い状態
密度が高い状態
密度の高い状態の方が、よりきれいに円を表示できていることがわかりますね

解像度の単位は「ppi」で、これは「1インチ（2.54cm）あたりいくつのピクセルがあるか」を表しています。

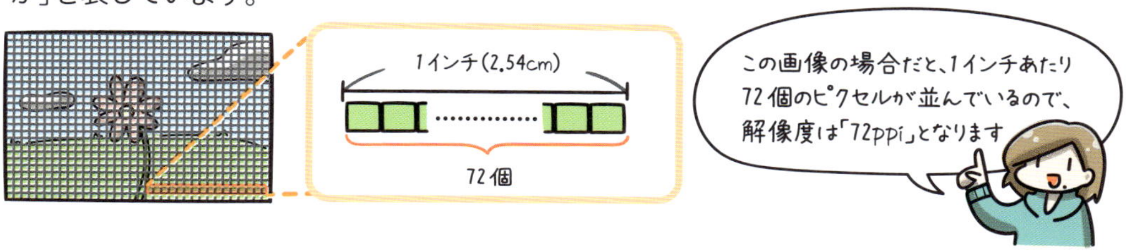
1インチ（2.54cm）
72個
この画像の場合だと、1インチあたり72個のピクセルが並んでいるので、解像度は「72ppi」となります

また、印刷したときの画像の解像度の単位を「dpi」とすることもあります。これは「1インチ（2.54cm）あたりいくつのドットがあるか」を表しています。

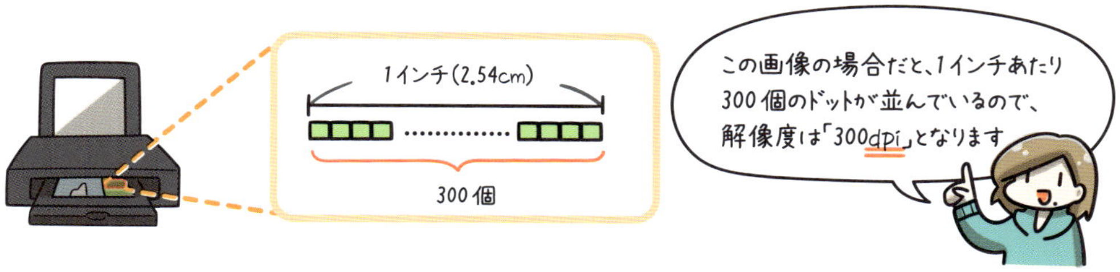
1インチ（2.54cm）
300個
この画像の場合だと、1インチあたり300個のドットが並んでいるので、解像度は「300dpi」となります

解像度は、webなど画面上で使用する場合「72ppi」あれば十分です。ただし、印刷に使用する場合はもっと高い解像度が必要となることがあります。解像度が高いと、その分ファイルサイズも大きくなるので、用途にあった解像度で作業しましょう。

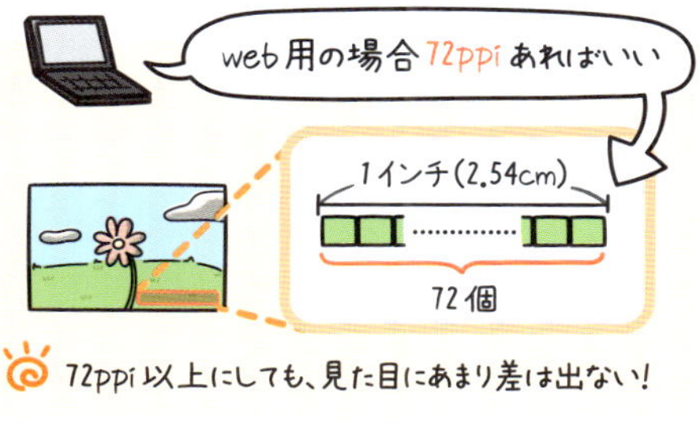
web用の場合72ppiあればいい
1インチ（2.54cm）
72個
72ppi以上にしても、見た目にあまり差は出ない！

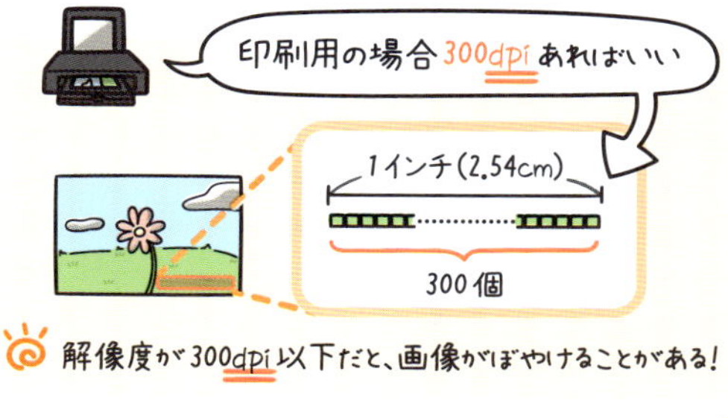
印刷用の場合300dpiあればいい
1インチ（2.54cm）
300個
解像度が300dpi以下だと、画像がぼやけることがある！

Study

画像の書き出し方法の種類について知ろう

Illustratorで用意されている画像の書き出し方法は全部で3種類です。それぞれの特徴は以下の通りです。

スクリーン用に書き出し

Webの使用に適した画像書き出し方法。カラーモードはRGB固定となっている。アートボードごとに画像を書き出すことができる。書き出せる画像形式は、「PNG」「JPG」「SVG」「PDF」「WebP」の5つ。

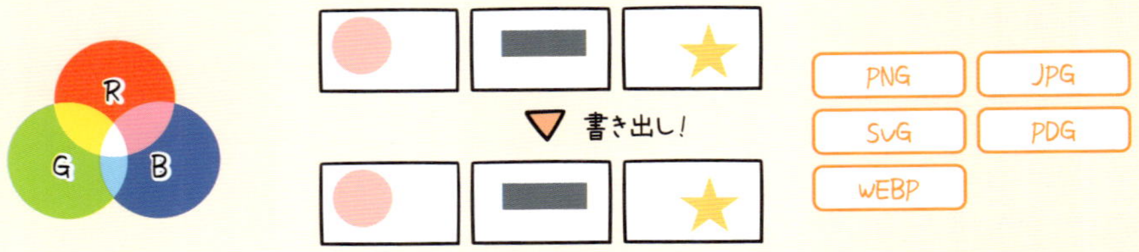
R
G
B
書き出し！
PNG
JPG
SVG
PDG
WEBP

カラーモードはRGBのみ　アートボードごとに書き出せる　画像形式は5つから選択できる

書き出し形式

Webの使用にも印刷の使用にも適した画像書き出し方法。カラーモードはRGBやCMYKなど選択できる。アートボードごとに画像を書き出すことができる。書き出せる形式は、「PNG」や「JPG」のほかにも「PSD」など非常に多岐にわたる。

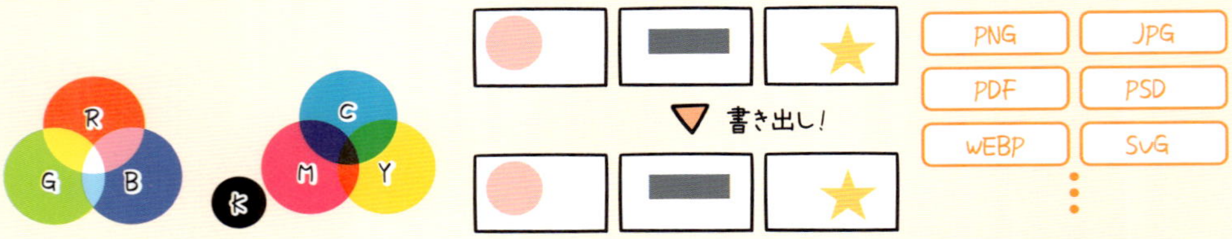
R
G
B
C
M
Y
K
書き出し！
PNG
JPG
PDF
PSD
WEBP
SVG

カラーモードはRGBとCMYK選択可能　アートボードごとに書き出せる　画像形式は3つの書き出し形式の中で一番多い

Web用に保存（従来）

Webの使用に適した画像書き出し方法。カラーモードはRGB固定となっており、解像度も72dpi固定となっている。選択しているアートボードのみ、画像を書き出すことができる。書き出せる画像形式は、「PNG」「JPG」「GIF」の3つ。

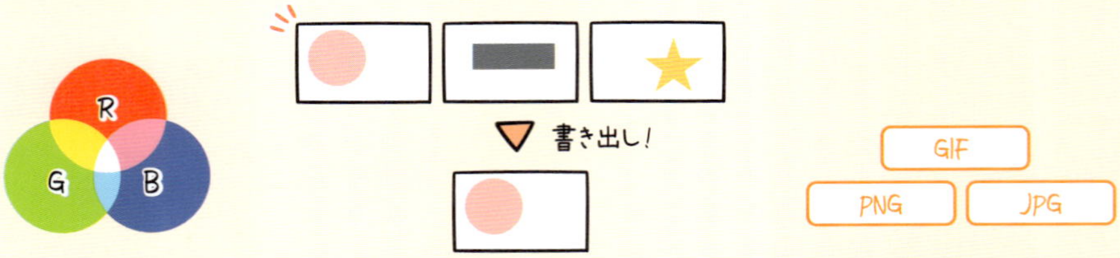
R
G
B
書き出し！
GIF
PNG
JPG

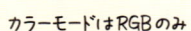

カラーモードはRGBのみ　選択したアートボードのみ書き出せる　画像形式は3つから選択できる

Let's Try!

「スクリーン用に書き出し」を使ってみよう

1 まずはサンプルファイル「9-2-4.ai」を開いて、「スクリーン用に書き出し」から画像を書き出してみましょう。サンプルファイルを開くと、複数のアートボードにオブジェクトが配置されていることがわかります。

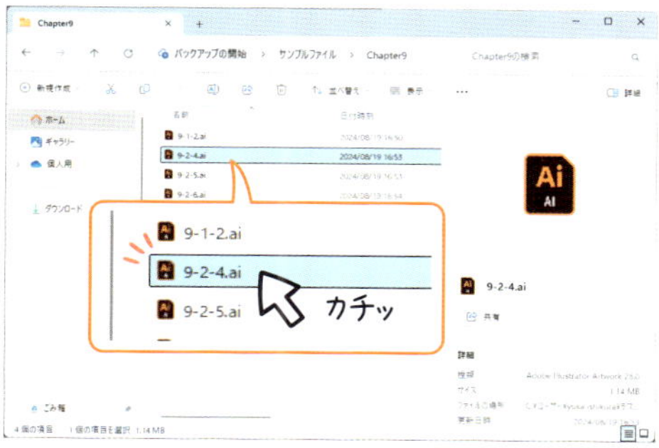
9-1-2.ai
9-2-4.ai
9-2-5.ai
カチッ

❶サンプルファイル「9-2-4.ai」を開くと

❷複数のアートボードにオブジェクトが配置されている

2 画面上部[メニューバー]にある[ファイル]から、[書き出し]にカーソルを合わせるとメニューが表示されるので、[スクリーン用に書き出し]を選択します。すると、別途ウィンドウが表示されます。ここから、どのような画像形式にするかなどの設定を行っていきます。

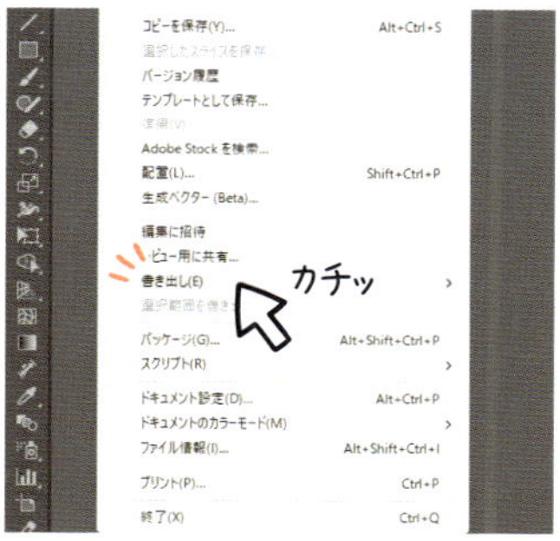
コピーを保存(Y)...
Alt+Ctrl+S
バージョン履歴
テンプレートとして保存...
Adobe Stock を検索...
配置(L)...
Shift+Ctrl+P
生成ベクター (Beta)...
編集に招待
レビュー用に共有...
書き出し(E)
カチッ
パッケージ(G)...
Alt+Shift+Ctrl+P
スクリプト(R)
ドキュメント設定(D)...
Alt+Ctrl+P
ドキュメントのカラーモード(M)
ファイル情報(I)...
Alt+Shift+Ctrl+I
プリント(P)...
Ctrl+P
終了(X)
Ctrl+Q

❶[メニューバー]の[ファイル]から[書き出し]にカーソルを合わせ

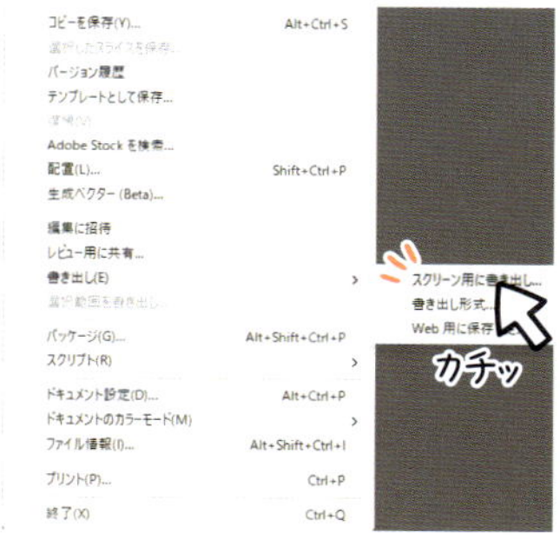
スクリーン用に書き出し...
書き出し形式...
Web 用に保存...
カチッ

❷表示されるメニュー内[スクリーン用に書き出し]を選択すると

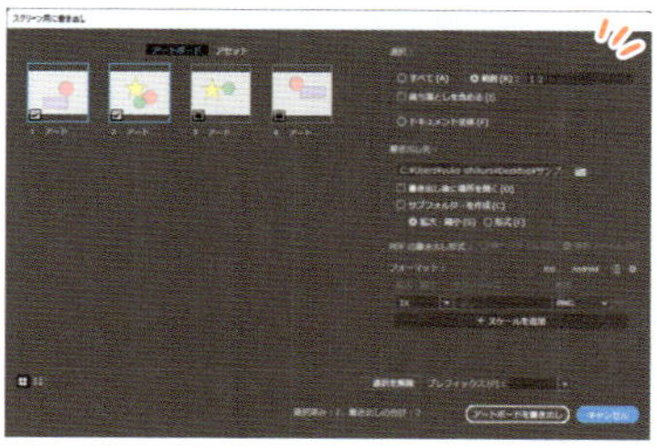

❸別途ウィンドウが表示される

3 ウィンドウ左側には、複数あるアートボードのうちどのアートボードを書き出すかをチェックマークをつけて選択します。チェックマークを外したものは書き出されません。

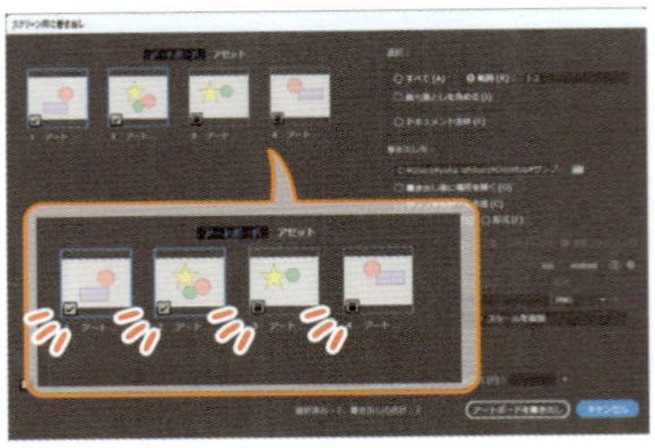

❶ウィンドウ左側にあるチェックボックスは

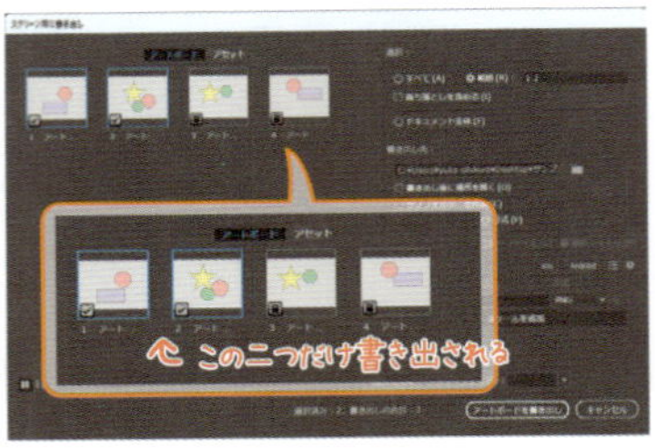
このニつだけ書き出される

❷チェックを入れたものだけが画像として書き出される

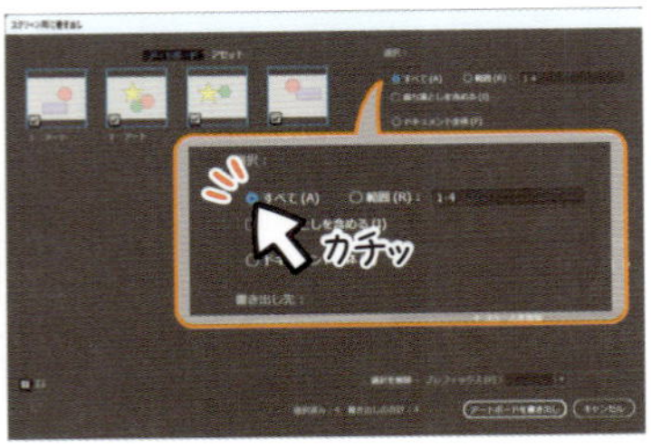
カチッ

❸[すべて]にチェックを入れると、アートボードがすべて書き出される

ウィンドウ右側「範囲」にチェックを入れることでも、どのアートボードを書き出すか数値を入力して選択できますが、チェックマークをつけて選択した方が直感的でわかりやすいです

4 ウィンドウ右側では、どこに画像を書き出すのかや、拡大縮小して画像を書き出すのか、画像形式は何にするのかなどを設定します。

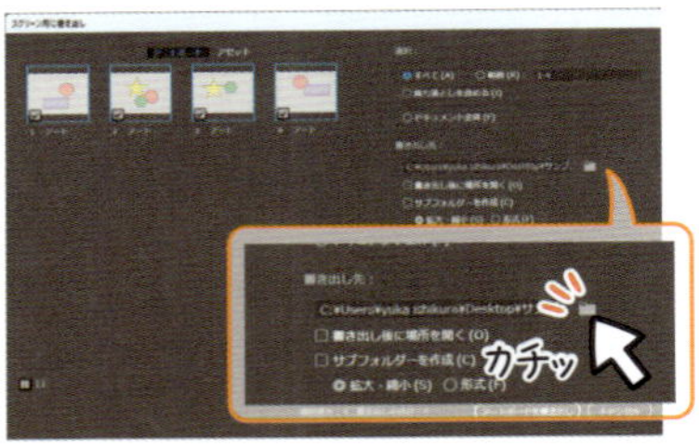
カチッ

❶[書き出し先]にあるファイルのアイコンをクリックすると

❷どこに画像を書き出すかウィンドウが表示されるので

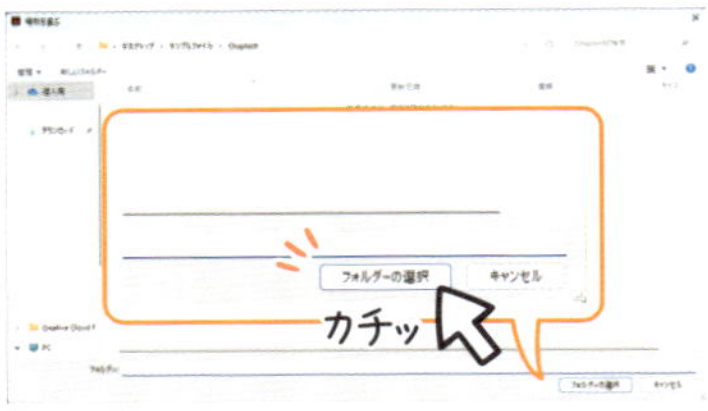
カチッ

❸フォルダ内を操作して、保存場所を指定する

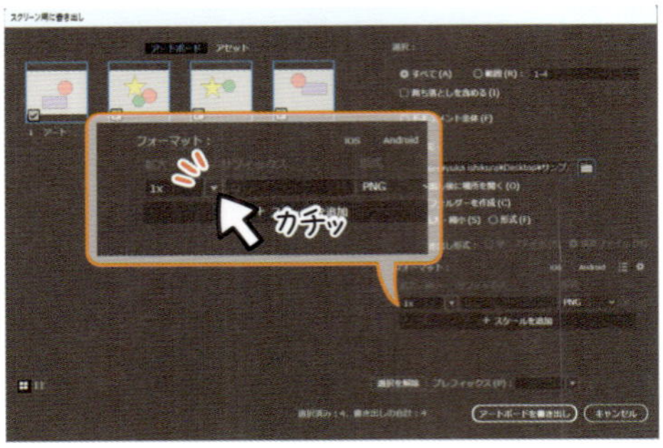
カチッ

❹[フォーマット]にある[拡大・縮小]の欄をクリックすると

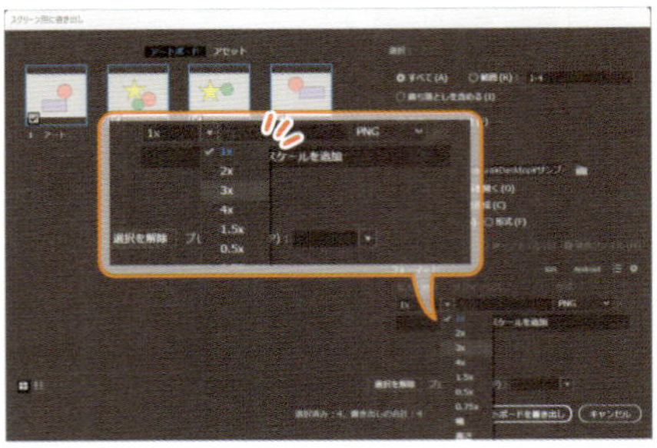

❺画像を拡大もしくは縮小するサイズを指定できる

5 [形式]では、画像形式を選択することができます。また、[フォーマット]内にある歯車のアイコンをクリックすると、画像形式それぞれの書き出す際の設定を行えます。

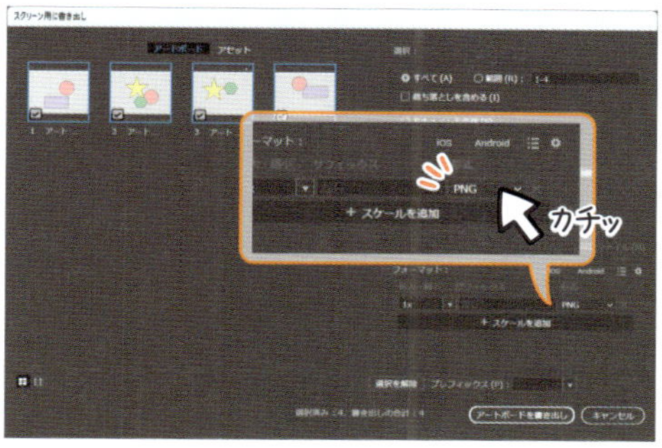
カチッ
❶[形式]の欄のボックスをクリックすると

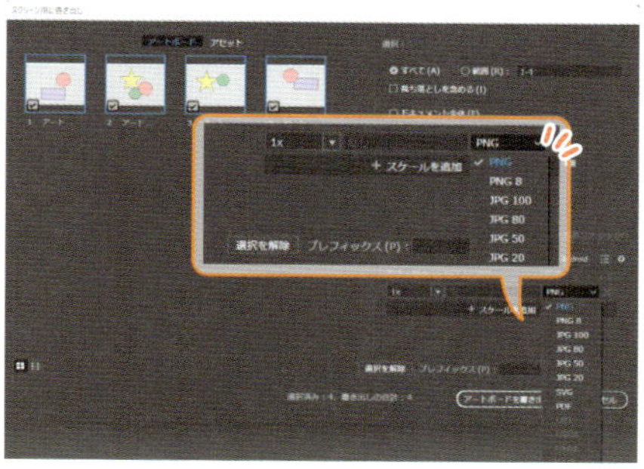
PNG
PNG 8
JPG 100
JPG 80
JPG 50
JPG 20
❷画像形式を変更できる

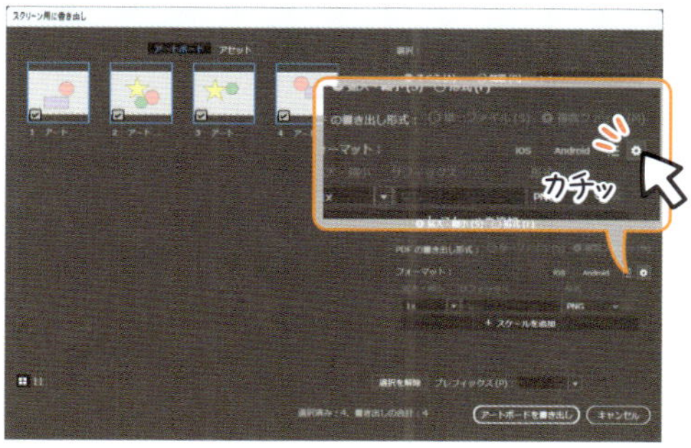
カチッ
❸[フォーマット]内にある歯車のアイコンをクリックすると

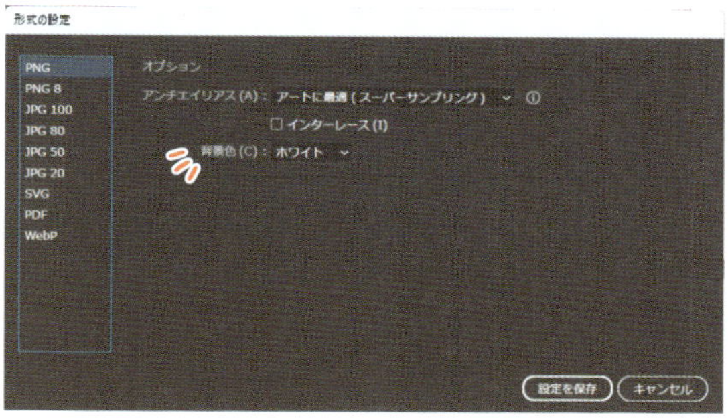
形式の設定
PNG
PNG 8
JPG 100
JPG 80
JPG 50
JPG 20
SVG
PDF
WebP
オプション
アンチエイリアス (A) : アートに最適 (スーパーサンプリング)
インターレース (I)
背景色 (C) : ホワイト
設定を保存
キャンセル
❹別途ウィンドウが表示され、背景色の設定などを行える

「JPG 100」や「JPG 80」など画像形式の横に数字が書かれているものは、基本的に数字が大きいほどきれいに画像を書き出せます
きれいに書き出せる分、ファイルサイズは大きくなります

6 [スケールの追加]ボタンを押すと、画像のサイズを変更したものを同時に書き出すことができます。各設定が終わったら、[アートボードを書き出し]をクリックすることで、画像が書き出されます。

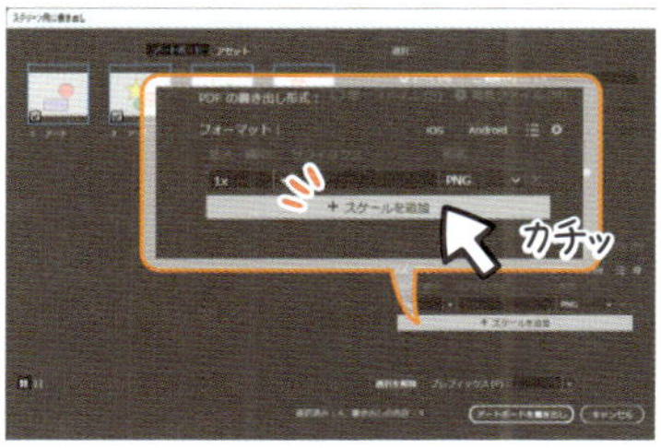
カチッ
❶[スケールの追加]ボタンを押すと

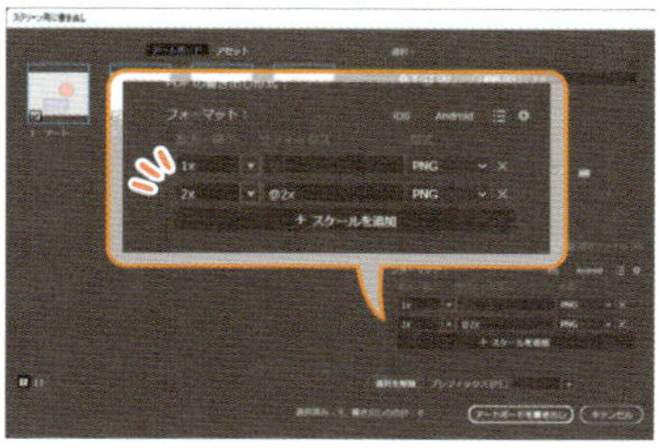
❷画像のサイズを変更したものを同時に書き出せる

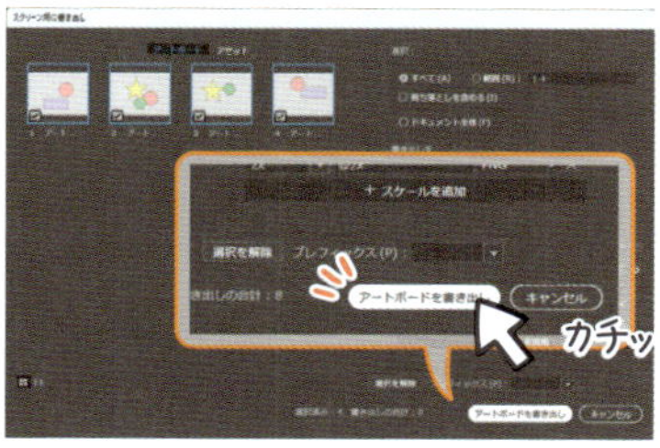
カチッ
❸[アートボードを書き出し]をクリックすると、画像が書き出される

Let's Try!

「書き出し形式」を使ってみよう

1 まずはサンプルファイル「9-2-5.ai」を開いて、「書き出し形式」から画像を書き出してみましょう。サンプルファイルを開くと、複数のアートボードにオブジェクトが配置されていることがわかります。

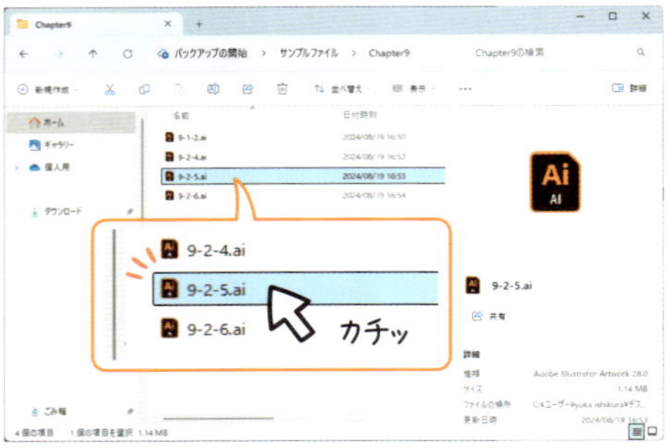

9-2-4.ai
9-2-5.ai
9-2-6.ai
カチッ

❶サンプルファイル「9-2-5.ai」を開くと

❷複数のアートボードにオブジェクトが配置されている

2 画面上部[メニューバー]にある[ファイル]から、[書き出し]にカーソルを合わせるとメニューが表示されるので、[書き出し形式]を選択します。すると、別途ウィンドウが表示されます。ここから、どのような画像形式にするかなどの設定を行っていきます。

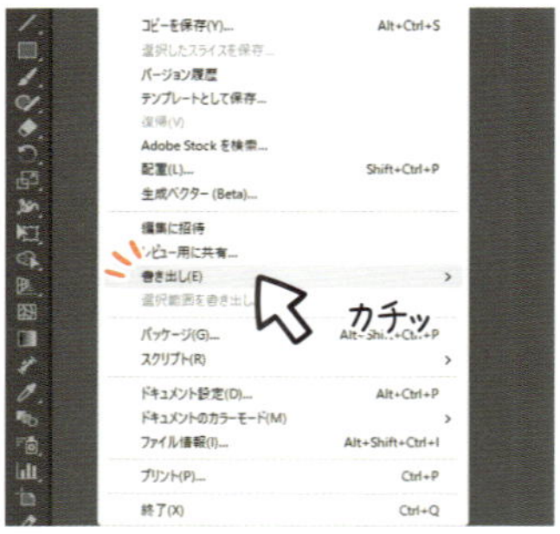

書き出し(E)
カチッ

❶[メニューバー]にある[ファイル]の[書き出し]にカーソルを合わせ

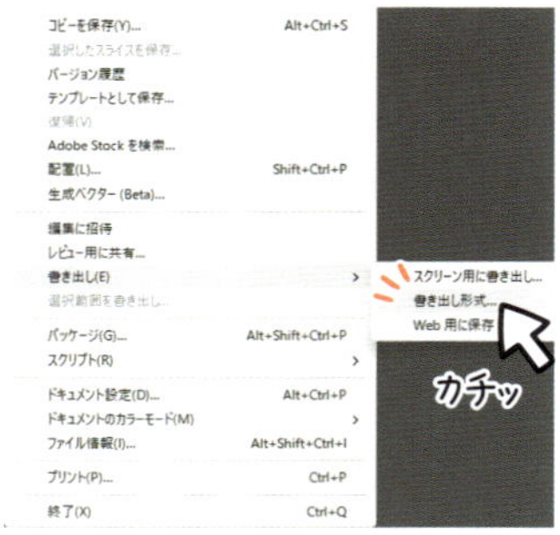

スクリーン用に書き出し...
書き出し形式...
Web 用に保存
カチッ

❷表示されるメニュー内[書き出し形式]を選択すると

❸別途ウィンドウが表示される

3 ウィンドウが開いている場所に画像は保存されます。通常のPCと同じ操作でフォルダ内は操作できるので、保存したい場所を選びましょう。また、ウィンドウ上部にある[ファイル名]では、書き出されたときの画像の名前を入力します。

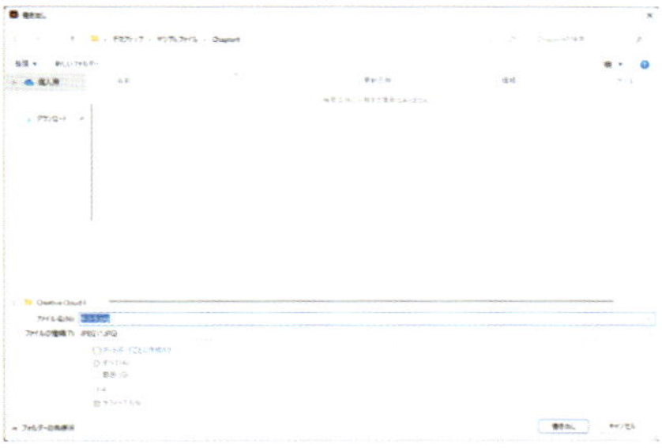

❶フォルダ内を操作して保存したい場所を選び

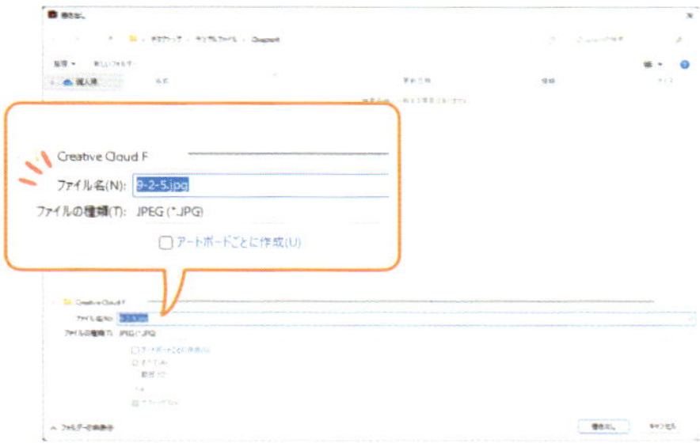
Creative Cloud F
ファイル名(N): 9-2-5.jpg
ファイルの種類(T): JPEG (*.JPG)
アートボードごとに作成(U)

❷[ファイル名]では、書き出されたときの画像の名前を入力する

4 ウィンドウ下部では、ファイル形式と、アートボードごとに画像を書き出すかどうかを決めます。

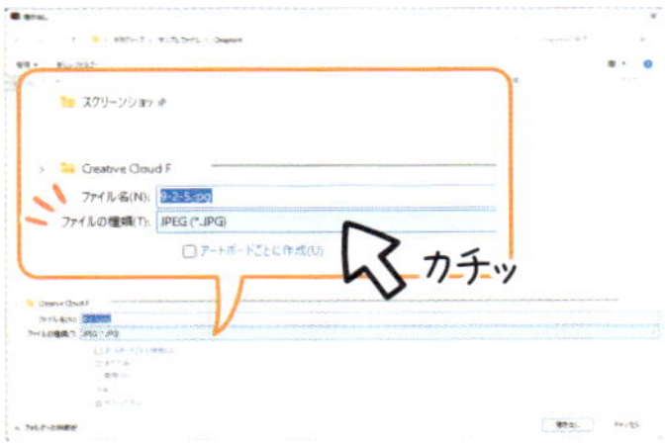
カチッ

❶[ファイルの種類]をクリックすると

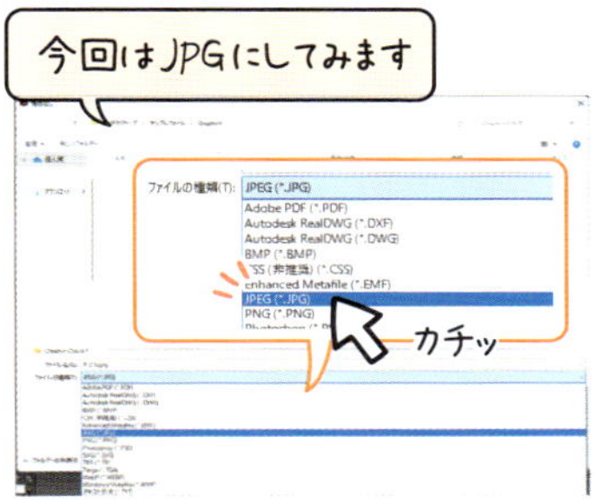
今回はJPGにしてみます
ファイルの種類(T): JPEG (*.JPG)
カチッ

❷保存できる形式が表示されるので、そこから形式を選択する

カチッ

❸ここにチェックを入れると、アートボードごとに画像が書き出される

5 それぞれ設定ができたら、[書き出し]をクリックします。すると、さらにカラーモードや解像度を設定するウィンドウが表示されるので、自分の用途に合った設定を行い、[OK]をクリックすることで、画像が書き出されます。

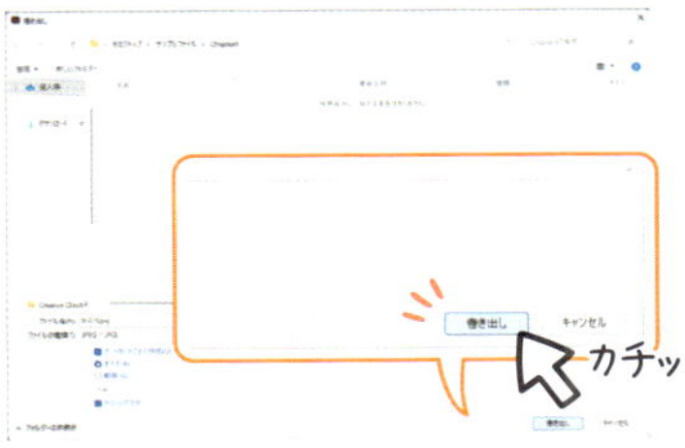
カチッ

❶[書き出し]をクリックすると

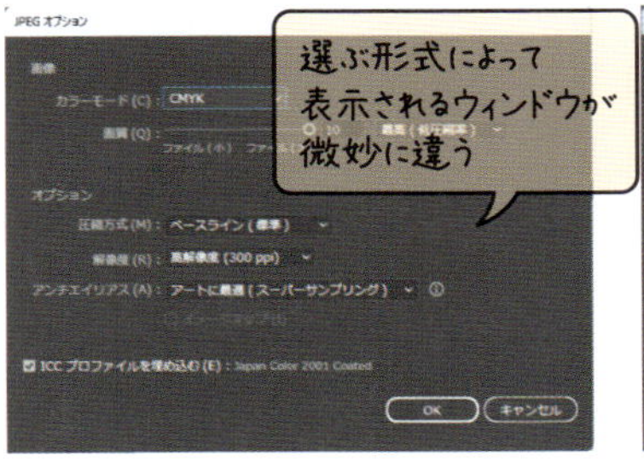
選ぶ形式によって
表示されるウィンドウが
微妙に違う

❷カラーモードや解像度などの設定を行うウィンドウが表示されるので

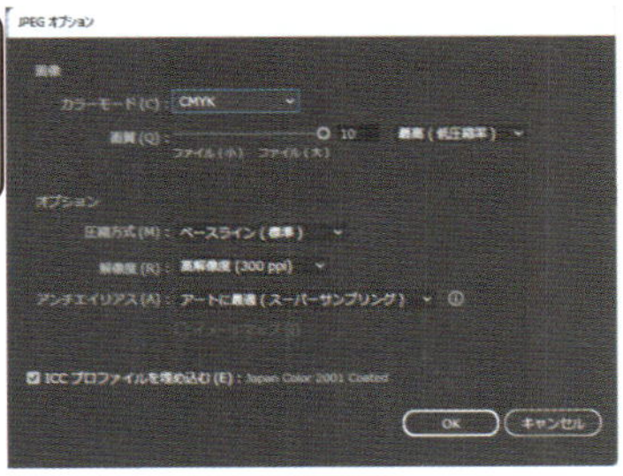

❸自分の用途にあった設定を行う

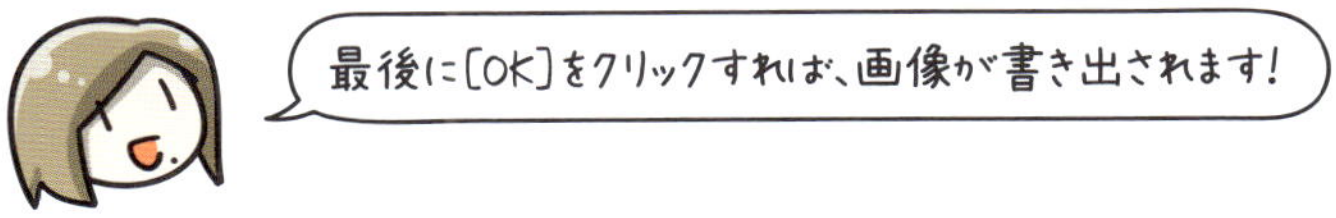
最後に[OK]をクリックすれば、画像が書き出されます!

Let's Try!

「Web用に保存(従来)」を使ってみよう

1 まずはサンプルファイル「9-2-6.ai」を開いて、「書き出し形式」から画像を書き出してみましょう。サンプルファイルを開くと、複数のアートボードにオブジェクトが配置されていることがわかります。

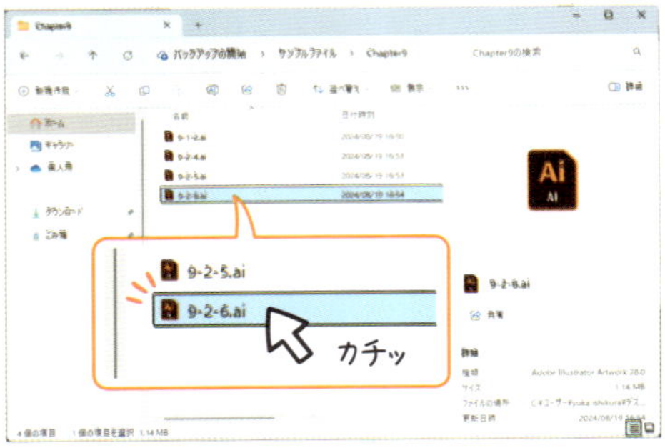
9-2-5.ai
9-2-6.ai
カチッ

❶サンプルファイル「9-2-6.ai」を開くと

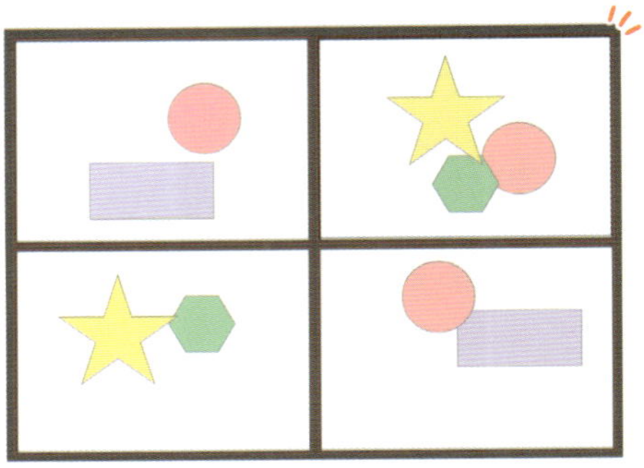

❷複数のアートボードにオブジェクトが配置されている

2 画面上部[メニューバー]にある[ファイル]から、[書き出し]にカーソルを合わせるとメニューが表示されるので、[Web用に保存(従来)]を選択します。すると、別途ウィンドウが表示されます。ここから、どのような画像形式にするかなどの設定を行っていきます。

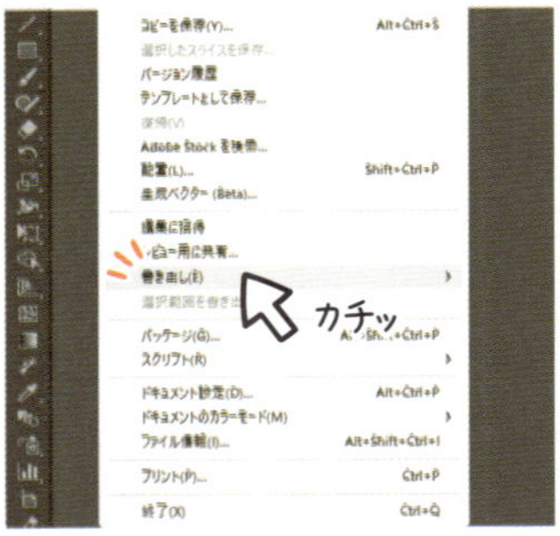
カチッ

❶[メニューバー]にある[ファイル]の[書き出し]にカーソルを合わせ

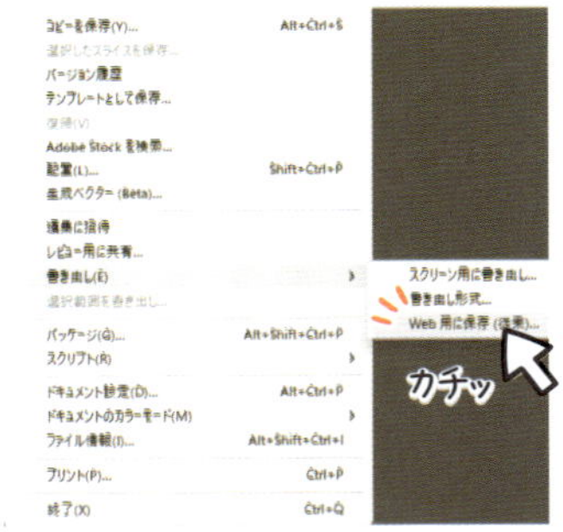
カチッ

❷表示されるメニュー内[Web用に保存(従来)]を選択すると

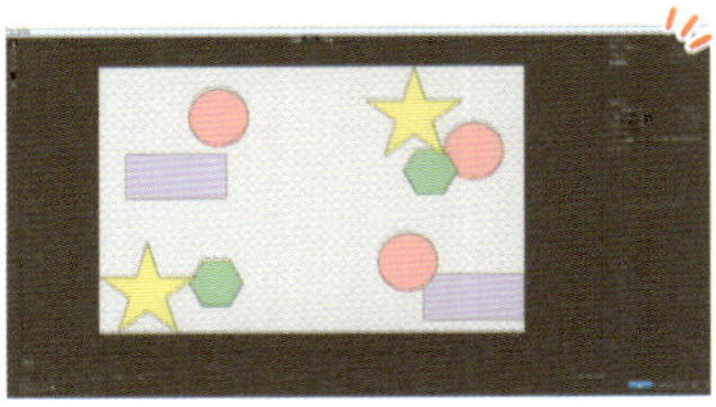

❸別途ウィンドウが表示される

3 画面右側の[プリセット]内では、画像形式を選択します。

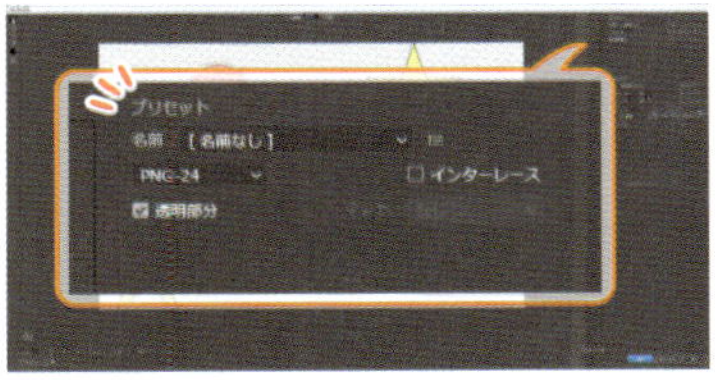
プリセット
名前：[名前なし]
PNG-24
インターレース
透明部分
❶画面右側にある[プリセット]では

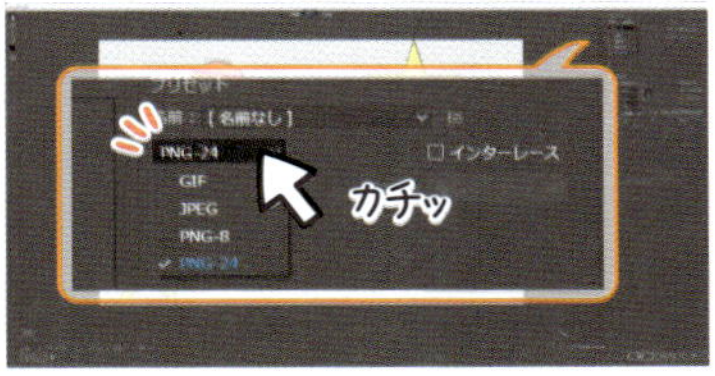
PNG-24
GIF
JPEG
PNG-8
インターレース
カチッ
❷画像形式を選択でき

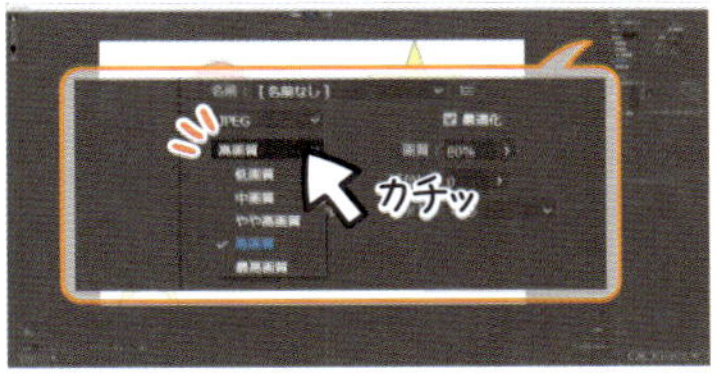
カチッ
❸選んだ画像形式によっては画質の設定も行える

4 [画像サイズ]内では、書き出す画像のサイズ指定などを行います。設定ができたら、ウィンドウ右下の[保存]をクリックしましょう。

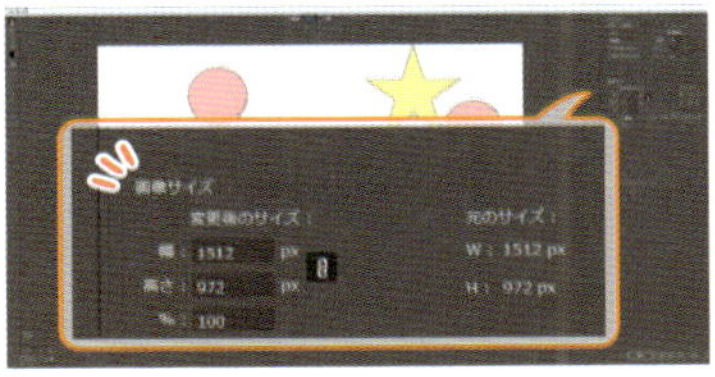
画像サイズ
変更後のサイズ：
元のサイズ：
幅：1512 px
高さ：972 px
W：1512 px
H：972 px
❶[画像サイズ]では

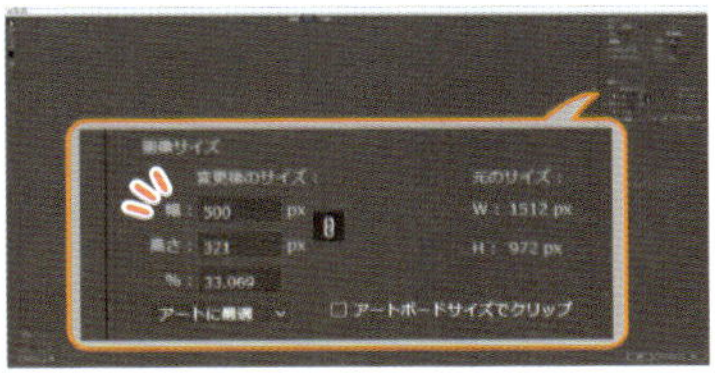
画像サイズ
変更後のサイズ：
元のサイズ：
幅：500 px
高さ：321 px
W：1512 px
H：972 px
アートボードサイズでクリップ
❷数値を入力することで、書き出す画像のサイズを設定できる

ブラウザーティザ
保存
キャンセル
完了
カチッ
❸設定ができたら、右下の[保存]をクリックする

5 すると、どこに保存するかを指定するウィンドウが開かれるので、名前を変更したあと保存したい場所を指定し、[保存]をクリックすることで、画像が書き出されます。

❶どこに保存するかを指定するウィンドウが開かれるので

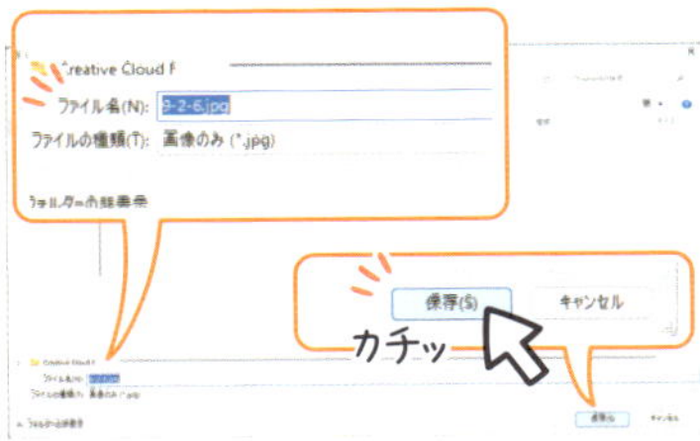
ファイル名(N): 9-2-6.jpg
ファイルの種類(T): 画像のみ (*.jpg)
保存(S)
キャンセル
カチッ
❷フォルダ内を操作し場所を指定して名前を変更し、[保存]をクリックすると

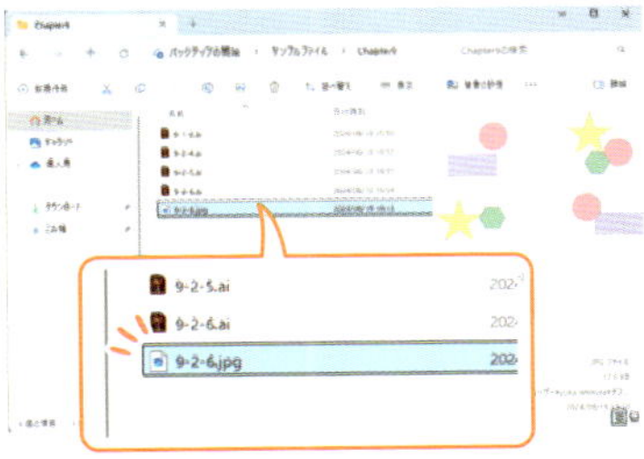
9-2-5.ai
9-2-6.ai
9-2-6.jpg
❸画像が書き出される

Chapter 9…3 印刷してみる

ポスターや名刺など、作成したものを印刷するタイミングはいくつかあります。印刷する方法を学んでいきましょう。

Study

プリンターの設定方法について知ろう

プリントは、画面上部[メニューバー]にある[ファイル]から[プリント]を選ぶことで、プリントの設定を行うことができます。

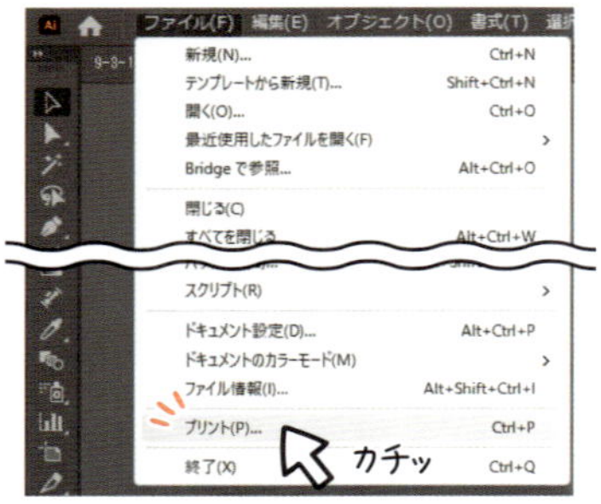

ファイル(F) 編集(E) オブジェクト(O) 書式(T)
新規(N)... Ctrl+N
テンプレートから新規(T)... Shift+Ctrl+N
開く(O)... Ctrl+O
最近使用したファイルを開く(F)
Bridge で参照... Alt+Ctrl+O
閉じる(C)
すべてを閉じる Alt+Ctrl+W
スクリプト(R)
ドキュメント設定(D)... Alt+Ctrl+P
ドキュメントのカラーモード(M)
ファイル情報(I)... Alt+Shift+Ctrl+I
プリント(P)... Ctrl+P
終了(X) Ctrl+Q
カチッ

画面上部[メニューバー]にある[ファイル]から[プリント]を選ぶと

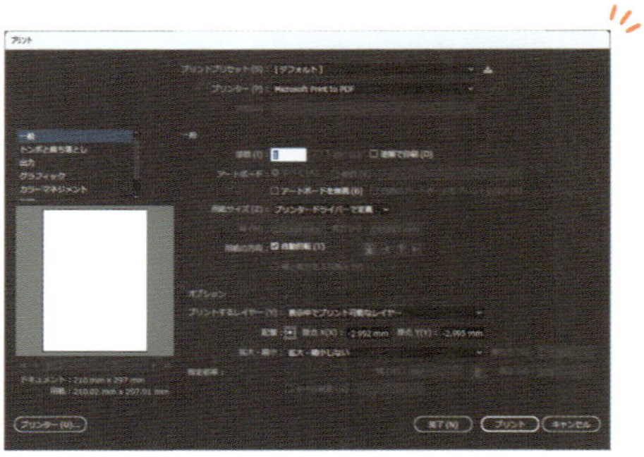

プリントの設定を行うウィンドウが表示される

設定できる代表的な項目は以下の通りです。

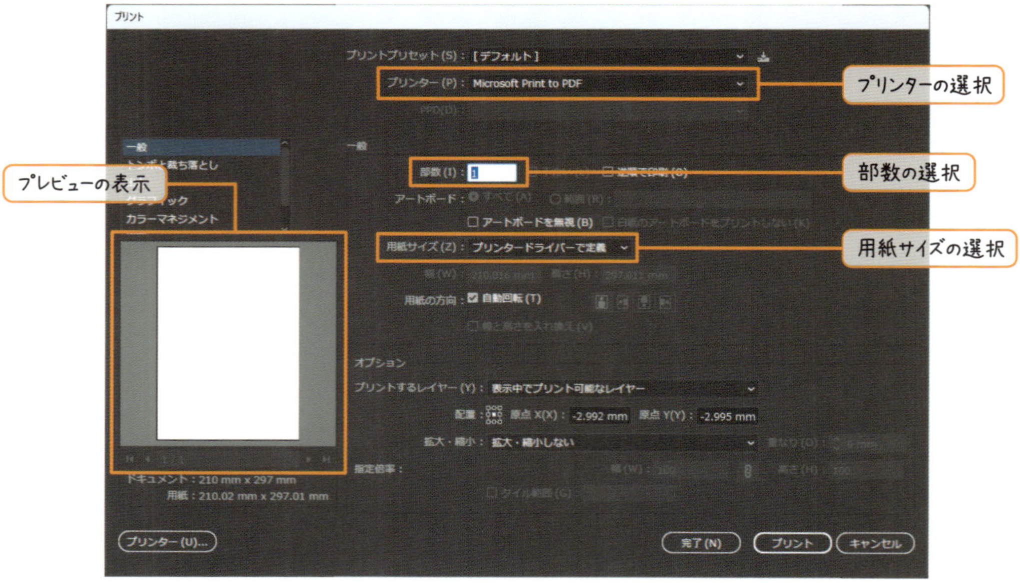

プリント
プリントプリセット(S)：[デフォルト]
プリンター(P)：Microsoft Print to PDF
プリンターの選択
一般
トンボと裁ち落とし
グラフィック
カラーマネジメント
プレビューの表示
部数(I)：1
逆順で印刷(O)
部数の選択
アートボード：すべて(A) 範囲(R)：
アートボードを無視(B)
用紙サイズ(Z)：プリンタードライバーで定義
用紙サイズの選択
用紙の方向：自動回転(T)
オプション
プリントするレイヤー(Y)：表示中でプリント可能なレイヤー
配置：原点 X(X)：-2.992 mm 原点 Y(Y)：-2.995 mm
拡大・縮小：拡大・縮小しない
指定倍率：
ドキュメント：210 mm x 297 mm
用紙：210.02 mm x 297.01 mm
プリンター(U)...
完了(N) プリント キャンセル

Let's Try!

実際にプリントしてみよう

1 画面上部[メニューバー]にある[ファイル]から[プリント]を選ぶと、別途ウィンドウが表示されます。

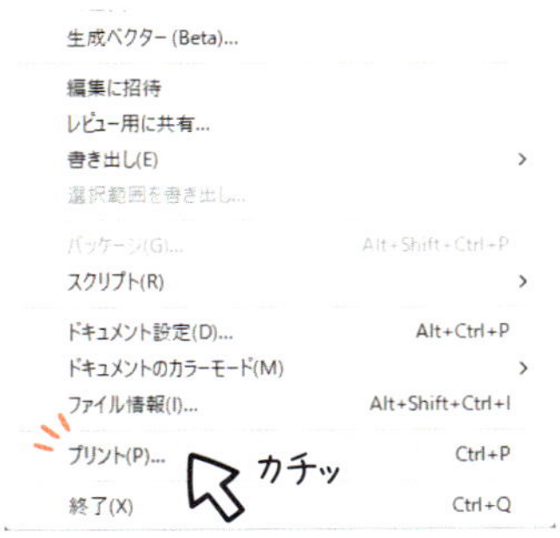

生成ベクター (Beta)...
編集に招待
レビュー用に共有...
書き出し(E)
選択範囲を書き出し...
パッケージ(G)... Alt+Shift+Ctrl+P
スクリプト(R)
ドキュメント設定(D)... Alt+Ctrl+P
ドキュメントのカラーモード(M)
ファイル情報(I)... Alt+Shift+Ctrl+I
プリント(P)... Ctrl+P
カチッ
終了(X) Ctrl+Q

❶[メニューバー]にある[ファイル]から[プリント]を選ぶと

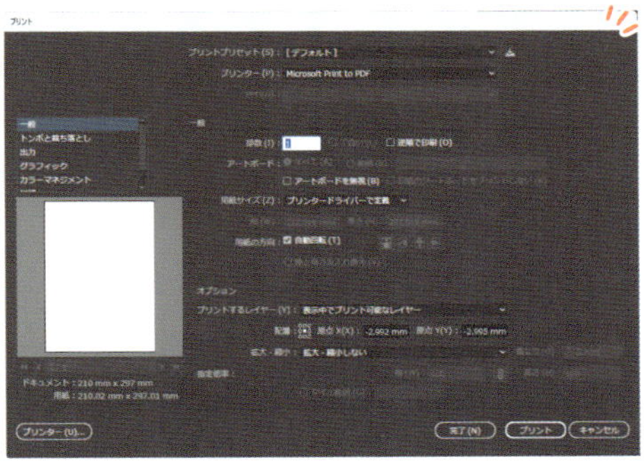

❷プリントの設定を行うウィンドウが表示される

2 ウィンドウ上部[プリンター]では、自宅のプリンターを選択しましょう。ウィンドウ中央[一般]からは、部数や用紙のサイズなどを設定することができます。

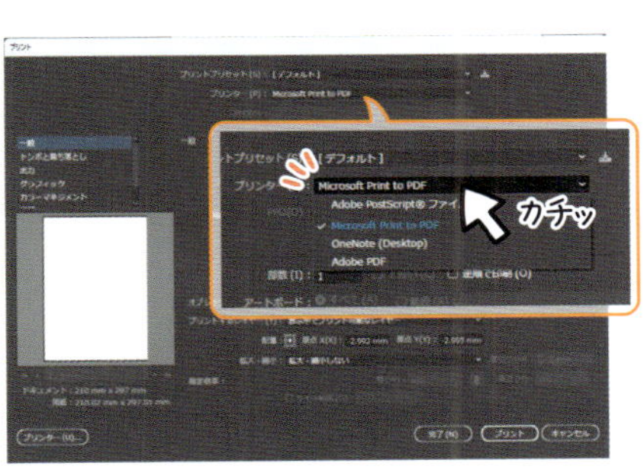

Microsoft Print to PDF
Adobe PostScript® ファイル
Microsoft Print to PDF
OneNote (Desktop)
Adobe PDF
カチッ

❶[プリンター]をクリックし自宅のプリンターを選択する

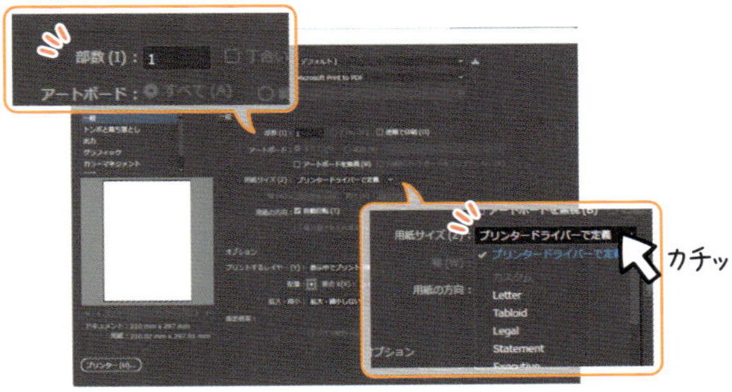

部数(I)：1
アートボード：
用紙サイズ(Z)：プリンタードライバーで定義
用紙の方向：
Letter
Tabloid
Legal
Statement
カチッ

❷[一般]からは、部数や用紙サイズなどを設定できる

3 ウィンドウ左にある[トンボと裁ち落とし]をクリックすると、印刷した際にトンボをつけるかどうかの設定も行えます。

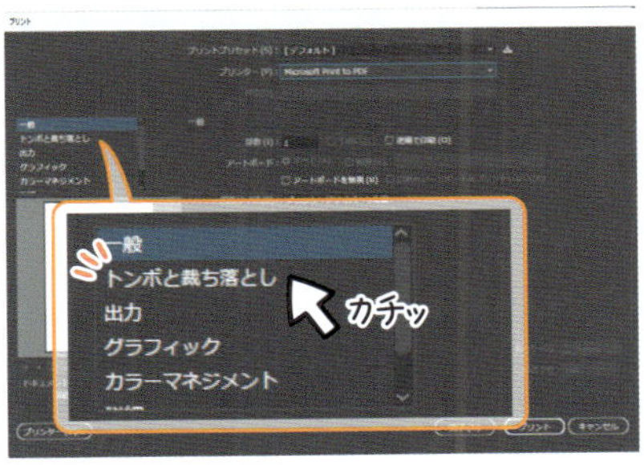

一般
トンボと裁ち落とし
出力
グラフィック
カラーマネジメント
カチッ

❶ウィンドウ左にある[トンボと裁ち落とし]をクリックすると

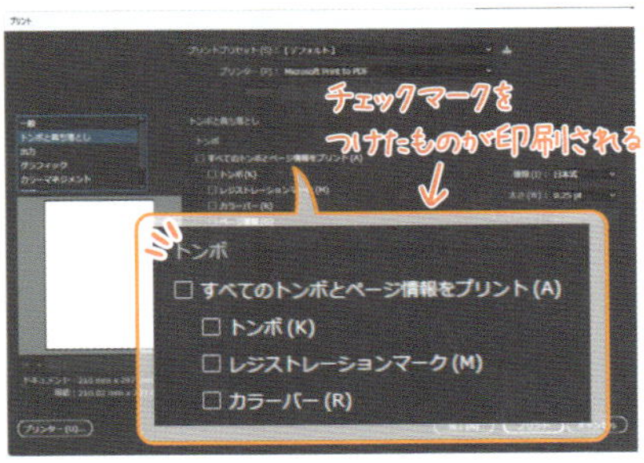

チェックマークをつけたものが印刷される
トンボ
すべてのトンボとページ情報をプリント(A)
トンボ(K)
レジストレーションマーク(M)
カラーバー(R)

❷印刷した際にトンボをつけるかどうかの設定などを行える

設定ができたら、ウィンドウ右下の[プリント]をクリックすれば印刷が開始されます

Chapter 9 番外編

名刺を作ってみよう⑧

この章で学んだことを活かして、名刺を作っていきます。ここでは、実際に名刺を印刷します。

印刷してみよう

1 9章で学んだことを踏まえて、ここでは、前の章で完成した名刺を実際にプリンターで印刷してみます。

91mm
55mm
済
①名刺サイズのアートボードを作成する
②ガイドを作成する
③ウサギなどのオブジェクトを作成する
④周りの装飾を作成する
⑤吹き出しや背景の
オブジェクトを作成する
⑥テキストを入力する
⑦レイヤーごとに
オブジェクトを振り分ける
⑧画像を配置する
ここ!
イラストレーター
イシクラ ユカ
イラスト描きます！
mail:aiueo@example.com
⑨印刷する

2 8章で作成したファイルを開いたら、さっそく印刷していきましょう。画面上部［ファイル］から［プリント］を選択します。

イラストレーター
イシクラ ユカ
イラスト描きます！
mail:aiueo@example.com
❶作成したファイルを開いたら

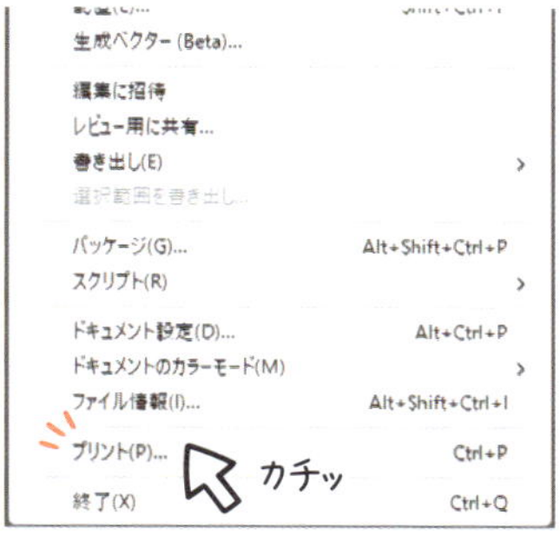
生成ベクター（Beta）...
編集に招待
レビュー用に共有...
書き出し(E)
パッケージ(G)... Alt+Shift+Ctrl+P
スクリプト(R)
ドキュメント設定(D)... Alt+Ctrl+P
ドキュメントのカラーモード(M)
ファイル情報(I)... Alt+Shift+Ctrl+I
プリント(P)... Ctrl+P
終了(X) Ctrl+Q
カチッ
❷画面上部［ファイル］から［プリント］を選択すると

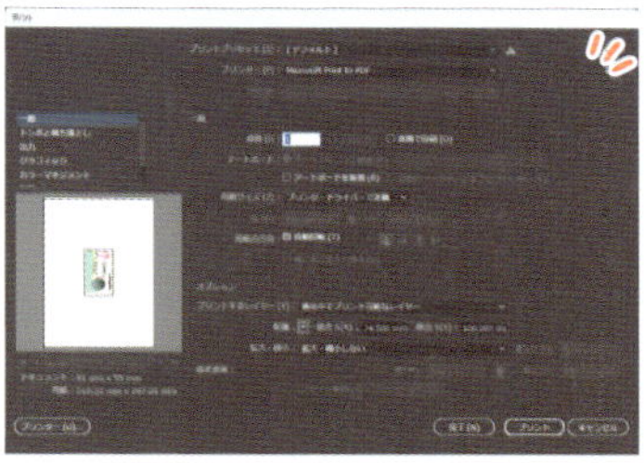
❸印刷の設定を行うウィンドウが開かれる

3 ［プリンター］は自宅のプリンターを、［部数］は［1］に、［用紙サイズ］は［プリンタドライバーで定義］のままにしておきます（p.251「実際にプリントしてみよう」参照）。

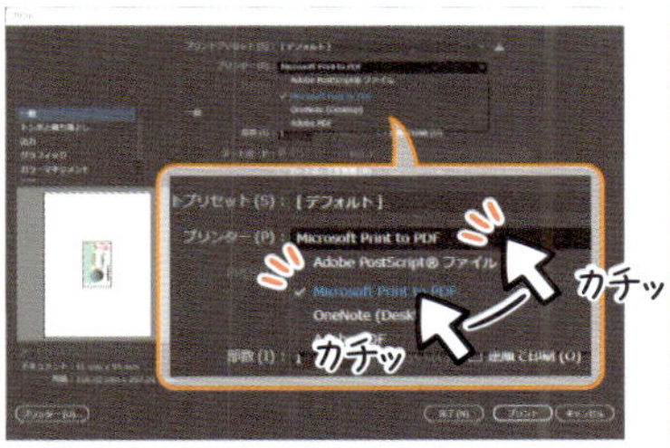
プリセット(S)：［デフォルト］
プリンター(P)
Microsoft Print to PDF
Adobe PostScript® ファイル
OneNote (Desk
カチッ
カチッ
❶［プリンター］は自宅のプリンター

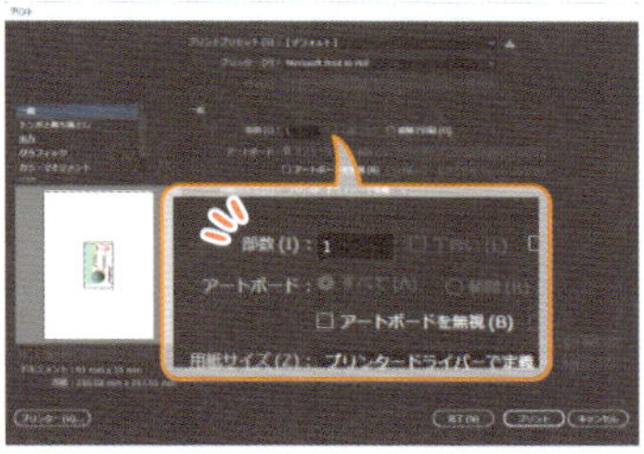
部数(I)：1
アートボード：
アートボードを無視(B)
用紙サイズ(Z)：プリンタードライバーで定義
❷［部数］は［1］

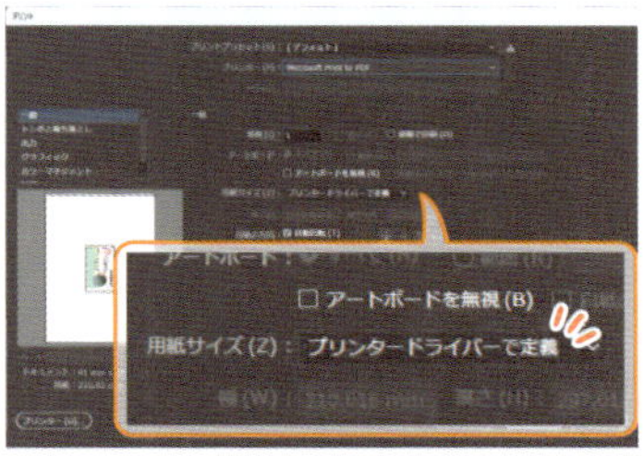
アートボードを無視(B)
用紙サイズ(Z)：プリンタードライバーで定義
❸［用紙サイズ］は［プリンタドライバーで定義］のままにする

4 次に、ウィンドウ左側の［トンボと裁ち落とし］をクリックし、トンボの設定を行っていきます。

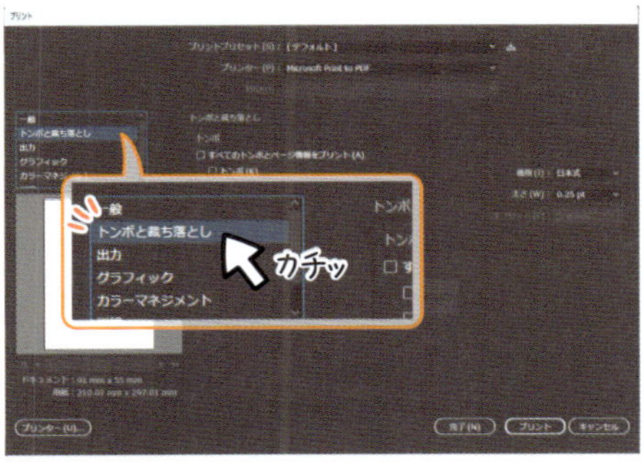
一般
トンボと裁ち落とし
出力
グラフィック
カラーマネジメント
カチッ
❶ウィンドウ左側の［トンボと裁ち落とし］をクリックすると

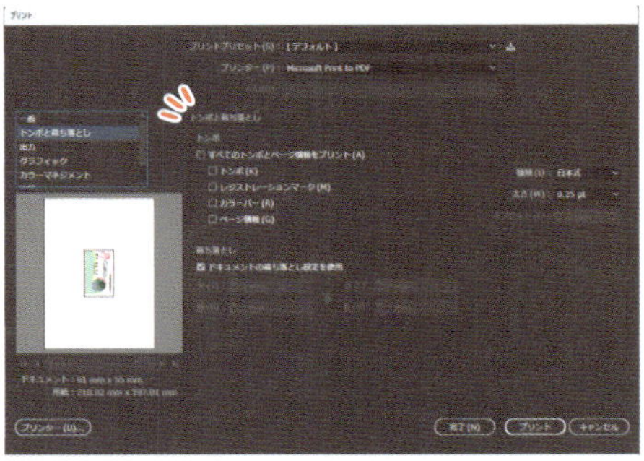
❷ウィンドウ中央がトンボを設定する項目に変わる

5 ウィンドウ内にある[トンボ]のみにチェックを入れます。こうすることで、印刷した際、トンボも併せて印刷されます。

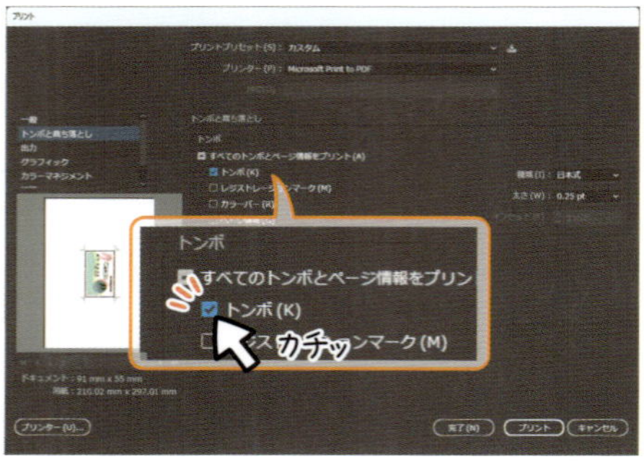
トンボ
すべてのトンボとページ情報をプリン
トンボ (K)
カチッ

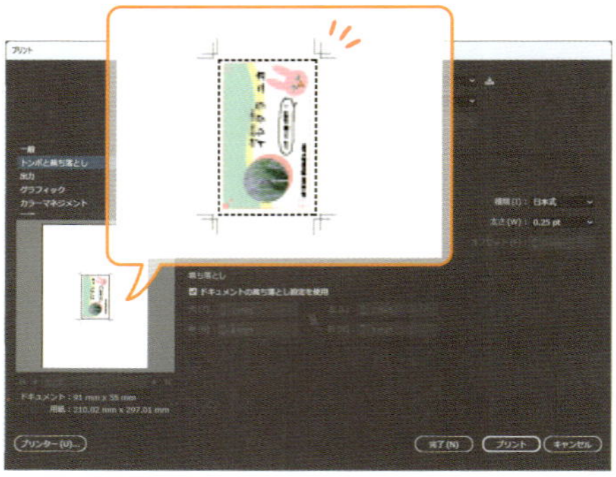

❶[トンボ]にチェックを入れると

❷プレビューにトンボが表示される

6 最後に[プリント]をクリックすれば、印刷が開始されます。

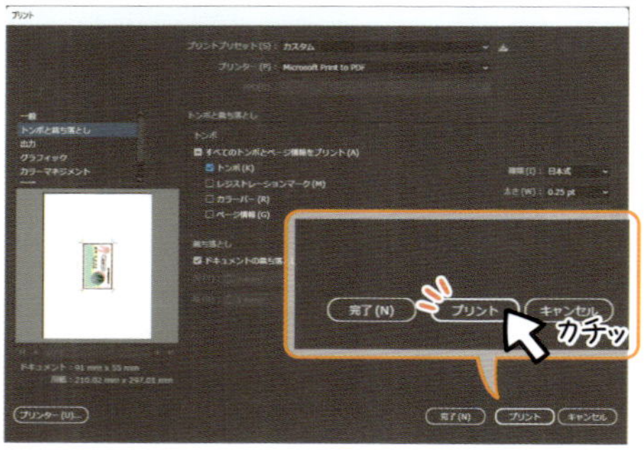
完了 (N)
プリント
キャンセル
カチッ

こんな風に印刷されて完成!
イラストレーター
イシクラ ユカ
mail:aiueo@example.com

❶[プリント]をクリックすると印刷が開始される

知っておこう!

トンボとは?

印刷をする際、「トンボ」という目印を一緒に印刷することがあります。トンボとは、印刷したものを正確に断ち切る目印のことです。

イラストレーター
イシクラ ユカ

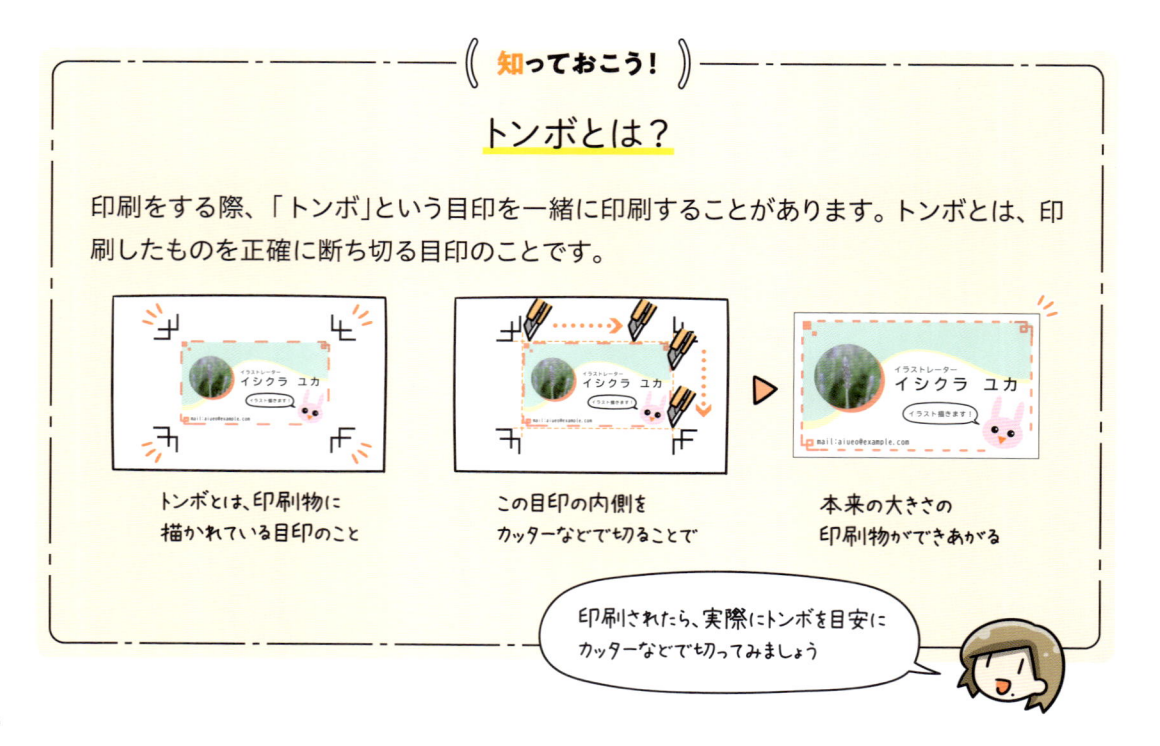

トンボとは、印刷物に描かれている目印のこと

この目印の内側をカッターなどで切ることで

本来の大きさの印刷物ができあがる

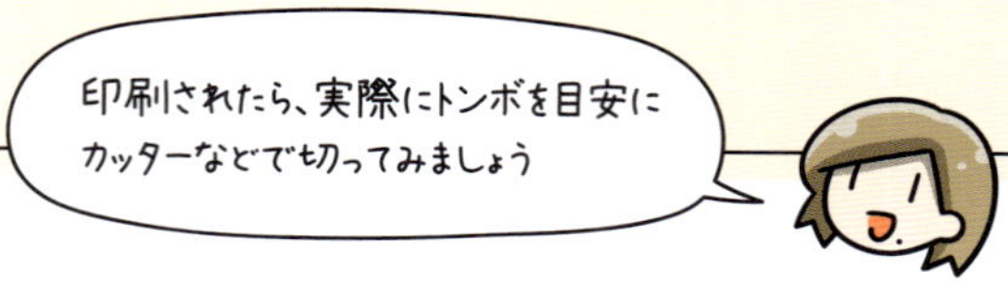
印刷されたら、実際にトンボを目安にカッターなどで切ってみましょう

Chapter

10

知ってると便利な Illustratorの機能

この章では、必須ではないけれど知っておくと便利なIllustratorの機能について学んでいきます。例えば、用意されているパターンの使い方やアピアランスという機能の使い方などです。必ずしも一緒に操作していく必要はなく、頭の片隅に置いておく程度でも大丈夫です。

Caffe

Chapter

10 知ってると便利なIllustratorの機能

この章では、必須ではないけど知っておくとより
Illustrator での操作がしやすくなる機能について見ていきます

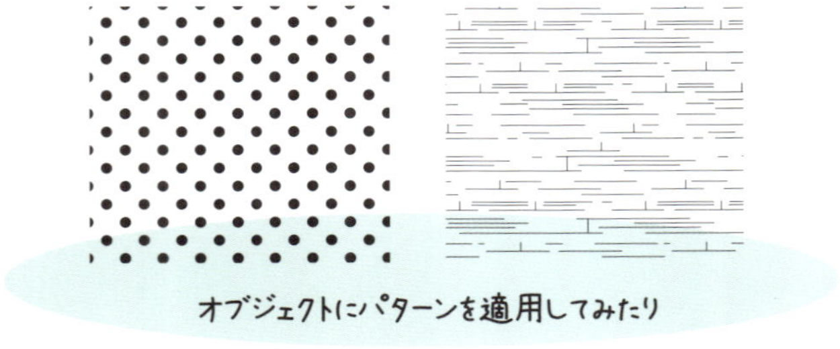
オブジェクトにパターンを適用してみたり

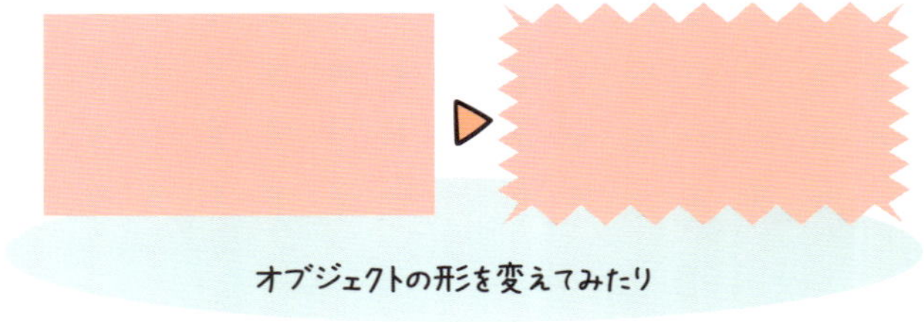
オブジェクトの形を変えてみたり

あるオブジェクトの色をコピーしてみたり

特定の色を一括で変換してみたり

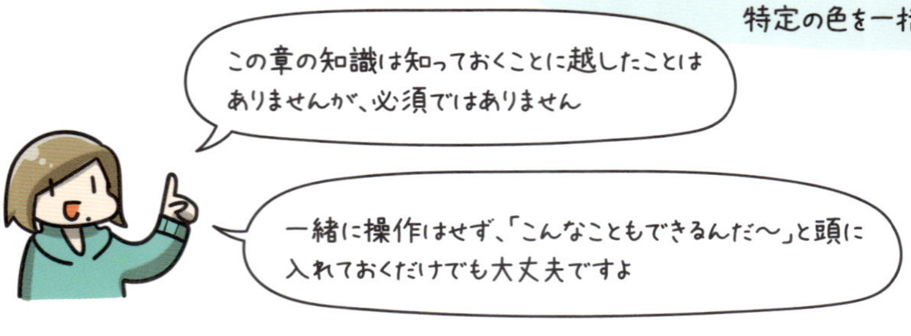
この章の知識は知っておくことに越したことはありませんが、必須ではありません
一緒に操作はせず、「こんなこともできるんだ〜」と頭に入れておくだけでも大丈夫ですよ

Chapter 10…1 パターン

パターンを使用することで、デザインを行うときにアクセントとして配置することができたりします。

Study

パターンについて知ろう

Illustratorには、もともとパターンがいくつか用意されています。

ドット柄のパターンや　ボーダーのパターン　植物の柄のパターンなど

パターンは[塗り]に適用させることも、[線]に適用させることもできます。また、適用させたあとにパターンの色を変更することも可能です。

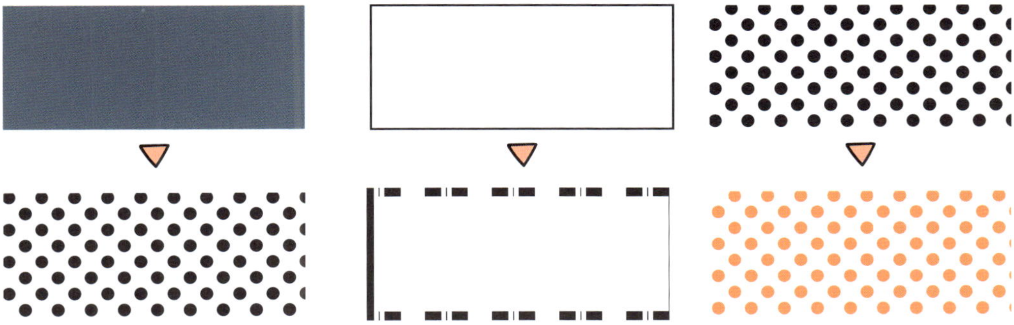

オブジェクトの［塗り］にパターンを適用させたり　オブジェクトの［線］にパターンを適用させたり　適用させたパターンの色をあとから変更できる

Let's Try!

パターンを使ってみよう

1 Illustratorには、もともとパターンがいくつか用意されているので、まずはパターンをオブジェクトに使ってみましょう。[長方形ツール]で長方形を描いたら、画面上部[メニューバー]にある[ウィンドウ]から[スウォッチライブラリ]にカーソルを合わせます。

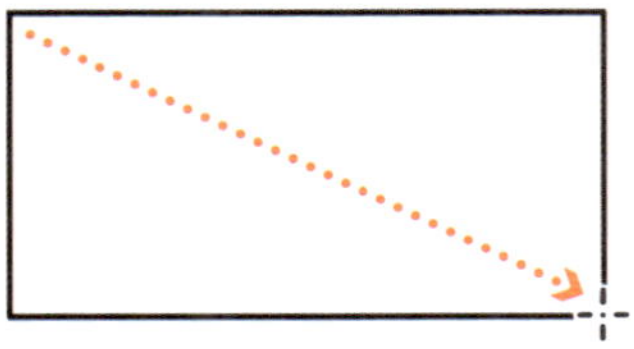

❶[長方形ツール]で[長方形]を描いたあと

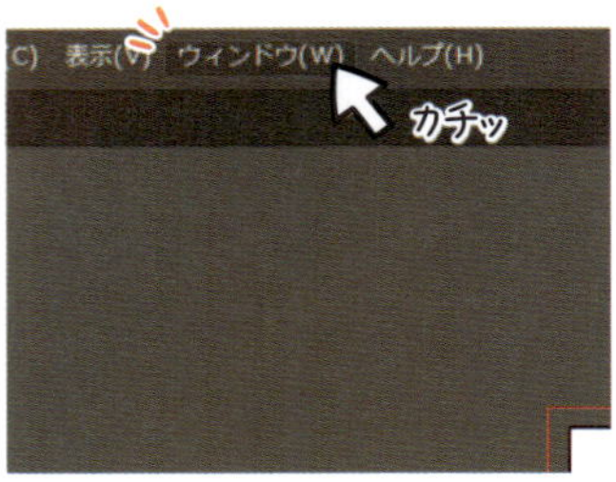
C)　表示(V)　ウィンドウ(W)　ヘルプ(H)
カチッ

❷画面上部[メニューバー]にある[ウィンドウ]から

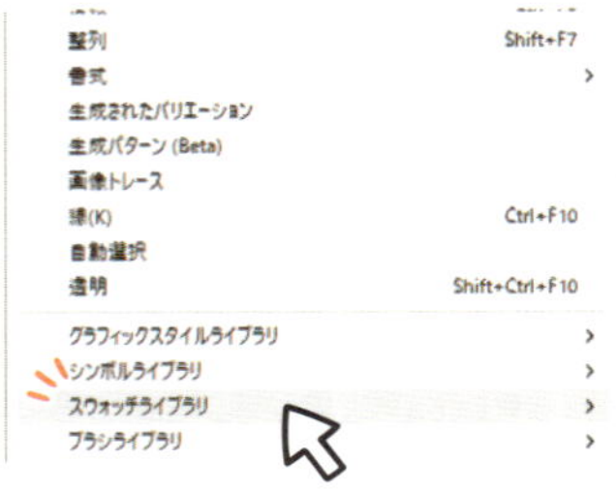
整列　Shift+F7
書式
生成されたバリエーション
生成パターン (Beta)
画像トレース
線(K)　Ctrl+F10
自動選択
透明　Shift+Ctrl+F10
グラフィックスタイルライブラリ
シンボルライブラリ
スウォッチライブラリ
ブラシライブラリ

❸[スウォッチライブラリ]にカーソルを合わせる

2 するとメニューが表示されるので、[パターン]にカーソルを合わせ、さらに表示されたメニューから[ベーシック]>[ベーシック_ライン]を選択すると、ウィンドウが表示されます。

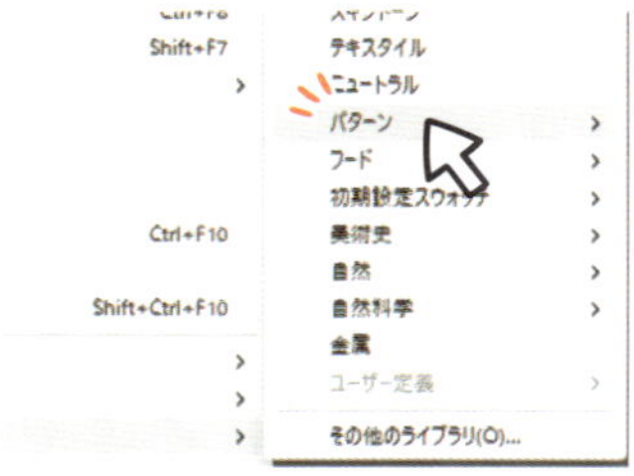
Shift+F7
テキスタイル
ニュートラル
パターン
フード
初期設定スウォッチ
Ctrl+F10
美術史
自然
Shift+Ctrl+F10
自然科学
金属
ユーザー定義
その他のライブラリ(O)...

❶[パターン]にカーソルを合わせ

ベーシック
自然
装飾
ベーシック_テクスチャ
ベーシック_ライン
ベーシック_点
カチッ

❷[ベーシック]>[ベーシック_ライン]を選択すると

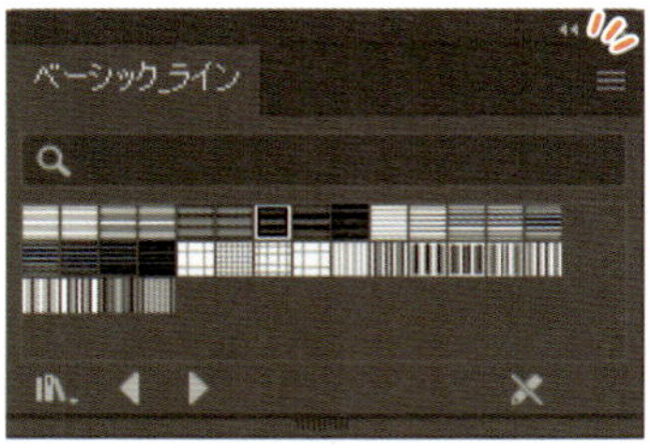
ベーシック_ライン

❸ウィンドウが表示される

3 オブジェクトを選択した状態で、表示させたウィンドウからパターンを選択すると、選択したパターンがオブジェクトに適用されます。

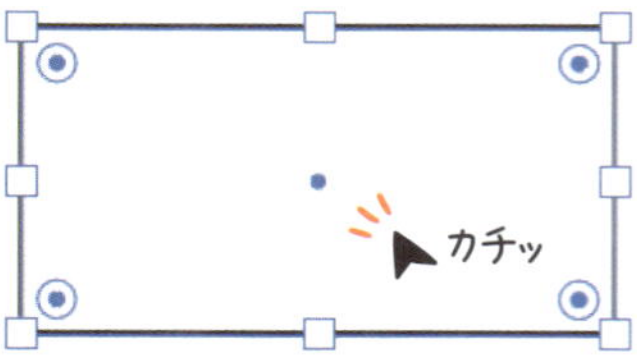
カチッ

❶オブジェクトを選択した状態で

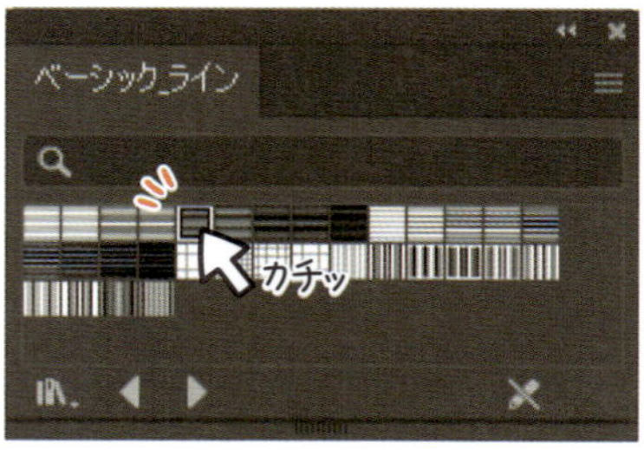
ベーシック_ライン
カチッ

❷ウィンドウからパターンを選択すると

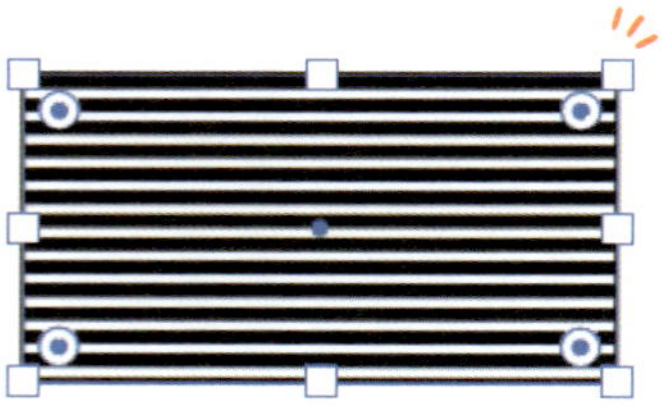

❸選択したパターンがオブジェクトに適用される

4 オブジェクトの[塗り]を選択したままパターンを適用すると、[塗り]にパターンが反映され、[線]を選択したままパターンを適用すると、[線]にパターンが反映されます。

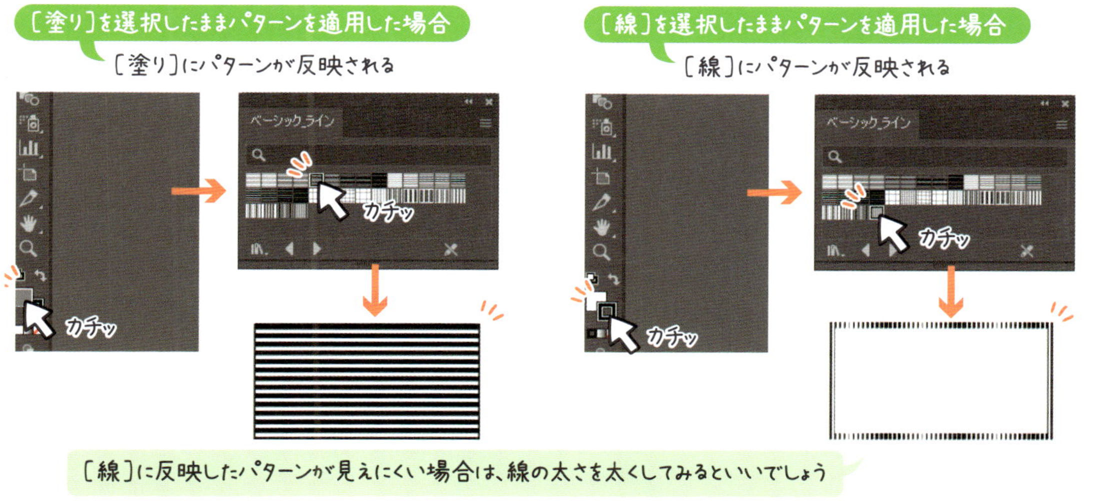
[塗り]を選択したままパターンを適用した場合
[塗り]にパターンが反映される
[線]を選択したままパターンを適用した場合
[線]にパターンが反映される
ベーシック_ライン
カチッ
[線]に反映したパターンが見えにくい場合は、線の太さを太くしてみるといいでしょう

5 また、パターンの色を変更することも可能です。選択したパターンは[スウォッチパネル]に追加されています。[スウォッチパネル]から色を変更したいパターンをダブルクリックすると、パターンを編集できる状態になります。

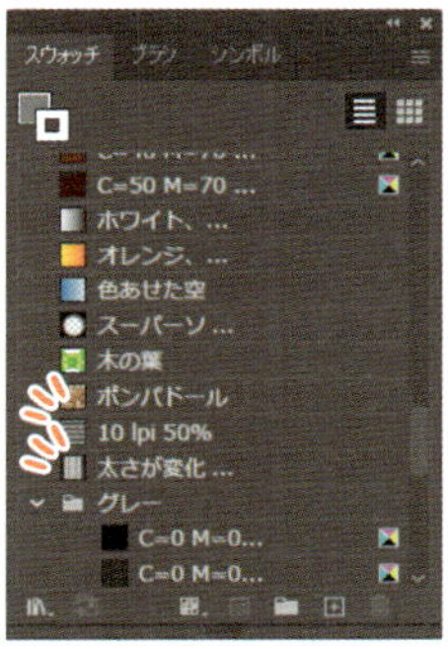
スウォッチ
ブラシ
シンボル
C=50 M=70 ...
ホワイト、...
オレンジ、...
色あせた空
スーパーソ...
木の葉
ポンパドール
10 lpi 50%
太さが変化 ...
グレー
C=0 M=0...
C=0 M=0...

❶選択したパターンは[スウォッチパネル]に追加されていて

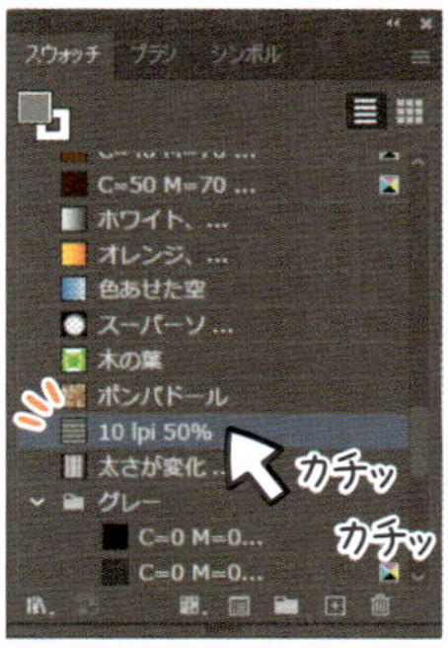
スウォッチ
ブラシ
シンボル
C=50 M=70 ...
ホワイト、...
オレンジ、...
色あせた空
スーパーソ...
木の葉
ポンパドール
10 lpi 50%
太さが変化 ...
グレー
C=0 M=0...
C=0 M=0...
カチッ
カチッ

❷パネルから色を変更したいパターンをダブルクリックすると

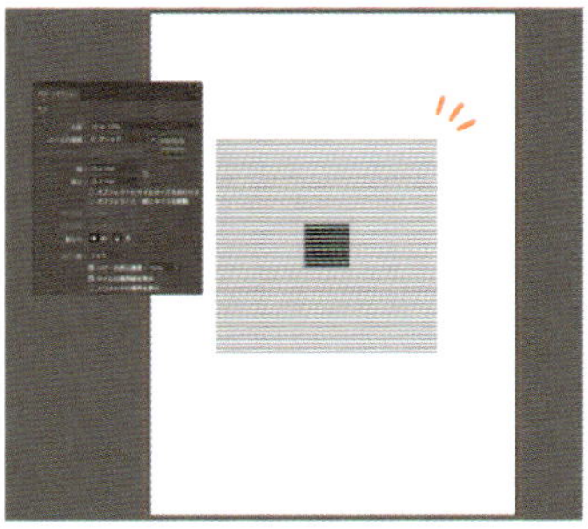

❸パターンを編集できる状態になる

6 濃く表示されているオブジェクトをすべて選び、色を変更したあとに画面左上にある[完了]をクリックすると、パターンの色が変更できます。

❶濃く表示されているオブジェクトをすべて選び

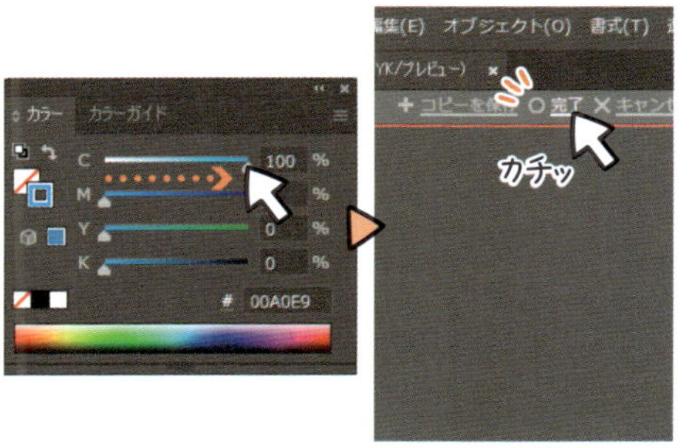
カラー
カラーガイド
C
M
Y
K
100
0
0
%
#
00A0E9
編集(E)
オブジェクト(O)
書式(T)
完了
カチッ

❷色を変更したあとに[完了]をクリックすると

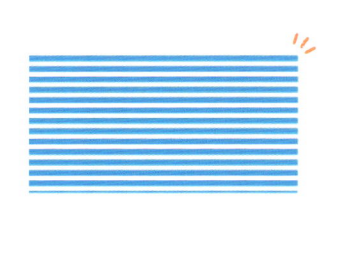

❸パターンの色が変更できる

Chapter

10…2 アピアランス

アピアランスを使いこなせるようになると、オブジェクトを立体的に見せたりなど、表現の幅が広がります。

Study

アピアランスについて知ろう

アピアランスとは、作成したオブジェクトの見た目を変更する機能のことをいいます。アピアランスから効果を追加することで、オブジェクトに影をつけたり、見た目をギザギザにしたりできます。

長方形のオブジェクトがあったとして

長方形の形をギザギザにしたり

影を作ったりできる

アピアランスは複数効果を追加することができます。

ギザギザにした長方形に

影をつけ足したり

アピアランスの特徴は、「オブジェクトの見た目のみ変更する」点です。見た目のみ変更するので、いつでも元のオブジェクトの形に戻せたり、追加した効果を変更することが可能です。

例えば、アピアランスの効果でギザギザに見える長方形も

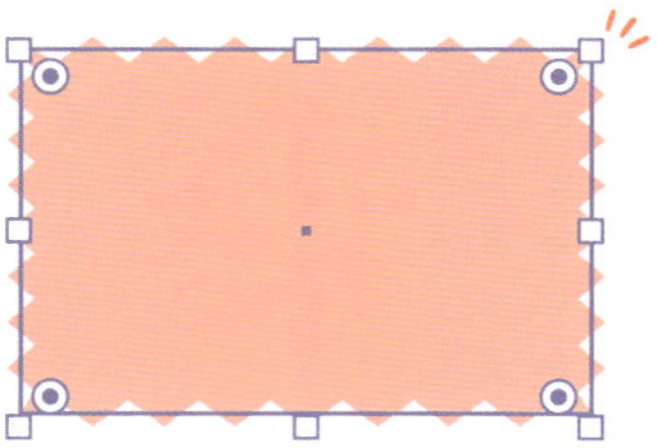

パスを見ると、長方形のパスのままになっているので

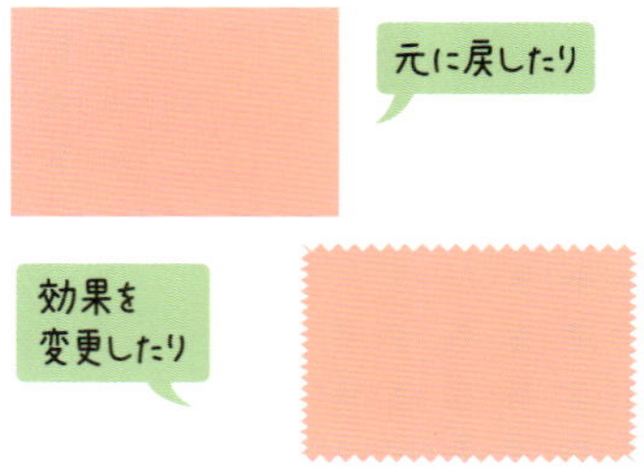
元に戻したり
効果を変更したり

いつでも元のオブジェクトの形に戻したり追加した効果を変更することもできる

Let's Try!

アピアランスを使ってみよう

1 まずは[ツールバー]から[長方形ツール]を選択し、長方形を作ります。長方形が作成できたら、画面上部[メニューバー]にある[ウィンドウ]から[アピアランス]を選択し、[アピアランスパネル]を表示させます。

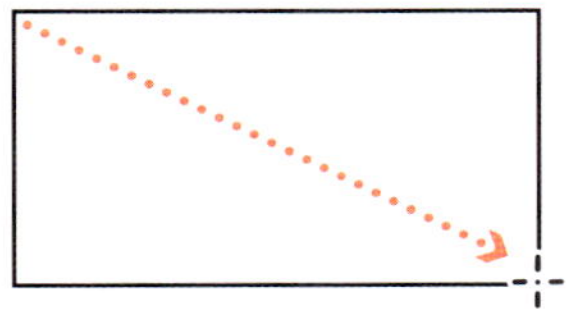

❶[長方形ツール]を選択して長方形を作成したら

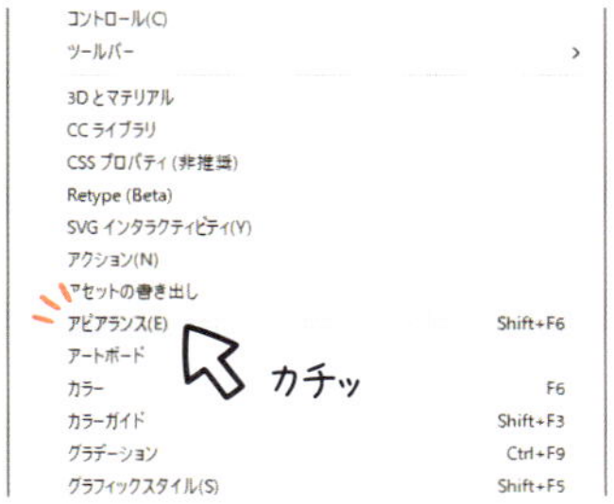
コントロール(C)
ツールバー
3D とマテリアル
CC ライブラリ
CSS プロパティ (非推奨)
Retype (Beta)
SVG インタラクティビティ(Y)
アクション(N)
アセットの書き出し
アピアランス(E) Shift+F6
アートボード
カラー F6
カラーガイド Shift+F3
グラデーション Ctrl+F9
グラフィックスタイル(S) Shift+F5
カチッ

❷[ウィンドウ]から[アピアランス]を選択して

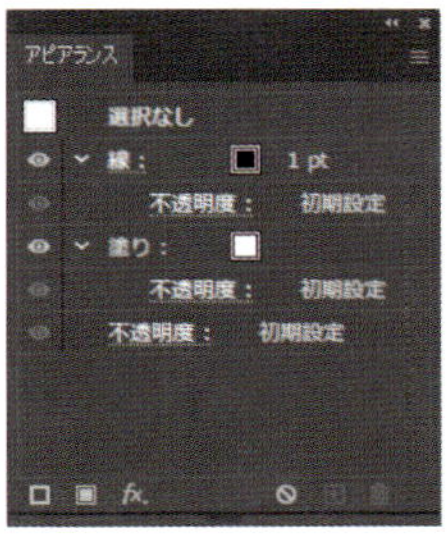
アピアランス
選択なし
線： 1 pt
不透明度： 初期設定
塗り：
不透明度： 初期設定
不透明度： 初期設定

❸[アピアランスパネル]を表示させる

2 オブジェクトを[選択ツール]で選択したあと、[アピアランスパネル]下部にある[fx]をクリックして表示されたメニューから[スタイライズ]>[ドロップシャドウ]を選択すると、ドロップシャドウの設定に関するウィンドウが表示されます。

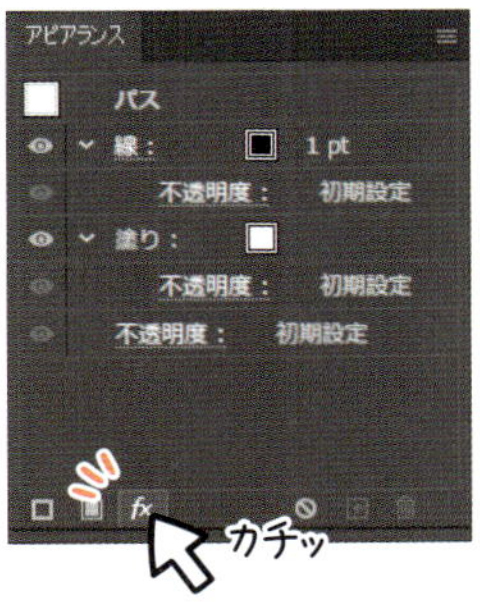
アピアランス
パス
線： 1 pt
不透明度： 初期設定
塗り：
不透明度： 初期設定
不透明度： 初期設定
カチッ

❶オブジェクトを選択したあとパネル下部[fx]をクリックし

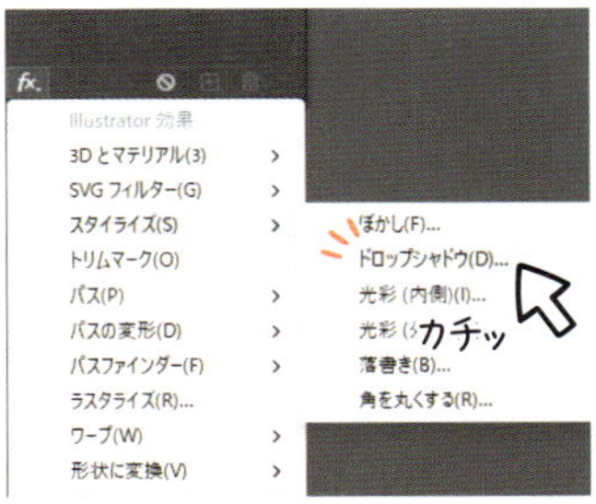
Illustrator 効果
3D とマテリアル(3)
SVG フィルター(G)
スタイライズ(S)
トリムマーク(O)
パス(P)
パスの変形(D)
パスファインダー(F)
ラスタライズ(R)...
ワープ(W)
形状に変換(V)
ぼかし(F)...
ドロップシャドウ(D)...
落書き(B)...
角を丸くする(R)...
カチッ

❷[スタイライズ]>[ドロップシャドウ]を選択すると

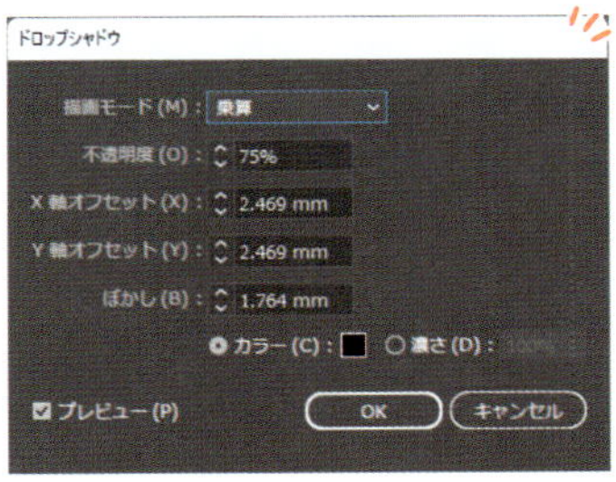
ドロップシャドウ
描画モード(M)： 乗算
不透明度(O)： 75%
X 軸オフセット(X)： 2.469 mm
Y 軸オフセット(Y)： 2.469 mm
ぼかし(B)： 1.764 mm
カラー(C)： 濃さ(D)：
プレビュー(P)
OK
キャンセル

❸ドロップシャドウの設定に関するウィンドウが表示される

3 表示されたウィンドウから影の色や影の位置の設定を行ったあと[OK]をクリックすると、長方形に影が設定されます。

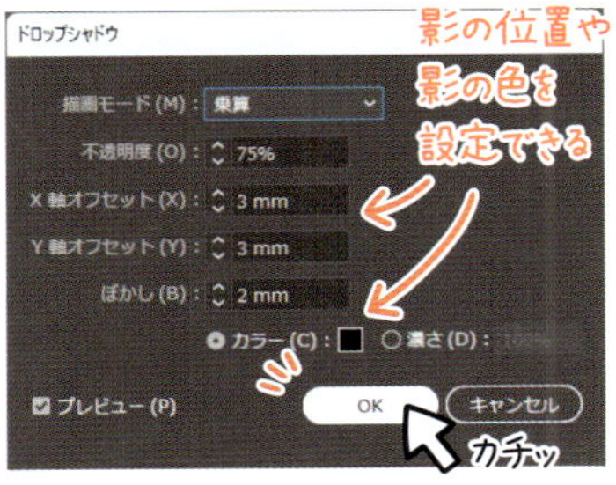
ドロップシャドウ
描画モード(M)： 乗算
不透明度(O)： 75%
X 軸オフセット(X)： 3 mm
Y 軸オフセット(Y)： 3 mm
ぼかし(B)： 2 mm
カラー(C)： 濃さ(D)：
プレビュー(P)
OK
キャンセル
影の位置や
影の色を
設定できる
カチッ

❶表示されたウィンドウから設定を行い[OK]をクリックすると

❷長方形に影が設定される

[アピアランスパネル]内、[ドロップシャドウ]の文字をクリックすると再度設定を行うことができます
fxから効果をさらに足すことで、複数の効果を追加できます

知っておこう！

用意されているほかのアピアランスの効果

［アピアランスパネル］から追加できる効果のうち、実際に操作したもののほかに以下のようなものも用意されています。

［スタイライズ］内にある効果

■ぼかし

オブジェクトの周りをぼかす

■落書き

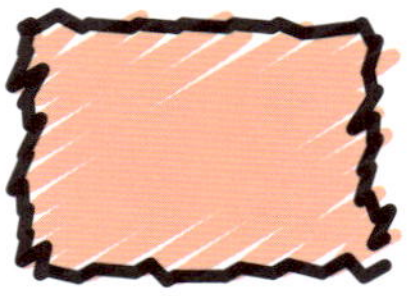

落書きで描いたような見た目になる

■角を丸くする

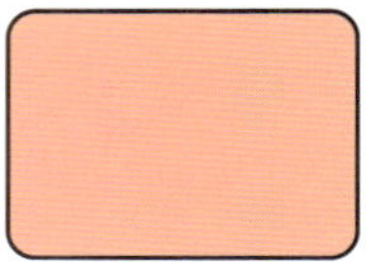

オブジェクトの角が丸くなる

［パスの変形］内にある効果

■ラフ

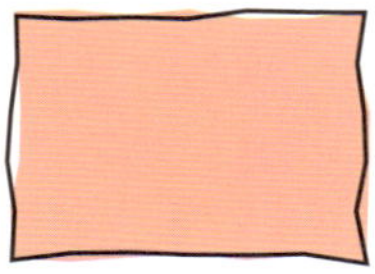

オブジェクトを不規則に歪める

■パンク・膨張

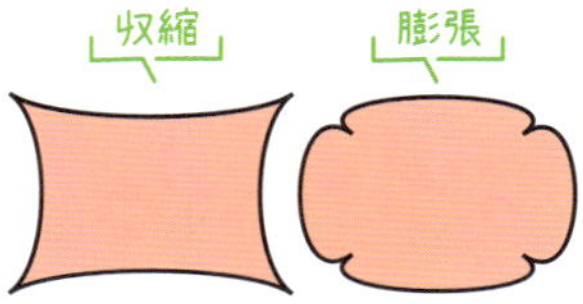
収縮
膨張

オブジェクトを収縮・膨張させる

［ワープ］内にある効果

■アーチ

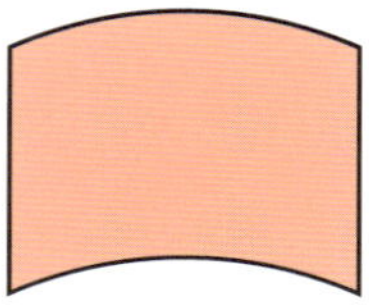

オブジェクトがアーチ状に変形する

すべては紹介しきれないので、気になったものはどんどん試してみてください！

知っておこう！

アピアランスのかかる順番

アピアランスでは、パネル内にある効果が上から順に適用されていきます。そのため、追加した効果の順番をドラッグして入れ替えると、見た目が変化します。

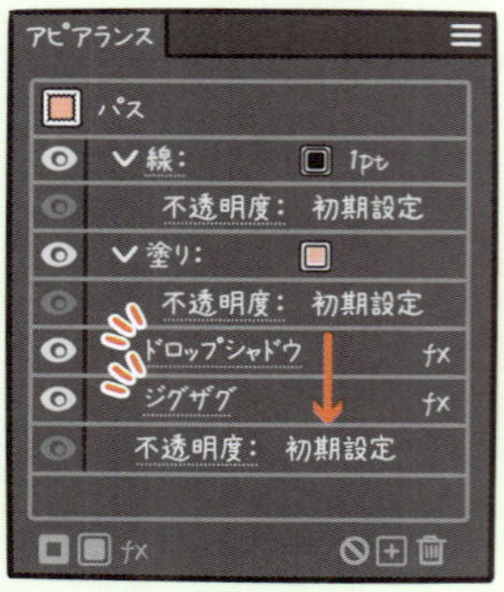
アピアランス
パス
線：
1pt
不透明度：初期設定
塗り：
不透明度：初期設定
ドロップシャドウ
fx
ジグザグ
fx
不透明度：初期設定
fx

影をつけるのが先なので、影の形は長方形のまま

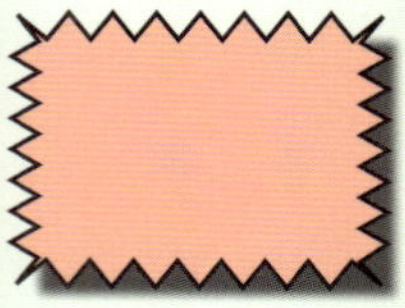

こんな順番だと、オブジェクトに影をつけたあと、オブジェクトの形をジグザグにする

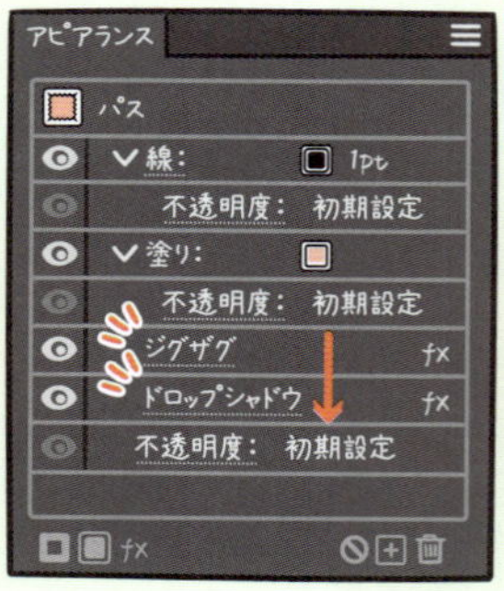
アピアランス
パス
線：
1pt
不透明度：初期設定
塗り：
不透明度：初期設定
ジグザグ
fx
ドロップシャドウ
fx
不透明度：初期設定
fx

形を変えたオブジェクトに影をつけるので、影はジグザグになる

こんな順番だと、オブジェクトの形をジグザグにしたあと、オブジェクトに影をつける

知っておこう！

アピアランスのかかる範囲

［アピアランスパネル］を見ると［線］と［塗り］という項目があります。そこにアピアランスを追加していくのですが、追加したアピアランスがパネル内のどの位置にあるかによって、アピアランスのかかる範囲が変わります。

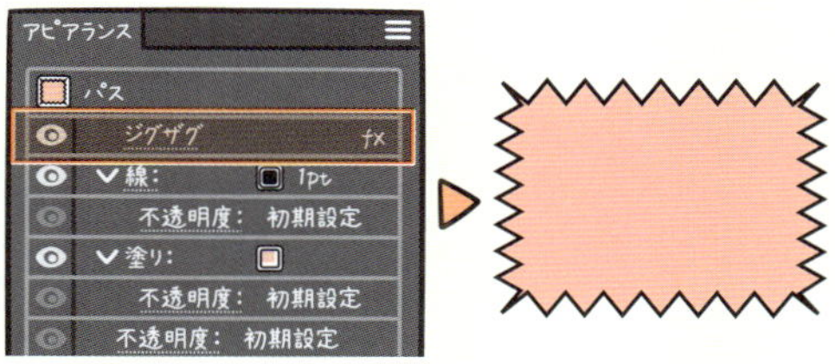
アピアランス
パス
ジグザグ
線：1pt
不透明度：初期設定
塗り：
不透明度：初期設定
不透明度：初期設定

最上部に追加したアピアランスがある場合は
※最下部の場合もあります

［線］と［塗り］両方にアピアランスの効果がかかる

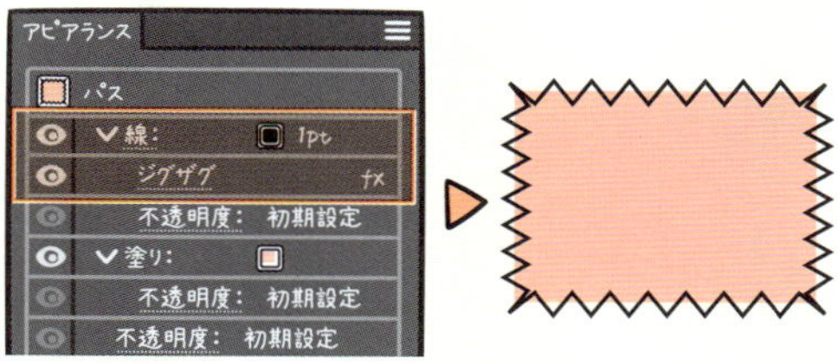
アピアランス
パス
線：1pt
ジグザグ
不透明度：初期設定
塗り：
不透明度：初期設定
不透明度：初期設定

［線］の中に追加したアピアランスがある場合は

［線］にアピアランスの効果がかかる

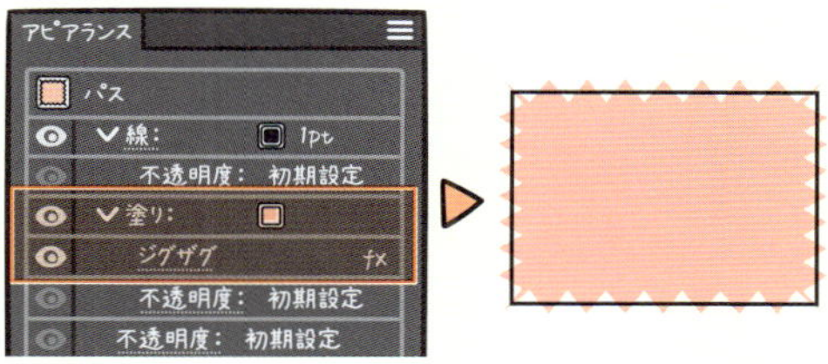
アピアランス
パス
線：1pt
不透明度：初期設定
塗り：
ジグザグ
不透明度：初期設定
不透明度：初期設定

［塗り］の中に追加したアピアランスがある場合は

［塗り］にアピアランスの効果がかかる

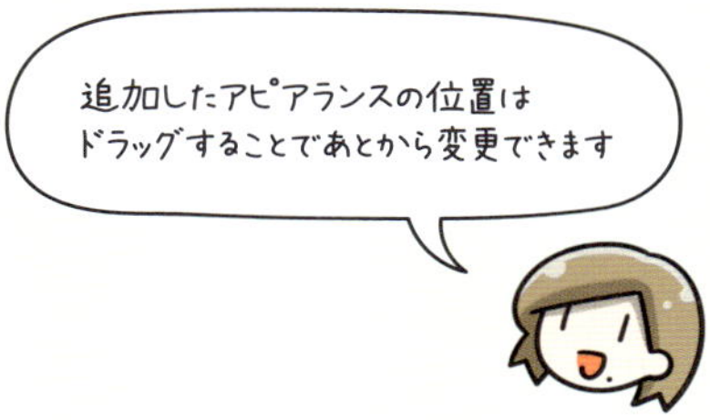
追加したアピアランスの位置はドラッグすることであとから変更できます

知っておこう！

アピアランスを削除する方法

［アピアランスパネル］から削除したいアピアランスを選択し、パネル下部にあるごみ箱のアイコンをクリックすることで、アピアランスを削除できます。

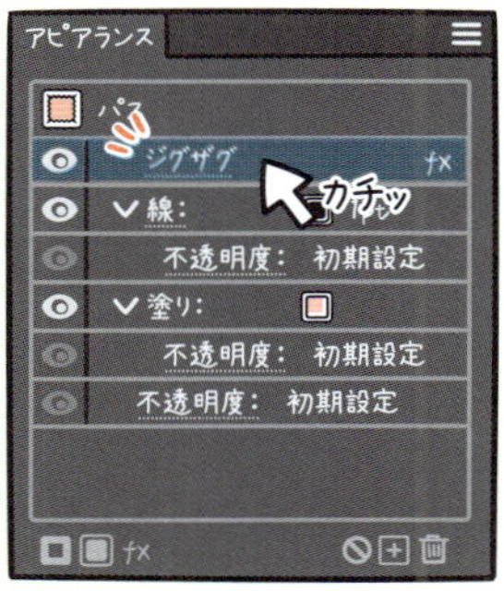
アピアランス
パス
ジグザグ
カチッ
線：
不透明度：初期設定
塗り：
不透明度：初期設定
不透明度：初期設定

削除したいアピアランスを選択し

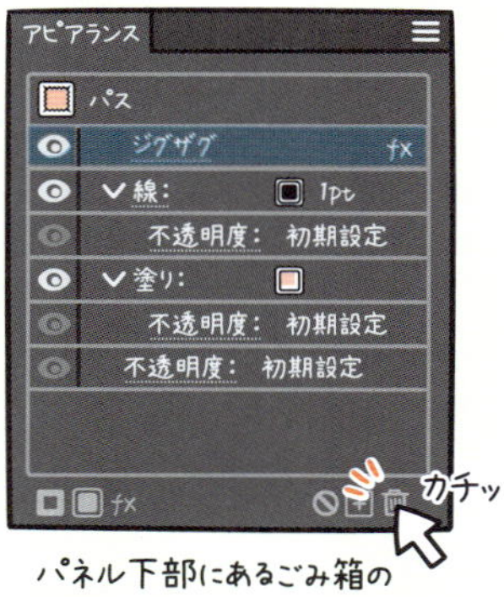
アピアランス
パス
ジグザグ
線：1pt
不透明度：初期設定
塗り：
不透明度：初期設定
不透明度：初期設定
カチッ

パネル下部にあるごみ箱のアイコンをクリックすると

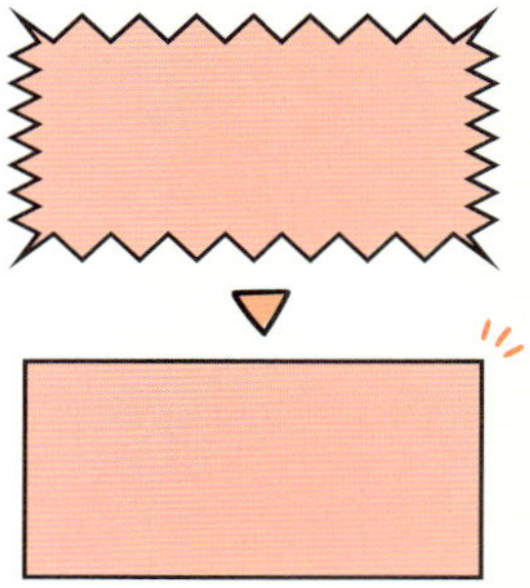

アピアランスを削除できる

Chapter

10…3 スポイトツール

スポイトツールでは、色やテキストをコピーすることができます。注意点もあるので、併せて見ていきましょう。

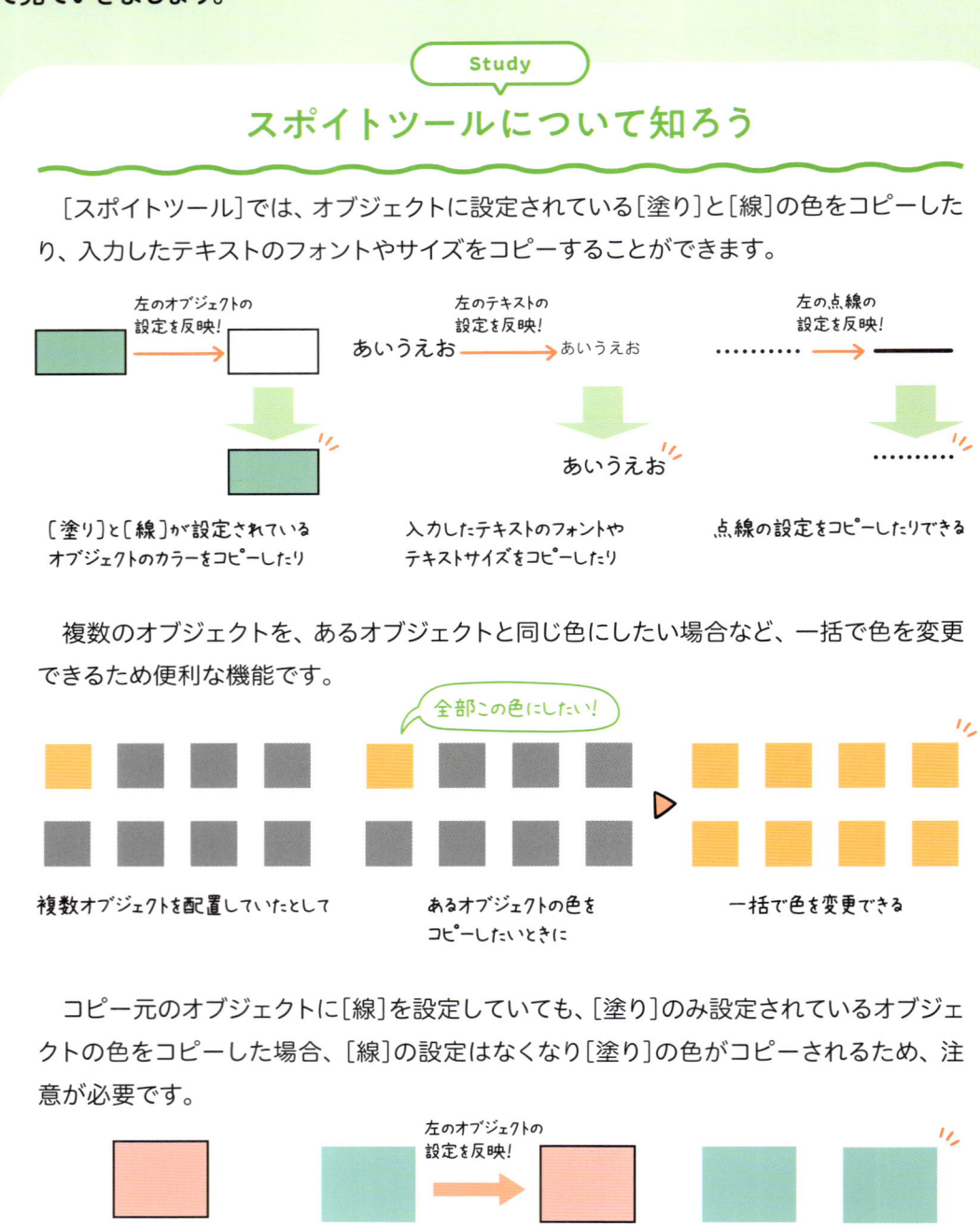

Study

スポイトツールについて知ろう

［スポイトツール］では、オブジェクトに設定されている［塗り］と［線］の色をコピーしたり、入力したテキストのフォントやサイズをコピーすることができます。

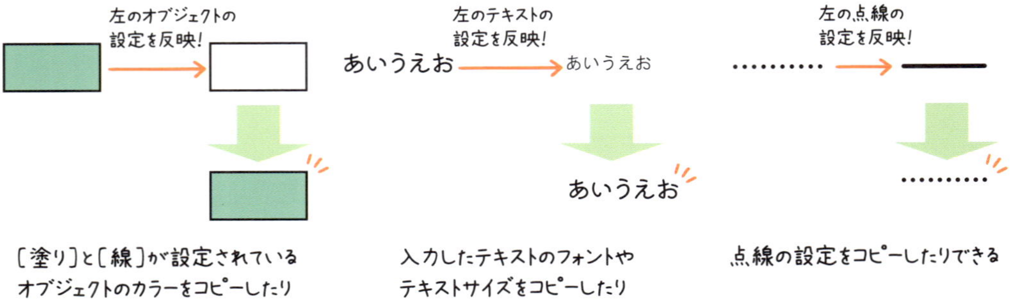
左のオブジェクトの設定を反映!
あいうえお
左のテキストの設定を反映!
あいうえお
左の点線の設定を反映!
あいうえお
[塗り]と[線]が設定されているオブジェクトのカラーをコピーしたり
入力したテキストのフォントやテキストサイズをコピーしたり
点線の設定をコピーしたりできる

複数のオブジェクトを、あるオブジェクトと同じ色にしたい場合など、一括で色を変更できるため便利な機能です。

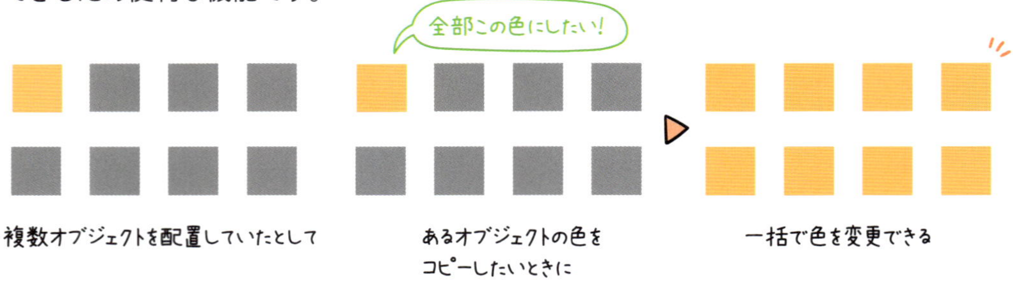
全部この色にしたい!
複数オブジェクトを配置していたとして
あるオブジェクトの色をコピーしたいときに
一括で色を変更できる

コピー元のオブジェクトに［線］を設定していても、［塗り］のみ設定されているオブジェクトの色をコピーした場合、［線］の設定はなくなり［塗り］の色がコピーされるため、注意が必要です。

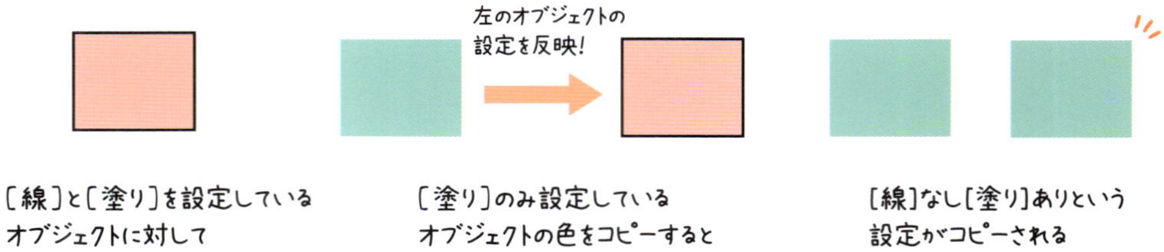
左のオブジェクトの設定を反映!
[線]と[塗り]を設定しているオブジェクトに対して
[塗り]のみ設定しているオブジェクトの色をコピーすると
[線]なし[塗り]ありという設定がコピーされる

Let's Try!

スポイトツールを使って色をコピーしてみよう

1 まずはサンプルファイル「10-3-1.ai」を開いて、[スポイトツール]を使ってみましょう。サンプルファイルを開くと、2つののオブジェクトが配置されていることがわかります。

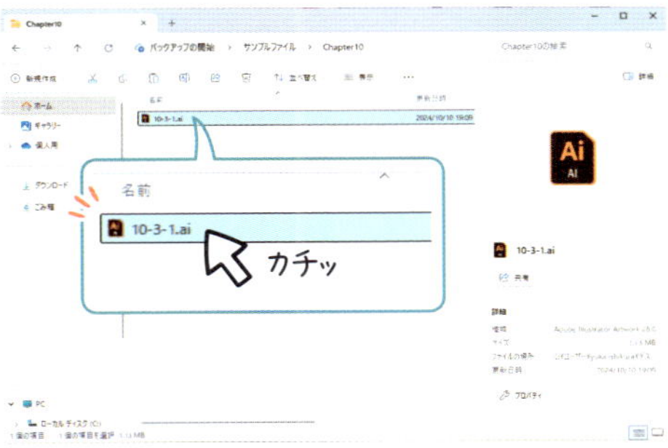
名前
10-3-1.ai
カチッ

❶サンプルファイル「10-3-1.ai」を開くと

❷2つのオブジェクトが配置されている

2 ピンク色のオブジェクトがあるので、そのオブジェクトの色をもう一方のオブジェクトにコピーしてみます。グレーのオブジェクトを[選択ツール]で選択し、[ツールバー]から[スポイトツール]を選択します。

❶グレーのオブジェクトをピンク色にするため

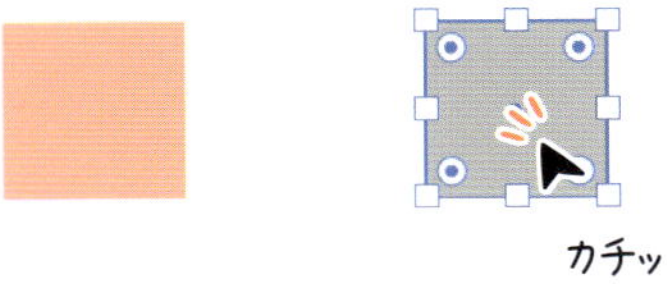
カチッ

❷[選択ツール]でグレーのオブジェクトを選択し

カチッ

❸[ツールバー]から[スポイトツール]を選択する

3 [スポイトツール]を選択したら、コピーしたいオブジェクトの上をクリックすることで、カラーをコピーすることができます。

カチッ

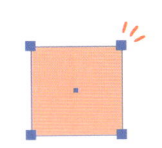

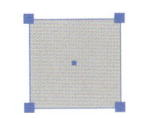

❶ピンク色のオブジェクトをクリックすると

❷選択していたオブジェクトに、クリックしたオブジェクトの色が反映される

Shift で同時にオブジェクトを選択し、[スポイトツール]を使うことで、一括で色を変更することもできます

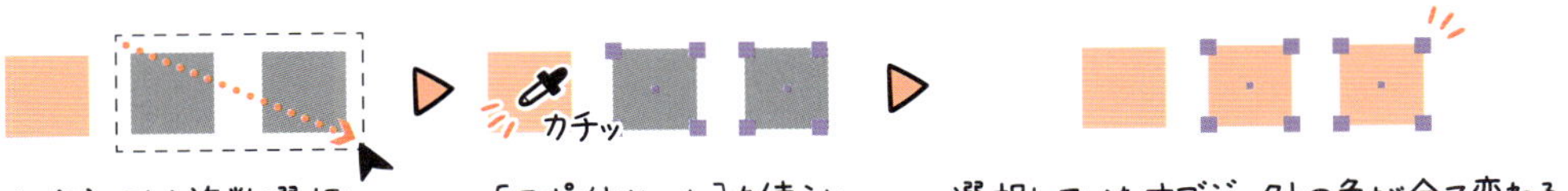
カチッ

オブジェクトを複数選択し　[スポイトツール]を使うと　選択していたオブジェクトの色が全て変わる

10…4 スウォッチ

スウォッチを使うと、よく使う色を登録しておけたり、パターンを登録しておくことができます。

Study

スウォッチについて知ろう

スウォッチとは、よく使う色や作成したパターンを登録することができる機能です。「パターンを使ってみよう」（p.258）でも少しだけ操作を行いました。

この色
よく使うな…
パターン
作成できた！

作業中によく使う色や　作成したパターンなどを　登録できるのがスウォッチ

スウォッチに色を登録する際、「グローバル」という欄にチェックを入れると、グローバルカラーとして登録され、登録した色をあとから変更した場合に、適用させている色を一括で変更することが可能です。

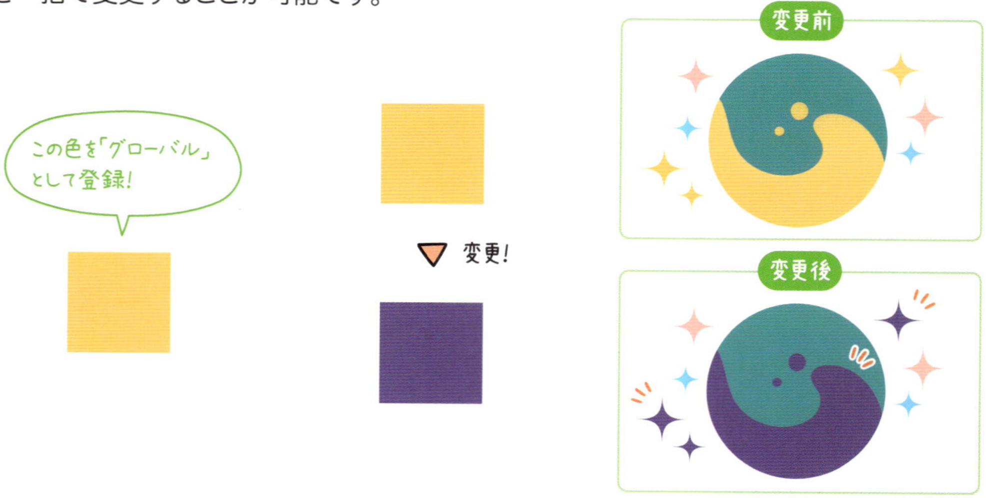
この色を「グローバル」
として登録！
変更！
変更前
変更後

「グローバル」として色を登録すると　登録した色を変更したときに　適用させている色も一緒に変更される

Let's Try!

スウォッチに登録してみよう

1 まずはオブジェクトを作成して、オブジェクトに色を設定していきましょう。

カチッ

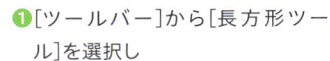

❶[ツールバー]から[長方形ツール]を選択し

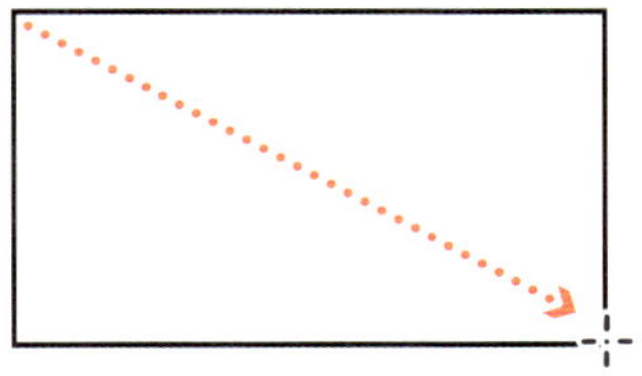

❷長方形を描いたあと

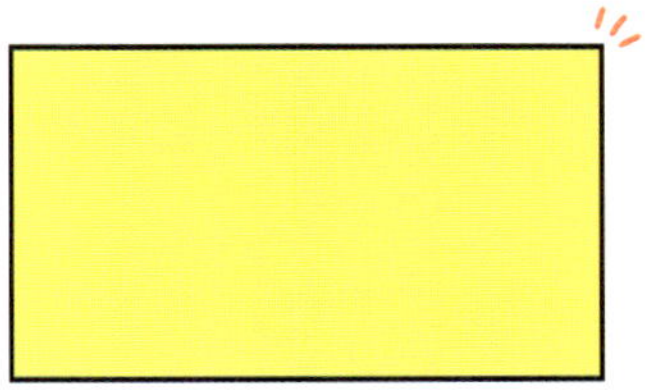

❸長方形の色を黄色に設定する

2 画面上部[メニューバー]にある[ウィンドウ]から[スウォッチ]を選択し、[スウォッチパネル]を表示させます。表示できたら、オブジェクトを選択した状態でパネル下部にある[+]ボタンを押します。すると、ウィンドウが表示されます。

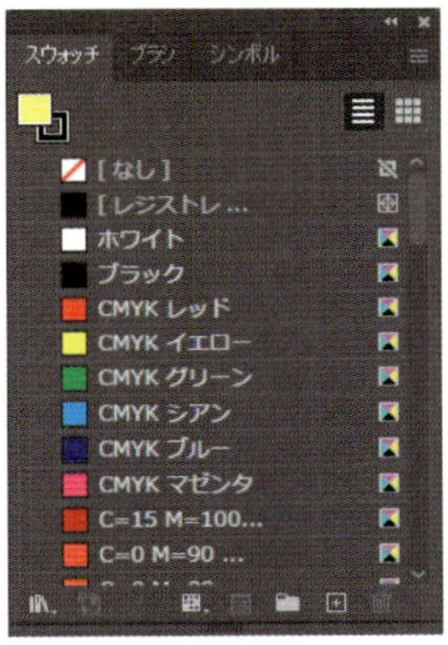
スウォッチ
ブラシ
シンボル
[なし]
[レジストレ...
ホワイト
ブラック
CMYK レッド
CMYK イエロー
CMYK グリーン
CMYK シアン
CMYK ブルー
CMYK マゼンタ
C=15 M=100...
C=0 M=90 ...

❶[スウォッチパネル]を表示させたら

[なし]
[レジストレ...
ホワイト
ブラック
CMYK レッド
CMYK イエロー
CMYK グリーン
CMYK シアン
CMYK ブルー
CMYK マゼンタ
C=15 M=100...
C=0 M=90 ...
カチッ

❷オブジェクトを選択した状態で[+]ボタンを押すと

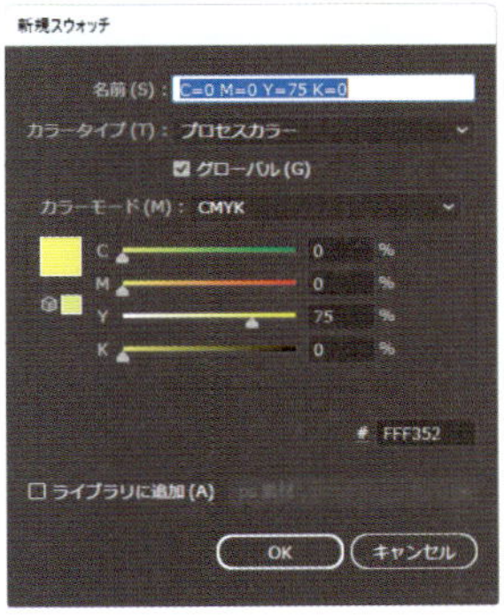
新規スウォッチ
名前(S)：C=0 M=0 Y=75 K=0
カラータイプ(T)：プロセスカラー
グローバル(G)
カラーモード(M)：CMYK
FFF352
ライブラリに追加(A)
OK
キャンセル

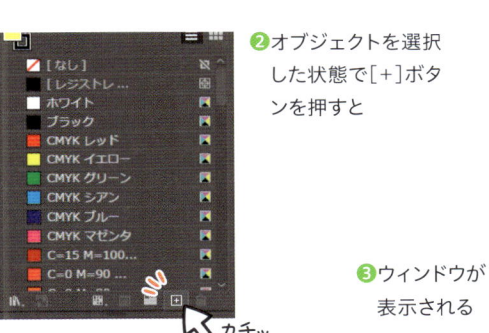

❸ウィンドウが表示される

3 [OK]をクリックすると、スウォッチに色が登録されます。オブジェクトなどを描いたあと、[スウォッチパネル]から登録した色を選択することで、いつでも登録した色をオブジェクトに適用することができます。

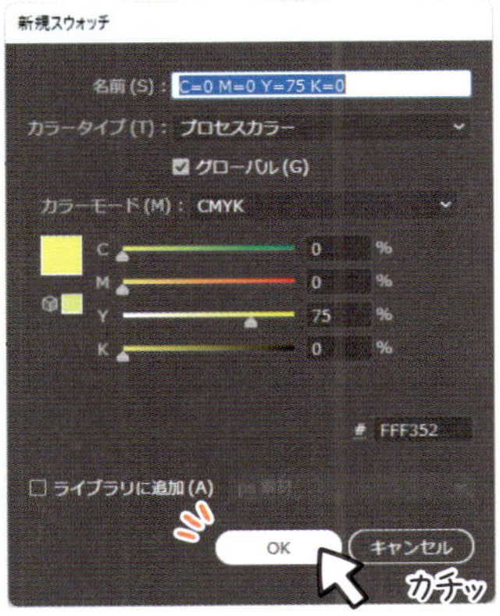
新規スウォッチ
名前(S)：C=0 M=0 Y=75 K=0
カラータイプ(T)：プロセスカラー
グローバル(G)
カラーモード(M)：CMYK
FFF352
ライブラリに追加(A)
OK
キャンセル
カチッ

❶[OK]をクリックすると

スウォッチ
ブラシ
シンボル
C=40 M=70 ...
C=50 M=70 ...
ホワイト、...
オレンジ、...
色あせた空
スーパーソ...
木の葉
ポンパドール
C=0 M=0 Y...
グレー
C=0 M=0...
C=0 M=0...

❷スウォッチに色が登録される

グローバルカラーを変更してみよう

1 前ページでスウォッチを登録する際、[グローバル]にチェックを入れて登録しました。[グローバル]で登録した色は、アイコンの右下が欠けた形になります。登録した色をダブルクリックすると、ウィンドウが表示されます。

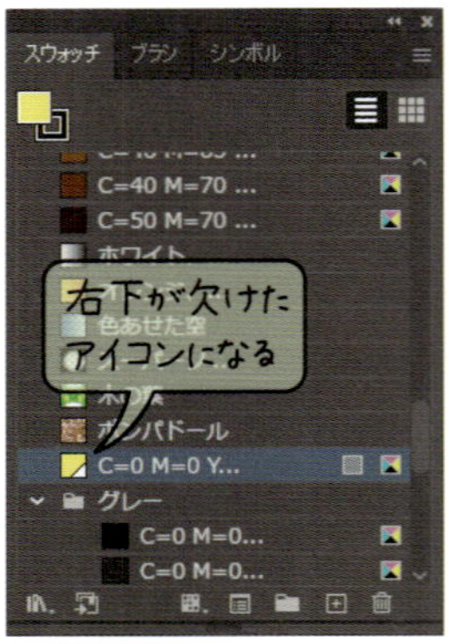

スウォッチ
ブラシ
シンボル
C=40 M=70 ...
C=50 M=70 ...
右下が欠けた
アイコンになる
ボンバドール
C=0 M=0 Y...
グレー
C=0 M=0...
C=0 M=0...

❶グローバルカラーはアイコンの表示が変わる

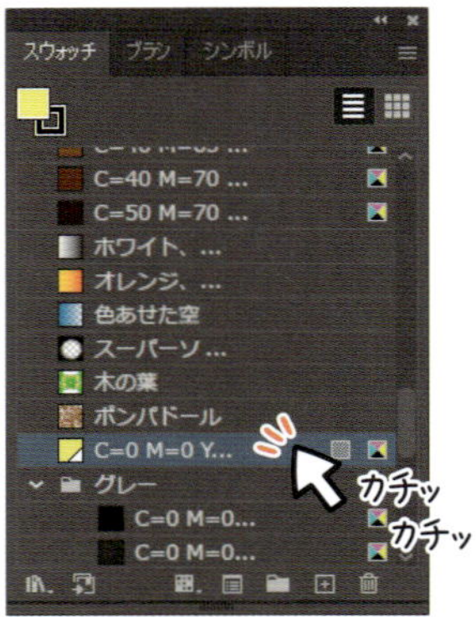

スウォッチ
ブラシ
シンボル
C=40 M=70 ...
C=50 M=70 ...
ホワイト、...
オレンジ、...
色あせた空
スーパーソ...
木の葉
ボンバドール
C=0 M=0 Y...
グレー
C=0 M=0...
C=0 M=0...
カチッ
カチッ

❷登録した色をダブルクリックすると

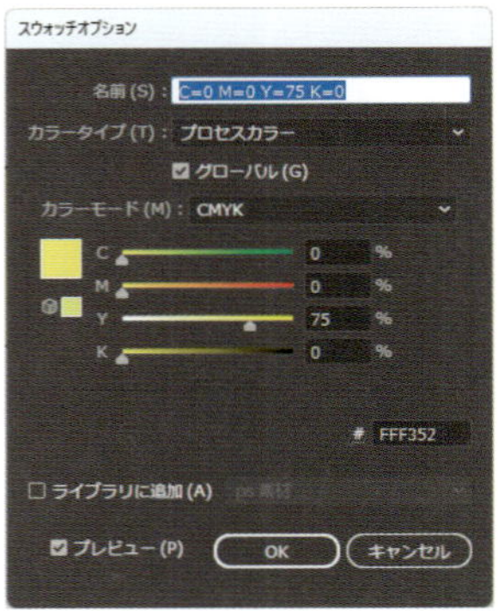

スウォッチオプション
名前 (S) : C=0 M=0 Y=75 K=0
カラータイプ (T) : プロセスカラー
グローバル (G)
カラーモード (M) : CMYK
FFF352
ライブラリに追加 (A)
プレビュー (P)
OK
キャンセル

❸ウィンドウが表示される

2 表示されたウィンドウから色を変更し、[OK]をクリックすると、登録していた色を設定していたオブジェクトの色が、先ほど変更した色となります。

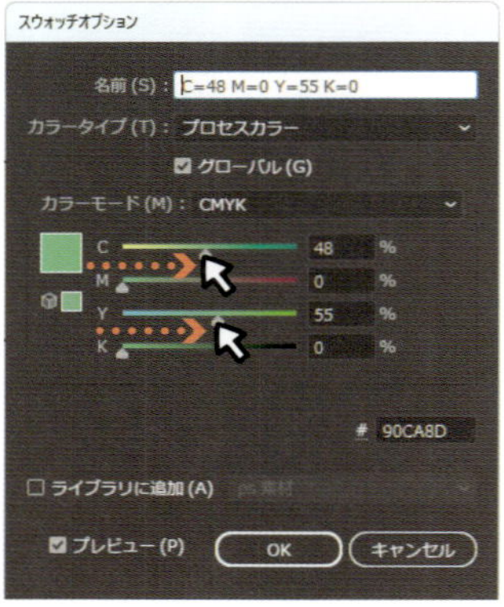

スウォッチオプション
名前 (S) : C=48 M=0 Y=55 K=0
カラータイプ (T) : プロセスカラー
グローバル (G)
カラーモード (M) : CMYK
90CA8D
ライブラリに追加 (A)
プレビュー (P)
OK
キャンセル

❶表示されたウィンドウから色を変更したあと

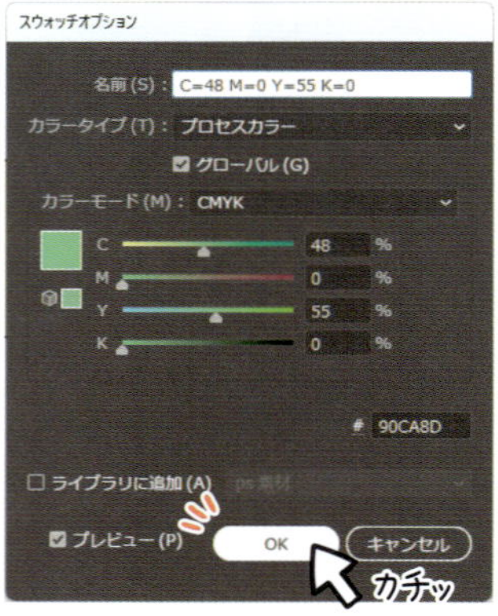

スウォッチオプション
名前 (S) : C=48 M=0 Y=55 K=0
カラータイプ (T) : プロセスカラー
グローバル (G)
カラーモード (M) : CMYK
90CA8D
ライブラリに追加 (A)
プレビュー (P)
OK
キャンセル
カチッ

❷[OK]をクリックすると

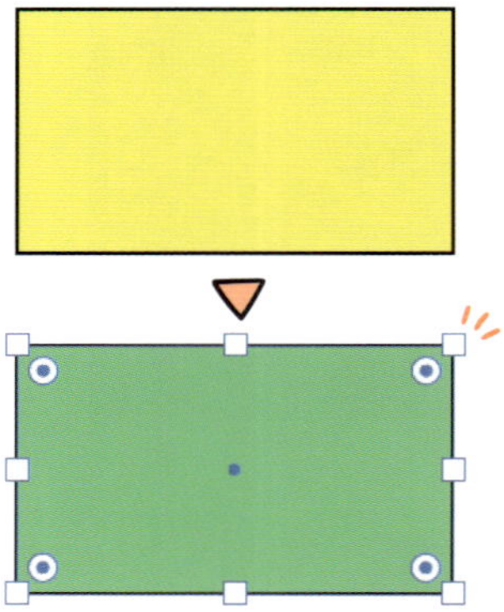

❸登録した色を設定していたオブジェクトの色が変更される

オブジェクトの色が変更されない場合は、オブジェクトにグローバルカラーが適用されていません
オブジェクトを選択したあと、スウォッチからグローバルカラーを選択して適用したあと、
グローバルカラーを変更すると、オブジェクトの色が変わるでしょう

例えば…
この色をグローバルカラーに設定する
グローバルカラーで色を設定しておくと
赤じゃなくて
青にしたいな…
…といったときに
一気に色を変更できるので便利！

おわりに

完読おつかれさまでした。

一冊通して読んでみてどうだったでしょうか。

Illustratorには多くの機能があるため、本書で紹介した機能はIllustratorで使える機能の一部になります。

また、「はじめに」でも書いたように、本書では仕組みをイラストで丁寧に説明することを意識して書いてきました。イラストを使って丁寧に説明するにはどうしても多くの誌面スペースが必要となり、すべての機能を紹介することはできませんでした。

そのため、「この機能だけは…！」とどうしても外せない機能をまとめた一冊ともいえます。

本書に書かれている機能を一通り使用できるようになっていれば、「Illustratorはそこそこ使えます」と言えるでしょう。

イラストで何をそこまで伝えたかったかというと、「なぜこうなるのか」「この機能でなにができるのか」といった部分です。その部分の解説に力を入れて書いてきました。

この先、ご自身でしたい操作が思い浮かんだ時にインターネットなどで調べることも少なくないでしょう。そんなとき、本書の知識を思い出して「なぜこの機能を使うのか」を見立てながら操作を行えるようになっていただけていれば、とても嬉しく思います。

「Illustratorって仕組みがわかればちゃんと操作できるようになるんだ！」と思っていただけていると幸いです。

いつか、今回泣く泣く諦めた項目なども、いつの日か続編という形でみなさんに読んでいただける日がくればいいな、と思っています。

最後になりますが、この度は本書を手に取っていただき誠にありがとうございました。

楽しいIllustratorライフをお過ごしください。

書籍の感想などありましたら
ぜひ、お聞かせせいただけると嬉しいです！

X（旧Twitter）のアカウント　@ishikurage_0509
webサイト　https://ishikurage.jp/

Ai

索引

タ行

ナ行

ハ行

マ行

ラ行・ワ行

イシクラユカ
ISHIKURAYUKA

大学卒業後、アシスタントとして働きながら自身もフリーのイラストレーターとして活動中。コミックエッセイ風の連載やソフト解説の連載などを行っている。イラストを使ってものごとをわかりやすく説明することが得意。イラストを描くのも文章を書くのも漫画を描くのも、なんでもするタイプの人間。ねこが好き。

装丁　山内 なつ子（しろいろ）
本文デザイン　山内 なつ子（しろいろ）
DTP　小島 明子（しろいろ）
編集　山口 政志

イラストですっきりわかる！
Illustrator（いらすとれーたー）

2024年11月29日　初　版　第1刷発行

著　者　イシクラユカ
発行者　片岡 巖
発行所　株式会社技術評論社
東京都新宿区市谷左内町21-13
電　話　03-3513-6150　販売促進部
03-3513-6166　書籍編集部
印刷／製本　株式会社シナノ

ISBN978-4-297-14465-4 C3055
Printed in Japan

● お問い合わせに関しまして ●

本書に関するご質問については、本書に記載されている内容に関するもののみ受付をいたします。本書の内容と関係のないご質問につきましては一切お答えできませんので、あらかじめご承知置きください。また、電話でのご質問は受け付けておりませんので、ファックスか封書などの書面か電子メールにて下記までお送りください。

なお、ご質問の際には、書名と該当ページ、返信先を明記してくださいますよう、お願いいたします。特に電子メールのアドレスが間違っていますと回答をお送りすることができなくなりますので、十分にお気をつけください。

お送りいただいたご質問には、できる限り迅速にお答えできるよう努力いたしておりますが、場合によってはお答えするまでに時間がかかることがあります。また、回答の期日をご指定なさっても、ご希望にお応えできるとは限りません。あらかじめご了承くださいますよう、お願いいたします。

○質問フォームのURL（本書サポートページ）
https://gihyo.jp/book/2024/978-4-297-14465-4
※本書内容の訂正・補足についても上記URLにて行います。
あわせてご活用ください。

〒162-0846 東京都新宿区市谷左内町21-13
株式会社技術評論社 書籍編集部
「イラストですっきりわかる！Illustrator」係
FAX：03-3513-6183